高等学校机械基础课程系列教材

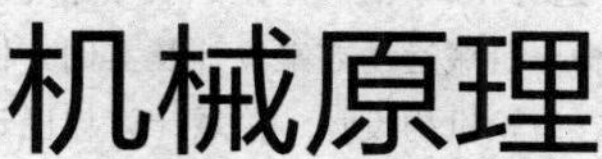

机械原理

江帆　董克权　庞小兵　主编

高等教育出版社·北京

内容提要

本书采取“项目驱动教学”的思路，按照机构设计项目构思（C）、设计（D）、实施（I）、运行（O）的顺序组织机械原理知识点，即先介绍机构基本知识、常用机构、机械运动方案设计及实例分析，再介绍连杆机构设计、凸轮机构设计、齿轮机构设计、轮系计算与设计，之后介绍机构运动分析、机构力学分析，再之后介绍机械效率、自锁、平衡、机械运转与速度波动调节等基础知识。在此基础上，最后介绍基于再生运动链的杆机构设计方法、基于TRIZ理论的机构创新设计方法、机构优化方法及相关编程方法。本书尽量选用有工程应用背景的例题、强化训练题和习题，使读者能够融入机构的工程应用环境。知识点与实例及强化练习交替出现，学习知识点后马上练习，及时进行项目实践，增强读者对知识的应用能力。例题与习题的题型多、题量大，使读者通过大量练习对知识点融会贯通，同时兼顾经典知识点和现代新型机构知识的学习，注重知识的更新与计算机技术在机构设计与分析中的应用，使读者掌握的知识更实用。

本书可作为高等学校机械类各专业的教学用书，也可供机械工程领域的研究生和有关工程技术人员参考。

图书在版编目(CIP)数据

机械原理／江帆，董克权，庞小兵主编. --北京：高等教育出版社，2020.9

ISBN 978-7-04-054326-1

Ⅰ.①机… Ⅱ.①江… ②董… ③庞… Ⅲ.①机械原理-高等学校-教材 Ⅳ.①TH111

中国版本图书馆CIP数据核字（2020）第109549号

Jixie Yuanli

策划编辑 杜惠萍　　责任编辑 杜惠萍　　封面设计 王凌波　　版式设计 马 云
插图绘制 邓 超　　责任校对 马鑫蕊　　责任印制 耿 轩

出版发行 高等教育出版社
社　　址 北京市西城区德外大街4号
邮政编码 100120
印　　刷 三河市吉祥印务有限公司
开　　本 787mm×1092mm 1/16
印　　张 28
字　　数 660千字
购书热线 010-58581118
咨询电话 400-810-0598

网　　址 http://www.hep.edu.cn
　　　　 http://www.hep.com.cn
网上订购 http://www.hepmall.com.cn
　　　　 http://www.hepmall.com
　　　　 http://www.hepmall.cn
版　　次 2020年9月第1版
印　　次 2020年9月第1次印刷
定　　价 53.00元

物 料 号 54326-00

与本书配套的电子习题解答使用说明

与本书配套的电子习题解答发布在高等教育出版社课程网站，请登录网站后开始课程学习。

一、配套资源

本电子习题解答包括江帆、董克权、庞小兵主编的《机械原理》中全部强化训练题和习题的解答，读者可扫码后学习。

二、使用方法

1. 扫描下方二维码即可进入习题解答界面。

2. 购买方法：（1）点击章节图片即可获取该章习题答案（习题解答每题收费 0.1 元，绑定微信号付款后可无限次查看）；（2）优惠通道：点击促销包购买通道，以优惠价（仅需 15 元，原价 63.4 元）打包购买全书习题答案，绑定微信号后付款可无限次查看。

前言

本书是结合机械基础课程教学指导分委员会对机械原理课程知识点要求、教育部关于金课的“两性一度”（高阶性、创新性、挑战度）标准及 CDIO［C—构思（conceive）、D—设计（design）、I—实施（implement）、O—运行（operation）］的教学实际进行编写的。

本书采用项目驱动教学，知识点按照实践项目的 CDIO 过程组织。在项目构思（C）模块，需要知道机构是如何组成的，有哪些常用机构，机械运动方案如何构思等，针对这些实践需求，设置了机构的组成原理、常用机构、机械运动方案设计等知识单元。在项目设计（D）模块，需要知道机构设计方法，相应设置了连杆机构设计、凸轮机构设计、齿轮机构设计、轮系设计等知识单元。在项目实施（I）模块，需要对机构进行分析，相应设置了机构运动分析、机构力分析等知识单元。在项目运行（O）模块，可能碰到有关效率、自锁、平衡、波动调节等问题，相应设置了机械效率与自锁、机械平衡、机械动力学、速度波动与调节等知识单元。本书的结构设置保障学生在不同的项目模块中及时得到相关的知识传授，达到学与用同步、理论与实践协同的目标。同时，作为拓展内容还介绍了机构创新设计方法及优化方法（包括再生链的杆机构创新设计方法、TRIZ 理论机构创新设计方法、机构优化设计等），机构设计与分析的 MATLAB 编程等。另外，本书也在常用机构中初步介绍机器人机构，并在很多案例中涉及机器人机构，帮助学生了解机器人机构。

根据上述机械原理 CDIO 知识点的组织思路，本书的章节安排为：第 1~4 章为构思（C）模块的知识单元，包括绪论、机构组成原理、常用机构、机械运动方案设计；第 5~8 章为设计（D）模块的知识单元，包括连杆机构设计、凸轮机构设计、齿轮机构及其设计、轮系及其设计；第 9~10 章为实施（I）模块的知识单元，包括机构运动分析、机构力学分析；第 11~13 章为运行（O）模块的知识单元，包括机械的效率与自锁、机械平衡、机械动力学（含机械系统的动力学模型、机械的速度波动及其调节等）；第 14、15 章为知识扩展（V）模块，包括机构创新设计与优化、机构设计与分析的编程。教学内容设计（知识点选取）上保证了“两性一度”与地方性高校学生特点的协调，在教学内容的取舍上，教学中可根据实际情况选取，建议着重关注机构的构思和设计模块，而实施与运行模块中的知识点与理论力学课程有一些重叠，应注意讲授与理论力学不同的知识点，书中标注“*”的内容为选学内容。

每章的内容安排是：先介绍一个知识点，对于重要的知识点先设置例题，之后是强化训练题；而后再按照这个思路安排另外一个知识点，直到本章知识点介绍完毕；最后给出课后习题。

考虑到 CDIO 教学实际情况，使用本书时建议采用的教学组织形式为：（1）提前三周将教学进度表（包括每次讲授的知识点信息、驱动项目、课后实践内容、关键节点、考核要求等）发给学生，并提醒学生严格参照进度表实施驱动项目或准备资料；（2）驱动项目主体实践工作放在课后进行，利用慕课组织学生预习，课内以重要知识点传授和研讨为主；（3）课堂教学采用 PTDS 流程实施，即问题（problem）导入，设置一些问题引出要讲授的知识点；知识点精讲（teaching），对重点、难点进行讲授，并回答学生在课后实践中发现的问题；专题讨论（discussing），针对重要知识点进行深入讨论，主要是结合例题讨论如何应用、与其他知识的关联等；最后总结（summary），每组分别总结讨论结果，给出知识关联与应用思路。（4）对于关键节点，要求学生以小组为单位汇报课后实践情况，以 PPT 和实物进行讲解，并回答其他小组的质疑，及时提醒课后的实践任务。

本书构建适合 CDIO 教学的机械原理知识体系，着力培养学生构建机构的知识体系，对创新机构的分析与设计能力，并体现以下特色：（1）按照驱动项目的 CDIO 流程来组织知识点，便于学生边实践边学习理论知识，理论与实践并行。（2）选用有工程应用背景的例题、强化训练题和习题，使学生能够融入机构的工程应用环境。特别是第二章习题中给出了大量生产实际中的机构，通过绘制这些机构的机构简图，让学生充分了解机构种类及基本构成。同时课后习题给出多种类型的、便于学生适应考试的题型。（3）给出再生运动链杆机构创新设计方法、TRIZ 理论机构创新设计方法及机构参数优化方法，引导学生在学习基本知识的同时，应用创新思维与创新方法设计更为合理地创新机构。（4）兼顾经典知识点和现代新型机构知识，注重知识的更新、计算机技术（如机构设计与分析的编程）和机构技术的发展，书中多处给出了机械手机构，介绍了新型机构、机器人等，除了使学生掌握经典的机构设计与分析方法外，将进一步扩展学生的机构知识面。大量有工程应用背景的例题、习题等保证了本书的高阶性，创新机构设计与新型机构、编程等保证了本书的创新性和挑战度。

本书由江帆、董克权、庞小兵任主编，江帆、董克权、庞小兵、黄卫清、区嘉洁、张建、袁严辉、殷素峰、何华、陈兴强、戴娟参与了本书的编写工作。研究生陈玉梁、沈健、祝韬、黄海涛、卢浩然、祁肖龙等承担了文字编辑工作、插图制作、实体模型、习题解答及配套课件的制作。谢宝山、钟其镇等同学参加插图的制作。本书强化训练题和习题的答案可扫二维码查看。

华南理工大学朱文坚教授审阅了本书，并提出了很多宝贵意见，在此致以深深的谢意。

本书得到广东省教学质量工程项目——“机械原理”精品资源共享课（粤教高函［2016］233 号）、“创新与发明”在线开放课程（粤教高函［2017］214 号）、广州市高校创新创业教育项目［创新与发明课程建设（201709k20）］、广州大学教材出版基金资助，得到广州大学机械与电气工程学院张春良、文桂林、柳晶晶、王一军等领导的支持和指导以及机电工程系很多老师的帮助，得到肇庆学院、东莞理工学院、电子科技大学中山学院、长沙学院相关领导和老师的帮助和支持，在此一并致以衷心感谢。本书参考了一些国内优秀教材的内容，引用了一些网络资源，在此对原作者致以谢意。

本书是 CDIO 教材与研究性教学方法的一种尝试，难免有漏误及不当之处，敬请各位机械原理教师及广大读者指正，意见与勘误请发至邮箱：jiangfan2008@126. com，谢谢！

编　者

2019. 12. 15

目 录

I 构思（conceive）模块

Ⅱ 设计（design）模块

Ⅲ　实施（implement）模块

Ⅳ　运行（operation）模块

V 拓展（development）模块

I 构思（conceive）模块

构思一个机械产品，需要知道机构、构件、自由度等基本概念，机构简图绘制与机构自由度分析，机构组成原理与结构分析，机械运动方案如何构思等内容，现在开启机构的构思之旅吧。

第一章　绪论

本章学习任务：机构、机器与机械的概念，机械原理研究内容，学习目标，学习方法。

驱动项目的任务安排：了解驱动项目的内容与要求。

1.1　本课程研究内容

机械原理课程研究的对象是机械。机械（machinery）是指机器（machine）与机构（mechanism）的总称。在理论力学中，大家已经对一些机构（如连杆机构、齿轮机构等）的运动学和动力学问题进行了分析。在工程实际中，常见的机构还有凸轮机构、螺旋机构、带传动机构、链传动机构等。各种机构都是用来传递与变换运动和力的可动装置，其特征有：① 人为的实物（构件）的组合；② 各部分（构件）之间具有确定的相对运动。

机器是根据某种使用要求而设计的一种能完成某种功能的装置，由各种机构组合而成，因而较机构多一个特征：能够完成有用的机械功或转化机械能（如能转换能量、物料或信息）。机器的种类繁多，其结构、性能和用途等各有不同。例如，图 1-1 所示的机械手，由不完全齿轮 1 和 2（其中一个与舵机连接）、支杆 3 与 4、夹持爪杆 5 和 6、底座 7 以及其他一些辅助部分（图中未画出）所组成。当舵机（伺服电机）驱动不完全齿轮 1 运动，推动夹持爪杆 5、6 完成夹紧与松开工件的动作。又如图 1-2 所示的焊接机器人，由手部 1、腕部 2、肘部 3、大臂 4、中臂 5、腰部 6 和底座 7，以及传感器、控制系统组成。

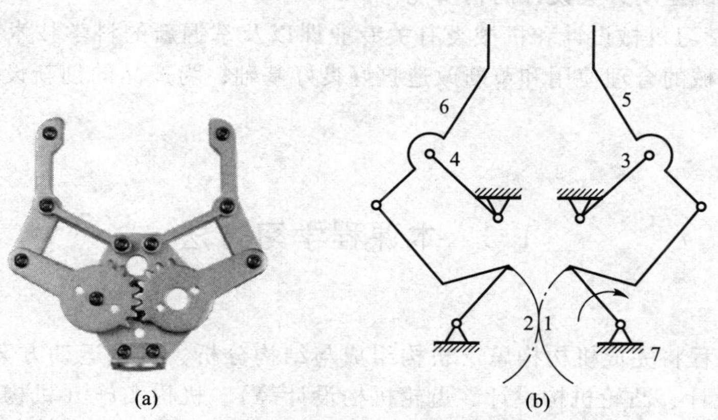

图 1-1　机械手的结构与运动简图

1、2—不完全齿轮；3、4—支杆；5、6—夹持爪杆；7—底座

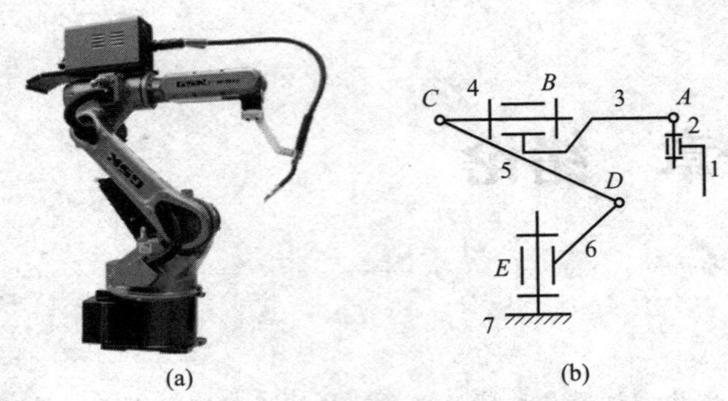

图 1-2 焊接机器人的结构与运动简图

1—手部；2—腕部；3—肘部；4—大臂；5—中臂；6—腰部；7—底座

手部、腕部、大臂、中臂、腰部在电动机的作用下可以独立运动，其中手部夹持焊条，在其他部分的协同下，完成工件的焊接工作。

机械原理研究机械的基本理论，研究内容如下：① 机构组成原理，包括机构组成、机构运动简图、机构自由度分析、机构具有确定运动的条件、机构结构分析；② 常用机构；③ 机械系统方案设计；④ 典型机构设计，包括连杆机构设计、凸轮机构设计、齿轮机构设计、轮系设计；⑤ 机构运动分析与力分析；⑥ 机械效率、平衡、机械运转及其速度波动调节等。

1.2 本课程学习目标

机械原理是机械类各专业的一门重要的技术基础课，在整个机械设计流程中占有重要位置，因而作为机械类各专业的学生需要重视本课程的学习，通过学习将实现以下目标：

1） 了解机构的构思、设计、实施、运行等过程，掌握机构组成、设计与分析等基础理论，学会各种常用机构的分析与设计方法，并具有按照机械的使用要求将这些机构组合起来进行机械系统运动方案设计的初步能力。

2） 为后续学习机械设计和机械类有关专业课以及掌握新的科学技术打好工程技术的理论基础，为机械的合理使用和革新改造打好良好基础，为产品的创新设计、发展机械学科奠定基础。

1.3 本课程学习方法

机械原理课程将完成机构构思（机构组成与结构分析、机械运动方案设计）、机构设计（连杆机构设计、凸轮机构设计、齿轮机构设计等）、机构实施（机构运动分析与力分析）、机构运行（机械效率、自锁、平衡、速度波动调节等）等内容的学习，具体的课程知识单元与学习任务如表 1-1 所示。

表 1-1 机械原理知识单元与学习任务

序号	知识单元	学习任务
1	机构组成原理	机构的基本组成，机构运动简图绘制，机构的自由度分析，自由度分析应注意的问题，机构的组成原理，平面机构中高副用低副代替的方法
2	常用机构	典型的机构（如连杆机构、凸轮机构等）、间歇机构（如棘轮机构、槽轮机构、擒纵机构、凸轮式间歇机构、不完全齿轮机构、星轮机构）、其他机构（如非圆齿轮机构、螺旋机构、万向铰链机构、组合机构）、新型机构、机器人机构
3	机械系统方案设计	机械运动方案设计过程，机械产品的需求分析，机械总功能分析与功能分解，执行机构的运动协调设计，机械系统运动方案的选型设计，机械运动实例分析
4	平面连杆机构设计	平面四杆机构的基本知识，平面四杆机构的设计方法
5	凸轮机构设计	凸轮机构的基本知识，从动件的运动规律，凸轮轮廓曲线的设计，凸轮机构基本尺寸的设计
6	齿轮机构设计	齿廓啮合基本定律及渐开线齿形，渐开线圆柱齿轮各部分名称和尺寸，渐开线直齿圆柱齿轮机构的啮合传动，斜齿轮机构、锥齿轮机构、蜗杆蜗轮机构等
7	轮系设计	轮系基本知识，各类轮系传动比计算，行星轮系效率计算，轮系设计，其他新型行星轮系基本知识
8	机构运动分析	基于速度瞬心法的机构速度分析，基于矢量方程图解法的平面机构运动分析，基于解析法的平面机构运动分析
9	机构力学分析	构件上作用力分析，构件的惯性力和惯性力偶分析，运动副中的摩擦力分析，忽略摩擦时机构的受力分析，考虑摩擦时机构的受力分析
10	机械效率与自锁	机械效率的计算，机械自锁的条件及其判断
11	机械平衡	转子静平衡、动平衡，机构平衡
12	机械运转与速度波动调节	机械运转阶段，机械等效模型，机械运动方程及其求解，机械速度波动及调节
13	机构运动仿真与创新设计优化	机构运动仿真方法，机构创新设计方法，机构优化方法
14	机构设计与分析编程方法	机构设计与分析中的 MATLAB 编程方法

本课程是理论与实践结合很紧密的课程，故需按照机构的 CDIO（conceive—构思、design—设计、implement—实施、operation—运行）过程组织，通常设置一个课程项目（如势能小车）来驱动教学，知识点顺序也呼应机械产品的 CDIO 顺序（表 1-2），使学生的学习理论知识与项目实践同步，学习知识与使用知识同步。

表 1-2　机械原理课程的知识组织顺序

知识点	项目实施流程（如势能小车的设计与制造）			
	C—构思	D—设计	I—实施	O—运行
对应的知识单元	机构基本概念，机构组成原理，常用机构，机械运动方案设计	连杆机构设计，凸轮机构及其设计，齿轮机构及其设计，轮系及其设计	机构的运动分析，机构力分析	机构效率与自锁，机构平衡，机构运动方程构建与求解，速度波动调节

1. 驱动项目

本课程需要学生完成一个中等难度的机构设计与制作项目，例如，如图 1-3 所示的势能小车，要求势能小车在重物下落过程中驱动小车行走，行走路线能够绕过如图 1-4 所示的障碍柱。驱动项目执行过程最好按知识单元细分，并给出初步参考思路，提前三周左右发给学生。（注：各学校可根据实际情况拟订驱动项目。）

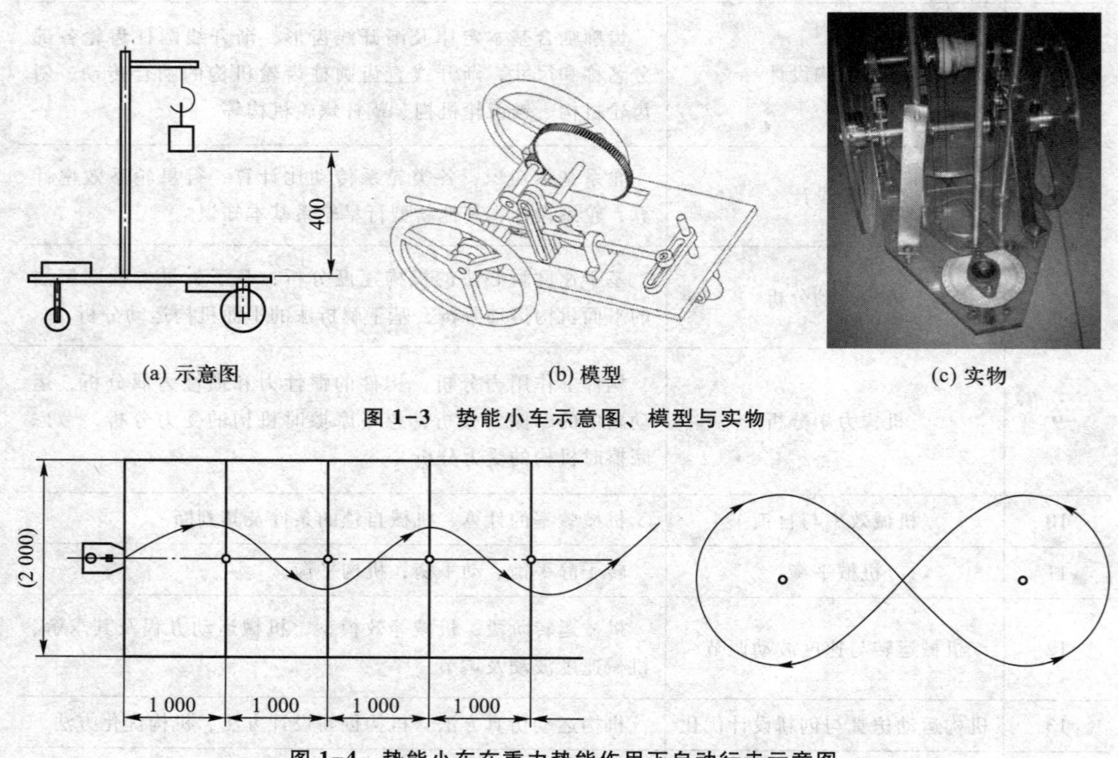

图 1-3　势能小车示意图、模型与实物

图 1-4　势能小车在重力势能作用下自动行走示意图

知识点与项目阶段的对应关系见表1-3。

表1-3 知识点与项目阶段的对应关系

序号	知识点	项目阶段（以势能小车项目为例）
1	常用机构、机械系统方案拟订、创新设计方法	势能小车的总体方案设计
2	平面连杆机构设计、凸轮机构设计、齿轮机构设计、轮系设计	势能小车中能量转换机构、转向机构的设计
3	机构结构分析、机构运动分析、机构动力分析	势能小车中能量转换机构、转向机构分析
4	机器效率、平衡、速度波动调节	势能小车的平衡及波动调节

2. 各学习任务（知识单元）的学习思路

本课程建议按照PLES（problem—问题、learning—研读知识内容、excercise—强化练习、summary—知识总结）的思路学习。

1）带着问题学习。对应一个知识点（或在项目实践中碰到的知识问题），要先问为什么、什么原理，或怎么做、怎么用等，带着这些问题去学习。

2）研读知识内容。对于知识介绍、应用案例（例题）进行认真阅读，自己回答上述问题，理解这些知识点。

3）强化练习。在理解知识的基础上，进行大量的强化练习，做到熟能生巧，能够解决知识点相关的问题（习题），这个阶段需及时与同学研讨或请教老师。

4）知识总结。对掌握的知识点进行总结，并弄清知识点之间的关联，使知识系统化。

在本课程的学习中，应做到如下四点：

1）深刻理解基本概念和基本原理，掌握机构分析与综合（设计）的基本方法。

2）注意把一般原理和方法与实际运用密切联系起来，并用所学知识分析日常生活与生产遇到的各种机械。

3）注意培养运用所学的基本理论与方法去分析和解决工程实际问题的能力。

4）注意培养综合分析、全面考虑问题的能力。解决同一实际问题，往往有多种方法和结果，要通过分析、对比、判断和决策，做到优中选优，并考虑对社会和环境的影响等。

1.4 机构学发展历史

机构的出现一直伴随甚至推动着社会和人类文明的发展，它的研究和应用有着悠久的历史，通常将机构发展历程（图1-5）分为三个阶段：

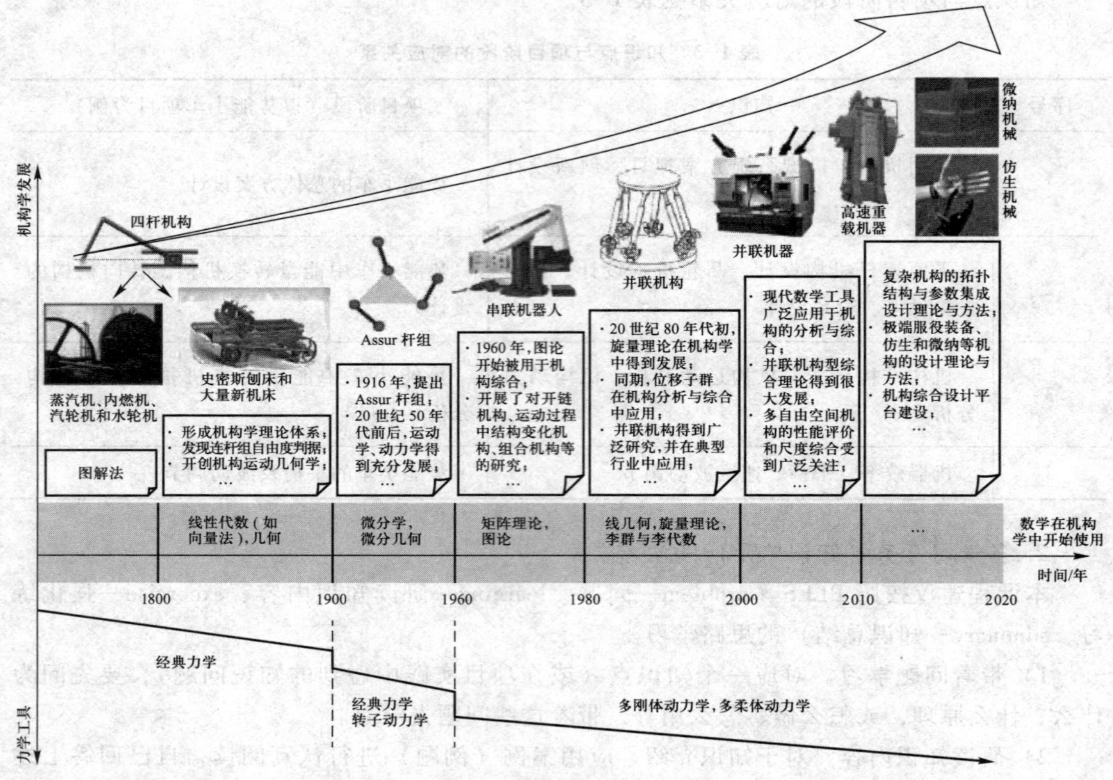

图 1-5 机构学发展历程

第一阶段（古世纪—18 世纪中叶） 这个阶段为机构的启蒙与发展时期。标志性成果有：古希腊科学家亚里士多德的著作《Problems of Machines》是现存最早的研究机械力学原理的文献。阿基米德用古典几何学方法提出了严格的杠杆原理和运动学理论，建立了针对简单机械研究的理论体系。古埃及的赫伦提出了机械由轮与轮轴、杠杆、绞盘、楔子和螺杆五个基本元件组成。我国古代墨翟在机构方面做出了杰出成就，他制造的舟、车、飞鸢、为车辆创造的“车辖”（即今天的车刹）和为“备城门”所研制的“堑悬梁”都体现了机构的设计原理，还有西周时代能工巧匠做出的能歌善舞的伶人、鲁班制造的飞鸟，以及指南车、地动仪、浑天仪等古代发明都体现了机构设计的思想。意大利著名绘画大师达·芬奇的作品《the Madrid Codex》和《the Atlantic Codex》中，列出了用于机器制造的 22 种基本部件。

第二阶段（18 世纪下半叶—20 世纪中叶） 18 世纪下半叶第一次工业革命促进了机械工程学科的迅速发展。机构学在力学基础上发展成为一门独立学科，通过对机构的结构学、运动学、动力学的研究，形成了机构学独立的体系和独特的研究，对于 18—19 世纪产生的纺织机械、蒸汽机及内燃机等结构和性能完善起到了很大的推动作用。标志性的成果有：瑞士数学家欧拉提出了平面运动可看成是随一点的平动和绕该点的转动的叠加理论，奠定了机构运动学分析的基础。法国的科里奥利提出了相对速度和相对加速度的概念，研究了机构的运动分析原理。英国的瓦特研究了机构综合运动学，探讨连杆机构跟踪直线轨迹问题。1841 年，剑桥大学教授威利斯出版了著作《Principles of Mechanisms》，形成了机构学理论体系。阿龙霍尔德在1872年提出了三心定理，1875年德国的勒洛在其专著《Kinematics of Machinery》中阐述了机构的符号表示法和构型综合（设计），提出了高副和低副的概念，被誉为现代运动学的奠基人。1883年，格拉斯霍夫提出了曲柄存在条件。1888年，德国的布尔梅斯特在其专著《Kinematics of Machinery》中提出了将几何方法用于机构的位移、速度和加速度分析，开创了机构分析的运动几何学。格鲁布勒发现了连杆组的自由度判据，这标志着向机构数综合迈出了重要的一步。布尔梅斯特和美国的弗洛西斯坦用几何方法研究了连杆机构的尺寸综合，形成了系统的机构设计几何学理论。还有俄国的切比雪夫研究了连杆机构的综合问题，开创了机构综合的代数方法；郭赫曼于1887年发表了齿轮啮合原理方面的论文，建立了严密的数学理论，科尔钦发展了锥齿轮、圆柱蜗轮的几何学；阿苏尔于1916年提出了机构组成与分类理论。

第三阶段（20世纪下半叶—现在） 第二次世界大战后，美国的弗洛西斯坦开辟了用计算机、数学等进行机构运动综合的解析方法，随着控制与信息技术的发展使机构成为现代机构学。现代机械已经大大超出了19世纪机械的概念，其特征是充分利用计算机信息处理和控制等现代化手段，促进机构学产生广泛、深刻的变化。现代机构学具有如下特点：

1）机构是现代机械系统的子系统。现代机构学是机构学与驱动、控制、信息等学科的交叉与融合，其研究内容比传统机构学的有明显的扩展。

2）机构的结构学、运动学与动力学实现统一建模，三者融为一体，且考虑驱动与控制技术的系统理论，为创新设计提供新的方法。

3）机构创新设计理论与计算机技术的结合，为机构创新设计的实用软件开发提供技术基础。

现代机构学使机构的内涵较传统机构有了较大的拓展，主要体现在：

1）机构的广义化。将构件和运动副广义化，即把弹性构件、柔性构件、微小构件等引入到机构中；对运动副也有扩展，有广义运动副、柔性铰链等。同时对机构组成广义化，将驱动元件与机构系统集成或者融合为一种有源机构，大大拓展了传统机构的内涵。

2）机构的可控性。利用驱动元件的可控性，使机构通过有规律的输入运动实现可控的运动输出，从而拓展了机构的应用范围。最典型的例子就是机器人、微机电系统（或微机械）等。

3）机构的生物化与智能化。进而衍生出各种仿生机构及机器人、变胞机构、变拓扑机构等。

我国近代在机构学研究中也做了诸多工作。北洋大学（今天津大学）的刘仙洲是我国机构学的先驱者，他于1935年出版了我国第一本系统阐述机构学原理的著作《机械原理》，开创了我国近代机械研究的先河。20世纪60年代后，我国机构学界开始了有自身特色的空间机构分析与综合研究。1984年，张启先院士编著的《空间机构的分析与综合》是我国第一本较为系统阐述空间机构的学术著作。特别值得提出的是，近30年我国的机构学研究取得了长足的进步，主要集中在并联机构学、空间连杆机构、机构弹性动力学、灵巧手操作、移动机器人、柔性（柔顺）机构、仿生机构等方向，在机构型综合与尺度综合、并联机器人机构学理论、机构弹性动力学、变胞机构、柔性机构等方面的研究十分活跃，已接近或达到国际先进水平。

总之，随着机构学内涵广义化，研究内容越来越丰富，还有许多问题等待深入研究，期望同学们能够热爱机械，深入研究机构学（机械原理），为机械学科的发展做出应有的贡献。

练习题

1-1 填空题

1. 机器或机构都是由＿＿＿＿＿组合而成的。

2. 机器或机构的＿＿＿＿＿之间具有确定的相对运动。

3. 机器可以用来＿＿＿＿＿人的劳动，完成有用的＿＿＿＿＿。

4. 从运动的角度看，机构的主要功用在于＿＿＿＿＿运动或＿＿＿＿＿运动的形式。

5. 构件之间具有＿＿＿的相对运动，并能完成＿＿＿＿＿的机械功或实现能量转换的＿＿＿＿的组合，称为机器。

1-2 判断题

1. 只从运动方面讲，机构是具有确定相对运动构件的组合。（ ）

2. 机构的作用只是传递或转换运动的形式。（ ）

3. 机器是构件之间具有确定的相对运动，并能完成有用的机械功或实现能量转换的构件的组合。（ ）

1-3 问答题

1. 简述机构学发展历史。

2. 简述机构、机械、机器这些术语的异同。

第二章　机构组成原理

本章学习任务：机构的基本组成，机构运动简图绘制，机构自由度的计算，机构具有确定运动的条件，机构组成原理，高副低代，机构结构分析。

驱动项目的任务安排：初步构思项目中机构的结构与构件、运动副等。

2.1　机构的基本组成

机构在我们日常生活中处处可见，如图 2-1 所示的健身器材和发动机就是由一些机构组成。

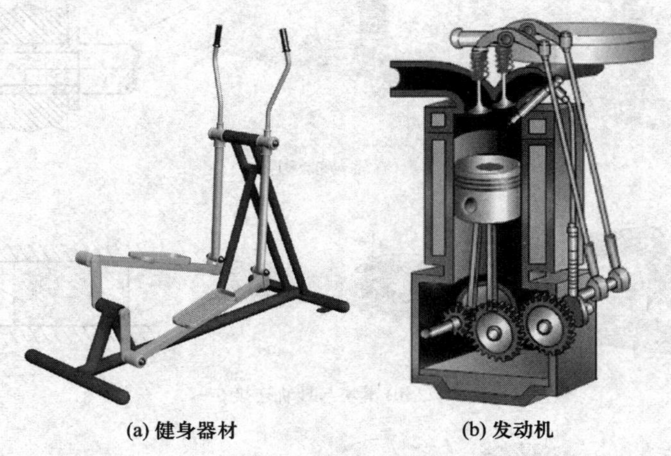

(a) 健身器材　　(b) 发动机

图 2-1　机构举例

各种机构都是用来传递与变换运动和力的可动装置，通常由构件和运动副两个要素组成。

2.1.1　构件

机器中每一个独立的运动单元称为**构件**，构件是由一个或多个零件所构成的运动单体。机器中的构件可以是单一的零件，如曲轴（图 2-2a），也可以是由若干个零件刚性连接而成的，如连杆（图 2-2b）是由连杆体、连杆头、螺栓、螺母及垫圈等零件装配成的刚性体。

(a) 曲轴　　(b) 连杆

图 2-2 构件

构件和**零件**的区别：构件是运动单元，而零件是制造单元。

2.1.2 运动副

运动副是两构件直接接触并能相互产生相对运动而组成的活动连接，是组成机构的基本要素之一，如图 2-3 所示。**运动副元素**为两构件上能够参与接触而构成运动副的表面、点、线。两构件间的运动副所起的作用是限制构件间的相对运动，使相对运动自由度的数目减少，这种限制作用称为**约束**，而仍具有的相对运动称为**自由度**。

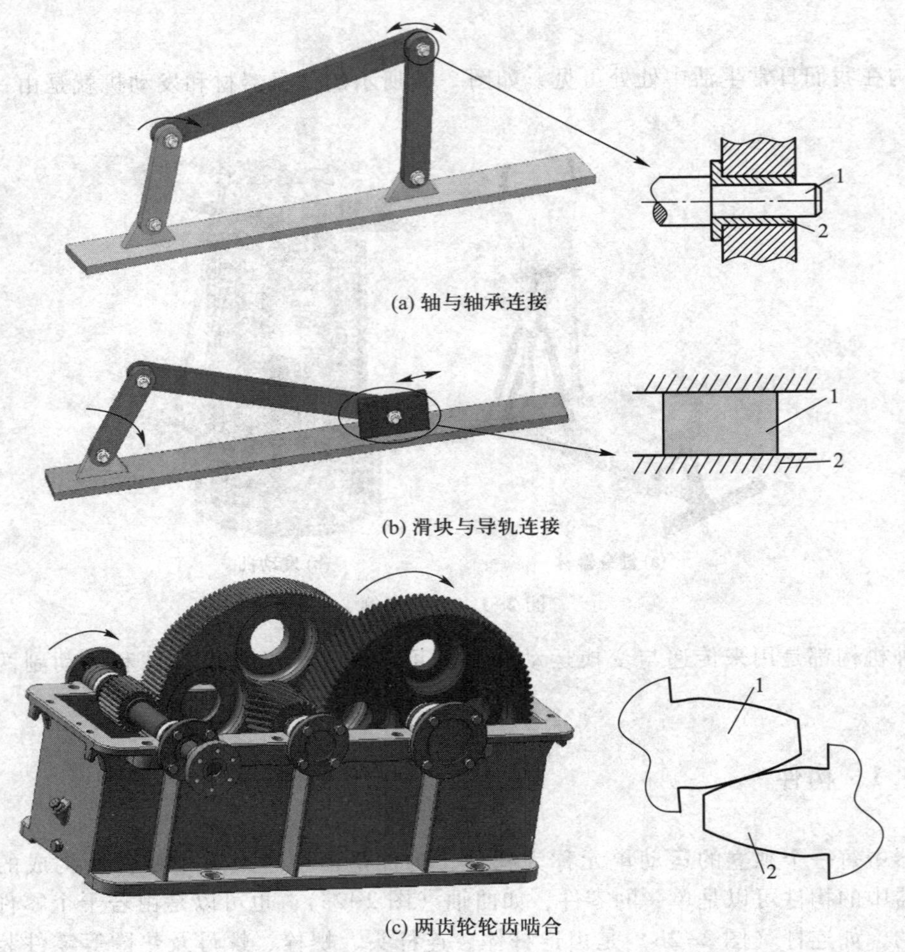

(a) 轴与轴承连接

(b) 滑块与导轨连接

(c) 两齿轮轮齿啮合

图 2-3 常见的运动副

图 2-3a 中的轴 1 与轴承 2 的连接、图 2-3b 中的滑块 1 与导轨 2 的连接、图 2-3c 中的两齿轮轮齿的啮合等均为运动副，它们的运动副元素分别是圆柱面、平面、齿廓曲面。

如图 2-4 所示，在空间有两个构件 1 和 2，构件 1 固定于坐标系 $Oxyz$ 上，当构件 1 未与构件 2 组成运动副之前，构件 1 能相对构件 2 沿 x、y、z 轴移动和绕 x、y、z 轴转动，即作空间自由运动的构件 1 具有 6 个自由度。当构件 1 与构件 2 组成运动副后，由于运动副元素的接触，使某些原有的独立的相对运动受到限制，构件受到约束后其自由度减少。每加上 1 个约束，便失去了 1 个自由度，自由度与约束数之总和应等于 6，由于运动副为两构件的活动连接，因此对每个构件的约束数最多为 5，约束数最少为 1。运动副的自由度（以 f 表示）和约束数（以 s 表示）的关系为 $f=6-s$。

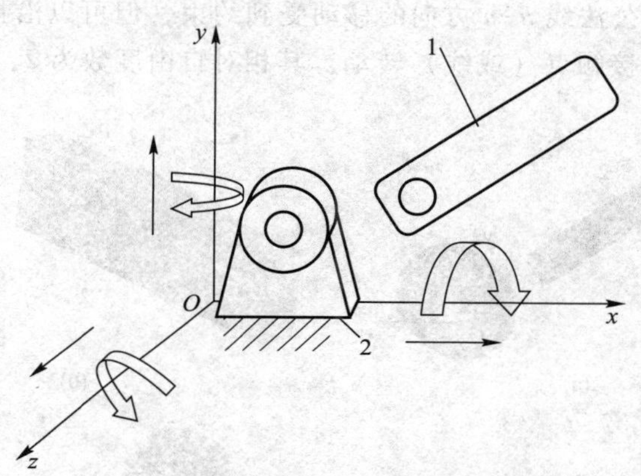

图 2-4 构件作空间运动时的自由度

平面的状况也类似，如图 2-5a 所示，构件 2 固定于坐标系 Oxy 上，当构件 1 和 2 没有组成转动副时，构件 1 可以沿 x 轴和 y 轴方向移动及绕垂直于平面 xOy 的 z 轴的转动，具有 3 个自由度。如图 2-5b 所示，当构件 1 和 2 组成转动副后，构件 1 的自由度只有 1 个转动的自由度了。

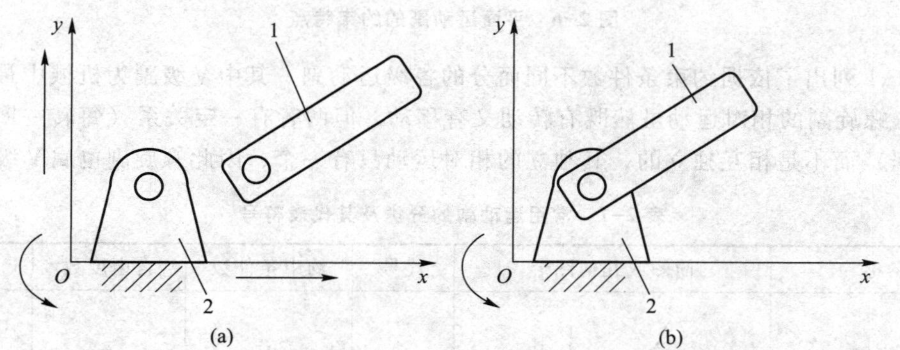

图 2-5 构件作平面运动时的自由度

运动副的种类及自由度如下：

1）根据运动副提供的约束数目的不同，将运动副分为五级：提供 1 个约束的，称为Ⅰ级运动副（简称Ⅰ级副）。提供两个约束的称为Ⅱ级运动副（简称Ⅱ级副）；依此类推，还有Ⅲ、Ⅳ、Ⅴ级副。

2）按照组成运动副两构件间的相对运动是平面运动还是空间运动，可以把运动副分为平面运动副和空间运动副。

3）按照运动副元素的不同，通常把面接触的运动副称为低副，点接触或线接触的运动副称为高副，高副比低副容易磨损。常见的低副形式有转动副和移动副。

转动副是两个构件之间的相对运动为转动的运动副，如图 2-6a 所示，两构件只能绕连接销轴相对转动，其相对自由度数为 1，约束数为 2。

移动副是两个构件之间的相对运动为移动的运动副，如图 2-6b 所示，两构件只能相对滑动，其相对自由度数为 1，约束数为 2。

高副是两构件通过单一点或线接触而构成的运动副。如图 2-6c、d 所示，当两构件组成运动副后，构件 2 沿公法线 $n-n$ 方向的移动受到约束，但可以沿接触点切线 $t-t$ 方向相对移动，还可以同时绕接触点（或线）转动。其相对自由度数为 2，约束数为 1。

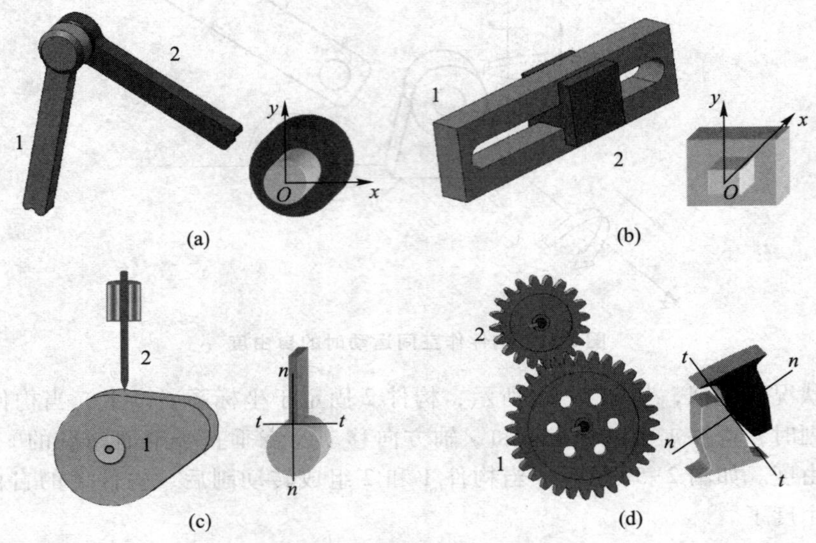

图 2-6　平面运动副的约束特点

表 2-1 列出了依据约束条件数不同而分的各级运动副。其中Ⅴ级副为机械中最常见的运动副。螺旋副的相对运动虽然既有转动又有移动，但两者有一定关系（每转一圈，移动一个导程）而不是相互独立的，其独立的相对运动只有一个，因此螺旋副也属Ⅴ级副。

表 2-1　常用运动副的分类及其代表符号

名称	简图或几何图形	代号	约束条件数	自由度数	级别
点高副			1	5	Ⅰ
线高副			2	4	Ⅱ

续表

名称	简图或几何图形	代号	约束条件数	自由度数	级别
球面低副		S	3	3	Ⅲ
球销副		S'	4	2	Ⅳ
圆柱副		C			
螺旋副		H			
转动副		R	5	1	Ⅴ
移动副		P			

2.1.3 运动链

运动链是通过运动副的连接而构成的可相对运动的系统。

闭式运动链（简称闭式链）中的各构件构成首末封闭的系统，如图 2-7 所示。多数机械中为闭式运动链。

开式运动链（简称开式链）中的各构件未构成首末封闭的系统，如图 2-8 所示。在机器人机构中较多是开式运动链。

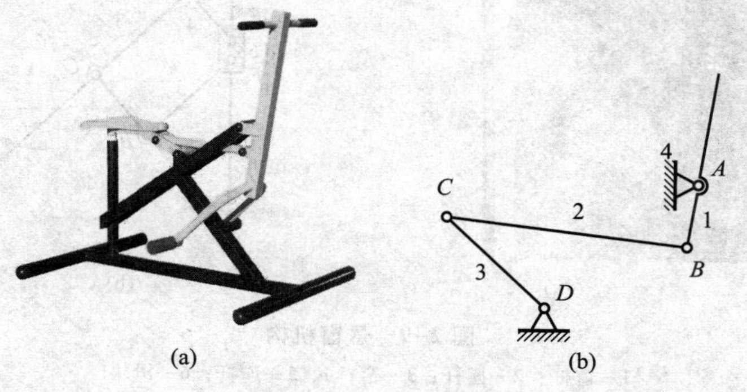

图 2-7 闭式运动链

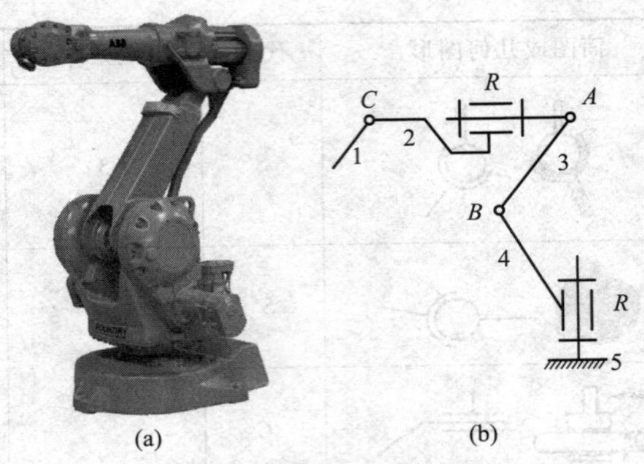

(a)　(b)

图 2-8　开式运动链

根据运动链中各构件间的相对运动为平面运动还是空间运动，可把运动链分为平面运动链和空间运动链两类。

2.1.4　机构

机构是由若干个构件组成的系统，各构件间具有确定的相对运动。机构也是运动链，但它必须具有原动件（1 个或几个）和机架，且有确定的运动。

机架是相对固定不动的构件。机构中按给定的已知运动规律独立运动的构件称为原动件，也称为主动件，而其余活动构件则称为从动件。原动件确定后，其余从动件随之作确定的运动，此时机构的运动就确定了。

组成机构的各构件都在相互平行的平面内运动的机构称为平面机构，否则称为空间机构，其中平面机构应用最为广泛。

如图 2-9 所示的悬窗机构，由构件窗框 1、摆杆 2、窗 3、连杆 4 和 5、滑块 6 组成，通过手动实现窗 3 的开闭动作。图 2-10 所示的伞机构由伞中柱 1、下巢体 2、中伞骨 3、边伞骨 4、摆杆 5、主连杆 6、内连杆 7、外连杆 8 组成，通过手推动下巢体 2，实现伞的撑开与收拢。

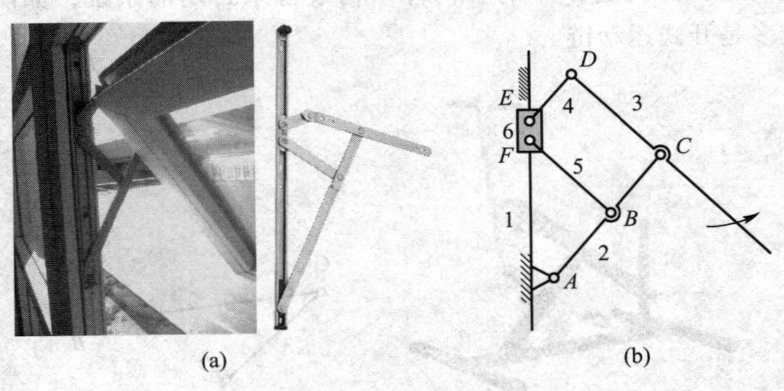

(a)　(b)

图 2-9　悬窗机构

1—窗框；2—摆杆；3—窗；4、5—连杆；6—滑块

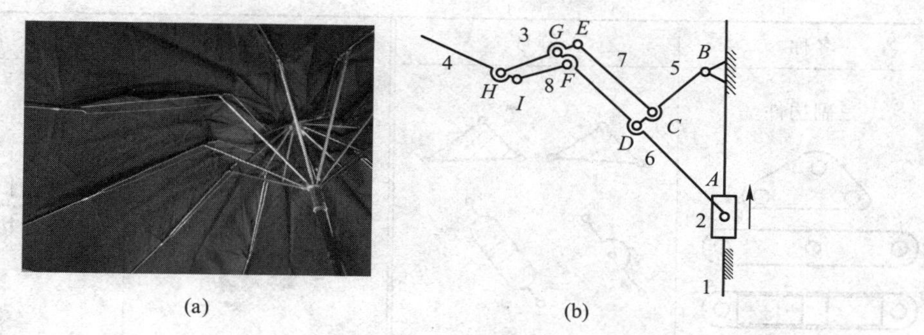

(a) (b)

图 2-10 伞机构

1—伞中柱；2—下巢体；3—中伞骨；4—边伞骨；5—摆杆；6—主连杆；7—内连杆；8—外连杆

2.2 机构的运动简图

机构运动简图为撇开构件的复杂外形和运动副的具体构造，用简单的线条和规定的符号代表构件和运动副，并按比例定出各运动副的相对位置的简化图形。机构运动简图能准确表达机构运动情况，与原机械的运动特性完全相同。机构的运动简图便于理解复杂的机械及分析机械结构、运动和动力。

机构示意图是不按精确的比例绘制，仅能表明机械的结构状况的简图。

机构运动简图符号已有国家标准（如 GB/T 4460—2013），该标准对运动副、构件及各种机构的表示符号做了规定，表 2-2 所示的构件和运动副的表示方法摘自该标准，供参考。

表 2-2 构件和运动副的表示方法（摘自 GB/T 4460—2013）

名称	符号	名称	符号
杆的固定连接		转动副 1 2	
二副构件		移动副	1 2

续表

名称	符号	名称	符号
三副构件 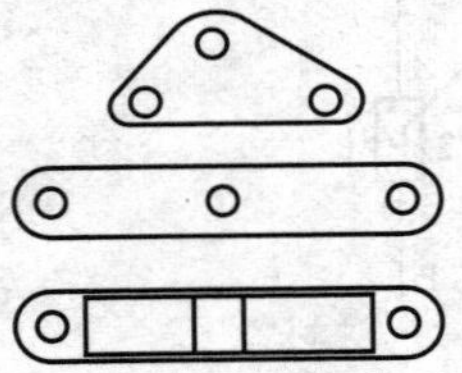	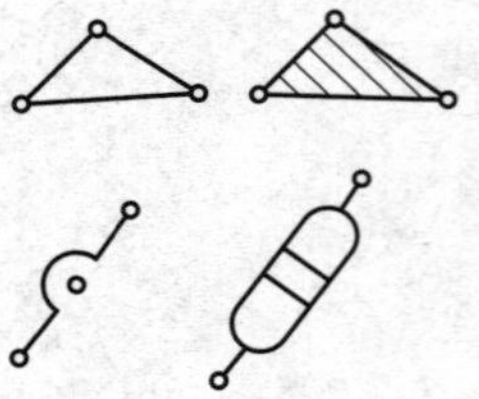	向心轴承 	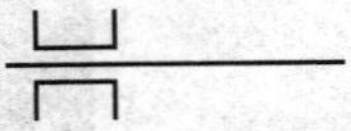
单向推力轴承 	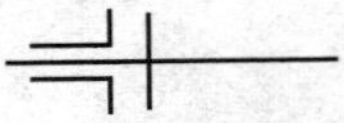	螺旋副 	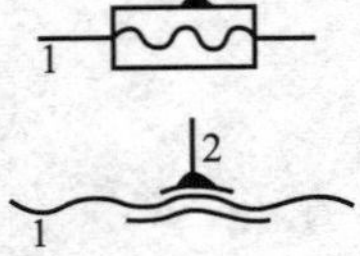 1 2 2 1
外啮合圆柱齿轮机构 	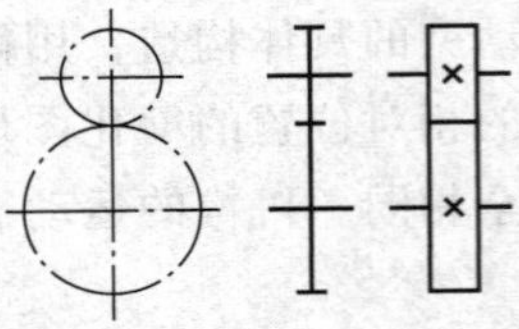	齿轮齿条机构 	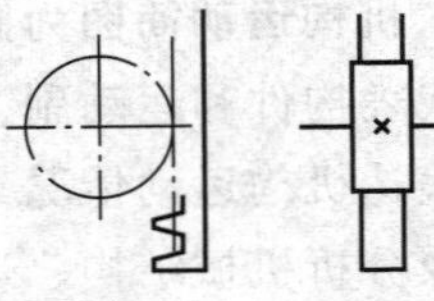
内啮合圆柱齿轮机构 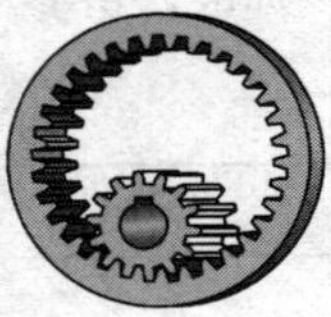	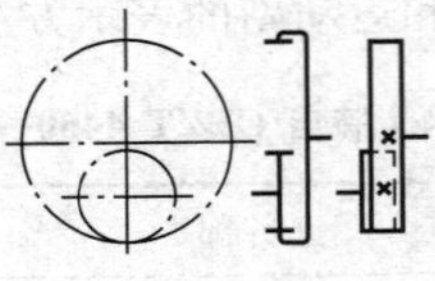	蜗杆传动 	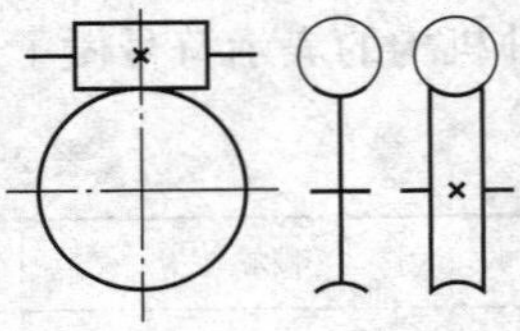
凸轮机构 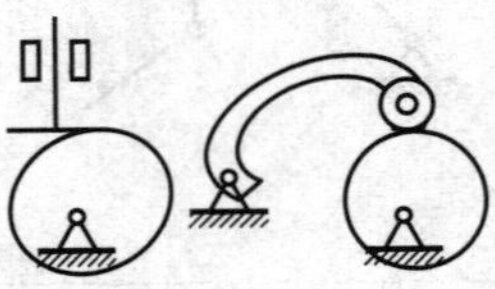	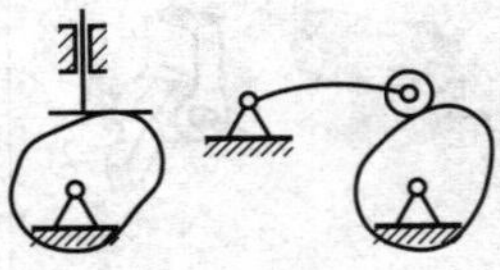	带传动 	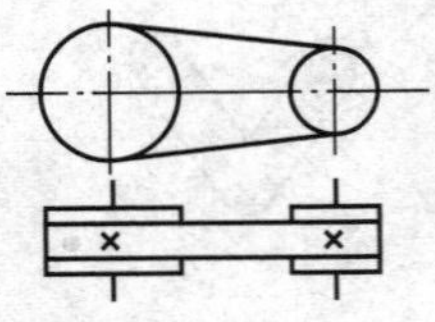
链传动 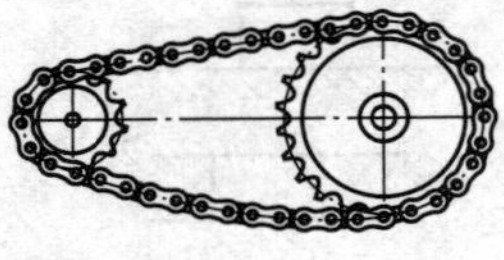	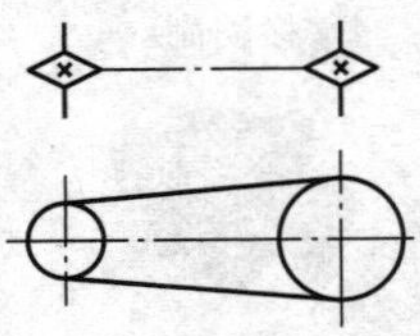	棘轮机构 	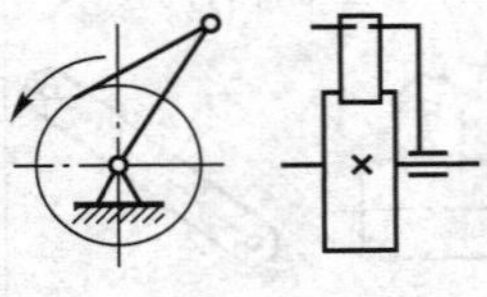

续表

名称	符号	名称	符号
锥齿轮传动 	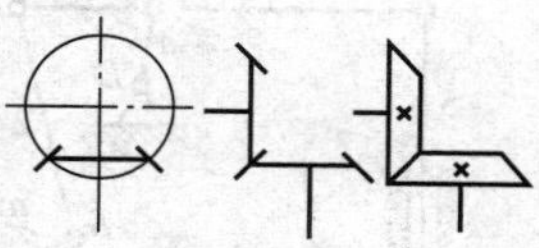	联轴器 	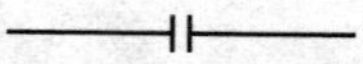
制动器 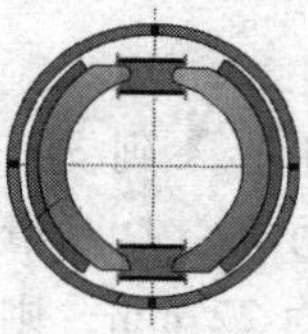	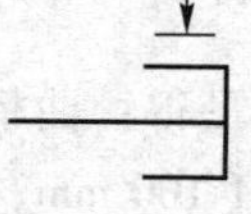	电动机 	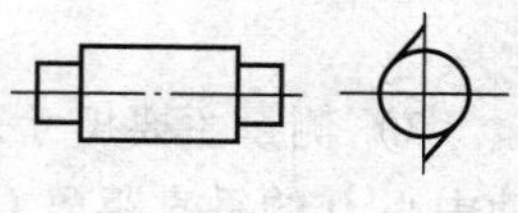

机构运动简图应满足如下条件：

1）构件数目与实际相同；

2）运动副的特点、数目与实际相符；

3）运动副之间的相对位置、构件尺寸与实际机构成比例。

绘制机构运动简图的思路：先定原动部分和工作部分（一般位于传动线路末端），弄清运动传递路线，确定构件数目及运动副的类型，并用符号表示出来。

绘制机构运动简图的步骤如下：

1）弄清机械的结构及运动情况。找出机架及原动件，循着运动的传递路线搞清楚该机械原动件的运动如何传动到执行件（或工作件）；弄清构件数目。

2）根据相连接的两构件间的接触情况及相对运动的性质，确定各个运动副的类型，弄清运动副的数量。

3）选择与机械的多数构件运动平面相平行的平面作为绘制机构运动简图的投影面；选择适当的长度比例尺（图示尺寸与实际尺寸之比），确定各运动副之间的相对位置，以规定的符号将各运动副表示出来，用直线或曲线将同一构件上各运动副元素连接起来即为所要画的机构运动简图。

4）标注构件编号、运动副字母、原动件箭头。

例 2-1 图 2-11a 所示为简易冲压机构的结构图，试绘制机构运动简图。

解 1）构件分析。简易冲压机构由曲柄 1、连杆 2、杠杆 3、支杆 4、冲杆 5 和机架 6，组成，共 6 个构件。转动的曲柄 1 为原动件，上下运动的冲杆 5 为执行件。

2）运动副分析。曲柄 1 用销轴与机架 6 铰接成转动副；连杆 2 用销轴与曲柄 1 铰接成转动副；杠杆 3 用销轴与连杆 2 铰接成转动副；杠杆 3 用销轴与支杆 4 铰接成转动副；支杆 4 用销轴与机架 6 铰接成转动副；杠杆 3 用销轴与冲杆 5 铰接成转动副；冲杆 5 与机架 6 用导套连接成移动副。故共有 6 个转动副和 1 个移动副。

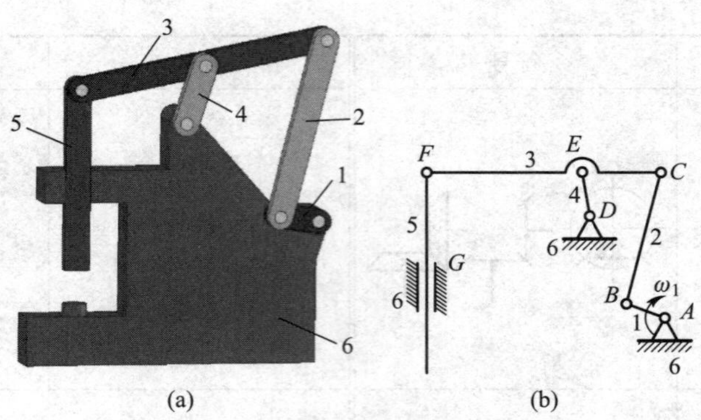

图 2-11　简易冲压机构

1—曲柄；2—连杆；3—杠杆；4—支杆；5—冲杆；6—机架

3）测量主要尺寸，确定比例和图示长度。经测量得：曲柄 1 的转动中心 A 到支杆的转动中心 D 的垂直距离 L_{h1} = 1 200 mm，水平距离 L_{p1} = 1 100 mm；支杆的转动中心 D 到滑槽的水平距离为 L_{p2} = 2 200 mm，垂直距离为 L_{h2} = 500 mm。设图样最大尺寸为 22 mm，则长度比例尺 $\mu_l = L_{h1}$/22 mm = 2 200 mm/22 mm = 100 mm/mm，即图中 1 mm 代表实际尺寸 100 mm。根据比例尺计算各杆的长度及各定位尺寸为：$l_1 = L_1/\mu_l$ = 600 mm/100 = 6 mm，$l_2 = L_2/\mu_l$ = 1 800 mm/100 = 18 mm，$l_3 = L_3/\mu_l$ = 3 300 mm/100 = 33 mm，$l_4 = L_4/\mu_l$ = 700 mm/100 = 7 mm，$l_5 = L_5/\mu_l$ = 1 600 mm/100 = 16 mm，$l_{CE} = L_{CE}/\mu_l$ = 1 100 mm/100 = 11 mm，l_{h1} = 12 mm，l_{p1} = 11 mm，l_{p2} = 22 mm，l_{h2} = 5 mm。

4）绘制机构运动简图。①按各运动副间的图示距离和相对位置，选择适当的瞬时位置，用规定的符号表示各运动副；②用直线将同一构件上的运动副连接起来，并标上构件号、铰点名和原动件的运动方向，即得所求的机构运动简图，如图 2-11b 所示。

例 2-2　画出图 2-12a 所示牛头刨床的机构运动简图。

解　1）构件分析。牛头刨床由齿轮 1、齿轮 2、滑块 3、摆杆 4、连杆 5、滑枕 6 和机架 7 组成，共 7 个构件。转动的齿轮 1 为原动件，滑枕 6 为执行件。

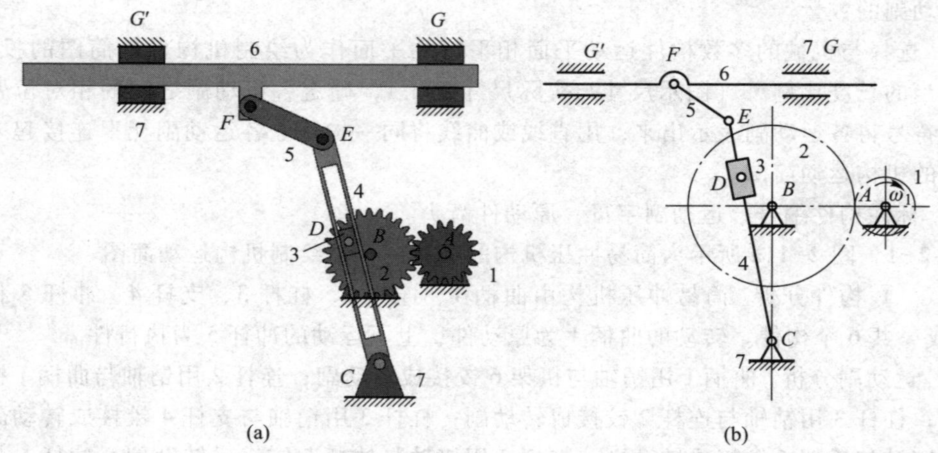

图 2-12　牛头刨床及机构运动简图

1、2—齿轮；3—滑块；4—摆杆；5—连杆；6—滑枕；7—机架

2）运动副分析。各构件间的连接关系如下：齿轮 1、2 与机架 7 在 A、B 处以转动副连接，两齿轮以高副连接。齿轮 2 和滑块 3 在 D 处以转动副连接，滑块 3 与摆杆 4 以移动副连接，摆杆 4 分别与机架 7 和连杆 5 以转动副 C、E 连接，连杆 5 与滑枕 6 以转动副 F 连接，滑枕 6 与机架 7 在 G、G'以移动副连接。

3）分别测量齿轮节圆半径，距离 AB、BD、BC、CE、EF 以及滑枕导路方向与 C 点距离，选择投影面和比例尺，按比例（具体计算过程略）画出机构运动简图如图 2-12b 所示。

强化训练题 2-1　试绘制图 2-13 所示机械手和冲压机的机构运动简图。

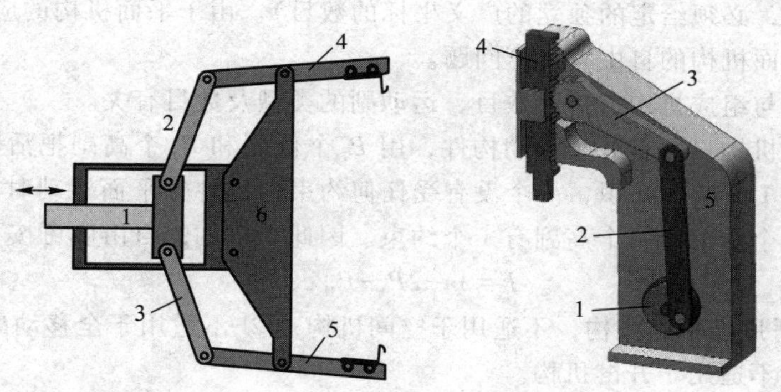

(a) 机械手(左侧推杆为原动件)　　(b) 冲压机(右下侧圆盘为原动件)

图 2-13　强化训练题 2-1 图

对于空间机构，同样按照上述流程绘制机构运动简图，只是无法保证大部分构件运动平行一个平面，这时可以用类似轴测图的形式给出，图 2-14 所示为机器人执行部分中的机械手的运动简图（由于对称，只绘制一部分）。

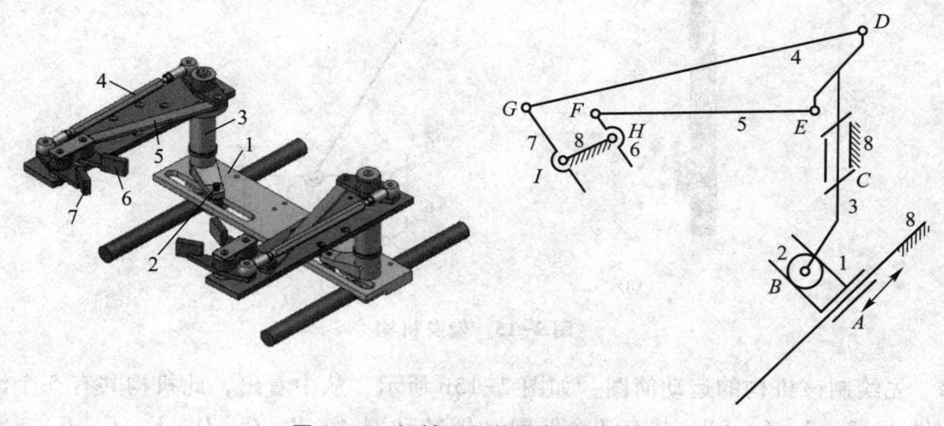

图 2-14　机械手机构及其运动简图

2.3 机构的自由度分析

2.3.1 平面机构的自由度

机构自由度为机构具有确定运动时所必须给定的独立运动参数的数目（也是为了使机构的位置得以确定，必须给定的独立的广义坐标的数目）。由于平面机构的应用特别广泛，所以下面仅讨论平面机构的自由度计算问题。

机构的自由度与组成机构的构件数目、运动副的类型及数目有关。

设有某一平面机构，共有 n 个活动构件，用 P_L 个低副和 P_H 个高副把活动构件与机架连接起来。根据 2.1.2 节的知识，一个没有受任何约束的构件作平面运动时具有 3 个自由度，一个低副有 2 个约束，一个高副有 1 个约束。因此，机构的自由度可按下式计算：

$$F=3n-2P_L-P_H \tag{2-1}$$

注意：① 仅适用于平面机构，不适用于空间机构；② 不适用于全移动副机构；③ 仅适用于闭链机构，不适用于开链机构。

例 2-3 试计算图 2-15a 所示健身机构（坐式拉力器）的自由度。

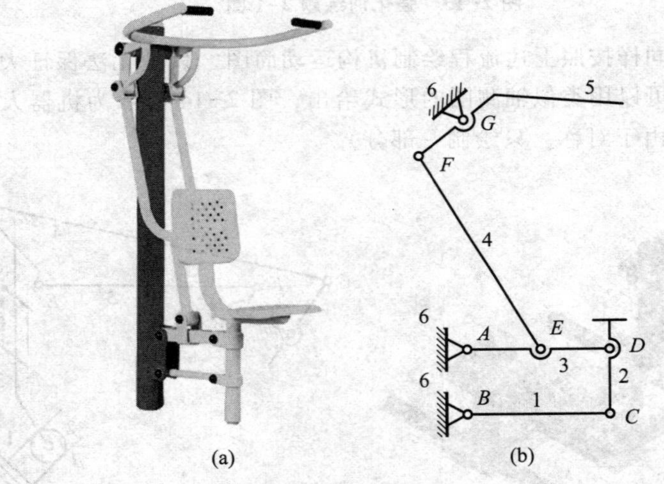

图 2-15 健身机构

解 先绘制该机构的运动简图，如图 2-15b 所示，从中看出，此机构共有 5 个活动构件（构件 1、2、3、4、5），共有 7 个低副（即转动副 A、B、C、D、E、F、G），没有高副，按式（2-1）可求得其自由度为

$$F=3n-2P_L-P_H=3\times5-2\times7-0=1$$

例 2-4 计算如图 2-16 所示的两种机械手爪机构的自由度。

解 1）由图 2-16a 得，此机构共有 3 个活动构件（构件 2、3、4），共有 3 个低副（即移动副 A 和转动副 C、D），有 2 个高副（即齿轮齿条组成的高副 B、E），按式（2-1）

可求得其自由度为

$$F=3n-2P_{\mathrm{L}}-P_{\mathrm{H}}=3\times3-2\times3-2=1$$

2）由图 2-16b 得，此机构共有 7 个活动构件（构件 1、2、3、4、5、6、7），共有 9 个低副（即转动副 B、C、D、I、J、K 及移动副 A、F、G），2 个高副（拨叉结构 3、4 与 6、7 构成的 E、H），则其自由度为

$$F=3n-2P_{\mathrm{L}}-P_{\mathrm{H}}=3\times7-2\times9-2=1$$

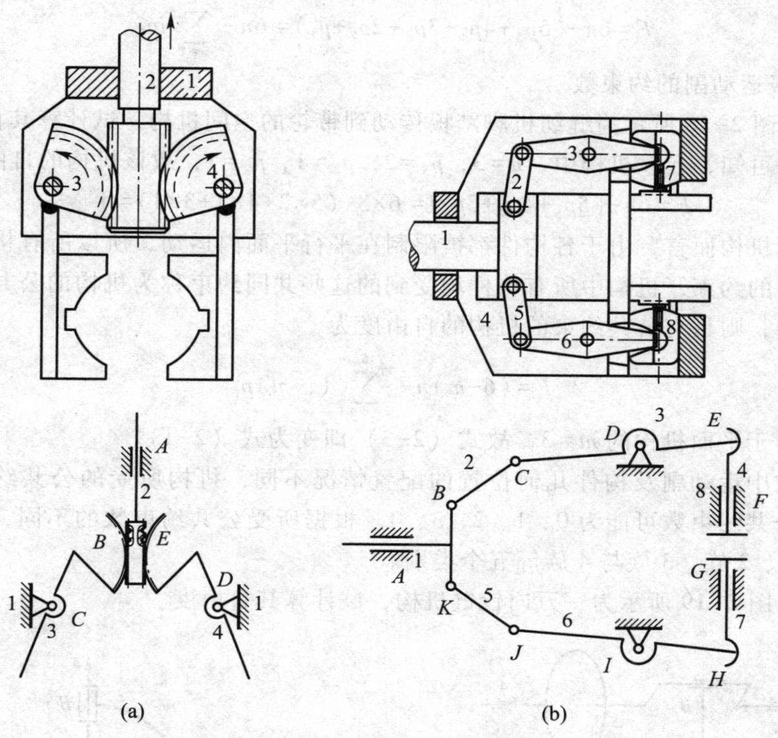

图 2-16 两种机械手爪机构

强化训练题 2-2 试绘制图 2-17 所示工件夹具和打孔机的机构简图，并计算机构自由度。

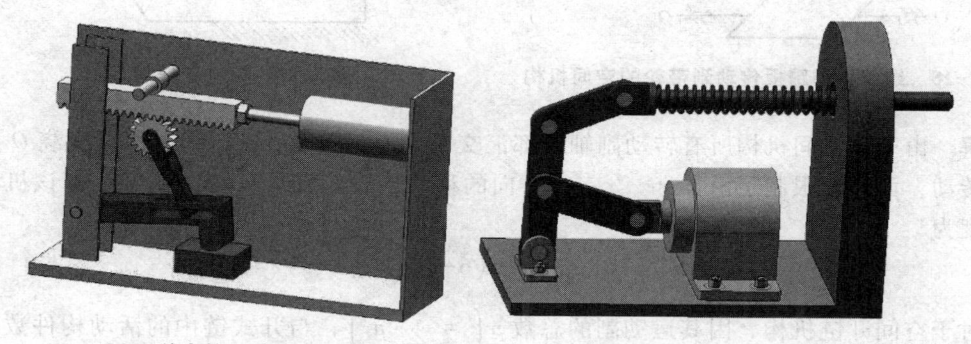

(a) 工件夹具(气缸为原动件)　(b) 打孔机(直线电机为原动件)

图 2-17 强化训练题 2-2 图

2.3.2 空间机构的自由度*

由于空间机构中各自由构件的自由度为 6，所具有的运动副可以为Ⅰ级副到Ⅴ级副，其所提供的约束数目分别为 1 到 5。设某空间机构共有 n 个活动构件，p_1 个Ⅰ级副，p_2 个Ⅱ级副，p_3 个Ⅲ级副，p_4 个Ⅳ级副和 p_5 个Ⅴ级副，则空间机构的自由度为

$$F=6n-(5p_5+4p_4+3p_3+2p_2+p_1)=6n-\sum_{i=1}^{5} ip_i \tag{2-2}$$

式中，i 为 i 级运动副的约束数。

例 2-5 图 2-18 所示为缝纫机脚踏板传动到带轮的空间机构，试计算其自由度。

解 由图可知，在该机构中，$n=3$，$p_5=2$，$p_4=1$，$p_3=1$，故该机构的自由度为

$$F=6n-(5p_5+4p_4+3p_3)=6\times3-(5\times2+4\times1+3\times1)=1$$

对于平面机构而言，由于各构件都被限制在平行平面内运动，所以所有构件都同时受到了 3 个相同的约束，机构中所有构件均受到的这些共同约束称为机构的公共约束。设公共约束数为 m，则具有公共约束的机构的自由度为

$$F=(6-m)n-\sum_{i=m+1}^{5}(i-m)p_i \tag{2-3}$$

不难看出，由于平面机构的 $m=3$，故式（2-3）即变为式（2-1）。

由于机构中运动副及构件几何位置的配置情况不同，机构所受的公共约束数也将不同，而机构公共约束数可能为 0、1、2、3、4。根据所受公共约束数的不同，可将机构分为 0 族、1 族、2 族、3 族与 4 族等五个类别。

例 2-6 图 2-19 所示为一万向铰链机构，试计算其自由度。

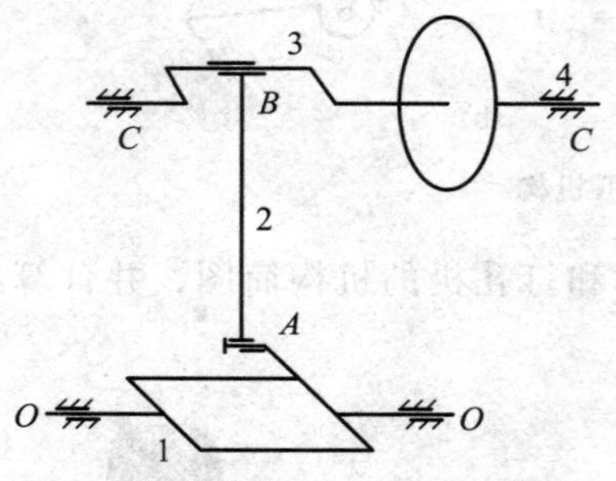

图 2-18 缝纫机脚踏板传动到带轮的空间机构

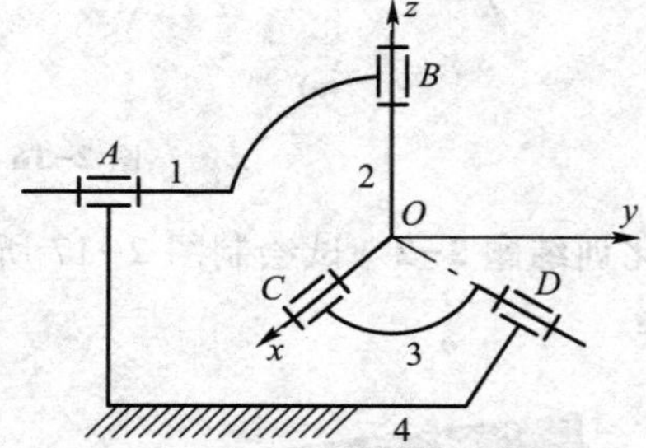

图 2-19 万向铰链机构

解 由于该空间机构所有转动副轴线都汇交于点 O，所以所有运动构件只能绕 O 点轴线作转动，而均被限制了沿 x、y、z 三个方向的移动，故其公共约束数 $m=3$，而该机构的自由度为

$$F=(6-m)n-(5-m)p_5=(6-3)\times3-(5-3)\times4=1$$

对于空间开链机构，因其运动副的总数 $p\left(=\sum_{i=1}^{5} p_i\right)$，与开式链中的活动构件数相等（$n=p$），故由式（2-2）可得其自由度的计算公式为

$$F=6n-\sum_{i=1}^{5} ip_i=6n-\sum_{i=1}^{5}(6-f_i)p_i=\sum_{i=1}^{5} f_ip_i \tag{2-4}$$

式中，f_i 为 i 级运动副的自由度，$f_i=6-i$。

例 2-7 试计算图 2-20 所示的仿人机械臂的自由度。

解 若取人体肩部为机架，由人的身体结构可知，肩关节和腕关节可视为球面副，肘关节为球销副，这样画出其仿生手臂机构简图如图 2-20 所示。从图中看到，构件数 $n=8$，运动副也是 8 个，其中Ⅴ级副 7 个，即 $p_5=7$，Ⅳ级副 1 个，即 $p_4=1$，根据式（2-4）可得其自由度为

$$F=(6-5)p_5+(6-4)p_4=1\times7+2\times1=9$$

从上述求解看到，仿人机械臂具有 9（>6）个自由度，表明它的运动灵活性比较大，可绕过障碍进入作业区。

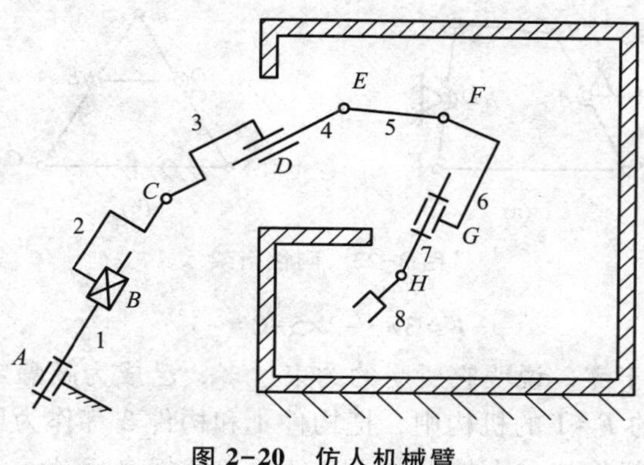

图 2-20 仿人机械臂

2.3.3 机构具有确定运动的条件

图 2-21 所示为一铰链四杆机构，$n=3$，$P_L=4$，$P_H=0$，由式（2-1）得

$$F=3\times3-2\times4-0=1$$

此机构的自由度为 1，即机构中各构件相对于机架所能有的独立运动的数目为 1。

通常机构的原动件都是用转动副或移动副与机架相连，因此每个原动件只能输入一个独立运动。设构件 1 为原动件，参变量 φ_1 表示构件 1 的独立运动，由图 2-21 可见，每给定一个 φ_1 的数值，从动件 2、3 便有一个确定的相应位置。由此可见，自由度等于 1 的机构在具有一个原动件时运动是确定的。

如图 2-22 所示的铰链五杆机构，$n=3$，$P_L=5$，$P_H=0$，由式（2-1）得

$$F=3\times4-2\times5-0=2$$

如果只有构件 1 为原动件，则当构件 1 处在 φ_1 位置时，由于构件 4 的位置不确定，所以构件 2 和 3 可以处在图示的实线位置或虚线位置，也可以处在其他位置，即从动件的运动是不确定的。

若取构件 1 和 4 为原动件，φ_1 和 φ_4 分别表示构件 1 和 4 的独立运动。如图 2-22 所示，每当给定一组 φ_1 和 φ_4 的数值，从动件 2 和 3 便有一个确定的相应位置。由此可见，自由度等于 2 的机构在具有两个原动件时才有确定的相对运动。

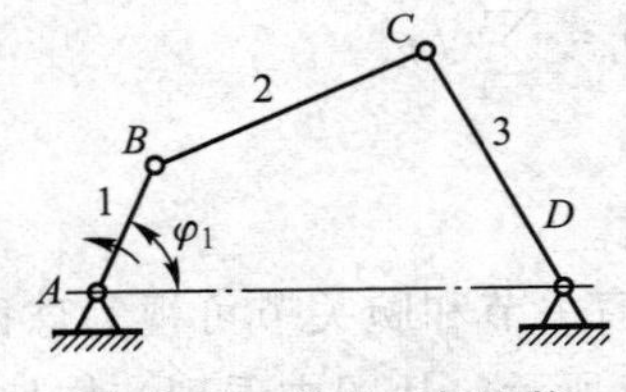

图 2-21　铰链四杆机构

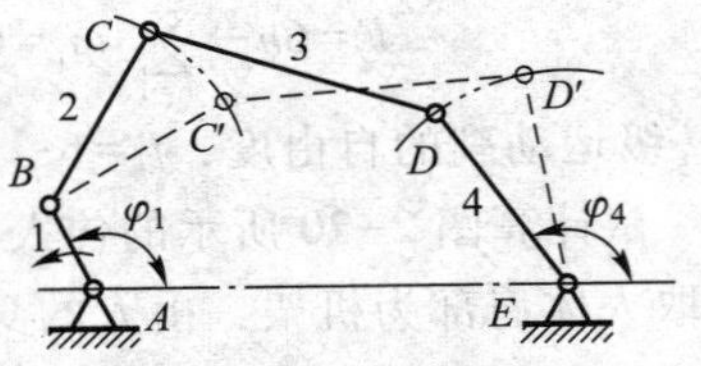

图 2-22　铰链五杆机构

如图 2-23a 所示的构件组合中，$n=4$，$P_L=6$，$P_H=0$，由式（2-1）得

$$F=3\times4-2\times6-0=0$$

该构件组合的自由度为零，所以是一个刚性桁架。

又如图 2-23b 所示的构件组合中，$n=3$，$P_L=5$，$P_H=0$，由式（2-1）得

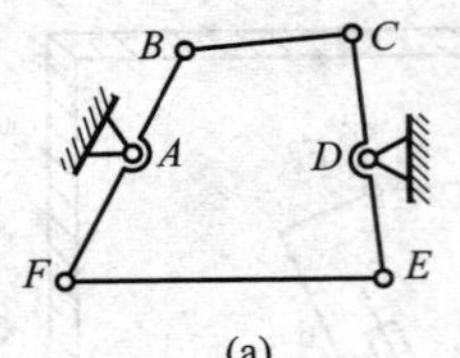

(a)

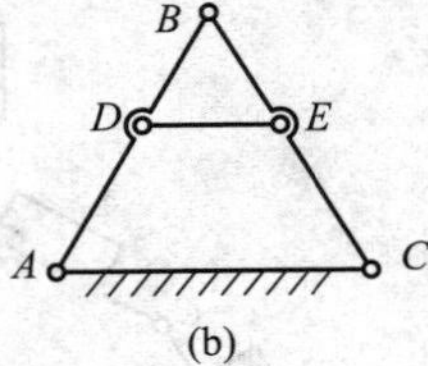

(b)

图 2-23　刚性桁架

$$F=3\times3-2\times5-0=-1$$

该构件组合的自由度小于零，说明它所受的约束过多，已成为超静定的刚性桁架。

若在图 2-21 所示的 $F=1$ 的机构中，把构件 1 和构件 3 都作为原动件，这时受力较小的原动件变为从动件，机构按受力较大的原动件的运动规律运动，如果某构件或某运动副的强度不足，则在强度不足处遭到破坏。

综上所述可知：

1）$F\leqslant0$ 时，机构蜕变为刚性桁架，构件之间没有相对运动。

2）$F>0$ 时，原动件数小于机构的自由度，各构件没有确定的相对运动；原动件数大于机构的自由度，则在机构的薄弱处遭到破坏。

机构具有确定运动的条件是：机构的原动件的数目应等于机构的自由度的数目。

原动件少于机构自由度的机构或机械系统称为欠驱机构或欠驱机械系统。由于欠驱机构的运动将遵循最小阻力定律，人们就利用这一特性创造了许多欠驱机构或装置，如欠驱机械手指、欠驱制动器、欠驱抓斗等。

原动件多于机构自由度的机构或机械系统称为冗驱机构或冗驱机械系统。对于冗驱机构，假如各原动件的运动互不协调，将有可能导致机构在最薄弱的环节损坏；但若各原动件的运动是彼此协调的，则各原动件将同心协力来驱动从动件运动，从而增大了传动的可靠性，减小传动的尺寸和重量，并有利于克服机构处于某些奇异位形（即某些特殊位置和状态）时其运动所受到的障碍。

2.4 机构自由度分析中应注意的问题

在用式（2-1）计算机构自由度时，有时会出现计算的结果与机构实际自由度不相符合的情况。为使计算结果与实际一致，在使用式（2-1）计算机构的自由度时，应注意下列几个问题。

2.4.1 复合铰链

图 2-24a 所示是一拨件机构，图 2-24b 所示为其机构运动简图，构件 2、3 分别与构件 4 组成转动副。当用式（2-1）计算该机构的自由度时，往往容易把 C 处的转动副当作一个转动副来计算，使计算的机构自由度数与实际情况不符。例如认为 $n=6$，$P_L=7$，$P_H=1$，

$$F=3\times6-2\times7-1\times1=3$$

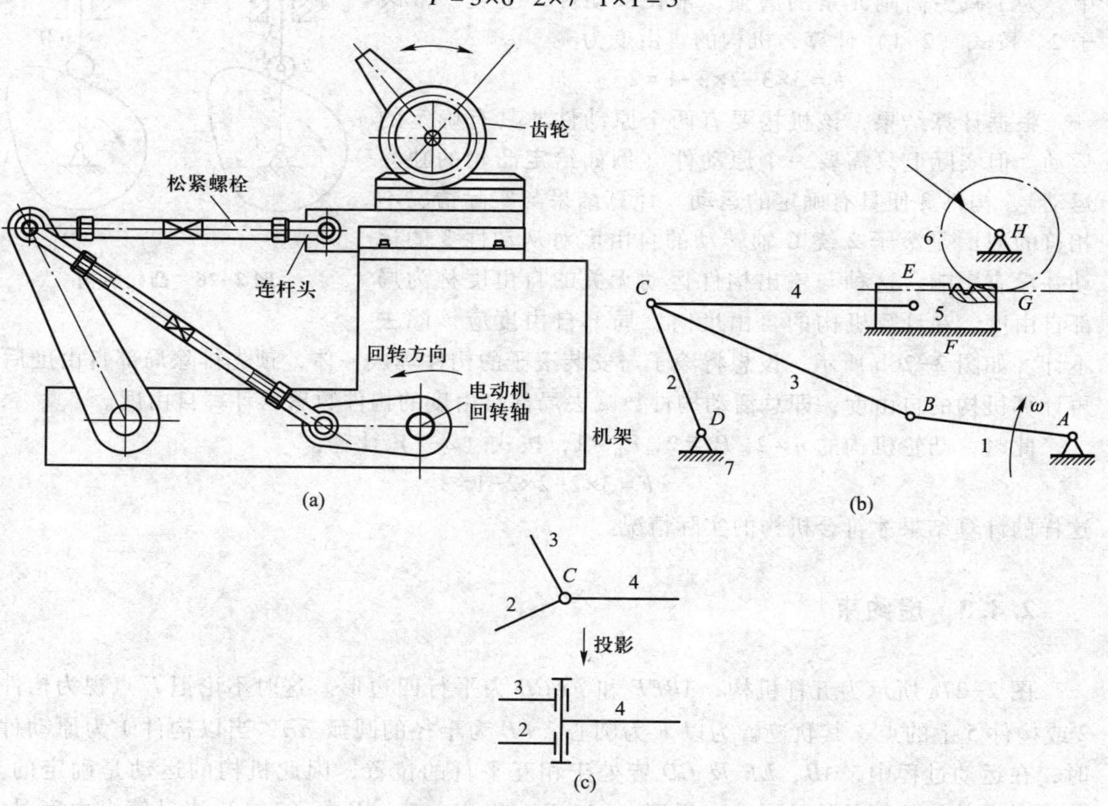

图 2-24 拨件机构中的复合铰链

这表示要使该机构具有确定运动，需要有三个原动件，但实际上只要有一个原动件，机构就具有确定运动。前面计算错误的原因是没有把铰链 C 处的转动副数按实际情况算为两

个，如图 2-24c 所示。若按 $n=6$，$P_L=8$，$P_H=1$ 来计算，则机构的自由度为

$$F=3\times6-2\times8-1\times1=1$$

这就与实际情况相符了。所以，在计算机构的运动副数目时要注意：两个以上的构件同在一处以转动副相连接，就构成了**复合铰链**。当有 m 个构件（包括固定构件）以复合铰链相连接时，其转动副的数目应为（$m-1$）个。

在图 2-25 所示的直线机构中，在 B、C、D、F 四处都是由三个构件组成的复合铰链，各具有两个转动副，因为 $n=7$，$P_L=10$，$P_H=0$，故由式（2-1）得

$$F=3\times7-2\times10-0=1$$

这样计算结果就与实际情况相符。

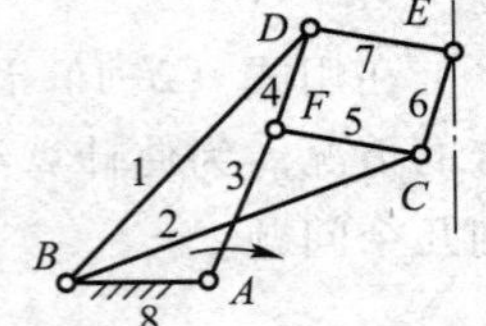

图 2-25 直线机构

2.4.2 局部自由度

在有些机构中，某些构件所产生的局部运动并不影响其他构件的运动，则这种局部运动的自由度称为局部自由度。在图 2-26a 所示的凸轮机构中，为了减少高副元素的磨损，常在从动件 3 上装一个滚子 2。按式（2-1）计算，机构的自由度为

$$F=3\times3-2\times3-1=2$$

根据计算结果，该机构要有两个原动件才具有确定的运动。但实际上只需要一个原动件（例如给定凸轮的独立运动），构件 3 便具有确定的运动。计算结果与实际情况不相符的原因是滚子 2 绕 C 轴转动的自由度对从动件 3 的运动并没有影响。这种与输出构件运动无关的自由度称为局部自由度。在计算机构的自由度时，局部自由度应该除去不计。如图 2-26b 所示，设想将滚子与安装滚子的构件焊成一体，预先排除局部自由度后再计算机构的自由度，即总活动构件数减去局部自由度的构件数后再计算自由度。

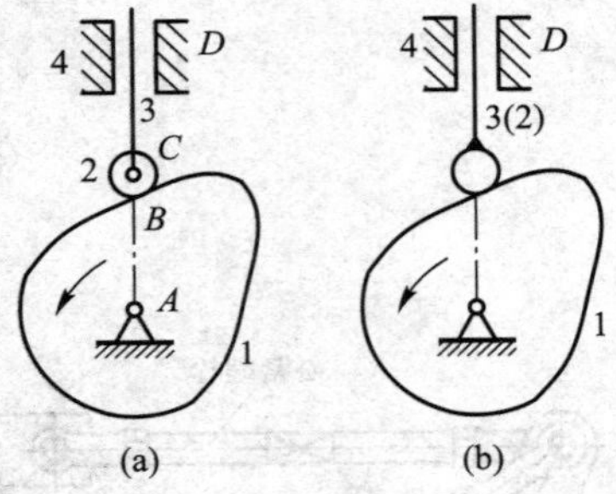

图 2-26 凸轮机构

此时，凸轮机构的 $n=2$，$P_L=2$，$P_H=1$，按式（2-1）计算：

$$F=3\times2-2\times2-1=1$$

这样的计算结果才符合机构的实际情况。

2.4.3 虚约束

图 2-27a 所示为五杆机构，$ABEF$ 和 $FECD$ 为平行四边形。这时不论把 E 点视为构件 2 或构件 5 上的点，其轨迹皆为以 F 为圆心、FE 为半径的圆弧 $\widehat{\alpha\alpha}$，当以构件 1 为原动件时，在运动过程中，AB、EF 及 CD 皆处于相互平行的位置，因此机构的运动是确定的。若不考虑某些几何条件的影响，仍按 $n=4$，$P_L=6$，$P_H=0$，用式（2-1）来计算自由度时，则得 $F=3\times4-2\times6-0=0$。结果显然与实际情况不相符。其原因在于构件 2 和构件 5 连接点 E 的轨迹原来就相同，加入构件 5（引入三个自由度）及转动副 E、F（共引入四个约束条件）所增加的一个约束条件实际上对机构的运动只起到重复限制作用。这种起重复限制

作用的约束称为**虚约束**。在计算机构自由度时，虚约束应当除去（图 2-27b），即 $n=3$，$P_L=4$，$P_H=0$，故

$$F=3\times3-2\times4-0=1$$

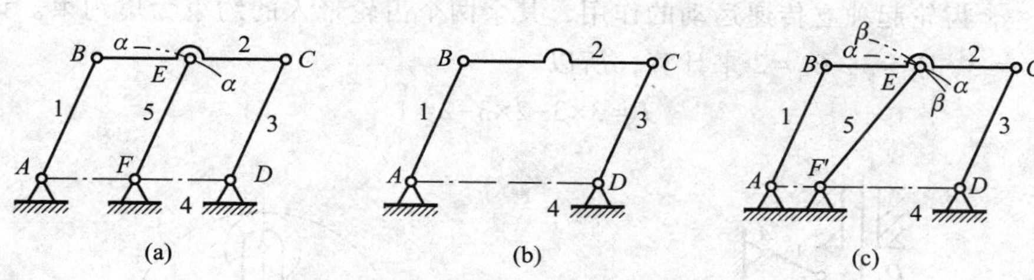

图 2-27　五杆机构与虚约束

而当构件 5 与构件 1、3 不平行时，如图 2-27c 所示，构件 2 上 E 点的轨迹为圆弧 $\widehat{\alpha\alpha}$，构件 5 上点 E 的轨迹为圆弧 $\widehat{\beta\beta}$，连接点 E 的轨迹不重合，使点 E 及 1、2、3 构件不能运动。按式（2-1）计算 $n=4$，$P_L=6$，$P_H=0$，即得

$$F=3\times4-2\times6-0=0$$

说明构件 5 与构件 1、3 不平行时，其上的转动副 E、F 已起到实际限制作用，不再是虚约束而成为了实际约束。

平面机构的虚约束常出现于下列情况：

（1）轨迹重合

如果机构上有两构件用转动副相连接，而两构件上连接点的轨迹相重合，则该连接将带入 1 个虚约束。例如图 2-27a 所示的情况即属于此种情况。

在机构运动过程中，当不同构件上两点间的距离保持恒定时，用一个构件和两个转动副将此两点相连，也将带入一个虚约束。如图 2-28 所示，在平行四边形机构 $ABCD$ 的运动过程中，构件 1 上的 F 点与构件 3 上的 E 点之间的距离始终保持恒定，故用构件 5 及转动副 E、F 将此两点相连时就带入一个虚约束。

（2）转动副轴线重合

当两构件构成多个转动副且其轴线互相重合时，只有一个转动副起约束作用，其余转动副都是虚约束。如图 2-29 所示的齿轮 1 和机架 2 在 A、A' 两处形成转动副，计算时只计 1 个转动副。

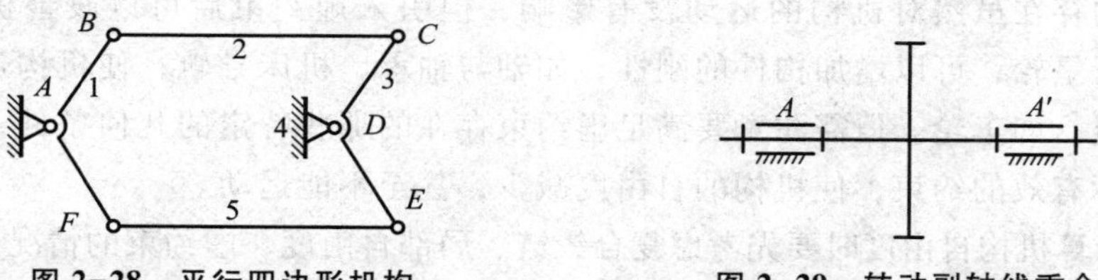

图 2-28　平行四边形机构　　图 2-29　转动副轴线重合

（3）移动副导路平行

两构件构成多个移动副且其导路互相平行，这时只有一个移动副起约束作用，其余移动副都是虚约束。如图 2-30 所示的缝纫机刺布机构中的滑杆 3 与机架 4 在 D、D' 两处形成移动副，计算时只计 1 个移动副。

(4) 机构存在对运动起重复约束作用的对称部分

在机构中，某些不影响机构运动传递的重复部分所带入的约束亦为虚约束。在图 2-31 所示的周转轮系中，主动齿轮 1 和内齿轮 3 之间对称布置了三个齿轮，从运动传递的角度来说仅有一个齿轮起独立传递运动的作用，其余两个齿轮带入的约束为虚约束。该机构的自由度按 $n=3$，$P_L=3$，$P_H=2$ 来计算，所以

$$F=3\times3-2\times3-2=1$$

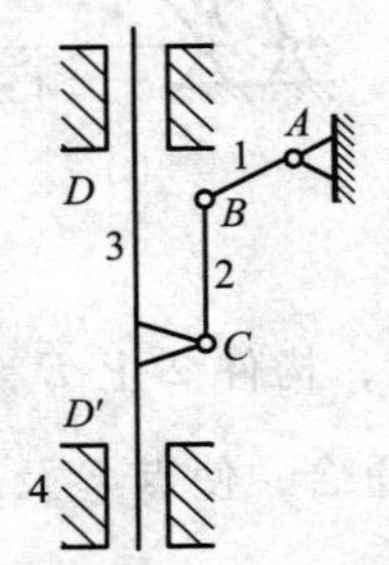

图 2-30 缝纫机刺布机构

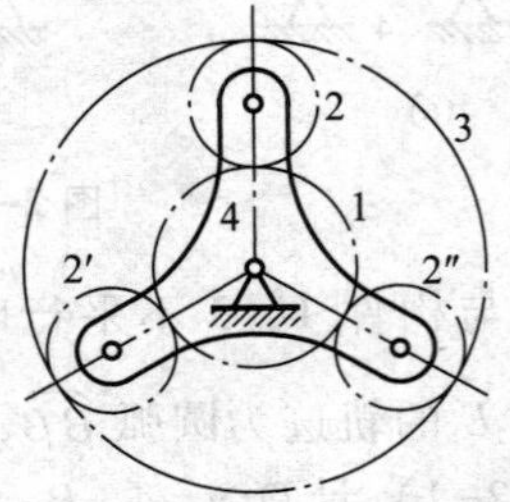

图 2-31 周转轮系

(5) 两构件构成高副，两处接触，且法线重合

两构件在两处形成高副，且法线重合，这时构成虚约束，只计算一处高副，如图 2-32 所示。而当两构件的两高副法线不重合时，不属于这种情况，如图 2-33 所示。

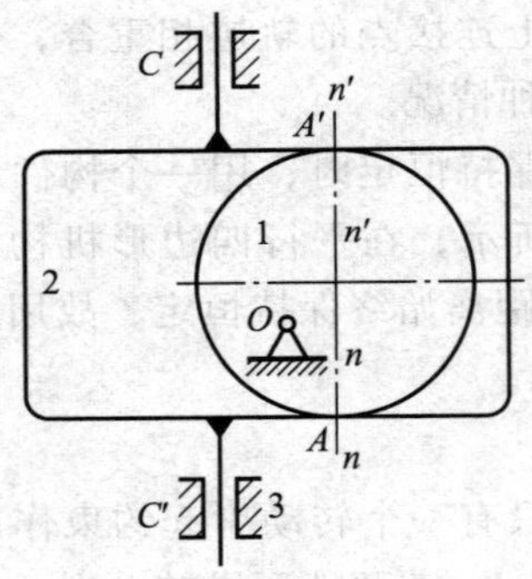

图 2-32 等宽凸轮

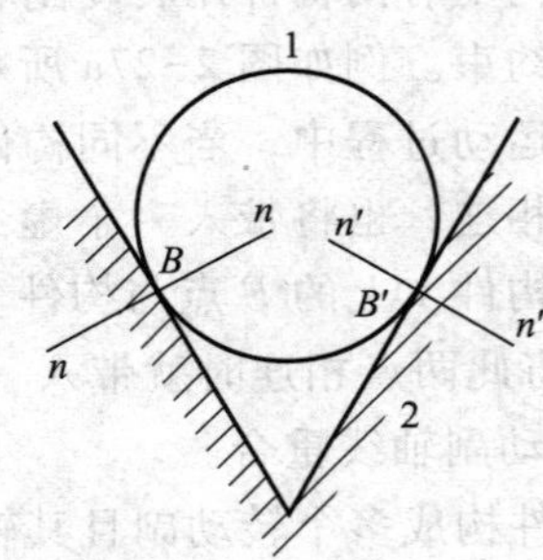

图 2-33 两高副的法线不重合

虚约束的存在虽然对机构的运动没有影响，但引入虚约束后可以改善机构的受力情况，如多个行星轮；可以增加构件的刚性，如轴与轴承、机床导轨；使机构运动顺利，避免运动不确定，如车轮。但需注意要满足虚约束存在的那些特定的几何条件，否则虚约束将会变为实际有效的约束，使机构的自由度减少，甚至不能运动。

至此，计算机构自由度时要先考虑复合铰链、局部自由度、虚约束的情况，把局部自由度、虚约束先除去，复合铰链处按 $m-1$ 个转动副计算，然后再按式（2-1）计算自由度。

例 2-8 如图 2-34 所示的筛料机构，计算其自由度。

解 1）工作原理分析。机构中标有箭头的曲轴 1 和凸轮 6 作为原动件分别绕 A 点和 F 点转动，迫使工作构件 5 带动筛子抖动筛料。

2）处理特殊情况。① 构件 2、3、4 在 C 点组成复合铰链，此处有 3 个构件，组成 2

个转动副；② 滚子7绕E点的转动为局部自由度，可看成滚子7与活塞杆8焊接一起，为1个构件；③ 构件8和9形成两处平行导路移动副，其中有一处是虚约束。

3）计算机构自由度。机构有7个活动构件，7个转动副、2个移动副、1个高副，即$n=7$，$P_L=9$，$P_H=1$，按式（2-1）计算得

$$F=3n-2P_L-P_H=3\times7-2\times9-1=2$$

例 2-9 如图2-35所示的机构是一个包装机的送纸机构，试计算其自由度。

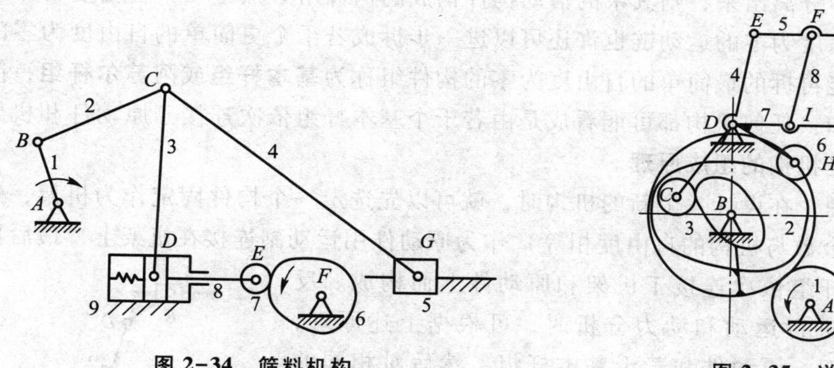

图 2-34 筛料机构　　图 2-35 送纸机构

解 1）处理特殊情况。D处为3个构件组成的复合铰链，C和H处各有一个局部自由度，构件8引入了一个虚约束（构件8只起提高结构刚度的作用，去掉它对平行四边形$DEGJ$的运动无任何影响）。

2）计算机构自由度。该机构共有6个活动构件，即齿轮1、齿轮2、构件4、构件5、构件7和构件9；包含7个低副，即A、B、E、G和J处各一个，D处两个；高副3个，即齿轮1与齿轮2啮合组成一个高副，C和H处分别与凸轮组成一个高副。故其$n=6$，$P_L=7$，$P_H=3$，由式（2-1）得

$$F=3n-2P_L-P_H=3\times6-2\times7-3=1$$

强化训练题 2-3 图2-36是冲压送料机构（图2-36a）与剪切送料机构（图2-36b），试指出其中的复合铰链、局部自由度与虚约束，并计算它们的自由度。

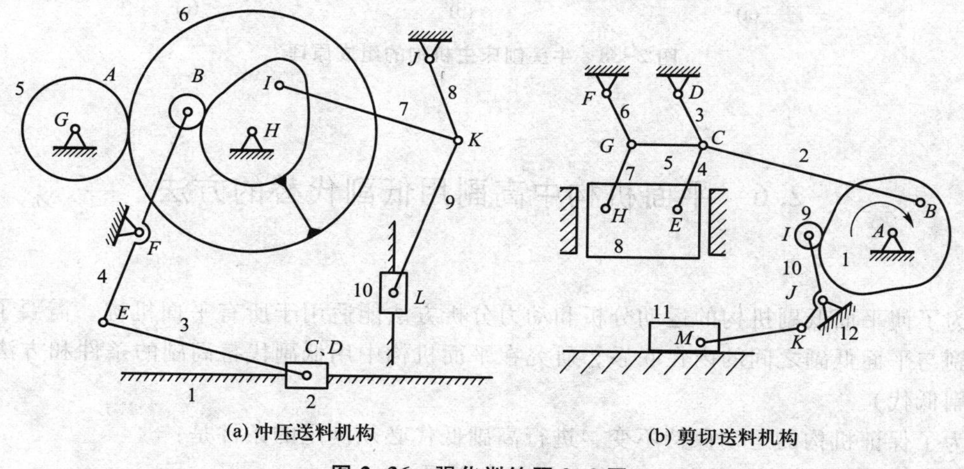

(a) 冲压送料机构　　(b) 剪切送料机构

图 2-36 强化训练题 2-3 图

2.5 机构的组成原理

一个机构具有确定运动必满足原动件的数目与自由度的数目相等的条件。设想将原动件和机架从机构中分离出来，则其余的活动构件构成的构件组必然是一个自由度为零的运动链。而这个自由度为零的运动链也许还可以进一步拆成若干个更简单的自由度为零的运动链。把最后不能再拆的最简单的自由度为零的构件组称为**基本杆组**或**阿苏尔杆组**，简称**杆组**。由以上可知：任何机构都可能看成是由若干个基本杆组依次连接于原动件和机架上而构成的。这就是**机构的组成原理**。

根据以上原理，在设计一个新的机构时，就可以先选定一个构件固定作为机架，然后将数个构件（其个数与机构的自由度相等）作为原动件用运动副连接在机架上，最后再将一个或几个基本杆组依次连接于机架和原动件上而构成。反之，对现有机构进行运动和动力分析时，可根据上述原理，将机构分解成机架、原动件和若干基本杆组。然后对相同的基本杆组以相同的方法进行分析。

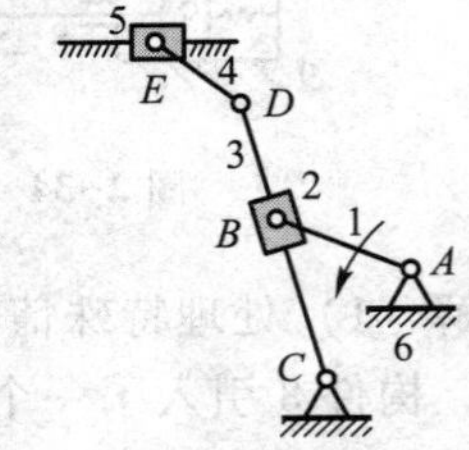

图 2-37 牛头刨床主机构

例如图 2-37 所示的牛头刨床主机构，就是由构件 2 与 3 和构件 4 与 5 组成的杆组依次连接于原动件 1 和机架 6 上所构成，如图 2-38a、b、c 所示。

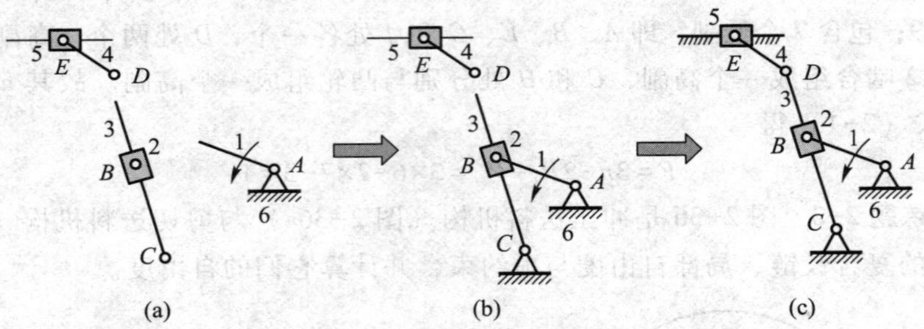

图 2-38 牛头刨床主机构的组成原理

2.6 平面机构中高副用低副代替的方法

为了使平面低副机构的运动分析和动力分析方法能适用于所有平面机构，需要了解平面高副与平面低副之间的内在联系，研究在平面机构中用低副代替高副的条件和方法（简称高副低代）。

为了保证机构的运动保持不变，进行高副低代必须满足的条件是：

1）代替机构和原机构的自由度必须完全相同。

2）代替机构和原机构的瞬时速度和瞬时加速度必须完全相同。

图 2-39a 所示的高副机构中，构件 1 和构件 2 分别为绕点 A 和点 B 转动的两个圆盘，它们的几何中心分别为 O_1和 O_2，这两个圆盘在点 C 接触组成高副。由于高副两元素均为圆弧，故 O_1、O_2即为构件 1 和构件 2 在接触点 C 的曲率中心，两圆连心线 O_1O_2即为过 C 点的公法线。在机构运动时，圆盘 1 的偏心距 $\overline{AO_1}$、两圆盘半径之和 $\overline{O_1O_2}$ 及圆盘 2 的偏心距 $\overline{BO_2}$ 均保持不变，因而这个高副机构可以用图 2-39b 所示的铰链四杆机构 AO_1O_2B 来代替。

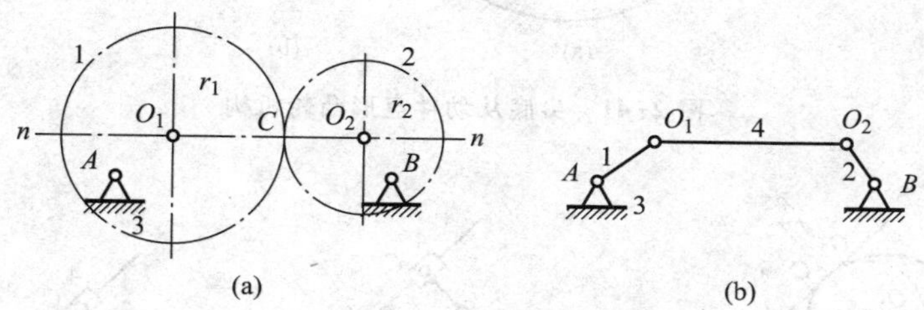

图 2-39　高副机构

代替后机构的运动并不发生任何改变，因此能满足高副低代的第二个条件。由于高副具有一个约束，而构件 4 及转动副 O_1、O_2也具有一个约束，所以这种代替不会改变机构的自由度，即满足高副低代的第一个条件。

上述的代替方法可以推广应用到各种平面高副上。图 2-40a 所示为具有任意曲线轮廓的高副机构，过接触点 C 作公法线 nn，在此公法线上确定接触点的曲率中心 O_1、O_2，构件 4 通过转动副 O_1和 O_2分别与构件 1 和构件 2 相连，便可得到图 2-40b 所示的代替机构 AO_1O_2B。当机构运动时，随着接触点的改变，其接触点的曲率半径及曲率中心的位置也随之改变，因而在不同的位置有不同的瞬时代替机构。

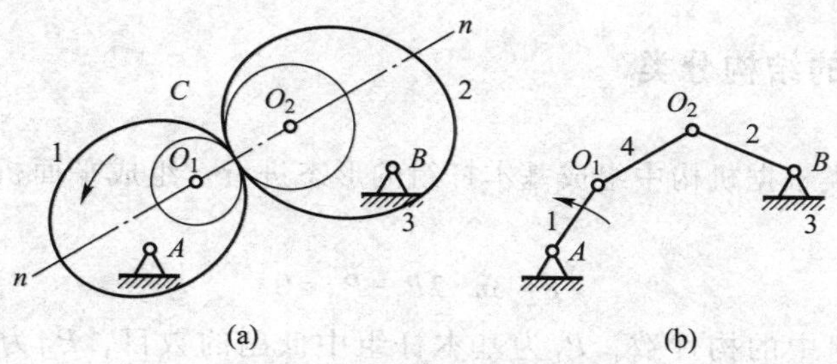

图 2-40　任意曲线轮廓高副机构

根据以上的分析，**高副低代的方法**就是用一个带有两个转动副的构件来代替一个高副，这两个转动副分别处在高副两元素接触点处的曲率中心。

若高副两元素之一为一点，如图 2-41a 所示，则因其曲率半径为零，所以曲率中心与两构件的接触点 C 重合，其瞬时代替机构如图 2-41b 所示。

若高副两元素之一为一直线，如图 2-42a 所示，则因直线的曲率中心在无穷远处，所以这一端的转动副将转化为移动副。其瞬时代替机构如图 2-42b 或图 2-42c 所示。

由上述可知，平面机构中的高副均可以用低副来代替，所以任何平面机构都可以化为只含低副的机构，对平面机构进行结构分类时，只需研究平面低副机构就可以了。

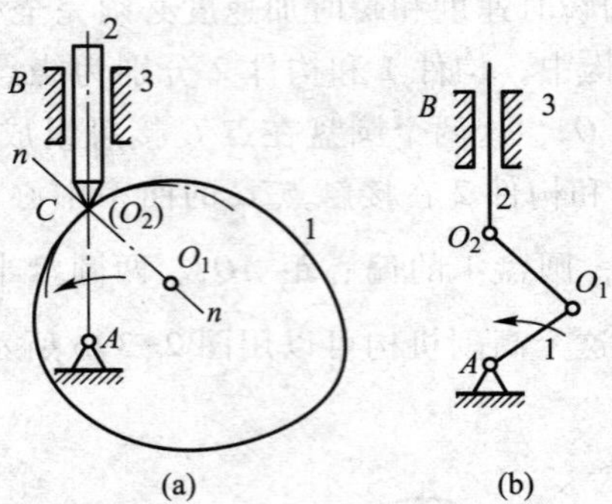

图 2-41　尖底从动件盘形凸轮机构

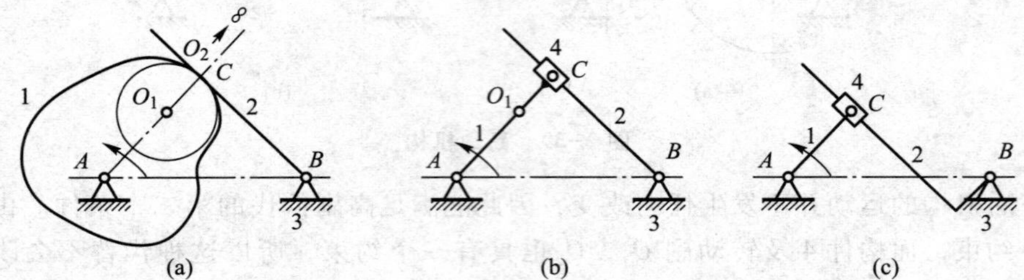

图 2-42　摆动从动件盘形凸轮机构

2.7 机构结构分析

2.7.1　机构的结构分类

机构的结构分类根据机构中组成基本杆组的形态进行。组成平面机构的基本杆组应符合条件：

$$F=3n-2P_L-P_H=0 \tag{2-5}$$

式中，n 为基本杆组中的构件数，P_L为基本杆组中低副的数目，P_H为基本杆组中高副的数目。

若在基本杆组中的运动副为低副，则上式可变为

$$3n-2P_L=0$$
$$n=\frac{2}{3}P_L \tag{2-6}$$

由于构件数和低副数都必须是整数（它们的组合见表 2-3），所以最简单的基本杆组是 $n=2$，$P_L=3$ 的基本杆组，我们把这种基本杆组称为Ⅱ级。Ⅱ级组是应用最多的一种基本杆组。考虑到低副中有转动副和移动副，Ⅱ级组有五种不同的类型，分别如图 2-43a、b、c、d、e 所示。

表 2-3 构件数和低副数的组合表

n	2	4	6	…
P_L	3	6	9	…

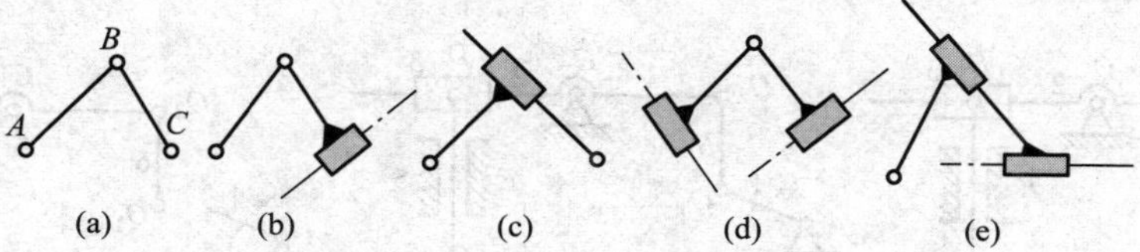

图 2-43 Ⅱ级组的五种类型

大多数的机构都是由Ⅱ级组构成，但在少数结构比较复杂的机构中，除Ⅱ级组外，可能还有其他较高级的杆组，例如图 2-44 所示Ⅲ级组的几种组合形式。

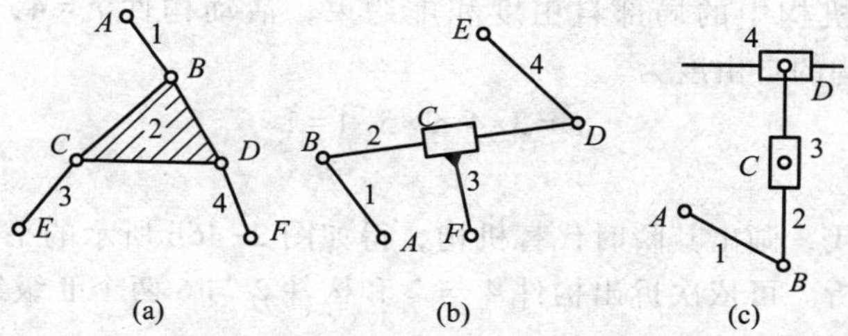

图 2-44 Ⅲ级组的几种组合形式

Ⅲ级组均由 4 个构件和 6 个低副所组成，而且必有一个构件上有三个连接其他组内构件的低副，例如图 2-44 所示三种结构形式中的构件 2 都包含 B、C、D 三个低副。

但必须注意，如图 2-45 所示的基本组，虽然也是由 4 个构件和 6 个低副组成，但有由三个运动副构成的三角形和由四个运动副构成的四边形，而最高封闭形为有四个运动副的四边形，故称为Ⅳ级组。通常高于Ⅲ级组的基本杆组在实际机构中应用很少，故在此不详细介绍。

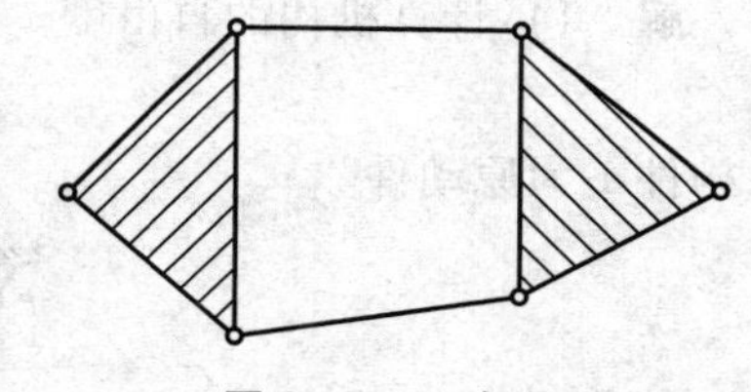

图 2-45 Ⅳ级组

2.7.2 机构结构分析

机构结构分析的目的是通过分析机构的组成来确定机构的级别。通常把由最高级别为Ⅱ级组构成的机构称为Ⅱ级机构；把最高级别为Ⅲ级组构成的机构称为Ⅲ级机构；而把只由机架和原动件构成的机构称为Ⅰ级机构。由此可见，平面机构的级别取决于该机构能够分解出的基本杆组的最高级别。

机构结构分析过程与机构的结构综合刚好相反，一般先从远离原动部分开始拆分。机构结构分析的步骤如下：

1）首先除掉结构中的虚约束和局部自由度，确定原动件。

2）若有高副，先进行高副低代。

3）先试拆Ⅱ级组；若拆不了Ⅱ级组，就试拆Ⅲ级组。每拆出一个杆组后，剩下的部分仍组成机构，并按第 2）步进行，且自由度与原机构相同，继续进行拆分，直至全部杆组拆出只剩下Ⅰ级机构（机架和原动件）。

4）确定机构的级别。

例 2-10 试确定图 2-46a 所示压力机的平面高副机构的级别。

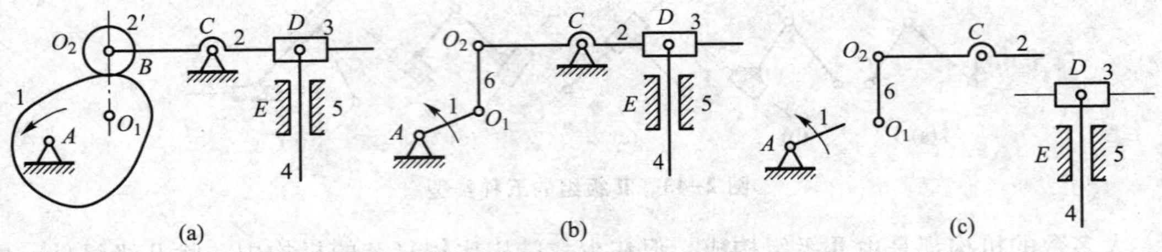

图 2-46 平面高副机构的结构分析

解 1）先除去机构中的局部自由度和虚约束，活动构件 $n=4$，低副 $P_L=5$，高副 $P_H=1$，由此计算机构的自由度为

$$F=3\times4-2\times5-1=1$$

以构件 1 为原动件。

2）进行高副低代，画出其瞬时代替机构，得如图 2-46b 所示的平面低副机构。

3）进行结构分析。可依次拆出构件 4 与 3 和构件 2 与 6 两个Ⅱ级组，最后剩原动件 1 和机架 5，如图 2-46c 所示。

4）确定机构的级别。由于拆出的最高级别的杆组是Ⅱ级组，故此机构为Ⅱ级机构。

例 2-11 试确定图 2-47a 所示联合清除机中的多杆机构的级别。

解 1）计算机构的自由度。该机构的 $n=7$，$P_L=10$，$P_H=0$，根据式（2-1）有

$$F=3\times7-2\times10-0=1$$

以构件 1 为原动件。

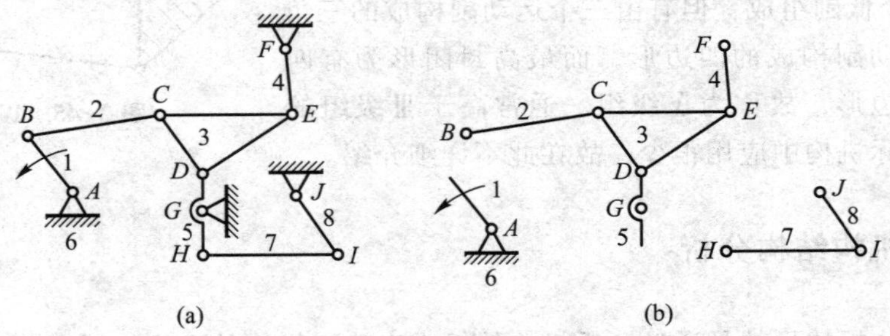

图 2-47 联合清除机中的多杆机构

2）进行结构分析。从远离原动件的一端拆下构件 7 与 8 这个Ⅱ级组，剩余部分 1、2、3、4、5、6 仍为一个自由度等于 1 的机构。在这个剩下的新机构中，继续从远离原动件的地方先试拆Ⅱ级组，由于不能再拆出Ⅱ级组，所以试拆Ⅲ级组。如拆下由构件 2、3、4、5（$n=4$，$P_L=6$，构件 3 上有三个低副）组成的Ⅲ级组，这时只剩下由原动件 1 及机架 6 所组成的Ⅰ级机构，如图 2-47b 所示。

3）确定机构的级别。由于该机构是由一个Ⅱ级组、一个Ⅲ级组和原动件 1 与机架 6 所组成，基本杆组的最高级别为Ⅲ级组，所以该机构为Ⅲ级机构。

若将图 2-47a 所示机构的原动件由构件 1 改为构件 8，可拆出图 2-48 所示的基本杆组及原动件与机架。

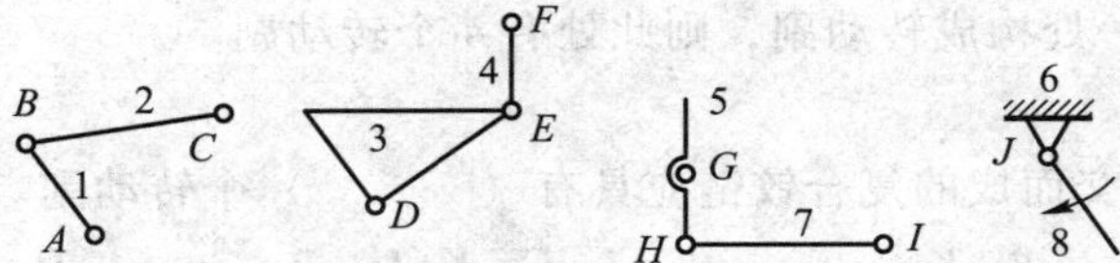

图 2-48　改变原动件后的结构分析

由于该机构是由三个Ⅱ级组和原动件 8 与机架 6 所组成，基本杆组的最高级别为Ⅱ级组，所以该机构为Ⅱ级机构。

由上述可知，在同一机构中可以包含不同级别的基本杆组，如例 2-8 中图 2-47b 所示，既有Ⅱ级组，同时也有Ⅲ级组，并且同一机构因所取的原动件不同，有可能成为不同级别的机构。如图 2-47a 所示的机构中，当取构件 1 为原动件时，该机构为Ⅲ级机构；当取构件 8 为原动件时，该机构为Ⅱ级机构。但在机构中确定原动件后，该机构的级别即为一定。

强化训练题 2-4　试分析图 2-49 中机构的级别（原动件为图中标示箭头的构件），当以末端构件为原动件时，这些机构又为几级机构？

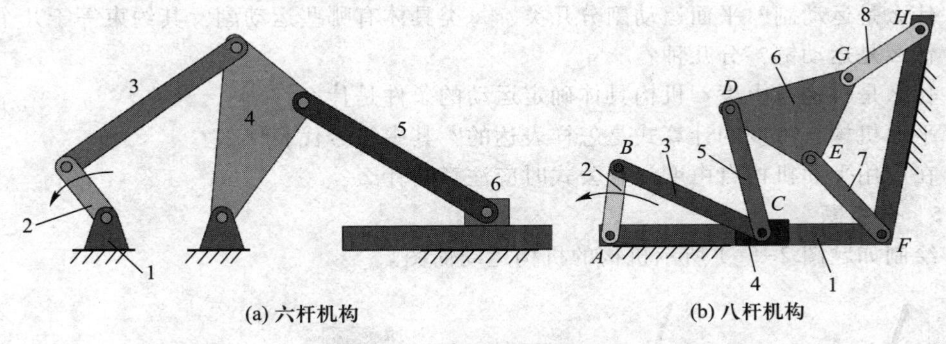

图 2-49　强化训练题 2-4 图

练习题

2-1　填空题

1. 平面机构中的低副有__________和__________两种。

2. 机构中的构件可分为以下三类：________、________和________。

3. 在平面机构中引入一个高副将引入________个约束。

4. 在平面机构中引入一个低副将引入________个约束。

5. 平面运动副按组成运动副两构件的接触特性分为________和________两类。其中两构件间为面接触的运动副称为__________；两构件间为点接触或线接触的运动副称为__________。

2-2　判断题

1. 具有局部自由度的机构，在计算该机构的自由度时，应当首先除去局部自由度。（　　）

2. 具有虚约束的机构，在计算该机构的自由度时，应当首先除去虚约束。（　　）

3. 虚约束对运动不起作用，也不能增加构件的刚性。（　　）

4. 6 个构件组成同一回转轴线的转动副，则该处共有 3 个转动副。（　　）

5. 4 个构件在同一处构成转动副，则此处有 4 个转动副。（　　）

2-3　选择题

1. 由 K 个构件汇交而成的复合铰链应具有（　　）个转动副。

A. $K-1$　　B. K　　C. $K+1$　　D. $K/2$

2. 一个作平面运动的自由构件有（　　）个自由度。

A. 1　　B. 3　　C. 6　　D. 2

3. 通过点、线接触构成的平面运动副称为（　　）。

A. 转动副　　B. 移动副　　C. 高副　　D. 低副

4. 通过面接触构成的平面运动副称为（　　）。

A. 低副　　B. 高副　　C. 移动副　　D. 转动副

5. 平面运动副的最大约束数是（　　）。

A. 1　　B. 2　　C. 3　　D. 5

2-4　简答题

1. 什么是运动副？平面运动副分几类？每类具体有哪些运动副？其约束等于几个？

2. 什么是运动链？分几种？

3. 什么是机构自由度？机构具体确定运动的条件是什么？

4. 平面机构自由度的计算式是怎样表达的？其中符号代表什么？

5. 在应用平面机构自由度计算公式时应注意些什么？

2-5　分析题

1. 绘制如题图 2-5-1 所示机构的机构运动简图。

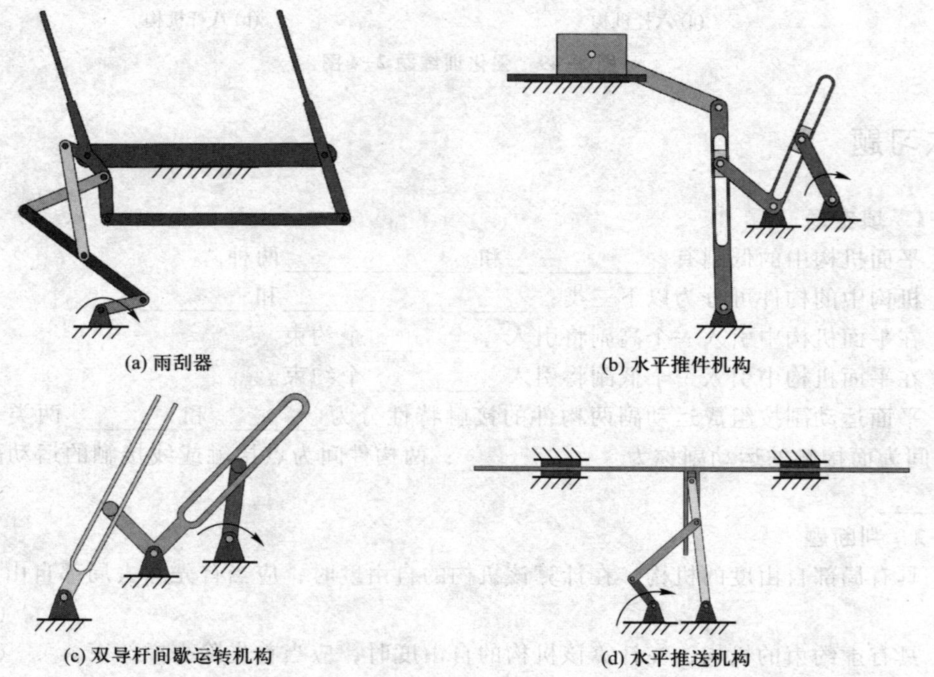

(e) 机械手

(f) 工件夹紧装置(夹具)

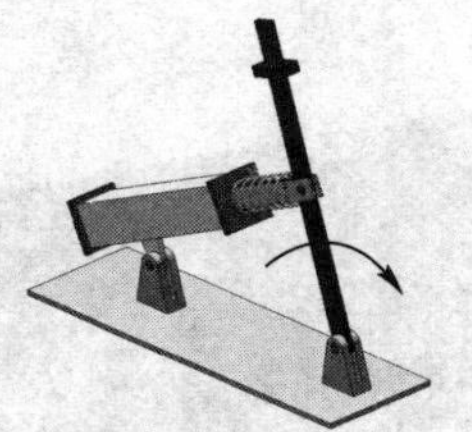
(g) 摇块机构

(h) 踏板机构

(i) 偏心轮摆动机构

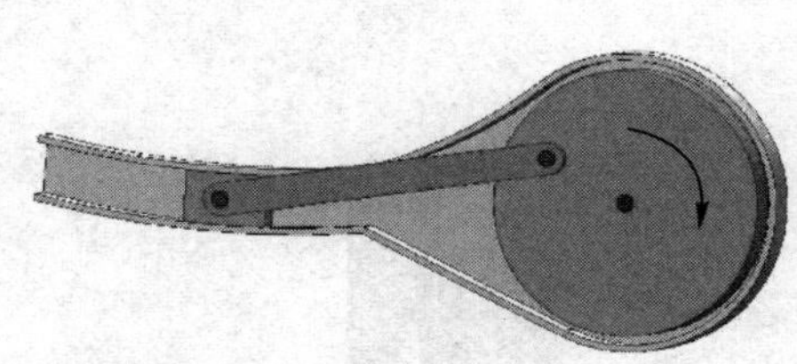
(j) 曲柄滑块机构

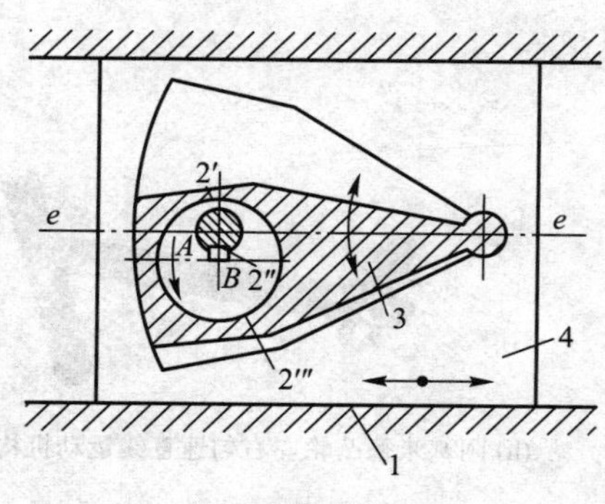

(k) 剪切机

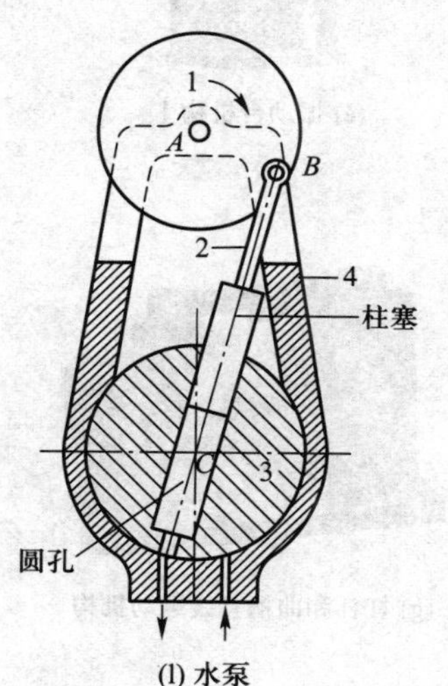

(l) 水泵

题图 2-5-1

2. 试绘制如题图 2-5-2 所示机构的机构运动简图，并计算机构自由度。

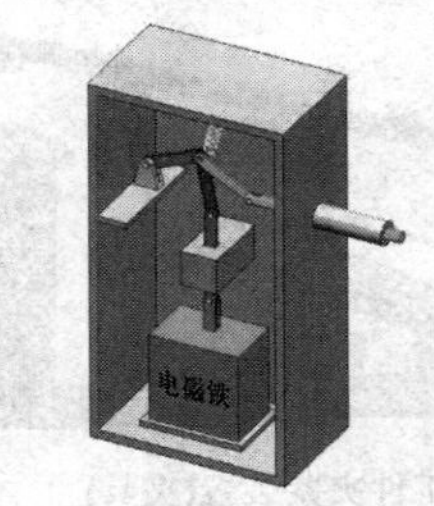

(a) 水平推送机构

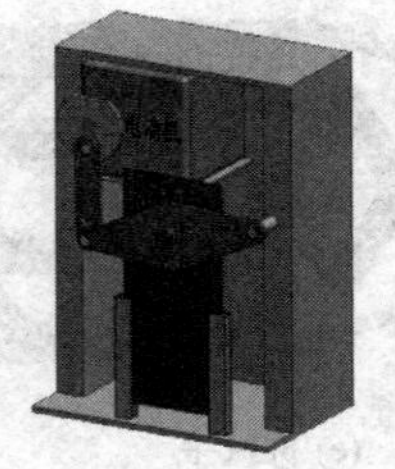

(b) 裁剪机构

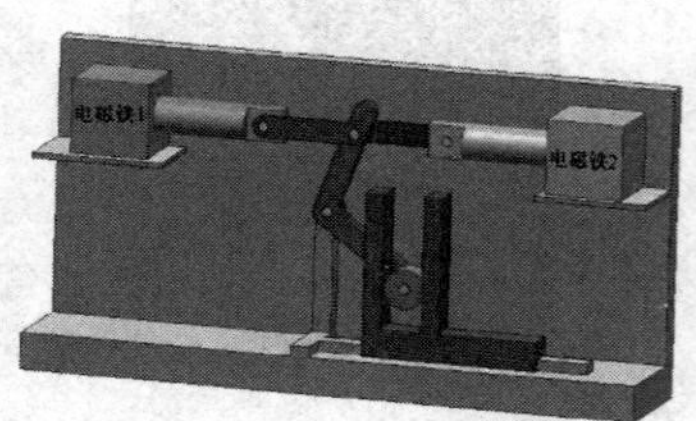

(c) 水平进给机构

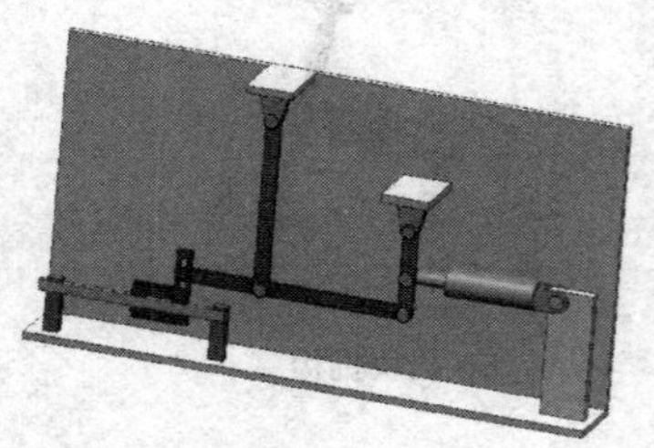

(d) 推送机构

(e) 振动台机构 Ⅰ

(f) 振动台机构 Ⅱ

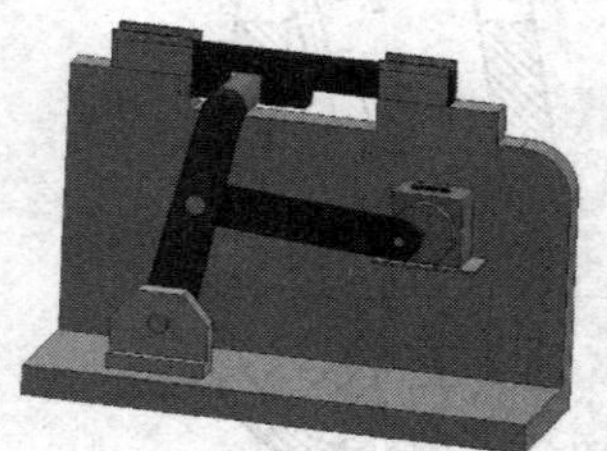

(g) 杠杆和曲柄直线运动机构

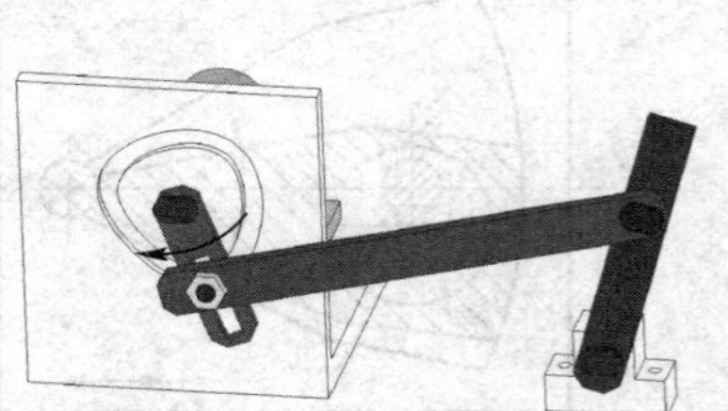

(h) 阿基米德凸轮左右匀速直线运动机构

(i) 插床双曲柄机构

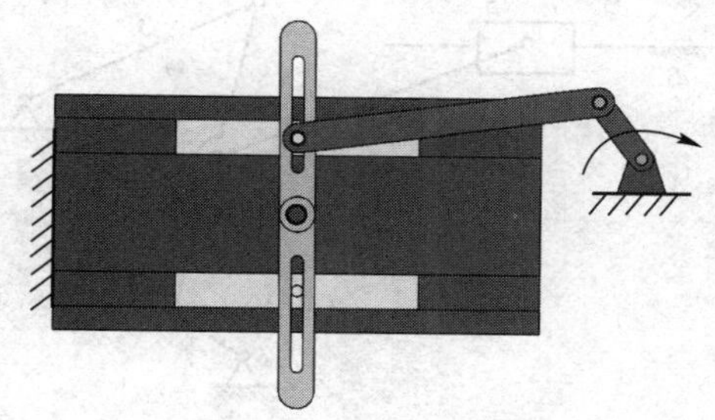

(j) 摆动导杆与双滑块机构

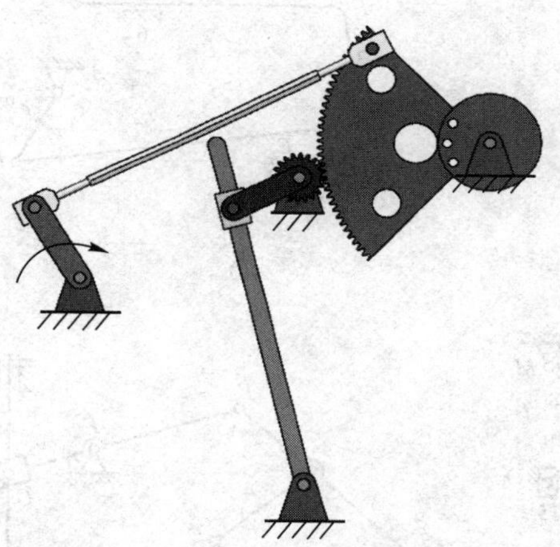

(k) 齿轮副连接曲柄摇杆与摆动导杆机构

(l) 指针机构

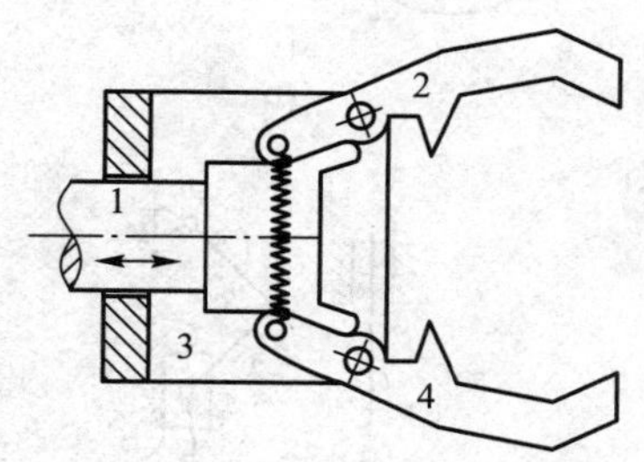

(m) 机械手机构Ⅰ

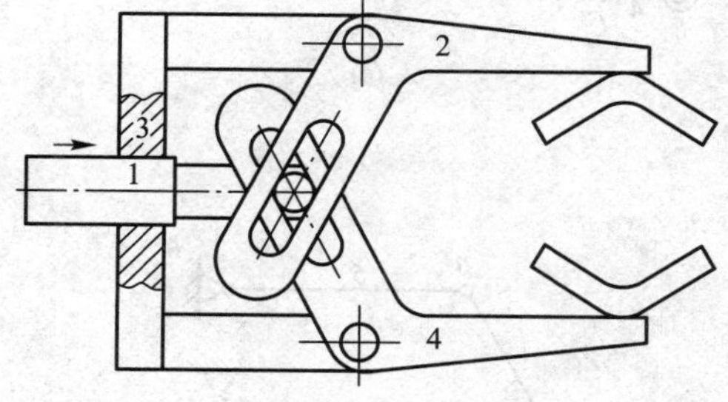

(n) 机械手机构Ⅱ

题图 2-5-2

3. 计算如题图 2-5-3 所示机构的自由度，需要指出其中的复合铰链、局部自由度、虚约束。

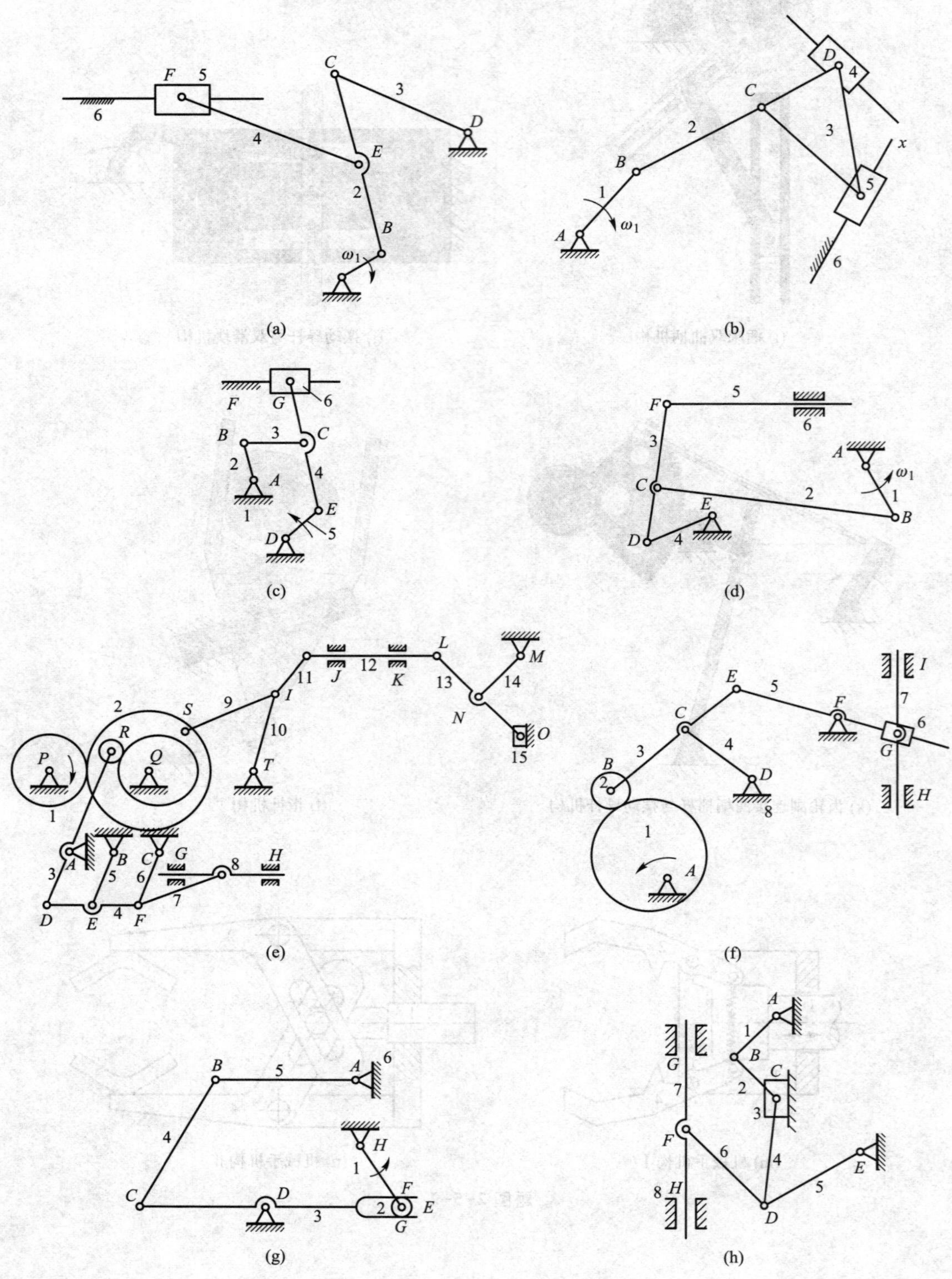

(a) (b) (c) (d) (e) (f) (g) (h)

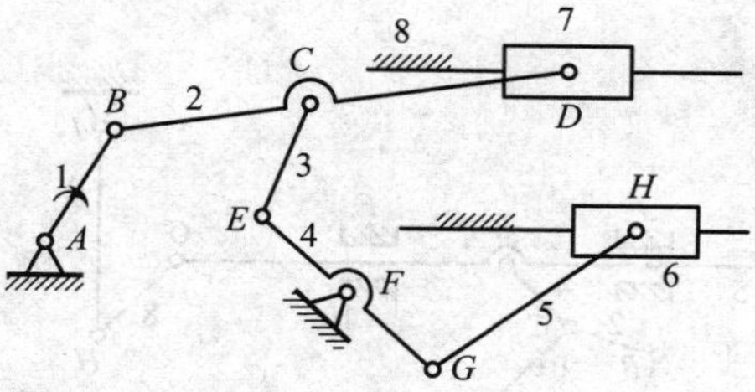

(i)

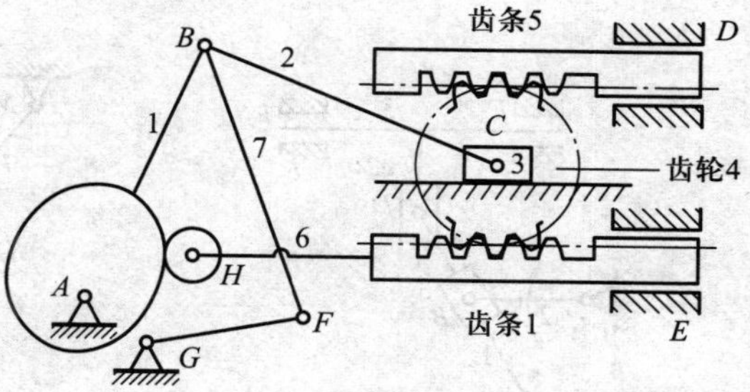

(j)

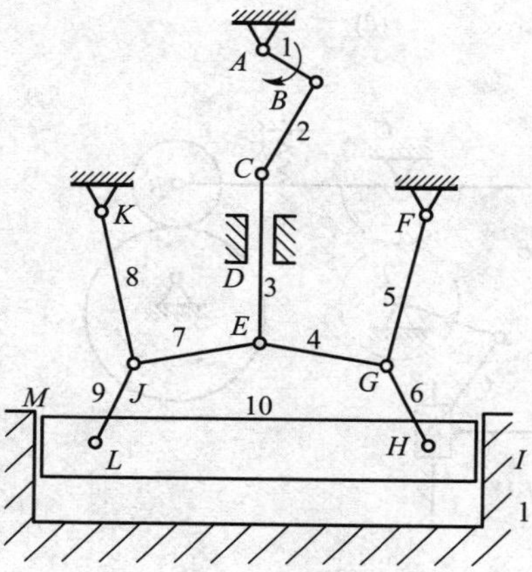

(k)

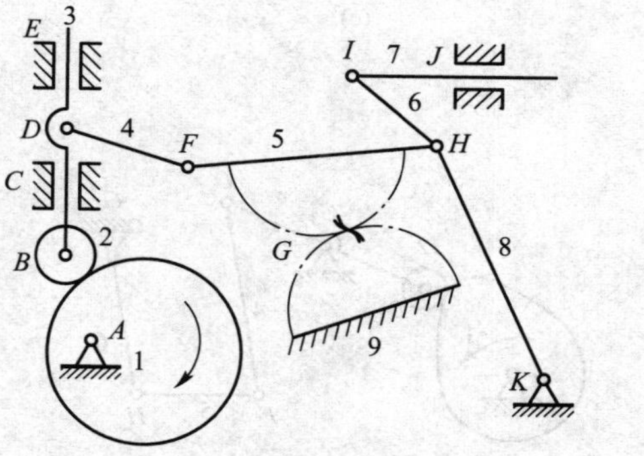

(l)

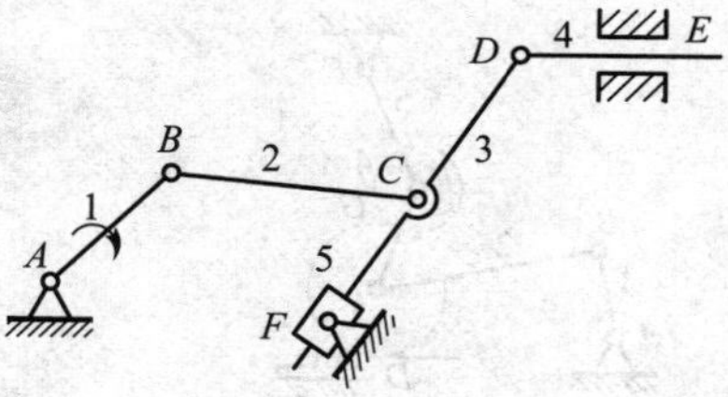

(m)

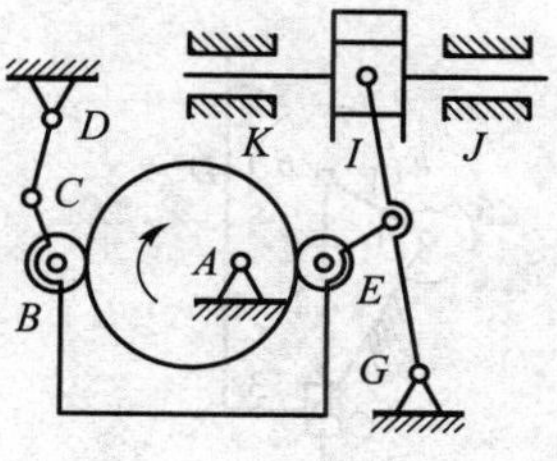

(n)

题图 2-5-3

4. 试计算如题图 2-5-4 所示机构的自由度，并分析其级别。

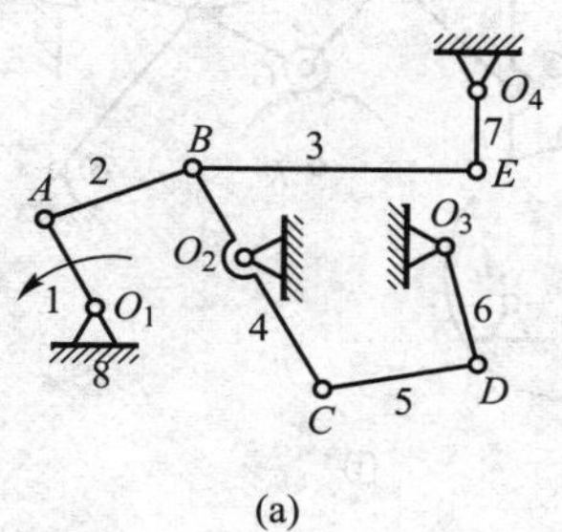

(a)

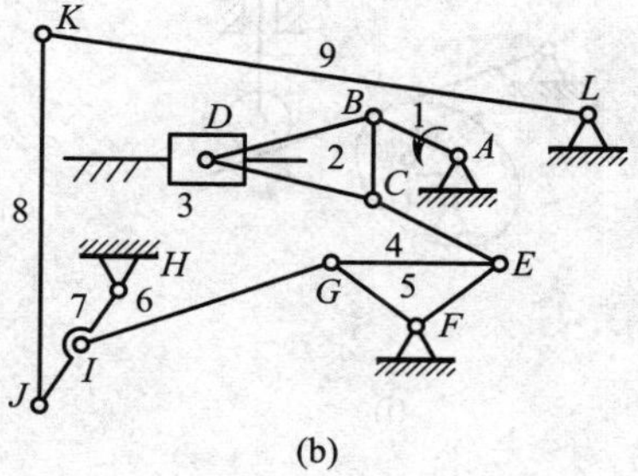

(b)

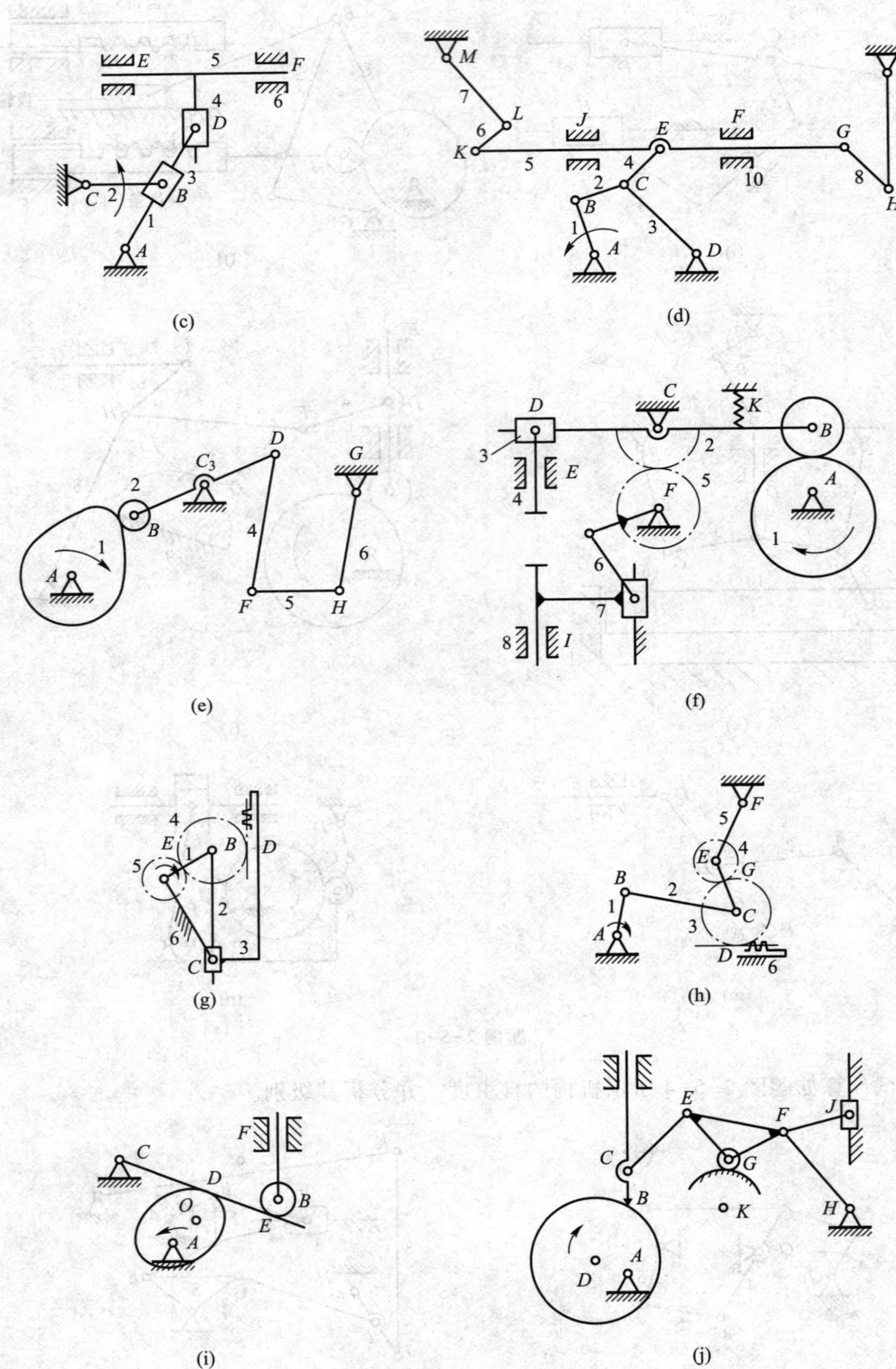
E
5
F
4
6
D
3
C
2
B
1
A
(c)
M
I
7
9
L
6
J
E
F
G
K
5
4
10
8
2
C
H
B
1
3
A
D
(d)
D
C
K
B
3
2
E
5
F
A
4
1
6
7
8
I
(e)
C3
D
G
2
B
1
4
6
A
F
5
H
(f)
4
E
1
B
D
5
2
6
3
C
(g)
F
5
E
4
G
B
2
1
C
3
A
D
6
(h)
F
C
D
O
B
E
A
(i)
E
F
J
C
G
B
K
H
A
D
(j)

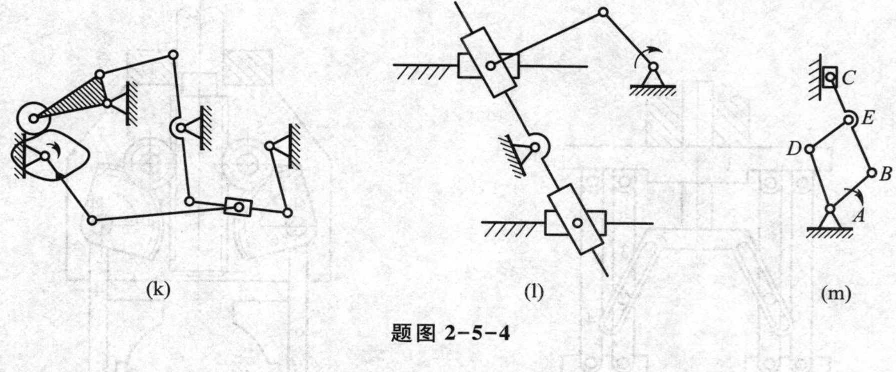

(k) (l) (m)

题图 2-5-4

2-6 拓展题

绘制如题图 2-6 所示机构的机构运动简图，并计算机构的自由度，分析机构的级别。

(a)

(b)

(c)

(d)

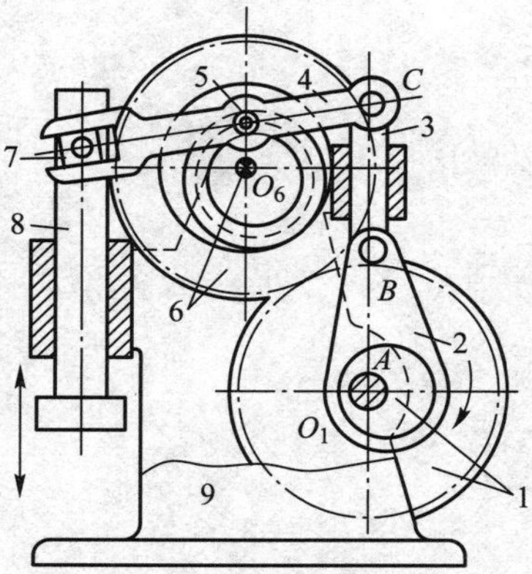

(e)

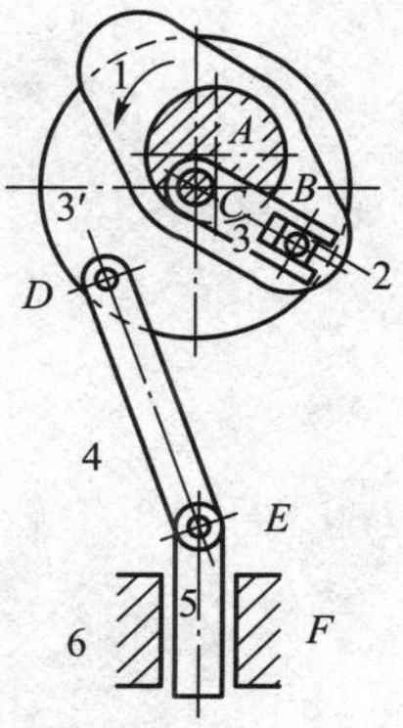

(f)

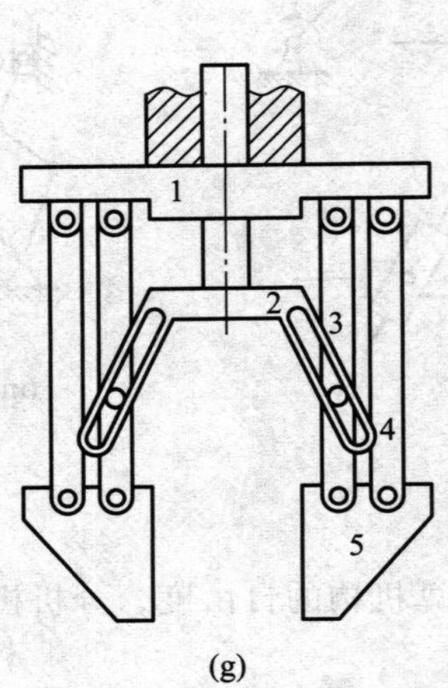

(g)

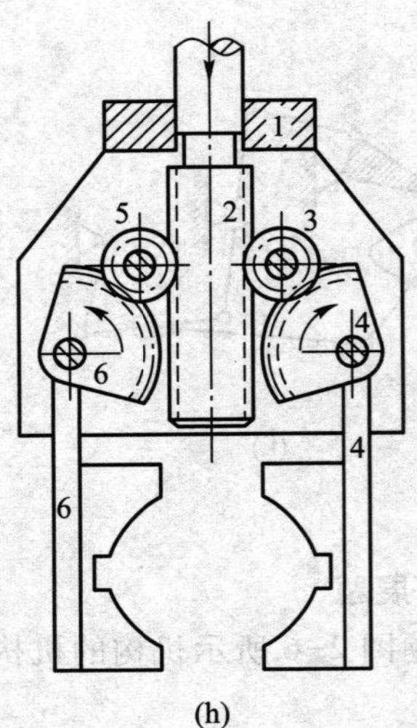

(h)

题图 2-6

第三章　常用机构

本章学习任务：常用机构的类型、各种机构的结构组成、运动与动力的转换方式、优缺点、应用场合。

驱动项目的任务安排：初步构思项目中会用到哪些机构。

日常生活和工农业生产中，为了实现规定的运动与力的传递，出现了许多机构，如连杆机构、凸轮机构、齿轮机构、蜗轮蜗杆机构及多种其他常用机构（包括棘轮机构、槽轮机构、擒纵机构、凸轮式间歇机构、不完全齿轮机构、星轮机构、非圆齿轮机构、螺旋机构、万向铰链机构、组合机构等）。随着机构研究的深入，还出现了新型机构，如广义机构、柔顺机构、变胞机构等。各种机构在机器人中也应用广泛，如一些在机器人的本体关节、行走、末端执行等部分完成特定功能的机构。

3.1　基本机构

3.1.1　连杆机构

连杆机构是由原动件、连杆、从动件、机架组成的低副机构，一般是将匀速的转动变换为往复的摆动或移动，也可将往复的摆动或移动转化为转动，图 3-1 所示为几种常见的连杆机构。

连杆机构可根据其构件之间的相对运动为平面运动或空间运动，分为平面连杆机构和空间连杆机构，在一般机械中应用最多的是平面连杆机构。连杆机构常根据其所含杆数而命名，如四杆机构、五杆机构、六杆机构等。平面四杆机构包括曲柄摇杆机构（图 3-1a）、双曲柄机构、双摇杆机构、曲柄滑块机构（图 3-1b）、摆动导杆机构（图 3-1c）、定块机构（图 3-1d）、双滑块机构（图 3-1e）等。其中，平面四杆机构不仅应用特别广泛，而且是多杆机构的基础。第五章将着重讨论平面四杆机构的基本知识和设计问题。

连杆机构广泛应用在工农业机械和工程机械中，常见于机械手的传动机构、折叠伞的收放机构及人体假肢机构等机构中。在实际应用中，连杆机构可以实现以下目标：① 实现有轨迹、位置或运动规律要求的运动；② 实现从动件运动形式及运动特性的改变；③ 实现较远距离的传动或操纵；④ 调节、扩大从动件行程；⑤ 获得较大的机械增益［输出力（矩）与输入力（矩）之比］。

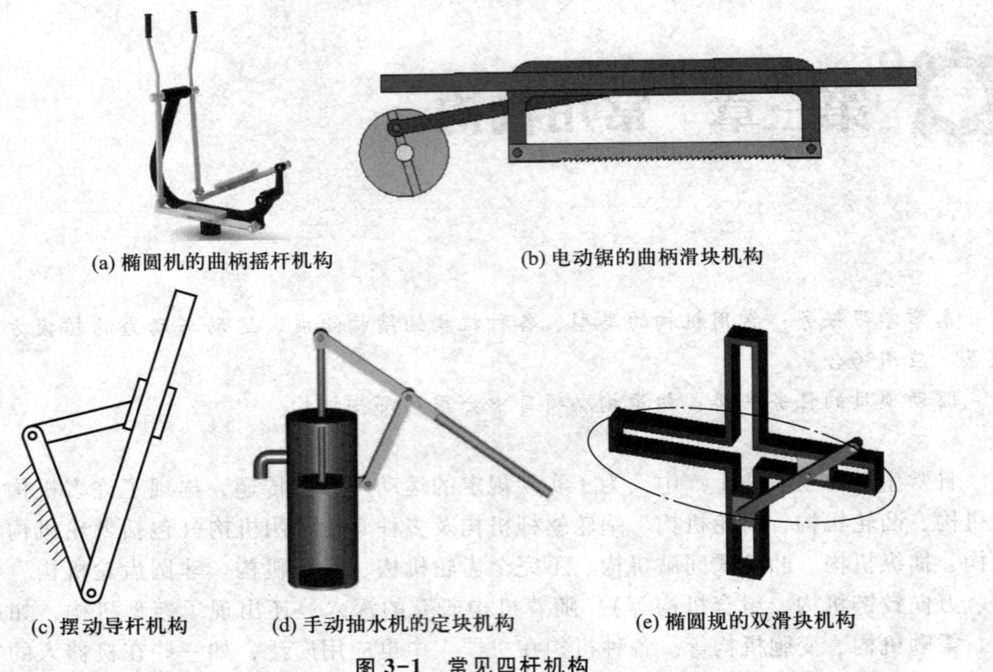

(a) 椭圆机的曲柄摇杆机构 (b) 电动锯的曲柄滑块机构

(c) 摆动导杆机构 (d) 手动抽水机的定块机构 (e) 椭圆规的双滑块机构

图 3-1 常见四杆机构

连杆机构具有以下传动特点：

1）连杆机构中的运动副一般均为低副（故又称为低副机构）。其运动副元素为面接触，压力较小，承载能力较大，润滑好，磨损小，加工制造容易，且连杆机构中的低副一般是几何封闭，能保证工作的可靠性。

2）在连杆机构中，在原动件的运动规律不变的条件下，可通过改变各构件的相对长度来使从动件得到不同的运动规律。

3）在连杆机构中，连杆上各点的轨迹呈各种不同形状（称为连杆曲线），其形状随着各构件相对长度的改变而改变，故连杆曲线的形式多样，可用来满足一些特定工作的需要。

连杆机构也存在如下缺点：

1）由于连杆机构的运动必须经过中间构件进行传递，因而传动路线较长，易产生较大的误差累积，同时也降低了机械效率。

2）在连杆机构运动中，连杆运动及滑块滑动所产生的惯性力难以用一般平衡方法加以消除，因而连杆机构不宜用于高速运动。

3.1.2 凸轮机构

如图 3-2 所示，凸轮机构由凸轮、从动件和机架组成，一般是将转动变换为往复移动或摆动。凸轮是一个具有曲线轮廓或凹槽的构件，一般为原动件，作等速回转运动（移动凸轮是作往复直线运动），被凸轮直接推动的从动构件称为推杆（摆动时称为摆杆）。若凸轮为从动件，则称之为反凸轮机构。凸轮机构广泛应用于各种自动机械、仪器和操纵控制装置。

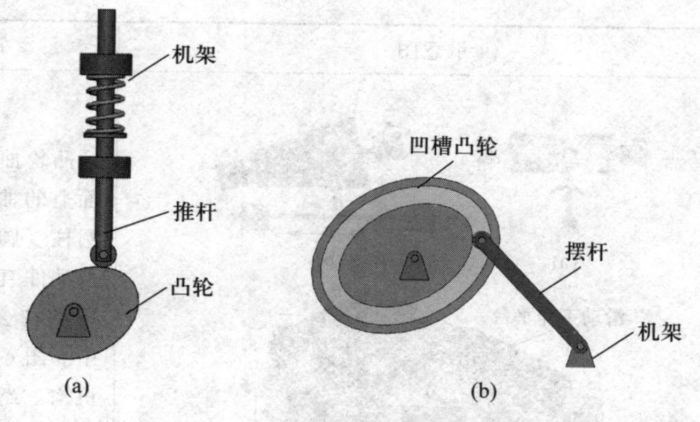

图 3-2 凸轮机构

凸轮机构类型较多，表 3-1 为常见凸轮机构的类型及特点。

表 3-1 常见凸轮机构的类型及特点

类型	示意图	特点与应用
盘形凸轮机构		从动件有尖底、滚子和平底等形式，尖底从动件容易磨损，适用于轻载和低速运转场合，如仪表机构。滚子从动件与凸轮作相对滚动，从而减少摩擦，减轻磨损，可传递较大动力，应用广泛。平底从动件接触面易形成油膜，便于润滑，适合高速场合。左图为发动机配气机构，由盘形凸轮的转动控制气门的定时开闭
移动凸轮机构	(a) 单向离合器 滚子臂 凸轮 输出轴 气缸 滚子 弹簧 (b)	当盘形凸轮的回转中心趋于无穷远时，则成为移动凸轮，制造简单、精度较高，应用在将一种往复移动转变为另一种往复移动的场合，不适合高速场合。图 b 为定向转动机构，由气缸推动凸轮往复移动，移动凸轮通过滚子推动滚子臂、单向离合器，使输出轴为单向转动

续表

类型	示意图	特点与应用
圆柱凸轮机构 圆锥凸轮机构	(a) (b) 滑动工作平台 液压缸 滚子 机架 圆柱凸轮 (c)	凸轮曲面是圆柱（圆锥）面上的曲线槽或曲线凸缘，圆柱（圆锥）凸轮转动带动从动件直线运动或摆动，应用在往复摆动、移动机构中。图 c 为滑动工作台驱动机构。当液压马达驱动圆柱凸轮转动，圆柱凸轮带动与其曲线槽接触的滚子，进而使滑动工作台往复移动
力封闭方式 凸轮机构	(a) 弹簧力封闭 (b) 重力封闭	利用弹簧力、从动件本身的重力或其他外力来保证凸轮与从动件始终保持接触，应用在发动机进、排气门等机构上
形封闭式 凸轮机构	(a) 端面曲线槽凸轮 (b) 等宽凸轮 (c) 等径凸轮 (d) 共轭凸轮	利用凸轮和从动件特殊几何形状来维持凸轮机构的高副接触，如端面凸轮、等宽凸轮、等径凸轮、共轭凸轮等

凸轮机构具有如下优点：

1）只要适当地设计出凸轮的轮廓曲线，就可以使推杆得到各种预期的运动规律；

2）结构简单、紧凑，能准确实现预期运动，运动特性好，响应快速。

凸轮机构也存在一些缺点：凸轮与从动件是点或线接触，易磨损。

3.1.3 齿轮机构

齿轮机构是现代机械中应用最广泛的一种传动机构，它可以用来传递空间任意两轴间的运动和动力。常见的齿轮机构如图 3-3、图 3-4 所示。

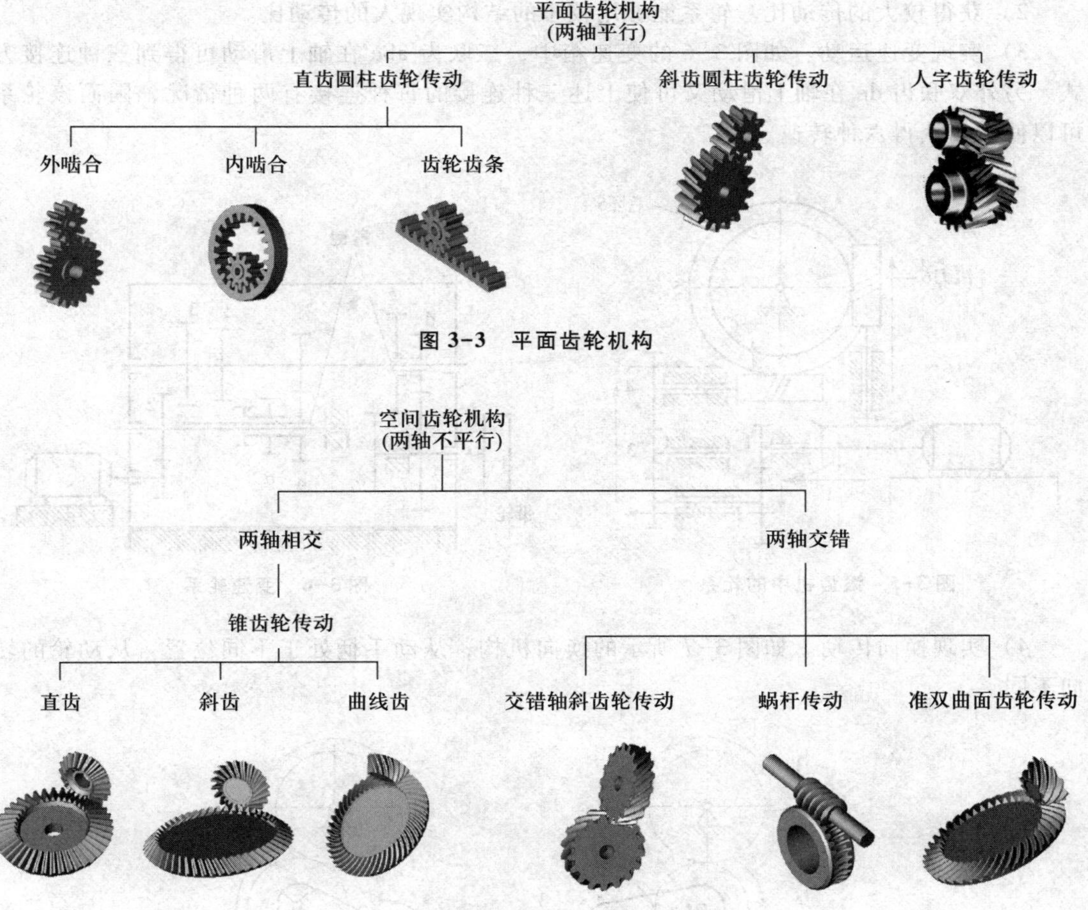

图 3-3 平面齿轮机构

图 3-4 空间齿轮机构

与其他传动机构（如带传动、链传动）相比，齿轮机构的优点是：

1）传动动力大、效率高；

2）传动比稳定、传动平稳；

3）可靠性高、寿命长；

4）能实现任意夹角两轴传动，适用范围广；

5）结构紧凑。

但是齿轮机构的制造安装精度高、费用高，低精度齿轮传动的噪声大，不宜用于远距离传输的场合。

按照一对齿轮传递的相对运动是平面运动还是空间运动，可分为平面齿轮机构和空间齿轮机构两类。① 作平面相对运动的齿轮机构称为**平面齿轮机构**；② 作空间相对运动的齿轮机构称为**空间齿轮机构**，空间齿轮机构两齿轮的轴线不平行，如图 3-4 所示。

当多个齿轮对构成轮系时能发挥更大的功用，具体如下：

1）实现分路传动。如图 3-5 所示的滚齿机构中，电动机的主运动通过轮系分别传递给滚刀和毛坯，完成滚齿加工。

2）获得较大的传动比。轮系能够用较小的结构实现大的传动比。

3）实现变速运动。如图 3-6 的变速箱中，三联齿 abc 在轴上滑动可得到三种连接方式，另外双联齿 de 在轴上滑动又可使上述三种连接的每种连接有两种情况，因而该轮系可以使带轮获得六种转速。

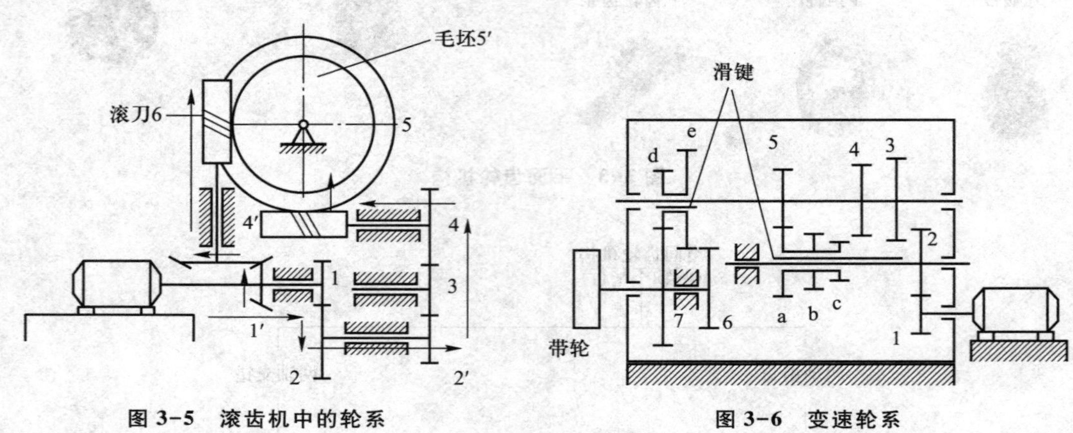

图 3-5　滚齿机中的轮系　　　　图 3-6　变速轮系

4）实现换向传动。如图 3-7 所示的换向机构，从动手柄处于不同位置，从动轮的转向不同。

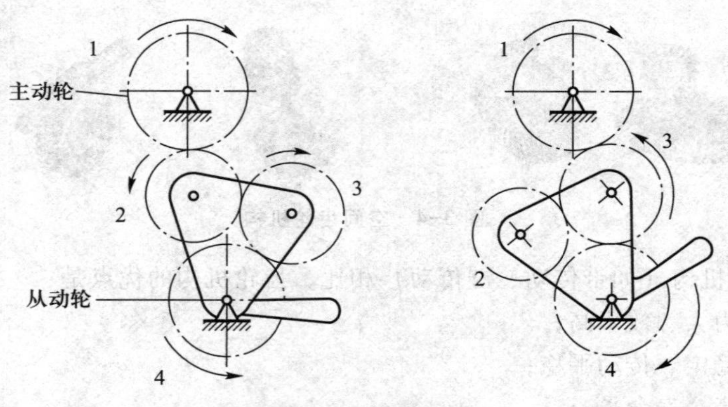

图 3-7　换向机构

5）实现运动的合成与分解。如图 3-8a 中的捻绳机构，给出两个太阳轮的转动，合成三个行星轮的自转和公转运动，完成捻绳动作。图 3-8b 中的汽车后桥差速机构，当汽车转弯时，实现了后左轮和后右轮的不同转速，可以保持后面两车轮与地面均为纯滚动。

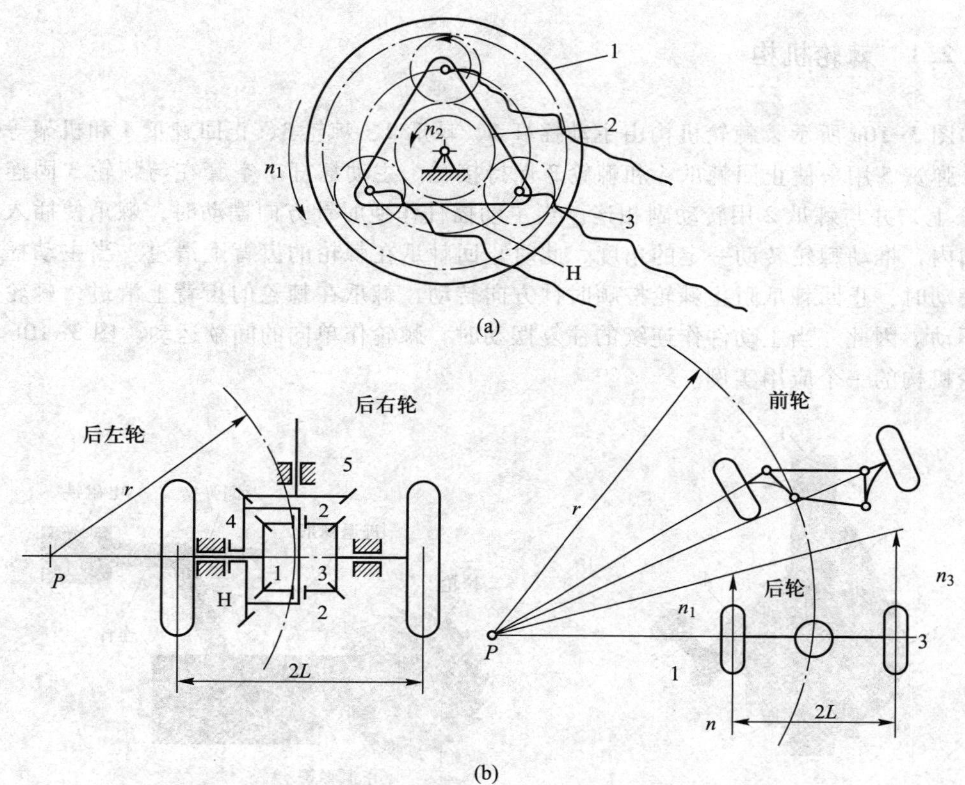

图 3-8 捻绳机构与汽车后轮差速机构

6）在重量较小的条件下实现大功率传动。如图 3-9 所示的涡轮发动机的减速机构，采用多轮传动和功率分流传递，使得较小的外廓尺寸可传递大功率。

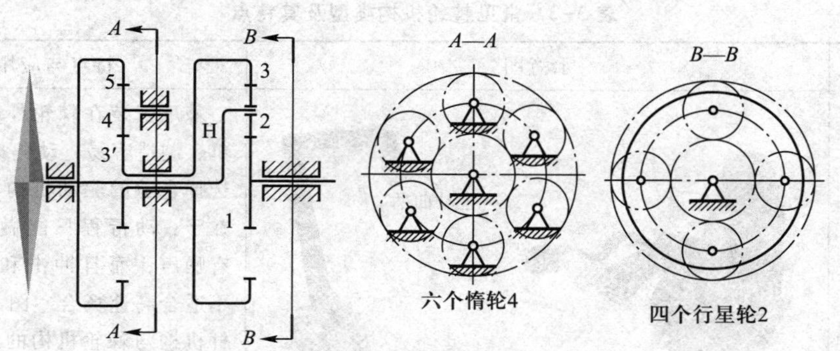

图 3-9 涡轮发动机的减速机构

3.2　间歇机构

3.2.1　棘轮机构

如图 3-10a 所示，棘轮机构由主动摇杆 1、棘爪 2、棘轮 3、止回棘爪 4 和机架等部分组成。弹簧 5 用来使止回棘爪 4 和棘轮 3 保持接触。主动摇杆 1 空套在与棘轮 3 固连的从动轴 O 上，并与棘爪 2 用转动副相连。当主动摇杆作逆时针方向摆动时，棘爪便插入棘轮的齿槽内，推动棘轮转动一定的角度，此时止回棘爪在棘轮的齿背上滑过。当主动摇杆顺时针摆动时，止回棘爪阻止棘轮按顺时针方向转动，棘爪在棘轮的齿背上滑过，棘轮保持静止不动。因此，当主动件作连续的往复摆动时，棘轮作单向的间歇运动。图 3-10b 所示为棘轮机构的一个应用实例。

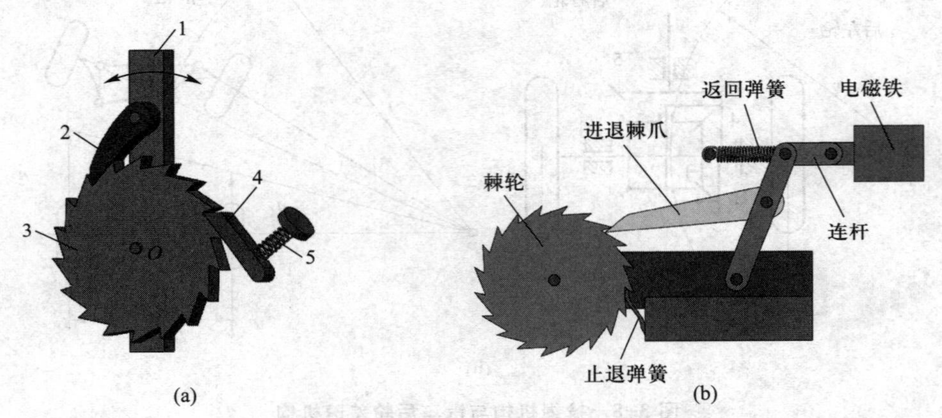

图 3-10　外啮合齿式棘轮机构

棘轮机构的类型较多，应用广泛。常见类型及其特点如表 3-2 所示。

表 3-2　常见棘轮机构类型及其特点

类型	示意图	特点与应用
外啮合齿式棘轮机构	主动曲柄 从动轮 (a)　(b)	棘爪安装在棘轮外部，结构简单、制造容易，动停时间比通过选择合适的驱动机构实现。不足在于：动行程只能做有级调节；有噪声，而且冲击和磨损较大，不适合高速场合。图 b 为曲柄摇杆机构与棘轮机构的组合，曲柄摇杆机构中的摇杆为棘轮机构中主动摇杆，推动棘轮单向间歇转动

续表

类型	示意图	特点与应用
内啮合齿式棘轮机构		棘爪安装在棘轮内部，结构紧凑，外形尺寸小
棘条机构		棘轮演变为直线棘条，该机构将主动摇杆的摆动转换为间歇的直线运动，结构简单，易于制造
双动式棘轮机构	(a) (b)	主动摇杆向两个方向作往复摆动的过程中分别带动两个棘爪，两次推动棘爪转动，在一个方向间歇运动。常用于载荷较大、棘轮尺寸受限、齿数较少、主动摆杆摆角小于棘轮齿距的场合
双向式棘轮机构	(a) (b)	可以改变棘爪的摆动方向，实现棘轮的两个方向的转动
摩擦式棘轮机构	(a) (b) (c)	传动平稳、无噪声；动行程可无级调节。由于靠摩擦传动会出现打滑现象，因此可起到安全保护的作用，也使得传动精度欠佳，一般用于低速轻载的场合

3.2.2 槽轮机构

如图 3-11a 所示，槽轮机构由具有圆销的主动销轮 1、具有若干径向槽的从动槽轮 2 及机架组成。主动销轮 1 以逆时针等角速度 ω_1 连续转动，当主动销轮 1 上的圆销 G 进入槽轮 2 的径向槽时，销轮外凸的锁止弧$\widehat{nn}$和槽轮内凹的锁止弧$\widehat{mm}$脱开，圆销 G 拨动槽轮 2 作顺时针转动；当圆销 G 与槽轮脱开时，槽轮因其内凹的锁止弧被销轮外凸的锁止弧锁住而静止。从而销轮的连续回转运动转换为槽轮的单向间歇转动。图 3-11b 所示为槽轮机构在装配线的工件运送装置中的应用实例。

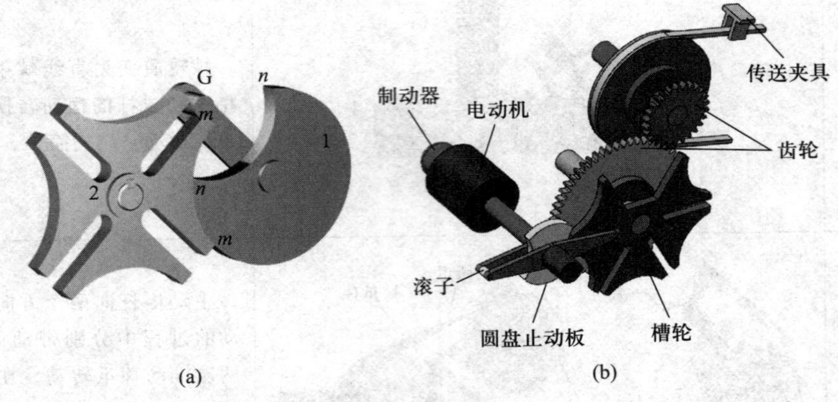

图 3-11 槽轮机构

槽轮机构的优点如下：结构简单、制造容易、工作平稳可靠、机械效率较高。槽轮机构应用广泛，常见类型如表 3-3 所示。

表 3-3 常见槽轮机构类型及特点

类型	示意图	特点与应用
外槽轮机构		外槽轮机构的主、从动轮转向相反。可应用于电影放映机、加工中心上斗笠式刀库的转位机构等
内槽轮机构		内槽轮机构的主、从动轮转向相同，内槽轮机构的停歇时间短，运动时间长，传动较平稳，所占空间较小

续表

类型	示意图	特点与应用
空间槽轮机构		可在两垂直相交轴之间进行间歇运动。结构比较复杂，设计与制造难度较大
移动槽轮机构		圆销转动时，可实现圆弧齿条的间歇移动
特殊要求的槽轮机构	(a) (b)	圆销不均匀地分布在主动销轮的圆周上，可以实现销轮在转一周的时间内，槽轮多次停歇时间互不相等

3.2.3 凸轮式间歇运动机构

凸轮式间歇运动机构由主动凸轮、从动转盘和机架组成。转盘端面上固定有周向均布的若干柱销。当凸轮连续地转动时，从动转盘间歇转动，从而实现交错轴间的间歇运动。凸轮式间歇运动机构的常用形式有圆柱凸轮间歇运动机构和蜗杆凸轮间歇运动机构两种。

1. 圆柱凸轮间歇运动机构

如图 3-12 所示，圆柱凸轮间歇运动机构的主动件为带有曲线槽或凸脊的圆柱凸轮 1，从动件为带有柱销的圆盘 2。当圆柱凸轮回转时，柱销依次进入沟槽，圆柱凸轮的形状保证了从动圆盘每转过一个销距，动停各一次。这种机构多用于两交错轴间的分度运动。图 3-12a 是带有曲线沟槽的圆柱凸轮，图 3-12b 是带有凸脊的圆柱凸轮。这种机构多用在轻载的场合，如在制烟、火柴包装、拉链嵌齿等机械的分割器、分度器中。

2. 蜗杆凸轮间歇运动机构

图 3-13 所示为蜗杆形凸轮间歇运动机构。主动件 1 为蜗杆形的凸轮，其上有一条凸脊，犹如一个变螺旋角的圆弧蜗杆；从动件 2 为圆盘，其圆周上装有若干呈辐射状均匀分布的带滚子的柱销。此种机构也用于相错轴间的分度运动。由于滚子柱销的圆柱轴线平行

于凸轮轴向截面轮廓线，故可通过改变主、从动轴的中心距来调整主动轮凸脊和从动轮滚子间的间隙，以保证传动精度。这种机构具有良好的动力学性能，适用于高速精密传动，如应用于加工中心刀库换刀机构、高速压力机、多色印刷机、包装机等机械。

图 3-12 圆柱凸轮间歇运动机构

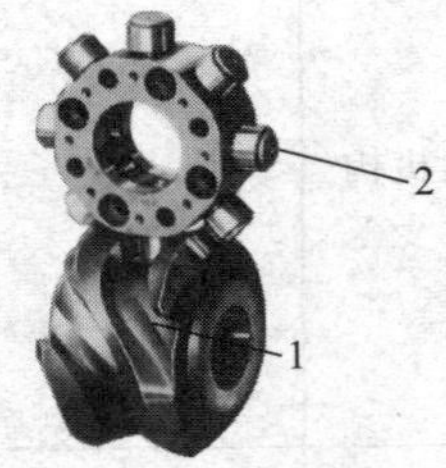

图 3-13 蜗杆形凸轮间歇运动机构

凸轮式间歇运动机构的优点是：运转可靠，传动平稳。从动件的运动规律取决于凸轮的轮廓形状，如果凸轮的轮廓曲线槽设计得合理，就可以实现理想的预期运动，可使从动件的动载荷小，无刚性冲击，能适应高速运转的要求。同时，它本身具有高的定位精度，机构结构紧凑，是理想的高速高精度的分度机构。其缺点是加工精度要求高，对装配、调整要求严格。

3.2.4 不完全齿轮机构

不完全齿轮机构是从渐开线齿轮机构演变而来的，其主动轮只做出一部分齿，其余部分为锁止弧，并根据运动时间与停歇时间的要求，在从动轮上加工出与主动轮轮齿相啮的轮齿。如图 3-14 所示，主动轮 1 连续转动，当轮齿进入啮合时，从动轮 2 开始转动；当轮齿退出啮合时，由于主动轮 1 和从动轮 2 上锁止弧的密合定位作用，使得从动轮 2 处于停歇位置，从而实现了从动轮 2 的间歇转动。

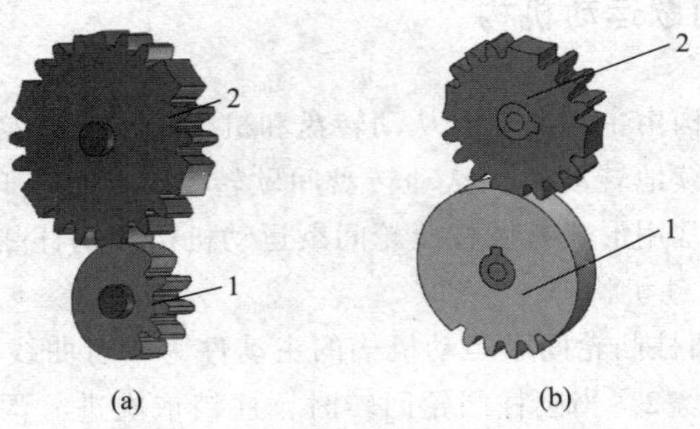

图 3-14 外啮合不完全齿轮机构

不完全齿轮机构有外啮合、内啮合及齿轮齿条三种形式，图 3-14 为外啮合不完全齿轮机构，图 3-15a 为内啮合不完全齿轮机构，图 3-15b 为齿条型不完全齿轮机构，图 3-15c 为不完全锥齿轮结构。

不完全齿轮机构与其他间歇运动机构相比，其结构简单，制造容易，工作可靠，设计时从动轮的运动时间和静止时间的比例可在较大范围内变化。其缺点是有较大冲击，故只宜用于低速、轻载场合。

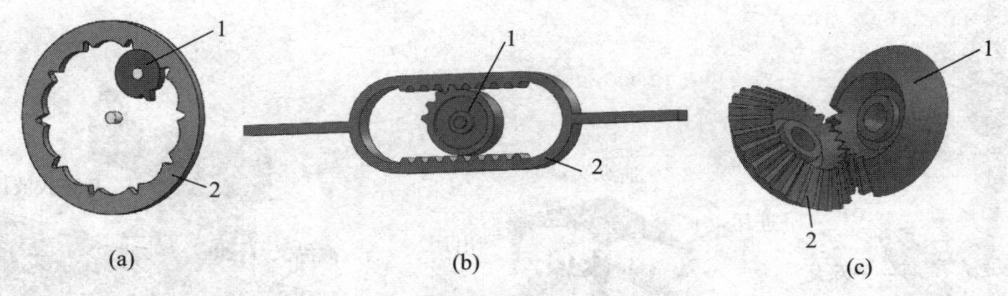

图 3-15 其他不完全齿轮机构

不完全齿轮机构经常用于多工位自动机和半自动机工作台的间歇转位机构和在电表、煤气表等的计数器中，如图 3-16a 所示的间歇机构中，采用不完全齿轮实现了对物料的间歇供给；图 3-16b 采用扇形齿轮实现了从动轮的间歇转动。但不完全齿轮机构在传动过程中，从动轮开始运动和终止运动时角速度有突变，冲击较大，故一般适用于低速轻载的工作场合。如果用于高速场合，则需安装瞬心线附加杆来改善其动力特性。

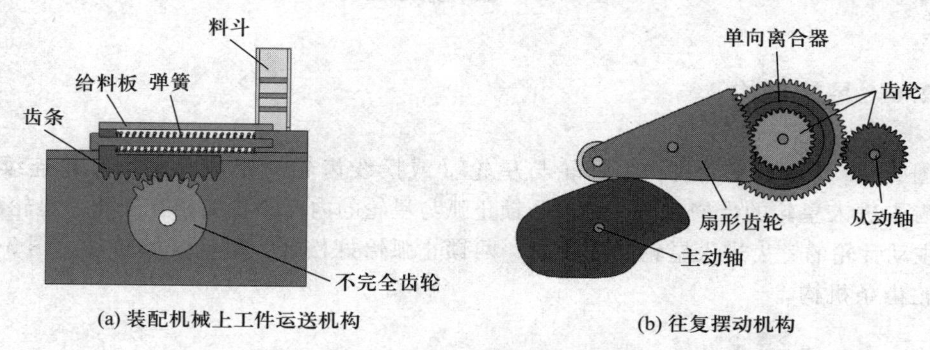

图 3-16 不完全齿轮机构的应用

3.2.5 擒纵机构

擒纵机构是一种间歇运动机构，由擒纵轮、擒纵叉及游丝摆轮等组成，主要用于计时器、定时器等。擒纵机构可分为有固有振动系统型擒纵机构和无固有振动系统型擒纵机构两类。

固有振动系统型擒纵机构常用于机械手表、钟表中，如图 3-17a 所示的钟表擒纵机构。

无固有振动系统型擒纵机构如图 3-17b 所示，结构简单，便于制造、价格低，但振动周期不稳定，主要用于计时精度要求不高、工作时间较短的场合，如时间继电器、计数器、自动记录仪、测速器、定时器及照相快门和自拍器等。

图 3-17c 所示为装配线上工件搬运时的分离擒纵机构，通过液压缸的伸出与缩回运动，推动擒纵叉实现对装配线上运送的工件进行擒纵。

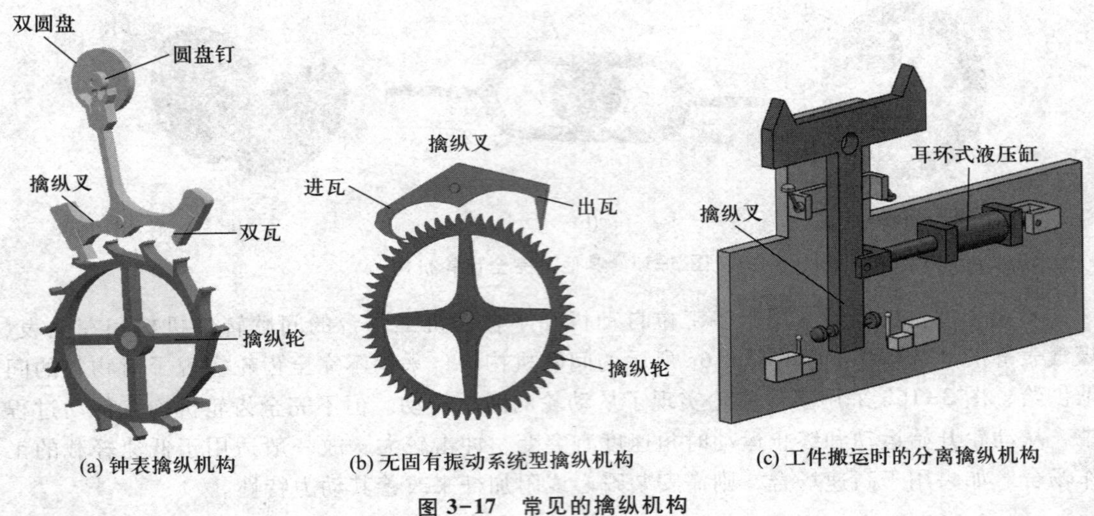

(a) 钟表擒纵机构　(b) 无固有振动系统型擒纵机构　(c) 工件搬运时的分离擒纵机构

图 3-17　常见的擒纵机构

3.2.6 星轮机构

如图 3-18 所示，星轮机构由针轮与星轮（或摆线齿轮）组成。主动针轮连续转动，当其针齿未进入星轮的齿槽时，它的外凸锁止弧与星轮的内凹锁止弧相互锁死，星轮静止不动；当主动针轮的针齿进入星轮的齿槽时，两锁止弧恰好松开，星轮开始转动。图 3-19 所示为星轮齿条机构。

图 3-18　星轮结构

图 3-19　星轮齿条机构

星轮机构的优点：① 运动周期内的动停时间比可调节；② 启动性能好；③ 转位等速。

星轮机构的不足：星轮加工制造较困难。

星轮机构作为间歇运动机构，其适应性较广，如用于连续采煤机、掘进机中的装载机构等。

3.2.7 非圆齿轮机构

非圆齿轮机构是一种瞬时传动比按一定规律变化的齿轮机构。根据齿廓啮合基本定律，一对齿轮作变速传动比传动，其节点不是定点，因此节线不是圆，而是两条非圆曲线。理论上讲，对节线的形状并没有限制，常用的曲线有椭圆、变态椭圆（卵线）以及对数螺线等。

非圆齿轮机构的特点是传动比按一定规律变化，因此常用在要求从动件速度需要按一定规律变化的场合。如用在压力机、自动车床、水表计数器、收音机调谐机构中。在图 3-20 所示的压力机中，利用椭圆齿轮机构与曲柄滑块机构的组合，使压力机的空行程时间缩短，而工作时间增加。这不仅使机构具有急回作用，而且可使其工作行程时的速度比较均匀，从而改善机器的受力状况。

图 3-21 所示为自动车床上的转位机构。利用椭圆齿轮机构的从动轮带动转位，图示槽轮在拨杆 2′速度较高的时候转位，以缩短运动时间，增加停歇时间。亦即缩短机床加工的辅助时间，而增加机床的工作时间。在另外一些场合，也可使槽轮在曲柄速度最低的时候运动，以降低其加速度和振动。

图 3-20 压力机

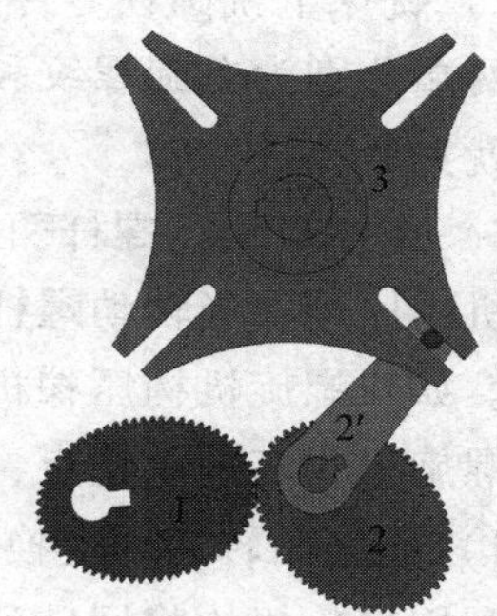

图 3-21 自动车床的转位机构

3.3 其他常用机构

3.3.1 螺旋机构

螺旋机构是利用螺旋副传递运动和动力的机构，通常由螺杆、螺母和机架组成。螺旋机构主要应用于传递运动和动力、转变运动形式、调整机构尺寸、微调与测量等场合。

螺旋机构可分为单螺旋副机构和双螺旋副机构。单螺旋副机构常用于台虎钳及许多金属切削机床的走刀机构（如机床横向进刀架）中，也常用于千斤顶、螺旋压榨机及螺旋拆卸装置中。图 3-22 所示的台虎钳便是单螺旋副机构的应用实例。

双螺旋机构中，若两螺旋副的螺旋方向相同，能产生极小的位移，而其螺纹的导程并不小，则这种螺旋机构称为差动螺旋机构。它常被用于螺旋测微器、分度机及天文和物理仪器中。

若两个螺旋方向相反而导程大小相等，使螺母产生很快的移动，则这种螺旋机构称为复式螺旋机构，如图 3-23 所示。该类螺旋机构有以下应用：

图 3-22 单螺旋副机构

图 3-23 双螺旋副机构

1）复式螺旋机构常用在使两构件能很快接近或分开的场合，如作火车车厢连接器。

2）铣床上铣圆柱零件用的定心夹紧机构，由平面夹爪和 V 形夹爪组成定心机构。螺杆的两端分别为右旋螺纹和左旋螺纹，采用导程不同的复式螺旋机构。当转动螺杆时，两夹爪就夹紧工件。

3）压榨机构，螺杆两端分别与两螺母组成旋向相反、导程相同的螺旋副。根据复式螺旋机构原理，当转动螺杆时，两螺母很快地靠近，再通过连杆使压板向下运动，以压榨物件。如双螺旋机构压榨机。

螺旋机构有如下优点：

1）能将回转运动变换为直线运动，而且运动准确性高。例如，一些机床进给机构，都是利用螺旋机构将回转运动变换为直线运动。

2）速比大。可用于如千分尺那样的螺旋测微器中。

3）传动平稳，无噪声，反行程可以自锁。

4）省力。作为拆卸工具可将配合得很紧的轴和轴承分开。

螺旋机构的缺点是：效率低、相对运动表面磨损快。另外，实现往复运动要靠主动件改变转动方向来实现。

3.3.2 万向联轴器

万向联轴器由两轴叉和连接叉铰链连接而成，是传递两相交轴转动的机构。万向联轴器分为单万向联轴器和双万向联轴器。中间连接叉有多种结构形式，如十字轴式、球笼式、球叉式、凸块式、球销式、球铰式、球铰柱塞式、三销式、三叉杆式、三球销式、铰杆式等，最常用的为十字轴式，其次为球笼式。万向联轴器在传动过程中两轴之间的夹角可以变动，具有较大的角向补偿能力，结构紧凑，传动效率高。它广泛应用于汽车、机床、冶金机械等传动系统中。

单万向联轴器两轴交角为 α，当主动轴转一周时，从动轴也随之转一周，但在一个周期内两轴的瞬时角速度并不时时相等。图 3-24 是单万向联轴器的结构示意图。

将两个单万向联轴器的从动轴和主动轴合为一根轴，即构成由两个单万向联轴器组成的双万向联轴器，如图 3-25 所示。双万向联轴器应用较多。如轧钢机轧辊传动中的双万向联轴器，它能适应不同厚度钢坯的轧制。汽车万向传动装置也是双万向联轴器，装在汽车底盘前部的发动机变速箱，通过双万向联轴器带动后桥中的差速器，驱动后轮转动。汽车行驶中，由于道路等原因引起悬架变形，从而使变速箱输出轴的相对位置时时有变动，这时双万向联轴器的中间轴（也称传动轴）与它们的倾角虽然也有相应的变化，但传动并不中断，汽车仍然继续行驶。

图 3-24 单万向联轴器的结构示意图

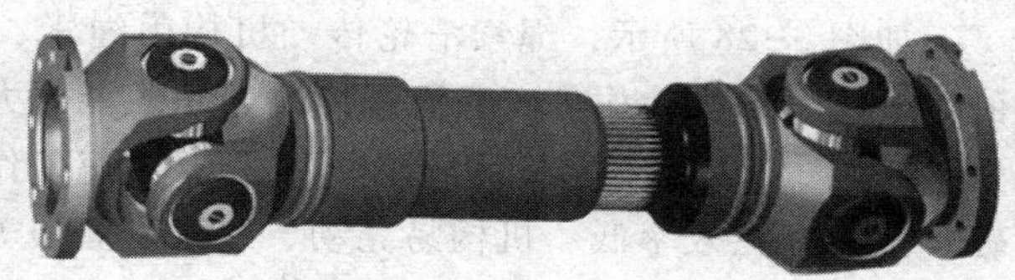

图 3-25 双万向联轴器

3.3.3 挠性传动机构

1. 带传动机构

如图 3-26 所示，带传动机构由主动轮、传动带、从动轮组成。当原动机驱动主动轮转动时，传动带依靠摩擦力带动从动轮转动，并传递一定的动力。

带传动具有过载保护、传动平稳、缓冲吸振、结构简单、成本低等优点，在机械中广泛应用。缺点是传动比不准确，弹性滑动，打滑，带的寿命短；安装时需要张紧，轴与轴承受力较大，不适合高温和有腐蚀介质的场合。

常用的带传动有平带传动、V 带传动、多楔带传动和同步带传动等。

2. 链传动机构

如图 3-27 所示，链传动机构由主动链轮、链条、从动链轮组成。链轮上有特殊齿形的轮齿，与链条上链节啮合传动运动和动力。

链传动无弹性滑动和打滑，平均传动比比较准确，传动效率高，结构紧凑，作用在链条上的预紧力比较小，能够在高温、低速的工况下工作。不足是：瞬时传动比不恒定，工作时有噪声，磨损后易发生跳齿，不适合载荷变化很大、高速和需要急速反向传动的场合。

按用途分链条有传动链、输送链和起重链。输送链和起重链主要用于运输和起重机械中，而一般传动中，传动链用得较多。按结构分链条有套筒链、滚子链和齿形链等。

图 3-26 公交车发动机上的带传动

图 3-27 自行车的链传动

3. 绳索滑轮传动机构

如图 3-28 所示，绳索滑轮传动机构由绳索、滑轮、卷筒及其驱动装置组成。通常用的钢丝绳索是挠性构件，具有强度高、承载能力大、耐冲击、自重轻等特点，正是由于绳索挠性好，绳索滑轮传动机构运行平稳，高速工作时噪声小、构造简单、工作可靠、重量轻。但也存在效率低、机构易晃动、绳索易磨损等不足。

图 3-28 起重机

绳索滑轮机构广泛用于工程机械中的起升机构、变幅及牵引机构中。

4. 摩擦传动机构

如图 3-29 所示，摩擦传动机构由两个互相压紧的摩擦轮和压紧装置组成，主要依靠两摩擦轮接触面间的摩擦传递力和运动。这种机构具有运转平稳、过载保护、结构简单等优点，但也存在传动过程中有滑动、传动效率低、尺寸较大以及轴上受力较大等不足。一般用在无级调速、离合器等轻载场合。

3.3.4 组合机构

简单的连杆机构、凸轮机构、齿轮机构等机构以独立的形式出现，可以单独实现运动或动力的传递，称为**基本机构**。

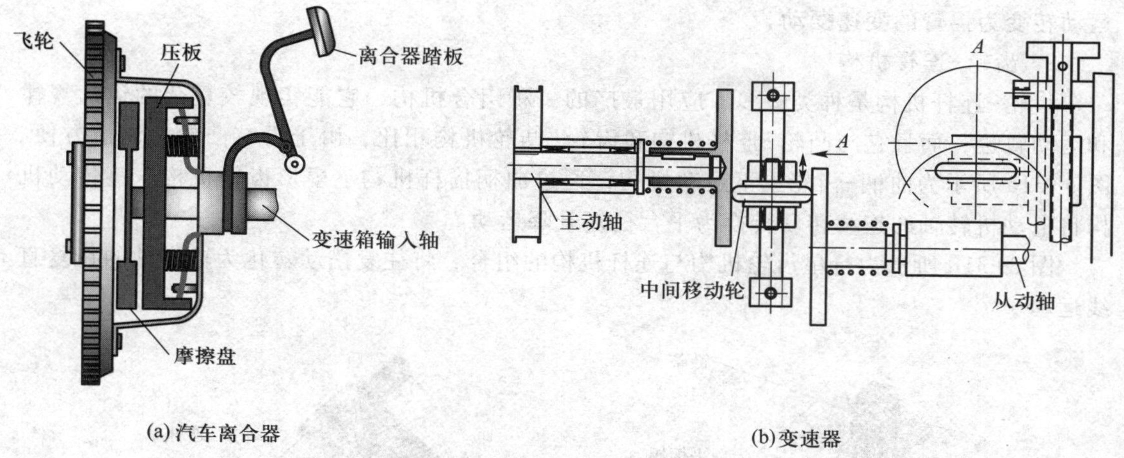

(a) 汽车离合器　　(b) 变速器

图 3-29　摩擦传动机构

单一的基本机构不能满足自动机和自动生产线的复杂多样的运动要求，常将若干个基本机构通过适当方式组合成一个机构组合体来实现。比较常见的典型组合方式有串联组合、并联组合及混联式组合。

若干个子机构顺序连接，前一个基本机构的输出运动是后一个机构的输入运动，这样的组合方式称为机构的串联组合，由此得到的机构称为**串联机构**。将一个或若干个单自由度机构的输出构件与一个多自由度机构的输入构件相连，这样的机构组成称为机构的**并联组合**。综合运用串联-并联组合方式可搭建更为复杂的机构系统，此种组合方式称为机构的**混联式组合**。机构的组合可以采用第四章所述的形态矩阵的方法。

常用组合机构的类型有齿轮-凸轮机构、齿轮-连杆机构和凸轮-连杆机构。

1. 齿轮-凸轮机构

齿轮-凸轮机构利用凸轮机构能实现任意给定的运动规律的特点，用于实现给定运动规律的整周回转运动，它可使从动件获得变速运动、间歇运动及复杂的运动规律。图 3-30a 所示的齿轮-凸轮夹紧机构是将活塞杆的直线运动转化为压紧杠杆的摆动，实现对工件的夹紧。

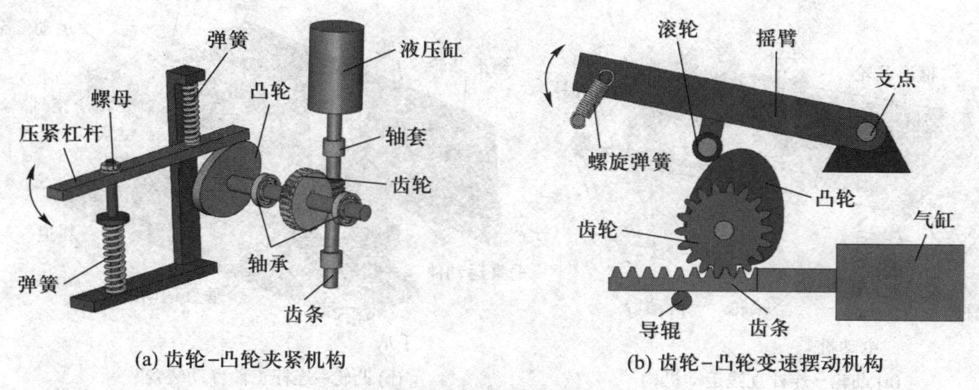

(a) 齿轮-凸轮夹紧机构　　(b) 齿轮-凸轮变速摆动机构

图 3-30　齿轮-凸轮组合机构

图 3-30b 所示的齿轮-凸轮变速摆动机构是通过齿轮齿条和凸轮机构将活塞杆的直线运动转变为摇臂的变速摆动。

2. 齿轮-连杆机构

齿轮-连杆机构是种类最多、应用最广的一种组合机构，它能实现较复杂的运动规律和运动轨迹，而且它与凸轮-连杆机构和齿轮-凸轮机构相比，由于没有凸轮，制造方便。图 3-31a 所示为曲柄-齿轮上下运动机构，通过曲柄摇杆机构、扇形齿轮机构、链传动机构将电动机转轴的连续转动转换为平台往复升降运动。

图 3-31b 所示为行星齿轮机构与连杆机构的组合，将往复摆动转化为输出轴的往复直线运动。

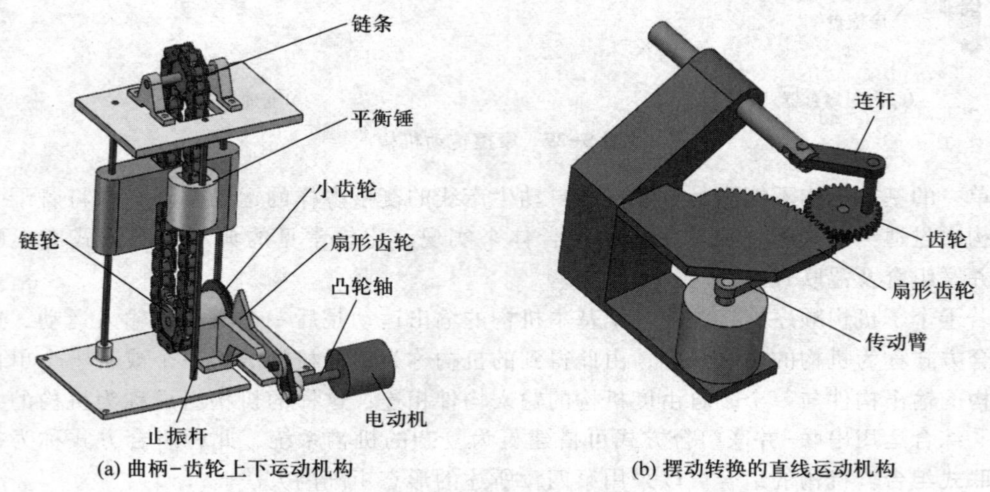

(a) 曲柄-齿轮上下运动机构　　(b) 摆动转换的直线运动机构

图 3-31　齿轮-连杆机构

3. 凸轮-连杆机构

凸轮-连杆机构能精确实现给定的运动规律和运动轨迹，应用比较广泛。如图 3-32a 所示的凸轮连杆直线运动机构，凸轮给定的速度和加速度规律将通过连杆机构传递给滑动台，使滑动台能够按照给定的运动规律运动。

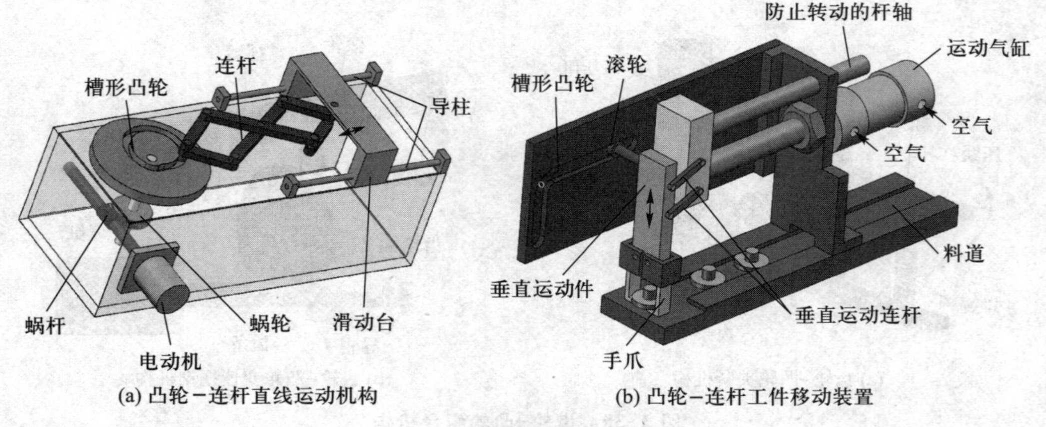

(a) 凸轮-连杆直线运动机构　　(b) 凸轮-连杆工件移动装置

图 3-32　凸轮-连杆机构

如图 3-32b 所示的工件移动机构，当气缸作直线运动时，手爪通过滚轮按照凸轮的轨迹运动，同时受到连杆机构的约束，这样能够保证手爪按照预定的水平运动和竖直运动。

3.4 新型机构

3.4.1 广义机构

随着电、磁、气、液等相关科学领域技术的迅速发展，使得含液、气、光、电、磁等工作原理的机构应用日益广泛，一般将这类机构统称为广义机构。在广义机构中，由于利用了一些新的工作介质或工作原理，因此可比传统机构更简单地实现运动或动力转换。广义机构还可以实现传统机构难以完成的运动。

广义机构的构件不再局限于刚性构件，会出现挠性构件、弹性构件；动力源与原动件有时融为一体，如液压机构、气动机构、光电磁机构、伺服直接驱动机构等；动力源与执行构件融为一体，如压电晶体直接作微制动器。广义机构的种类繁多，常用的有液气动机构、电磁机构、光电机构等。

1. 电磁机构

电磁机构（图 3-33，图 3-34）是通过电与磁的相互作用来完成所需动作的，最常见的电磁机构可以实现回转运动、往复运动、振动等。电磁机构包括了电磁传动机构、变频调速器、继电器机构。而电磁传动机构通常为电磁铁，由通电线圈产生磁场，控制磁场的产生和变化即可实现所需的动作，可分为电磁回转机构、电锤机构、电磁气动传动机构、电磁直动机构。

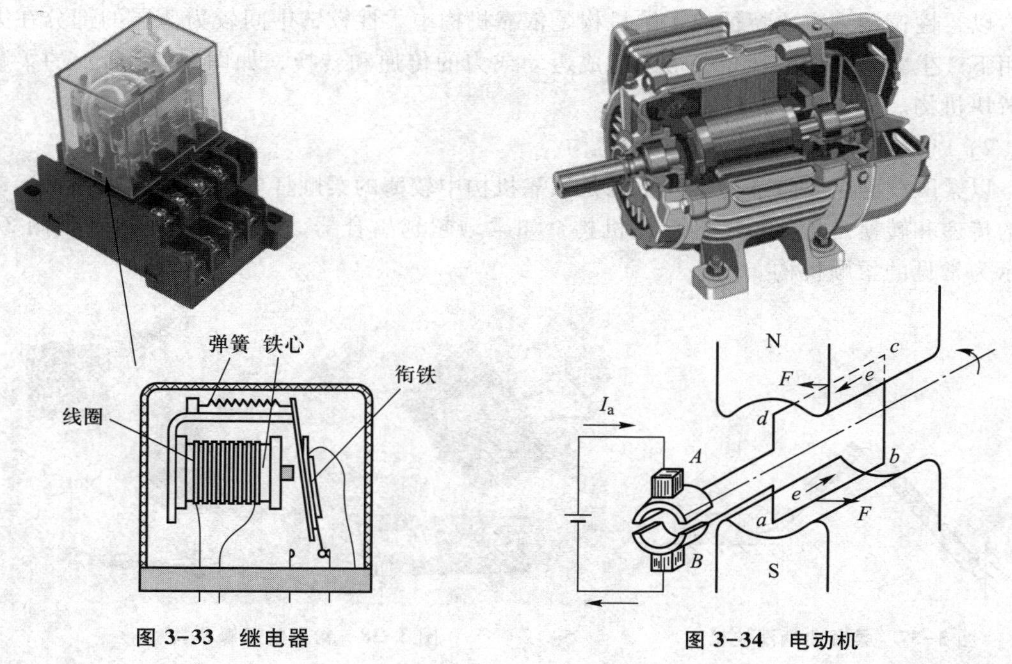

图 3-33 继电器

图 3-34 电动机

2. 液气动机构

液气动机构是以具有压力的液体、气体作为介质来实现能量传递与运动变换的机构。液气动机构广泛应用于矿山、冶金、建筑、交通运输和轻工行业，如图 3-35 所示的液压缸、图 3-36 所示的液压马达均为液气动机构。

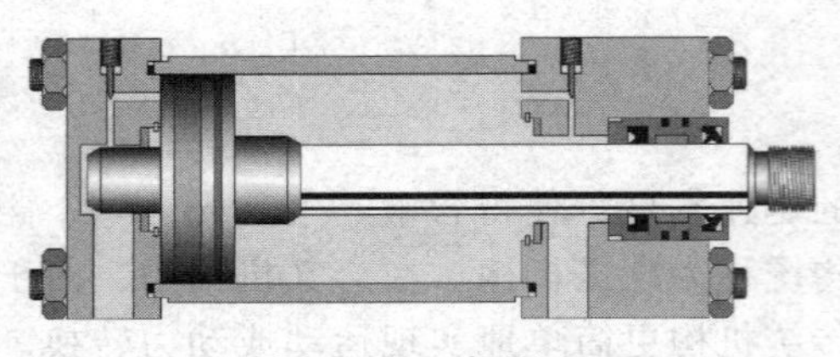

图 3-35 液压缸

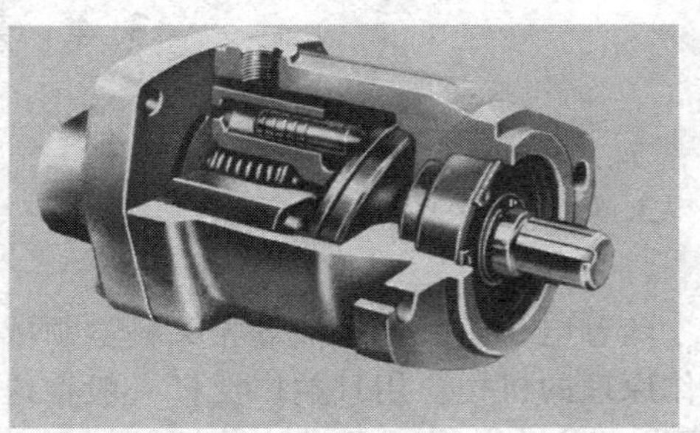

图 3-36 液压马达

3.4.2 柔顺机构

柔顺机构是一种利用构件自身的弹性变形来完成运动和力的传递与转换的新型机构，具有许多传统机构所没有的优点：① 能整体化（或一体化）设计和加工，故可简化结构、减小体积和重量、免于装配、降低成本；② 无间隙和摩擦，可实现高精度运动；③ 免于磨损，提高寿命；④ 免于润滑，避免污染；⑤ 改变结构刚度。

柔顺机构主要有以下两种类型：

1）以**柔性**铰链为主要特征的柔顺机构。

以柔性铰链为主要特征的柔顺机构是依靠机构中柔性铰链中间较为薄弱的部分在力矩作用下产生较明显的弹性角变形来完成运动或力的传递和转换，如图 3-37 所示的柔顺曲柄滑块机构。

2）以柔顺杆为主要特征的柔顺机构。

以柔顺杆为主要特征的柔顺机构是依靠机构中较薄的柔顺杆的弹性变形来进行运动或力的传递和转换。主要用于轻型化机构，如柔顺超越离合器、柔顺卷边机构等。图 3-38 所示为常见的柔顺机构。

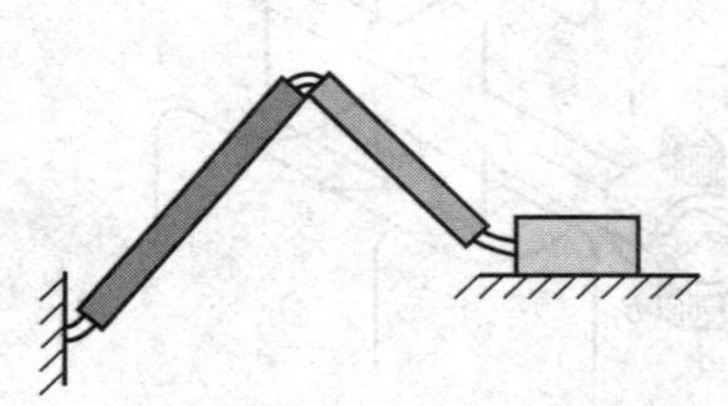

图 3-37 柔顺曲柄滑块机构

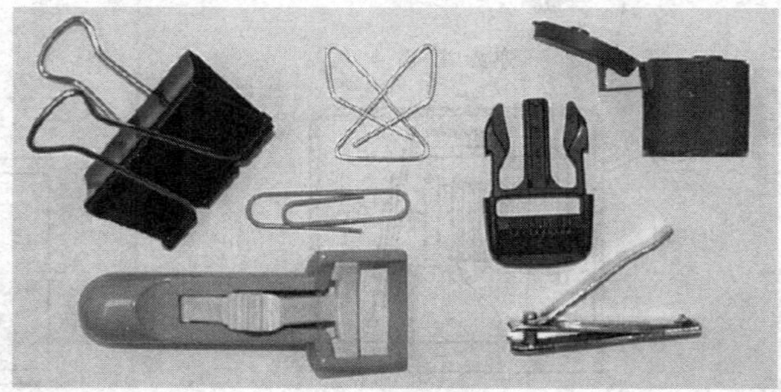

图 3-38 常见的柔顺机构

3.4.3 变胞机构

变胞机构是能在瞬时使某些构件发生合并/分离或出现几何奇异，并使机构有效构件数或自由度数发生变化，从而产生新构型的机构，即能从一类结构形式变换到另一种结构形式的机构，在结构形式变化过程中或出现奇异位形时，其有效杆数目发生变化，构件的连接关系也发生变化，改变了其原构型，组合成新机构，自由度也发生变化。变胞机构改变了传统机构的概念和机构设计，是可变自由度和可变构件数目的机构，具有极其广阔的应用前景。

变胞机构应用在具有多个不同工作阶段的场合，并且由一个工作阶段到另一个工作阶段中，总是以改变机构的拓扑结构（由此改变机构的自由度），呈现出不同机构类型或运动性能来实现功能要求。例如，图 3-39 所示为一制动机构。刹车时操作杆 1 向右拉，通过构件 2、3、4、5、6 使两闸瓦刹停车轮，其工作中会出现以下情况：

1）未刹车时，刹车机构的自由度为

$$F=3n-(2P_L+P_H)=3\times6-(2\times8)=2$$

2）闸瓦 G、J 之一刹紧车轮时，刹车机构的自由度为

$$F=3n-(2P_L+P_H)=3\times5-(2\times7)=1$$

3）闸瓦 G、J 同时刹紧车轮时，刹车机构的自由度为

$$F=3n-(2P_L+P_H)=3\times4-2\times6=0$$

从这个计算分析中看到，该机构活动构件数目与自由度在不同的工作状况下会发生变化，故该制动机构是一变胞机构。

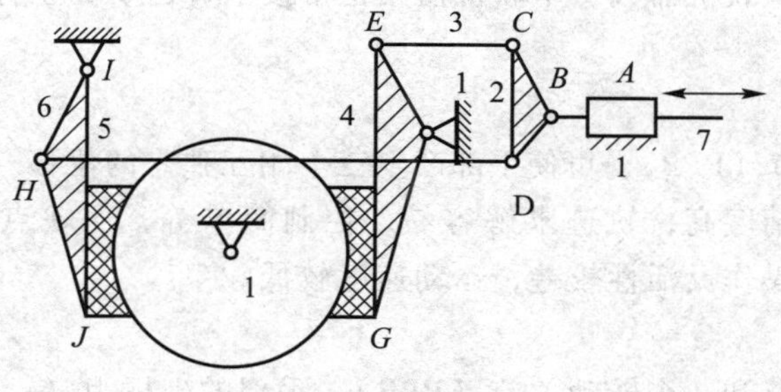

图 3-39 变胞机构

3.5 机器人机构

机器人是近 60 年来发展起来的一种自动化机器。它的特点是可通过编程完成各种预期的作业任务，在构造和性能上兼有人和机器各自的优点，尤其是体现了人的智能和适应性，机器作业的准确性和快速性以及在各种环境中完成作业的能力。因而，机器人在国民经济各个领域中具有广阔的应用前景。

3.5.1 机器人的分类

机器人的类型很多，按其应用领域可分为产业（工业、农业等）机器人、特种机器人、服务机器人，其中工业机器人目前应用最为普遍。图 3-40a 所示为用于打磨和搬运的工业机器人。机器人也常按其移动性可分为固定式机器人和移动式机器人两大类。工业机器人多为固定式机器人，而移动式机器人又可分为轮式、履带式和步行式机器人。其中步行机器人又有单足跳跃式、双足、四足、六足和八足机器人。图 3-40b 所示为四足行走机器人，而图 3-40c 所示为六足机器人。

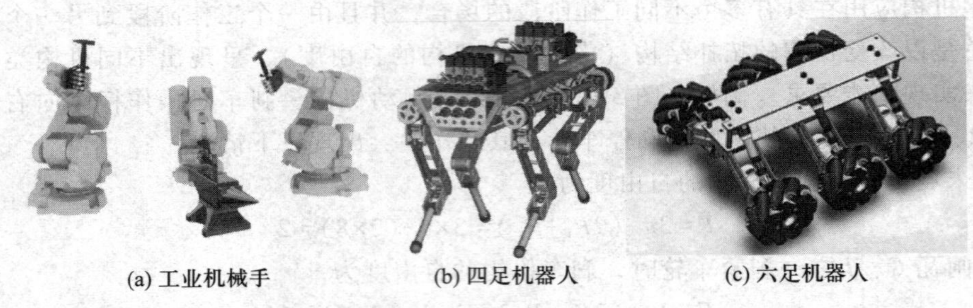

(a) 工业机械手　(b) 四足机器人　(c) 六足机器人

图 3-40 机器人

按结构形式分，机器人有串联机器人和并联机器人两大类。串联机器人的构件和关节（运动副）是采用串联方式进行连接（开链式）的；并联机器人的构件与关节是采用并联方式进行连接（闭链式）的。

工业机器人多为串联机器人，串联机器人也常按手臂运动的坐标形式不同可分以下四种类型：

（1）直角坐标型

具有三个移动关节（PPP），可使手部产生三个相互独立的位移（x，y，z），如图 3-41 所示。其优点是定位精度高，轨迹求解容易，控制简单等，而缺点是所占的空间尺寸较大，工作范围较小，操作灵活性较差，运动速度较低。

（2）圆柱坐标型

具有两个移动关节和一个转动关节（PPR），手部的坐标为（y，z，θ），如图 3-42 所示。其优点是所占的空间尺寸较小，工作范围较大，结构简单，手部可获得较高的速度。缺点是手部外伸离中心轴愈远，其切向线位移分辨精度愈低。通常用于搬运机器人。

（3）球坐标型

具有两个转动关节和一个移动关节（RRP），手部的坐标为（θ，φ，y）（图 3-43）。此种机器人的优点是结构紧凑，所占空间尺寸小。但目前应用较少。

（4）关节型

模拟人的上肢而构成的。它有三个转动关节（RRR），可分为竖直关节和水平关节（图 3-44）两种布置形式。关节型机器人具有结构紧凑，所占空间体积小、工作空间大等特点。其中，竖直关节型机器人能绕过机座周围的一些障碍物，而水平关节型机器人在水平面上具有较大的柔性，而在沿竖直面上具有很大的刚性，对装配工作有利。关节型机器人是目前应用最多的一种结构。

并联机器人是指运动平台和基座间至少由两根活动连杆连接，具有两个或两个以上自由度的闭环结构机器人，如图 3-45 所示。

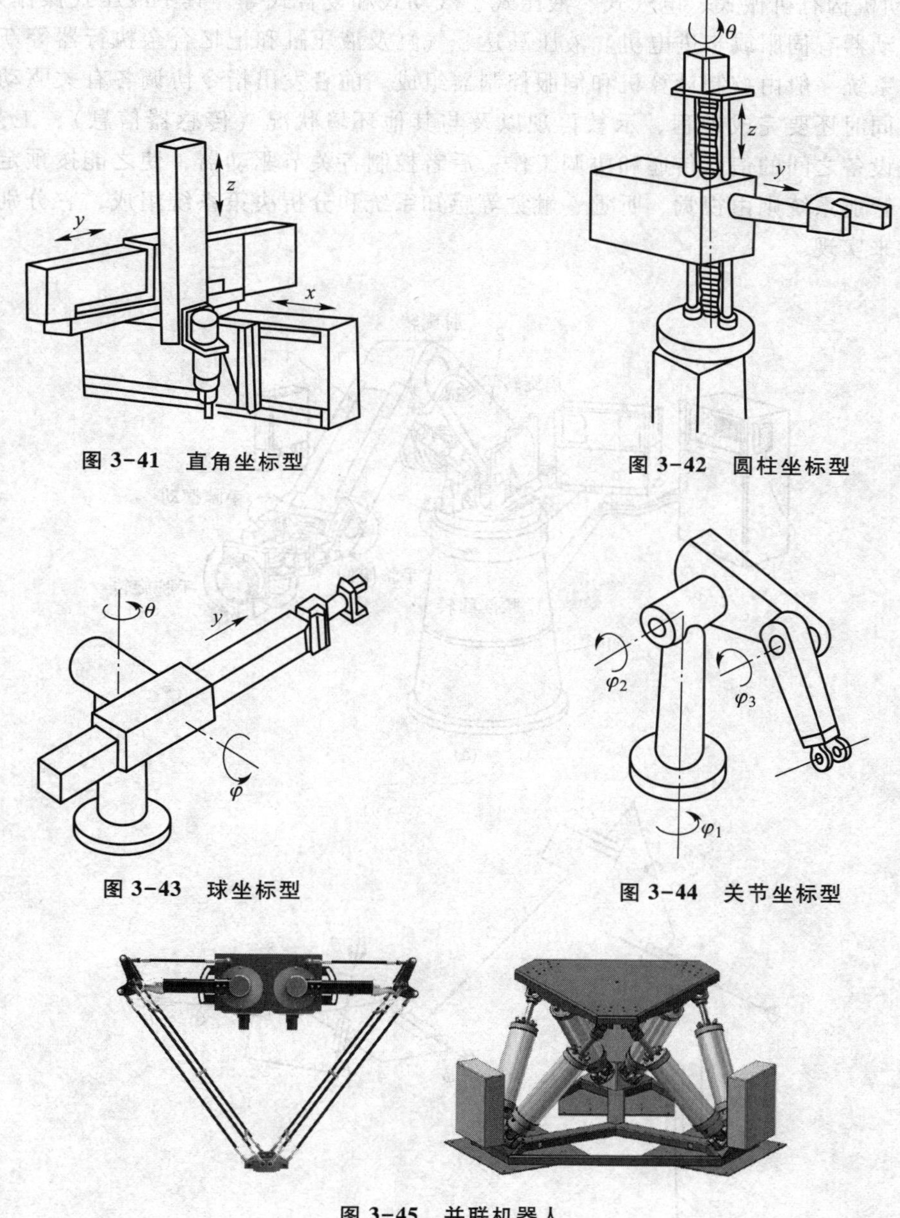

图 3-41 直角坐标型

图 3-42 圆柱坐标型

图 3-43 球坐标型

图 3-44 关节坐标型

图 3-45 并联机器人

3.5.2 工业机器人的组成及其工作原理

工业机器人是一种具有自动控制的操作和移动功能，能够完成各种作业的可编程操作机。它有多个自由度，可用来搬运材料、零件和握持工具，以完成各种不同的作业。如图

3-46 所示为一具有 6 个自由度，可用于点焊、弧焊和搬运的工业机器人，通常由执行机构，驱动-传动机构，控制系统和智能系统四部分组成。执行机构是机器人赖以完成各种作业的主体部分。驱动-传动机构由驱动器和传动机构组成，通常与执行机构连成一体。驱动-传动机构有机械式、电气式、液压式、气动式和复合式等，其中液压式操作力最大。常用的驱动器有伺服或步进电机、液压马达、气缸及液压缸和记忆合金执行器等新型驱动器。控制系统一般由控制计算机和伺服控制器组成。前者发出指令协调各有关驱动器之间的运动，同时还要完成编程、示教再现以及与其他环境状况（传感器信息）、工艺要求、外部相关设备之间的信息传递和协调工作；后者控制各关节驱动器，使之能按预定运动规律运动。智能系统则由视觉、听觉、触觉等感知系统和分析决策系统组成，它分别由传感器及软件来实现。

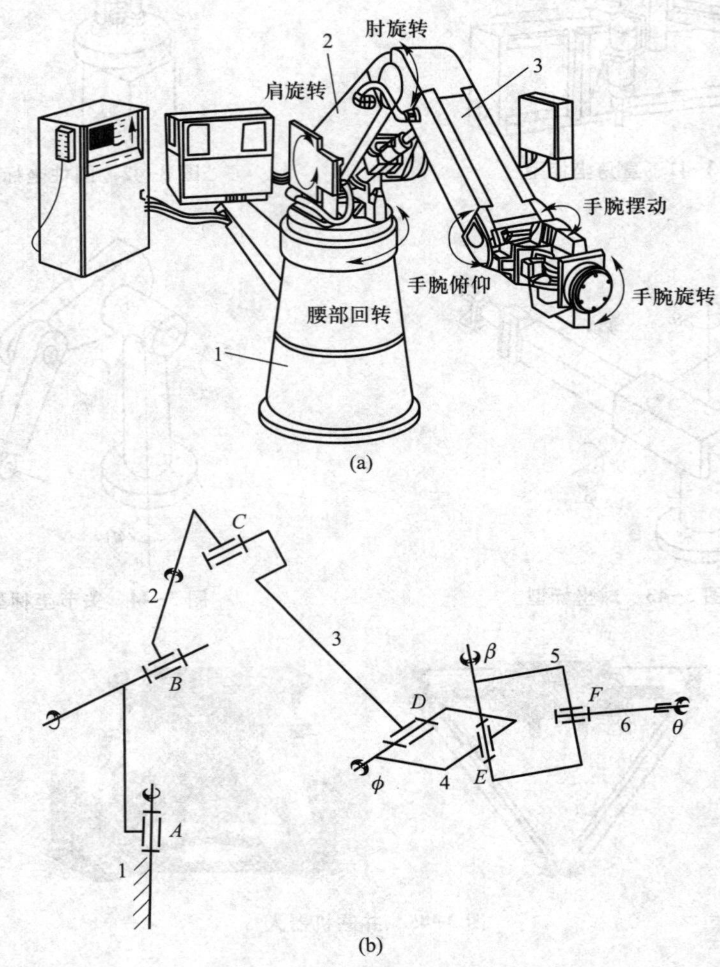

图 3-46 工业机器人结构与机构简图

工业机器人的机械结构部分称为操作机或机械手，由如下部分组成：图 3-46 中构件 1 为机座；连接手臂和机座的部分为腰部，通常作回转运动；而位于操作机最末端、并直接执行工作要求的装置为手部（又称末端执行器），如图 3-46 中的构件 6。常见的末端执行器有夹持式吸盘式、电磁式等；构件 2、3 分别为大臂和小臂，其与腰部一起确定末端执行器在空间的位置，故称之为位置机构或手臂机构；构件 4、5 组成手腕机构，用以确定末端执行器在空间的姿态，故又称为姿态机构。手臂机构和手腕机构是机器人机构学要研究的主要内容。

3.5.3 机器人中的主要机构

机器人中用到了很多机构，除机器人本体中的减速器、各种传动等，还有末端执行器，如机械手等，用到了连杆机构、齿轮机构、带传动机构等。

1. 移动机构

机器人移动机构通常由驱动装置、传动装置、位置检测装置、传感器、电缆和管路等构成。

按运行轨迹分：移动机构分为固定轨迹式和无固定轨迹式两种。固定轨迹式主要用于工业机器人。

按移动机构的特点分：对于无固定轨迹机器人，可分为轮式、履带式和步行式等。前两者与地面连续接触，后者与地面为间断接触。

（1）轮式移动机构

轮式移动机构通常有三轮、四轮、六轮之分。它们或有驱动轮和自位轮，或有驱动轮和转向机构，用来转弯。适用范围最适合平地行走，不能跨越过大高度，不能爬楼梯。

由于具有轮式移动机构的机器人（简称轮式机器人）可有效地解决带固定轨迹式移动机构的机器人工作空间受限制的不足，所以在光或磁自动引导车、智能遥控车、探索机器人和服务机器人等领域获得广泛应用。

根据轮子配置方式不同，轮式机器人还可分为普通轮式机器人和全方位轮式机器人两种基本类型。普通轮式机器人属于车轮式机器人，其运动等同于传统陆地上的车辆，其轮式移动机构具有两个自由度，只需要两个驱动。根据驱动轮位置的不同，轮式移动机构有不同的设计：第一种设计为两个驱动轮中，一个起动力驱动作用，另一个则起舵轮作用。第二种设计为两同轴轮分别采用两个独立驱动，其余轮变为脚轮。前者存在两种不同的控制方法和结构复杂等缺点，而后者转向靠摩擦和惯性力来确定，结构简单。全方位轮式机器人具有 3 个自由度的运动，能充分增加它的机动性。这种轮子在轮毂的外缘上设置有可绕自身轴线转动的滚子（图 3-47），这些滚轮毂保持一定的角度。它具有 3 个自由度的轮式移动机构，即为独立地在支持面上的两个方向移动和绕竖直轴的转动运动。就其轮子的形状而言，又可分为球形轮（图 3-48）和麦卡姆轮（图 3-49）。麦卡姆轮式 3 自由机器人和普通轮式 2 自由度机器人一样，其结构的自由度数目大于其系统工作空间的维数。因而，轮式机器人控制不能用其轮子转动角位移来确定车体本身的位置和方向，需要按照冗余自由度机器人系统来处理。

（2）履带式移动机构

图 3-50 所示为机器人上采用的履带式移动机构。特点：可以在凹凸不平的地面上移动，可以跨越障碍物，能爬梯度不太高的台阶。依靠左、右两个履带的速度差转弯，会产生滑动，转弯阻力大，且不能准确地确定回转半径。

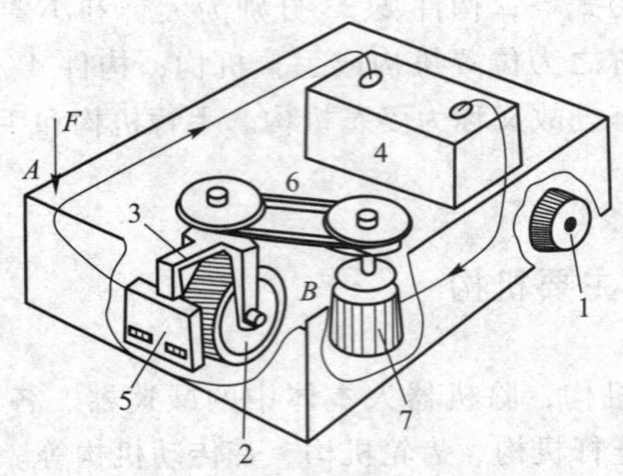

图 3-47 轮式移动机构示意图

1—驱动轮；2—转向轮；3—转向支架；4—电源；5—传感器；6—转向传动；7—转向伺服电机

图 3-48 球形轮

图 3-49 麦卡姆轮

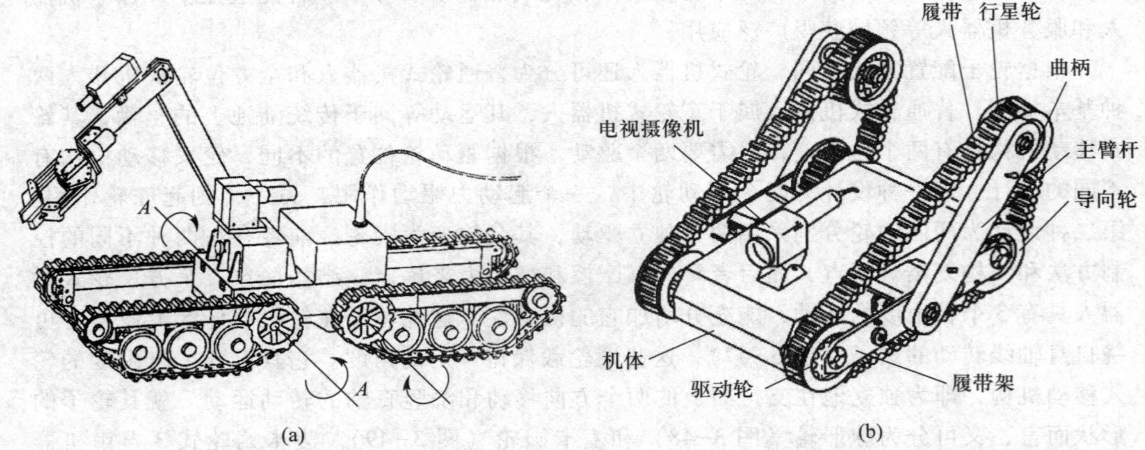

图 3-50 履带式移动机构

(3) 步行式移动机构

具有步行式移动机构的机器人即步行机器人，典型特征是不仅能在平地上移动，而且能在凹凸不平的地面上步行，能跨越沟壑，上下台阶，具有广泛的适应性。主要设计难点是机器人跨步时自动转移重心而要保持平衡的问题。

1）两足移动机构

图 3-51 所示为两足移动机构。控制特点：使机器人的重心经常在接地的脚掌上，一

边不断取得准静态平衡，一边稳定地步行。结构特点：为了能变换方向和上下台阶，一定要具备多自由度。

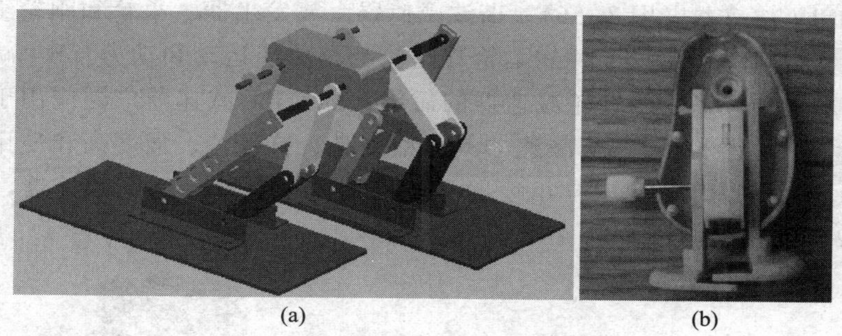
(a) (b)

图 3-51 两足移动机构

2）四足移动机构

图 3-52 所示为四足移动机构。特点：四足移动机构在静止状态下是稳定的，具有很高的实用性。

具有四足移动机构的机器人（简称四足机器人）步行时，一只脚抬起，三只脚支撑自重，这时有必要移动身体，让重心落在三只脚接地点组成的三角形内。

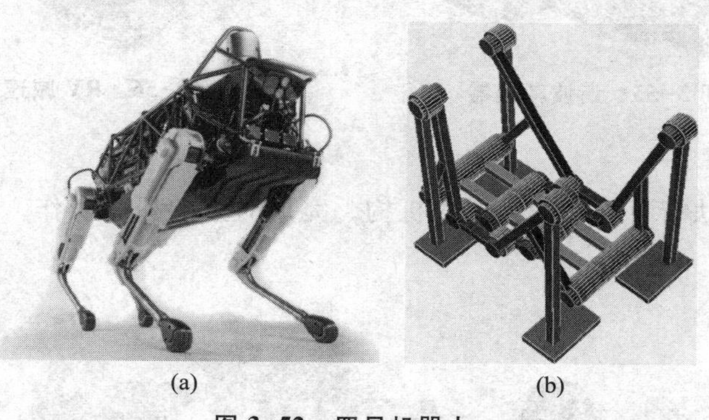
(a) (b)

图 3-52 四足机器人

3）其他移动机构

除了两足、四足移动机构外，还有六足移动机构（六足机器人，如图 3-53 所示）、爬壁机器人、车轮和脚混合式机器人、蛇形机器人（图 3-54）等。

图 3-53 六足机器人

图 3-54 蛇形机器人

2. 精密减速器

在工业机器人中，精密减速器是核心的零部件，最常用的两种减速器为谐波减速器（图 3-55）和 RV 减速器（图 3-56）。谐波减速器由波发生器、柔轮和刚轮组成，依靠波发生器使柔轮产生可弹性变形，并靠柔轮与刚轮啮合传递运动和动力。RV 减速器由一个行星齿轮减速器的前级和摆线针轮减速器的后级组成。RV 减速器广泛应用于高精度机器人传动。与谐波减速器相比，RV 减速器具有精度高、抗疲劳、强度高和使用寿命长，而且回差精度稳定等优点。通常六自由度的工业机器人中有 6 个精密减速器，其中 4 个为 RV 减速器，2 个为谐波减速器。

图 3-55 谐波减速器

图 3-56 RV 减速器

3. 执行机构

机器人的末端执行机构一般为抓取机构，完成对象的抓紧操作，图 3-57 所示为常见的抓取机构。

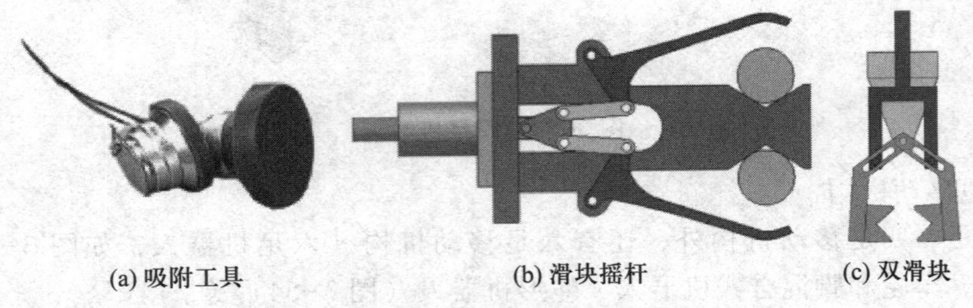

(a) 吸附工具　(b) 滑块摇杆　(c) 双滑块

图 3-57 常见的抓取机构

目前大多数机械臂执行机构可以抓取夹紧物品的种类极其有限——要么不能太重，要么形状有要求，例如立方、圆柱等，最近美国麻省理工学院（MIT）团队提出一种“折伞式”机械臂（图 3-58）可以突破重量和不规则形状的限制。研究者利用折叠伞骨架结构将大件物品包围，连接器将夹具连接到机械臂上，并且还带有真空管，该真空管从夹具中吸出空气，使其围绕物体折叠。然后抽了真空，结构紧凑，骨架折叠，便有了强大的力量，可以紧紧咬住被夹持的对象。该机械手能够抓取易碎的物体而不会破坏它们，同时仍然保持足够强的抓力，可以抓取比自身重 120 倍的物体。还有其他的柔性机械爪结构，如图 3-59 所示。

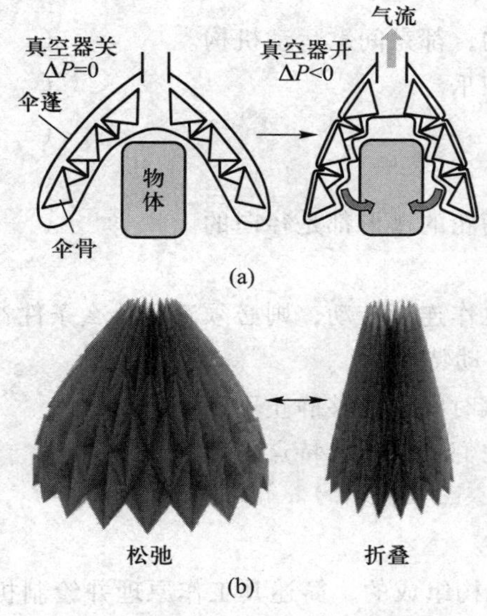

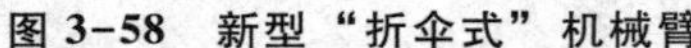

图 3-58 新型“折伞式”机械臂

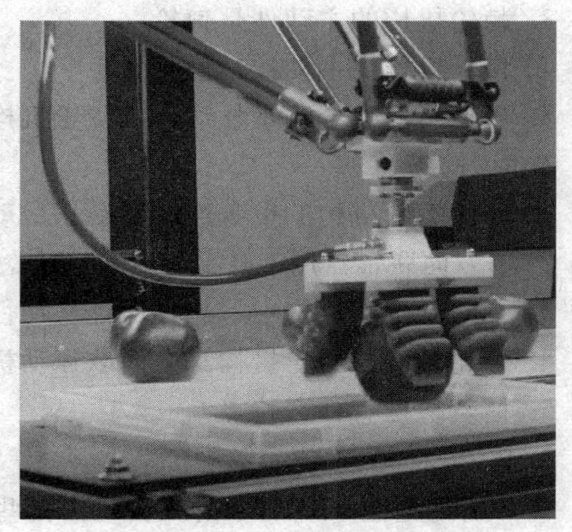

图 3-59 柔性机械爪

练习题

3-1 填空题

1. 棘轮机构由______、______、________、______组成，可实现________运动。

2. 槽轮机构由______、______、______组成，适用于______________场合。

3. 擒纵轮机构由______、______、______及______组成。

4. 凸轮式间歇运动机构由______和______组成，______作连续转动，通过其____推动______作预期的____运动。

5. 不完全齿轮机构由________与________相啮合，使从动轮作________运动。

3-2 选择题

1. 家用自行车中的“飞轮”是一种超越离合器，是一种（　　）。

A. 凸轮机构　B. 擒纵机构　C. 棘轮机构　D. 槽轮机构

2. 要将连续单向转动变换为具有停歇功能的单向转动，可采用的机构是（　　）。

A. 曲柄摇杆机构　B. 摆动从动件盘形凸轮

C. 棘轮机构　D. 齿轮机构

3. 在单向间歇运动机构中，棘轮机构常用于（　　）的场合。

A. 低速轻载　B. 高速轻载　C. 低速重载　D. 高速重载

4. 在单向间歇运动机构中，（　　）可以获得不同转向的间歇运动机构。

A. 不完全齿轮机构　B. 棘轮机构

C. 槽轮机构　D. 圆柱凸轮间歇运动机构

5. 棘轮机构的主动件是作（　　）的。

A. 往复摆动运动　B. 直线往复运动　C. 等速旋转运动　D. 曲线运动

3-3　判断题

1. 能使从动件得到周期性的时停、时动的机构，都是间歇运动机构。　(　　)
2. 单向间歇运动的棘轮机构，必须要有止回棘爪。　(　　)
3. 棘轮机构的主动件是棘轮。　(　　)
4. 槽轮机构的主动件是槽轮。　(　　)
5. 不论是内啮合还是外啮合的槽轮机构，其槽轮的槽形都是径向的。　(　　)

3-4　简答题

1. 若使槽轮机构的拨盘连续转动，从动槽轮也作连续转动，则必须满足什么条件？
2. 单万向联轴器用于什么场合？它有怎样的运动特性？
3. 在间歇运动机构中，怎样保证从动件在停歇时间里能够静止不动？
4. 棘轮机构与槽轮机构都是间歇运动机构，它们各有什么特点？
5. 槽轮机构有什么特点？

3-5　分析题

请分析如题图 3-5 所示的机构是由哪些常用机构组成的，简述其工作原理并绘制机构运动简图。

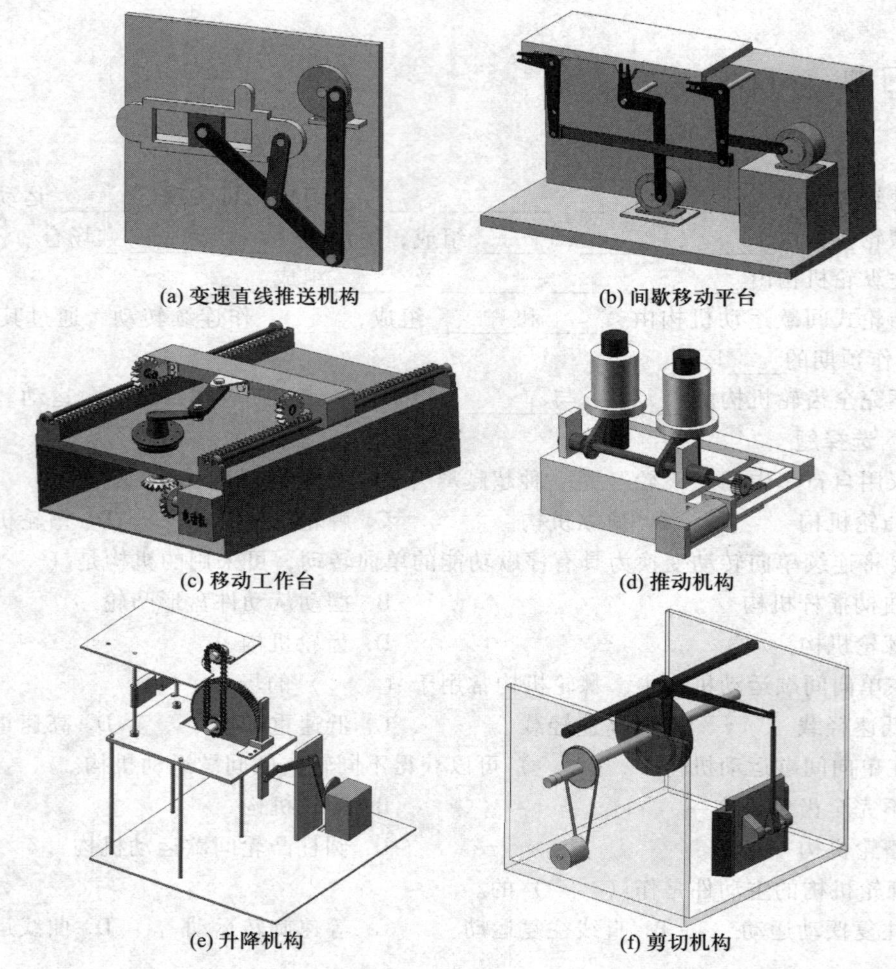

(a) 变速直线推送机构　(b) 间歇移动平台

(c) 移动工作台　(d) 推动机构

(e) 升降机构　(f) 剪切机构

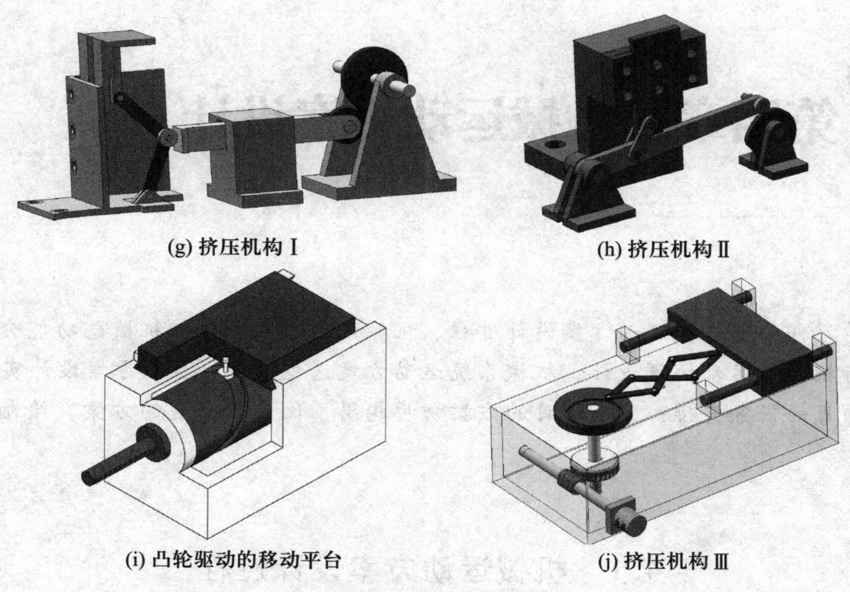

(g) 挤压机构Ⅰ (h) 挤压机构Ⅱ

(i) 凸轮驱动的移动平台 (j) 挤压机构Ⅲ

题图 3-5 分析题图

第四章　机械运动方案设计

本章学习任务：机械运动方案设计过程、机械产品需求分析、机械总功能分析与功能分解、执行机构的运动协调设计、机械系统运动方案选型设计、机构方案设计实例。

驱动项目的任务安排：完成项目的方案初步构思，优选出合适的方案，绘制该方案的机构简图。

4.1　机械运动方案设计过程

图 4-1 所示为机械运动方案设计的流程图。它包括需求分析、机械总功能分析与功能分解、执行机构（或子功能）的协调性设计、执行机构形式设计、绘制机械运动示意图与各机构尺度综合，评价选择，最后绘制机械运动简图，为后续的具体设计及相关的运动学与动力学分析奠定基础。

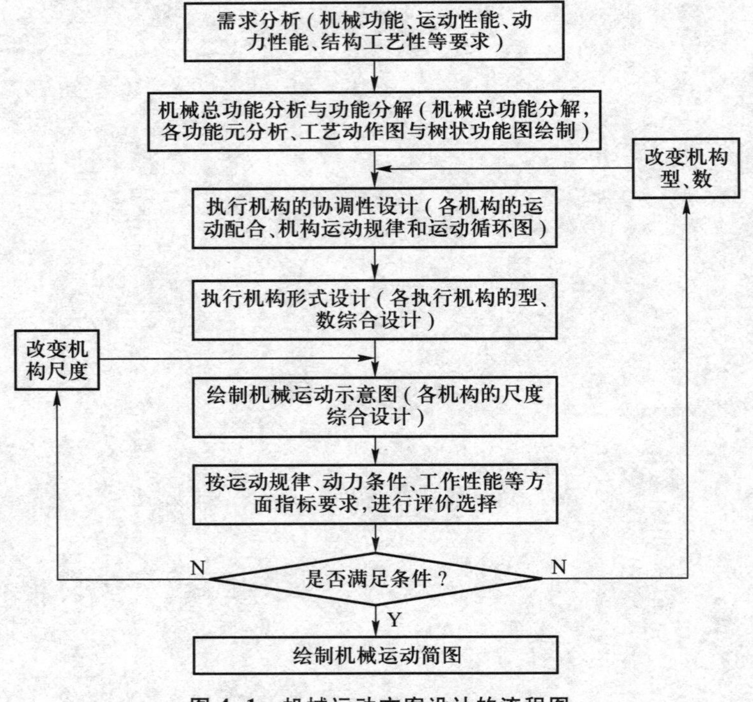

图 4-1　机械运动方案设计的流程图

(1) 需求分析

需求分析是产品设计的第一步，机械产品需求分析是要确定对产品的各种要求，并以精确而中性的形式描述产品的信息，制订产品设计说明书。标准的产品设计说明书中阐明为完成特定的功能和动作需要而对产品结构所做的要求，包括性能、质量、可靠性、安全性、产品生命周期、美学、人类工程学等方面的要求。

(2) 机械总功能分析与功能分解

根据机械总功能要求，选定机械工作原理并进行功能分解。为了实现同一总功能，采用不同的工作原理功能分解，就会有多种不同的组合方案，可以通过各方案的综合评价来选择最佳的方案。这一步骤对机械的工作性能、适应性、可靠性、先进性、工艺性、经济性等方面起着决定性的作用。

(3) 执行机构的协调性设计

机械的各子功能（或工艺动作）需要执行机构来实现，这些执行机构不仅要完成各自的工艺动作，而且相互之间必须协调一致。主要是指各执行机构在时间、空间、速度上的协调配合，以及多个执行机构完成一个执行动作时，各执行机构之间的运动协调配合。按机械的工作原理、执行构件运动协调配合的要求，绘制出机械运动循环图，作为各执行机构选型和拟订机构组合方案的依据。

(4) 执行机构的选型设计

根据各功能元的运动要求、动力要求、轨迹要求或协调性要求等，设计相应的执行机构；由各执行构件的运动参数和工作阻力，选择合适的原动机；然后各执行机构之间及与原动机之间的连接方式，实现机构的型、数综合。在进行机构型综合时要考虑机构功能、结构、尺寸、动力特性等多种因素。机构选型后应该进行综合评价，择优选用。

(5) 作出机械运动示意图（机械运动方案图）

根据机械的工作原理、执行构件运动协调配合要求和选定的各执行机构，拟订机构的组合方案，画出机械运动示意图。这种示意图表示了机械运动配合情况和机构组成状况，代表了机械运动系统的方案。对于运动情况比较复杂的机械，还可以采用轴测投影的方法绘制出立体的机械运动示意图。

(6) 各机构的尺度综合

根据各执行构件、原动件的运动参数以及各执行构件运动的协调配合要求，同时还要考虑动力性能要求，确定各机构中构件的几何尺寸（机构的运动尺寸）或几何形状（如凸轮的轮廓）等。在进行机构的尺度综合时要考虑机构的静态和动态误差的分析。

(7) 绘制机械运动简图

对各机构尺度综合所得的结果，要从运动规律、动力条件、工作性能等多方面进行综合考量，确定合适的机构运动尺寸，然后绘制出机械运动简图。机械运动简图应按比例尺画出各机构运动尺寸和几何形状。由机械运动简图所求得的运动参数、动力参数、受力情况等，即可作为机械技术设计（包括总图、零部件设计等）的依据。

4.2 机械产品的需求分析

设计机械产品时需要综合考虑运动性能、动力性能、结构工艺性能等，机械产品的这三个性能是相互影响的，但由于实现功能和工作环境等因素的差异，在设计时对其性能的侧重点也会各不相同。

(1) 运动性能需求

机械系统的运动性能需求通常可以归纳为位置要求、轨迹要求、速度要求、加速度要求、时间与节拍要求等。

(2) 动力性能需求

机械系统的惯性力、刚性冲击、工作性能等方面的要求。

(3) 结构工艺性能需求

机械系统结构工艺性的要求包括可加工性、制造成本、标准化程度、配套件获取难易程度等。

4.3 机械总功能分析与功能分解

机器的用途或所具有的特定工作能力称为机械产品的功能，即机械产品所具有的转化能量、物料、信号的特性。如内燃机的功能是把热能转为机械能，织布机则把棉纱编织成布匹。功能分析法在建立机械产品总功能的基础上，将总功能分解成若干简单的功能元，后续对功能元求解，如图 4-2 所示，然后进行组合，得到机械运动方案的各种组合解。

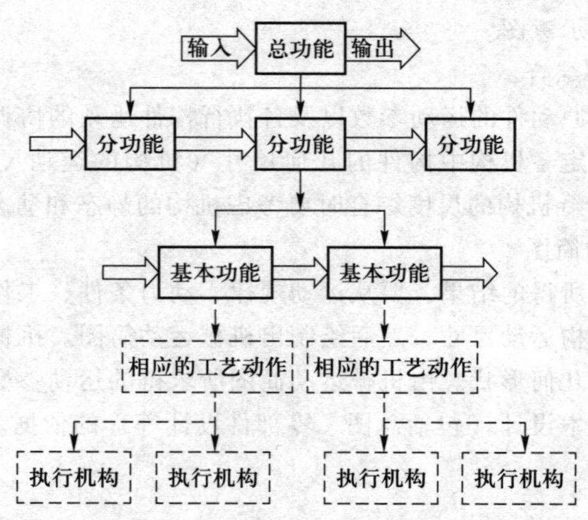

图 4-2 机械总功能与功能分解

4.3.1 总功能分析

从设计任务（或需求分析）出发，通过对机械运动系统进行合理的抽象来确定设计任务的核心，最终提炼出实现本质功能的解——即总功能。需要对机械产品总功能进行准确、简洁、合理的描述，既对总功能具体化和量化，又对总功能进行约束和限制。例如，冲压式蜂窝煤成形机的总功能是：将粉煤加入转盘的模筒内，经冲头冲压成蜂窝煤。再如，干粉压片机的总功能是：将不加黏结剂的干粉料（如陶瓷干粉、药粉）压成 $\phi\times h$（如 30 mm×5 mm）的圆形片产品。

4.3.2 功能的分解与工艺动作

机械产品的总功能往往可以分解成分功能或基本功能，最终分解成一系列相对独立的工艺动作，以此作为功能元，这样可以用树状功能图描述，使机械产品的功能清晰。

例如，干粉压片机的总功能可以分解成如图 4-3a 所示的 6 个工艺动作，具体说明如下：

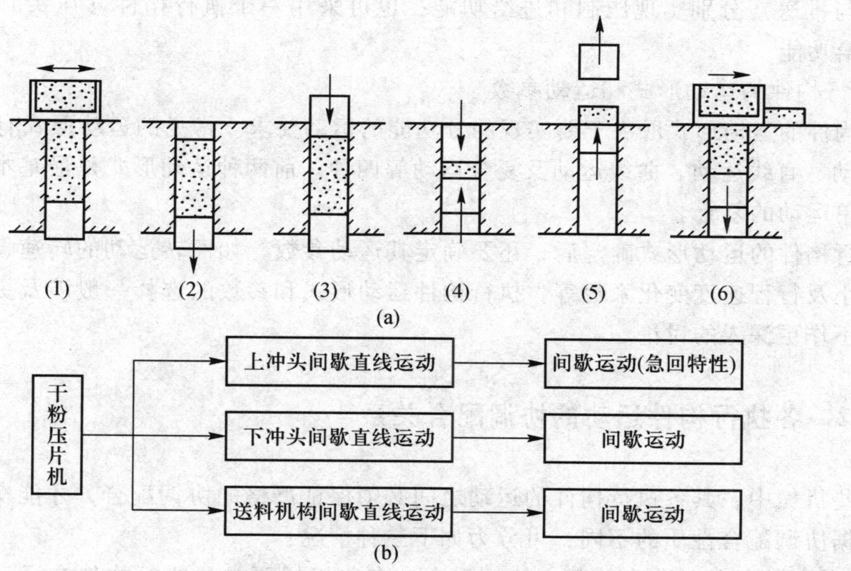

图 4-3 干粉压片机工艺动作图及树状功能图

1）料筛在模具型腔上方往复振动，将干粉料筛入筒形型腔内，然后向左退出。

2）下冲头下沉，以防上冲头进入型腔时把粉料扑出。

3）上冲头进入型腔。

4）上、下冲头同时加压，产生压力 F，要求保压一定时间，保压时间约占整个循环时间的 1/10。

5）上冲头退回，下冲头随后以稍慢速度向上运动，顶出压好的片坯。

6）料筛推开生坯，开始下一周期。

这样可以绘制干粉压片机的树状功能图，如图 4-3b 所示。

根据各功能元（或工艺动作）的工作原理或运行形式、运动轨迹，选用一种或多种机构来实现，再按照一定的方式组合起来就构成整个机械产品的运动方案。

4.4　执行构件的运动设计

4.4.1　执行构件的运动设计简介

根据拟订的工作原理和工艺动作过程，确定执行构件的数目、运动形式、运动参数及运动的协调关系，并选择恰当的原动机类型和运动参数与之匹配。这是机械系统方案设计的重要一环。

1. 执行构件的数目

执行构件的数目取决于机械分功能或分动作数目的多少，但两者不一定相等，要针对机械的工艺过程及结构复杂性等进行具体分析。例如在干粉压片机中，可采用两个执行构件（冲压与推送）分别实现压制和进给功能；也可采用一个执行构件（压头）同时实现压制和进给功能。

2. 执行构件的运动形式和运动参数

执行构件的运动形式取决于要实现的分功能的运动要求。常见的运动形式有回转（或摆动）运动、直线运动、曲线运动及复合运动等四种。前两种运动形式是最基本的，后两种则是简单运动的复合。

当执行构件的运动形式确定后，还要确定其运动参数，如回转运动的转速、往复摆动的摆角大小及行程速度变化系数等。执行构件运动形式和参数的选择一般涉及更专业知识问题，故不作更深入的讨论。

4.4.2　各执行构件运动的协调配合关系

在一些机械中，其各执行构件的运动之间必须保证严格的协调配合，才能实现机械的功能。根据协调配合性质的不同，可分为如下三种情况：

1）各执行构件的动作在时间上协调配合。有些机械要求各执行构件在运动时间的先后上和运动位置的安排上，必须准确协调地互相配合。例如在干粉压片机的工艺动作中(图 4-3a)，料筛的动作与上冲头的动作。

2）各执行构件的动作在空间上协调配合。在进行机构系统设计时，还应注意活动构件之间在空间上不要互相干涉，这就要求合理设计执行构件的时序和计算最小空间位置。

3）各执行构件运动速度的协调配合。有些机械要求执行机构运动之间必须保持严格的速比关系。例如，按展成法加工齿轮时，刀具和工件的展成运动必须保持某一恒定的传动比；在车床上车制螺纹时，主轴的转速和刀架的进给速度也必须保持严格的恒定的速比关系，否则就不能达到预期的加工目的。

也有些机械，其各执行构件的运动是彼此独立的，因此在设计时可不考虑其运动的协调配合问题。例如在外圆磨床中，砂轮和工件都作连续回转运动，同时工件作纵向往复移动，砂轮架带着砂轮作横向进给运动。这几个运动相互独立，既不需要保持严格的速比关系，也不存在各执行构件在动作上严格的协调配合问题。在这种情况下，为了简化运动，可分别为每一种运动设计一个独立的运动链，由单独的原动机驱动。

4.4.3 机械运动循环图的设计

1. 机器的运动分类

根据机器所完成功能及其生产工艺的不同，它们的运动可分为无周期性循环和有周期性循环两大类：① **无周期性循环的机器**，如起重运输机械、建筑机械、工程机械等。这类机器的工作往往没有固定的周期性循环，随着机器工作地点、条件的不同而随时改变。② **有周期性循环的机器**，如包装机械、轻工自动机械、自动机床等。这类机器中的各执行构件，每经过一定的时间间隔，它的位移、速度和加速度便重复一次，完成一个运动循环。在生产中大部分机器都属于这类具有固定运动循环的机器。

2. 机器的运动循环

机器的运动循环是指机器完成其功能所需的总时间，常用字母 T 表示。机器的运动循环（又称工作循环）往往与各执行机构的运动循环相一致，因为一般来说执行机构的生产节奏就是整台机器的运动节奏。但是，也有不少机器，从实现某一工艺动作过程要求出发，某些执行机构的运动循环周期与机器的运动循环周期并不相等。此时，机器的一个运动循环内有些执行机构可完成若干个运动循环。机器执行机构中执行构件的运动循环至少包括一个工作行程和一个空回行程。有时有的执行构件还有一个或若干个停歇阶段。因此，执行机构的运动循环 $T_{执}$ 可以表示为

$$T_{执}=t_{工作}+t_{空程}+t_{停歇} \tag{4-1}$$

式中：$t_{工作}$——执行构件工作行程时间；

$t_{空程}$——执行构件空行程时间；

$t_{停歇}$——执行构件停歇时间。

3. 机器运动循环图的类型

机器的运动循环图又称工作循环图，它是描述各执行机构之间有序的、既相互制约又相互协调配合的运动关系的示意图。通常运动循环图有三种形式。

（1）直线式运动循环图（即矩形运动循环图）

图 4-4 所示为干粉压片机（运动方案见图 4-11）的直线运动循环图，其横坐标表示上冲头机构中曲柄转角 φ。这种运动循环图将运动循环的各运动区段的时间和顺序按比例绘在直线坐标轴上。其特点是能清楚地表示整个运动循环内各执行机构的执行构件行程之间的相互顺序和时间（或转角）的关系，并且绘制比较简单，但执行构件的运动规律无法显示，因而直观性较差。

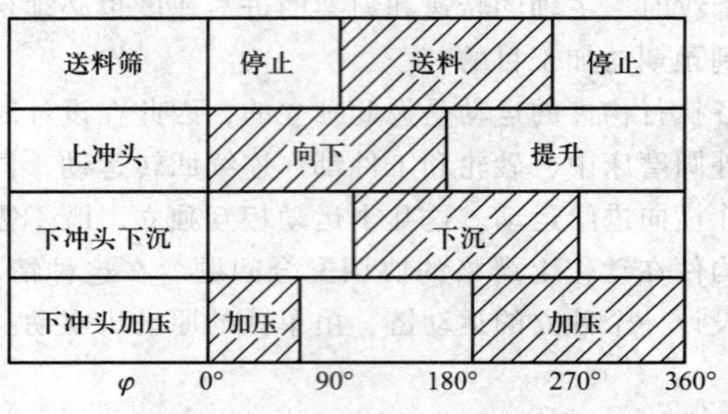

图 4-4 直线式运动循环图

(2) 圆周式运动循环图

图 4-5 所示为干粉压片机的圆周式运动循环图。它以上冲头中的曲柄作为定标构件，曲柄每转一周为一个运动循环。这种运动循环图将运动循环的各运动区段的时间和顺序按比例绘在圆形坐标上。其特点是直观性强。因为机器的运动循环通常是在分配轴转一周的过程中完成，所以通过它能直接看出各个执行机构原动件在分配轴上所处的相位，同时也为干粉压片机中的凸轮机构的设计、安装、调试提供数据。但是，当同心圆多时，看起来不很清楚。

(3) 直角坐标式运动循环图

图 4-6 所示为干粉压片机的直角坐标式运动循环图。图中横坐标是定标构件曲柄的运动转角 φ，纵坐标表示上冲头、下冲头、料筛的运动位移。这种运动循环图将运动循环的各运动区段的时间和顺序按比例绘在直角坐标轴上。实际上，它就是执行构件的位移线图，但为了简单起见通常将工作行程、空回行程、停歇区段分别用上升、下降和水平的直线来表示。其特点是能清楚地看出各执行机构的运动状态及起止时间，并且各执行构件的位移情况及相互关系一目了然。因而便于指导执行构件的几何尺寸设计。

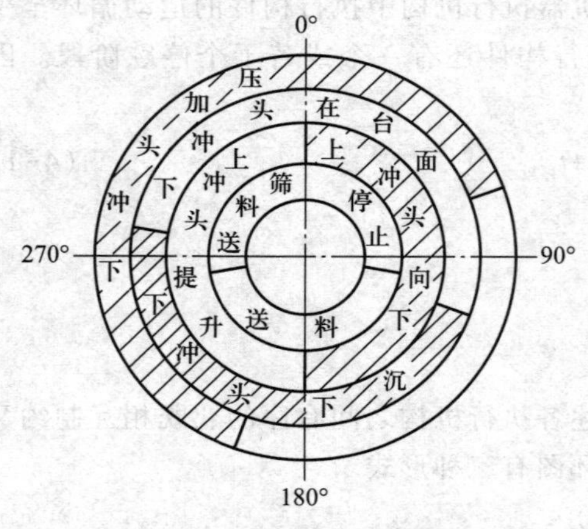

图 4-5 圆周式运动循环图

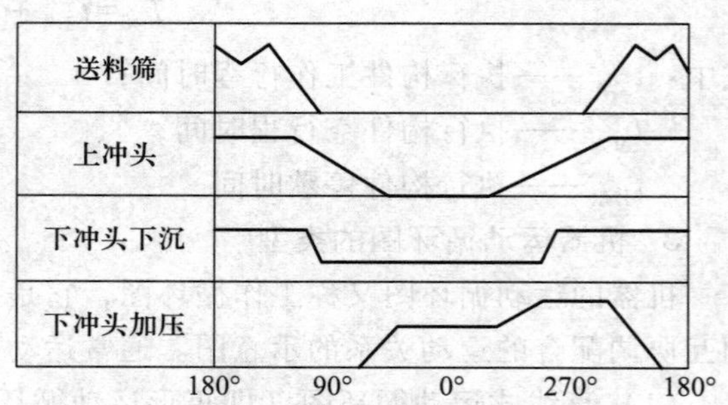

图 4-6 直角坐标式运动循环图

在上述三种类型的运动循环图中，直角坐标式运动循环图不仅能表示这些执行机构中构件动作的先后，而且还能描述它们的运动规律及运动上的配合关系，直观性较强，比其他两种运动循环图更能反映执行机构的运动特性，所以在设计机器时，通常优先采用直角坐标式运动循环图。

4.5 机械系统运动方案选型设计

4.5.1 原动机的选择

原动机的选择对整个机械的性能与成本、机械传动系统的组成及其复杂程度会有直接影响。现有的原动机主要有电动机、内燃机、液压马达、液压缸、气缸、气动马达等，有时也用重锤、发条、电磁铁等作原动机。

电动机：类型较多，可满足不同的工作环境和不同的机械负载特性要求。优点为：驱动效率高，具有良好的调速性能，可远距离控制启动、制动、反向调速，与传动系统或工作机械连接方便，功率范围广。其缺点为：必须有电源，不适合野外使用。

伺服电机：专指能够精密控制位置和角度的电动机。体积较小，重量轻，具有较大而平滑的调速范围和快速响应能力，但价格较高。

内燃机：是将化学燃料所产生的热能转变为机械能的机械。按燃料种类的不同分为柴油机、汽油机和煤油机等，适合于工作环境无电源的场合。

液压马达与液压缸：采用液压系统驱动，主要由动力元件（液压泵）、执行元件（液压缸或液压马达）、控制元件（各种阀）、辅助元件和工作介质等五部分组成。液压传动具有运动精度高、调节方便、无级变速、大负载等特点，在工程机械、机床、重载汽车等领域应用普遍，但成本较高。

气动马达与气缸：气动传动装置是将压缩空气的压力势能转换成机械能的驱动装置，主要由气源设备、执行元件及控制元件、辅助元件组成。气压驱动动作快速，废气排放方便，无污染（但有噪声），气动的驱动力不会很大，精度差。

其他新型驱动装置：如压电驱动器、形状记忆合金驱动器、橡胶驱动器，有时也用重锤、发条、电磁铁等作驱动器。

4.5.2 基本机构选型设计

一般原动件输出的运动形式主要有两种：连续转动与往复移动，如电动机、内燃机、液压马达输出的连续转动，液压缸、气缸输出的往复运动。执行构件的运动形式有转动、直线运动、曲线运动。原动件的运动通过不同的机构转换为执行构件的各种运动，以满足各种使用场合的需要，表 4-1 中列出了常见运动变换及所对应的机构实例。

表 4-1 常见运动变换形式

序号	运动形式	对应的机构
1	连续转动→往复直线运动	曲柄滑块机构、正弦机构、移动导杆机构、齿轮齿条机构、凸轮机构、螺旋机构
2	连续转动→间歇往复直线运动	凸轮机构、不完全齿轮齿条机构、六杆机构

续表

序号	运动形式	对应的机构
3	连续转动→往复摆动	曲柄摇杆机构、摆动导杆机构、曲柄摇块机构、凸轮机构
4	连续转动→间歇往复摆动	凸轮机构、六杆机构、特殊形式的连杆机构
5	连续转动→连续转动	双曲柄机构、齿轮机构、蜗杆机构、带传动机构、链传动机构、摩擦传动机构
6	连续转动→间歇转动	槽轮机构、不完全齿轮机构、凸轮式间歇机构
7	连续转动→预定轨迹	平面连杆机构、组合机构
8	往复摆动→往复摆动	双摇杆机构
9	往复摆动→往复直线运动	正切机构、摆杆滑块机构
10	往复直线运动→往复直线运动	双滑块机构、移动推杆移动凸轮机构
11	往复摆动→间歇转动	棘轮机构

4.5.3 机构的组合选型设计

1. 机构组合的方法

机械产品设计中将各种基本机构进行恰当的组合，保持各基本机构的优势，避免各自的局限性，形成性能更优良的机械系统，以满足生产中所提出的多种要求和提高生产的自动化程度。机构组合方式分为串联式组合、并联式组合、叠加式组合和反馈式组合。

(1) 串联式组合

若干基本机构顺次地将前一个单自由度机构的输出构件与后一个单自由度机构的输入构件固定连接在一起，称之为串联式组合。串联式组合中的各机构可以是同类型机构，也可以是不同类型机构。

图 4-7a 所示为齿轮机构与凸轮机构串联而成的机构系统；图 4-7b 所示为摆动导杆机构的输出导杆与曲柄滑块机构的曲柄连接，可得到滑块的特殊运动规律。

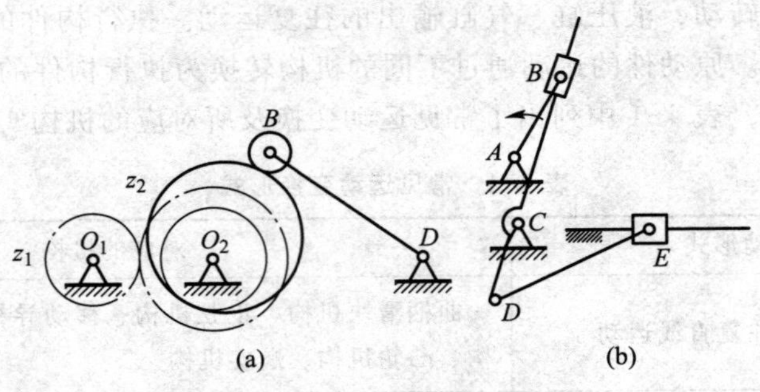

图 4-7 机构的串联式组合

(2) 并联式组合

并联式组合方法有两种。其一：一种运动分解为若干种运动或若干种运动合成为一种运动；其二：一种运动分解为若干种运动后再合成为一种运动。

并联式组合也是最为常见的机构组合方法。图 4-8a 为径向并联布置机构系统的内燃机简图。4 套曲柄滑块机构共同驱动曲轴转动，实现动力的合成。图 4-8b 为将主轴运动分流到Ⅰ、Ⅱ、Ⅲ、Ⅳ、Ⅴ、Ⅵ轴的并联齿轮机构示意图。

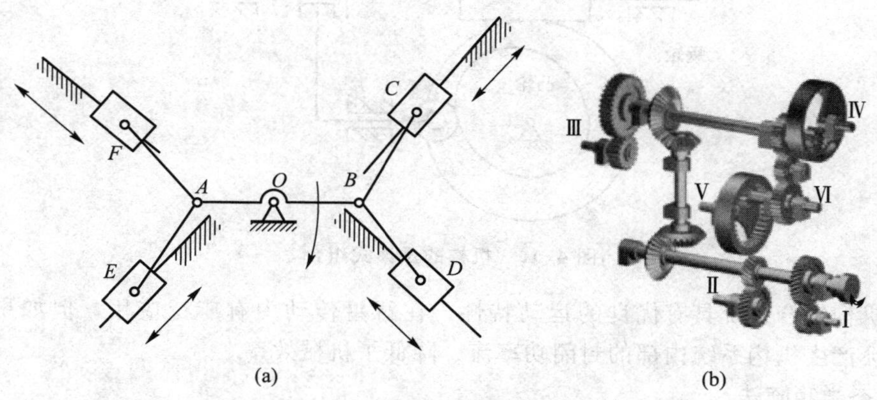

图 4-8 机构的并联式组合

(3) 叠加式组合

一个机构安置在另一个机构的运动构件之上，是叠加式组合的基本途径。叠加式组合也是设计机构系统的常用方法。图 4-9a 所示的升降机构中，在一个平行四边形机构上叠加另外一个平行四边形机构，工作平台在升降过程中保持一个稳定姿态。图 4-9b 所示的机构是在行星轮系系杆上安装一个单头蜗杆机构，由蜗轮给行星轮提供输入运动，带动系杆缓慢转动。蜗杆驱动扇叶转动，又可驱动系杆作 360°的慢速转动，实现风扇的全方位运动。

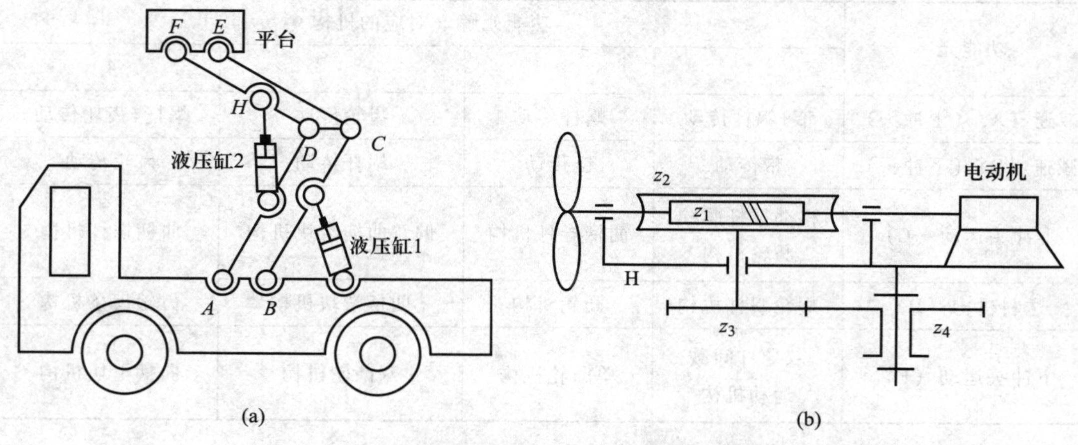

图 4-9 机构的叠加式组合

(4) 反馈式组合

两自由度的机构共有 3 个独立运动。如果用一个单自由度的机构连接其中 2 个独立运动，就形成新的自由度为 1 的机构系统，称之为封闭连接机构系统，这种机构组合方式即为反馈式组合。图 4-10 所示的机构中，蜗杆传动为一个两自由度的机构，即蜗杆绕轴线的转动和沿轴线的移动。单自由度的凸轮机构中，凸轮与蜗轮连接，推杆与蜗杆通过滑环连接，并可推动蜗杆沿轴线移动，起到调整蜗轮转速的作用。齿轮加工机床分度台的差动运动就是通过这种机构组合方式实现的。

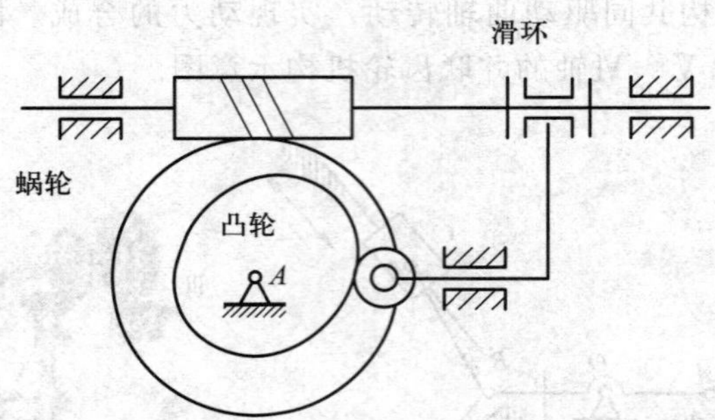

图 4-10　机构的反馈式组合

封闭机构组合系统具有优良的运动特性，在行星传动中有广泛应用。但如果设计不当，有时会产生机构系统内部的封闭功率流，降低了机械效率。

2. 形态学矩阵法

形态学矩阵法是一种系统搜索和程式化求解的执行动作组合求解方法，利用这种方法可以使设计者思路开阔，得到众多的可行方案。

在功能分解的基础上，对各功能元（工艺动作）进行求解，每个功能元对应一种或多种机构（此机构为该功能元的解），这样把功能元作为纵坐标，与功能元对应的机构作为横坐标，构成形态学矩阵。表 4-2 描述了干粉压片机的形态学矩阵。将表中对应的所有方案列出，可得：$N=4\times4\times4\times4\times4=1\ 024$ 种运动方案。

表 4-2　干粉压片机的形态学矩阵

功能元	功能元解（对应的机构）			
	1	2	3	4
减速（A）（上冲头）	带+蜗杆传动	蜗杆传动	齿轮传动	蜗杆+齿轮传动
减速（B）（下冲头）	带传动	链传动	蜗杆传动	齿轮传动
上冲头运动（C）	移动推杆圆柱凸轮机构	曲柄导杆机构	偏置曲柄滑块机构	曲柄摇杆机构
送料机构（D）	蜗轮蜗杆机构	凸轮机构	曲柄滑块机构	齿轮齿条机构
下冲头运动（E）	双导杆间歇运动机构	单凸轮机构	双凸轮机构	曲柄滑块机构

从这些方案中剔除明显不合理的机构，再进行综合评价：是否满足预定的运动要求；运动链机构顺序安排是否合理；运动精确度；制造难易；成本高低；是否满足环境、动力源、生产条件等限制条件。最后选择机构较好的方案。

从表 4-2 中选出两种比较好的方案列举如下。

方案Ⅰ：A1+B4+C3+D3+E2

方案Ⅱ：A3+B3+C3+D2+E3

图 4-11 为所选的干粉压片机的运动方案示意图。

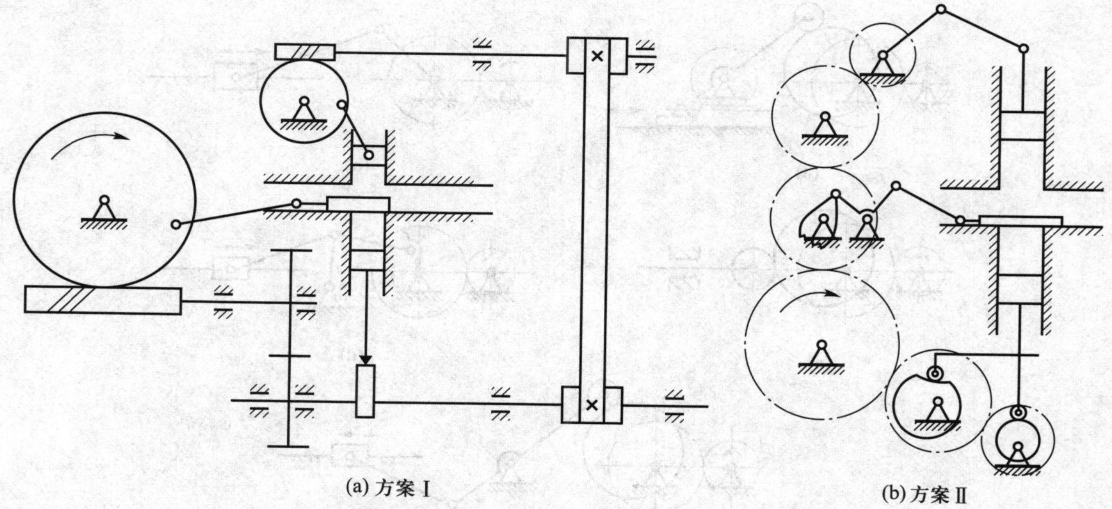

(a) 方案Ⅰ　(b) 方案Ⅱ

图 4-11　干粉压片机的运动方案示意图

又例如，某设备的加压机构应同时完成以下分功能：①运动减速；②单向转动变为往复摆动；③把旋转运动转变为直线运动。显然，任何单一机构都不能同时满足这三个功能，必须进行机构的组合创新设计。表 4-3 列出了以上各分功能以及实现该功能的机构的形态学矩阵（作为例子，各分功能只列出与三种机构对应的解法）。

表 4-3　加压机构的形态学矩阵

功能元	功能元解（对应的机构）		
	齿轮机构	连杆机构	凸轮机构
运动减速			
单向转动变往复摆动			
旋转运动变直线运动			

由各分功能解法可组成 3×3×3=27 个方案，剔除不合理和较差方案并将复杂方案进行适当简化，得到 5 个备选方案，如图 4-12 所示。根据具体工况条件和性能要求，可从中选出最佳机构组合方案。

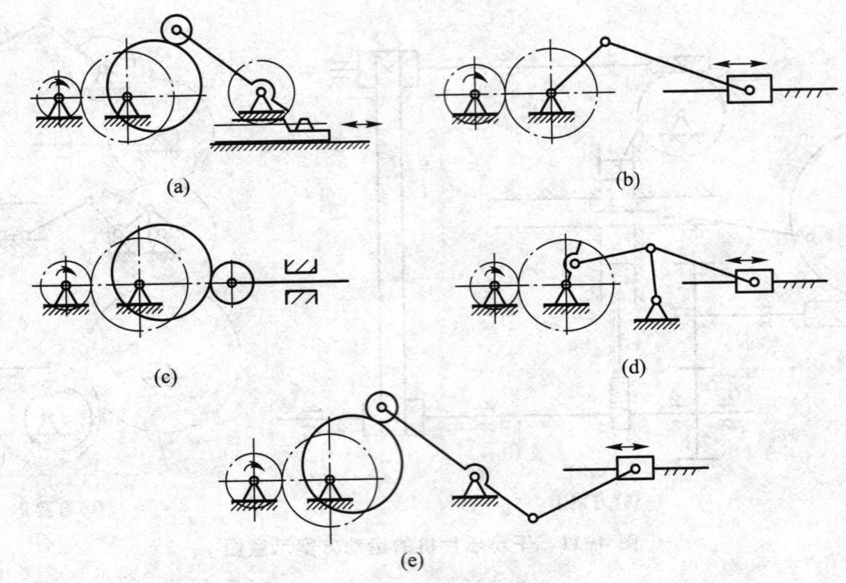

图 4-12　加压机构的备选方案

采用形态学矩阵法选定的机械运动方案，还不能完全确定所选机构一定能定量地实现执行机构所需的运动参数，所以后续要进行机构的尺度综合（设计）。如果尺度综合不能满足预定的运动要求，则必须重新进行机构选型，全部或部分修改机械的运动方案。

4.5.4　机构运动方案的评价

机械运动方案设计的最终目标是要寻求一种既能实现预期功能要求，又性能优良、价格低廉的最佳方案；而通过功能分析的方法，可以得到许多种设计方案，即机械运动方案设计是一个多解问题。因此，要对机械运动方案进行评价、决策，使待选方案的数目由多变少，最后获得最佳方案。

1. 评价指标

常用的评价指标有功能性、动力性、经济性、结构紧凑性、工作性能、系统协调性等，各评价指标还可进一步细分。各指标根据需要赋予权重。

2. 评价方法

常用的评价方法有基于计算的数学分析评价法（包括价值工程法、系统工程评价法、模糊综合评价法、层次分析法、优度评价法），调查法和试验评价法，具体这些方法介绍和应用条件请参考相关资料。例如层次分析方法，就是对选择的评价指标，给每个指标以权重 α_i 及评出具体的分数 B_i（此种情况假定没有对每个指标细分），再按下式计算每个方案的总评价值 P_j：

$$P_j=\sum \alpha_i B_i \tag{4-2}$$

最后根据总评价值确定最终方案。

当进行简单机械产品设计时，有时主要在机构功能性、机构工作性能、机构动力性能方面做定性比较分析即可获得一个较优方案。

4.6 机械运动方案设计实例分析

设计任务：设计一薄壁零件自动送料冲压机构，其冲压的工艺动作如图 4-13a 所示，上模先以比较大的速度接近坯料，然后匀速进行拉延成形工作，接着下模继续下行将成品推出型腔，最后快速返回。上模退出下模以后，送料机构从侧面将坯料送至待加工位置，完成一个工作循环。

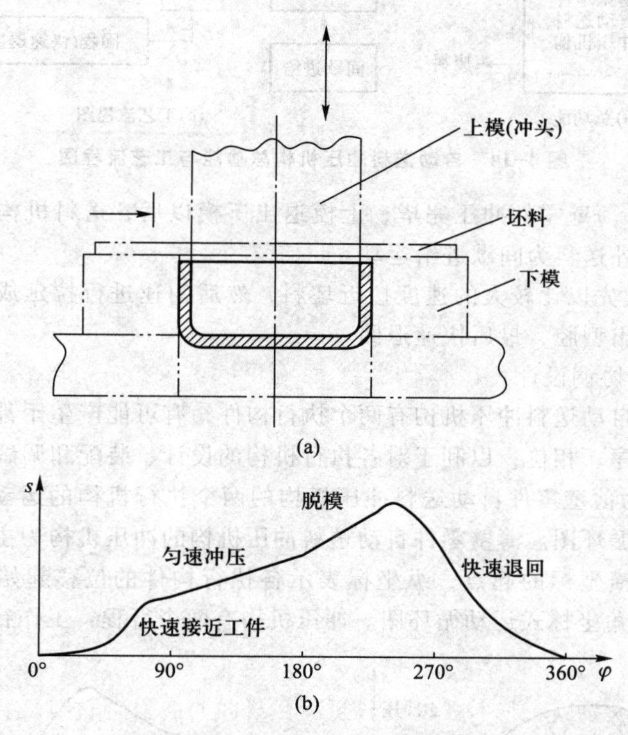

图 4-13 冲压工艺图及运动规律

1. 原数据及设计要求（其中一些数据是后续具体设计中才用到）

1）以电动机作为动力源，下模固定，从动件（执行构件）为上模，作上下往复直线运动，其大致运动规律如图 4-13b 所示，具有快速接近工件、匀速冲压、脱模和快速退回等特性。

2）机构应具有较好的传力性能，工作段的传动角 γ 大于或等于许用传动角 $[\gamma]=40°$。

3）上模到达工作段之前，送料机构已将坯料送至待加工位置（下模上方）。

4）生产率为 70 件/min。

5）上模的工作段长度 $l=30\sim100$ mm，对应曲柄转角 $\varphi=(1/3\sim1/2)\pi$；上模总行程

长度必须大于工作段长度的两倍以上。

6）上模在工作段所受的阻力 $F_1=5\ 000$ N，其他阶段所受的阻力 $F_0=50$ N。

7）行程速度变化系数 $K\geqslant1.5$。

8）送料距离 $H=60\sim250$ mm。

9）机器运转不均匀系数 δ 不超过 0.05。

2. 总功能分析与功能分解

根据设计任务，薄壁零件自动送料冲压机构的总功能是：薄壁坯料的提供与加工（冲压零件，并实现自动送料），总功能如图 4-14a 所示。根据总功能绘制自动送料冲压机构的工艺流程如图 4-14b 所示，从图中看到，总功能主要分解成两个工艺动作：

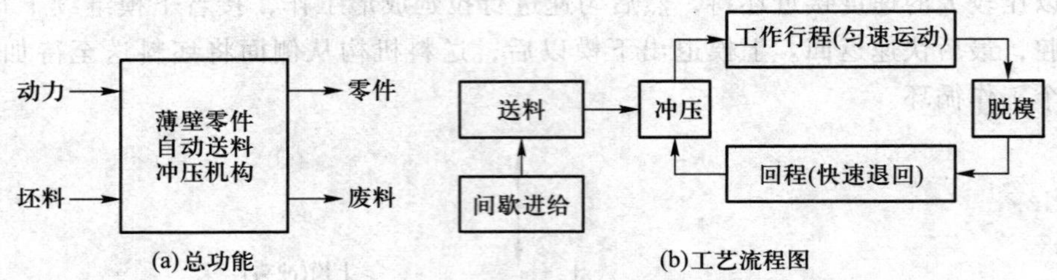

图 4-14　自动送料冲压机构总功能与工艺流程图

1）送料：当一薄壁零件冲压完毕、上模退出下模以后，送料机构从侧面将薄壁坯料送至工作位置，另外送料为间歇进给运动。

2）冲压：上模先以比较大的速度接近坯料，然后匀速进行拉延成形工作，之后上模继续下行将成品推出型腔，最后快速退回。

3. 执行机构的协调设计

由于薄壁零件自动送料冲压机构有两个执行构件，有可能产生干涉，故需要确定这些执行构件的先后顺序、相位，以利于对各执行机构的设计、装配和调试。

图 4-15 所示为薄壁零件自动送料冲压机构的两个执行机构的运动循环图，图 4-15a 所示为圆周式运动循环图。薄壁零件自动送料冲压机构的冲压机构为主机构，以该机构主动件的零角位移为横坐标的起点，纵坐标表示各执行构件的位移起始位置，可以绘制如图 4-15b 所示的直角坐标式运动循环图。冲压机构有两个行程：工作行程和回程，其中工

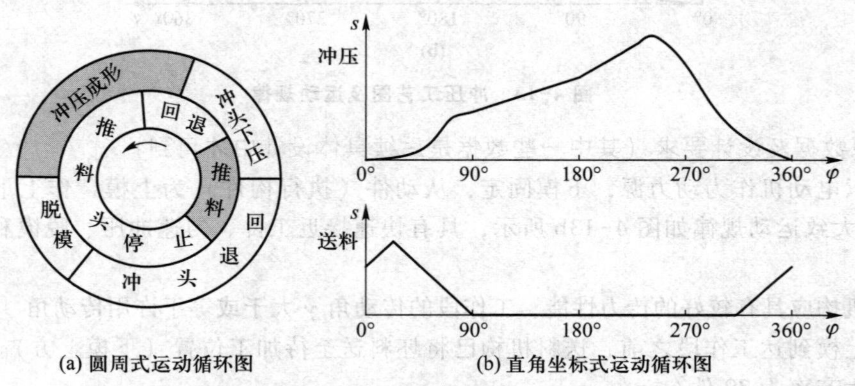

图 4-15　自动送料冲压机构的运动循环图

作行程又分为三个阶段：冲头快速接近工件、冲压成形、继续推进冲头以脱模。送料机构有三个行程：推料行程、推头退回行程、推料头停止行程，推料行程是在冲头回程的后段开始，在冲头快速接近工件行程的前段结束。

4. 机械系统运动方案的选型设计

（1）原动机选型

由设计要求可知，原动机为电动机，初步选择三相交流异步电机的型号为 Y112M-4，额定功率为 4 kW，额定转速为 1 440 r/min。从设计要求中的生产率要求得知，工作机构主轴转速约为 70 r/min，则传动系统总传动比约为 $i=20.57$，拟订采用带传动和减速箱进行减速，第一级为带传动，其传动比选 4.11，第二级为减速箱齿轮传动，其传动比为 5。

（2）执行机构选型

根据冲压、送料这两个执行构件的动作要求和结构特点，列出执行机构的形态学矩阵，如表 4-4 所示。

表 4-4 执行机构的形态学矩阵

功能元	功能元解（对应的机构）			
	1	2	3	4
冲压（A）	齿轮-连杆机构	导杆-摇杆滑块机构	六连杆机构	凸轮-连杆机构
送料（B）	凸轮机构	凸轮-连杆机构	连杆-齿条机构	齿轮-凸轮机构

（3）机械运动方案的选择及评价

由执行机构的形态学矩阵（表 4-4）可知，自动送料冲压机构执行机构的机械运动方案数为 $N=4\times4=16$。

根据前面给定的条件、各机构的相容性和尽量简化机构等要求，选择以下四种机械运动方案：A1B2、A2B1、A3B2、A4B2，进行方案评价，具体分析比较如下。

方案一：

如图 4-16 所示，冲压机构采用有两个自由度的双曲柄七杆机构，用齿轮副将其封闭为一个自由度（齿轮 1 与曲柄 AB 固连，齿轮 2 与曲柄 DE 固连）。恰当地选择 C 点轨迹和确定构件尺寸，可保证机构具有急回运动和工作段近似匀速的特性，并使压力角 α 尽可能小。

送料机构由凸轮机构和连杆机构串联组成，按运动循环图可确定凸轮推程角和从动件的运动规律，使推杆能在预定时间将坯料推送至待加工位置。设计时，若使 $l_{GH}<l_{HI}$，可减小凸轮尺寸。

方案二：

如图 4-17 所示，冲压机构是在摆动导杆机构的基础上，串联一个摇杆滑块机构组合而成。摆动导杆机构按给定的行程速度变化系数设计，它和摇杆滑块机构组合可以达到工作段近似匀速的要求。适当选择导路位置，可使工作段压力角 α 较小。

送料机构的凸轮轴通过齿轮机构与曲柄轴相连。按机构运动循环图可确定凸轮推程运动角和从动件运动规律，则推杆可在预定时间将坯料送至待加工位置。

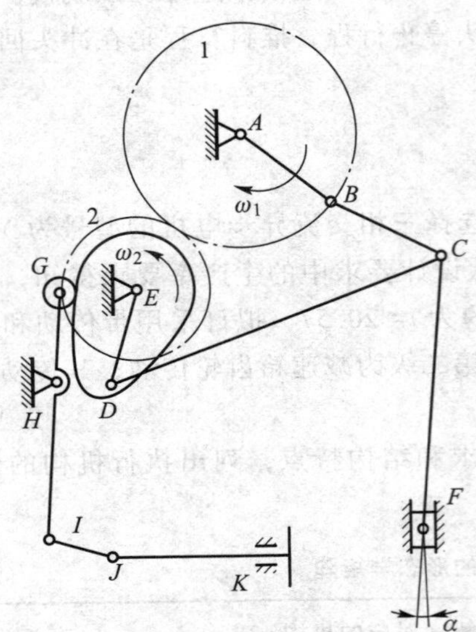

图 4-16　方案一的示意图

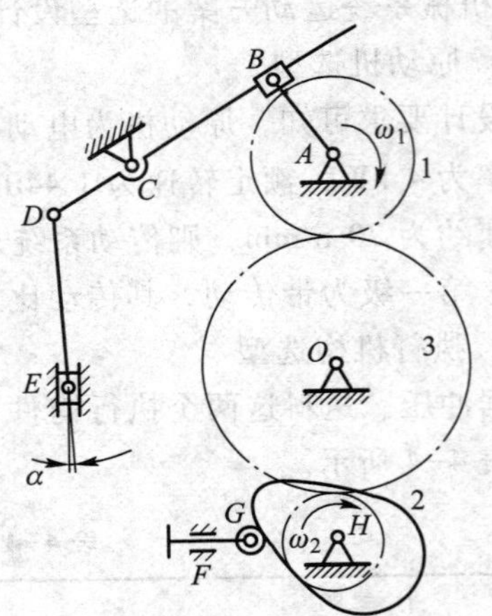

图 4-17　方案二的示意图

方案三：

如图 4-18 所示，冲压机构由铰链四杆机构和摇杆滑块机构串联组合而成。四杆机构可按行程速度变化系数用图解法设计，然后选择连杆长 l_{EF} 及导路位置，按工作段近似匀速的要求确定铰链点 E 的位置。若尺寸选择恰当，则可使执行构件在工作段中运动时机构的压力角 α 较小。

送料机构由凸轮机构与连杆机构组成，凸轮轴通过齿轮机构与曲柄轴相连，按机构运动循环图确定凸轮推程运动角和从动件运动规律，则推杆可在预定时间将坯料送至待加工位置。设计时，使 $l_{IJ}<l_{JK}$，可减小凸轮尺寸。

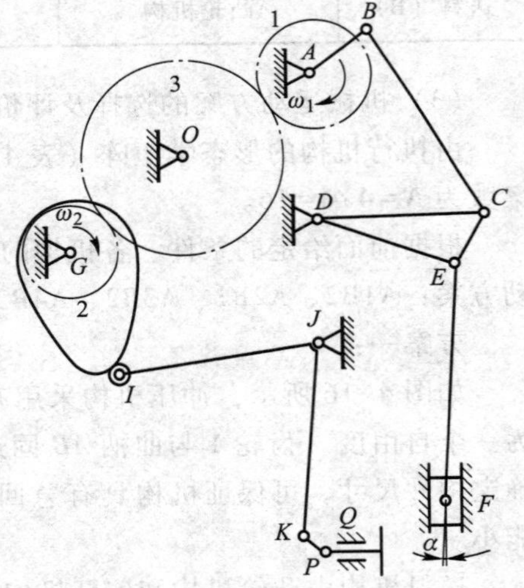

图 4-18　方案三的示意图

方案四：

如图 4-19 所示，冲压机构是由凸轮机构与连杆机构组合，依据滑块 D 的运动要求，确定固定凸轮槽的轮廓曲线。

送料机构是由曲柄摇杆机构与扇形齿轮齿条机构串联而成，按机构运动循环图确定曲柄摇杆机构的尺寸，使齿条推杆可在预定时间将工件送至待加工位置。

通过上述分析看到，这四个运动方案均满足设计任务中的功能要求，但从结构紧凑性和经济性两个指标来评价，方案一的结构相对简单、构件成本低，同时可以调整冲头的行程，能满足较大冲程范围的工作要求，而其他方案相对比较复杂，加工成本高，因此选择方案一作为最终方案。

5. 各机构的尺度设计

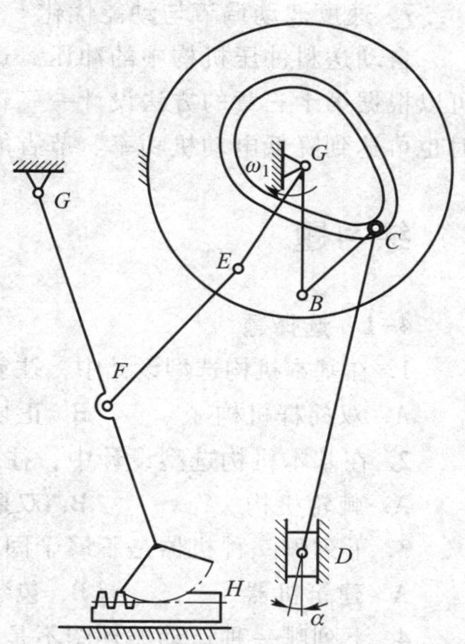

图 4-19 方案四的示意图

针对最终方案（即方案一），需要设计七杆冲压机构和凸轮-连杆送料机构，分别说明如下：这里采用解析法进行七杆机构设计。如图 4-16 所示，根据对执行构件（冲头 *F*）提出的运动特性和动力特性要求选定与冲头相连的连杆长度 *CF*，并选定能实现上述要求的点 *C* 的轨迹，然后按导向两杆组法设计五连杆机构 *ABCDE* 的尺寸。经过计算获得初步结果：$l_{AB} = l_{DE} = 100$ mm，$l_{AE} = 200$ mm，$l_{BC} = l_{DC} = 283$ mm，$l_{CF} = 430$ mm，*A* 点与导路的垂直距离为 162 mm，*E* 点与导路的垂直距离为 223 mm。齿轮机构的中心距 $a = 200$ mm，模数 $m = 10$ mm，采用标准直齿圆柱齿轮传动，$z_1 = z_2 = 20$，$h_a^* = 1.0$。

对于送料机构，由凸轮机构和四杆机构组成，分别进行设计。① 四杆机构尺寸综合：依据滑块的行程要求以及冲压机构的尺寸限制，选取此机构尺寸为：$l_{GH} = 100$ mm，$l_{HI} = 240$ mm，*I* 点到滑块 *JK* 导路的垂直距离 = 300 mm，滑块行程为 250 mm 时，摆杆 *GH* 摆角应为 45.24°。② 凸轮机构尺寸综合：为了缩小凸轮尺寸，摆杆 *GH* 的长度应小于摇杆滑块机构 *HIJK* 中的摇杆 *HI*。故取最大摆角为 22.62°。因凸轮速度不高，故升程和回程皆选等速运动规律。凸轮与齿轮 2 固连，一起等速转动。用作图法设计凸轮轮廓，取基圆半径 $r_b = 50$ mm，滚子半径 $r_T = 15$ mm。

（注：上述具体设计内容需要用到后续章节的内容，请学完本课程后再进行此步骤的设计与分析）

6. 绘制机械运动方案简图

根据上述选型设计的优选方案与尺寸设计的结构，选定比例尺，绘制自动送料冲压机构的机械运动方案简图如图 4-20 所示。

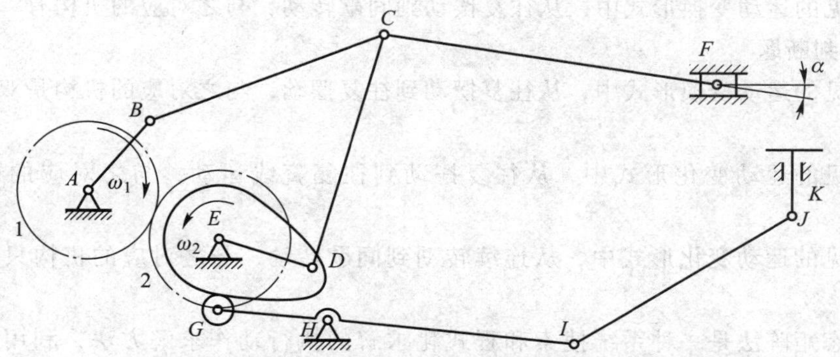

图 4-20 自动送料冲压机构的机械运动方案简图

7. 速度波动调节与动能优化

自动送料冲压机构中的冲压、送料机构均为反复运动机构，工作中会出现速度波动，可以根据第十三章的方法设计一飞轮，安装在高速轴上。通过飞轮稳定冲压机的运行，同时也可达到降低电动机功率、节省能源的目的。

练习题

4-1 选择题

1. 在基本机构选型设计中，往复摆动至往复直线运动变换中，对应的机构是（ ）。

A. 双摇杆机构 B. 正切机构 C. 棘轮机构 D. 组合机构

2. 在基本机构选型设计中，往复摆动到间歇转动变换中，对应的机构是（ ）。

A. 棘轮机构 B. 双摇杆机构 C. 槽轮机构 D. 正切机构

3. 下列哪一种机器是不属于固定运动循环运动机器？（ ）

A. 建筑机器 B. 包装机械 C. 轻工自动机 D. 自动机床

4. 下列哪一种运动循环图不是通常机器运动循环图的三大类型？（ ）

A. 圆周式运动循环图 B. 三角式运动循环图

C. 直线式运动循环图 D. 直角坐标式运动循环图

5. 机构组合方式可分为哪几种组合？（ ）

A. 串联式组合 B. 并联式组合 C. 叠加组合 D. 反馈组合

4-2 填空题

1. 在设计机械产品需要综合考虑______、______、______，机械产品的三个性能是相互影响的。

2. 根据机器所完成功能及其生产工艺的不同，它们的运动可分为______和______两类。

3. 通常运动循环图有三种形式，分别是______、______、______。

4. 常见的运动变换形式中，从连续转动到预定轨迹，与之对应的机构有________、________。

5. 常见的运动变换形式中，从往复摆动到间歇转动，与之对应的机构有________。

4-3 判断题

1. 常见的运动变换形式中，从往复摆动到往复摆动，与之对应的机构是双摇杆机构。（ ）

2. 常见的运动变化形式中，从往复摆动到往复直线运动，与之对应的机构是正切机构。（ ）

3. 常见的运动变化形式中，从连续转动到间歇转动，与之对应的机构只有凸轮式间歇机构。（ ）

4. 形态矩阵法是一种系统搜索和程式化求解的执行动作求解方法，利用这种方法可以使设计者思路开阔，得到更多的可行方案。（ ）

5. 机械运动方案设计的最终目标是要寻求一种既能实现预期的功能要求，又性能优良、价格低廉的最佳方案，常用的评价指标有功能性、动力性、经济性、结构紧凑性、系

统协调性等。 ( )

4-4 简答题

1. 机械运动方案设计的内容包括哪些方面？

2. 简述机构需求分析的内容。

3. 机构的组合有哪几种方式？

4. 原动机有哪些？各有什么特点？

5. 简述机械运动方案评价流程。

4-5 综合题

1. 试构思一机构运动示意图，要求它能实现适合水面升降的浮动阶梯要求（题图 4-5-1），即当因涨潮、退潮水面高低变化时，阶梯能上下伸缩，但其踏脚面始终保持水平。

2. 试构思一机械运动方案（题图 4-5-2）。要求：构件 1 作 180°来回摆动时，构件 2 在转动的同时作往复移动。

题图 4-5-1 浮动阶梯　　题图 4-5-2 磨削加工

3. 为了满足高层建筑擦玻璃窗的需要，试构思一台自动擦窗机的运动方案示意图，并对其进行分析评价。

4. 请观察大象行走的步伐，大概的足端轨迹如题图 4-5-3 所示，设计一种近似的机构来模拟大象行走。

题图 4-5-3

5. 废纸打包机的压实机构方案设计（题图 4-5-4）。具体要求：压头向下运动时为工作行程，其在 $0.7H$（H 为压头的工作行程）内无阻力，在余下的 $0.3H$ 受到阻力；当压头向上运动时，为空行程；下面平台有一个较小的抬起动作。另外要考虑压头省力和行程可调等因素。

6. 设计一种自动盖章机（题图 4-5-5），要求票本尺寸为 190 mm×130 mm，连续输入票本，每次 10 本，票本盖章每页不能重印、漏印，盖章清晰，票本页数指示、印章直径≤35 mm、盖章速度 30~40 页/min，连续工作 8 h。

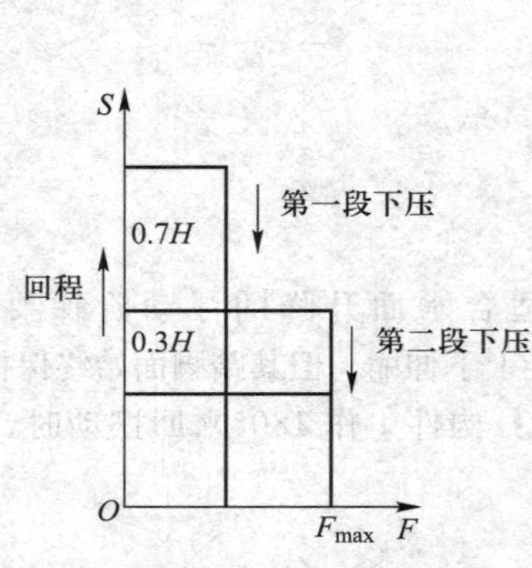

题图 4-5-4 压力的阻力与行程

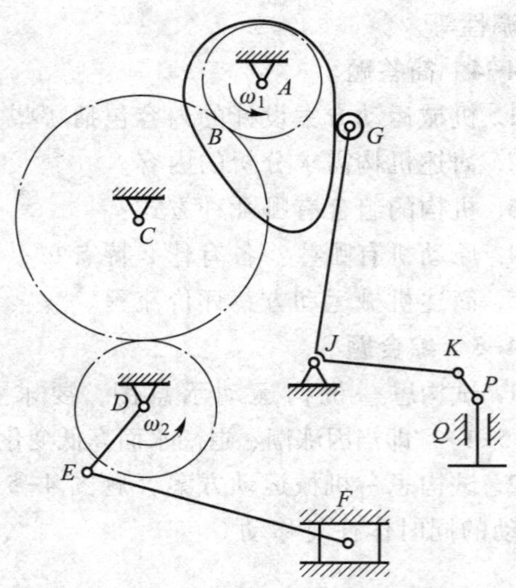

题图 4-5-5 自动盖章机

7. 试构思扑翼飞鸟（题图 4-5-6）的机械运动方案，要求结构简单，能自助飞行。

8. 设计多功能移动式残病人浴缸翻转机构，包括上身部缸体翻转机构（要求上身部缸体从水平位置向上翻转至 70°，即翻转角为 0°~70°），腿部缸体翻转机构（要求腿部缸体从竖直位置向上翻转至水平位置，利用死点保持腿部缸体在水平位置，借助凸轮机构破坏死点，使腿部缸体在重力作用下复位）。

题图 4-5-6 扑翼飞鸟

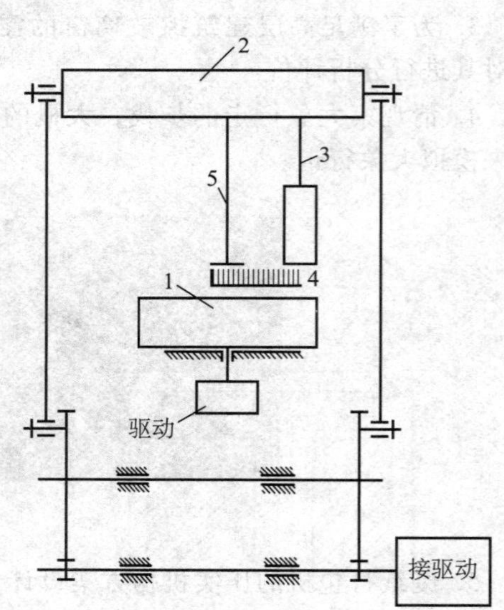

题图 4-5-7 蜂窝煤成形机原理图

1—模筒转盘；2—滑梁；3—冲头；

4—扫屑刷；5—脱模盘

9. 试按下列要求设计一台加工某种工件的四工位专用机床。其总功能为在工件上完成钻孔工艺。具体来说可以把它分解成四个工位：装卸工件、钻孔、扩孔、铰孔。其独立工艺动作如下：(1) 安置工件的工作台要求进行间歇转动，转速 n_2；(2) 装置刀具的主轴箱能实现静止、快速进给、进给、快速退刀等工艺动作；(3) 刀具以转速 n_1 转动来切削工件。

10. 按要求设计一种蜂窝煤成形机。设计要求为：(1) 蜂窝煤成形机的生产能力：30 次/min。(2) 驱动电动机：Y180L-8、功率 $P=11$ kW、转速 $n=730$ r/min。(3) 如题图 4-5-7 所示的冲头 3、脱模盘 5、扫屑刷 4、模筒转盘 1 的相互位置情况。实际上冲头与脱模盘都与上下移动的滑梁 2 连成一体，当滑梁下冲时冲头将煤粉压成蜂窝煤，脱模盘将已压成的蜂窝煤脱模。在滑梁上升过程中扫屑刷将刷除冲头和脱模盘上黏附的煤粉。模筒转盘上均布了模筒，转盘的间歇运动使加料后的模筒进入加压位置、成形后的模筒进入脱模位置、空的模筒进入加料位置。(4) 为改善蜂窝煤成形机的质量，希望在冲压后有一短暂的保压时间。(5) 由于同时冲压两只煤饼时的冲头压力较大，最大可达 50 000 N，其压力变化近似认为在冲程的一半进入冲压，压力呈线性变化，由零至最大值。因此，希望冲压机构具有增力功能，以减小机器的速度波动和原动机的功率。(6) 机械运动方案应力求简单。

11. 印刷机送纸机构运动方案设计。在摆好的一叠纸张中，按照次序由上到下将纸张一张张送至印辊前某处待印刷。电动机选择小型异步电机，同步转速 1 500 r/min，印刷量为30 张/min。不允许有同时送两张纸的情况发生。具体设计要求：(1) 要求从原动件开始设计传动方案（齿轮传动减速装置）和执行机构。(2) 执行机构设计时，要提出几种设计方案与给定的方案进行比较，从中选出一个较好的方案。

12. 自动打印机运动方案设计。在包装好的商品纸盒上打印记号，工艺过程为将包装好的商品送至打印位置、夹紧定位后打印记号、将产品输出。设计要求如下：产品的尺寸长 80~140 mm，宽 50~80 mm，高 20~40 mm；产品重量为 4~10 N；生产率为 60 次/min；要求结构简单紧凑，运动灵活可靠，便于制造。

13. 翻书机（题图 4-5-8）运动方案设计。该翻书机应满足的技术要求为：(1) 模拟人手翻书方式，每次取一页；(2) 书页进行 180°翻转；(3) 复位，并夹紧书；(4) 可携带，可折叠；(5) 自动完成翻书工作。

题图 4-5-8　翻书机

14. 推包机构（题图 4-5-9）运动方案设计。设计某一包装机的推包机构，要求待包装的工件 1（题图 4-5-9）先由输送带送到推包机构的推头 2 的前方，然后由该推头 2 将工件由 a 处推至 b 处（包装工作台），再进行包装。为了提高生产率，希望在推头 2 结束回程（由 b 至 a）时，下一个工件已送到推头 2 的前方。这样推头 2 就可以马上再开始推送工作。

这就要求推头 2 在回程时先退出包装工作台，然后再低头，即从台面的下面回程。因而就要求推头 2 按图示的 *abcde* 线路运动。即实现“平推—水平退回—下降—降位退回—上升复位”的运动。设计数据与要求：要求每 5～6 s 包装一个工件，且给定：$L=100$ mm，$S=25$ mm，$H=30$ mm。行程速度变化系数 K 在 1.2 与 1.5 之间的范围内选取，推包机由电动机驱动。

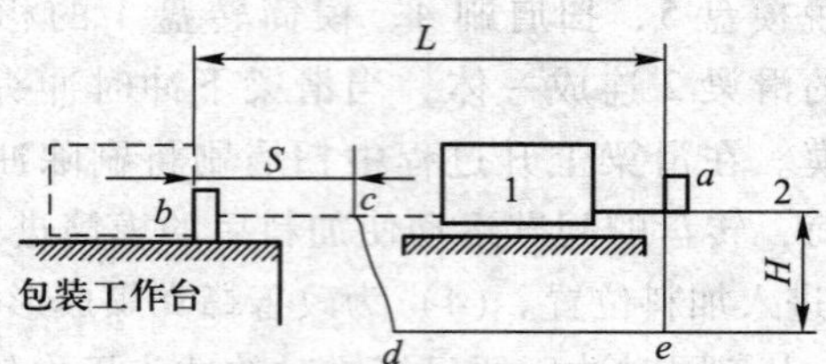

题图 4-5-9 推包机构执行构件运动要求

在推头回程中，除要求推头低位退回外，还要求其回程速度高于工作行程的速度，以便缩短空回程的时间，提高工效。至于 *cdea* 部分的线路形状不作严格要求。

15. 重力势能小车运动方案设计。要求设计一种小车，驱动其行走及转向的能量是根据能量转换原理，由给定的 1 kg 标准砝码的重力势能转换而得到的。砝码下降的高度为 400 mm。标准砝码始终由小车承载，不允许从小车上掉落。如题图 4-5-10 所示，并且小车行走过程能够绕过每隔 1 米的立柱（或在规定区域的两个立柱间绕 8 字圈。）

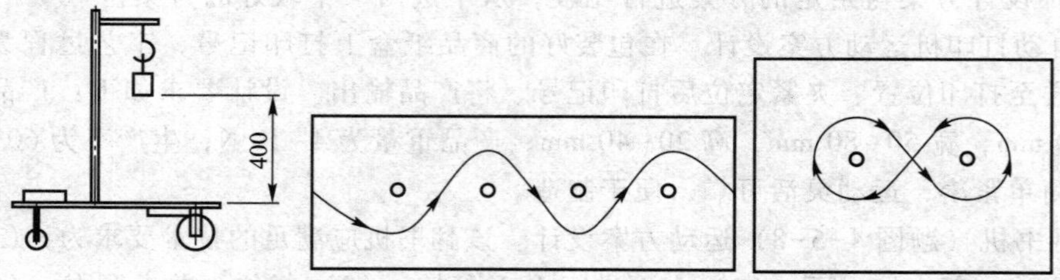

题图 4-5-10 重力势能小车示意图及行走路径

Ⅱ 设计（design）模块

构思出机械运动方案后，需要继续敲开机构设计之门。在这个模块我们会弄清连杆机构、凸轮机构、齿轮机构、轮系等设计方法与流程。

第五章　平面连杆机构设计

本章学习任务：平面连杆机构的基础知识，平面连杆机构设计方法。

驱动项目的任务安排：完成项目中连杆机构的详细设计。

5.1　平面四杆机构的基本知识

5.1.1　平面四杆机构的基本形式

如图 5-1 所示，所有运动副均为转动副的平面四杆机构称为**铰链四杆机构**，它是平面四杆机构的基本形式，其他形式的四杆机构都可看成是在它的基础上演变而成的。在此机构中，构件 4 为机架，与机架相连的构件 1 和 3 称为**连架杆**。在连架杆中，能绕其轴线回转 360°的称为**曲柄**；仅能绕其轴线往复摆动的，称为**摇杆**。不与机架相连的构件（图 5-1 中构件 2）作平面复杂运动，称之为**连杆**。按照两连架杆运动形式的不同，可将铰链四杆机构分为曲柄摇杆机构、双曲柄机构、双摇杆机构三种形式。

1）曲柄摇杆机构　两连架杆中，其一为曲柄，而另一个是摇杆。如图 5-2 所示的颚式破碎机构就是曲柄摇杆机构。

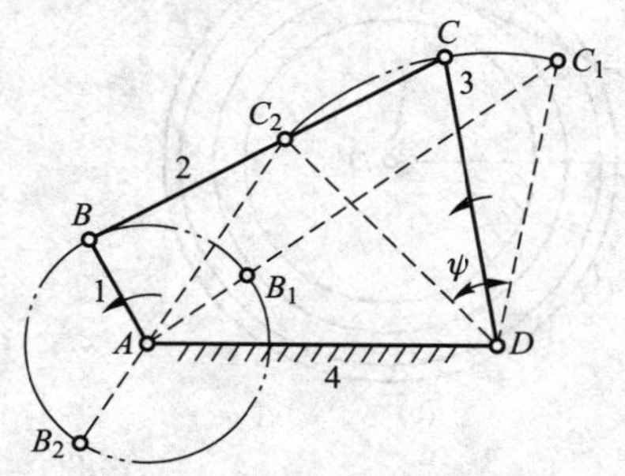

图 5-1　平面四杆机构的基本形式

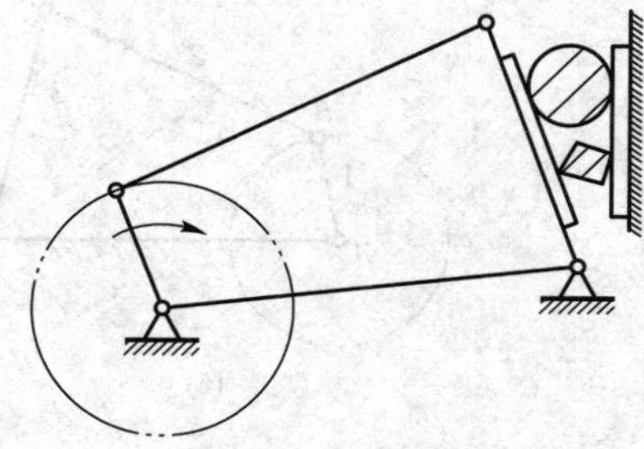
图 5-2　颚式破碎机

2）双曲柄机构　两连架杆均为曲柄，如图 5-3 所示的惯性筛机构。

3）双摇杆机构　两连架杆均为摇杆，如图 5-4 所示的汽车转向机构。

图 5-3 惯性筛机构　　图 5-4 汽车转向机构

5.1.2 平面四杆机构的演变

除上述铰链四杆机构以外，还有其他形式的四杆机构，这些四杆机构可由上述基本形式演变而成。

1. 转动副转化成移动副

在图 5-5a 所示的曲柄摇杆机构中，摇杆 3 上的点 C 的运动轨迹是以点 D 为圆心、摇杆长 l_{CD}为半径所作的圆弧。若将它改为图 5-5b 所示的形式，则机构运动的特性完全一样。实际上，由于构件 3 仅在部分环形槽内运动，因此若将环形槽的多余部分除去，则得图 5-5c 所示的弧形滑道的连杆机构。若此弧形槽的半径增至无穷大，则弧形槽变成直槽，转动副也就转化为移动副，构件 3 也就由摇杆变成了**滑块**，这样铰链四杆机构就演变成如图 5-5d 所示的滑块机构。该机构中滑块 3 上的转动副中心在定参考系中的移动方位线不通过连架杆 1 的回转中心，称为**偏置滑块机构**。图中 e 为连架杆转动中心至滑块上转动副中心的移动方位线的垂直距离，称之为**偏距**；在图 5-5e 所示的机构中，滑块上的转动副中心移动方位线通过曲柄回转中心，称为**对心滑块机构**。

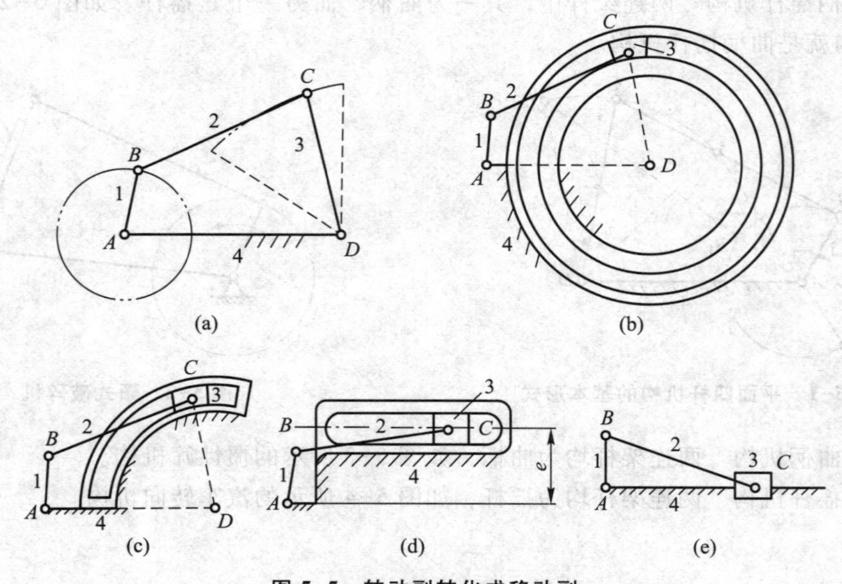

图 5-5 转动副转化成移动副

进行类似演变，可在滑块机构的基础上将转动副 A 演变成移动副，得到如图 5-6a 所示的双滑块机构；也可将构件 2 与 3 之间的转动副变成移动副，得到如图 5-6b 所示的曲柄移动导杆机构（又称正弦机构）；若将转动副 B 变成移动副，则可得到图 5-6c 所示的正切机构。

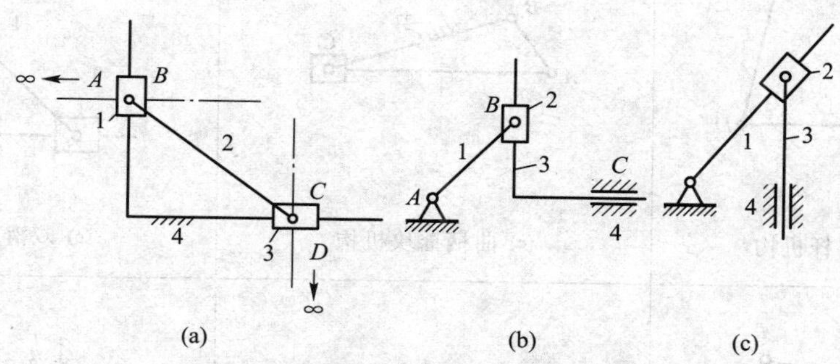

图 5-6　具有两个移动副的平面连杆机构

2. 取不同构件为机架

低副机构具有运动可逆性，即无论哪一个构件为机架，机构中各构件间的相对运动不变。但选取不同构件为机架时，可得到不同形式的机构。这种采用不同构件为机架的演变方式称为**机构的倒置**。机构倒置也包括运动副逆换，如将低副两运动副元素的包容关系进行逆换，不影响两构件之间的相对运动。

如表 5-1 所示，原先为曲柄摇杆机构、曲柄滑块机构、曲柄移动导杆机构，进行倒置变换，分别得到双曲柄机构、曲柄摇杆机构、双摇杆机构，曲柄转动导杆机构、曲柄摇块机构、定块机构，双转块机构、双滑块机构、摆动导杆滑块机构等。

表 5-1　取不同的构件为机架得到的机构形式

铰链四杆机构	含有一个移动副的四杆机构	含有两个移动副的四杆机构
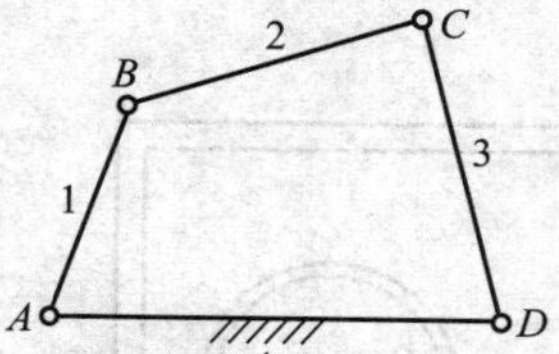 (a) 曲柄摇杆机构	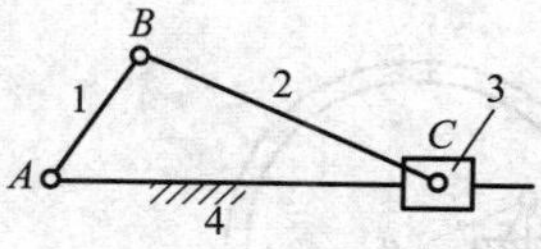 (a) 曲柄滑块机构	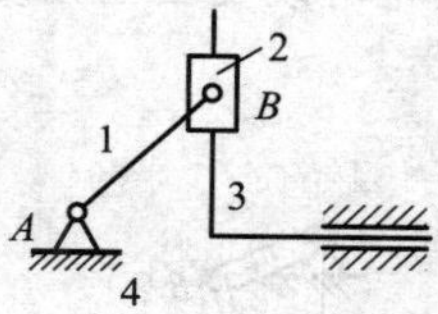 (a) 曲柄移动导杆机构
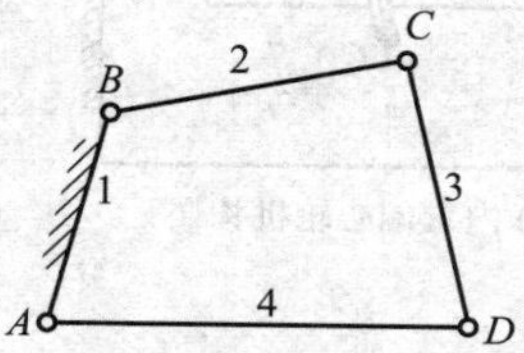 (b) 双曲柄机构	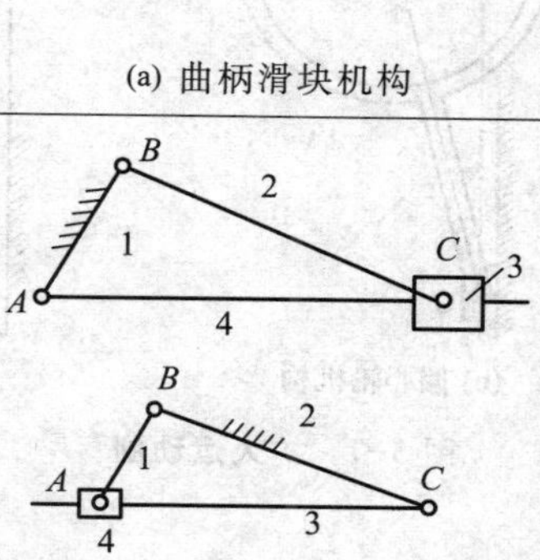 (b) 转动导杆机构与摆动导杆机构	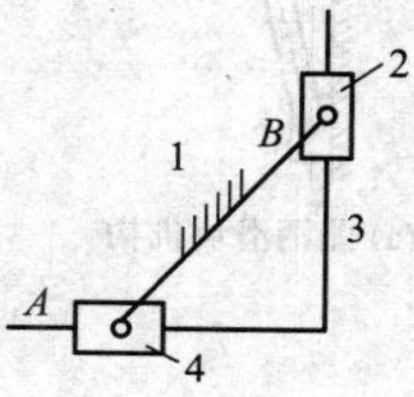 (b) 双转块机构

续表

铰链四杆机构	含有一个移动副的四杆机构	含有两个移动副的四杆机构
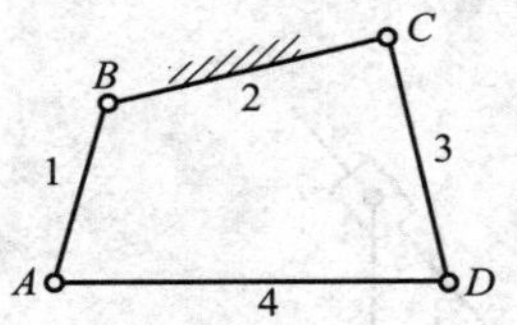 (c) 曲柄摇杆机构	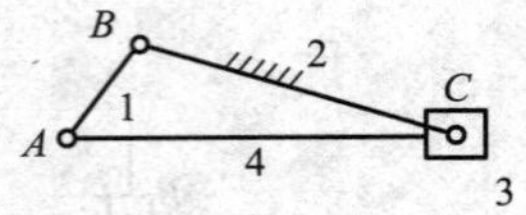 (c) 曲柄摇块机构	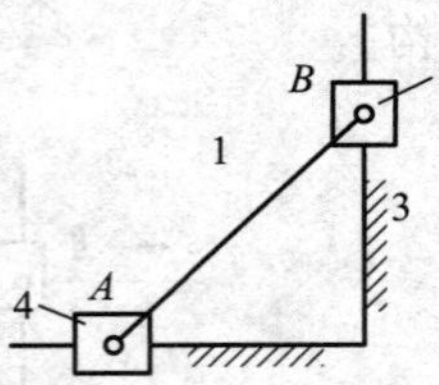 (c) 双滑块机构
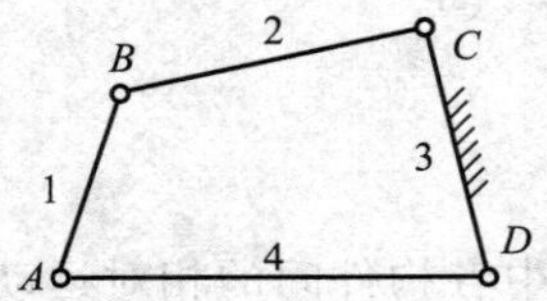 (d) 双摇杆机构	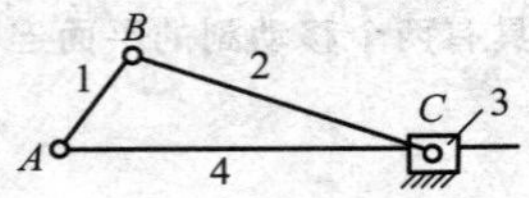 (d) 定块机构	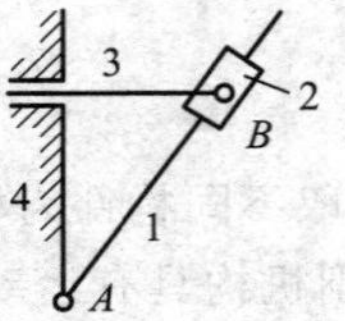 (d) 摆动导杆滑块机构

3. 扩大运动副

如图 5-7 所示，将转动副 B 扩大，直至把转动副 A 包含进去，成为几何中心是点 B、转动中心是点 A 的偏心圆盘，这样由曲柄滑块机构演化成偏心轮机构（图 5-7b），进一步可以扩大滑块，使滑块包含曲柄和连杆，演化成内置偏心轮机构（图 5-7c），这就是扩大运动副的机构演化方式。这种演化方式，其机构运动简图保持不变，都是曲柄滑块机构，这种演化可改变结构强度或减少空间的占用。

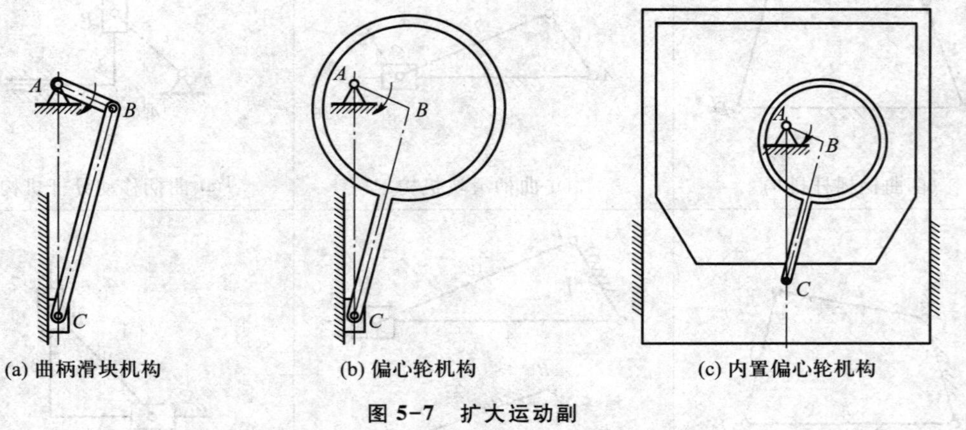

(a) 曲柄滑块机构　(b) 偏心轮机构　(c) 内置偏心轮机构

图 5-7　扩大运动副

5.1.3　平面连杆机构的共性知识

1. 平面四杆机构有曲柄的条件

在工程实际中，用于驱动机构运动的原动机（如电动机、内燃机等），通常是作整周转动的，故要求机构的主动件能作整周转动，即要求机构中存在曲柄。下面仅以铰链四杆机构为例来分析曲柄存在条件。

如图 5-8 所示，四杆机构各杆的长度分别为 a、b、c、d。如果转动副 A 为周转副，则 AB 杆应能绕 A 整周转动。当 AB 杆与 BC 杆两次共线时，分别得到如图 5-8a 所示的 $\triangle ADC$ 和如图 5-8b 所示的 $\triangle ADC$，由这两个三角形的边长关系可得：

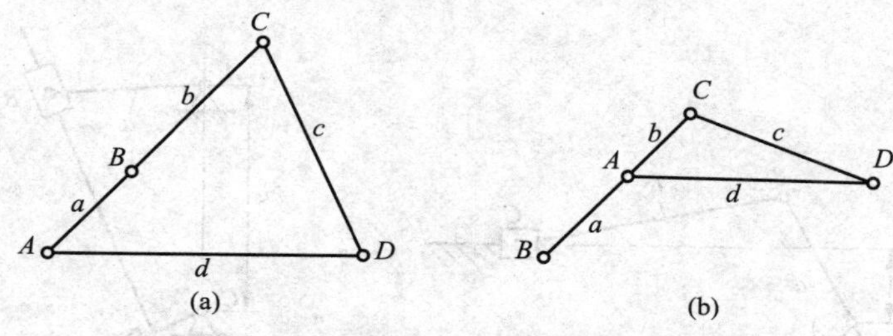

图 5-8　平面四杆机构曲柄的存在条件

$$a+b\leqslant c+d \tag{5-1}$$

以及

$$c\leqslant b-a+d\Rightarrow a+c\leqslant b+d \tag{5-2}$$

$$d\leqslant b-a+c\Rightarrow a+d\leqslant b+c \tag{5-3}$$

将上述三式分别两两相加，则得

$$a\leqslant b,\ a\leqslant c,\ a\leqslant d \tag{5-4}$$

即杆 AB 应为最短杆之一。

分析以上不等式，可以得出平面铰链四杆机构有曲柄的条件为：

1）连架杆与机架中必有一杆为四杆机构中的最短杆；

2）最短杆与最长杆的杆长之和应小于或等于其余两杆的杆长之和（通常称此条件为杆长和条件）。

上述条件表明：当四杆机构各杆的长度满足杆长和条件时，其最短杆与相邻二构件分别组成的两转动副都是能作整周转动的“周转副”，最短杆与相邻二构件互为曲柄，而四杆机构的其他二转动副不是“周转副”，即只能是“摆动副”。

在上节中曾讨论曲柄摇杆机构选取不同构件为机架，可得到不同形式的铰链四杆机构，现根据曲柄条件，可更明确地给出铰链四杆机构形式判别如表 5-2 所示。

应当指出的是，在运用上述结论判断铰链四杆机构的类型时，还应注意四构件组成封闭多边形的条件，即最长杆的杆长应小于其他三杆长度之和。

对于图 5-9a 所示的滑块机构，同样可得到杆 AB 成为曲柄的条件为：

1）AB 为最短杆；

2）$a+e\leqslant b$。

表 5-2 铰链四杆机构形式判别表

杆长关系	最短杆的位置	机构形式
最短杆+最长杆≤其余两杆之和	最短杆为连架杆	曲柄摇杆机构
	最短杆为机架	双曲柄机构
	最短杆为连杆	双摇杆机构
最短杆+最长杆≥其余两杆之和	任一杆为机架	双摇杆机构

对于图 5-9b 所示的导杆机构，一样可得到杆 AB 成为曲柄的条件为：

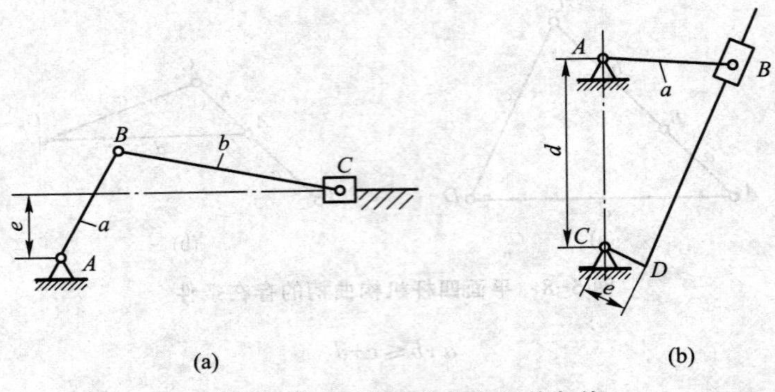

图 5-9 其他四杆机构有曲柄的条件

1）AB 为最短杆；

2）$a+e \leqslant d$。

这种机构称为摆动导杆机构。如果 AC 为最短杆，且满足 $d+e \leqslant a$，则成为转动导杆机构。

例 5-1 如图 5-10 所示的铰链四杆机构，$l_{BC}=50$ mm，$l_{CD}=35$ mm，$l_{AD}=30$ mm，AD 为机架，若为曲柄摇杆机构，试求 l_{AB} 的取值范围。

解 若为曲柄摇杆机构，则 AB 必为最短杆，由杆长条件得

$$l_{AB}+l_{BC} \leqslant l_{CD}+l_{AD}$$

所以，$l_{AB} \leqslant l_{CD}+l_{AD}-l_{BC}=(35+30-50)\ \text{mm}=15\ \text{mm}$

即 $l_{AB} \leqslant 15$ mm 时，该铰链四杆机构为曲柄摇杆机构。

强化训练题 5-1 在图 5-11 所示的铰链四杆机构中，已知：$l_{BC}=52$ mm，$l_{CD}=36$ mm，

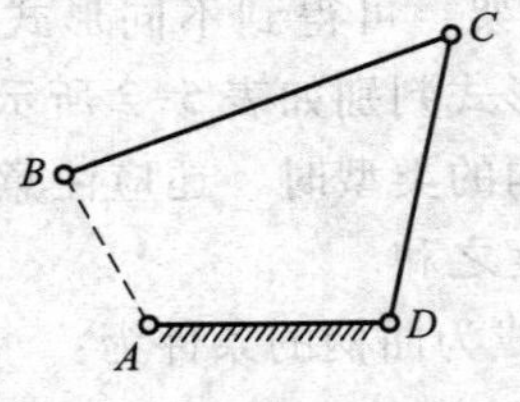

图 5-10 铰链四杆机构

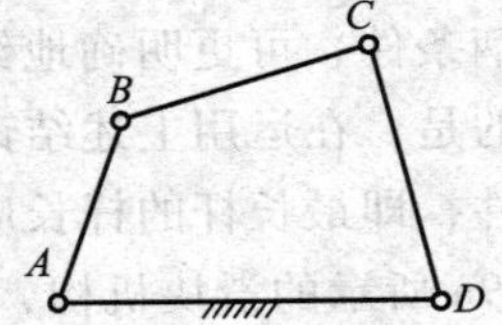

图 5-11 强化训练题 5-1 图

$l_{AD}=32$ mm，AD 为机架。试求：（1）若此机构为曲柄摇杆机构，且 AB 为曲柄，求 l_{AB} 的最大值；（2）若此机构为双曲柄机构，求 l_{AB} 的范围；（3）若此机构为双摇杆机构，求 l_{AB} 的范围。

2. 平面四杆机构的压力角、传动角和死点

（1）压力角和传动角的概念

在不计摩擦力、惯性力和重力的条件下，机构中驱使从动件运动的力的方向线与从动件上受力点的速度方向间所夹的锐角，即为机构**压力角**，用 α 表示，如图 5-12a 所示。在铰链四杆机构中，主动件 AB 上的驱动力通过连杆 BC 传给从动件 CD 的力 F 是沿 BC 方向作用的，将力 F 沿受力点 C 的速度 v_C 方向和垂直于 v_C 方向分解，得到有效分力 F_t 和无效分力 F_n，其中 $F_t=F\cos\alpha$，$F_n=F\sin\alpha$。显然应使 F_t 愈大愈好，即要求角 α 愈小愈好，理想情况是 $\alpha=0°$，最坏的情况 $\alpha=90°$。由此可知，在力 F 一定的条件下，F_t、F_n 的大小完全取决于压力角 α，所以压力角 α 是反映机构传力效果好坏的一个重要参数。

如图 5-12a 所示，在平面四杆机构中用 γ 之值来检验机构的传力效果更为方便。角 γ 与压力角 α 互为余角，称为**传动角**。显然 γ 的值愈大愈好，理想的情况是 $\gamma=90°$，最坏的情况是 $\gamma=0°$。由于机构在运转过程中，传动角 γ 之值是随机构的位置不同而变化的，为保证机构的传力效果，应使传动角的最小值 γ_{min} 大于或等于其许用值 $[\gamma]$，即 $\gamma_{min}\geqslant[\gamma]$。一般机械中，推荐 $[\gamma]=40°\sim50°$，高速和大功率机械中，$[\gamma]$ 应取较大值。

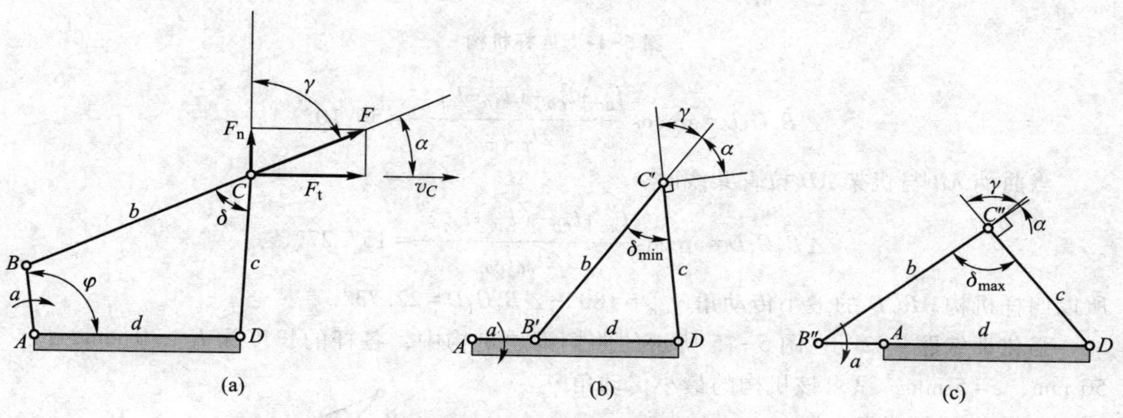

图 5-12 四杆机构压力角和传动角

（2）机构的最小传动角

从图 5-12 可知，当角 δ 为锐角时，$\gamma=\delta$；当角 δ 为钝角时，$\gamma=180°-\delta$。故当 δ 为最小值 δ_{min} 或最大值 δ_{max} 时，有可能出现传动角的最小值，如图 5-12b、c 所示。而由图 5-12a 不难得到

$$l_{BD}{}^2=a^2+d^2-2ad\cos\varphi=b^2+c^2-2bc\cos\delta$$

由此可知

$$\delta=\arccos\frac{b^2+c^2-a^2-d^2+2ad\cos\varphi}{2bc} \tag{5-5}$$

当 $\varphi=0°$，即 AB 与机架 AD 重叠共线时，得到 δ_{min} 为

$$\delta_{min}=\arccos\frac{b^2+c^2-(d-a)^2}{2bc} \tag{5-6}$$

当 $\varphi=180°$，即 AB 与机架 AD 拉直共线时，得到 δ_{max} 为

$$\delta_{\max}=\arccos\frac{b^2+c^2-(d+a)^2}{2bc} \tag{5-7}$$

比较这两个位置的传动角，即可求得最小传动角 $\gamma_{\min}$。

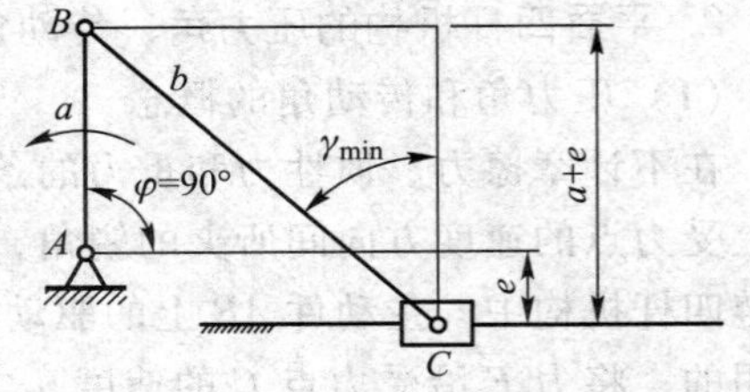

图 5-13 曲柄滑块机构的最小传动角

在图 5-13 所示的曲柄滑块机构中，当曲柄为主动件时，$\gamma_{\min}$ 出现在曲柄垂直于导路且远离偏心一边的位置，$\gamma_{\min}=\arccos[(e+a)/b]$。

例 5-2 在图 5-14a 所示的铰链四杆机构中，各杆的长度为 $l_{AB}=20$ mm，$l_{BC}=36.41$ mm，$l_{CD}=35$ mm，$l_{AD}=50$ mm，当取杆 AD 为机架时，试求该机构的最小传动角 $\gamma_{\min}$。

解 如图 5-14b 所示，当曲柄 AB 与机架 AD 重叠共线时，

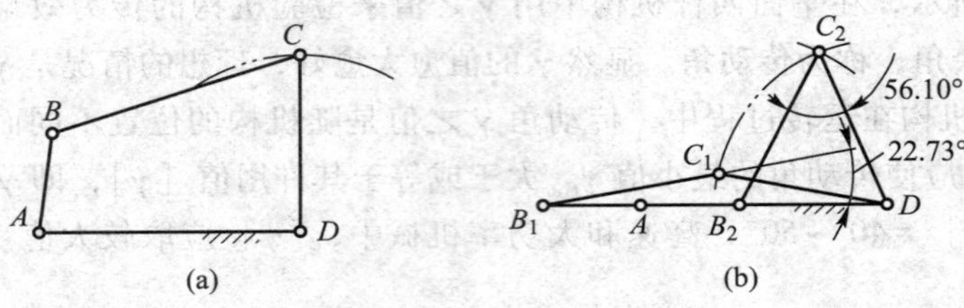

图 5-14 连杆机构

$$\angle B_2C_2D=\arccos\frac{l_{BC}^2+l_{CD}^2-(l_{AD}-l_{AB})^2}{2l_{BC}l_{CD}}=56.10°$$

当曲柄 AB 与机架 AD 拉直共线时，

$$\angle B_1C_1D=\arccos\frac{l_{BC}^2+l_{CD}^2-(l_{AB}+l_{AD})^2}{2l_{BC}l_{CD}}=157.27°$$

所以四杆机构 $ABCD$ 的最小传动角 $\gamma_{\min}=180°-\angle B_1C_1D=22.73°$。

强化训练题 5-2 在图 5-15 所示的曲柄滑块机构中，各杆的长度为 $l_1=20$ mm，$l_2=50$ mm，$e=5$ mm，试求该机构的最小传动角 $\gamma_{\min}$。

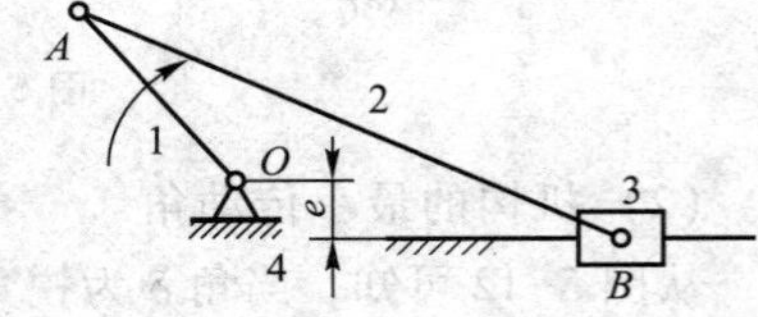

图 5-15 曲柄滑块机构

(3) 机构的死点位置

由前述讨论可知，在不计构件重力、惯性力和运动副中摩擦阻力的条件下，当机构处于 $\alpha=90°$（$\gamma=0°$）的位置时，由于 $F_t=F\cos 90°=0$，因此无论给机构主动件上的驱动力或驱动力矩有多大，均不能使机构运动，这个位置称为**机构的死点位置**。如图 5-16a 所示缝纫机中的曲柄摇杆机构，主动件是踏板（即摇杆）CD，从动件是曲柄 AB。从图 5-16b 可知，当曲柄与连杆共线时，$\gamma=0°$，主动件摇杆给从动件曲柄的力将沿着曲柄的方向，不能产生使曲柄转动的有效力矩，当然也就无法驱使机构运动。由此可知，对于曲柄摇杆机构，以摇杆为主动件，当连杆与从动曲柄共线时，会出现不能使曲柄转动的“顶死”现象，即这时处于死点的位置。

为了使机构能顺利地通过死点，继续正常运转，通常可在从动曲柄上安装飞轮

（如内燃机安装的飞轮），借助飞轮的惯性，使机构闯过死点；或者借助特别的结构避免死点，如图 5-17a 所示，曲柄滑块机构中，曲柄与连杆的铰链连接改为曲槽连接，这样可以避免滑块为主动件时，机构存在死点位置的情况；也可采用多个相同机构驱动同一个曲柄，但这多个相同机构的相位相互错开，从而使各机构的死点位置不同以通过死点。

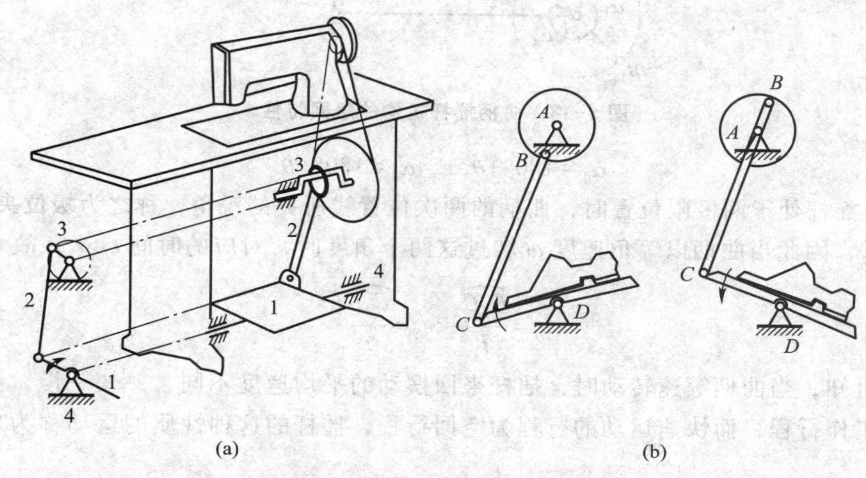

图 5-16 缝纫机中的曲柄摇杆机构

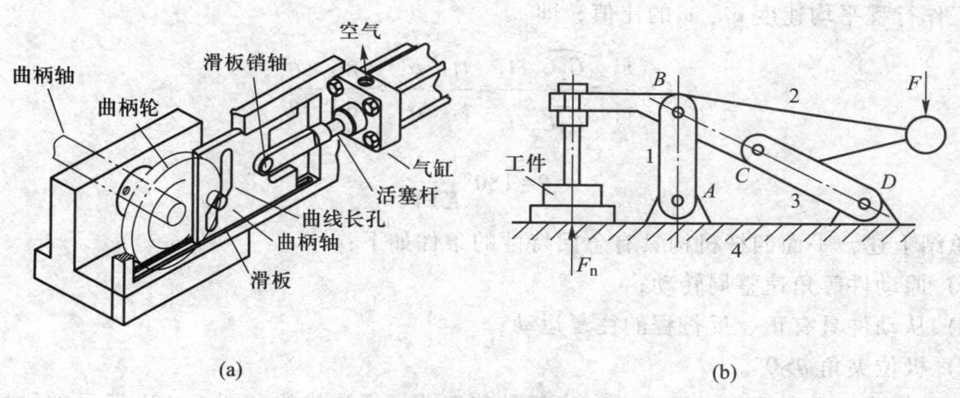

图 5-17 死点的克服与应用

在工程实际中，也利用机构的死点来实现某种工作要求。例如图 5-17b 所示的钻床工件夹紧机构就是利用机构死点位置夹紧工件的例子。即在工件夹紧状态时，使 BCD 成为一直线，因而即使反力 F_n 很大也不会松脱，从而保证工件处于夹紧状态而不发生变动。

3. 平面四杆机构输出件的急回特性

如图 5-18 所示的曲柄摇杆机构中，当曲柄 AB 为原动件并作等速转动时，摇杆 CD 为从动件并作往复变速摆动。曲柄在回转一周的过程中与连杆 BC 有两次共线，这时摇杆 CD 分别位于极限位置 C_1D 和 C_2D。由图可以看出，曲柄相应的两个转角 α_1 和 α_2 分别为

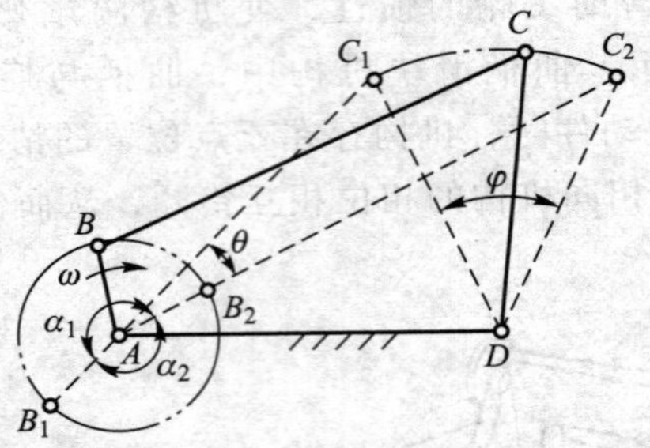

图 5-18 曲柄摇杆机构的急回特性

$$\alpha_1 = 180° + \theta, \qquad \alpha_2 = 180° - \theta$$

式中，θ 是摇杆处于两极限位置时，曲柄的两次位置线所夹的锐角，称之为**极位夹角**。由于 $\alpha_1 > \alpha_2$，因此当曲柄以等角速度 ω 转过这两个角度时，对应的时间 $t_1 > t_2$，故

$$v_1 = \frac{\overset{\frown}{C_1C_2}}{t_1} < v_2 = \frac{\overset{\frown}{C_2C_1}}{t_2}$$

由此可知，当曲柄等速转动时，摇杆来回摆动的平均速度不同，一快一慢，慢速运动的行程为工作行程，而快速运动的行程为空回行程，摇杆的这种性质的运动称为急回运动特性。

为了表明急回运动的特征，引入机构从动件的行程速度变化系数 K。K 的值为空回行程和工作行程平均速度 v_1、v_2 的比值，即

$$K = \frac{v_2}{v_1} = \frac{\overset{\frown}{C_2C_1}/t_2}{\overset{\frown}{C_1C_2}/t_1} = \frac{t_1}{t_2} = \frac{\alpha_1}{\alpha_2} = \frac{180° + \theta}{180° - \theta} \tag{5-8}$$

或

$$\theta = 180° \frac{K-1}{K+1} \tag{5-9}$$

总结上述，平面四杆机构具有急回特性的条件如下：

1）原动件等角速整周转动；

2）从动件具有正、反行程的往复运动；

3）极位夹角 $\theta > 0°$。

用类似分析方法可知，图 5-19a 所示的偏置曲柄滑块机构和图 5-19b 所示的导杆机构的极位夹角 $\theta > 0°$，故均具有急回运动特性。

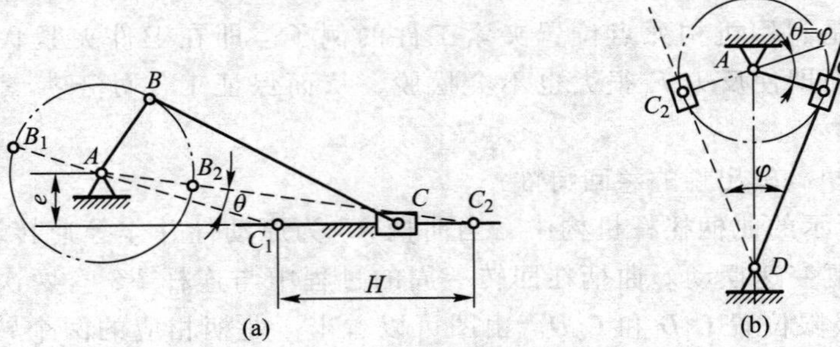

图 5-19 四杆机构的极位夹角

例 5-3 在图 5-20 所示的铰链四杆机构中，各杆的长度为 $a=28$ mm，$b=52$ mm，$c=50$ mm，$d=72$ mm。请用图解法求出此机构的极位夹角 θ，杆 CD 的最大摆角 φ 与行程速度变化系数 K。

解 1）在图中作出机构的两个极位，由图中量得

$$\theta=18.6°$$

$$\varphi=70.6°$$

2）求行程速度变化系数

$$K=\frac{180°+\theta}{180°-\theta}=1.23$$

强化训练题 5-3 在图 5-21 所示的曲柄滑块机构中，各杆的长度为 $l_1=15$ mm，$l_2=45$ mm，$e=10$ mm，试求该机构的极位夹角 θ 与行程速度变化系数 K。

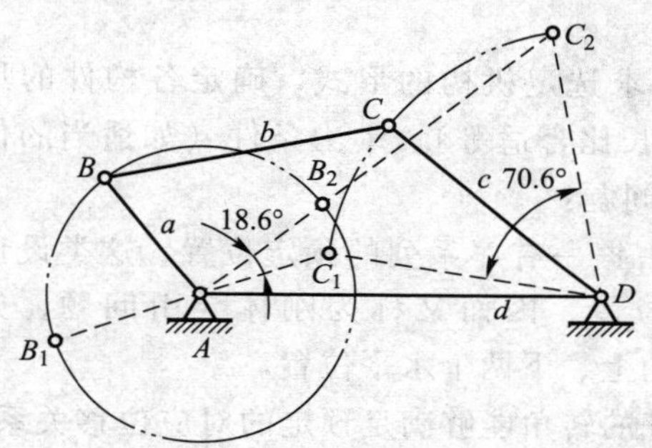

图 5-20 铰链四杆机构（例 5-3）

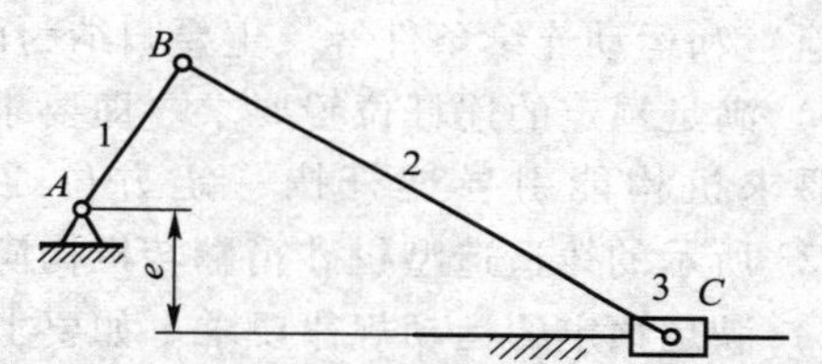

图 5-21 曲柄滑块机构（强化训练题 5-3）

4. 运动连续性

连杆机构运动的连续性是指该机构在运动中能够连续实现给定的各个位置。例如图 5-22a 所示的曲柄摇杆机构 $ABCD$ 中，当曲柄连续转动时，摇杆 CD 可在 ψ_1 角度范围内连续运动（往复摆动），并占据其间任何位置，此角度范围称为可行域。若将机构 $ABCD$ 的运动副拆开，按 $B'C'D'$ 安装，则摇杆只能在 ψ_2 的角度范围内运动，得到另一可行域。显然，若给定摇杆的各个位置不在同一可行域内，且此二可行域又不连通，机构不可能实现连续运动。例如，若要求其从动件从位置 CD 连续运动到位置 $C'D'$，显然是不可能的。这种运动不连续一般称为**错位不连续**。

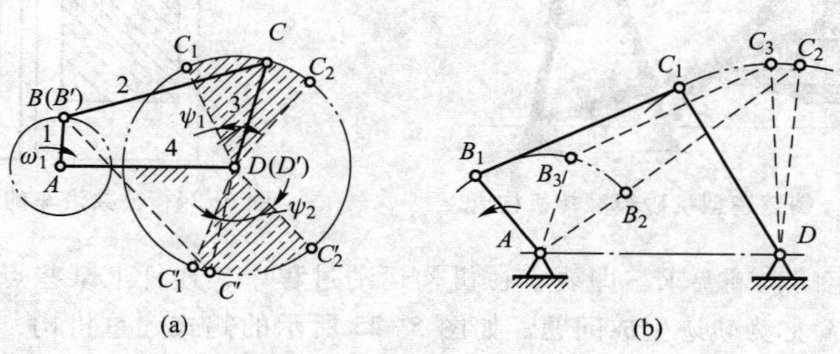

图 5-22 运动连续性

在连杆机构中，还会遇到另一种运动不连续问题——**错序不连续**。如图 5-22b 所示，设要求连杆依次占据 B_1C_1、B_2C_2、B_3C_3，则只有当曲柄 AB 逆时针转动，才是可能的；而如果该机构曲柄 AB 沿顺时针方向转动，则不能满足预期的次序要求。这种运动不连续一般称为错序不连续。

在设计连杆机构时，应注意检查是否有错位不连续、错序不连续问题存在，即是否满足运动连续性条件。若不能满足，应予补救，或另行考虑其他方案。

5.2 平面四杆机构的设计

5.2.1 连杆设计的基本问题

连杆机构设计要解决的问题为：根据给定的要求选定机构的形式，确定各构件的尺寸，校核是否满足结构条件（如要求存在曲柄、杆长比合适等）、动力条件（如适当的传动角等）和运动连续条件等。主要归纳为以下三类问题：

1）满足预定的连杆位置要求。即要求连杆能占据一有序系列的预定位置。这类设计问题要求机构能引导连杆按一定方位通过预定位置，因而又称为刚体导引问题，如图 5-23 所示的铸造造型机砂箱翻转机构满足连杆的上、下两个水平位置。

2）满足预定的运动规律要求。如要求两连架杆的转角能够满足预定的对应位移关系；或要求在原动件运动规律一定的条件下，从动件能准确或近似地满足预定的运动规律要求，也称为函数生成问题，如图 5-24 所示的公共汽车的车门开闭机构满足两车门（连架杆）的对应位移关系。

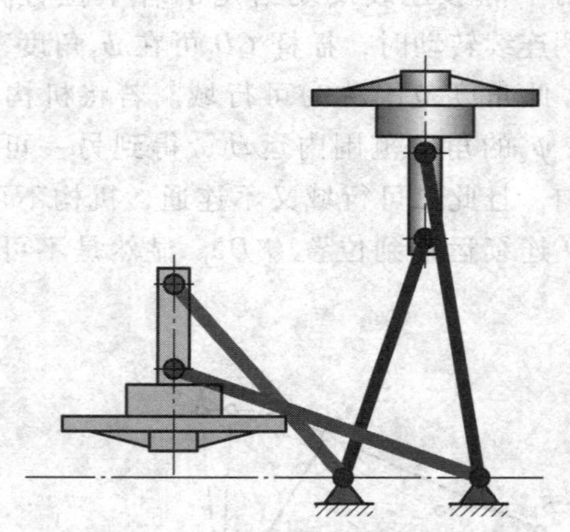

图 5-23 铸造造型机砂箱翻转机构

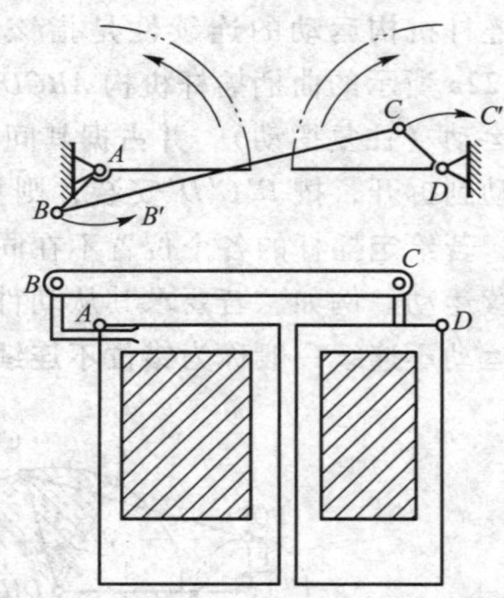

图 5-24 公共汽车的车门开闭机构

3）满足预定的轨迹要求。即要求在机构运动过程中，连杆上某些点的轨迹能符合预定的轨迹要求，简称为轨迹生成问题。如图 5-25 所示的鹤式起重机构，为避免货物作不必要的上下起伏运动，连杆上吊钩滑轮的中心点 E 应沿水平直线 E_1E' 移动；而如图 5-26 所示的搅拌机构，应保证连杆上的外端点能按预定的轨迹运动，以完成搅拌动作。

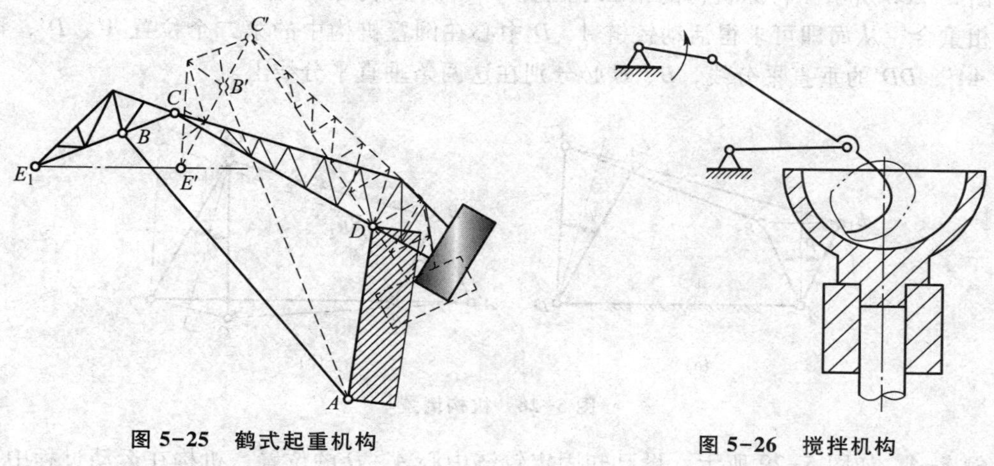

图 5-25 鹤式起重机构

图 5-26 搅拌机构

5.2.2 基于图解法的四杆机构设计

对于四杆机构，当其铰链中心位置确定后，各杆的长度也就确定了。用图解法进行设计，就是利用各铰链之间相对运动的几何关系，通过作图确定各铰链的位置，从而定出各杆的长度。图解法的优点是直观、简单、快捷，对三个设计位置进行设计是十分方便的，其设计精度也能满足工作要求，并能为解析法精确求解和优化设计提供初始值。下面根据设计要求的不同分四种情况分别加以介绍。

1. 按连杆预定的位置设计四杆机构

1）已知活动铰链中心的位置。如图 5-27a 所示，设连杆上两活动铰链中心 B、C 的位置已经确定，要求在机构运动过程中连杆能依次占据三个位置。设计的任务是要确定两固定铰链中心 A、D 的位置。由于在铰链四杆机构中，活动铰链 B、C 的轨迹为圆弧，故 A、D 应分别为其圆心。因此，如图 5-27b 所示，可分别作 B_1B_2 和 B_2B_3 的垂直平分线，其交点即为固定铰链 A 的位置；同理，可求得固定铰链 D 的位置，连接 AB_1、C_1D，即得所求四杆机构。

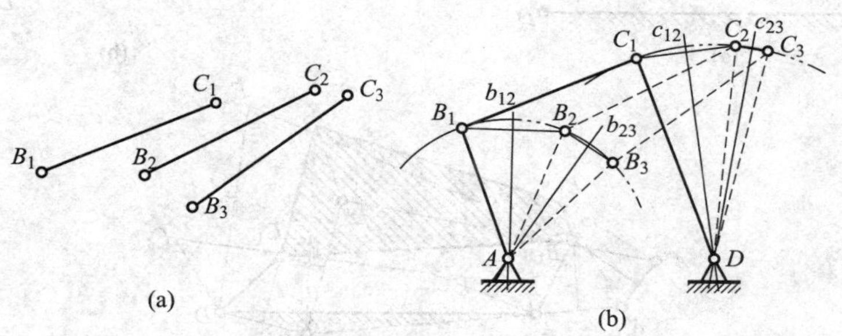

图 5-27 按连杆位置设计四杆机构

2）已知固定铰链中心的位置。采用机构倒置方法，取四杆机构的连杆为机架，则原机构如图 5-28a 所示的固定铰链 A、D 将变为活动铰链，而活动铰链 B、C 将变为固定铰链如图 5-28b 所示。将原机构的第二个位置 AB_2C_2D 的构型视为刚体进行移动，使 B_2C_2 与 B_1C_1 相重合，从而即可求得活动铰链 A、D 中心在倒置机构中的第二个位置 A'、D'，再分别作 AA'、DD' 的垂直平分线，B、C 必分别在这两条垂直平分线上。

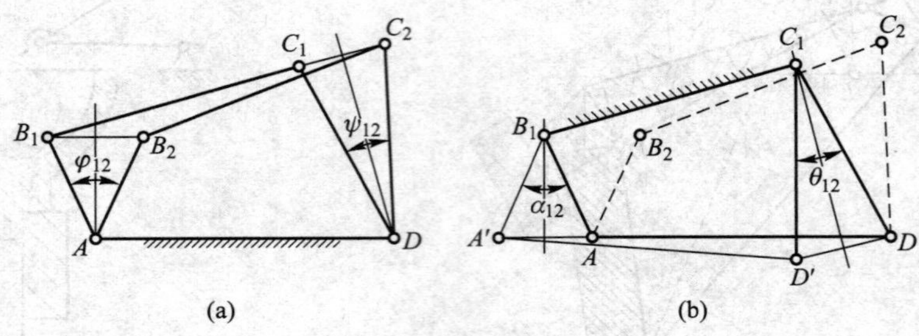

图 5-28 机构倒置

例 5-4 如图 5-29 所示，设已知固定铰链中心 A、D 的位置，机构在运动过程中其连杆上的 EF 分别占据三个位置 E_1F_1、E_2F_2、E_3F_3。现要求确定两活动铰链中心 B、C 的位置。

解 以 E_1F_1（或 E_2F_2、E_3F_3）为倒置机构中新机架的位置，将四边形 AE_2F_2D、四边形 AE_3F_3D 分别视为刚体（这是为了保持在机构倒置前后，连杆和机架在各位置时的相对应置不变）进行移动，使 E_2F_2、E_3F_3 均与 E_1F_1 重合。即作四边形 $A'E_1F_1D' \cong$ 四边形 AE_2F_2D，四边形 $A''E_1F_1D'' \cong$ 四边形 AE_3F_3D，由此即可求得 A、D 点的第二位置 A'、D' 及第三位置 A''、D''。由 A、A'、A'' 三点所确定的圆弧的圆心即为活动铰链 B 的中心位置 B_1；同样，D、D'、D'' 三点可确定活动铰链 C_1 的中心位置。连接 A、B_1、C_1、D，即得到所求的四杆机构。

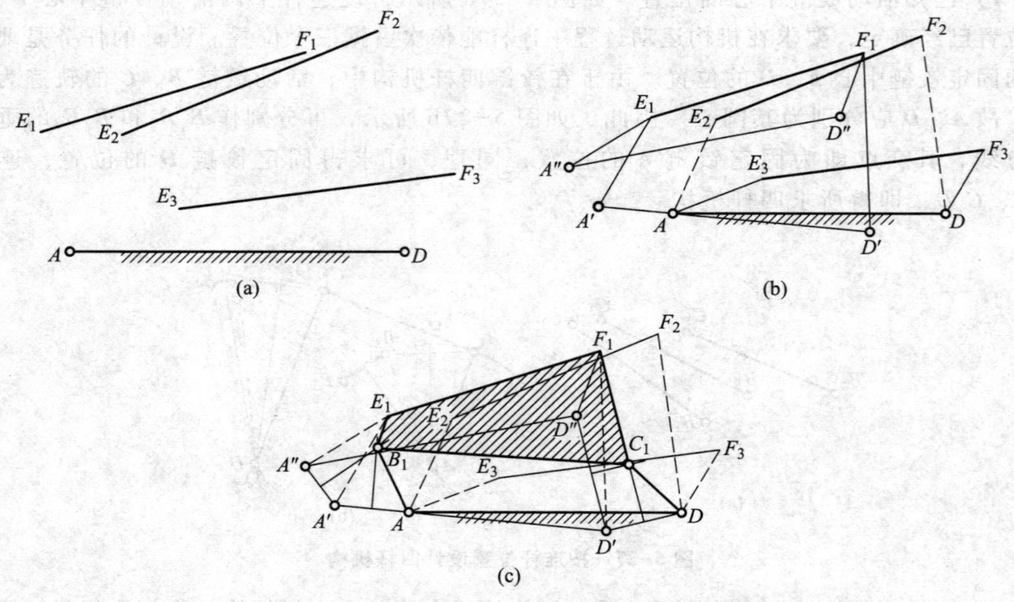

图 5-29 求活动铰链位置

上面研究了给定连杆三个位置时四杆机构的设计问题。如果只给定连杆的两个位置，将有无穷多解，此时可根据其他条件来选定一个解。而若要求连杆占据四个位置，此时如果在连杆平面上任选上一点作为活动铰链中心（图 5-30），则因四个点位并不总在同一圆周上，因而可能导致无解。不过，根据德国学者布尔梅斯特尔的研究结果，这时总可以在连杆上找到一些点，使其对应的四个点位于同一圆周上，这样的点称为圆点。圆点就可选作活动铰链中心。圆点所对应的圆心称为圆心点，它就是固定铰链中心所在位置，可有无穷多解。

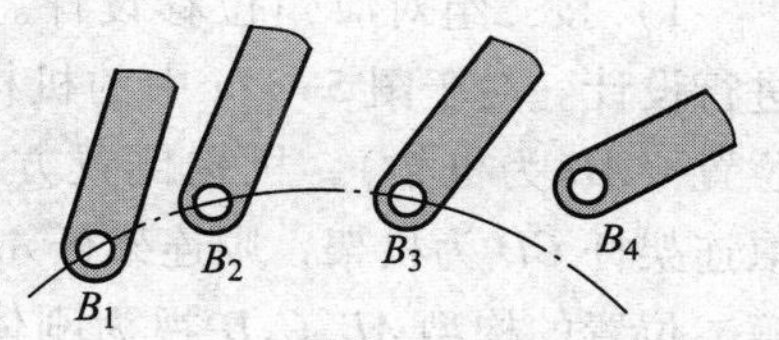

图 5-30 活动铰链中心

如要连杆占据预定的五个位置，则根据布尔梅斯特尔的研究证明，可能有解，但只有两组或四组解，也可能无解（无实解）。在此情况下，即使有解也往往很难令人满意，故一般不按五个预定位置设计。

例 5-5 如图 5-31a 所示的铰接四杆机构 *ABCD* 中，当主动件顺时针转动时，连杆上的一条标线 *BE* 顺次占据 B_1E_1、B_2E_2、B_3E_3三个位置，其中 *B* 是活动铰链，现已知固定铰接 *D* 的位置。求该四杆机构。

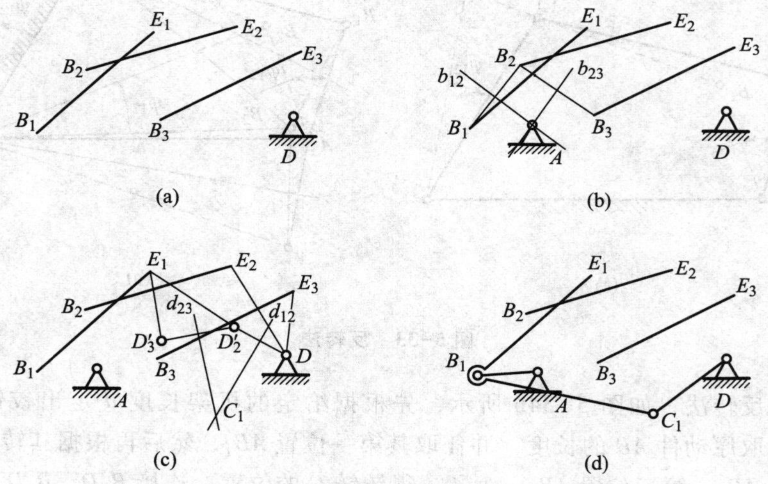

图 5-31 铰接四杆机构

解 1）连接 B_1、B_2及 B_2、B_3，作 B_1B_2、B_2B_3的垂直平分线 b_{12}、b_{23}，其交点即为固定铰链 *A*，如图 5-31b 所示。

2）刚化 B_2E_2D，反转 B_2E_2D 使 B_2E_2与 B_1E_1重合，得到 D'_2，刚化 B_3E_3D，反转 B_3E_3D 使 B_3E_3与 B_1E_1重合，得到 D'_3。

3）作 DD'_2、$D'_2D'_3$的垂直平分线 d_{12}、d_{23}，其交点即为活动铰链 C_1，如图 5-31c 所示。

4）连接 AB_1C_1D 即为所求，如图 5-31d 所示。

强化训练题 5-4 图 5-32 所示为加热炉炉门的启闭机构。点 *B*、*C* 为炉门上的两铰链中心。炉门打开后成水平位置时，要求炉门的热面朝下。固定铰链中心应位于 *ss* 线上，其相互位置的尺寸如图所示。试设计此铰链四杆机构。

2. 按两连架杆预定的对应角位移设计四杆机构

1）按二组对应角位移设计。采用机构倒置的方法进行设计。对于图 5-33a 中的机构，给出了机构的两个位置（AD 为机架），机构倒置方法为：在图 5-33b 中，取连架杆 CD 为机架，则连架杆 AB 变为连杆，将原机构第二位置的构型 AB_2C_2D 视为刚体，绕点 D 反转 $-\psi_{12}$ 使 C_2D 与 C_1D 重合，则原机构上 B_2 转到 B_2'，作 B_1 和 B_2' 连线的垂直平分线，此线必定通过 C_1，当有两个位置时，两条垂直平分线的交点就是 C_1。这种机构倒置方法也称为**反转法**或**反转机构法**。

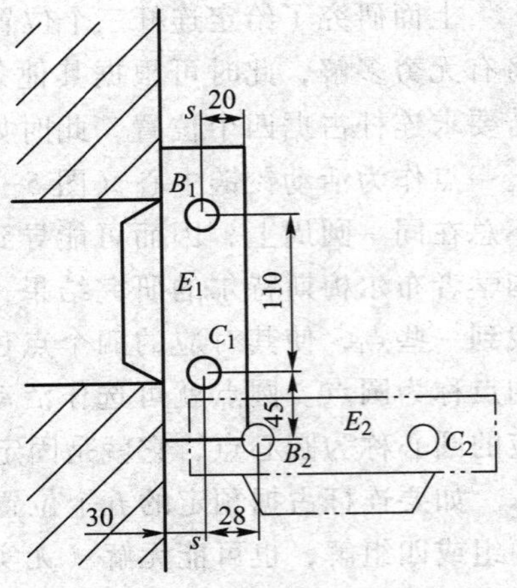

图 5-32 加热炉炉门的启闭机构

例 5-6 如图 5-34a 所示，设已知四杆机构机架长度为 d，要求原动件和从动件分别顺时针依次相应转过对应角度 φ_{12}、ψ_{12}，φ_{13}、ψ_{13}。试设计此四杆机构。

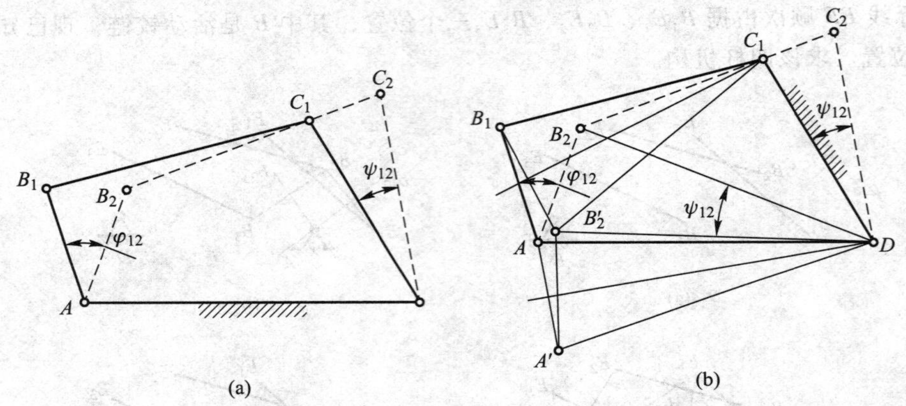

图 5-33 反转法

解 采用反转法，如图 5-34b 所示，先根据给定的机架长度 d 定出铰链 A、D 的位置，再适当选取原动件 AB 的长度，并任取其第一位置 AB_1，然后再根据其转角 φ_{12}、φ_{13} 定出其第二位置 AB_2、第三位置 AB_3。为了求得铰链 C 的位置，连接 B_2D、B_3D，并根据反转

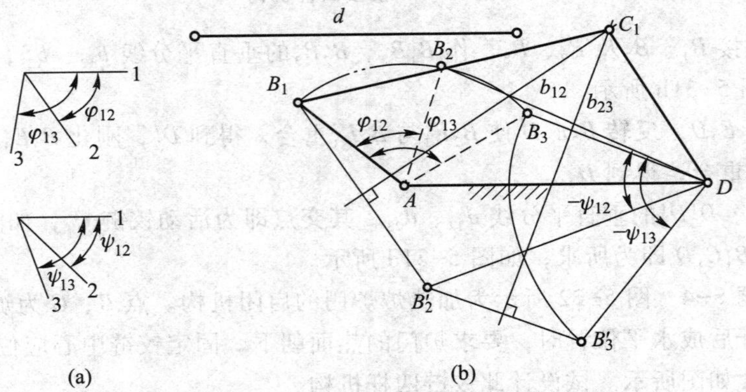

图 5-34 二组对应角位移设计

法原理，将其分别绕 D 点反转 $-\psi_{12}$ 及 $-\psi_{13}$，从而得到点 B'_2、B'_3。则 B_1、B'_2、B'_3 三点确定的圆弧的圆心（$B_1B'_2$、$B'_2B'_3$ 的垂直平分线的交点），即为所求的铰链 C 的位置 C_1。则 AB_1C_1D 为所求的四杆机构。由于 AB 杆的长度和初始位置可以任选，故有无穷多解。

例 5-7 如图 5-35 所示，设计一铰链四杆机构。已知两连架杆的三组对应角位移为 $\varphi_{12}=\varphi_{23}=30°$，$\psi_{12}=\psi_{23}=20°$，$l_{AD}=44$ mm。另外，已知铰链 A 在 $\varphi_0=60°$ 的 AB_1 线上，$l_{AB}=17.5$ mm。试用图解法求 l_{BC} 和 l_{CD}。

解 如图 5-36 所示，设起始位置为 AB_1，则由已知条件 $\varphi_{12}=\varphi_{23}=30°$，$\psi_{12}=\psi_{23}=20°$，得 $\varphi_{13}=60°$，$\psi_{13}=40°$，然后再根据其转角 φ_{12}、φ_{13} 定出其第二位置 AB_2、第三位置 AB_3，连接 B_2D、B_3D，并根据反转法原理，将其分别绕 D 点反转 $-\psi_{12}$ 及 $-\psi_{13}$，从而得到点 B'_2、B'_3。则 B_1、B'_2、B'_3 三点确定的圆弧圆心即为所求的铰链 C 的位置 C_1，图 5-36 中 AB_1C_1D 即为所求的四杆机构。图中测量得 $l_{BC}=47.2$ mm，$l_{CD}=26.4$ mm。

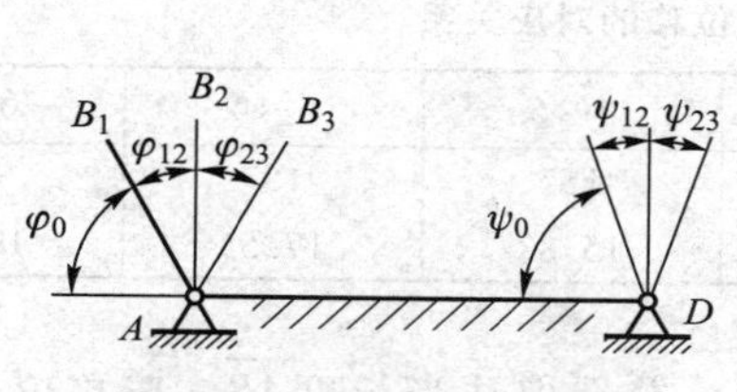

图 5-35 两组对应角位移

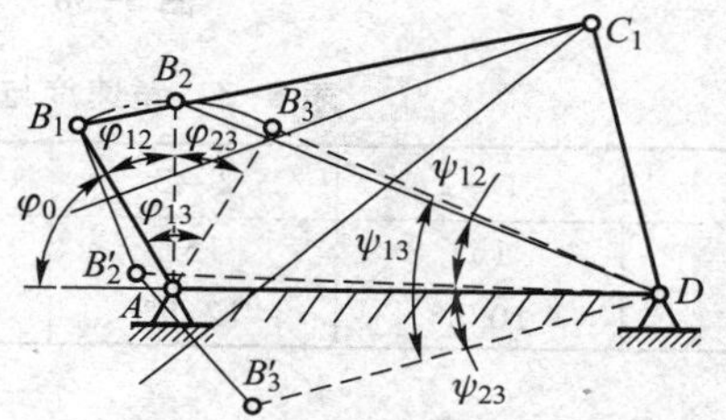

图 5-36 解图

强化训练题 5-5 如图 5-37 所示，已知曲柄上一点 D 及 AD 的三个已知位置 AD_1、AD_2、AD_3 和滑块的三个位置 C_1、C_2、C_3 相对应。试设计此曲柄滑块机构，并求出曲柄 AB 与连杆 BC 的长度。

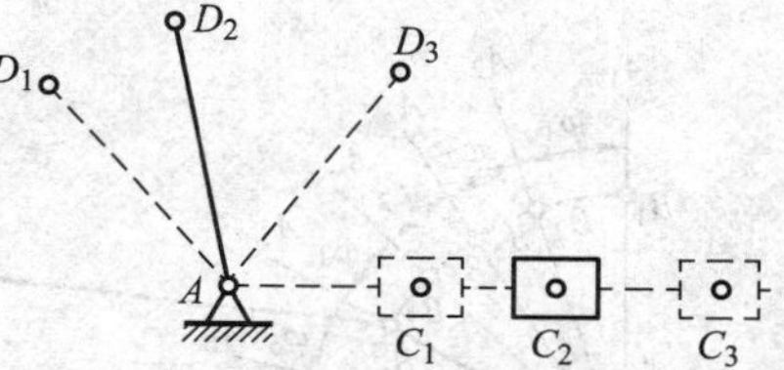

图 5-37 滑块机构设计的条件图

2）按四组对应角位移设计。当已知两连架杆四组对应角位移时，采用上述反转法可能因铰链 B 的四个点位 B_1、B'_2、B'_3、B'_4 不在同一圆周上而无解。但利用下面介绍的方法——点位归并（缩减）法可使此问题获得解决。

如图 5-38a 所示为已知条件，设计时当选定固定铰链中心 A、D 之后，分别以 A、D 为顶点，如图 5-38b 所示，按逆时针方向分别作 $\angle xAB_4=(\varphi_{14}-\varphi_{13})/2$ 和 $\angle xDB_4=(\psi_{14}-\psi_{13})/2$（$x$ 为沿 AD 的射线），AB_4 与 DB_4 的交点为 B_4。再以 AB_4 为原动件的长度，根据设计条件定出 AB 的其他三个位置 AB_1、AB_2、AB_3。参照前述反转法作图，求得点位 B'_2、B'_3、B'_4。不难证明，点 B'_3、B'_4 将重合，亦即将 B_1、B'_2、B'_3、B'_4 四个点位缩减为三个点位 B_1、B'_2、$B'_3(B'_4)$，其所确定的圆弧的圆心即为待求的活动铰链 C 的位置 C_1，AB_1C_1D 即为所求的四杆机构。

3）按多对对应角的位移设计。当给定的两连架杆对应的角位移多于三组时，运用上述图解法无法求解。这时可借助于样板，利用图解法与试凑法结合起来进行设计。下面举例加以说明。

现要求设计一四杆机构，其原动件的角位移 φ_i（顺时针方向）和从动件的角位移 ψ_i（逆时针方向）的对应关系如表 5-3 所示。

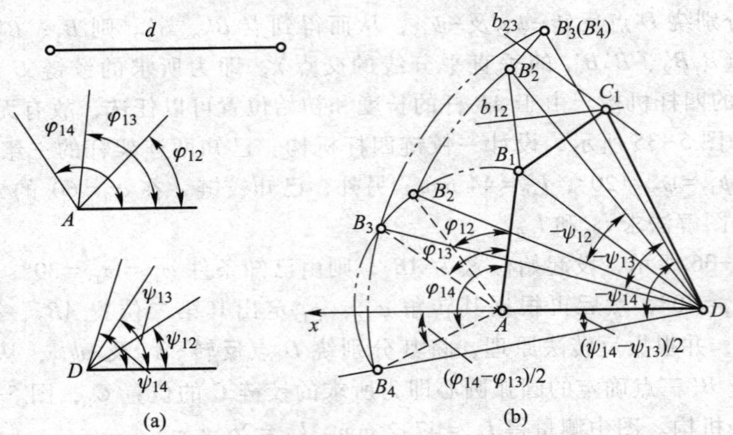

图 5-38　四组对应角位移设计

表 5-3　角速度与从动件的角位移的对应关系

位置	1→2	2→3	3→4	4→5	5→6	6→7
φ_i	15°	15°	15°	15°	15°	15°
ψ_i	10.8°	12.5°	14.2°	15.8°	17.5°	19.2°

设计时，可先在一张纸上取一点为固定铰链 A，并选取适当长度$\overline{AB}$，按角位移 α_i 作出原动件 AB 的一系列位置 AB_1、AB_2、…、AB_7，如图 5-39a 所示；再选择一适当的连杆长度$\overline{BC}$为半径，分别以点 B_1、B_2、…、B_7 为圆心画弧 K_1、K_2、…、K_7。

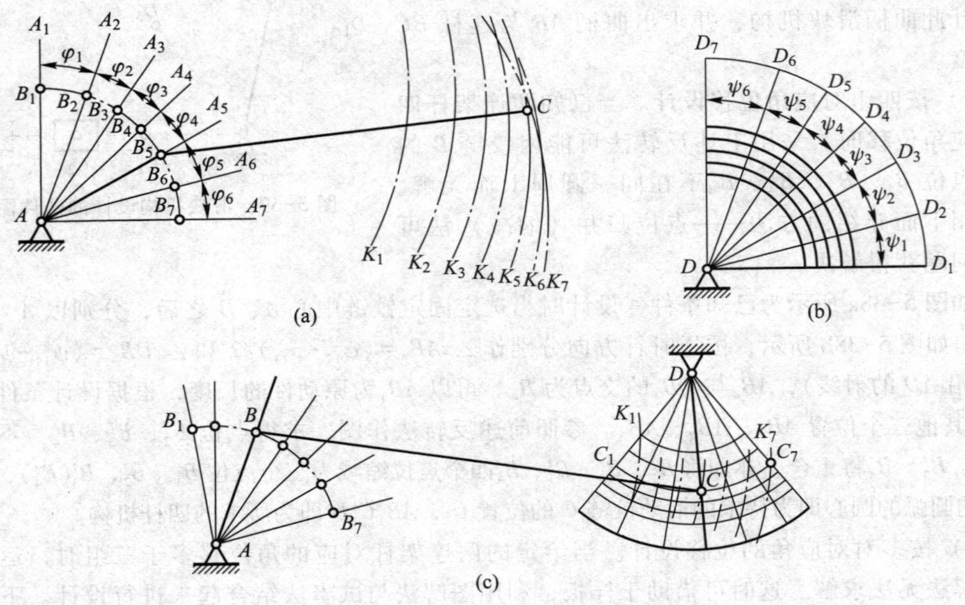

图 5-39　多对对应角位移设计

然后如图 5-39b 所示，在一透明纸上选一点作为固定铰链 D，并按已知的角位移 φ_i 作出一系列相应的从动件位置线 DD_1、DD_2、…，再以点 D 为圆心、以不同长度为半径作一系列同心圆，即得透明纸样板。

把透明纸样板覆盖在第一张纸上，并移动样板，力求找到这样的位置，即从动件位置线 DD_1、DD_2、…与相应的圆弧线 K_1、K_2、…的交点，应位于（或近似位于）以点 D 为圆心的某一个同心圆上，如图 5-39c 所示，此时把样板固定下来，其上点 D 即为所求固定铰链 D 所在的位置，$\overline{AD}$为机架长，$\overline{DC}$为从动件的长度。四杆机构各杆的长度已完全确定。

但必须指出，上述各交点一般只能近似地落在某一同心圆周上，因而会产生误差，若此误差较大，不能满足设计要求，则应重新选择原动件 AB 和连杆 BC 的长度，重复以上设计步骤，直到满足要为止。

3. 按给定的急回要求设计四杆机构

根据急回运动要求设计四杆机构，主要利用机构在极位时的几何关系进行四杆机构的设计。若已知摇杆的长度$\overline{CD}$、摆角 ψ 及行程速度变化系数 K，试设计此曲柄摇杆机构。

设计时，先利用 $\theta=180°(K-1)/(K+1)$ 算出极位夹角 θ，并根据摇杆长度$\overline{CD}$及摆角 ψ 作出摇杆的两极位 C_1D 及 C_2D，如图 5-40 所示。接下来求固定铰链 A 的位置，先分别作 $C_2M \perp C_1C_2$ 和 $\angle C_2C_1N=90°-\theta$，$C_2M$ 与 C_1N 交于 P；再作 $\triangle PC_1C_2$ 的外接圆，则圆弧$\widehat{C_1PC_2}$上任一点 A 都满足 $\angle C_1AC_2=\angle C_1PC_2=\theta$，所以固定铰链 A 应选在此弧段上。

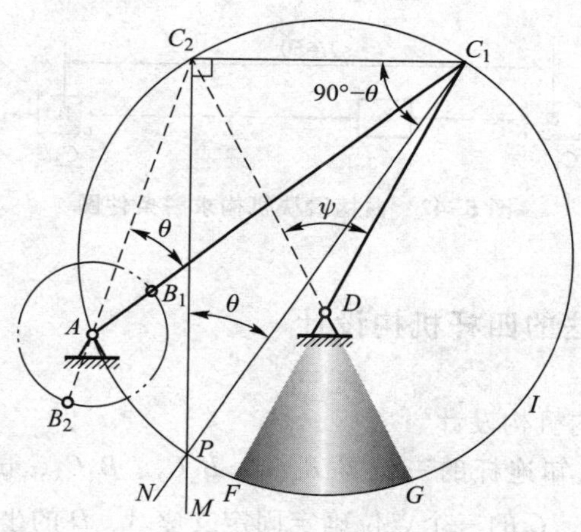

图 5-40 给定的急回要求设计

而铰链 A 具体位置的确定尚需其他的附加条件，如给定机架长度 d（或曲柄长度 a，或连杆长度 b，或杆长比 b/a、d/a，或机构的最小传动角 $\gamma_{\min}$ 等要求），这时 A 点的位置就能确定，曲柄和连杆的长度（即 a 及 b）也随之确定。因$\overline{AC_1}=b+a$，$\overline{AC_2}=b-a$，故 $a=(\overline{AC_1}-\overline{AC_2})/2$，$b=(\overline{AC_1}+\overline{AC_2})/2$。

设计时，应注意铰链 A 不能选在劣弧段$\widehat{FG}$上，否则机构将不满足运动连续性要求。因为这时机构的两极位 DC_1'、DC_2'将分别在两个不连通的可行域内。若铰链 A 选在两弧段上$\widehat{C_1G}$、$\widehat{C_2F}$，则当 A 向 G（F）靠近时，机构的最小传动角将随之减小而趋向零，故铰链 A 适当远离 G（F）点较为有利。

例 5-8 如图 5-41 所示的导杆机构，已知机架长度 d、行程速度变化系数 K，设计此机构。

解 由于相位夹角 θ 与导杆摆角 ψ 相等，设计此机构时，仅需要确定曲柄长度 a，故按下列步骤图解设计该导杆机构。

1）计算 $\theta=180°(K-1)/(K+1)$；

2）任选 D 作 $\angle mDn=\psi=\theta$，mD、Dn 为导杆的极限位置；

3）取 A 点，使得 $\overline{AD}=d$，则 $a=d\sin\ (\psi/2)$；

4）以 A 点圆心、a 为半径作圆，该圆与 mD 相切于 B 点，在 B 点画一滑块，即得此机构。

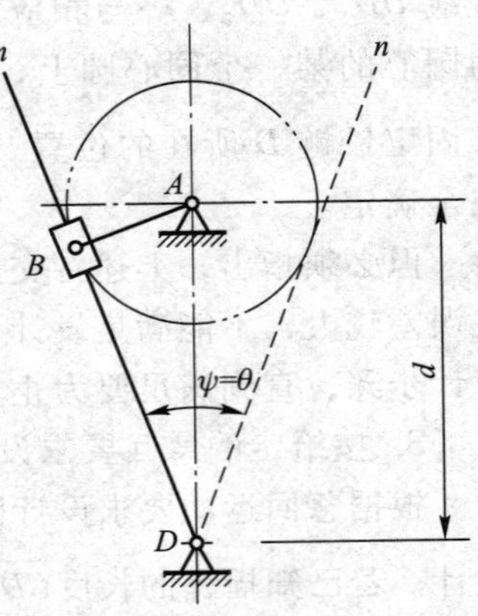

图 5-41 导杆机构

强化训练题 5-6 某曲柄滑块机构的行程速度变化系数 $K=1.5$，滑块的行程 $H=50$ mm，偏距 $e=20$ mm，如图 5-42 所示。试用图解法设计此曲柄滑块机构，并求其最大压力角 α_{max}。

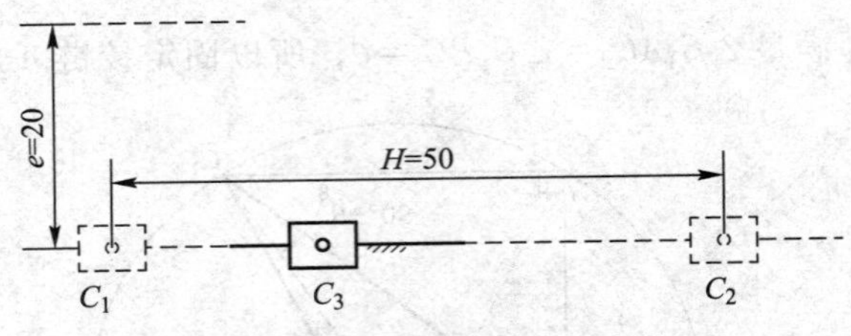

图 5-42 曲柄滑块机构求解条件图

5.2.3 基于解析法的四杆机构设计

1. 按连杆给定位置的机构设计

如图 5-43a 所示，已知连杆的三位置 B_1C_1、B_2C_2、B_3C_3，试设计该机构。其问题的实质即分别根据铰接点 B、C 的三个点位确定固定支座 A、D 的坐标值。

如图 5-43b 所示，若已知某点 I 的三位置坐标 $I_1\ (x_1,\ y_1)$、$I_2\ (x_2,\ y_2)$、$I_3\ (x_3,\ y_3)$。其转动中心 O'的坐标值 $(x,\ y)$。根据转动半径不变，即得如下方程：

$$\begin{cases}(x_1-x)^2+(y_1-y)^2=(x_2-x)^2+(y_2-y)^2\\(x_1-x)^2+(y_1-y)^2=(x_3-x)^2+(y_3-y)^2\end{cases}$$

由上式解出

$$\begin{cases}x=\dfrac{(y_2-y_1)(y_3^2-y_1^2+x_3^2-x_1^2)-(y_3-y_1)(y_2^2-y_1^2+x_2^2-x_1^2)}{2[(x_3-x_1)(y_2-y_1)-(x_2-x_1)(y_3-y_1)]}\\y=\dfrac{y_2^2-y_1^2+x_2^2-x_1^2}{2(y_2-y_1)}-\dfrac{(x_2-x_1)x}{(y_2-y_1)}\end{cases}\tag{5-10}$$

(a) 连杆的位置　　(b) 坐标关系

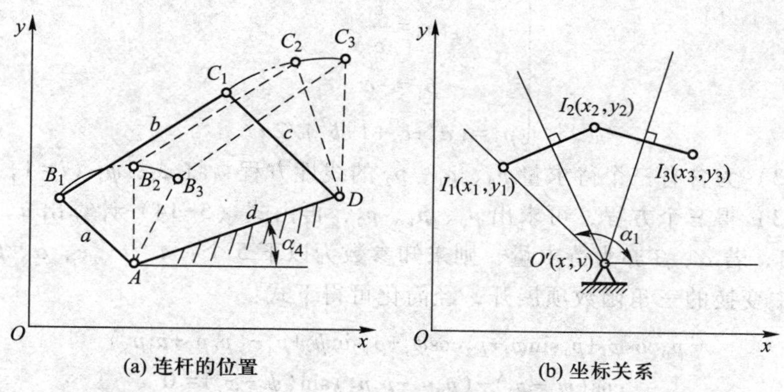

图 5-43　按连杆位置的机构综合

$O'I_1$ 的杆长 l_1 及其方向角 α_1

$$\begin{cases} l_1=[(x-x_1)^2+(y-y_1)^2]^{\frac{1}{2}} \\ \alpha_1=\arctan\dfrac{y-y_1}{x-x_1} \end{cases} \tag{5-11}$$

将 B、C 的三点位坐标分别代入式（5-10），可得到 A、D 的坐标值（x_A，y_A）及（x_D，y_D）。将构件两端铰链位置 1 的坐标值代入式（5-11），可得到各杆长 a、b、c、d 及对应位置 1 的各杆的方向角 α。

2. 按两连架杆的对应位置设计四杆机构

（1）铰链四杆机构

如图 5-44 所示，已知两连架杆预期所对应转角 φ_i、ψ_i（$i=1$，2，…，n），试设计该四杆机构。由于实现连架杆对应位置与杆长绝对值无关，故图中 a、b、c、d（$d=1$）均为相对尺寸。α、β 分别为两连架杆的初位角。机构待定参数 a、b、c、α、β 共 5 个，为得到其精确唯一解应列出五个方程，即连架杆对应位置 $n=5$，当 α、β 以已知值给定时，机构待定参数三个，只能实现两连架杆三个对应位置。

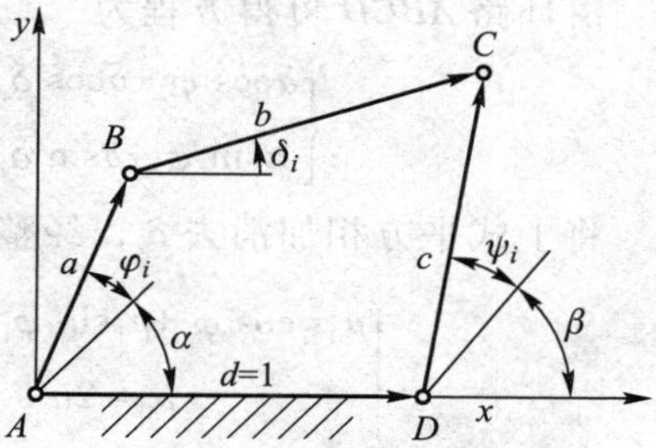

图 5-44　铰链四杆机构待定参数

由环路 $ABCD$ 得方程式：

$$\begin{cases} a\cos(\varphi_i+\alpha)+b\cos\delta_i=1+c\cos(\beta+\psi_i) \\ a\sin(\varphi_i+\alpha)+b\sin\delta_i=c\sin(\beta+\psi_i) \end{cases}$$

上式消去 δ_i 得

$$2a\left[\frac{c}{a}\cos(\psi_i+\beta)-c\cos(\psi_i-\varphi_i+\beta-\alpha)+\frac{a^2+c^2+1-b^2}{2a}-\cos(\varphi_i+\alpha)\right]=0 \tag{5-12}$$

若 α、β 为给定值，求 a、b、c，则式（5-11）写成如下形式：

$$p_0\cos(\psi_i+\beta)+p_1\cos(\psi_i-\varphi_i+\beta-\alpha)+p_2=\cos(\varphi_i+\alpha) \tag{5-13}$$

式中：

$$\begin{cases} p_0=\dfrac{c}{a} \\ p_1=-c \\ p_2=(a^2+c^2+1-b^2)/2a \end{cases} \tag{5-14}$$

式（5-13）为含有三个待求量 p_0、p_1、p_2 的线性方程，将 φ_i、ψ_i（$i=1$，2，3）分别代入式（5-13）得三个方程，可求出 p_0、p_1、p_2，再由式（5-14）计算出 a、b、c。

应该指出，若 α、β 亦为待求量，则未知参数为以下 5 个：a、b、c、α、β。此时应将式（5-12）中变换的三角函数项展开，经简化可得下式：

$$p_0\cos\varphi_i+p_1\sin\varphi_i+p_2\cos\psi_i+p_3\sin\psi_i+p_4-(p_0p_2+p_1p_3)\cos(\psi_i-\varphi_i)-(p_0p_3-p_1p_2)\sin(\psi_i-\varphi_i)=0 \tag{5-15}$$

式中：

$$\begin{cases} p_0=a\cos\alpha \\ p_1=-a\sin\alpha \\ p_2=-c\cos\beta \\ p_3=c\sin\beta \\ p_4=(b^2-a^2-c^2-1)/2 \end{cases} \tag{5-16}$$

显然，式（5-16）是 p_j（$j=0$，1，2，3，4）的非线性方程组，求解比较麻烦，可用牛顿-拉弗森（Newton-Raphson）法求解。

（2）曲柄滑块机构

对于曲柄滑块机构，如图 5-45 所示。已知 φ_i、s_i（$i=1$，2，3）三个对应位置，试设计该机构。

由环路 $ABCD$ 可得方程为

$$\begin{cases} a\cos\varphi_i+b\cos\delta_i=s_i \\ a\sin\varphi_i+b\sin\delta_i=e \end{cases}$$

将上式平方相加消去 δ_i，经整理后

$$\begin{cases} p_0s_i\cos\varphi_i+p_1\sin\varphi_i+p_2=s_i^2 \\ p_0=2a \\ p_1=2ae \\ p_2=b^2-a^2-e^2 \end{cases} \tag{5-17}$$

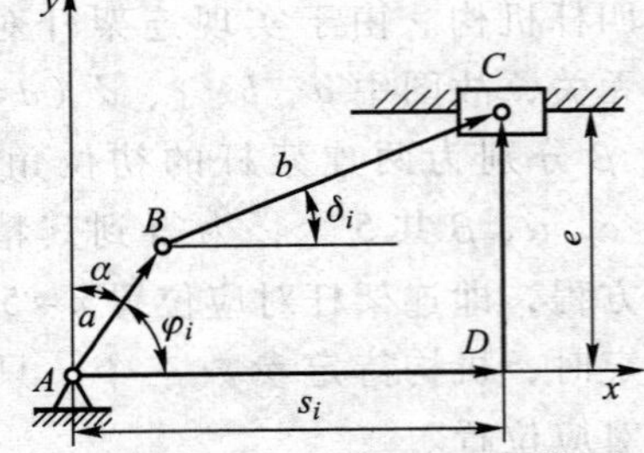

图 5-45 曲柄滑块机构待定参数

将 φ_i、s_i（$i=1$，2，3）代入上式先求出 p_0、p_1、p_2，再计算 a、b、e。

（3）按行程速度变化系数 K 设计四杆机构

工程中往往要求根据行程速度变化系数 K 进行机构综合设计，根据工艺要求一般给定执行构件（摇杆）的摆角 ψ，为提高传力性能，预先给出机构远极位传动角 γ_2，如图 5-46 所示。机构的极位夹角 θ 和近极位传动角 γ_1 为

$$\begin{cases} \gamma_1=\psi+\gamma_2-\theta \\ \theta=\pi(K-1)/(K+1) \end{cases} \tag{5-18}$$

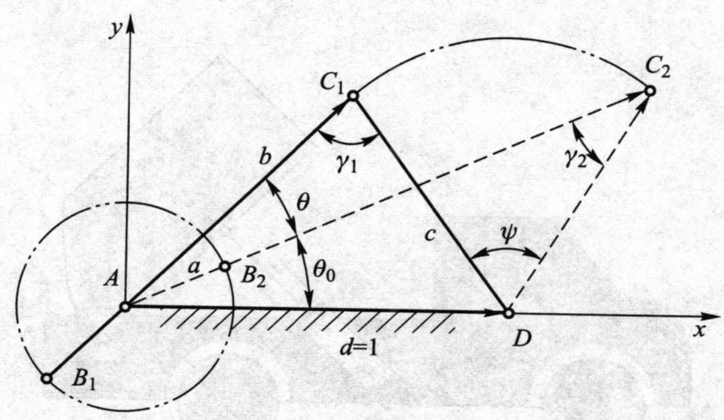

图 5-46 机构的极位夹角

若令 $d=1$，机构中的待求量为 a、b、c 及近极位曲柄位置角 θ_0，由环路 AC_1D 和 AC_2D 中列出如下方程式：

$$\begin{cases}(b-a)\cos(\theta+\theta_0)=1+c\cos(\gamma_1+\theta+\theta_0)\\(b-a)\sin(\theta+\theta_0)=c\sin(\gamma_1+\theta+\theta_0)\\(b+a)\cos\theta_0=1+c\cos(\gamma_2+\theta_0)\\(b+a)\sin\theta_0=c\sin(\gamma_2+\theta_0)\end{cases}$$

上式是以 a、b、c、θ_0 为未知量的非线性方程组。经变换后解得

$$\begin{cases}\tan\theta_0=(\sin\gamma_2\sin\theta)/(\sin\gamma_1-\sin\gamma_2\cos\theta)\\a=(a'-b')/c'\\b=(a'+b')/c'\\c=\sin\theta_0/\sin\gamma_2\end{cases}\tag{5-19}$$

式中，

$$\begin{cases}a'=\cos(\theta+\theta_0)\sin(\gamma_2+\theta_0)\\b'=\sin\gamma_2+\sin\theta_0\cos(\gamma_1+\theta+\theta_0)\\c'=2\sin\gamma_2\cos(\theta+\theta_0)\end{cases}\tag{5-20}$$

计算各相对杆长后，应根据曲柄 AB 与机架共线时的最小传动角是否满足给定条件进行验算。最后计算各杆长绝对值。

（4）按力矩比设计摆块机构

液（气）动传动机构中经常用到摆块机构，这种机构在冶金、矿山、工程机械中得到广泛应用，如翻斗车、挖掘机、升降台等机械中均采用这种机构。如图 5-47 所示的载重汽车中的自卸机构属于此机构。

如图 5-48 所示的摆块机构中的摆块为液压（气）缸，摇杆为执行构件。液压（气）缸中推力 F 为定值，设计中往往要求摆块机构在两极限位置的力矩比 M_1/M_2 为给定值。在远极位时 AC_2 不宜靠近机架 AD，可用推杆 AC 的初位角 $\angle C_2AD=\varphi_0$ 来限制，而摇杆摆角 ψ 为工艺要求给定值。

已知摇杆摆角 ψ，推杆初位角 φ_0，摇杆两极位时由推力 P 输出的摇杆力矩比 $k=M_1/M_2$，试确定机构相对尺寸（$d=1$）b_1、b_2、c。

由于 $M_1=Fc\sin\gamma_1$，$M_2=Fc\sin\gamma_2$ 得到

图 5-47 载重汽车中的自卸机构

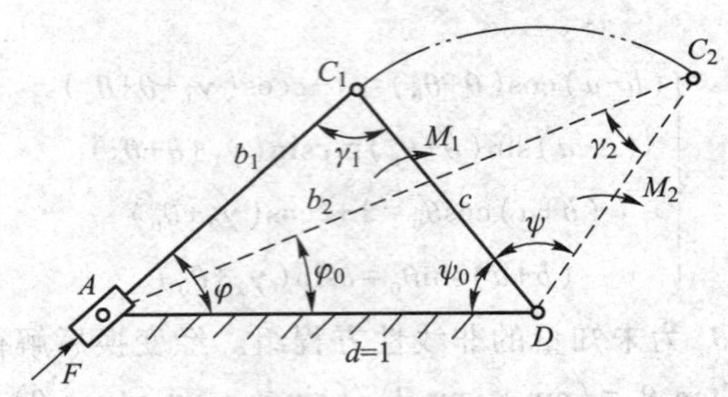

图 5-48 摆块机构

$$k=\sin\gamma_1/\sin\gamma_2 \tag{5-21}$$

在 $\triangle AC_1D$ 和 $\triangle AC_2D$ 中，由正弦定律得

$$\sin\gamma_1=\sin\varphi/c,\quad \sin\gamma_2=\sin\varphi_0/c$$

两式相除得到

$$\sin\varphi=k\sin\varphi_0 \tag{5-22}$$

注意：尽管推杆初位角 φ_0 和摇杆力矩比 k 是根据工艺要求人为确定的。但是，根据式（5-22）知，φ_0、k 间的匹配应满足 $\sin\varphi_0\leqslant 1/k$。

由几何关系得到

$$\gamma_2=\gamma_1+\varphi+\varphi_0-\psi \tag{5-23}$$

将式（5-23）代入式（5-21）得

$$\tan\gamma_1=\frac{k\sin(\varphi-\varphi_0-\psi)}{1-k\cos(\varphi-\varphi_0-\psi)} \tag{5-24}$$

及

$$\psi_0=\pi-(\gamma_1+\varphi) \tag{5-25}$$

由正弦定律得

$$\begin{cases}b_1=\sin\psi_0/\sin\gamma_1\\ b_2=\sin(\psi+\psi_0)/\sin\gamma_2\\ c=\sin\varphi/\sin\gamma_1\end{cases} \tag{5-26}$$

由式（5-22）、式（5-24）计算得 φ、γ_1，再由式（5-23）、式（5-25）计算得 γ_2、ψ_0，然后按式（5-26）计算相对尺寸（$d=1$）b_1、b_2、c。

例 5-9 设计一个带有一个移动副的四杆机构，如图 5-49 所示，实现输入杆 AB 转角 φ_j 与输出滑块 CC'的移动量 S_j 之间的对应关系。已知起始时 φ_0 和 S_0，固定铰链点 A 的坐标（x_A，y_A）。试求：① 分别写出从起始位置到第 j 组对应位置的构件 AB 和滑块的位移矩阵。② 如何得到机构的设计方程？③ 分析该机构最多能够实现多少组精确对应位置关系。④ 如何求出机构的 l_2、l_3、l_4、α 等机构运动参数？

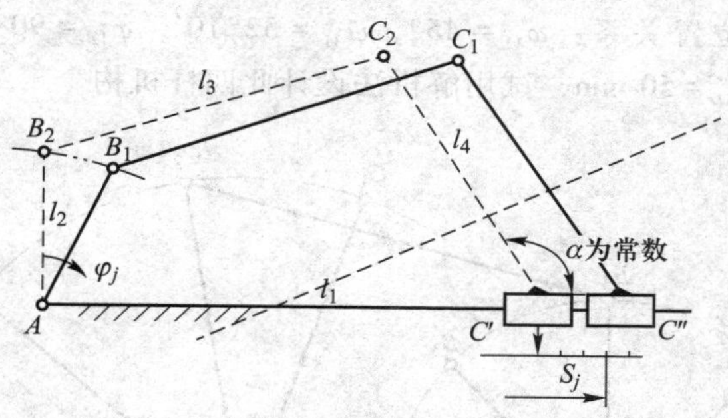

图 5-49 四杆机构

解 已知 x_A、y_A、$x_{C'}=x_A+S_0$，$y_{C'}=y_A$；则设计变量为 x_{B1}、y_{B1}、x_{C1}、y_{C1}。

从起始位置到第 j 组对应位置，构件 AB 和滑块 CC'的位移矩阵分别为

$$[D_{1j}]_{AB}=\begin{bmatrix}\cos\varphi_{1j} & -\sin\varphi_{1j} & x_A(1-\cos\varphi_{1j})+y_A\sin\varphi_{1j}\\ \sin\varphi_{1j} & \cos\varphi_{1j} & y_A(1-\cos\varphi_{1j})-x_A\sin\varphi_{1j}\\ 0 & 0 & 1\end{bmatrix}\quad j=2,3,\cdots$$

$$[D_{1j}]_{CC'}=\begin{bmatrix}1 & 0 & S_j-S_1\\ 0 & 1 & 0\\ 0 & 0 & 1\end{bmatrix}\quad j=2,3,\cdots$$

铰链点 B 和 C 还满足 B、C 之间的距离保持不变的运动约束，为此建立约束方程为

$$(x_{B1}-x_{C1})^2+(y_{B1}-y_{C1})^2=(x_{Bj}-x_{Cj})^2+(y_{Bj}-y_{Cj})^2\quad j=2,3,\cdots$$

式中，铰链点 B 和 C 还满足位移矩阵方程：

$$\begin{bmatrix}x_{Bj}\\ y_{Bj}\\ 1\end{bmatrix}=[D_{1j}]_{AB}\begin{bmatrix}x_{B1}\\ y_{B1}\\ 1\end{bmatrix}\tag{a}$$

$$\begin{bmatrix}x_{Cj}\\ y_{Cj}\\ 1\end{bmatrix}=[D_{1j}]_{CC'}\begin{bmatrix}x_{C1}\\ y_{C1}\\ 1\end{bmatrix}\tag{b}$$

将式（a）和式（b）代入运动约束方程就得到仅含设计变量的方程，从而可求解。

由于有 4 个设计变量，当给定 n 组对应位置时，可以得到 $n-1$ 个方程，所以该机构最多能够实现 5 组精确对应位置关系。

在确定了设计变量为 x_{B1}、y_{B1}、x_{C1}、y_{C1}之后，机构的 l_2、l_3、l_4、α 等机构运动参数分别为

$$l_2=\sqrt{(x_{B1}-x_A)^2+(y_{B1}-y_A)^2}$$

$$l_3=\sqrt{(x_{B1}-x_{C1})^2+(y_{B1}-y_{C1})^2}$$

$$l_4=\sqrt{(x_{C1}-x_{C''})^2+(y_{C1}-y_{C''})^2}$$

$$\alpha=\arctan\frac{y_{C1}-y_{C''}}{x_{C1}-x_{C''}}$$

强化训练题 5-7 图 5-50 所示为用于某操纵装置中的铰链四杆机构，要求其两连架杆满足如下三组对应位置关系：$\varphi_{11}=45°$，$\psi_{31}=52°10'$，$\varphi_{12}=90°$，$\psi_{32}=82°10'$，$\varphi_{13}=135°$，$\psi_{33}=112°10'$；$l_{AD}=50$ mm，试用解析法设计此四杆机构。

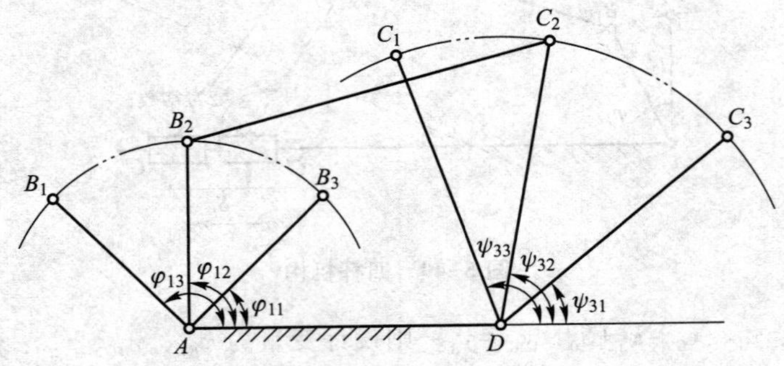

图 5-50 操纵装置中的四杆机构

强化训练题 5-8 如图 5-51 所示，设要求铰链四杆机构近似地实现期望函数 $y=\ln x$，$1\leqslant x\leqslant 2$。试用解析法设计此四杆机构。

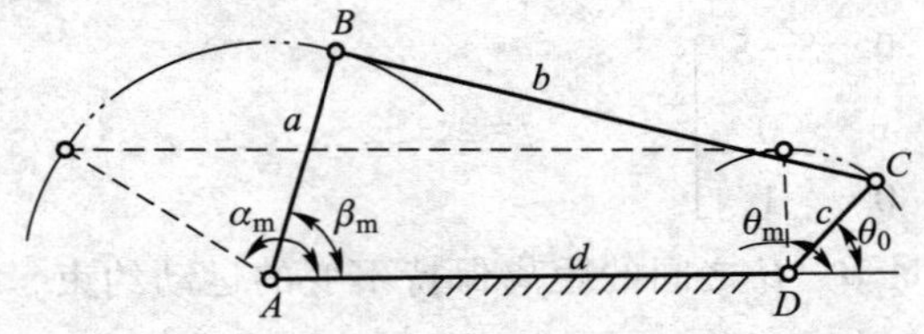

图 5-51 铰链四杆机构设计条件

强化训练题 5-9 已知行程速度变化系数 $K=1.25$，摇杆摆角 $\varphi=32°$，曲柄 $l_{AB}=75$ mm，摇杆 $l_{CD}=290$ mm，试用解析法设计该曲柄摇杆机构，要求最小传动角尽可能大。

练习题

5-1 选择题

1. 当四杆机构处于死点位置时，机构的压力角（　　）。

A. =0°　　B. =90°　　C. =60°　　D. =45°

2. 四杆机构的急回特性是针对主动件作（　）而言的。

A. 等速转动　　B. 等速移动　　C. 变速转动　　D. 变速移动

3. 对曲柄摇杆机构，若曲柄与连杆处于共线位置，当（　　）为原动件时，此时为机构的极限位置。

A. 曲柄　　B. 连杆　　C. 摇杆　　D. 以上都是

4. 对于双摇杆机构，最短构件与最长构件长度之和（　　）大于其他两构件长度之和。

A. 一定　　B. 不一定　　C. 一定不　　D. 以上都是

5. 对曲柄摇杆机构，当以曲柄为原动件且极位夹角（　　）时，机构就具有急回特性。

A. <0　　B. >0　　C. =0　　D. 以上都是

5-2　判断题

1. 平面连杆机构中，至少有一个连杆。（　　）
2. 在曲柄滑块机构中，只要以滑块为原动件，机构必然存在死点。（　　）
3. 平面连杆机构中，极位夹角 θ 越大，K 值越大，急回运动的性质也越显著。（　　）
4. 有死点的机构不能产生运动。（　　）
5. 曲柄摇杆机构中，曲柄为最短杆。（　　）

5-3　填空题

1. 在摆动导杆机构中，若以曲柄为原动件，该机构的压力角________。
2. 某些平面连杆机构具有急回特性。从动件的急回特性一般用________系数表示。
3. 对心曲柄滑块机构________急回特性。
4. 平行四边形机构的极位夹角________，行程速度变化系数________。
5. 曲柄滑块机构，当以________为原动件时，可能存在死点。

5-4　简答题

1. 机构演化有哪几种方式？
2. 什么叫极位夹角？它与机构的急回特性有什么关系？
3. 什么叫连杆机构的压力角、传动角？
4. 什么机构倒置法？反转法是否为机构倒置法？
5. 什么是运动的连续性？运动不连续有哪几种？

5-5　分析题

1. 在题图 5-5-1 所示的铰链四杆机构中，若各杆长度为 $a=150$ mm，$b=500$ mm，$c=300$ mm，$d=400$ mm，试问当取杆 d 为机架时，它为何种类型的机构？

2. 如题图 5-5-2 所示的铰链四杆机构中，已知：$l_{AB}=30$ mm，$l_{BC}=110$ mm，$l_{CD}=80$ mm，$l_{AD}=120$ mm。构件 1 为原动件。试求：（1）判断构件 1 能否成为曲柄；（2）当分别固定构件 1、2、3、4 时，各获得何种机构？

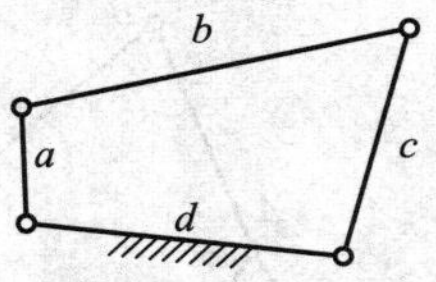

题图 5-5-1

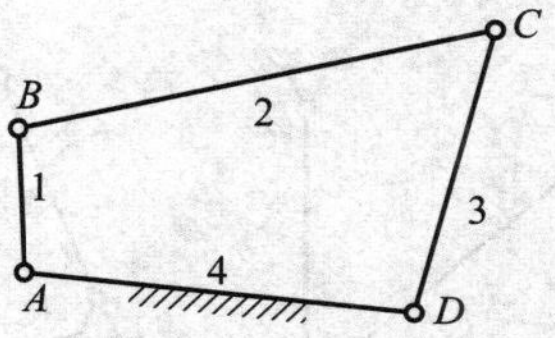

题图 5-5-2

3. 在题图 5-5-3 所示的铰链四杆机构中，已知：$l_{BC}=50$ mm，$l_{CD}=35$ mm，$l_{AD}=30$ mm。试问：（1）若此机构为曲柄摇杆机构，且 AB 杆为曲柄，l_{AB} 的最大值为多少？

(2) 若此机构为双曲柄机构，l_{AB}的最小值为多少？(3) 若此机构为双摇杆机构，l_{AB}应为多少？

4. 在题图 5-5-4 所示的导杆机构中，已知：$l_{AB}=40$ mm，偏距 $e=10$ mm。试问：(1) 欲使它成为曲柄摆动导杆机构，l_{AC}的最小值可为多少？(2) 若 l_{AB}的值不变，但取 $e=0$，且需使它成为曲柄转动导杆机构时，l_{AC}的最大值可为多少？

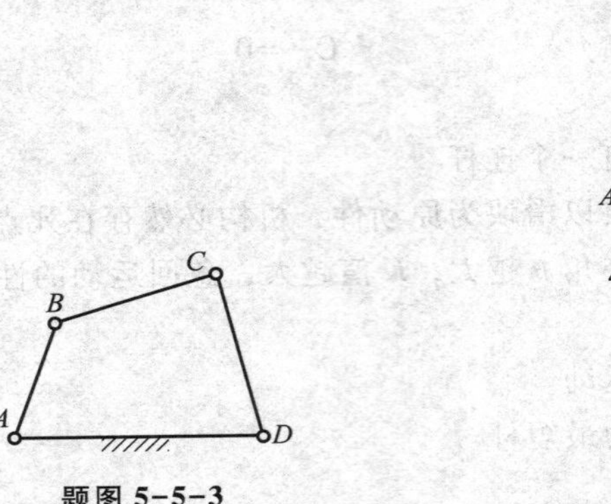

题图 5-5-3　　题图 5-5-4

5. 题图 5-5-5 所示为一偏置曲柄滑块机构，试问：(1) 构件 AB 为曲柄的条件。若偏距 $e=0$，则构件 AB 为曲柄的条件又如何？(2) 在图示机构以曲柄为主动件时，其传动角在何处最大？何处最小？

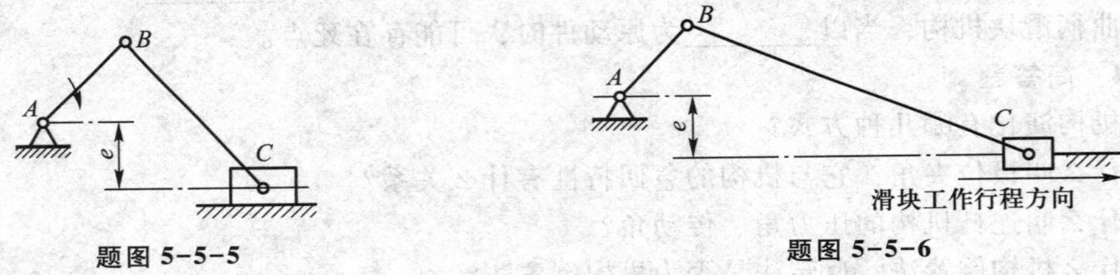

题图 5-5-5　　题图 5-5-6

6. 已知题图 5-5-6 所示的曲柄滑块机构中，$l_{AB}=20$ mm，$l_{BC}=70$ mm，偏距 $e=10$ mm。如果该图是按 $\mu_l=0.001$ m/mm 的比例绘制而成的，试用图解法确定：(1) 滑块的行程长度 H；(2) 极位夹角 θ；(3) 机构出现最小传动角时 $AB'C'$的位置及最小传动角 γ_{min}；(4) 如果该机构用作曲柄压力机，滑块朝右运动是冲压工件的工作过程，请确定曲柄的合理转向和压力效果最好的机构瞬时位置，并说明最大传动角 γ_{max}的大小。

7. 如题图 5-5-7 所示的曲柄摇杆机构中 AD 为机架，AB 为曲柄。当曲柄为主动件时，试求：(1) 在图 a 上画出极位夹角 θ；(2) 设行程速度变化系数为 K，写出 θ 的表达式；

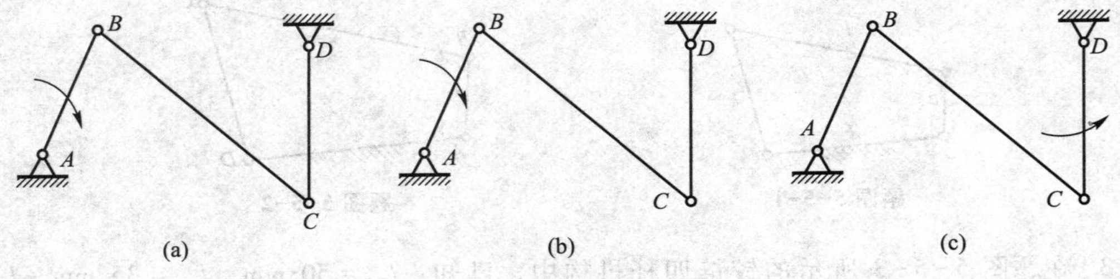

题图 5-5-7

(3) 在图 b 上画出图示机构位置的压力角 α、传动角 γ，并画出机构具有最小传动角处的位置；(4) 当摇杆主动时，在图 c 上画出机构的死点位置。

8. 试用图解法设计一个车厢内可逆座席机构的方案，如题图 5-5-8 所示，使座椅靠背可从图示位置 BC 翻转到位置 $C'B'$，座席尺寸及座席至机架的距离自定，并说明机构名称。

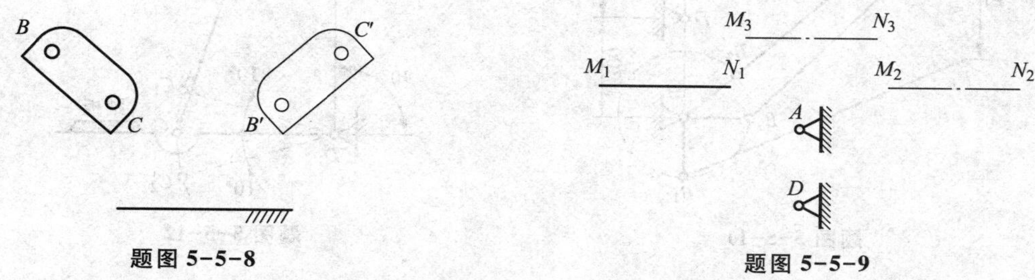

题图 5-5-8　　题图 5-5-9

9. 如题图 5-5-9 所示，某四杆机构连杆上一标线 MN 的三个对应位置和固定铰链 A、D 的位置，试用图解法确定连杆上铰链 B、C 的位置，给出该连杆机构的第一个位置，并说明原动件应采用的转动方向。

10. 题图 5-5-10a 所示为一铰链四杆机构，其连杆上一点 E 的三个位置 E_1、E_2、E_3 位于给定直线上。现指定 E_1、E_2、E_3 和固定铰链中心 A、D 的位置如题图 5-5-10b 所示，并指定长度 $l_{CD}=95$ mm，$l_{EC}=70$ mm。用图解法设计这一机构，并简要说明设计的方法和步骤。

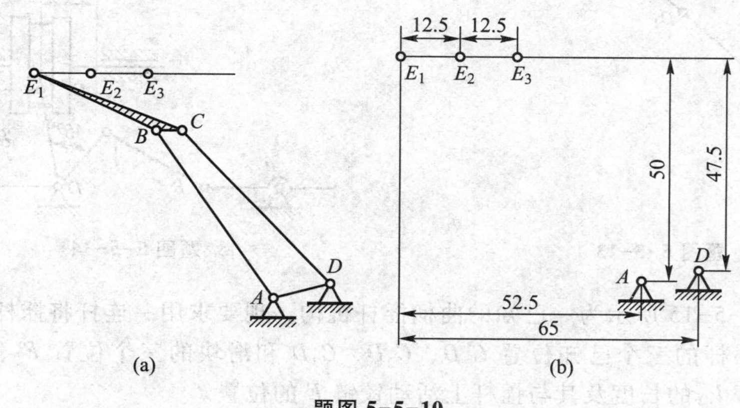

题图 5-5-10

11. 在题图 5-5-11 所示的铰链四杆机构 $ABCD$ 中，连杆 BC 上 P 点的三个位置 P_1、P_2 和 P_3 位于一铅垂线上。已知曲柄长 $l_{AB}=150$ mm，机架 $l_{AD}=300$ mm。其他尺寸如图。试用图解法确定铰链 C 点位置及构件 BC 和 CD 的长度。

12. 设计一脚踏轧棉机的曲柄摇杆机构，如题图 5-5-12 所示。要求踏板 CD 在水平位置上下各摆10°，$l_{CD}=500$ mm，$l_{AD}=1\ 000$ mm。试用图解法求曲柄 AB 和连杆 BC 的长度。

13. 如题图 5-5-13 所示为一飞机起落架机构，实线表示飞机降落时起落架的位置，虚线表示飞机在飞行中的位置。已知 $l_{FC}=520$ mm，$l_{FE}=340$ mm；$\alpha=90°$，$\beta=60°$，$\theta=10°$，试用图解法求出构件 CD 和 DE 的长度 l_{CD} 和 l_{DE}。

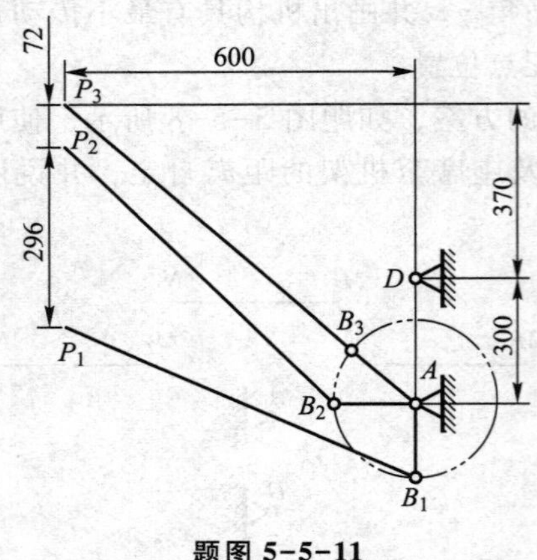

题图 5-5-11

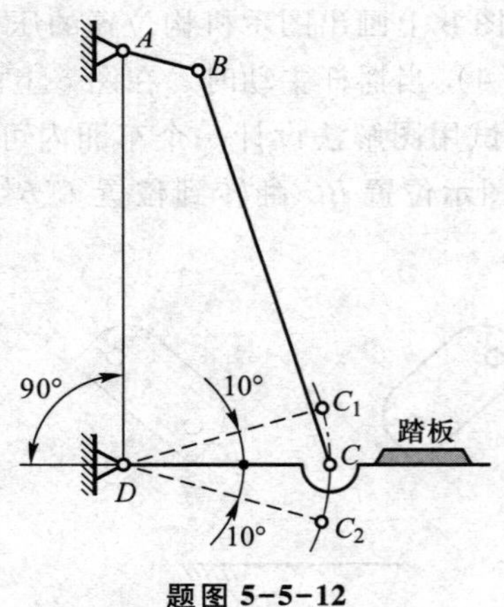

题图 5-5-12

14. 题图 5-5-14 所示为机床变速箱操纵滑动齿轮的操纵机构，已知滑动齿轮行程 $H=60\ \mathrm{mm}$，$l_{AD}=150\ \mathrm{mm}$，$l_{DE}=100\ \mathrm{mm}$，$l_{CD}=60\ \mathrm{mm}$，其相互位置如图所示。当滑动齿轮在行程的另一端时，操纵手柄为竖直方向。试求构件 AB 与 BC 的长度。

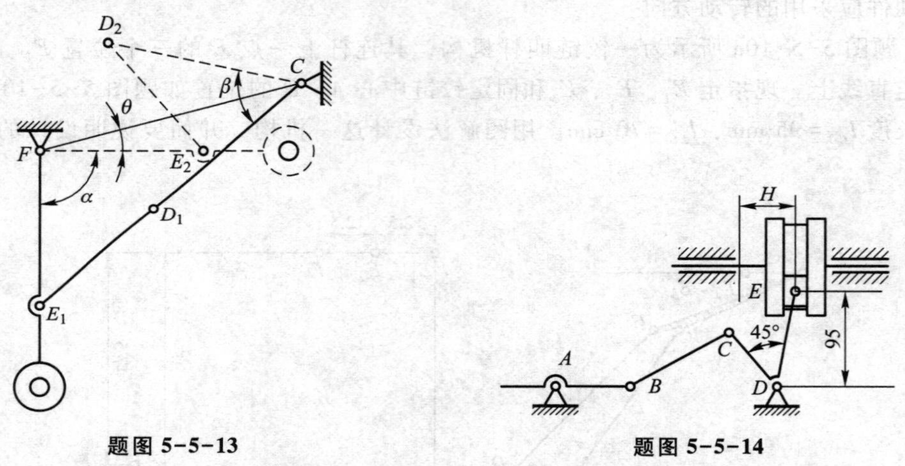

题图 5-5-13 题图 5-5-14

15. 题图 5-5-15 所示为一已知的曲柄摇杆机构，现要求用一连杆将摇杆 CD 和滑块 F 连接起来，使摇杆的三个已知位置 C_1D、C_2D、C_3D 和滑块的三个位置 F_1、F_2、F_3 相对应。试确定连杆 l_{EF} 的长度及其与摇杆上活动铰链 E 的位置。

16. 如题图 5-5-16 所示，已知颚式破碎机的行程速度变化系数 $K=1.4$，颚板长度

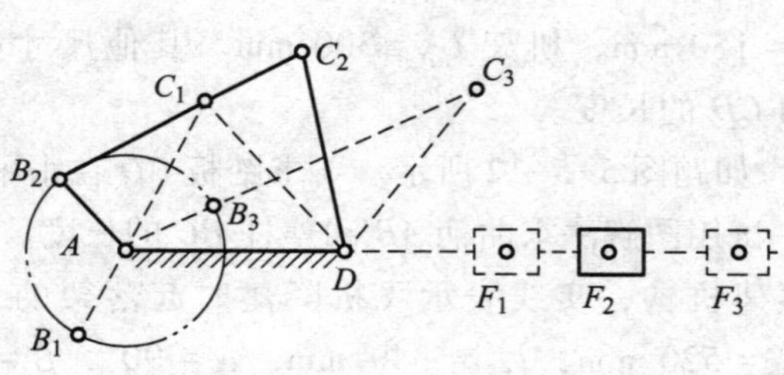

题图 5-5-15

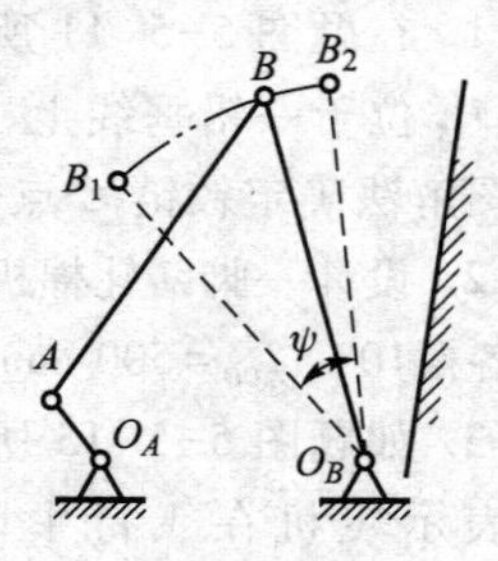

题图 5-5-16

$l_{O_BB}=300$ mm，颚板摆角 $\psi=35°$，颚板在极限位置 O_BB_1 时，铰链 B_1 与 O_A 间的距离 $l_{O_AB_1}=225$ mm。求曲柄 O_AA、连杆 AB 和机架 O_AO_B 的长度。

17. 设计一铰链四杆机构，如题图 5-5-17 所示。已知摇杆的行程速度变化系数 $K=1$，机架长 $l_{AD}=120$ mm，曲柄长 $l_{AB}=20$ mm，且当曲柄 AB 运动到与连杆拉直共线时，曲柄位置 AB_2 与机架的夹角 $\varphi_1=45°$。试用图解法确定摇杆的长度 l_{CD} 及连杆的长度 l_{BC}。

18. 如题图 5-5-18 所示，现欲设计一铰链四杆机构，已知摇杆 CD 的长 $l_{CD}=75$ mm，行程速度变化系数 $K=1.5$，机架 AD 的长度 $l_{AD}=100$ mm，摇杆的一个极限位置与机架间的夹角为 $\psi=45°$。试用图解法求曲柄的长度 l_{AB} 和连杆的长度 l_{BC}（有两组解）。

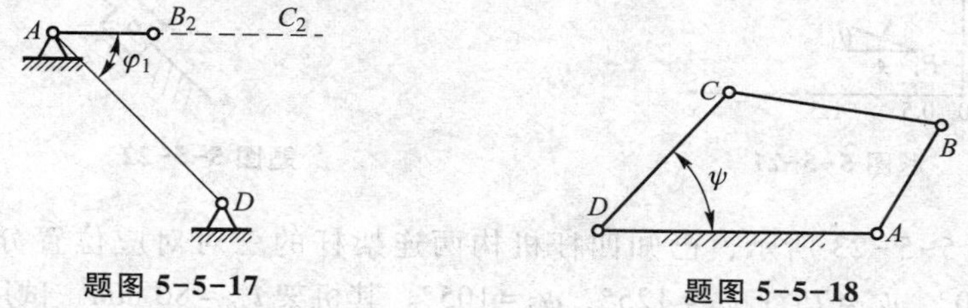

题图 5-5-17　　题图 5-5-18

19. 试用图解法设计一曲柄滑块机构，已知滑块的行程速度变化系数 $K=1.5$，滑块的冲程 $H=50$ mm，偏距 $e=20$ mm，并求其最大压力角 $\alpha_{\max}$。

20. 已知一曲柄摇杆机构，行程速度变化系数 $K=1.2$，摇杆长 $l_{CD}=300$mm，摇杆的摆角 $\psi=35°$，曲柄长 $l_{AB}=80$ mm。试用图解法求曲柄 l_{AB} 连杆 l_{BC} 和机架 l_{CD} 的长度，并验算最小传动角 $\gamma_{\min}$ 是否在允许的范围内。

21. 某曲柄摇杆机构的摇杆两极限位置分别为 $\varphi_1=150°$，$\varphi_2=90°$；$l_{CD}=40$ mm，$l_{AD}=50$ mm，AD 水平；用图解法求 l_{AB}、l_{BC} 及行程速度变化系数 K 和最小传动角 $\gamma_{\min}$。

22. 如题图 5-5-19 所示，已知连杆 BC 的三个位置，试用解析法设计该四杆机构。

23. 如题图 5-5-20 所示，构件 PQ 作平面有限位移，已知构件初位置 $[P_1]=[1\quad 1]^{\mathrm{T}}$，$[Q_1]=[3\quad 1]^{\mathrm{T}}$，若 P 点的另一个位置 $[P_2]=[3\quad 2]^{\mathrm{T}}$ 并相对第一位置转角为 $\theta_2=60°$，试设计此机构。

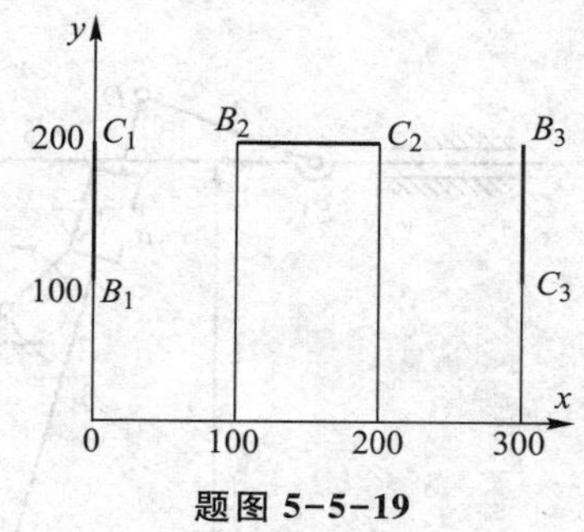

题图 5-5-19

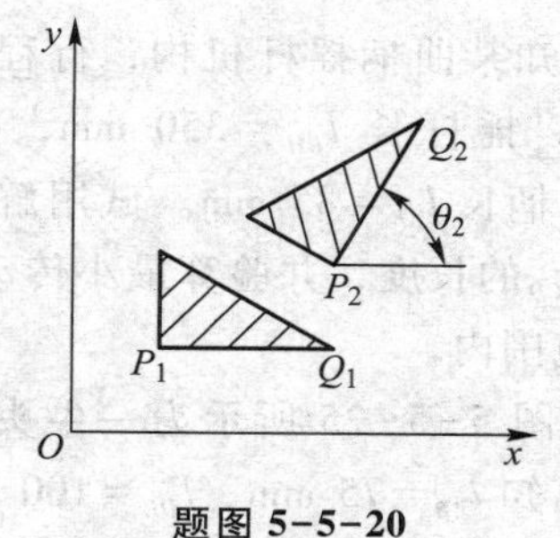

题图 5-5-20

24. 试用解析法设计一个夹紧机构，拟采用全铰链四杆机构 $ABCD$。已知连杆的两个位置如题图 5-5-21 所示：$x_{P1}=0.5$，$y_{P1}=0.5$，$\theta_1=20°$；$x_{P2}=1.5$，$y_{P2}=1.8$，$\theta_2=38°$。连杆到达第二位置时为夹紧位置，即若以 CD 为主动件，则在此位置时，机构应处于死点位置，并且要求此时 C_2D 处于垂直位置。试写出设计方程。

25. 试用解析法设计一曲柄滑块机构，已知固定铰链点 A 的坐标，铰链点 C 的两个位

置 C_1（x_{C1}，y_{C1}），C_2（x_{C2}，y_{C2}）以及曲柄上标线 AB 的两个对应位置 φ_1、φ_2 如题图 5-5-22 所示。（1）写出设计方程；（2）说明设计方程的求解步骤；（3）说明应检验的条件，若不满足设计要求应如何改进设计。

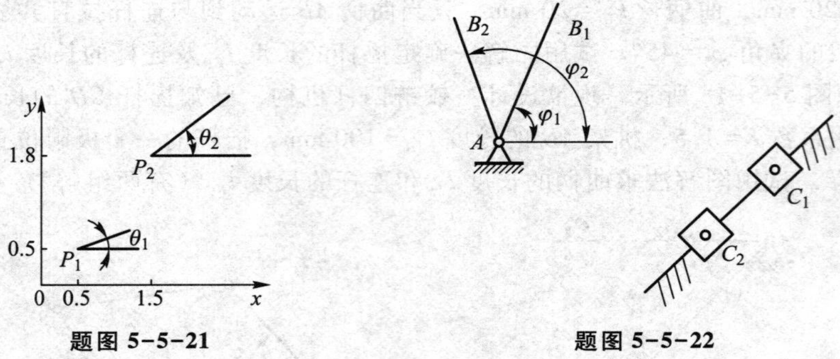

题图 5-5-21　　题图 5-5-22

26. 如题图 5-5-23 所示，已知四杆机构两连架杆的三对对应位置分别为 $\varphi_1=35°$，$\psi_1=50°$；$\varphi_2=80°$，$\psi_2=75°$；$\varphi_3=125°$，$\psi_3=105°$。其机架 $l_{AD}=80$ mm。试用解析法设计此四杆机构。

27. 如题图 5-5-24 所示，已知滑块和摇杆的对应位置分别是 $s_1=40$ mm，$\phi_1=60°$；$s_2=30$ mm，$\phi_2=90°$；$s_3=20$ mm，$\phi_3=120°$。试用解析法确定机构各构件的长度和偏心距 e。

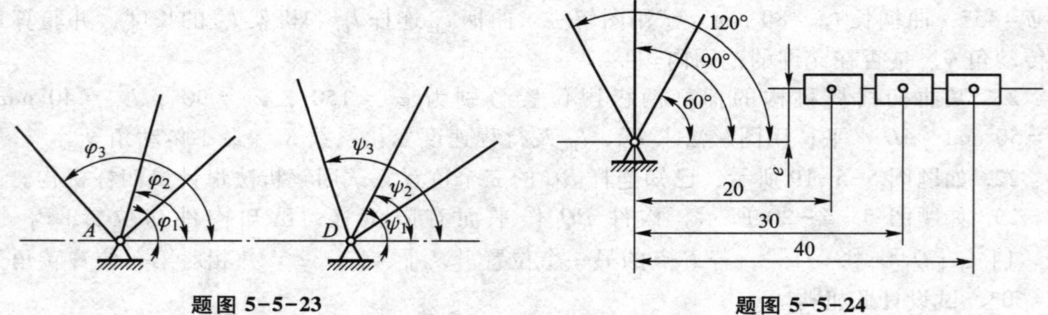

题图 5-5-23　　题图 5-5-24

28. 已知某曲柄摇杆机构，行程速度变化系数 $K=1.5$，摇杆长 $l_{CD}=350$ mm，摇杆的摆角 $\psi=40°$，曲柄长 $l_{AB}=85$ mm。试用解析法求连杆 l_{BC} 和机架 l_{CD} 的长度，并验算最小传动角 $\gamma_{\min}$ 是否在允许的范围内。

29. 题图 5-5-25 所示为一牛头刨床的主传动机构，已知 $l_{AB}=75$ mm，$l_{DE}=100$ mm，行程速度变化系数 $K=2$，刨头 5 的行程 $H=300$ mm，要求在整个行程中，推动刨头 5 有较小的压力角，试用解析法设计此机构（即求 l_{CD} 和 h）。

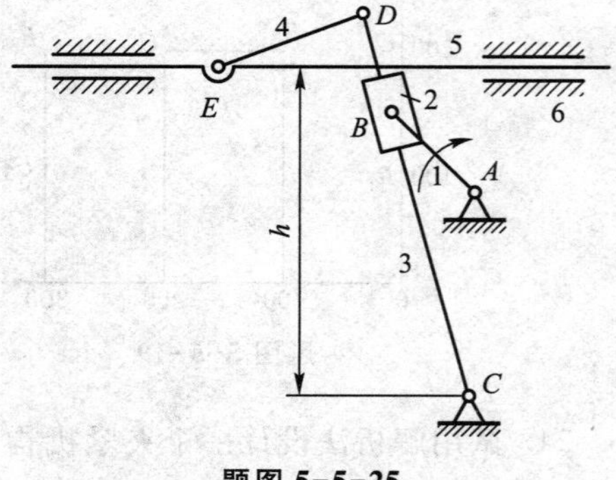

题图 5-5-25

第六章　凸轮机构设计

本章学习任务：凸轮机构的基本知识、凸轮机构从动件的运动规律、凸轮轮廓曲线的设计、凸轮机构基本尺寸的设计。

驱动项目的任务安排：完成项目中的凸轮机构的具体设计。

6.1　凸轮机构的基本知识

1）基圆　以凸轮的回转中心为圆心、凸轮轮廓的最小向径（即凸轮最小半径）为半径所作的圆，称为凸轮的基圆，基圆半径通常用 r_b 表示，如图 6-1 所示。基圆是设计凸轮轮廓曲线的基准。

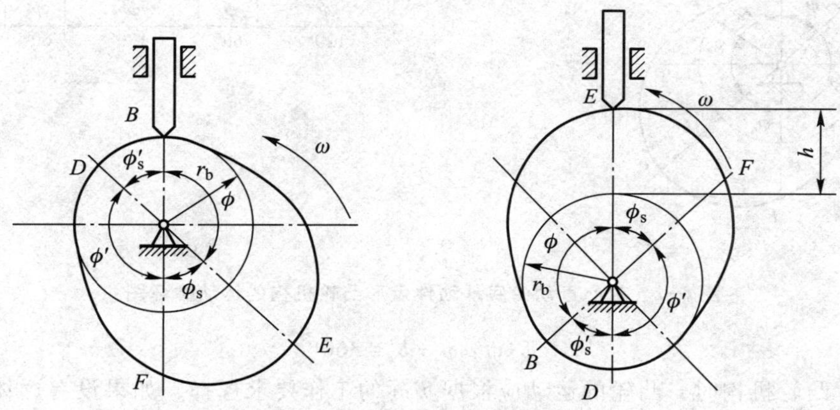

图 6-1　凸轮机构的部分基本术语

2）推程　从动件从距凸轮回转中心的最近点向最远点运动的过程。

3）回程　从动件从距凸轮回转中心的最远点向最近点运动的过程。

4）行程　从动件从距凸轮回转中心的最近点运动到最远点所通过的距离，或从最远点回到最近点所通过的距离。行程是指从动件的最大运动距离，常用 h 来表示。

5）凸轮转角　凸轮绕回转中心转过的角度，称为凸轮转角，用 φ 表示。

6）推程运动角　从动件从距凸轮回转中心的最近点运动到最远点时，对应凸轮所转过的角度称为推程运动角，用 ϕ 表示。

7）回程运动角　从动件从距凸轮回转中心的最远点运动到最近点时，对应凸轮所转过的角度称为回程运动角，用 ϕ'表示。

8）远休止角　从动件在距凸轮回转中心的最远点静止不动时，对应凸轮所转过的角度称为远休止角，用 ϕ_s 表示。

9）近休止角　从动件在距凸轮回转中心的最近点静止不动时，对应凸轮所转过的角度称为近休止角，用 ϕ'_s表示。

10）从动件的位移　凸轮转过转角 φ 时，从动件所运动的距离称为从动件的位移。位移 s 从距凸轮回转中心的最近点开始度量。对于摆动从动件，其位移为角位移，只需把直动从动件的运动参数转化为相应的摆动运动参数即可。

图 6-2 所示为对心直动尖底从动件盘形凸轮机构的运动循环图。随着凸轮的转动，从动件逐渐升高，当升高到最高点时，推程运动角为 $\phi=\angle BOE$。凸轮升高到最高点后，凸轮远休止轮廓线 EF 段为圆弧，其远休止角为 $\phi_s=\angle EOF$。从点 F 开始，随着凸轮的继续转动，从动件开始下降，当下降到最低点时，回程运动角为 $\phi'=\angle FOD$，凸轮从 D 点继续转到 B 点时，从动件在最低位置静止不动，DB 段的凸轮转角为近休止角 $\phi'_s=\angle DOB$。显然，在一个运动循环中，推程运动角、远休止角、回程运动角和近休止角之间应该满足以下关系：

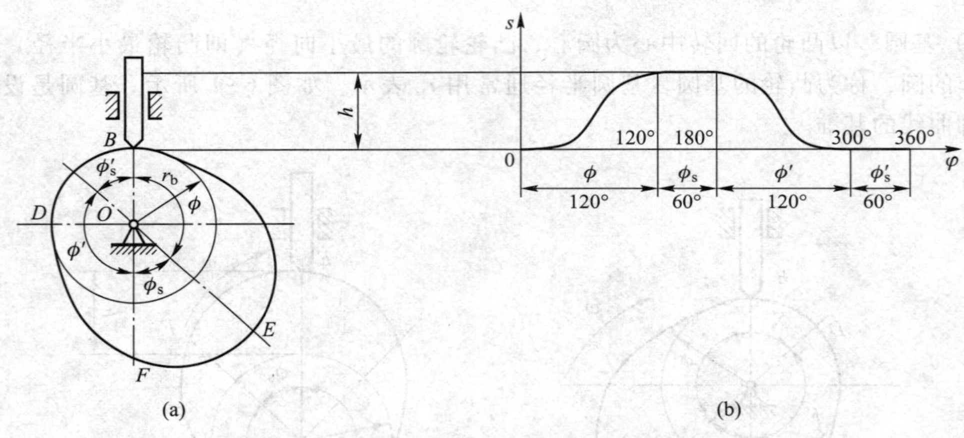

图 6-2　对心直动尖底从动件盘形凸轮机构的运动循环图

$$\phi+\phi'+\phi_s+\phi'_s=360°$$

在设计凸轮机构时，凸轮的运动应根据实际的工作要求选择，如果没有远休止和近休止过程，则其远休止角和近休止角均等于零。

例 6-1　如图 6-3a 中的凸轮机构，试求：① 写出该凸轮机构的名称；② 画出凸轮的基圆；③ 标出从升程开始到图示位置时推杆的位移 s 及相对应的凸轮转角 φ；④ 标出推杆的行程 H。

解　① 偏置直动尖底推杆盘形凸轮机构。

② 如图 6-3b 所示，以转动中心 A 为圆心、以 AB_0（B_0 为轮廓线上离转动中心 A 最近的点）为半径画圆得基圆，其半径为 r_b。

③ 如图 6-3b 所示，B_0 点即为推杆推程的起点，图示位置时推杆的位移和相应的凸轮转角分别为 s、φ。

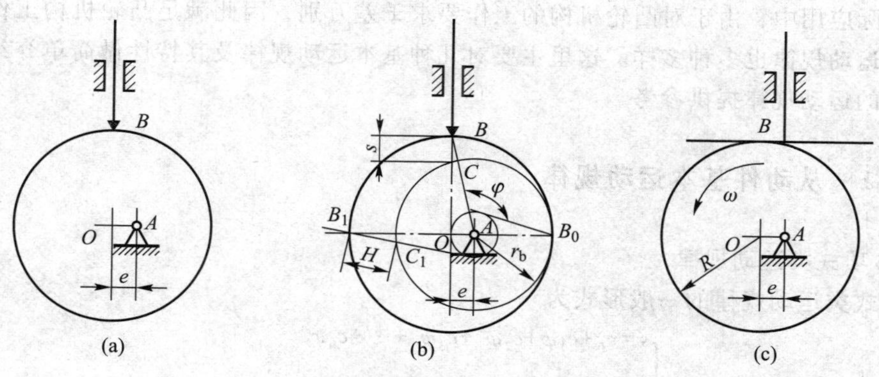

图 6-3 凸轮机构（例 6-1）

④ 如图 6-3b 所示，AO 连线与凸轮轮廓线的另一交点 B_1，过 B_1 作偏距圆的切线交基圆于 C_1 点，因此 B_1C_1 为行程 H。

强化训练题 6-1 已知图 6-3c 所示的直动平底推杆盘形凸轮机构，凸轮为 $R=30$ mm 的偏心圆盘，$e=20$ mm，试求：（1）基圆半径和升程；（2）推程运动角、回程运动角、远休止角和近休止角。

6.2 从动件的运动规律

在凸轮机构中，从动件的运动通常就是凸轮机构的输出运动，其规律与特性会直接影响整个凸轮机构的运动学、动力学、精度等特性。而且，凸轮的轮廓曲线形状也取决于从动件的运动规律。因此，根据实际的工作要求，正确地选择和设计从动件的运动规律，是凸轮机构设计的一项重要内容。

从动件的运动规律是指从动件的位移 s、速度 v、加速度 a 与凸轮转角 φ（或时间 t）之间的函数关系，可以用方程表示，也可以用线图表示。从动件运动规律的一般方程表达式为：$s=s(\varphi)$，$v=v(\varphi)$，$a=a(\varphi)$。而从动件的位移、速度和加速度与凸轮转角（或时间）之间的关系曲线分别称为从动件的位移曲线、速度曲线和加速度曲线，统称为从动件的运动规律线图。

凸轮机构中的凸轮一般为原动件，且作匀速回转运动。设凸轮的角速度为 ω，则从动件的位移、速度和加速度与凸轮转角之间的关系为

$$\begin{cases} s=s(\varphi) \\ v=\dfrac{ds}{dt}=\dfrac{ds}{d\varphi}\dfrac{d\varphi}{dt}=\omega\dfrac{ds}{d\varphi} \\ a=\dfrac{d^2s}{dt^2}=\dfrac{dv}{dt}=\dfrac{dv}{d\varphi}\dfrac{d\varphi}{dt}=\omega^2\dfrac{d^2s}{d\varphi^2} \end{cases} \tag{6-1}$$

对于摆动从动件，上述公式同样成立，只需把公式中的位移、速度和加速度替换为角位移、角速度和角加速度即可。

在实际应用中，由于对凸轮机构的工作要求千差万别，因此满足凸轮机构工作要求的从动件的运动规律也多种多样。这里主要对几种基本运动规律及其特性做简单介绍，为设计从动件的运动规律提供参考。

6.2.1 从动件基本运动规律

1. 多项式类运动规律

多项式类运动规律的一般形式为

$$\begin{cases} s=c_0+c_1\varphi+c_2\varphi^2+c_3\varphi^3+\cdots+c_n\varphi^n \\ v=\omega(c_1+2c_2\varphi+3c_3\varphi^2+\cdots+nc_n\varphi^{n-1}) \\ a=\omega^2[2c_2+6c_3\varphi+\cdots+n(n-1)c_n\varphi^{n-2}] \end{cases} \tag{6-2}$$

式中，c_0，c_1，c_2，…，c_n 为待定系数，可根据凸轮机构工作要求所决定的边界条件确定。

（1）一次多项式运动规律（等速运动规律）

在上述多项式运动规律中，如果 $n=1$，则有

$$\begin{cases} s=c_0+c_1\varphi \\ v=c_1\omega \\ a=0 \end{cases} \tag{6-3}$$

在推程阶段，$\varphi\in[0,\ \phi]$，则根据边界条件（当 $\varphi=0$ 时，$s=0$；当 $\varphi=\phi$ 时，$s=h$），即可解出待定常数：$c_0=h$，$c_1=h/\phi$。将 c_0、c_1 代入式（6-3）中并整理，即可得到从动件在推程时的运动方程：

$$\begin{cases} s=\dfrac{h}{\phi}\varphi \\ v=\dfrac{h}{\phi}\omega \\ a=0 \end{cases} \tag{6-4}$$

在回程阶段，$\varphi\in[0,\ \phi']$，则根据边界条件（当 $\varphi=0$ 时，$s=h$；当 $\varphi=\phi'$时，$s=0$），即可解出待定常数：$c_0=0$，$c_1=-h/\phi'$。将 c_0、c_1 代入式（6-3）中并整理，即可得到从动件在推程时的运动方程：

$$\begin{cases} s=h-\dfrac{h}{\phi'}\varphi \\ v=-\dfrac{h}{\phi'}\omega \\ a=0 \end{cases} \tag{6-5}$$

由上式可以看出，对于多项式类运动规律，当 $n=1$ 时，从动件按等速运动规律运动。因此，一次多项式运动规律也称为**等速运动规律**，其位移为凸轮转角的一次函数，位移曲线为一条斜直线。从动件按等速运动规律运动时的位移、速度、加速度相对于凸轮转角的变化规律线图如图 6-4 所示。由图可以看出，在行程的起点与终点处，由于速度发生突变，加速度在理论上趋于无穷大，从而在从动件上产生非常大的惯性力冲击，这种冲击称为**刚性冲击**。所以，等速运动规律常用于从动件具有等速运动要求、从动件的质量不大或低速场合。

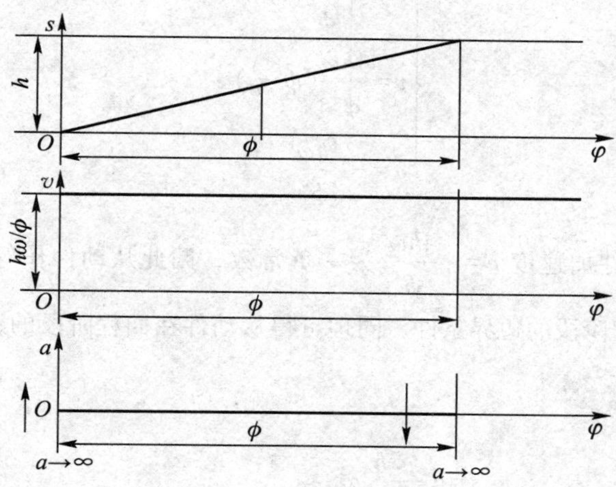

图 6-4 等速运动规律

此外，为了避免等速运动规律在行程的起点和终点所产生的刚性冲击现象，通常可对行程的起点与终点的运动规律进行必要的修正。

（2）二次多项式运动规律（等加速等减速运动规律）

在多项式运动规律中，令 $n=2$，则有

$$\begin{cases}s=c_0+c_1\varphi+c_2\varphi^2\\v=\omega(c_1+2c_2\varphi)\\a=2c_2\omega^2\end{cases}\tag{6-6}$$

由式（6-6）可见，这时从动件的加速度为常数，为保证凸轮机构运动的平稳性，通常使从动件先作加速运动，后作减速运动，设加速段与减速段各占推程的一半，在推程前半阶段，$\varphi\in[0,\ \phi/2]$，其边界条件为：当 $\varphi=0$ 时，$s=0$，$v=0$；当 $\varphi=\phi/2$ 时，$s=h/2$。将其代入式（6-6）即可解出待定常数：$c_0=0$，$c_1=0$，$c_2=2h/\phi^2$。再将 c_0、c_1、c_2 代入式（6-6）并整理，即可得到从动件在推程前半阶段的运动方程：

$$\begin{cases}s=\dfrac{2h}{\phi^2}\varphi^2\\v=\dfrac{4h\omega}{\phi^2}\varphi\\a=\dfrac{4h\omega^2}{\phi^2}\end{cases}\tag{6-7}$$

在前半推程中，从动件的加速度 $a=\dfrac{4h\omega^2}{\phi^2}$为常数，因此从动件作**等加速运动**。

在推程后半阶段，$\varphi\in[\phi/2,\ \phi]$，其边界条件为：当 $\varphi=\phi/2$ 时，$s=h/2$，$v=2h\omega/\phi$；当 $\varphi=\phi$ 时，$s=h$，$v=0$。将其代入式（6-6）即可解出待定常数：$c_0=-h$，$c_1=4h/\phi$，$c_2=-2h/\phi^2$。将 c_0、c_1、c_2 代入式（6-6）并整理，即可得到从动件在推程后半阶段的运动方程：

$$\begin{cases} s=h-\dfrac{2h}{\phi^{2}}(\phi-\varphi)^{2} \\ v=\dfrac{4h\omega}{\phi^{2}}(\phi-\varphi) \\ a=-\dfrac{4h\omega^{2}}{\phi^{2}} \end{cases} \tag{6-8}$$

在该阶段，从动件加速度 $a=-\dfrac{4h\omega^{2}}{\phi^{2}}$ 为一负常数，因此从动件作等减速运动。

根据从动件在回程阶段的边界条件，同理可得从动件在回程阶段的运动方程如式（6-9）、式（6-10）所示。

等加速阶段：

$$\begin{cases} s=h-\dfrac{2h}{\phi'^{2}}\varphi^{2} \\ v=-\dfrac{4h\omega}{\phi'^{2}}\varphi \qquad \left(\varphi=\left[0,\ \dfrac{\phi'}{2}\right]\right) \\ a=-\dfrac{4h\omega^{2}}{\phi'^{2}} \end{cases} \tag{6-9}$$

等减速阶段：

$$\begin{cases} s=\dfrac{2h}{\phi'^{2}}(\phi'-\varphi)^{2} \\ v=-\dfrac{4h\omega}{\phi'^{2}}(\phi'-\varphi) \qquad \left(\varphi=\left[\dfrac{\phi'}{2},\ \phi'\right]\right) \\ a=\dfrac{4h\omega^{2}}{\phi'^{2}} \end{cases} \tag{6-10}$$

对于多项式类运动规律，当 $n=2$ 时，从动件按等加速等减速运动规律运动。因此，二次多项式运动规律也称为等加速等减速运动规律，其位移为凸轮转角的二次函数，位移曲线为抛物线。从动件按等加速等减速运动规律运动时的位移、速度、加速度相对于凸轮转角的变化规律如图 6-5 所示。

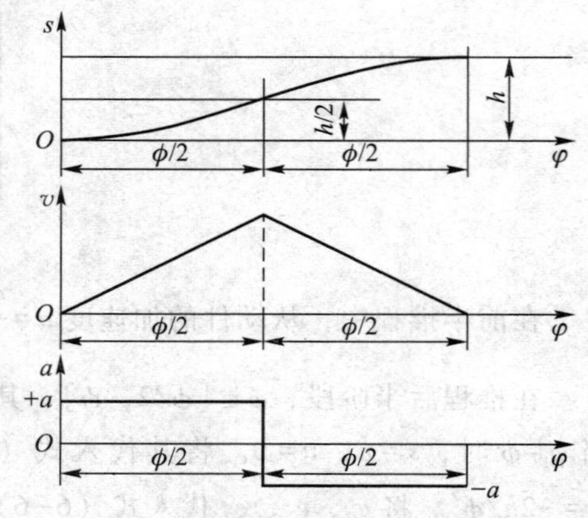

图 6-5 等加速等减速运动线图

由加速度线图可以看出，在行程的起点、中点和终点处，由于其加速度发生突变，因而在从动件上产生的惯性力也发生突变，也会引起凸轮机构产生冲击。然而，由于加速度的突变为一有限值，所引起的惯性力突变也是有限值，对凸轮机构的冲击也是有限的，因此这种冲击称为**柔性冲击**。

（3）五次多项式运动规律

在多项式类运动规律的一般形式中，令 $n=5$，

则此时从动件的运动规律为

$$\begin{cases}s=c_0+c_1\varphi+c_2\varphi^2+c_3\varphi^3+c_4\varphi^4+c_5\varphi^5\\ v=\omega(c_1+2c_2\varphi+3c_3\varphi^2+4c_4\varphi^3+5c_5\varphi^4)\\ a=\omega^2(2c_2+6c_3\varphi+12c_4\varphi^2+20c_5\varphi^3)\end{cases}\tag{6-11}$$

在推程阶段，$\varphi\in[0,\ \phi]$，其边界条件为：当 $\varphi=0$ 时，$s=0$，$v=0$，$a=0$；当 $\varphi=\phi$ 时，$s=h$，$v=0$，$a=0$，将其代入式（6-11）即可解出待定常数：$c_0=c_1=0$，$c_3=10h/\phi^3$，$c_4=-15h/\phi^4$，$c_5=6h/\phi^5$。将 c_0、c_1、c_2、c_3、c_4、c_5 代入式（6-11）中并整理，即可得到从动件在推程阶段的运动方程：

$$\begin{cases}s=h\left(\dfrac{10}{\phi^3}\varphi^3-\dfrac{15}{\phi^4}\varphi^4+\dfrac{6}{\phi^5}\varphi^5\right)\\ v=h\omega\left(\dfrac{30}{\phi^3}\varphi^2-\dfrac{60}{\phi^4}\varphi^3+\dfrac{30}{\phi^5}\varphi^4\right)\\ a=h\omega^2\left(\dfrac{60}{\phi^3}\varphi-\dfrac{180}{\phi^4}\varphi^2+\dfrac{120}{\phi^5}\varphi^3\right)\end{cases}\tag{6-12}$$

同理可得从动件在回程阶段的运动方程：

$$\begin{cases}s=h-h\left(\dfrac{10}{\phi'^3}\varphi^3-\dfrac{15}{\phi'^4}\varphi^4+\dfrac{6}{\phi'^5}\varphi^5\right)\\ v=-h\omega\left(\dfrac{30}{\phi'^3}\varphi^2-\dfrac{60}{\phi'^4}\varphi^3+\dfrac{30}{\phi'^5}\varphi^4\right)\\ a=-h\omega^2\left(\dfrac{60}{\phi'^3}\varphi-\dfrac{180}{\phi'^4}\varphi^2+\dfrac{120}{\phi'^5}\varphi^3\right)\end{cases}\tag{6-13}$$

从动件按照五次多项式运动规律运动时的位移、速度和加速度对凸轮转角的变化规律线图如图 6-6 所示。由加速度线图可以看出，五次多项式运动规律的加速度曲线是连续曲线，因此既不存在刚性冲击，也不存在柔性冲击，运动平稳性好，适用于高速中载场合。

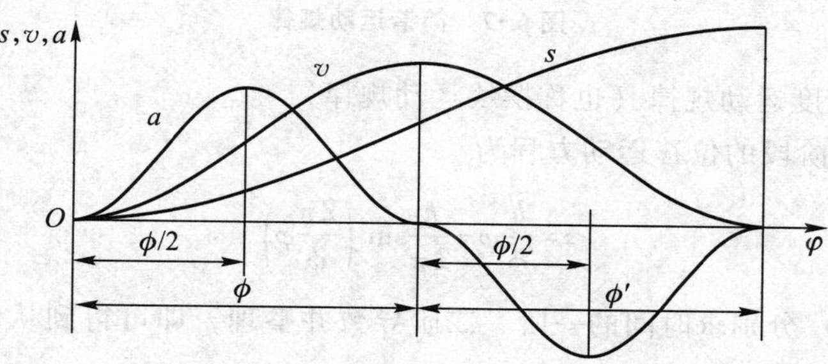

图 6-6　五项式运动线图

2. 三角函数类运动规律

三角函数类运动规律是指从动件的加速度按余弦规律或正弦规律变化。

(1) 余弦加速度运动规律（又称简谐运动规律）

从动件在推程阶段的位移运动方程为

$$s=\frac{h}{2}-\frac{h}{2}\cos\left(\frac{\pi}{\phi}\varphi\right) \tag{6-14a}$$

对上式分别求时间的一阶、二阶导数并整理，即可得到从动件在推程阶段的速度和加速度运动方程：

$$v=\frac{\pi h\omega}{2\phi}\sin\left(\frac{\pi}{\phi}\varphi\right) \tag{6-14b}$$

$$a=\frac{\pi^2 h\omega^2}{2\phi^2}\cos\left(\frac{\pi}{\phi}\varphi\right) \tag{6-14c}$$

同理可得，从动件在回程阶段的运动方程为

$$\begin{cases} s=\dfrac{h}{2}+\dfrac{h}{2}\cos\left(\dfrac{\pi}{\phi}\varphi\right) \\ v=\dfrac{-\pi h\omega}{2\phi'}\sin\left(\dfrac{\pi}{\phi'}\varphi\right) \\ a=-\dfrac{\pi^2 h\omega^2}{2\phi'^2}\cos\left(\dfrac{\pi}{\phi'}\varphi\right) \end{cases} \tag{6-15}$$

推程时从动件的位移、速度与加速度相对于凸轮转角的变化规律线图如图 6-7 所示。可以看出，当从动件以余弦加速度运动规律运动时，加速度在行程的起点和终点处存在有限突变，故会产生柔性冲击，一般应用在中低速场合。

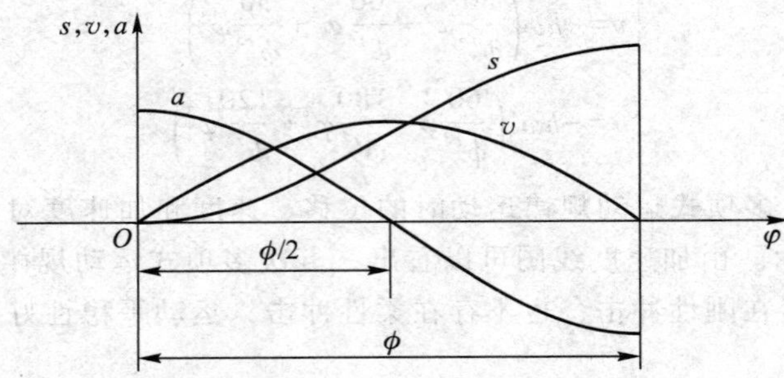

图 6-7 简谐运动规律

（2）正弦加速度运动规律（也称摆线运动规律）

从动件在推程阶段的位移运动方程为

$$s=\frac{h}{\phi}\varphi-\frac{h}{2\pi}\sin\left(\frac{2\pi}{\phi}\varphi\right) \tag{6-16a}$$

对式（6-16a）分别求时间的一阶、二阶导数并整理，即可得到从动件在推程阶段的速度和加速度运动方程：

$$v=\frac{h}{\phi}\omega-\frac{h\omega}{\phi}\cos\left(\frac{2\pi}{\phi}\varphi\right) \tag{6-16b}$$

$$a=\frac{2\pi h\omega^2}{\phi^2}\sin\left(\frac{2\pi}{\phi}\varphi\right) \tag{6-16c}$$

同理可得，从动件在回程阶段的运动方程为

$$\begin{cases} s=h-\dfrac{h}{\phi'}\varphi+\dfrac{h}{2\pi}\sin\left(\dfrac{2\pi}{\phi'}\varphi\right) \\ v=-\left[\dfrac{h}{\phi'}\omega-\dfrac{h\omega}{\phi'}\cos\left(\dfrac{2\pi}{\phi'}\varphi\right)\right] \\ a=-\dfrac{2\pi h\omega^2}{\phi'^2}\sin\left(\dfrac{2\pi}{\phi'}\varphi\right) \end{cases} \tag{6-17}$$

从动件的位移、速度与加速度相对于凸轮转角的变化规律线图如图 6-8 所示。可以看出，当从动件以正弦加速度运动规律运动时，速度和加速度均无突变，故凸轮机构在运动中不会产生冲击，适用于中、高速场合。

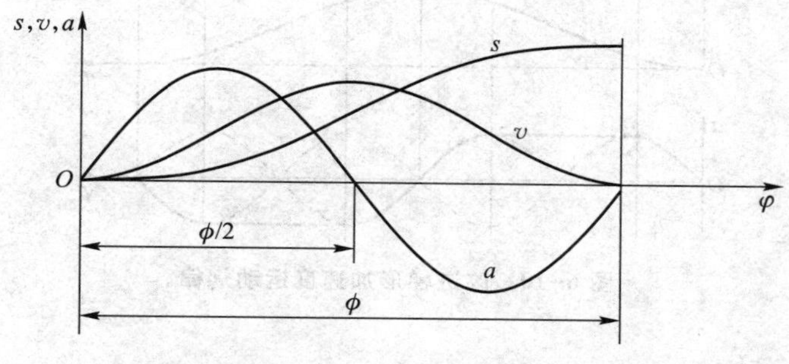

图 6-8 摆线运动规律

6.2.2 组合型运动规律

在实际应用中，除了选用上面介绍的几种基本运动规律外，还可以选择其他类型的运动规律，也可以将几种不同的基本运动规律组合起来，形成新的组合型运动规律，可以改善凸轮机构的运动和动力特性，以满足工程实际中的多样化要求。

1. 运动规律的组合原则

1）按凸轮机构的工作要求选择一种基本运动规律作为主体运动规律，然后用其他运动规律与之组合，通过优化对比，寻求最佳的组合形式。

2）在行程的起点和终点处，有较好的边界条件。

3）在运动规律的连接点处，根据不同的使用要求，应满足位移、速度、加速度甚至是更高一阶导数的连续条件，以减少或避免冲击。

4）各段运动规律要有较好的动力特性。

2. 组合型运动规律举例

例如要求从动件作等速运动，但在行程的起点和终点处应能够避免任何形式的冲击。这里以等速运动规律为主体，在行程的起点和终点处可用摆线运动规律或五次多项式运动规律来组合。图 6-9 所示为等速运动规律与五次多项式运动规律的组合。改进后，等速运动（AB）段与原直线的斜率相比略有变化，其速度也存在一些变化，但对运动影响不大。

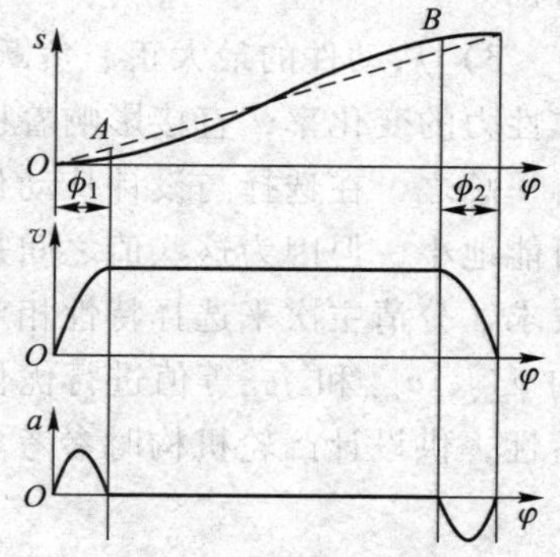

图 6-9 改进等速运动规律

又例如要消除等加速等减速运动规律中的柔性冲击，可用如图 6-10 所示的改进等加速等减速运动规律线图，OA、BC、CD、EF 段的加速度曲线均为 1/4 正弦波，周期为 $\varphi/2$。这种运动规律也称为改进梯形加速度运动规律，具有最大加速度小、连续性和动力特性好等特点，适用于高速场合。

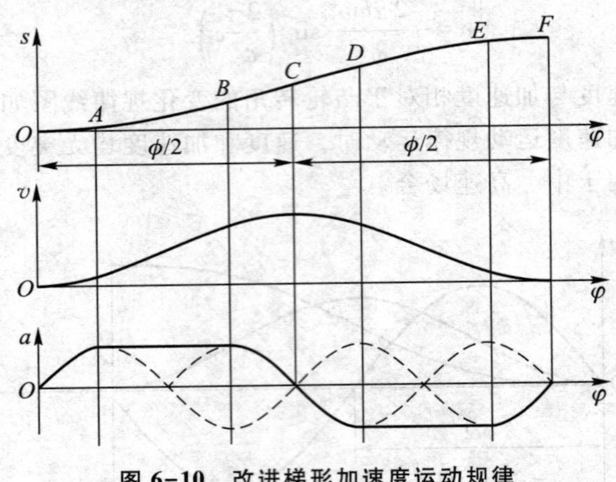

图 6-10　改进梯形加速度运动规律

6.2.3　从动件运动规律的选择与设计原则

选择与设计从动件的运动规律是凸轮机构设计的一项重要内容。在进行运动规律的选择与设计时，不但要考虑凸轮机构的实际工作要求，还要考虑凸轮机构的工作速度和载荷的大小、从动件系统的质量、动力特性以及加工制造等因素。具体地讲，主要需要注意以下几点：

1）从动件的最大速度 v_{max} 应尽量小。v_{max} 越大，则最大动量 mv_{max} 越大，特别是当从动件系统的质量 m 较大时，过大的动量会导致凸轮机构引起极大的冲击力，因此应该限制从动件的最大速度 v_{max}。

2）从动件的最大正、负加速度 $|^{+}_{-}a_{max}|$ 应尽量小。由于从动件的惯性力 $F=-ma$，因此 $|^{+}_{-}a_{max}|$ 越大，机构的惯性力就越大。特别是对于高速凸轮，应该限制最大加速度 $|^{+}_{-}a_{max}|$，以减小机构惯性力的危害，而且对提高凸轮机构的动力性能也有很大的帮助。

3）从动件的最大正、负跃度 $|^{+}_{-}j_{max}|$ 应尽量小。跃度是加速度的一阶导数，它反映了惯性力的变化率，直接影响着机构的振动和运动平稳性，因此跃度越小越好。

总之，在选择与设计从动件的运动规律时，一般都希望 v_{max}、$|^{+}_{-}a_{max}|$ 和 $|^{+}_{-}j_{max}|$ 等值尽可能地小，但因为这些值之间是互相制约的，往往是此抑彼长。一般需要根据实际的工作要求，分清主次来选择特性相对比较理想的运动规律曲线。必要时，可对从动件运动规律的 v_{max}、$^{+}_{-}a_{max}$ 和 $^{+}_{-}j_{max}$ 等值进行优化计算。表 6-1 列出了几种常用运动规律的运动特性和冲击特性，供设计凸轮机构时参考。

表 6-1 几种常用运动规律的特性比较

运动规律	$v_{max}(=h\omega/\phi)$ /(m/s)	$a_{max}(=h\omega^2/\phi^2)$ /(m/s^2)	$j_{max}(=h\omega^3/\phi^3)$ /(m/s^3)	冲击特性	适用场合
等速运动规律	1	∞	∞	刚性冲击	低速、轻载
等加速等减速运动规律	2	4	∞	柔性冲击	中速、轻载
五次项式运动规律	1.88	5.77	60	无	高速、中载
简谐运动规律	1.57	4.93	∞	柔性冲击	中低速、重载
摆线运动规律	2	6.28	39.5	无	中高速、轻载

例 6-2 如图 6-11a 所示的对心直动平底推杆盘形凸轮机构，凸轮为 $R=30$ mm 的偏心圆盘，$AO=20$ mm，试求：① 推杆的位移 s、速度 v 和加速度 a 的方程；② 若凸轮以 $\omega=10$ rad/s 回转，当 AO 成水平位置时推杆的速度。

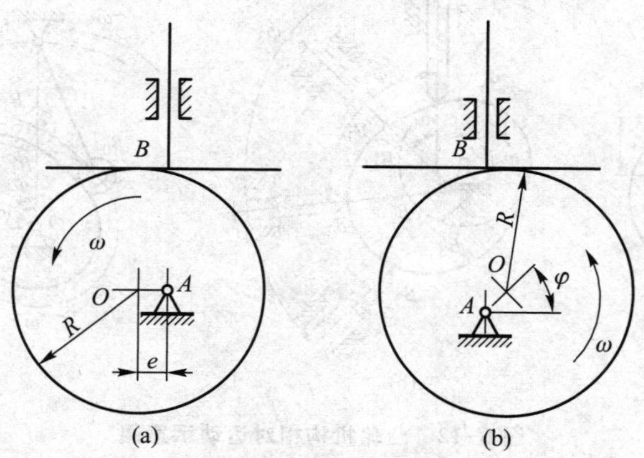

图 6-11 对心直动平底推杆盘形凸轮机构

解 ① 如图 6-11b 所示，取 A、O 连线与水平线的夹角为凸轮的转角 φ，则

推杆的位移方程为 $s=\overline{AO}+\overline{AO}\sin\varphi=20\times(1+\sin\varphi)$

推杆的速度方程为 $v=20\omega\cos\varphi$

推杆的加速度方程为 $a=-20\omega^2\sin\varphi$

② 当 $\omega=10$ rad/s，AO 处于水平位置时，$\varphi=0°$ 或 $180°$，所以推杆的速度为 $v=(20\times10\cos\varphi)$ mm/s $=\pm200$ mm/s。

强化训练题 6-2 图 6-3c 所示为一对心直动平底推杆圆盘凸轮机构，已知：$l_{OA}=10$ mm，$R=30$ mm，$\omega_1=1$ rad/s，试求出：凸轮转角 φ 及推杆位移 s_2 和速度 v_2 的表达式；当 $\varphi=135°$时，计算 s_2 和 v_2。

6.3 凸轮轮廓曲线的设计

6.3.1 基于反转法的凸轮轮廓曲线图解设计

如图 6-12a 所示，在直动尖底从动件盘形凸轮机构中，当凸轮以等角速度 ω 作逆时针方向转动时，从动件作往复直线移动，凸轮转角 φ 与从动件的位移 s 存在对应关系。现假设给整个凸轮机构加上一个绕凸轮回转中心 O 的反转运动，且使反转角速度等于凸轮的角速度，即反转角速度为 $-\omega$。此时，凸轮与从动件之间的相对运动关系仍保持不变，但凸轮成为机架，静止不动，而从动件一方面随导路绕 O 点以角速度 $-\omega$ 转动，同时又沿其导路方向按预期的运动规律作相对移动。由于从动件的尖底在相对运动过程中始终与凸轮轮廓曲线保持接触，因此从动件尖底在由反转和相对移动组成的复合运动中的轨迹便形成了凸轮的轮廓曲线，这就是凸轮轮廓曲线设计的**反转法原理**。

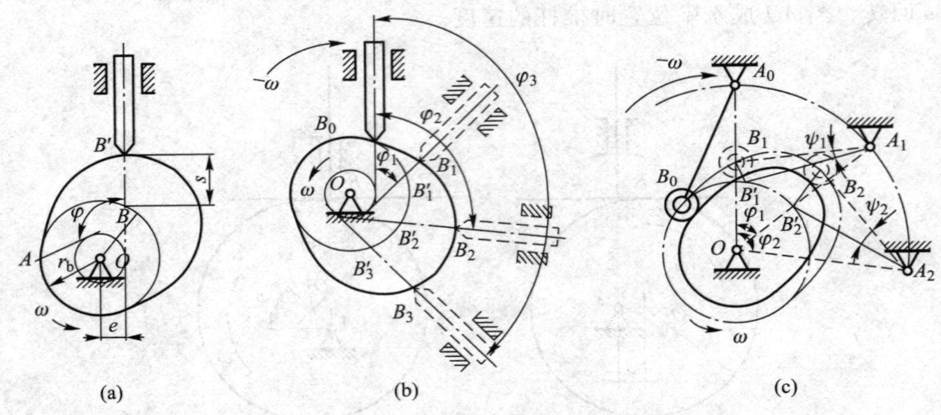

图 6-12 凸轮机构相对运动示意图

如图 6-12b 所示，当用图解法设计直动从动件盘形凸轮轮廓时，给整个凸轮机构施加反向角速度，凸轮则保持静止，从动件由起始位置 B_0 点反转 φ_1 角到达 B'_1点，并沿其导路移动到 B_1 点，位移为 $s_1=\overline{B'_1B_1}$。然后反转 φ_2 角到 B'_2点，再沿其导路移动到 B_2 点，位移为 $s_2=\overline{B'_2B_2}$。接着按照从动件的运动规律（s-φ）曲线，多次重复反转过程，则从动件的尖底将依次到达点 B_0，B_1，B_2，…位置，将这些点光滑连接，即可得到所求的凸轮轮廓曲线。

同理，对于如图 6-12c 所示的摆动滚子从动件盘形凸轮机构，施加角速度 $-\omega$ 的反转运动后，从动件由初始位置 A_0B_0 反转 φ_1 角后到达 $A_1B'_1$，再绕 A_1 点摆动 ψ_1 角到达 A_1B_1。然后从动件反转 φ_2 角后到达 $A_2B'_2$，再绕 A_2 点摆动 ψ_2 点到 A_2B_2，……因此，将点 B_0，B_1，B_2，…光滑连接，即可得到凸轮的理论轮廓曲线。

凸轮与从动件直接接触的轮廓曲线称为凸轮的工作轮廓线，也称实际轮廓线，如

图 6-12a 所示，从动件尖底 B 复合运动的轨迹就形成了凸轮的实际轮廓线。实际轮廓线的基圆半径用 r_b 来表示。对于滚子从动件，如图 6-13a 所示，可以把滚子的圆心看作是尖底从动件凸轮机构中从动件的尖底，该点复合运动的轨迹曲线称为凸轮的理论轮廓线，理论轮廓线上的基圆半径用 r_0 表示，如图 6-13b 所示。**注意：**在设计滚子从动件凸轮机构时，凸轮的基圆半径是指理论轮廓线上的基圆半径 r_0。

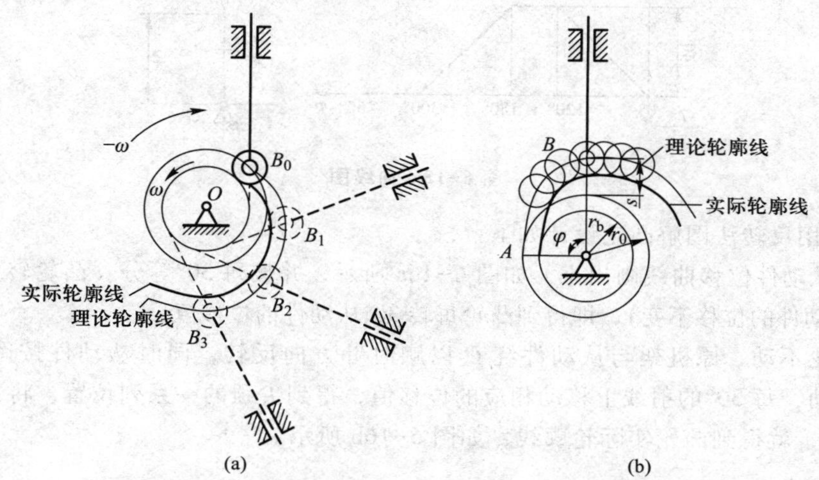

图 6-13 直动滚子从动件盘形凸轮的理论轮廓线与实际轮廓线

从图 6-13b 看到，实际轮廓线是以理论轮廓线上各点为圆心、滚子半径为半径的一系列滚子圆的包络线，而且实际轮廓线与理论轮廓线是等距曲线，其法向距离等于滚子的半径。

在滚子从动件盘形凸轮机构中，凸轮转角一般在理论轮廓线的基圆上度量，从动件的位移也是从导路方向线与凸轮理论轮廓线的基圆交点起开始度量，其位移等于该交点与滚子中心之间的距离。图 6-13b 所示为直动滚子从动件盘形凸轮机构中的凸轮转角与从动件位移的标注方法。对于直动平底从动件盘形凸轮机构，可把平底与导路方向线的交点 B 作为尖底从动件的尖底，并根据反转法原理，得到一系列的位置 B_0，B_1，B_2，…。分别以这些点作平底，则平底族的包络线即为凸轮的实际轮廓线，如图 6-14a 所示。图 6-14b 所示为其转角与位移的标注示意图。同理，对于曲底从动件，可把曲底的曲率中心作为尖底从动件的尖底来设计凸轮的轮廓曲线。

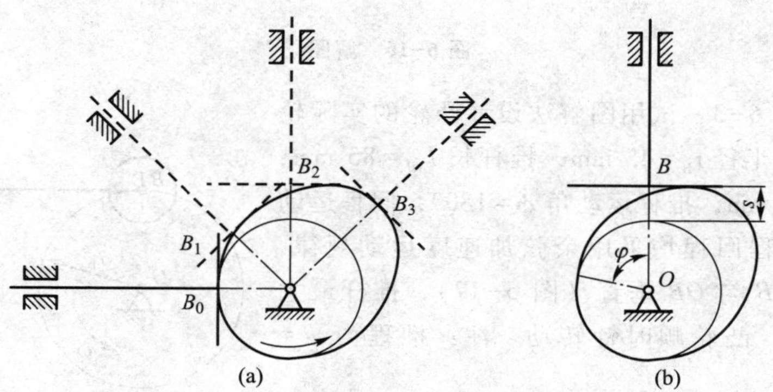

图 6-14 平底从动件包络示意图

例 6-3 按图 6-15 所示的位移曲线，设计直动尖底从动件盘形凸轮的轮廓线。

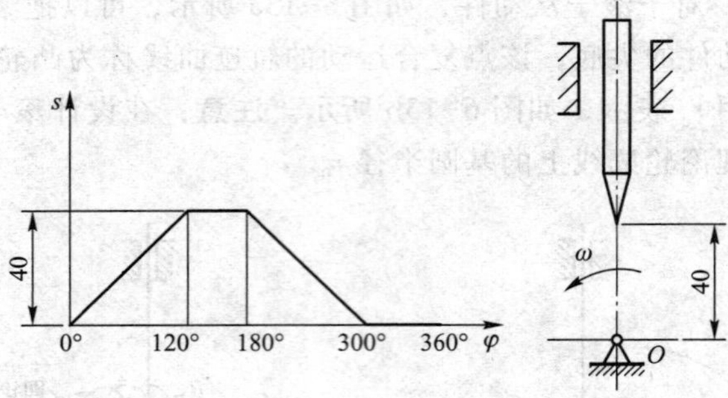

图 6-15 曲线图

解 利用反转法图解凸轮设计如下：

1）将从动件位移曲线画出来，如图 6-16a 所示，并按每 30°等分（凸轮转角为 120°~180°时，从动件的位移不变），即得到凸轮每转 30°从动件的位移值。

2）凸轮不动，原机架与从动件绕 O 以顺时针方向反转，同时从动件按图 6-16a 中 s-φ关系运动，每 30°的射线上移动相应的位移值，得到尖顶的一系列位置，将这些位置光滑连接起来，就得到凸轮实际轮廓线，如图 6-16b 所示。

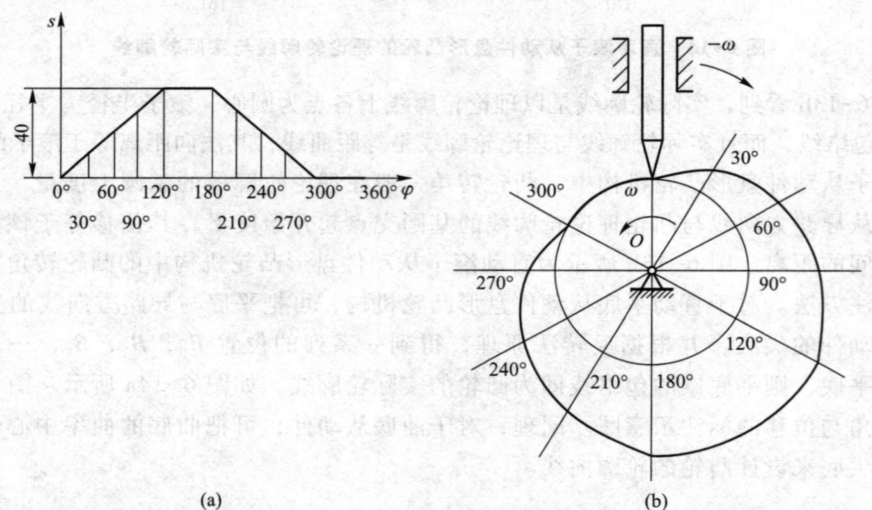

图 6-16 解图

强化训练题 6-3 试用图解法设计凸轮的实际轮廓线。已知基圆半径 $r_b = 45$ mm，推杆长 $l_{AB} = 85$ mm，滚子半径 $r_r = 10$ mm，推程运动角 $\phi = 180°$，回程运动角 $\phi = 180°$，推程回程均采用余弦加速度运动规律，推杆初始位置 AB 与 OB 垂直（图 6-17），推杆最大摆角 $\psi_{max} = 30°$，凸轮顺时针转动。注：推程为 $\psi = \dfrac{\psi_{max}}{2}(1-\cos \pi\varphi/\phi')$。

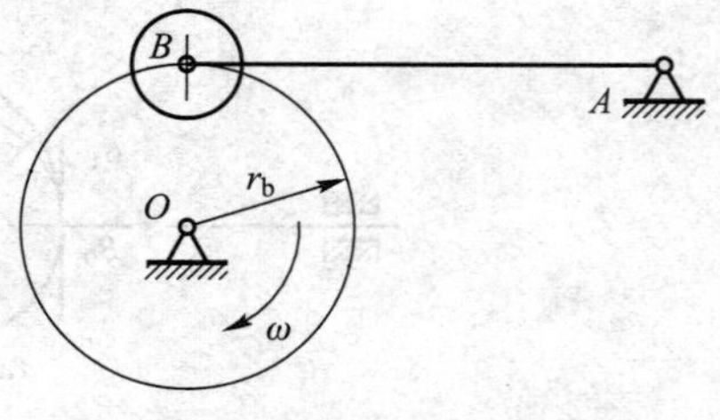

图 6-17 设计条件

6.3.2 基于解析法的凸轮轮廓曲线设计

用解析法进行凸轮轮廓曲线设计的主要任务是根据已确定的运动参数和几何参数，建立凸轮轮廓曲线与凸轮转角的函数关系。

1. 直动从动件盘形凸轮轮廓线的设计

如图 6-18 所示，在直动尖底从动件盘形凸轮机构上建立直角坐标系 Oxy，原点 O 位于凸轮的回转中心。当从动件在 B_0 位置时，设从动件尖底 B_0 点为凸轮推程段理论轮廓线的起点（其离 O 点的距离为 s_0）。当整个凸轮机构反转 φ 角后，从动件到达 B_i位置，此时从动件的位移 s。设凸轮机构的偏距为 e，从图中看出，B_i点的坐标见式（6-18）。此式就为**凸轮的理论轮廓线方程**。

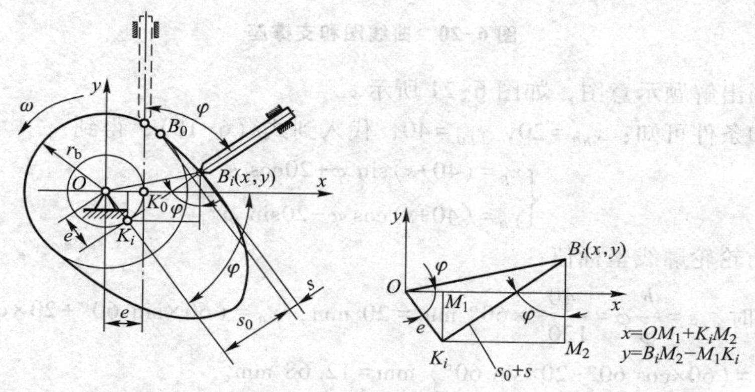

图 6-18 B_i 的坐标求取

$$\begin{cases}x=(s_0+s)\sin\varphi+e\cos\varphi\\ y=(s_0+s)\cos\varphi-e\sin\varphi\end{cases}\tag{6-18}$$

如图 6-19 所示，凸轮的实际轮廓线是圆心位于理论轮廓线上的一系列滚子圆族的包络线，即图中 B'点坐标方程：

$$\begin{cases}x'=x\mp r_r\cos\theta\\ y'=y\mp r_r\sin\theta\end{cases}\tag{6-19}$$

式中，θ 为公法线与 x 轴的夹角，有 $\tan\theta=\dfrac{\sin\theta}{\cos\theta}=-\dfrac{\mathrm{d}x}{\mathrm{d}y}=\dfrac{\mathrm{d}x/\mathrm{d}\varphi}{-\mathrm{d}y/\mathrm{d}\varphi}$，$(x,\ y)$ 为滚子圆圆心（位于理论轮廓线上）的坐标。需要说明的是，公式中“-”用于求解外凸轮的实际轮廓线，“+”用于计算内凸轮的实际轮廓线。

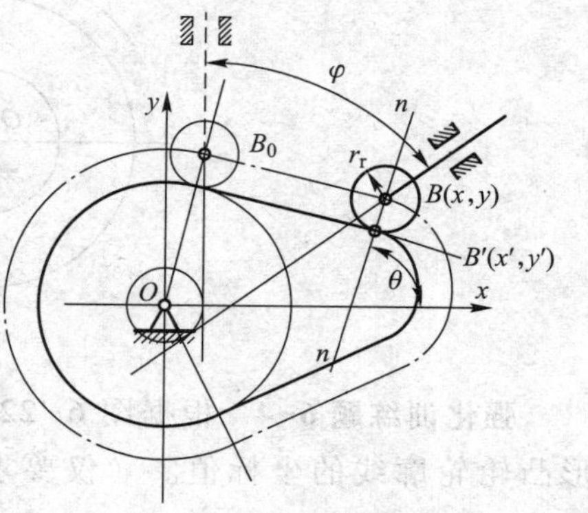

图 6-19 偏置直动滚子从动件盘形凸轮的轮廓曲线设计

例 6-4 根据图 6-20 所示的位移曲线和有关尺寸，试用解析法求解该盘形凸轮轮廓线的坐标值。（仅要求计算凸轮转过 60°、150°、270°时的凸轮轮廓线坐标值。）

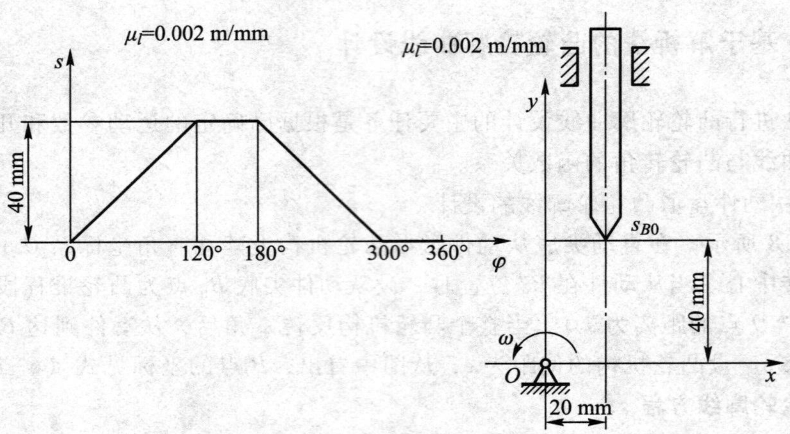

图 6-20　曲线图和支撑座

解　1）画出解题示意图，如图 6-21 所示。

2）由已知条件可知：$x_{BO}=20$，$y_{BO}=40$，代入到式（6-18），得到

$$\begin{cases}x_B=(40+s)\sin\varphi+20\cos\varphi\\ y_B=(40+s)\cos\varphi-20\sin\varphi\end{cases}$$

3）求解凸轮轮廓线坐标值：

当 $\varphi=60°$ 时，$s=\dfrac{h}{\phi}\varphi=\dfrac{40}{120°}\times60°\ \text{mm}=20\ \text{mm}$，$x_B=(60\times\sin 60°+20\times\cos 60°)\ \text{mm}=61.96\ \text{mm}$，$y_B=(60\times\cos 60°-20\times\sin 60°)\ \text{mm}=12.68\ \text{mm}$。

当转到 150°时，$s=h=40\ \text{mm}$，$x_B=22.68\ \text{mm}$，$y_B=-79.28\ \text{mm}$。

当转到 270°时，$s=h-\dfrac{h}{\phi}\varphi=\left(40-\dfrac{40}{120°}\times90°\right)\ \text{mm}=10\ \text{mm}$，$x_B=-50\ \text{mm}$，$y_B=20\ \text{mm}$。

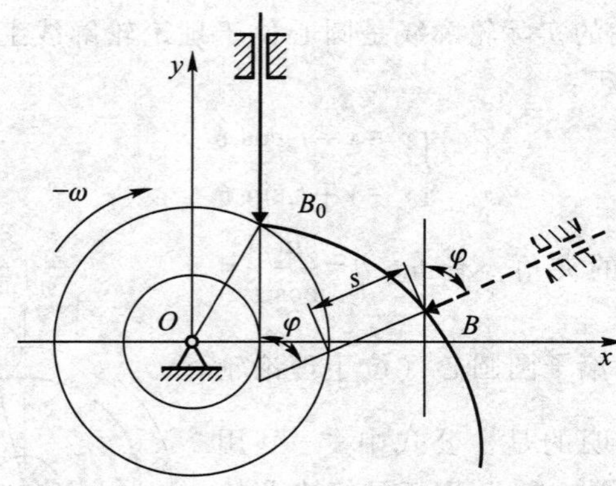

图 6-21　例 6-4 解图

强化训练题 6-4　根据图 6-22 所示的位移曲线和有关尺寸，试用解析法求解该盘形凸轮轮廓线的坐标值。（仅要求计算凸轮转过 60°、150°、270°时的凸轮轮廓线坐标值。）

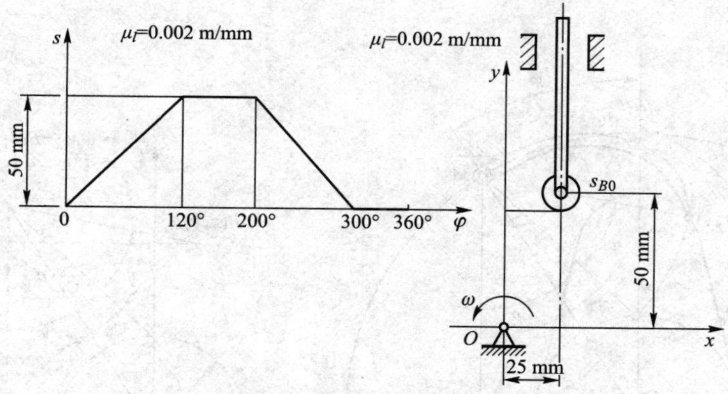

图 6-22　曲线图和支撑座

2. 直动平底从动件盘形凸轮轮廓线的设计

如图 6-23 所示，在直动平底从动件盘形凸轮机构中，建立直角坐标系 Oxy，原点 O 位于凸轮的回转中心，凸轮基圆半径为 r_b。当从动件在 B_0 位置时，从动件的平底切于行程的起始点。当整个凸轮机构反转角 φ 后，从动件到达 B 位置，凸轮与从动件平底的切点从 B_0 到达 B 点，此时从动件的位移 s。从图中看出，从动件上 B 点的坐标方程如下式，即为凸轮的实际轮廓线的方程：

$$\begin{cases} x=(r_b+s)\sin\varphi+\dfrac{ds}{d\varphi}\cos\varphi \\ y=(r_b+s)\cos\varphi-\dfrac{ds}{d\varphi}\sin\varphi \end{cases} \tag{6-20}$$

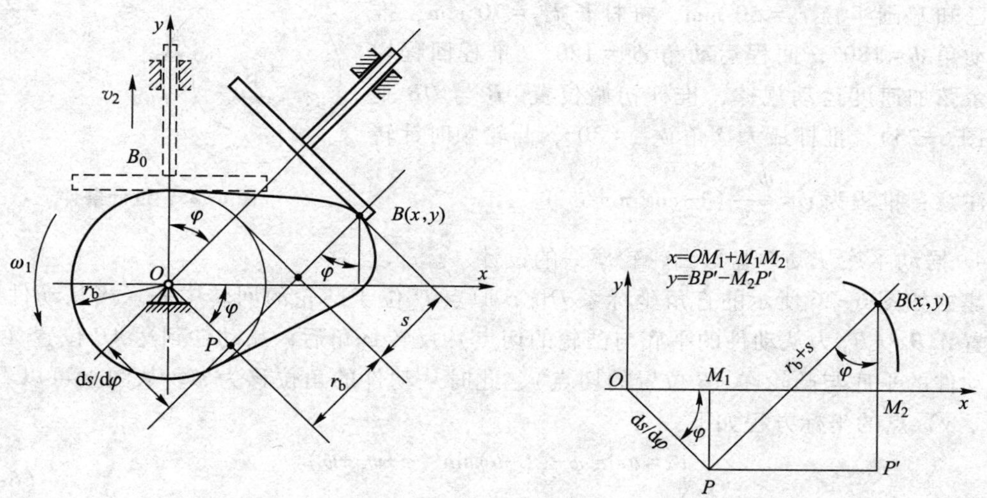

图 6-23　直动平底从动件盘形凸轮的轮廓线设计

3. 摆动尖底从动件盘形凸轮轮廓线的设计

如图 6-24 所示，建立直角标系 Oxy，原点 O 位于凸轮的回转中心。给机构施加反向 ω 速度，当从动件从起始位置 A_0B_0 反转 φ 角后，到达位置 AB。此时，从动件的角位移为 ψ。从图中看出，$B(x,\ y)$ 点的坐标方程如下式：

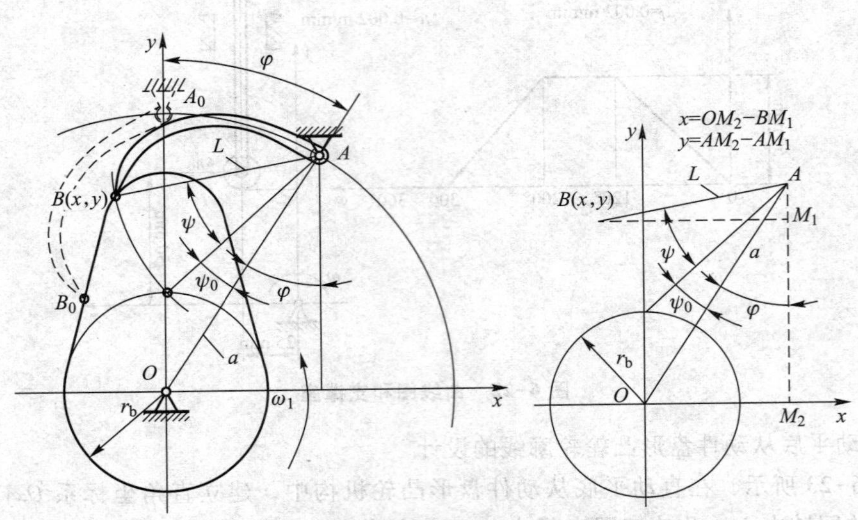

图 6-24 摆动尖底从动件盘形凸轮的轮廓线设计

$$\begin{cases}x=a\sin\varphi-L\sin(\varphi+\psi_0+\psi)\\y=a\cos\varphi-L\cos(\varphi+\psi_0+\psi)\end{cases}\tag{6-21}$$

式中，a 为机架 OA 的长度，L 为摆杆 AB 的长度，ψ_0 为摆杆的初始位置角，$\psi_0=\arccos\dfrac{a^2+L^2-r_b{}^2}{2aL}$。

强化训练题 6-5 试用解析法设计凸轮的实际轮廓线，已知基圆半径 $r_b=50$ mm，推杆长 $l_{AB}=70$ mm，推程运动角 $\phi=180°$，回程运动角 $\phi'=180°$，推程回程均采用余弦加速度运动规律，推杆初始位置 AB 与 OB 垂直（图 6-25），推杆最大摆角 $\psi_{max}=30°$，凸轮顺时针转动。注意：推程为 $\psi=\dfrac{\psi_{max}}{2}(1-\cos\pi\varphi/\phi')$。

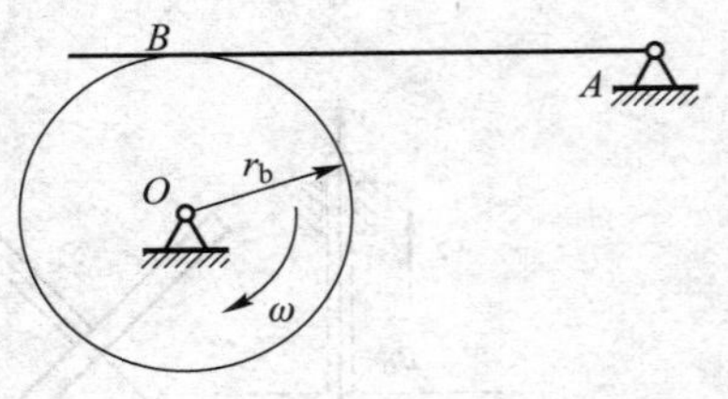

图 6-25 设计条件

4. 摆动平底从动件盘形凸轮轮廓线的设计

建立如图 6-26 所示的直角坐标系 Oxy，原点 O 位于凸轮的回转中心。当从动件从起始位置 A_0B_0（B_0 为从动件的平底与凸轮的切点）反转 φ 角后，从动件到达 AB 位置（B 点为从动件的平底与凸轮在 AB 位置的切点），此时从动件的角位移为 ψ。从图上可以看出，B（x，y）点的坐标方程如下：

$$\begin{cases}x=a\sin\varphi-(L-b)\sin(\varphi+\psi_0+\psi)\\y=a\cos\varphi-(L-b)\cos(\varphi+\psi_0+\psi)\end{cases}\tag{6-22}$$

式中，$\psi_0=\arcsin\dfrac{r_b}{a}$，$L=a\cos\psi_0$，$b=a\cos\psi_0-\dfrac{a\cos(\psi_0+\psi)}{1+\dfrac{d\psi}{d\varphi}}$。

5. 圆柱凸轮轮廓线的设计

圆柱凸轮机构属于空间凸轮机构，圆柱凸轮的轮廓曲线是空间曲线，不能直接在平面

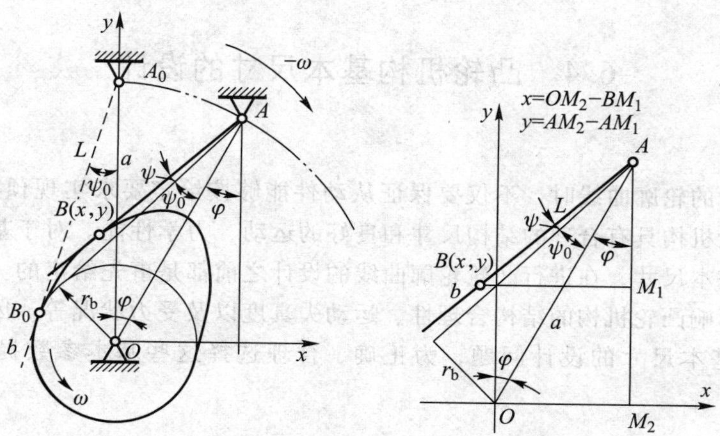

图 6-26　摆动平底从动件盘形凸轮轮廓线的设计

上表示。但由于圆柱面是可展曲面，因此圆柱凸轮通过展开可演变为平面移动凸轮，从而使问题的求解得到简化。图 6-27a 所示为一直动从动件圆柱凸轮机构，其中从动件的运动方向与圆柱凸轮的轴线平行。

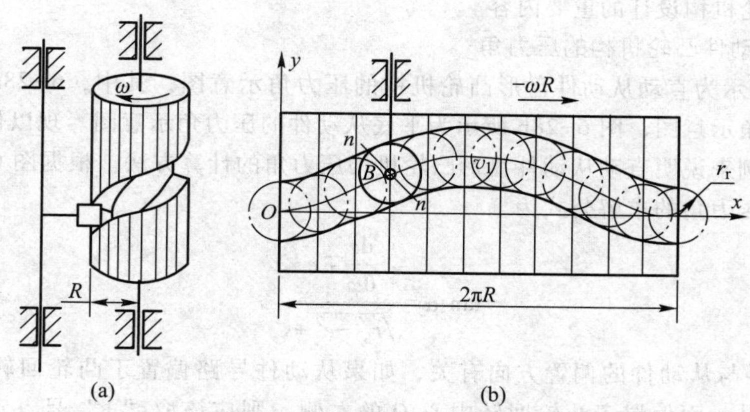

图 6-27　圆柱凸轮的轮廓线设计

设凸轮的平均圆柱半径为 R，则其展开图为宽度等于 $2\pi R$ 的移动凸轮（图 6-27b）。利用反转法原理，对整个移动凸轮机构加以速度 $v=-\omega R$ 的反向移动后，凸轮静止不动，而从动件一方面与其导轨一起以（$-v$）速度反向移动，同时又沿 y 轴方向按其运动规律运动。根据图中的几何关系，设凸轮理论轮廓线的坐标方程为

$$\begin{cases} x = R\varphi \\ y = s \end{cases} \tag{6-23}$$

则凸轮的实际轮廓线方程为

$$\begin{cases} x_a = x \pm r_r \sin\theta \\ y_a = y \mp r_r \cos\theta \end{cases} \tag{6-24}$$

式中，“-”用于外凸轮轮廓线，“+”用于内凸轮轮廓线。

对于摆动滚子从动件圆柱凸轮机构，圆柱凸轮的轮廓线方程也可按上述方法推导。

6.4 凸轮机构基本尺寸的设计

在设计凸轮的轮廓曲线时，不仅要保证从动件能够按给定要求实现预期的运动规律，还应该保证凸轮机构具有合理的结构尺寸和良好的运动、力学性能。对于基圆半径、偏距和滚子半径等基本尺寸，在进行凸轮轮廓曲线的设计之前都是事先给定的。这些基本参数的选择会直接影响凸轮机构的结构合理性、运动失真度以及受力状况等。因此，这里讨论有关凸轮机构基本尺寸的设计问题，为正确、合理选择这些基本参数提供一定的理论依据。

6.4.1 凸轮机构的压力角

凸轮机构的压力角是指不计摩擦时，凸轮与从动件在某瞬时接触点处的公法线方向与从动件运动方向之间所夹的锐角，常用 α 表示。压力角是衡量凸轮机构受力情况的一个重要参数，是凸轮机构设计的重要内容。

1. 直动从动件凸轮机构的压力角

图 6-28 所示为直动从动件盘形凸轮机构的压力角示意图，其中，6-28a 所示为尖底从动件的压力角示意图，图 6-28b 所示为平底从动件的压力角示意图。现以偏置尖底从动件凸轮机构为例来说明直动从动件盘形凸轮机构压力角的计算方法。根据图 6-28a 中的几何关系，可得压力角的求解公式为

$$\tan\alpha=\frac{\dfrac{\mathrm{d}s}{\mathrm{d}\varphi}\mp e}{\sqrt{r_{\mathrm{b}}^{2}-e^{2}}+s} \tag{6-25}$$

式中，“∓”号与从动件的偏置方向有关，如果从动件导路偏置于凸轮回转中心 O 的右侧，取“-”号，而偏置于凸轮回转中心 O 的左侧，则应该取“+”号。正确选择从动件的偏置方向有利于减小机构的压力角。此外，压力角还与凸轮的基圆半径 r_{b} 和偏距 e 等参数有关，当偏距 $e=0$ 时，即可得到对心直动从动件盘形凸轮机构的压力角计算公式：

$$\tan\alpha=\frac{\dfrac{\mathrm{d}s}{\mathrm{d}\varphi}}{r_{\mathrm{b}}+s} \tag{6-26}$$

对于直动平底从动件盘形凸轮机构，如图 6-28b 所示，根据图中的几何关系，其压力角为

$$\alpha=90°-\gamma \tag{6-27}$$

式中，γ 为从动件的平底与导路中心线的夹角，其值为一常数。显然，平底直动从动件凸轮机构的压力角为常数，机构的受力方向不变，运转平稳性好。如果从动件的平底与导路中心轴线之间的夹角 $\gamma=90°$，则压力角 $\alpha=0°$。

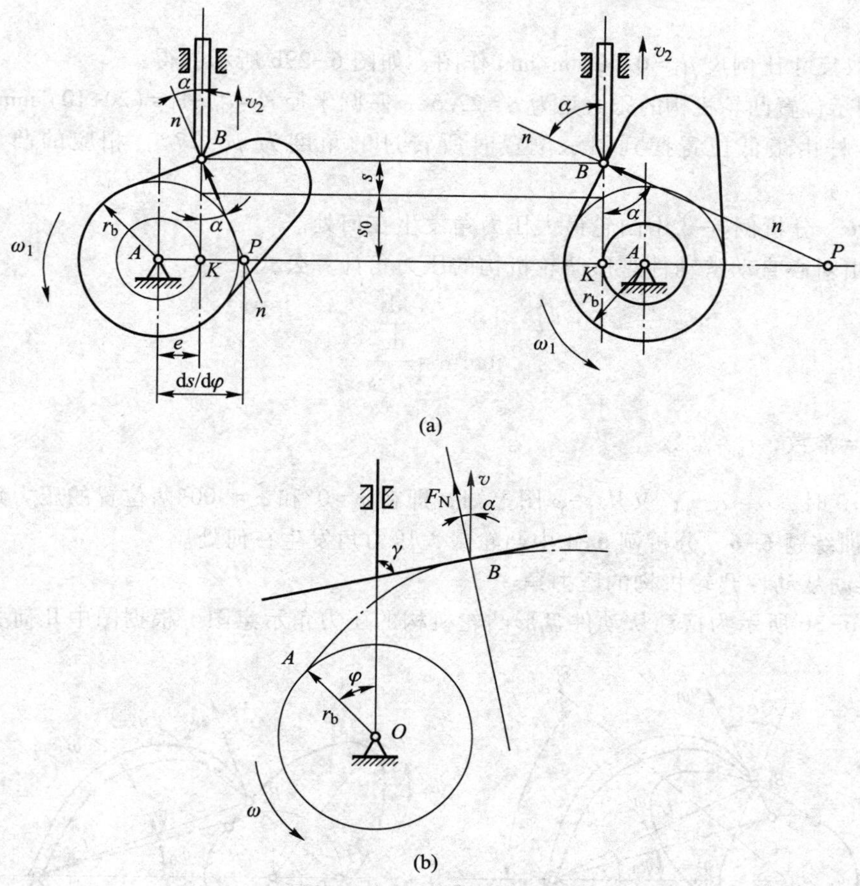

图 6-28 直动从动件盘形凸轮机构的压力角示意图

例 6-5 如图 6-29a 所示，已知一偏心圆盘半径 $R=40$ mm，滚子半径 $r_r=10$ mm，$l_{OA}=90$ mm，$l_{AB}=70$ mm，转轴 O 到圆盘中心 C 的距离 $l_{OC}=20$ mm，圆盘按逆时针方向回转。

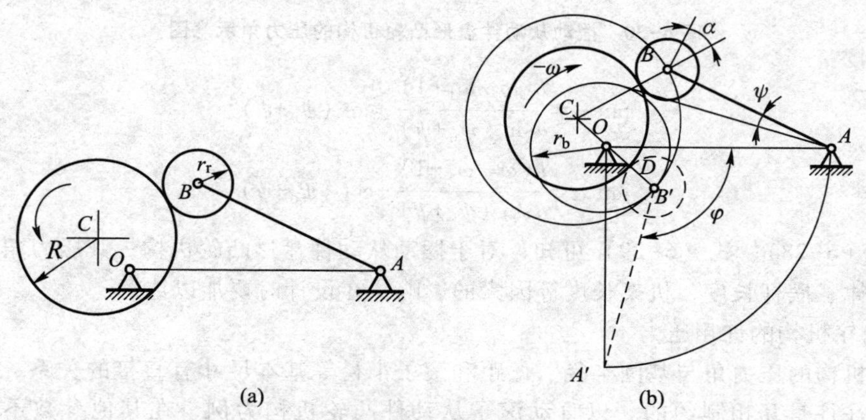

图 6-29 摆动凸轮机构

1）标出凸轮机构在图 6-29 所示位置时的压力角 α，画出基圆，求基圆半径 r_b；

2）作出推杆由最下位置摆到图 6-29 所示位置时，推杆摆过的角度 ψ 及相应的凸轮

转角 φ。

解 取尺寸比例尺 $\mu_l=0.002\ \text{m/mm}$ 作图，如图 6-29b 所示，得：

1）图示位置凸轮机构的压力角为 $\alpha=27.5°$，基圆半径 $r_b=l_{OC}+r_1=(20+10)\ \text{mm}=30\ \text{mm}$；

2）推杆由最低位置摆到图示位置时所转过的角度为 $\psi=17°$，相应的凸轮转角为 $\varphi=90°$。

例 6-6 分析例 6-3 中凸轮最大压力角发生在何处。

解 由对心直动从动件盘形凸轮机构的压力角计算公式：

$$\tan\alpha=\frac{\dfrac{ds}{d\varphi}}{r_b+s}$$

其中，$\dfrac{ds}{d\varphi}$=常数，r_b=常数。

故 $s\to0$ 时，$\alpha\to\alpha_{max}$；又从 $s-\varphi$ 图上知，即在 $\varphi=0°$和 $\varphi=300°$两位置的压力角 α 最大。

强化训练题 6-6 分析例 6-4 中凸轮最大压力角发生在何处。

2. 摆动从动件凸轮机构的压力角

如图 6-30 所示为摆动从动件盘形凸轮机构的压力角示意图。根据图中几何关系，有

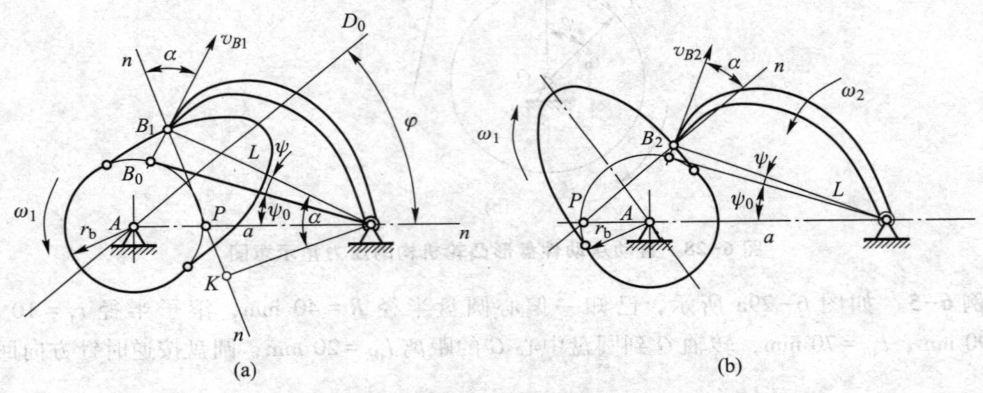

图 6-30 摆动从动件盘形凸轮机构的压力角示意图

$$\tan\alpha=\frac{L(\omega_2/\omega_1+1)}{a\sin(\psi_0+\psi)}-\cot(\psi_0+\psi) \tag{6-28}$$

$$\tan\alpha=\frac{L(\omega_2/\omega_1-1)}{a\sin(\psi_0+\psi)}+\cot(\psi_0+\psi) \tag{6-29}$$

由式（6-28）、式（6-29）可知，对于摆动从动件盘形凸轮机构，其压力角受从动件的运动规律、摆杆长度、机架长度等因素的影响，在设计时要加以注意。

3. 凸轮机构的许用压力

凸轮机构的压力角与基圆半径、偏距和滚子半径等基本尺寸有直接的关系，而且这些参数之间往往是互相制约的。以直动滚子从动件凸轮机构为例，在其他参数不变的情况下，增大凸轮的基圆半径可以获得较小的压力角，从而可以改善机构的受力状况，但是凸轮尺寸增大。反之，减小凸轮的基圆半径可以获得较为紧凑的结构，但使凸轮机构的压力角增大。压力角过大会导致凸轮机构发生自锁而无法运转。而且当压力角增大到接近某一

极限值时，即使机构尚未发生自锁，也会导致驱动力急剧增大，发生轮廓严重磨损和效率迅速降低的情况。因此，为了使凸轮机构能够正常工作并具有较高的传动效率，设计时必须对凸轮机构的最大压力角加以限制，使其小于许用压力角，$\alpha_{max}<[\alpha]$。凸轮机构的许用压力角见表 6-2。

表 6-2 凸轮机构的许用压力角

封闭形式	从动件的运动方式	推程	回程
力封闭	直动从动件	$[\alpha]=25°\sim35°$	$[\alpha']=70°\sim80°$
	摆动从动件	$[\alpha]=35°\sim45°$	$[\alpha']=70°\sim80°$
形封闭	直动从动件	$[\alpha]=25°\sim35°$	$[\alpha']=[\alpha]$
	摆动从动件	$[\alpha]=35°\sim45°$	

6.4.2 凸轮机构基本尺寸的设计

1. 基圆半径的设计

对于直动尖底从动件盘形凸轮，可根据式（6-30）求解出凸轮的基圆半径。

$$r_b=\sqrt{\left(\frac{\frac{ds}{d\varphi}\pm e}{\tan\alpha}-s\right)^2+e^2} \tag{6-30}$$

显然，压力角 α 越大，基圆半径越小，机构就越容易获得紧凑的尺寸。在其他参数不变的情况下，当 $\alpha=[\alpha]$，且选择正确的从动件偏置方向后，可以得到最小的基圆半径 r_{bmin}，从而可以使设计出的凸轮机构在满足压力角条件的同时，又能获得紧凑的结构尺寸。此时，最小基圆半径为

$$r_{bmin}=\sqrt{\left(\frac{\frac{ds}{d\varphi}-e}{\tan[\alpha]}-s\right)^2+e^2} \tag{6-31}$$

对于直动平底从动件盘形凸轮，可按照“凸轮的全部轮廓线外凸”的条件来设计凸轮的基圆半径。凸轮轮廓线上各点的曲率半径 ρ 的计算公式为

$$\rho=\frac{\left[\left(\frac{dx}{d\varphi}\right)^2+\left(\frac{dy}{d\varphi}\right)^2\right]^{3/2}}{\frac{dx}{d\varphi}\frac{d^2y}{d\varphi^2}-\frac{dy}{d\varphi}\frac{d^2x}{d\varphi^2}} \tag{6-32}$$

令 $\rho>\rho_{min}$，代入平底从动件盘形凸轮的轮廓线方程，可得

$$r_b>\rho_{min}-s-\frac{d^2s}{d\varphi^2} \tag{6-33}$$

2. 滚子半径的设计

在滚子从动件盘形凸轮结构中，凸轮的实际轮廓线是其理论轮廓线上滚子圆族的包络线，因此其形状必然与滚子的半径大小有关。在设计滚子尺寸时，必须保证滚子同时满足

运动特性要求和强度要求。

从运动特性要求考虑，凸轮机构不能发生运动的失真现象。图 6-31 所示为凸轮的外凸轮廓线上滚子圆族的包络情况。设理论轮廓线上某点的曲率半径为 ρ，实际轮廓线在对应点的曲率半径为 ρ_a，滚子半径为 r_r。对于外凸轮廓线，有 $\rho_a=\rho-r_r$；对于内凹轮廓线，有 $\rho_a=\rho+r_r$。

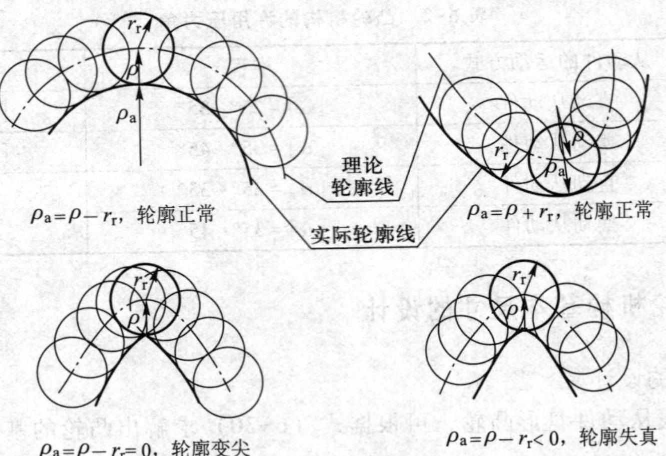

图 6-31 凸轮廓线的包络线

如果 $r_r \geqslant \rho_{min}$，则该点处将发生实际轮廓线的曲率半径为零或负值的情况。实际轮廓线的曲率半径为零，表明在该位置出现尖点，运动过程中容易磨损；而实际轮廓线的曲率半径为负值，说明在包络加工过程中，图中交叉的阴影部分将被切掉，从而导致机构的运动发生失真。因此，为了避免发生这种现象，需对滚子的半径加以限制。通常情况下，应保证：

$$r_r \leqslant 0.8\rho_{min}$$

从强度要求考虑，滚子半径应满足以下条件：

$$r_r \geqslant (0.1 \sim 1.5) r_b$$

3. 平底长度的设计

如图 6-32 所示，在平底从动件盘形凸轮机构运动过程中，应能保证从动件的平底在任意时刻均与凸轮接触，因此平底的长度 l 应满足以下条件：

$$l = 2\,\overline{OP}_{max} + \Delta l = 2\frac{ds}{d\varphi} + \Delta l$$

式中，Δl 为附加长度，由具体的结构而定，一般取 $\Delta l = 5 \sim 7$ mm。

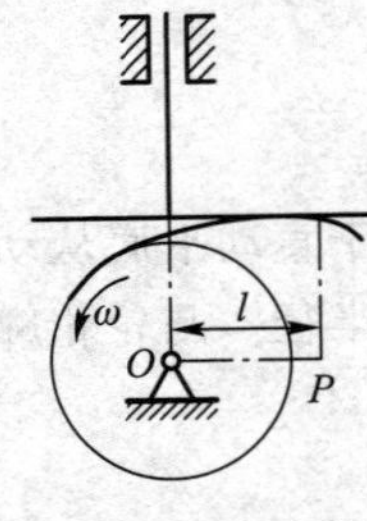

图 6-32 平底从动件的长度

4. 偏距的设计

从动件的偏置方向可直接影响凸轮机构压力角的大小，因此在选择从动件的偏置方向时需要遵循的原则是，尽可能减小凸轮机构在推程阶段的压力角，其偏置的距离（即偏距 e）可按下式计算：

$$\tan\alpha = \frac{\dfrac{ds}{d\varphi} - e}{\sqrt{r_0^2 - e^2} + s} = \frac{\dfrac{v}{\omega} - e}{s_0 + s} = \frac{v - e\omega}{(s_0 + s)\ \omega} \tag{6-34}$$

一般情况下，从动件运动速度的最大值发生在凸轮机构压力角最大的位置，则式（6-34）

可改写为

$$\tan \alpha_{max}=\frac{v_{max}-e\omega}{(s+s_0)\ \omega} \tag{6-35}$$

由于压力角为锐角，故有 $v_{max}-e\omega\geqslant 0$。由式（6-35）可知，增大偏距，有利于减小凸轮机构的压力角，但偏距的增加也有限度，其最大值应满足以下条件：

$$e_{max}\leqslant\frac{v_{max}}{\omega}$$

因此，当设计偏置式凸轮机构时，其从动件偏置方向的确定原则是，从动件应置于使该凸轮机构的压力角减小的位置。

综上所述，在进行凸轮机构基本尺寸的设计时，由于各参数之间有时是互相制约的，因此在设计时应该综合考虑各种因素，使其综合性能指标满足设计要求。

例 6-7 某直动滚子从动件盘形凸轮机构，已知凸轮按逆时针方向等速转动，当凸轮从初始位置转过 90°时，从动件以正弦加速度运动规律上升 20 mm；凸轮再转过 90°时，从动件以余弦加速度运动规律下降到原位；凸轮转过一周的剩余角度时，从动件静止不动。从动件向上为其工作行程。试确定偏距 e 及凸轮基圆半径。

解 （1）求偏距 e

设 $v_{min}=0$，当 $\varphi=\dfrac{\phi}{2}$时，$v=v_{max}$，由近似公式 $e_{max}\leqslant\dfrac{v_{max}}{\omega}$，$\phi=\dfrac{\pi}{2}=90°$，$h=20$ mm，式（6-16b）得

$$\frac{v_{max}}{\omega}=\frac{h}{\phi}\left[1-\cos\left(\frac{2\pi}{\phi}\frac{\phi}{2}\right)\right]=25.5\ \text{mm}$$

$$e=\frac{1}{2}\times 25.5\ \text{mm}=12.8\ \text{mm}$$

所以取 $e=15$ mm。

（2）求基圆半径 r_b

根据最小基圆半径公式：$r_{b\,min}=\sqrt{\left(\dfrac{\dfrac{ds}{d\varphi}-e}{\tan|\alpha|}-s\right)^2+e^2}$

$$s=h\left[\frac{\varphi}{\phi}-\frac{1}{2\pi}\sin\left(\frac{2\pi}{\phi}\varphi\right)\right]$$

$$\frac{ds}{d\varphi}=\frac{h}{\phi}\left[1-\cos\left(\frac{2\pi}{\phi}\varphi\right)\right]$$

由于工作行程是升程，故只根据升程时的压力角来确定基圆半径，回程可不考虑。取 $\alpha=30°$，隔 15°取一个点进行计算，把 s 和 v/ω 代入 r_{bmin} 表达式中可求得基圆半径（表 6-3）：

表 6-3 凸轮转角与基圆半径

凸轮转角 φ	0°	15°	30°	45°	60°	75°	60°
基圆半径 r_b/mm	30.0	20.8	15.3	17.1	17.5	15.6	16.2

由上表可知，r_{bmin}应大于 30 mm，考虑到工作行程压力角应尽量小一些，在结构尺寸无严格要求的条件下，基圆半径应尽可能取大些。如取安全系数为 1.3，则 $r_b = 1.3\times30$ mm = 39 mm，可取 40 mm。

强化训练题 6-7 设有一偏置直动滚子从动件盘形凸轮机构，若已知从动件的行程 $h = 28$mm，在推程阶段和回程阶段分别以摆线运动规律和简谐运动规律运动，且有 $\phi = 135°$、$\phi_s = 45°$、$\phi' = 80°$、$\phi'_s = 100°$；凸轮的角速度 $\omega = 12$ rad/s，且以逆时针匀速转动，基圆半径 $r_b = 65$ mm；凸轮机构偏距 $e = 12$ mm，滚子半径 $r_r = 12$ mm。试用解析法设计此凸轮机构的凸轮轮廓线。

练习题

6-1 选择题

1. 与连杆机构相比，凸轮机构最大的缺点是（　　）。

A. 惯性力难以平衡　　B. 点、线接触，易磨损

C. 设计较为复杂　　D. 不能实现间歇运动

2. 与其他机构相比，凸轮机构最大的优点是（　　）。

A. 可实现各种预期的运动规律　　B. 便于润滑

C. 制造方便，易获得较高的精度　　D. 从动件的行程可较大

3.（　　）盘形凸轮机构的压力角恒等于常数。

A. 摆动尖顶推杆　　B. 直动滚子推杆

C. 摆动平底推杆　　D. 摆动滚子推杆

4. 对于直动推杆盘形凸轮机构来讲，在其他条件相同的情况下，偏置直动推杆与对心直动推杆相比，两者在推程阶段最大压力角的关系为（　　）关系。

A. 偏置比对心大　　B. 对心比偏置大

C. 一样大　　D. 不一定

5. 下述几种运动规律中，（　　）既不会产生柔性冲击也不会产生刚性冲击，可用于高速场合。

A. 等速运动规律　　B. 摆线运动规律（正弦加速度运动规律）

C. 等加速等减速运动规律　　D. 简谐运动规律（余弦加速度运动规律）

6-2 判断题

1. 凸轮轮廓曲线的半径差与从动件移动的距离是对应相等的。（　　）

2. 能使从动件按照工作要求实现复杂运动的机构都是凸轮机构。（　　）

3. 凸轮转速的高低影响从动件的运动规律。（　　）

4. 从动件的运动规律是受凸轮轮廓曲线控制的，所以凸轮的实际工作要求一定要按凸轮现有轮廓曲线制订。（　　）

5. 凸轮轮廓曲线是根据实际要求而拟订的。（　　）

6-3 填空题

1. 凸轮机构主要由__________、__________和__________三部分组成。

2. 在凸轮机构中，从动件的__________称为行程。

3. 凸轮轮廓线上某点的________方向与从动件________方向之间的夹角，叫压力角。

4. 如果把从动件的________量与凸轮的________之间的关系用曲线表示，则此曲线就称为从动件的位移曲线。

5. 凸轮的基圆半径越小时，凸轮的压力角________，有效推力就________，有害分力________。

6-4　简答题

1. 简单说明从动件运动规律选择与设计的原则。

2. 简单说明凸轮轮廓线设计的反转法原理。

3. 什么是凸轮的理论轮廓线和实际轮廓线，二者有何联系？

4. 何谓凸轮机构的压力角？压力角对机构的受力和尺寸有何影响？

5. 如何选择（或设计）凸轮的基圆半径？

6. 什么是“运动失真”现象？如何选择（或设计）凸轮的滚子半径，才能避免机构的“运动失真”？

6-5　分析题

1. 试补全题图 6-5-1 所示各段的 s-φ，v-φ，a-φ 曲线，并指出哪些地方有刚性冲击，哪些地方有柔性冲击？

2. 在题图 6-5-2 所示的运动规律线图中各段运动规律未表示完全，请根据给定部分补足其余部分（位移线图要求准确画出，速度和加速度线图可用示意图表示）。

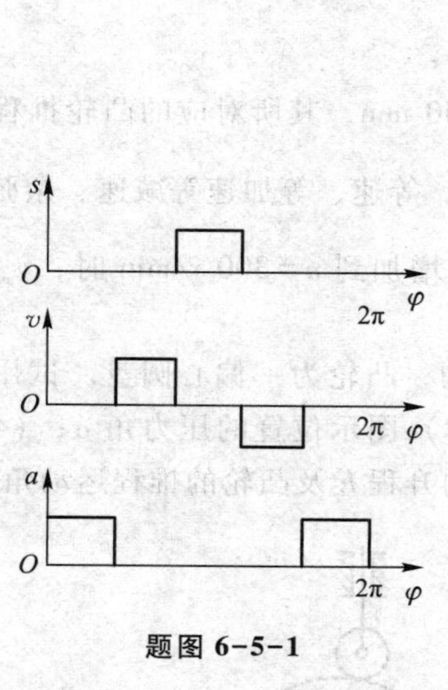

题图 6-5-1

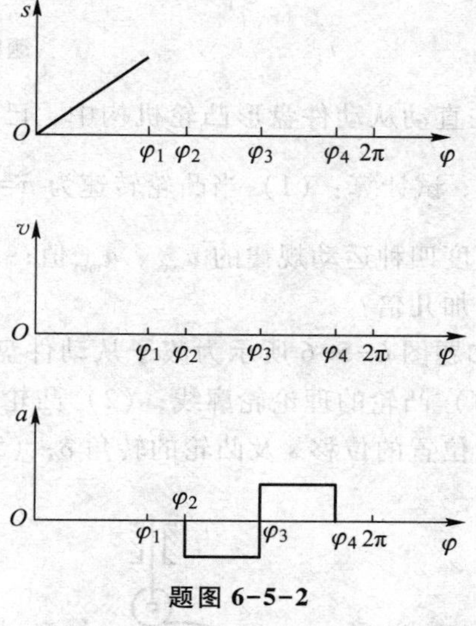

题图 6-5-2

3. 题图 6-5-3 中给出了某直动推杆盘形凸轮机构的推杆的速度线图。要求：（1）定性地画出其加速度和位移线图；（2）说明此种运动规律的名称及特点（v、a 的大小及冲击的性质）；（3）说明此种运动规律的适用场合。

4. 题图 6-5-4 所示为从动件在推程的部分运动曲线，其 $\phi_s \neq 0°$，$\phi_s' \neq 0°$，试根据 s、v 和 a 之间的关系定性地补全该运动曲线，并指出该凸轮机构工作时，何处有刚性冲击？何处有柔性冲击？

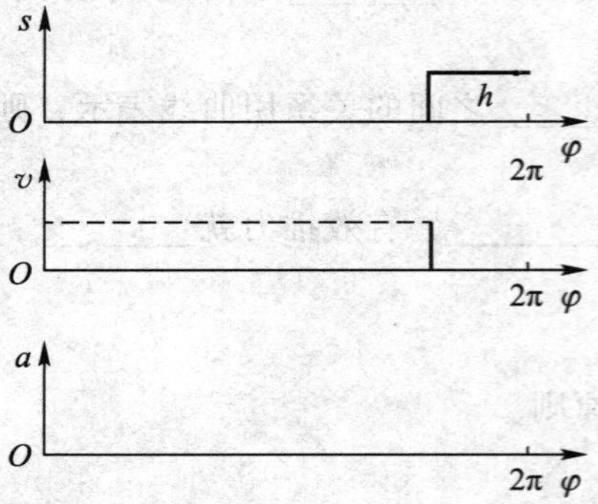

题图 6-5-3

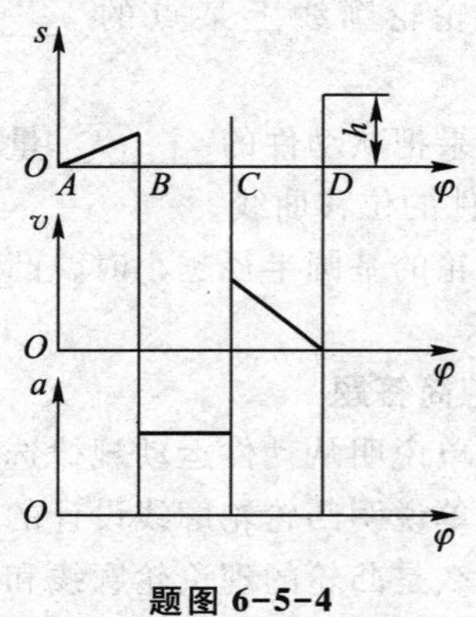

题图 6-5-4

5. 直动从动件盘形凸轮机构中，已知：行程 $h=40$ mm，从动件运动规律如题图 6-5-5 所示，其中 AB 段和 CD 段均为正弦加速度运动规律。试写出从坐标原点量起的 AB 和 CD 段的位移方程。

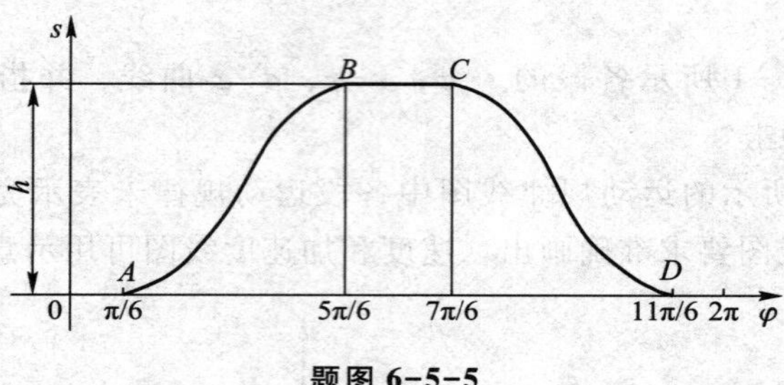

题图 6-5-5

6. 在直动从动件盘形凸轮机构中，已知升程 $h=50$ mm，其所对应的凸轮推程运动角为 $\delta_0=\dfrac{\pi}{2}$。试计算：(1) 当凸轮转速为 $n=30$r/min 时，等速、等加速等减速、余弦加速和正弦加速度四种运动规律的 $v_{\max}$、$a_{\max}$ 值；(2) 当转速增加到 $n=300$ r/min 时，$v_{\max}$ 和 $a_{\max}$ 值分别增加几倍？

7. 如题图 6-5-6 所示为滚子从动件盘形凸轮机构，凸轮为一偏心圆盘。试用图解法作出：(1) 凸轮的理论轮廓线；(2) 凸轮的基圆；(3) 图示位置的压力角 α；(4) 从动件在图示位置的位移 s 及凸轮的转角 δ；(5) 从动件的升程 h 及凸轮的推程运动角 δ_0。

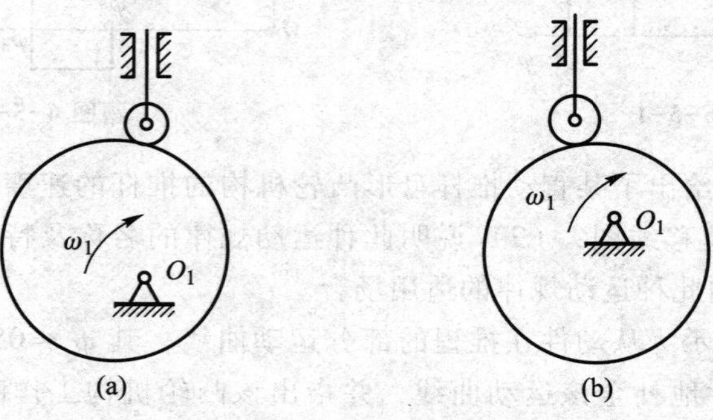

题图 6-5-6

8. 如题图 6-5-7 所示为滚子摆动从动件盘形凸轮机构，凸轮为一偏心圆盘，试用图解法作出：（1）凸轮的基圆；（2）图示位置的压力角 α；（3）从动件在图示位置的角位移 ψ 及凸轮的转角 φ；4）从动件的最大摆角 ψ_{max} 和凸轮的推程运动角 ϕ_0。

9. 题图 6-5-8 所示的对心直动平底从动件盘形凸轮机构中，凸轮为一偏心圆盘，其半径 $R=50$ mm，圆心 O 与其转动中心 A 之间的距离 $\overline{OA}=30$ mm，$\beta=90°$，凸轮以等角速度 ω_1 按顺时针方向转动。试求：（1）从动件的位移方程；（2）当凸轮转速 $n_1=240$ r/min 时，从动件的最大位移、最大速度和最大加速度。

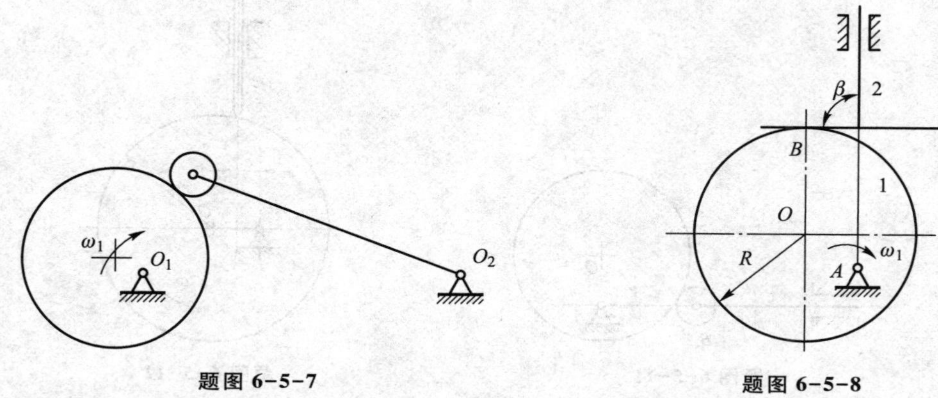

题图 6-5-7　　题图 6-5-8

10. 试用图解法设计一个直动平底从动件盘形凸轮机构的凸轮轮廓曲线。设已知凸轮基圆半径 $r_b=30$ mm，从动件平底与导路的中心线垂直，凸轮按顺时针方向等速转动。当凸轮转 120°时从动件以余弦加速度运动上升 20 mm，再转过150°时，从动件又以余弦加速度运动回到原位，凸轮转过其余 90°时，从动件静止不动。

11. 欲设计如题图 6-5-9 所示的直动推杆盘形凸轮机构，要求在凸轮转角为 0°~60°时，推杆以余弦加速度运动规律上升 $h=20$ mm，且取 $R=25$ mm，$e=10$ mm，$r_r=5$ mm。试求：（1）选定凸轮角速度 ω_1 的转向，并简要说明选定的原因；（2）用反转法给出当凸轮转角 $\varphi=0°\sim90°$时凸轮的工作轮廓线（画图的分度要求≤15°）；（3）在图上标注出 $\varphi=45°$时凸轮机构的压力角 α。

12. 用图解法求出题图 6-5-10 所示的两凸轮机构从图示位置转过45°时的压力角。

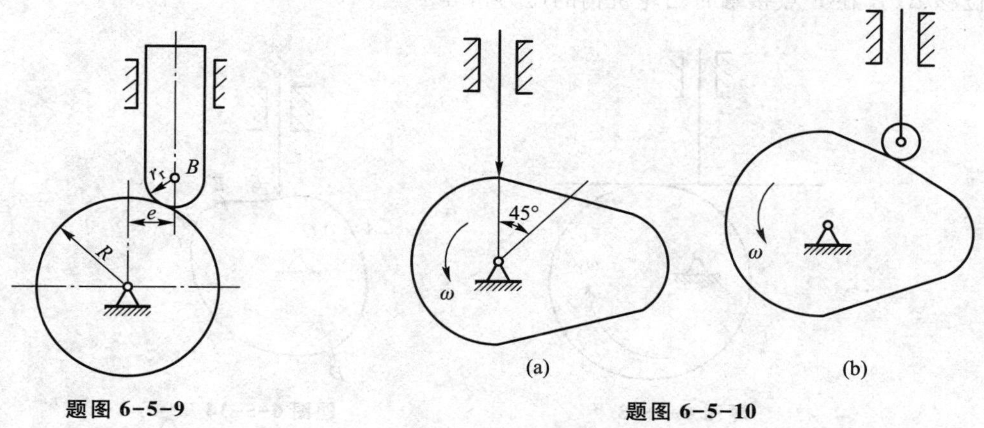

题图 6-5-9　　题图 6-5-10

13. 在题图 6-5-11 所示的凸轮机构中，已知偏心圆盘为凸轮实际轮廓，如图所示。试求：(1) 基圆半径 r_b；(2) 凸轮机构的压力角 α；(3) 凸轮由图示位置转 60°后，推杆移动距离 s。

14. 如题图 6-5-12 所示为偏置尖底直动推杆盘形凸轮机构，已知：凸轮为偏心轮，半径 $R=50$ mm，$l_{OA}=20$ mm，偏距 $e=10$ mm，试求：(1) 基圆半径 r_b；(2) 推程运动角 ϕ 及回程运动角 ϕ'；(3) 推程及回程的最大压力角 α_{max} 及 α'_{max}；(4) 若凸轮尺寸不变，把尖底推杆改成滚子推杆，推杆运动规律是否改变。

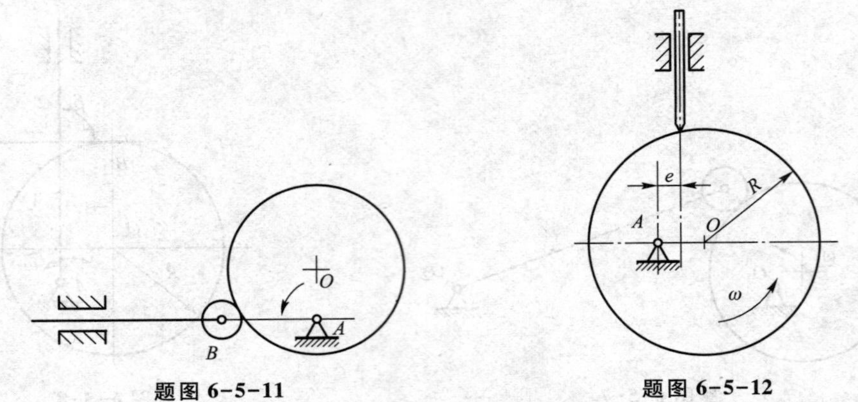

题图 6-5-11　　题图 6-5-12

15. 已知一对心直动尖底从动件盘状凸轮机构的凸轮轮廓曲线为一偏心圆，其直径 $D=50$ mm，偏心距 $e=5$ mm。要求：(1) 画出此机构的简图（自取比例尺）；(2) 画出基圆并计算基圆半径 r_b；(3) 在从动件与凸轮接触处画出压力角 α。

16. 已知题图 6-5-13 所示的凸轮机构，在图上标出以下各项：(1) 基圆半径 r_b；(2) 从动件图示位置的位移 s、凸轮转角 φ 和压力角 α；(3) 当 $\varphi=90°$时的从动件位移 s' 和压力角 α'。

17. 如题图 6-5-14 所示为一尖底偏置直动推杆盘形凸轮机构。凸轮轮廓线的 AB 段和 CD 段为两段圆弧，圆心均为凸轮的回转中心 O。试求：(1) 为使推程具有较小的压力角，试确定凸轮的转向；(2) 试画出凸轮的基圆和偏距圆；(3) 在图上标出推程运动角、远休止角、回程运动角和近休止角的大小，推杆的行程 h；(4) 推杆从 E 点运动到 F 点所上升的位移 Δs 及在 F 点接触时凸轮机构的压力角 α。

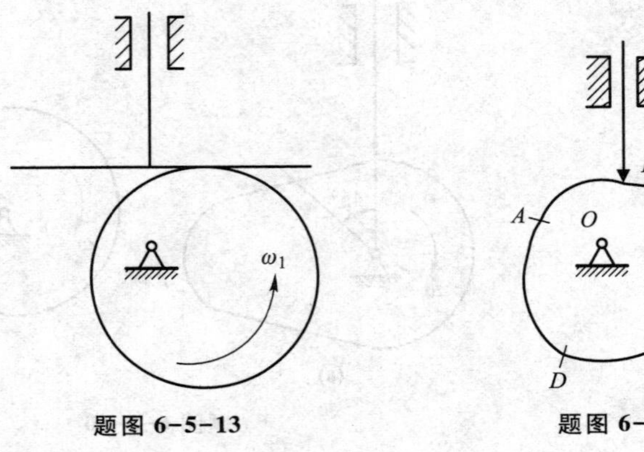

题图 6-5-13　　题图 6-5-14

18. 在题图 6-5-15 上试标出：在图 a 位置时凸轮机构的压力角，凸轮从图示位置转过 90°过后推杆的位移；在图 b 位置时推杆从图示位置升高位移 s 后，凸轮的转角和凸轮机构的压力角。

19. 在题图 6-5-16 所示的凸轮机构中，圆弧底摆动推杆与凸轮在 B 点接触。当凸轮从图示位置逆时针转过 90°时，试用图解法标出：(1) 推杆在凸轮上的接触点；(2) 推杆位移角的大小；(3) 凸轮机构的压力角。

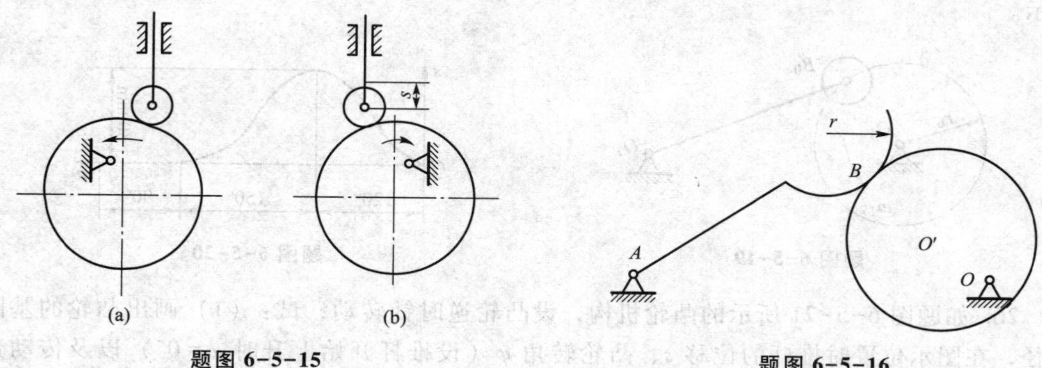

题图 6-5-15　　题图 6-5-16

20. 对于直动推杆盘形凸轮机构，已知推程运动角 $\phi=\pi/2$，行程 $h=50$ mm。求当凸轮转速 $\omega=10$ rad/s 时，等速、等加速、等减速、余弦加速度和正弦加速度五种常用的基本运动规律的最大速度 $v_{\max}$、最大加速度 $a_{\max}$ 以及所对应的凸轮转角 φ。

21. 在直动推杆盘形凸轮机构中，已知行程 $h=20$ mm，推程运动角 $\phi=45°$，基圆半径 $r_b=50$mm，偏距 $e=20$ mm。试计算：(1) 等速运动规律时的最大压力角 $\alpha_{\max}$；(2) 近似假定最大压力角 $\alpha_{\max}$ 出现在推杆速度达到最大值的位置，推程分别采用等加速等减速、简谐运动及摆线运动规律时的最大压力角 $\alpha_{\max}$。

22. 如题图 6-5-17 所示，已知一偏心圆盘 $R=40$ mm，滚子半径 $r_r=10$ mm，$l_{OA}=90$ mm，$l_{AB}=70$ mm，转轴 O 到圆盘中心 C 的距离 $l_{OC}=20$ mm，圆盘按逆时针方向回转。试求：(1) 标出凸轮机构在图示位置时的压力角 α，画出基圆，求基圆半径 r_b；(2) 作出摆杆由最下位置摆到图示位置时，摆杆摆过的角度 ψ 及相应的凸轮转角 φ。

23. 题图 6-5-18 所示为一摆动平底推杆盘形凸轮机构（$\mu_l=0.001$ m/mm），已知凸轮轮廓是一个偏心圆，其圆心为 C，试用图解法求：(1) 凸轮从初始位置到达图示位置时的转角 φ 及推杆的角位移 ψ；(2) 推杆的最大角位移 $\psi_{\max}$ 及凸轮的推程运动角 ϕ'；(3) 凸轮从初始位置回转 90°时推杆的角位移 ψ_{90}。

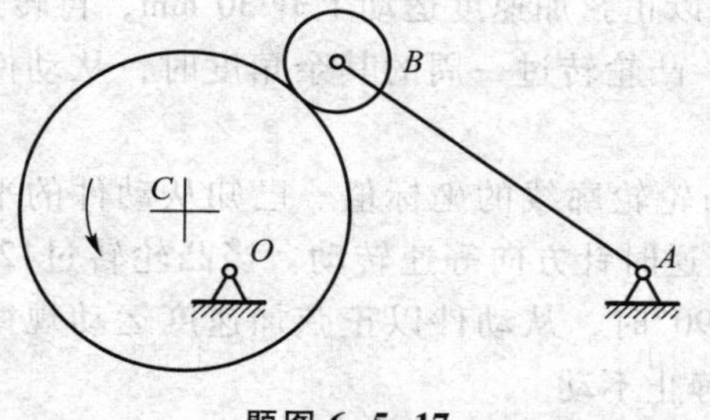

题图 6-5-17

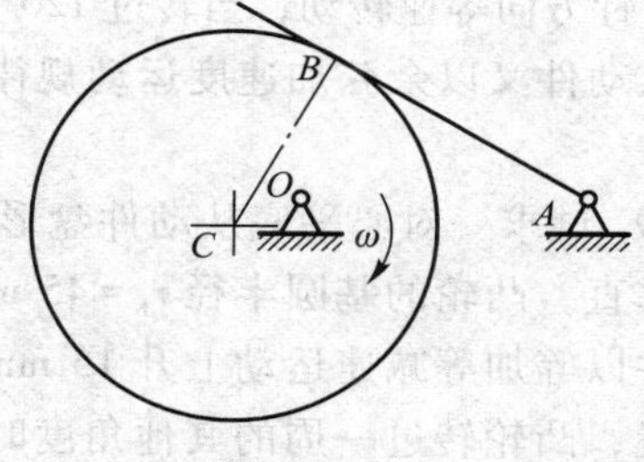

题图 6-5-18

24. 有一摆动滚子从动件盘形凸轮机构如题图 6-5-19 所示。已知 $l_{O2B0}=50$ mm，$r_b=25$ mm，$l_{O1O2}=60$ mm，$r_r=8$ mm。凸轮按顺时针方向等速转动，要求当凸轮转过 180°时，从动件以余弦加速度运动向上摆动25°，转过一周中的其余角度时，从动件以正弦加速度运动摆回到原位置。用图解法设计凸轮的工作轮廓线。

25. 用图解法设计一个对心直动平底推杆盘形凸轮机构的凸轮轮廓曲线。已知基圆半径 $r_b=50$ mm，推杆平底与导路垂直，凸轮顺时针等速转动，运动规律如题图 6-5-20 所示。

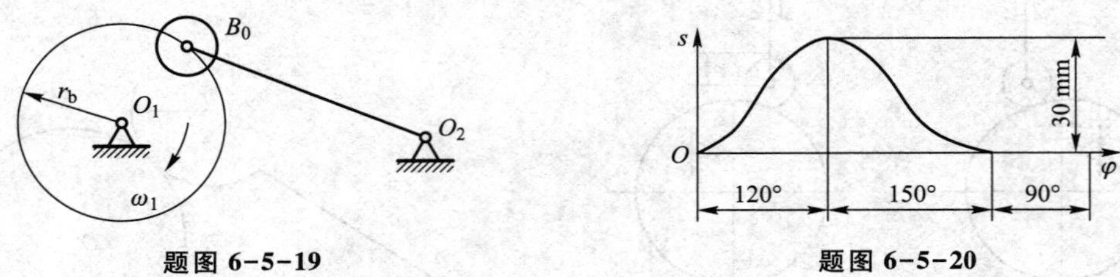

题图 6-5-19　　题图 6-5-20

26. 如题图 6-5-21 所示的凸轮机构，设凸轮逆时针转动，试：(1) 画出凸轮的基圆半径，在图示位置时推杆的位移 s、凸轮转角 φ（设推杆开始上升时 $\varphi=0°$）以及传动角 γ；(2) 已知推杆的运动规律为 $s=s(\varphi)$，$v=v(\varphi)$，$a=a(\varphi)$，试写出凸轮轮廓线的方程。

27. 已知偏置滚子推杆盘形凸轮机构，如题图 6-5-22 所示。试用图解法求出推杆的运动规律 s-φ 曲线［要求清楚标明坐标（s，φ）与凸轮上详细对应点号位置，可不必写步骤］。

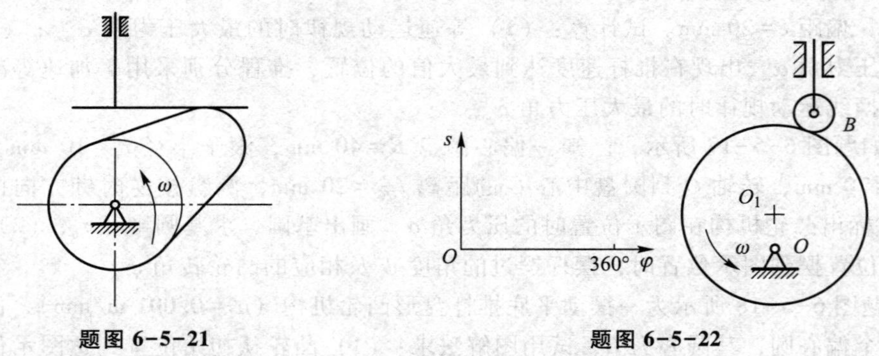

题图 6-5-21　　题图 6-5-22

28. 试用解析法求对心直动滚子从动件盘形凸轮机构的理论轮廓线与实际轮廓线的坐标值，计算间隔取为15°，并核算各位置处凸轮机构的压力角。已知其基圆半径 $r_b=10$ mm，凸轮顺时针方向等速转动，当转过 120°时，从动件以正弦加速度运动上升 30 mm，再转过 90°时，从动件又以余弦加速度运动规律回到原位，凸轮转过一周的其余角度时，从动件静止不动。

29. 试求一对心平底从动件盘形凸轮机构凸轮轮廓线的坐标值。已知从动件的平底与导路垂直，凸轮的基圆半径 $r_b=45$ mm，凸轮沿逆时针方向等速转动。当凸轮转过120°时，从动件以等加等减速运动上升 15 mm，再转过 90°时，从动件以正弦加速度运动规律回到原位置，凸轮转过一周的其他角度时，从动件静止不动。

30. 已知一偏置直动尖顶从动件凸轮机构，升程 $h=30$mm，$\phi=180°$，$r_b=40$ mm，凸

轮顺时针转动，导路偏在凸轮轴心左侧，偏距 $e=5\text{mm}$，从动件运动规律为等加速等减速运动。计算 $\varphi=0°$、$90°$、$180°$时凸轮机构的压力角。

31. 已知一尖底移动从动件盘形凸轮机构的凸轮以等角速度 ω_1 沿顺时针方向转动，从动件的升程 $h=50$ mm，升程的运动规律为余弦加速度，推程运动角为 $\phi=90°$，从动件的导路与凸轮转轴之间的偏距 $e=10$ mm，凸轮机构的许用压力角 $[\alpha]=30°$。求：（1）当从动件的升程为工作行程时，从动件正确的偏置方位；（2）按许用压力角计算凸轮的最小基圆半径 r_{bmin}（计算间隔取15°）。

32. 在题图 6-5-23 所示的摆动滚子从动件盘形凸轮机构中，已知摆杆 AB 在起始位置时垂直于 OB，$l_{OB}=40$ mm，$l_{AB}=80$ mm，滚子半径 $r_r=10$ mm，凸轮以等角速度 ω 逆时针转动。从动件的运动规律是：凸轮转过 180°，从动件以正弦速度运动规律向上摆动 30°；凸轮再转过 150°时，从动件以等加速等减速运动规律返回位置；凸轮转过剩余 30°时，从动件停歇不动。试写出凸轮理论轮廓线和实际轮廓线的方程式。

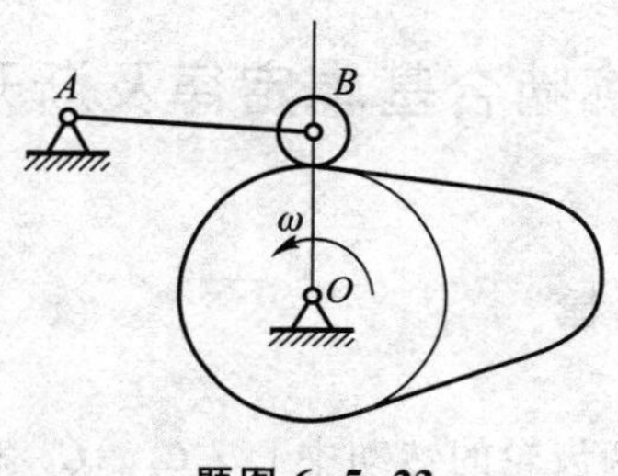

题图 6-5-23

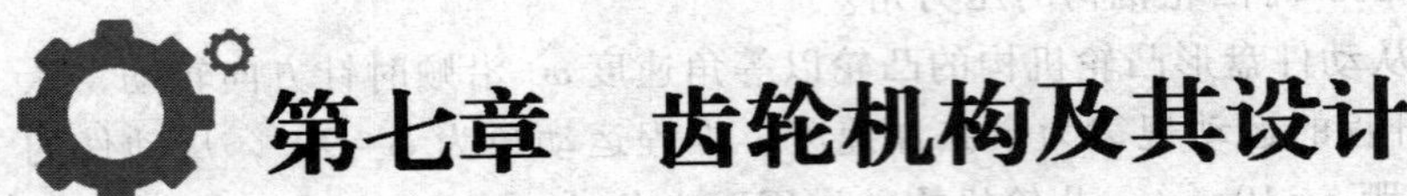

第七章 齿轮机构及其设计

本章学习任务：齿廓啮合定律，渐开线齿形，渐开线圆柱齿轮各部分名称和尺寸，渐开线直齿圆柱齿轮机构的啮合传动，其他齿轮机构的啮合特点。

驱动项目的任务安排：完成项目中齿轮机构的详细设计。

7.1 齿廓啮合基本定律及渐开线齿形

7.1.1 齿廓啮合基本定律

图 7-1 中，O_1、O_2 分别为两齿轮的转动中心，C_1、C_2 为两齿轮相互啮合的任意曲线齿廓，若两轮齿廓在 K 点接触（啮合），则齿轮 1 和齿轮 2 在 K 点的速度分别为 $v_{K1}=\omega_1\ \overline{O_1K}$ 和 $v_{K2}=\omega_2\ \overline{O_2K}$，齿轮副在运动时，必须满足它们在过啮合点的公法线 $n-n$ 上的分速度相等，否则它们将出现干涉或分离而不能传动，即

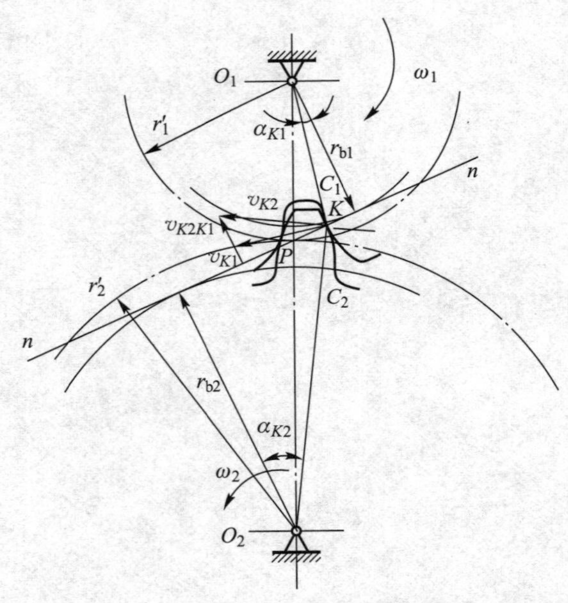

图 7-1 齿轮啮合基本定律

$$v_{K1}\cos\alpha_{K1}=v_{K2}\cos\alpha_{K2}$$

因此，这对齿轮的传动比

$$i=\frac{\omega_2}{\omega_1}=\frac{\overline{O_2K}\cos\alpha_{K2}}{\overline{O_1K}\cos\alpha_{K1}}=\frac{r_{b2}}{r_{b1}}=\frac{\overline{O_2P}}{\overline{O_1P}} \tag{7-1}$$

该式表明：相互啮合的一对齿廓，过它们的瞬时接触点的公法线，必与两齿轮的连心线交于相应的节点 P，该节点将齿轮的连心线所分成的两个线段与该对齿轮的角速比成反比。若两齿轮的瞬时传动比为常数，则节点 P 必定为固定点，节曲线分别为以 O_1 和 O_2 为圆心、r_1'和 r_2'为半径所作的圆，常称为节圆；由于节点处 $v_{P1}=v_{P2}$，因此齿轮传动时就可以看成这对齿轮的节圆在作纯滚动。这个规律称为齿廓啮合基本定律。P 点也为两齿廓在任意啮合点 K 的速度瞬心，其位置与齿廓曲线有关。

若节点 P 位置是主动齿轮 1 转角 φ_1 的函数，则其传动比 $i_{12}=f(\varphi_1)$，P 点在各齿轮运动平面上的轨迹称为该点的节曲线（瞬心线），此时为非圆曲线，如图 7-2 所示。

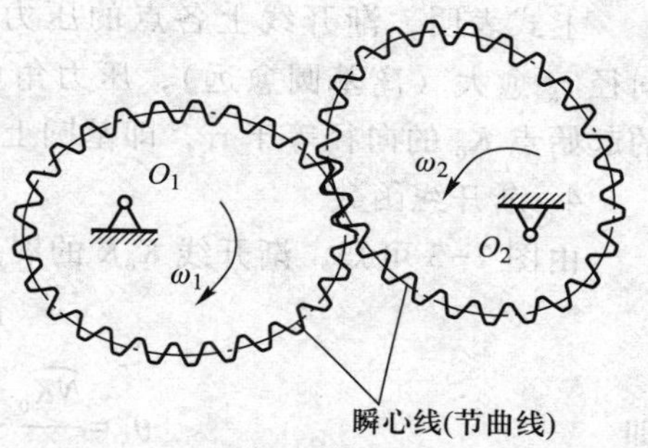

图 7-2　非圆齿轮与其节曲线

满足齿廓啮合基本定律的一对齿廓称为共轭齿廓。理论上共轭齿廓曲线有很多种，在定传动比齿轮传动中可采用渐开线、摆线、圆弧等。考虑到啮合性能、加工、互换使用等问题，目前最常用的是渐开线齿廓。

7.1.2　渐开线齿廓

1. 渐开线的形成

由图 7-3 可知，当直线 B 由虚线位置沿一圆周作纯滚动时，其上任一点 K 在平面上的轨迹 K_0K 称为该圆的渐开线。这个圆称为基圆，其半径用 r_b 表示，直线 B 线称为发生线，θ_K 角称为渐开线 K_0K 段的展角。

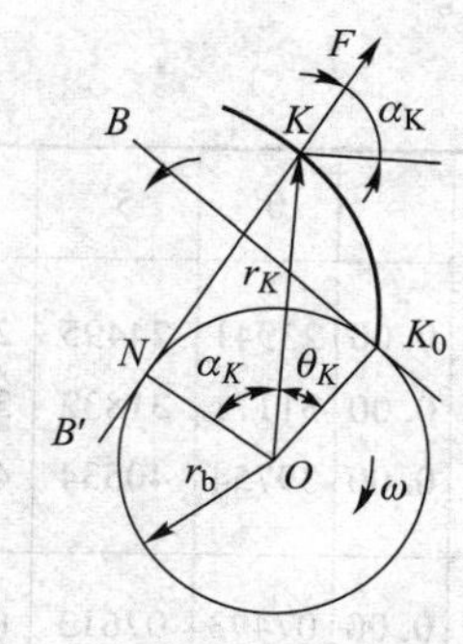

图 7-3　渐开线的形成及性质

2. 渐开线的性质

1）发生线沿基圆滚过的长度等于基圆上被滚过的弧一段的弧长，即 $\overline{NK}=\overset{\frown}{K_0N}$。

2）发生线是渐开线在 K 点的法线，即过渐开线上任何一点的法线始终与基圆相切。

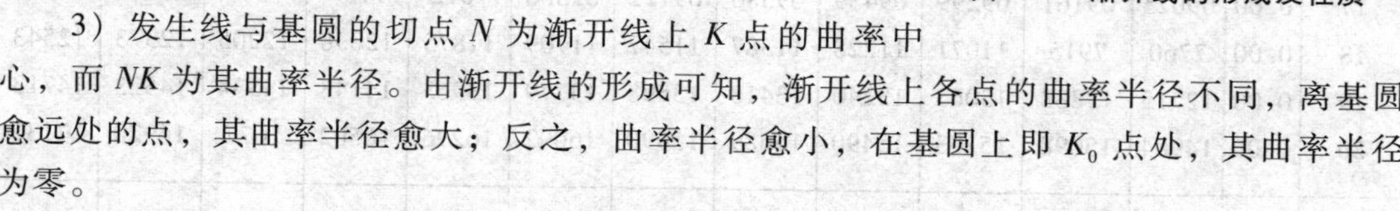

3）发生线与基圆的切点 N 为渐开线上 K 点的曲率中心，而 NK 为其曲率半径。由渐开线的形成可知，渐开线上各点的曲率半径不同，离基圆愈远处的点，其曲率半径愈大；反之，曲率半径愈小，在基圆上即 K_0 点处，其曲率半径为零。

4）渐开线形状取决于基圆的大小。基圆愈大，渐开线愈平直；当基圆半径趋于无穷大时，渐开线为一斜直线，如图 7-4 所示。

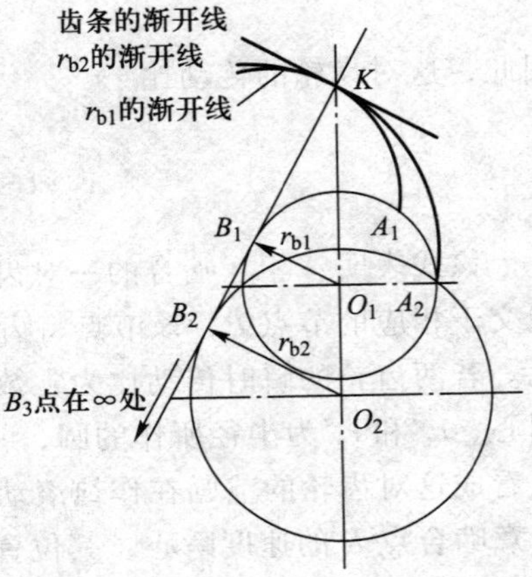

5）基圆内无渐开线。

3. 渐开线齿廓的压力角

由图 7-3 可知，齿廓在接触点 K 所受的正压力方向（即齿廓在该点的法线方向）与该齿轮绕轴心 O 转动的线速度方向所夹的锐角称为渐开线在该点处的压力角，用 α_K 表示。从图 7-3 看到，$\overline{ON}$与$\overline{OK}$间的夹角在数值上就等于 α_K，于是就有

$$\cos\alpha_K=\frac{\overline{ON}}{\overline{OK}}=\frac{r_b}{r_K} \tag{7-2}$$

式中，r_K 为渐开线上任一点 K 的向径。

图 7-4 渐开线形状

上式表明，渐开线上各点的压力角是不相同的，向径 r_K 愈大（离基圆愈远），压力角愈大；而渐开线的起始点 K_0 的向径等于 r_b，即基圆上（$r_{K0}=r_b$）的压力角等于零。

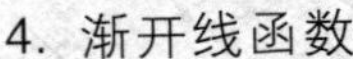

4. 渐开线函数

由图 7-3 可知，渐开线 K_0K 的展角

$$\theta_K=\angle NOK_0-\alpha_K$$

即

$$\theta_K=\frac{\widehat{NK_0}}{r_b}-\alpha_K=\frac{\widehat{NK}}{r_b}-\alpha_K=\tan\alpha_K-\alpha_K$$

上式表明，渐开线上任一点 K 的展角 θ_K 是随压力角 α_K 的大小而变化的，它是压力角 α_K 的函数，称为渐开线函数。工程上常用 inv α_K 表示 θ_K，即

$$\text{inv}\,\alpha_K=\theta_K=\tan\alpha_K-\alpha_K \tag{7-3}$$

当已知 α_K 时，可用上式求 θ_K。式中 α_K 和 θ_K 均用弧度表示，常用的渐开线函数可查表 7-1。

表 7-1 渐开线函数 inv $\alpha_K=\theta_K=\tan\alpha_K-\alpha_K$

α_K/(°)		0′	5′	10′	15′	20′	25′	30′	35′	40′	45′	50′	55′
11	0. 00	23941	24495	25057	25628	26208	26797	27394	28001	28616	29241	29875	30518
12	0. 00	31171	31832	32504	33185	33875	34575	35285	36005	36735	37474	38224	38984
13	0. 00	39754	40534	41325	42126	42126	43760	44593	45437	46291	47157	48033	48921
16	0. 00	07493	07613	07735	07857	07982	0877	08234	08362	08492	08623	08756	08889
17	0. 00	09025	09161	09299	09439	09580	09722	09866	7012	7158	7307	7456	7608
18	0. 00	7760	7915	11071	11228	11387	11547	11709	11873	12038	12205	12373	12543
19	0. 00	12715	12888	13063	13240	13418	13598	13779	13963	14148	14334	14523	14713
20	0. 00	14904	15098	15293	15490	15689	15890	16092	16296	16502	1677	16920	17132
21	0. 0	17345	17560	17777	17996	18217	18440	18665	18891	19120	19350	19583	19817
22	0. 0	20054	20292	20533	20775	21019	21266	21514	21765	22018	22272	22529	22788

续表

α_K/(°)		0′	5′	10′	15′	20′	25′	30′	35′	40′	45′	50′	55′
23	0.0	23049	23312	23577	23845	24114	24286	24660	24936	25214	25495	25778	26062
24	0.0	26350	26639	26931	27225	27521	27820	28121	28424	28729	29037	29348	29660
25	0.0	29975	30293	30613	30935	31260	31587	31917	32249	32920	32920	33260	33602
26	0.0	33947	34294	34644	34997	35352	35709	36069	36432	36798	37166	37537	3797
27	0.0	38287	38666	39047	39432	39819	40209	40602	40997	41395	41797	42201	42607
28	0.0	43017	43430	43845	44264	44685	4517	45537	45967	46400	46837	47276	47718
29	0.0	48164	48612	49064	49518	49976	50437	50901	51368	51838	52312	52788	53268
30	0.0	53751	54238	54728	55221	55717	56217	56720	57226	57736	58249	58765	59285

5. 渐开线极坐标方程式

在图 7-3 中，若以渐开线起始点 K_0 的向径 OK_0 为极轴，渐开线上任一点 K 的向径 r_K 与极轴的夹角为极角，则渐开线上任一点 K 的位置可以用 r_K 和 θ_K 表示。渐开线的极坐标形式为

$$\begin{cases} r_K = r_b / \cos\alpha_K \\ \theta_K = \operatorname{inv}\alpha_K = \tan\alpha_K - \alpha_K \end{cases} \tag{7-4}$$

7.2 渐开线圆柱齿轮各部分名称和尺寸

7.2.1 齿轮基本尺寸的名称和符号

图 7-5 所示为标准直齿圆柱外啮合齿轮（图 7-5a）和内啮合齿轮（图 7-5b）的一部分，其各部分的名称及符号规定如下：

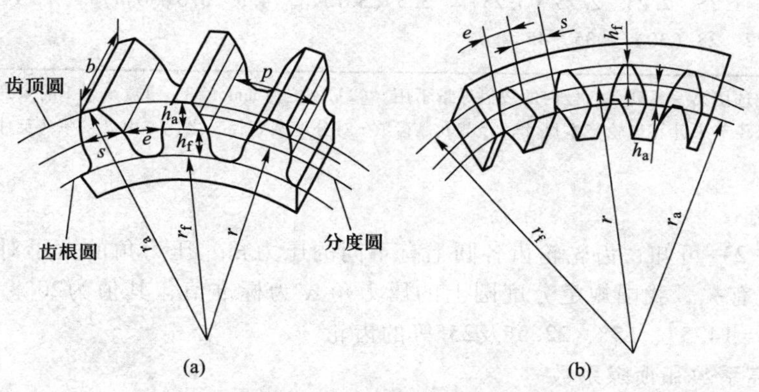

图 7-5 直齿轮各部分的名称和符号

齿顶圆 过轮齿顶端所作的圆称为齿顶圆，其直径和半径分别用 d_a 和 r_a 表示。

齿根圆 过轮齿槽底所作的圆称为齿根圆，其直径和半径分别用 d_f 和 r_f 表示。

分度圆 为了便于齿轮设计和制造而选择的一个尺寸参考圆，即分度圆，该圆上具有标准模数和标准压力角，其直径和半径分别用 d 和 r 表示。

基圆 产生渐开线的圆。其直径和半径分别用 d_b 和 r_b 表示。

齿距 直径为 d_i 的圆周上相邻两齿同侧齿廓之间的弧长称为该圆上的齿距，用 p_i 表示。

齿厚 任意圆周上的一个轮齿两侧齿廓间的弧线长度称为该圆周上的齿厚，用 s_i 表示。

齿槽宽 任意圆周上齿槽两侧齿廓间的弧线长度称为该圆周上的齿槽宽，用 e_i 表示，显然 $p_i=s_i+e_i$。分度圆上的齿距用 p 表示，而齿厚及齿槽宽分别用 s 和 e 表示，因此 $p=s+e$。基圆上的齿距称为基节，用 p_b 表示。

齿顶是轮齿介于分度圆与齿顶圆之间的部分，其径向高度称为**齿顶高**，以 h_a 表示；介于分度圆与齿根圆之间的部分称为**齿根**，其径向高度称为齿根高，以 h_f 表示；齿顶高与齿根高之和称为**齿全高**，以 h 表示，显然 $h=h_a+h_f$。

7.2.2 基本参数

1. 齿数 z

齿数是齿轮圆周上的轮齿总数，用 z 表示。

2. 模数 m

模数是齿轮的一个重要参数，用 m 表示，模数的定义为齿距 p 与 π 的比值 $\frac{p}{\pi}$，单位为 mm，分度圆上的模数已标准化，计算几何尺寸时应采用我国规定的标准模数系列，见表 7-2。

表 7-2 标准模数系列

第一系列	1 1.25 1.5 2 2.5 3 4 5 6 8 7 12 16 20 25 32 40 50
第二系列	1.75 2.25 2.75 (3.25) 3.5 (3.75) 4.5 5.5 (6.5) 7 9 (11) 14 18 22 28 (30) 35 45

注：(1) 优先选用第一系列，括号内的数值尽量不用。(2) 单位为 mm。(3) 模数小于 1 的未列出。(4) 在采用英制单位的国家，以径节来计算齿轮基本尺寸，径节 p 是齿数 z 对分度圆直径 d 之比，由 $d=z/p$（英寸）和 $d=mz$（mm）可得 $m=25.4/p$。

3. 压力角 α

由式 (7-2) 可知，齿轮轮齿各圆上有不同的压力角。压力角的大小对齿轮的传力效果及抗弯强度有关，我国规定分度圆上的压力角 α 为标准值，其值为20°。此外，在某些场合也采用 $\alpha=14.5°$、15°、22.5°及25°等的齿轮。

4. 齿顶高系数和顶隙系数

齿轮的齿顶高与其模数比值称为齿顶高系数，用 h_a^* 表示，一对啮合传动的齿轮副中，一个齿轮的齿顶圆与另一个齿轮的齿根圆之间的径向距离称为顶隙（或径向间隙）。顶隙与模数的比值为顶隙系数，用 c^* 表示。对于渐开线标准直齿圆柱齿轮，$h_a^*=1$，$c^*=0.25$。

7.2.3 标准齿轮

齿顶高与齿根高为标准值，分度圆上的齿厚 s 等于齿槽宽 e 的直齿圆柱齿轮称为标准齿轮。标准齿轮传动几何尺寸的计算可参看表 7-3。

表 7-3 渐开线标准直齿圆柱齿轮传动几何尺寸的计算公式

名称	符号	计算公式
分度圆直径	d	$d=mz$
基圆直径	d_b	$d_b=mz\cos\alpha$
齿顶圆直径	d_a	$d_a=m(z+2h_a^*)$
齿根圆直径	d_f	$d_f=mz-2m(h_a^*+c^*)$
齿顶高	h_a	$h_a=h_a^*m$
齿根高	h_f	$h_f=m(h_a^*+c^*)$
齿高	h	$h=h_a+h_f=m(2h_a^*+c^*)$
齿距	p	$p=\pi m$
齿厚	s	$s=\pi m/2$
齿槽宽	e	$e=\pi m/2$
标准中心距	a	$a=m(z_1+z_2)/2$
传动比	i	$i_{12}=z_2/z_1=\omega_1/\omega_2$

注：表中 m、α、h_a^*、c^* 均为标准参数，表中计算公式主要针对外啮合齿轮。

例 7-1 已知一对渐开线标准外啮合圆柱齿轮传动的模数 $m=5$ mm，压力角 $\alpha=20°$，$z_1=90$，$z_2=50$，试求两轮的分度圆直径、齿顶圆直径、齿根圆直径、基圆直径以及分度圆上的齿厚和齿槽宽。

解 根据表 7-3 中的计算公式：

$$d_1=mz_1=5\times90\ \text{mm}=450\ \text{mm}$$

$$d_2=mz_2=5\times50\ \text{mm}=250\ \text{mm}$$

$$d_{a1}=d_1+2h_a^*m=450\ \text{mm}+2\times1\times5\ \text{mm}=460\ \text{mm}$$

$$d_{a2}=d_2+2h_a^*m=250\ \text{mm}+2\times1\times5\ \text{mm}=260\ \text{mm}$$

$$d_{f1}=d_1-2h_a^*m-2c^*m=450\ \text{mm}-2\times1\times5\ \text{mm}-2\times0.25\times5\ \text{mm}=437.5\ \text{mm}$$

$$d_{f2}=d_2-2h_a^*m-2c^*m=250\ \text{mm}-2\times1\times5\ \text{mm}-2\times0.25\times5\ \text{mm}=237.5\ \text{mm}$$

$$d_{b1}=d_1\cos\alpha=450\times\cos20°\ \text{mm}=422.86\ \text{mm}$$

$$d_{b2}=d_2\cos\alpha=250\times\cos20°\ \text{mm}=234.92\ \text{mm}$$

$$s=\frac{1}{2}\pi m=\frac{1}{2}\pi\times 5\ \text{mm}=7.85\ \text{mm}$$

$$e=s=7.85\ \text{mm}$$

7.2.4 内齿轮与齿条

图 7-5b 所示为圆柱内齿轮，其轮齿分布在空心圆柱体的内表面上，与外齿轮相比较有下列特点：

1）内齿轮的轮齿相当于外齿轮的齿槽，内齿轮的齿槽相当于外齿轮的轮齿；

2）内齿轮的齿根圆大于齿顶圆；

3）齿顶圆大于基圆，主要是为了使内齿轮齿顶的齿廓全部为渐开线。

当齿轮的齿数为无穷多时，其分度圆、齿顶圆、齿根圆就变为分度线、齿顶线及齿根线，且相互平行，此时其基圆半径也为无穷大。由渐开线的性质可知，当基圆半径为无穷大时，渐开线为一条直线，齿轮演变为齿条，如图 7-6 所示。

渐开线齿条与渐开线齿轮比较有以下特点：

1）由于齿条齿廓为直线，所以齿条齿廓线上各点的压力角均为标准值，且等于齿条齿廓的齿形角，其值为 $\alpha=20°$。

2）齿条的两侧齿廓是由对称的斜直线组成的，因此在平行于齿顶线的各条直线上具有相同的齿距和模数。对标准齿条来说，只有其分度线（中线）上的齿厚等于齿槽宽，即 $s=e=\frac{\pi m}{2}$。

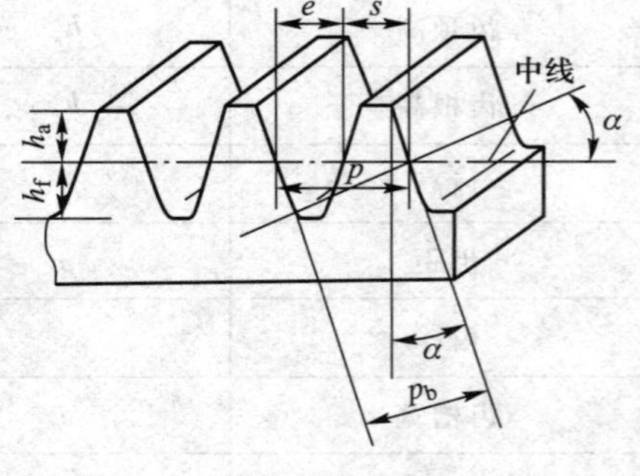

图 7-6 齿条

3）标准齿条的齿顶高及齿根高与标准齿轮的相同，分别为 $h_a=h_a^* m$，$h_f=(h_a^*+c^*)m$。

强化训练题 7-1 已知两齿轮内啮合圆柱齿轮传动，标准渐开线齿廓，其模数 $m=4$ mm，压力角 $\alpha=20°$，中心距 $a=360$ mm，传动比$i_{12}=2$，试求两轮的齿数、分度圆直径、齿顶圆直径、齿根圆直径、基圆直径以及分度圆上的齿厚和齿槽宽。

7.3 渐开线直齿圆柱齿轮机构的啮合传动

7.3.1 渐开线齿轮传动的特性

1. 渐开线齿轮传动满足定传动比传动

图 7-7 所示为一对渐开线齿轮啮合情况。当一对齿轮的齿廓在 B_2 点啮合时，过 B_2 点所作的法线必与两轮的基圆（基圆半径分别为 r_{b1} 和 r_{b2}）相切，这对齿廓在 B_1 点啮合时，过 B_1 点的法线也必与两齿轮的相同基圆相切。齿轮在啮合过程中，由于基圆的位置和大

小都不变，其内公切线只有一条，即为定线，故不论这对齿廓在任何点啮合，过啮合点所作的法线与连心线 O_1O_2 必交于固定点 C。因此，一对渐开线齿廓啮合传动的瞬时传动比不变。即

$$i_{12}=\frac{\omega_2}{\omega_1}=\frac{\overline{O_2C}}{\overline{O_1C}}=\frac{\overline{O_2N_2}}{\overline{O_1N_1}}=\frac{r_{b2}}{r_{b1}} \qquad (7-5)$$

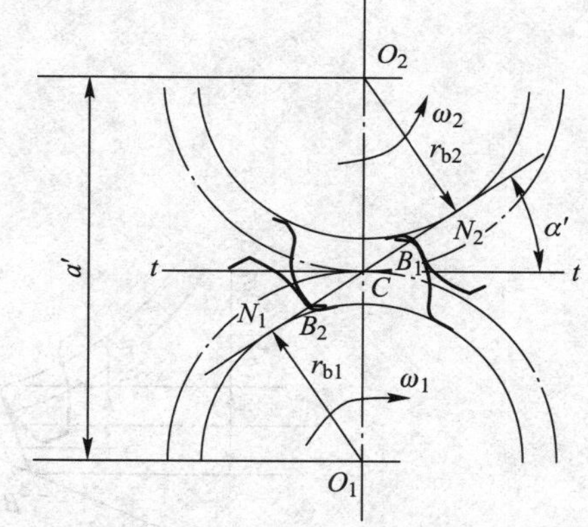

图 7-7 渐开线齿廓满足齿廓啮合基本定律

2. 渐开线齿轮传动的啮合线及啮合角不变

图 7-7 所示的 B_2 点是从动齿轮 2 的齿顶圆与公法线 N_1N_2 的交点。此点也是主动齿轮齿廓靠齿根的一点，是齿廓啮合的起始点，而 B_1 点是主动齿轮 1 的齿顶圆与公法线的交点，此点是这对轮齿脱离啮合的点。由前述可知只要两齿廓啮合，其啮合点必在公法线上，即啮合点的轨迹必与其公法线重合，将啮合点的轨迹称为**啮合线**。而线段B_2B_1为一对齿廓实际参与啮合的线段，称为实际啮合线。若将两轮的齿顶圆加大，其实际啮合线就靠近 N_1、N_2 点。因为基圆内无渐开线，所以两轮的齿顶圆不得超过 N_1、N_2 点，线段N_1N_2是理论上可能的最长的啮合线，称为**理论啮合线**。N_1、N_2 点称为**啮合极限点**。

啮合线 N_1N_2 与两齿轮节圆内公切线 $t-t$ 所夹的锐角称为**啮合角**，它在数值上恒等于节圆上的压力角，故啮合角与节圆上的压力角都用 α'表示。齿轮在传动的过程中，其啮合线和啮合角始终不变，所以传力性能良好。

3. 渐开线齿轮传动具有中心距的可分性

一对渐开线齿轮经加工安装后，其安装中心距为 $a'=\overline{O_2C}+\overline{O_1C}=r'_2+r'_1$。在实际工作中由于制造和安装误差或轴承磨损等原因，使其中心距加大，但由于已制好的齿轮，其基圆是不变的，因此根据式（7-5）可知，这对齿轮的传动比仍然保持不变，这种传动中心距变化而不影响其传动比的特性称为**中心距的可分性**。这种特性给渐开线齿轮的制造及安装带来方便。但中心距不能太大，否则将影响齿轮传动的平稳性。

对于齿轮齿条啮合，具有如下特点：

1）齿轮与齿条啮合时，其啮合线为过啮合点垂直于齿条的齿廓并与齿轮基圆相切的直线。在传动过程中，由于齿轮的基圆大小及其位置不变，齿条同侧直线齿廓都是互相平行的，所以过任何啮合点所作的法线（啮合线）为固定直线。

2）标准齿轮和齿条正确安装时，齿轮的分度圆与齿条的分度线（中线）相切并作纯滚动。此时齿轮的节圆与分度圆重合，齿条移动的速度 $v_2=r_1\omega_1$，其啮合角 α'等于压力角，即 $\alpha'=\alpha=20°$。

3）当齿条的中线沿 O_1C 线远离（或靠近）齿轮时（图 7-8 中虚线位置），齿轮齿条传动齿轮基圆的大小及位置未变，齿条直线齿廓的方位也未变，因此其啮合线和啮合角也不变。此时与齿轮节圆相切并作纯滚动的是与齿条中线相平行的节线。节点 C 的位置没有改变，齿轮节圆的大小也不变，因此不论齿条的中线是否与齿轮的节圆相切（是否标准安装），齿轮的分度圆总是与节圆重合，啮合角 α'总是等于齿轮分度圆的压力角 α，亦等于齿条的齿形角。

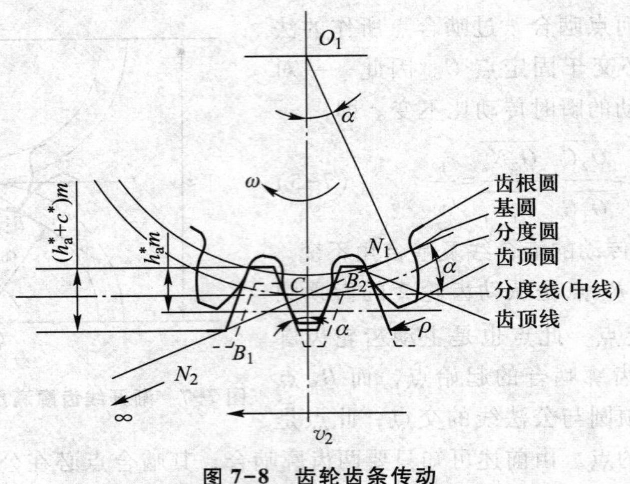

图 7-8 齿轮齿条传动

7.3.2 渐开线齿轮正确啮合的条件

从图 7-9 中看到，两齿轮正确啮合传动的条件是使处于啮合线上的各对轮齿都能同时进入啮合，即两齿轮的基节相等，$p_{b1}=p_{b2}$，而 $p_b=\pi m\cos\alpha$，于是就有

$$\pi m_1\cos\alpha_1=\pi m_2\cos\alpha_2$$

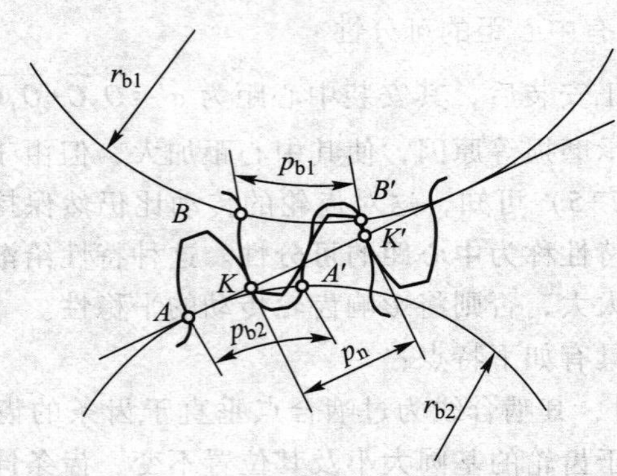

图 7-9 渐开线齿轮正确啮合条件

因为齿轮中的模数及压力角已标准化，所以两直齿轮圆柱齿轮正确啮合的条件为

$$m_1=m_2=m,\ \alpha_1=\alpha_2=\alpha \tag{7-6}$$

7.3.3 渐开线齿轮连续传动的条件

由图 7-10 的齿轮啮合过程可知，齿轮连续传动时，前一对轮齿还未脱离啮合，后一对轮齿及时进入啮合。为了达到此目的，需要实际啮合线段$\overline{B_2B_1}$不小于齿轮的法向齿距 p_b，即$\overline{B_2B_1}\geqslant p_b$，或$\overline{B_2B_1}/p_b\geqslant 1$。将$\overline{B_2B_1}/p_b$ 的值称为**重合度**，用 ε_α 表示。由于齿轮在制

造和安装时可能有误差，设计齿轮时应保证重合度 $\varepsilon_\alpha>1$。根据齿轮机构传动的要求［ε_α］的推荐值列于表 7-4。

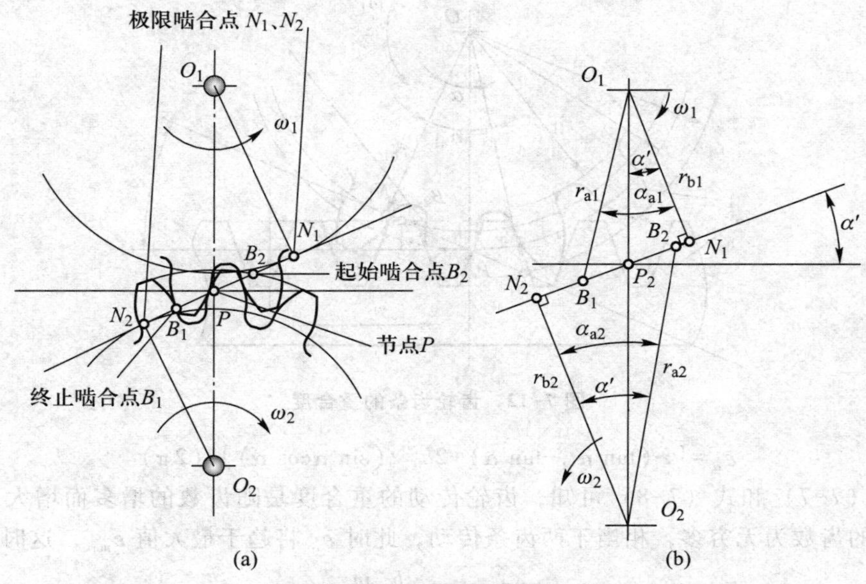

图 7-10 渐开线连续传动条件

表 7-4 推荐的许用重合度值

使用场合	一般机械	汽车拖拉机	金属切削机床
［ε_α］	1.4	1.1~1.2	1.3

重合度 ε_α 的大小还表明同时啮合的轮齿的对数。例如 $\varepsilon_\alpha=1.4$，表示 $\overline{B_1B_2}=1.4p_b$，从图 7-11 看到，在一个基圆齿距内单对齿啮合的啮合线段占 60%，两对齿啮合的啮合线段占 40%，即在 $0.4p_b$ 的啮合区内有两对齿同时啮合，称为双齿啮合区；而在 $0.6p_b$ 啮合区内只有一对齿啮合，称为单齿啮合区。由此可知，重合度愈大，双齿啮合区愈大，传动愈平稳，承载能力愈高。

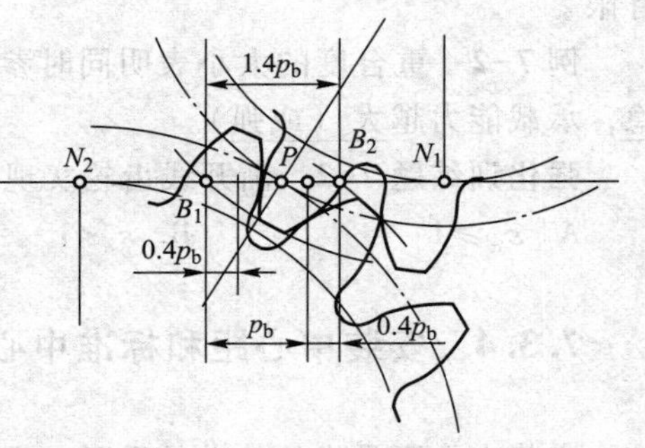

图 7-11 轮齿传动的重合度

由图 7-10b 中的几何关系，可推导出重合度与齿轮各基本参数之间的关系如下式：

$$\varepsilon_\alpha=\frac{1}{2\pi}[z_1(\tan\alpha_{a1}-\tan\alpha')+z_2(\tan\alpha_{a2}-\tan\alpha')] \tag{7-7}$$

式中：α_{a1}、α_{a2}分别为齿轮 1、2 的顶圆压力角；α'为啮合角。

由式（7-7）可知，齿数愈多，重合度愈大；啮合角 α'愈大，重合度降低。在无侧隙啮合时，重合度与模数 m 无关。

对于图 7-12 中齿轮齿条的重合度与基本参数之间的关系如下式：

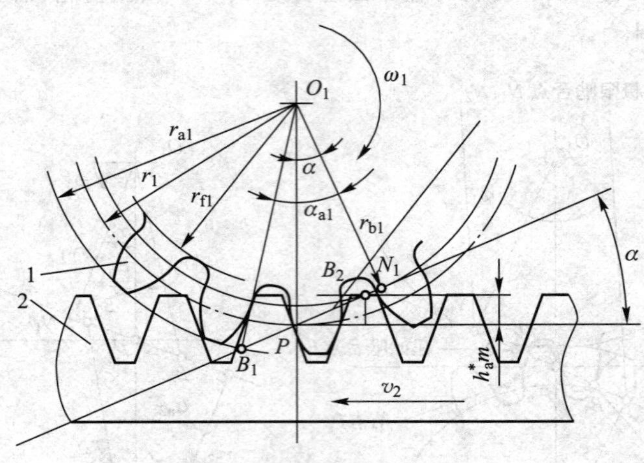

图 7-12 齿轮齿条的重合度

$$\varepsilon_\alpha = [z_1(\tan\alpha_{a1} - \tan\alpha) + 2h_a^* / (\sin\alpha\cos\alpha)] / (2\pi) \tag{7-8}$$

由式（7-7）和式（7-8）可知，齿轮传动的重合度是随齿数的增多而增大。如果假想两齿轮的齿数为无穷多，相当于两齿条传动，此时 ε_α 将趋于最大值 ε_{max}，这时

$$\overline{PB_1} = \overline{PB_2} = \frac{h_a^* m}{\sin\alpha};$$

于是可得：$\varepsilon_{max} = \dfrac{2h_a^*}{\pi\cos\alpha\sin\alpha}$。

当 $\alpha = 20°$，$h_a^* = 1$ 时，$\varepsilon_{max} = 1.981$。

由此可以看出直齿轮传动时，同时啮合的齿数对不超过 2 对齿，即其承载能力有限。

例 7-2 重合度的大小表明同时参与啮合的轮齿对数的多少，重合度越大，传动越平稳，承载能力越大（或强）。

强化训练题 7-2 渐开线齿轮实现连续传动时，其重合度为（ ）。

A. $\varepsilon_\alpha \geqslant 1$ B. $\varepsilon_\alpha < 1$ C. $\varepsilon_\alpha = 0$ D. $\varepsilon_\alpha < 0$

7.3.4 安装中心距和标准中心距

安装中心距是齿轮传动的重要基本尺寸。一对外啮合齿轮传动时，其安装中心距为两齿轮节圆半径之和，即 $a' = r_1' + r_2'$，而 $r' = r_b / \cos\alpha'$，因此有

$$a' = (r_{b1} + r_{b2}) / \cos\alpha' = \frac{m\cos\alpha}{2}(z_1 + z_2) / \cos\alpha' \tag{7-9}$$

此式表明，若两轮的中心距 a' 增大，其啮合角 α' 也相应增大，但齿轮的几何尺寸没有变化，这就导致齿侧有间隙。较大的齿侧间隙将引起齿廓间的冲击，因此理论上保证齿侧无间隙，即齿轮 1 节圆上的齿厚 s_1' 应等齿轮 2 节圆上的齿槽宽 e_2'。实际上为了润滑齿廓及避免轮齿因摩擦发热膨胀而被卡死，齿侧应留有很小的间隙，此间隙用齿厚公差来保证。

另外，为了保证轮 1 的齿根不与轮 2 的齿顶接触，并利于润滑剂的驻留，还应保证顶隙为标准值，标准的顶隙 $c=c^* m$。由图 7-13 中几何关系可知，当保证顶隙为标准值时，齿轮的中心距 $a=r_{f1}+c+r_{a2}=r_1+r_2$。此时，两轮的分度圆相切并作纯滚动。由于标准齿轮分度圆的齿厚 s 等于齿槽宽 e，于是有 $s_1=e_1$，$s_2=e_2$，或 $s_1=e_2$，$s_2=e_1$。这说明一对齿轮在保证顶隙为标准值时也保证齿侧间隙为零。我们将满足上述两个条件的安装中心距称为**标准安装中心距**（简称标准中心距），用 a 表示。它等于两齿轮分度圆半径之和，即 $a=r_1+r_2$，当安装中心距 a' 等于标准中心距 a 时，两轮的节圆与分度圆分别重合，即 $r_1=r_1'$，$r_2=r_2'$。

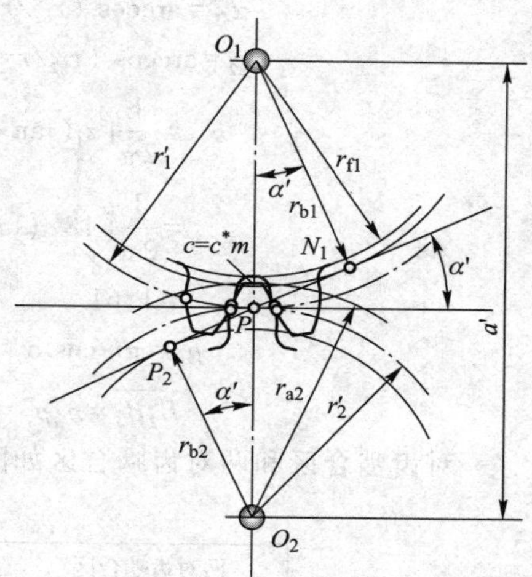

图 7-13　标准中心距和顶隙

如果齿轮的安装中心 a' 与标准中心距 a 不一致，两轮的节圆与分度圆则不再重合。根据 $r_b=r\cos\alpha=r'\cos\alpha'$ 的关系，可得出：

$$r_{b1}+r_{b2}=(r_1+r_2)\cos\alpha=a\cos\alpha$$

以及

$$r_{b1}+r_{b2}=(r_1'+r_2')\cos\alpha'=a'\cos\alpha'$$

于是就有

$$a\cos\alpha=a'\cos\alpha' \tag{7-10}$$

或

$$\cos\alpha'=\frac{a}{a'}\cos\alpha$$

例 7-3　设计一对渐开线外啮合标准直齿圆柱齿轮机构。已知 $z_1=18$，$z_2=37$，$m=5\ \text{mm}$，$\alpha=20°$，$h_a^*=1$，试求：① 两齿轮的几何尺寸及标准中心距；② 计算重合度 ε_α，并以长度比例尺 $\mu_l=0.2\ \text{mm/mm}$ 绘出一对齿啮合区和两对齿啮合区。

解　① 两轮几何尺寸及中心距

$$r_1=\frac{1}{2}mz_1=\frac{1}{2}\times5\times18\ \text{mm}=45\ \text{mm}$$

$$r_2=\frac{1}{2}mz_2=\frac{1}{2}\times5\times37\ \text{mm}=92.5\ \text{mm}$$

$$r_{a1}=r_1+h_a^*m=(45+5)\ \text{mm}=50\ \text{mm}$$

$$r_{a2}=r_2+h_a^*m=(92.5+5)\ \text{mm}=97.5\ \text{mm}$$

$$r_{f1}=r_1-(h_a^*+c^*)m=(45-1.25\times5)\ \text{mm}=38.75\ \text{mm}$$

$$r_{f2}=r_2-(h_a^*+c^*)m=(92.5-1.25\times5)\ \text{mm}=86.25\ \text{mm}$$

$$r_{b1}=r_1\cos\alpha=45\times\cos20°\ \text{mm}=42.29\ \text{mm}$$

$$r_{b2}=r_2\cos\alpha=92.5\times\cos20°\ \text{mm}=86.92\ \text{mm}$$

$$s_1=s_2=\frac{1}{2}\pi m=\frac{1}{2}\times\pi\times5\ \text{mm}=7.85\ \text{mm}$$

$$a=\frac{1}{2}m(z_1+z_2)=\frac{1}{2}\times5\times(18+37)\ \text{mm}=137.5\ \text{mm}$$

② 重合度 ε_α

$$\alpha_{a1}=\arccos\ (r_{b1}/r_{a1})=\arccos\ (42.29/50)=32.25°$$

$$\alpha_{a2}=\arccos\ (r_{b2}/r_{a2})=\arccos\ (86.92/97.5)=26.94°$$

$$\begin{aligned}\varepsilon_\alpha&=\frac{1}{2\pi}[z_1(\tan\alpha_{a1}-\tan\alpha)+z_2(\tan\alpha_{a2}-\tan\alpha)]\\&=\frac{1}{2\pi}[18\times(\tan 32.25°-\tan 20°)+37\times(\tan 26.94°-\tan 20°)]\\&=1.61\end{aligned}$$

$$p_n=\pi m\cos\alpha=\pi\times5\times\cos 20°\ \text{mm}=14.76\ \text{mm}$$

$$\overline{B_2B_1}=\varepsilon_\alpha p_n=1.61\times14.76\ \text{mm}=23.76\text{mm}$$

一对齿啮合区和两对齿啮合区如图 7-14 所示。

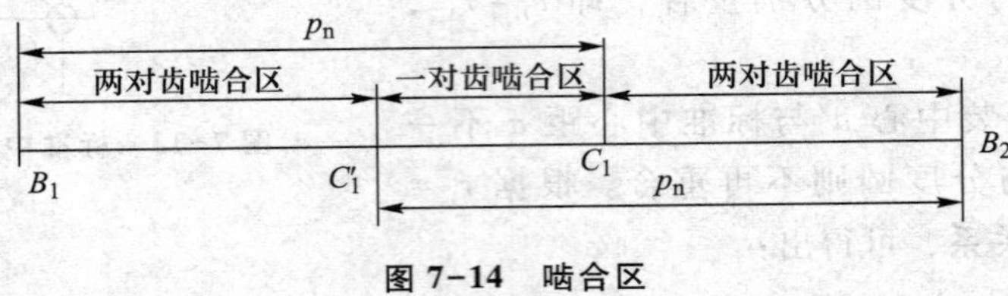

图 7-14　啮合区

强化训练题 7-3　一对外啮合渐开线标准直齿圆柱齿轮机构，已知 $z_1=19$，$z_2=52$，$m=5$ mm，$\alpha=20°$，$h_a^*=1$，试求：(1) 两齿轮的几何尺寸及标准中心距；(2) 计算重合度 ε_α，并以长度比例尺 $\mu_l=0.3$ mm/mm 绘出一对齿啮合区和两对齿啮合区。

7.3.5　渐开线齿廓切制方法

齿轮的加工方法很多，有切削法、铸造法、热压法、热轧法、冷轧法、冲压法和粉末冶金法等，其中最常用的是切削法，而切削法从加工原理上可分为仿形法和展成法两大类。

1. 仿形法

仿形法利用刀具的轴面齿形与所切制的渐开线齿轮的齿槽形状相同的特点，在轮坯上直接加工出齿轮的轮齿。常用刀具有盘状铣刀和指状铣刀两种。图 7-15a 所示为盘形铣刀加工齿轮示意图，切齿时刀具绕自身轴线转动，同时轮坯沿自身轴线移动；每铣完一个齿槽后，轮坯退回原处，利用分度机构将齿轮轮坯旋转 360°/z，之后再铣下一个齿槽，直至铣出全部轮齿。图 7-15b 所示为指状铣刀加工齿轮示意图。仿形法加工齿轮方法简单，在普通铣床上即可进行，但这种加工方法生产效率低，且切齿轮精度差。目前已经很少使用该方法加工齿轮。

2. 展成法

展成法亦称范成法，是目前加工中常用的方法，如插齿、滚齿、磨齿等都属于这种方法。展成法是利用互相啮合的两个齿轮的齿廓曲线互为包络线的原理加工齿轮的轮齿的。展成法切齿时分为插齿法和滚齿法。插齿法所用刀具有齿轮插刀和齿条插刀，滚齿法所用刀具为齿轮滚刀。

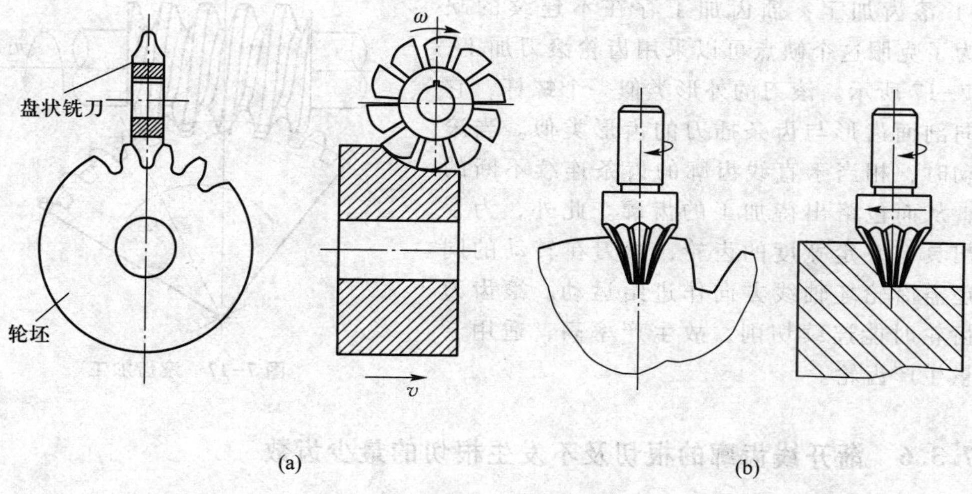

图 7-15 仿形法加工齿轮

1）齿轮插刀切制齿轮：如图 7-16a 所示，齿轮插刀是带有刀刃的外齿轮。其模数和压力角与被切制齿轮的相同。切制时，插刀沿轮坯轴线方向作往复切削运动，同时，插齿机床的传动系统使插齿刀和轮坯按传动比 $i_{12}=\dfrac{\omega_1}{\omega_2}=\dfrac{z_2}{z_1}$ 转动，此运动称为展成运动。为切出齿槽，刀具还需沿轮坯轴线方向作往复运动，称为切削运动。另外，为切出齿高，刀具还有沿轮坯径向的进给运动及插刀每次回程时轮坯沿径向的让刀运动。

2）齿条插刀切制齿轮：图 7-16b 所示为齿条插刀插齿，齿条插刀是带有刀刃的齿条。加工时，机床的传动系统使齿条插刀的移动速度 $v_{刀}$ 与被加工齿轮的分度圆线速度相等，即 $v_{刀}=r\omega$。其切齿原理与用齿轮插刀切齿原理相似。

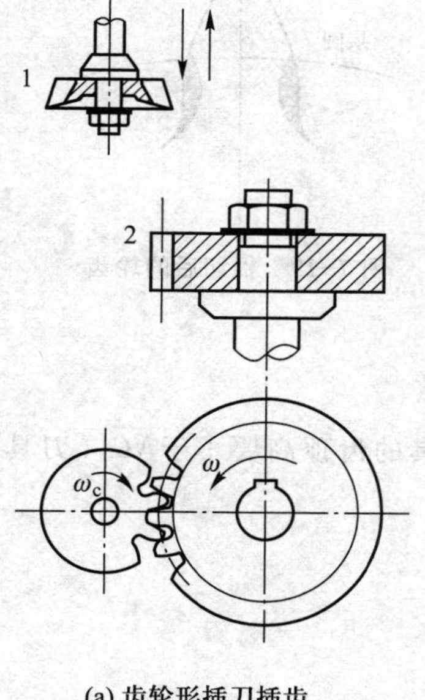

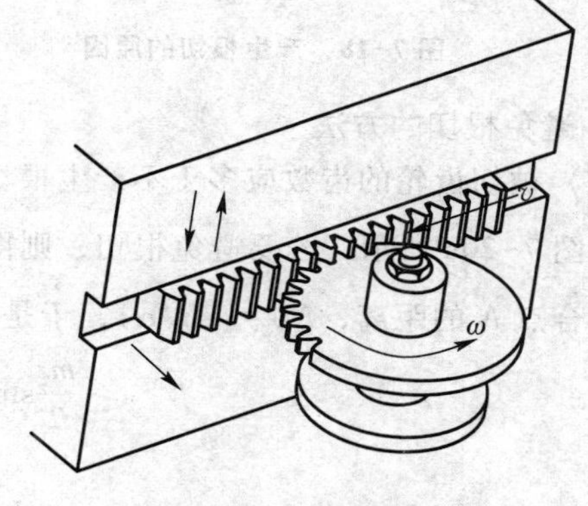

(a) 齿轮形插刀插齿　　(b) 齿条形插刀插齿

图 7-16 插齿加工

3）滚齿加工：插齿加工存在不连续的缺点，为了克服这个缺点可以采用齿轮滚刀加工，如图 7-17 所示。滚刀的外形类似一个螺杆，它的轴向剖面齿形与齿条插刀的齿形类似。当滚刀转动时，相当于直线齿廓的齿条连续不断的移动，从而包络出待加工的齿廓。此外，为了切制出具有一定宽度的齿轮，滚刀在转动的同时，还需沿轮坯轴线方向作进给运动。滚齿刀加工齿轮时能连续切削，故生产率高，适用于大批量生产齿轮。

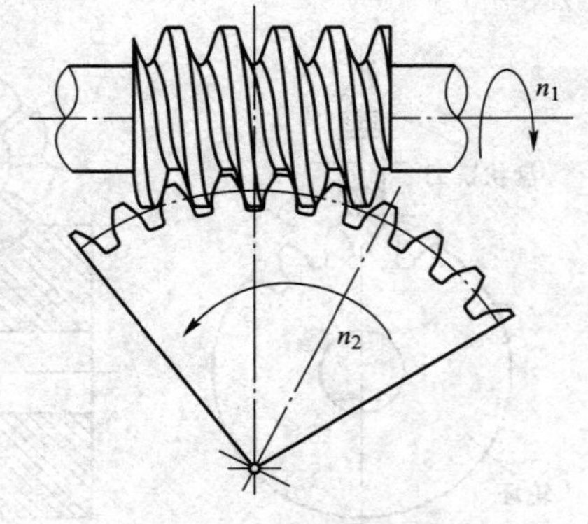

图 7-17 滚齿加工

7.3.6 渐开线齿廓的根切及不发生根切的最少齿数

1. 产生根切的原因

用展成法切制齿轮时，通常将刀具齿顶部分到中线距离为 $h_a^* m$ 的平行线称为齿条刀的齿顶线，如图 7-18 中的上点画线。如果齿条刀的齿顶线超过被切齿轮啮合的极限点 N'，刀具的齿顶会将被切齿轮齿根的渐开线齿廓切去一部分，这种现象称为根切，如图 7-18 所示。根切使齿根强度减弱，如图 7-19 所示，在生产中应避免这种现象产生。

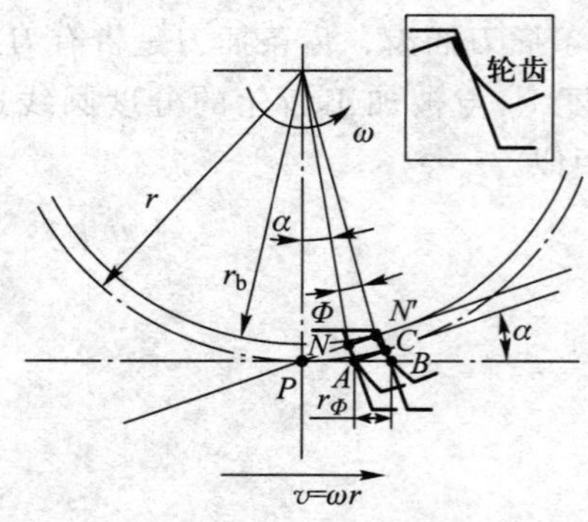

图 7-18 产生根切的原因

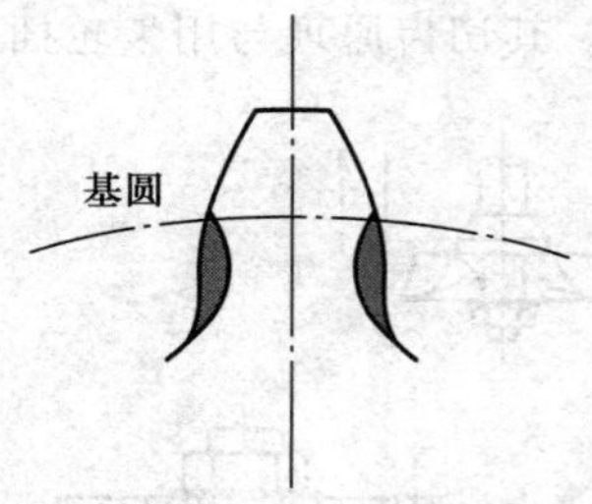

图 7-19 根切后的轮齿

2. 避免根切的方法

（1）被切齿轮的齿数应多于不产生根切的最少齿数

如图 7-20a 所示，若要避免根切，则图示齿条刀具的齿顶高要小于 $\overline{NG}$（刀具节线到极限啮合点 N 的距离，$\overline{NG}=r\sin^2\alpha$），于是有

$$\frac{mz}{2}\sin^2\alpha \geqslant h_a^* m$$

$$z \geqslant \frac{2h_a^*}{\sin^2\alpha}$$

即切制标准齿轮不产生根切的最小齿数

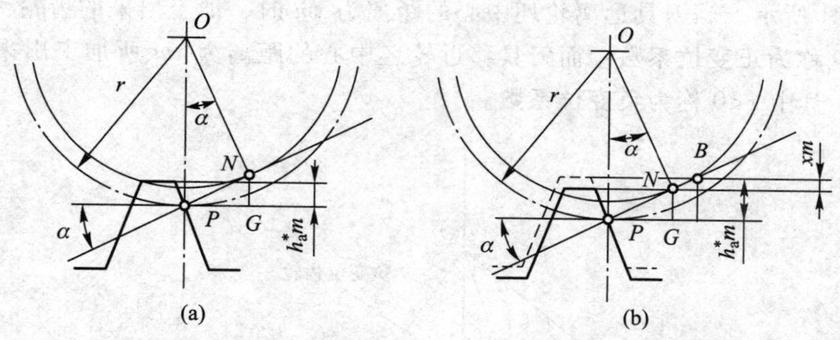

图 7-20 标准齿轮不产生根切的最小齿数及最小变位系数

$$z_{\min}=\frac{2h_a^*}{\sin^2\alpha} \tag{7-11}$$

当 $h_a^*=1$，$\alpha=20°$时，可算出切制标准齿轮的最少齿数为 17。因此，用展成法切制标准齿轮的齿数应多于最少齿数。

(2) 移动齿条刀具使之远离轮坯中心

如图 7-20b 所示，为了避免根切，将刀具远离轮坯中心一段距离 xm（x 称为变位系数，m 为模数），并使 $h_a^*m-xm<\overline{NG}$，即有

$$h_a^*-x\leqslant\frac{z}{2}\sin^2\alpha$$

$$x\geqslant h_a^*-\frac{z}{2}\sin^2\alpha$$

因此，用标准齿条刀切制少于最少齿数的标准齿轮，使之不产生根切时，刀具远离轮坯中心最小的移距量为

$$x_{\min}m=\left(h_a^*-\frac{z}{2}\sin^2\alpha\right)m \tag{7-12}$$

由式（7-11）可得：
$$\frac{\sin^2\alpha}{2}=\frac{h_a^*}{z_{\min}}$$

所以
$$x_{\min}=h_a^*\left(1-\frac{z}{z_{\min}}\right)$$

对于切制 $h_a^*=1$，$\alpha=20°$，$z<17$，不产生根切的齿轮，刀具的最小变位系数

$$x_{\min}=\frac{17-z}{17}$$

7.3.7 变位齿轮传动

1. 变位齿轮概念

用展成法加工齿轮时，如果齿条刀具的中线不与齿轮的分度圆相切，而是靠近或远离轮坯的转动中心，由于与齿条中线相平行的节线上的齿厚不等于齿槽宽，加工出来的齿轮为非标准齿轮，称为**变位齿轮**。

如图 7-21 所示，当刀具远离轮坯中心的距离为 xm 时，加工出来的齿轮称为**正变位齿轮**，其中 $x>0$ 称为**正变位系数**；而刀具移近轮坯中心的距离为 xm 所加工出来的齿轮称为**负变位齿轮**，其中 $x<0$ 称为**负变位系数**。

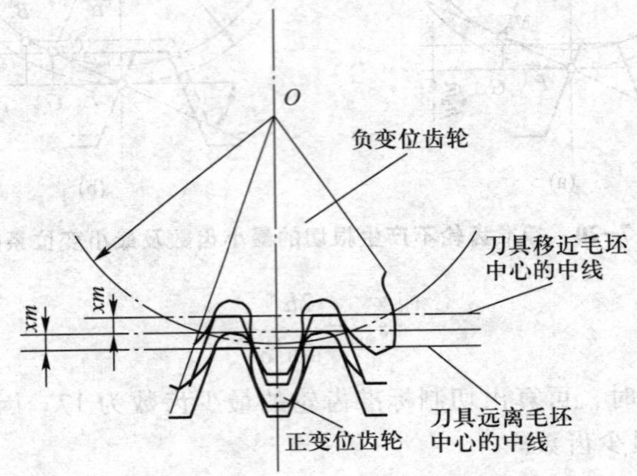

图 7-21　变位齿轮原理

由齿条与齿轮啮合特点可知，不论其是否正确安装，齿轮的分度圆总是等于节圆，所以齿条刀切制的齿轮分度圆也与其节圆重合，其上的模数和压力角分别等于刀具的模数和压力角。因此，变位齿轮与同参数的标准齿轮相比，分度圆、基圆、齿距、基节相同，但是对于正变位齿轮来说，其齿顶圆和齿根圆加大了，齿顶高 $h_a>h_a^* m$，齿根高 $h_f<(h_a^*+c^*)\ m$，$s>e$，而负变位齿轮则相反。它们的齿廓曲线都是同一个基圆上的渐开线，只是所选取的部位不同而已。图 7-22 是相同参数（z、m、α、h_a^*、c^* 相同）的情况标准齿的齿形和尺寸与变位齿轮的比较。

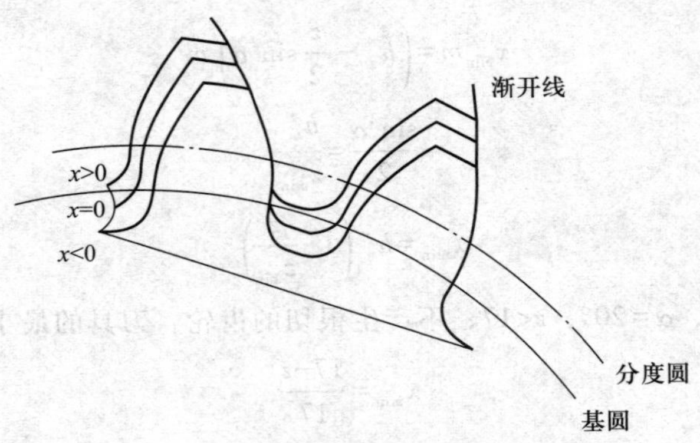

图 7-22　变位齿轮的齿

2. 变位齿轮的几何尺寸

(1) 任意圆上齿厚的计算

如图 7-23 所示，KK'为齿轮半径为 r_K 的任意圆上的齿厚，用 s_K 表示，s 为分度圆齿厚。θ_K、θ 分别为渐开线在任意圆 K 点和在分度圆 C 点处的展角。由于

$$\angle KOK' = \angle COC' - 2\angle COK = \frac{s}{r} - 2(\theta_K - \theta)$$

$$s_K = r_K \angle KOK'$$

则

$$s_K = \left[\frac{r}{s} - 2(\theta_K - \theta)\right] r_K$$

$$= s\frac{r_K}{r} - 2r_K(\text{inv }\alpha_K - \text{inv }\alpha) \tag{7-13}$$

（2）分度圆齿厚和齿槽宽

图 7-24 所示为用齿条刀切制正变位齿轮的情况，此时齿条刀的节线与齿轮的分度圆相切并作纯滚动。因此，齿条节线的齿槽宽 e 等于被切齿轮的分度圆齿厚 s，即

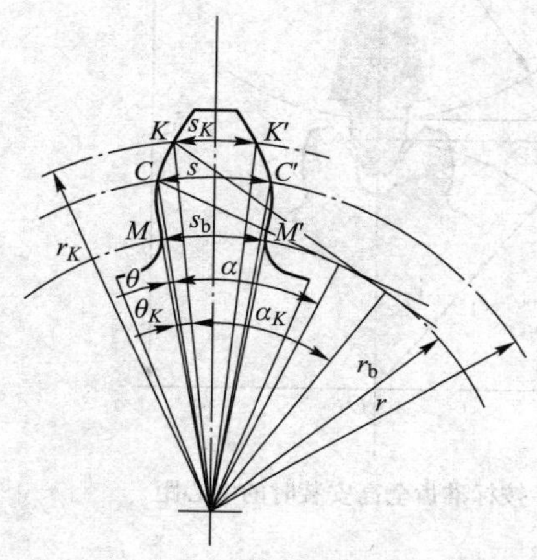

图 7-23　变位齿轮任意圆上的齿厚

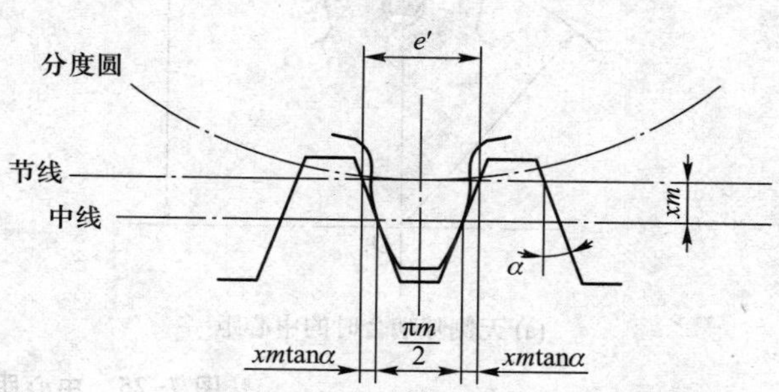

图 7-24　变位齿轮的齿厚

$$s = \frac{\pi m}{2} + 2xm\tan\alpha \tag{7-14}$$

齿轮的齿槽宽 $e=p-s$，即

$$e = \frac{\pi m}{2} - 2xm\tan\alpha \tag{7-15}$$

（3）中心距与啮合角

变位齿轮传动与标准齿轮传动一样，要求其齿侧无间隙。显然应使一个齿轮节圆上的齿厚等于另一个齿轮节圆上的齿槽宽，即 $s'_1=e'_2$ 或 $s'_2=e'_1$，因此两齿轮节圆上的齿距为

$$p' = s'_1 + e'_1 = s'_2 + e'_2 = s'_1 + s'_2 \tag{7-16a}$$

根据 $r_b = r'\cos\alpha' = r\cos\alpha$ 可得

$$p'/p = \frac{2\pi r'}{z}\bigg/\frac{2\pi r}{z} = \frac{r'}{r} = \frac{\cos\alpha}{\cos\alpha'}$$

即

$$p' = p\frac{\cos\alpha}{\cos\alpha'} \tag{7-16b}$$

将式（7-16a）及式（7-16b）合并后得

$$p\frac{\cos\alpha}{\cos\alpha'} = s'_1 + s'_2$$

再将式（7-13）及式（7-14）代入上式经整理后得

$$\operatorname{inv} \alpha' = 2\tan \alpha (x_1+x_2)/(z_1+z_2)+\operatorname{inv} \alpha \tag{7-16c}$$

式（7-16c）称为无侧隙啮合方程式。它表明当两变位齿轮变位系数和不为零，两轮作无侧隙啮合传动时，其啮合角 α' 不等于压力角 α；两轮的中心距 a' 不等于标准中心距 a；各齿轮的节圆不与它们各自的分度圆重合，如图 7-25a 所示。

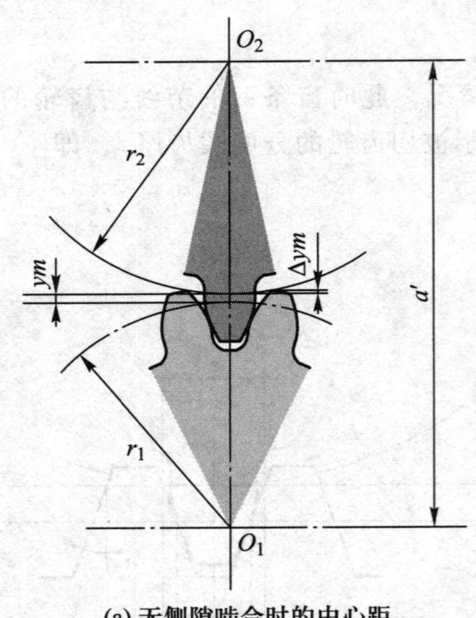

(a) 无侧隙啮合时的中心距　　(b) 按标准齿全高安装时的中心距

图 7-25　中心距与侧隙

若变位齿轮传动的中心距与标准中心距之差为 ym，则有

$$a' = ym + a \tag{7-17}$$

故

$$y = (z_1+z_2)(\cos \alpha / \cos \alpha' - 1)/2 \tag{7-18}$$

式中：m 为模数；y 为中心距变动系数，也称为分度圆分离系数。ym 也表示两齿轮分度圆的分离量。

（4）齿根圆、齿顶圆及齿顶高变动系数

变位齿轮的齿根圆是由刀具的齿顶线包括 $c^* m$ 的圆弧部分切制出来的，所以正变位齿轮的齿根圆比标准齿轮的齿根圆大，而其齿根高则减小了 xm，即 $h_f = (h_a^* + c^*) m - xm$，齿根圆半径的计算式 $r_f = r - (h_a^* + c^* - x) m$。同理，正变位齿轮的齿顶圆也增大了，其齿顶高也加大了 xm，即 $h_a = h_a^* m + xm$，齿顶圆半径的计算式为 $r_a = r + (h_a^* + x) m$，此时变位齿轮的齿全高 $h = (2h_a^* + c^*) m$，即齿全高不变。

如果保证两齿轮的齿全高为标准值，又保证标准顶隙，会出现侧隙，由图 7-25b 所示，两轮的中心距

$$a'' = r_{a2} + c + r_{f1} = r_1 + r_2 + (x_1+x_2) m \tag{7-19}$$

因此，为保证齿轮按无侧隙的中心距 a' 安装，应将两轮的齿顶削减 Δym（Δy 称为齿顶高变动系数），使 $a'' - \Delta ym = a'$。由此可得出：

$$\Delta ym = (x_1+x_2) m - ym$$

即

$$\Delta y = x_1 + x_2 - y \tag{7-20}$$

变位齿轮几何尺寸计算见表 7-5。

表 7-5 外啮合变位直齿圆柱齿轮的计算

名称	符号	计算公式	备注
分度圆直径 d	d	$d_i=mz_i$	
基圆直径 d_b	d_b	$d_{bi}=d_i\cos\alpha$	
齿顶圆直径	d_a	$d_{ai}=d_i+2h_{ai}$	
齿根圆直径	d_f	$d_{fi}=d_i-2h_{fi}$	
节圆直径	d'	$d'_i=d_i\cos\alpha/\cos\alpha'$	
齿顶高	h_a	$h_{ai}=(h_a^*+x_i-\Delta y)\ m$	
齿根高	h_f	$h_{fi}=(h_a^*+c^*-x_i)\ m$	
啮合角	α'	$\alpha'=\arccos[(a\cos\alpha)/a']$ $\mathrm{inv}\ \alpha'=2\tan\alpha(x_1+x_2)/(z_1+z_2)+\mathrm{inv}\ \alpha$	1. 表中的 z、m、h_a^*、c^*、α 为已知参数。 2. 公式中下标 $i=1, 2$。 3. 计算标准齿轮几何尺寸时，将变位 $x_1=0$，$x_2=0$ 系数代入公式
标准中心距	a	$a=\dfrac{1}{2}(d_1+d_2)$	
实际中心距	a'	$a'=\dfrac{1}{2}(d'_1+d'_2)$ $a'=a\cos\alpha/\cos\alpha'$ $a'=a+ym$	
齿顶高变动系数	Δy	$\Delta y=x_1+x_2-y$	
中心距变动系数	y	$y=(a'-a)/m$	
齿距	p	$p=\pi m$	
基节	p_b	$p_b=p\cos\alpha$	
分度圆齿厚	s	$s_i=(\pi/2+2x_i\tan\alpha)\,m$	
分度圆齿槽宽	e	$e_i=(\pi/2-2x_i\tan\alpha)\,m$	

3. 变位齿轮传动类型

变位齿轮传动是按变位系数和 (x_1+x_2) 的不同分为三种基本类型，各种不同的变位齿轮传动类型的名称及特点见表 7-6。

表 7-6 变位齿轮传动类型及特点

传动名称	标准齿轮传动	高度变位齿轮传动（等变位齿轮传动）	角度变位齿轮传动（不等变位齿轮传动）	
			正传动	负传动
变位系数之和 $\sum x$	$\sum x=0$ $x_1=x_2=0$	$\sum x=0$ $x_1+x_2=0$	$x_1+x_2>0$	$x_1+x_2<0$
齿数条件	$z_1>z_{min}$ $z_2>z_{min}$	$z_1+z_2\geqslant 2z_{min}$	$2z_{min}$ 可以小于 z_1+z_2	$z_1+z_2>2z_{min}$
主要特点	$\alpha'=\alpha$，$a'=a$ $r'=r$	$\alpha'=\alpha$，$a'=a$ $r'=r$，$\Delta y=0$，$y=0$	$\alpha'>\alpha$，$a'>a$ $r'>r$，$\Delta y>0$，$y>0$	$\alpha'<\alpha$，$a'<a$ $r'<r$，$\Delta y<0$，$y<0$

例 7-4 加工齿数 $z=12$ 的正常齿制齿轮时，为了不产生根切，其最小变位系数为多少？若取的变位系数小于或大于此值，会对齿轮的分度圆齿厚和齿顶厚度产生什么影响？

解 1）加工渐开线正常齿数齿轮时不产生根切的最小变位系数为 $x_{\min}=h_a^*\dfrac{z_{\min}-z}{z_{\min}}$，其中 $z_{\min}=\dfrac{2h_a^*}{\sin^2\alpha}=\dfrac{2\times1}{\sin^2 20^\circ}\approx17$。所以，$x_{\min}=h_a^*\dfrac{z_{\min}-z}{z_{\min}}=1\times\dfrac{17-12}{17}=0.294$。

2）变位系数为最小不根切变位系数 $x_{\min}$ 时，齿轮的分度圆齿厚为

$$s_{\min}=\frac{1}{2}\pi m+2x_{\min}m\tan\alpha$$

当变位系数为任意变位系数 x 时，齿轮的分度圆齿厚为

$$s_x=\frac{1}{2}\pi m+2xm\tan\alpha$$

那么有

$$s_x-s_{\min}=2(x-x_{\min})m\tan\alpha$$

由上式可知，当 $x>x_{\min}$ 时，$s_x>s_{\min}$；当 $x<x_{\min}$ 时，$s_x<s_{\min}$。由此可以得出结论：分度圆齿厚随着变位系数的增大而增大，随着变位系数的减小而减小。

3）设模数 $m=1$，进行如下计算：

① 当变位系数 $x=0$ 时，有

$$r_a=\frac{1}{2}m(z+2h_a^*)=7\ \text{mm}$$

$$r=\frac{1}{2}mz=6\ \text{mm}$$

$$\cos\alpha_a=\frac{r\cos\alpha}{r_a}=\frac{6\times\cos 20^\circ}{7}=0.805$$

$$\alpha_a=36.346^\circ$$

$$s=\frac{1}{2}\pi m=1.571\ \text{mm}$$

齿轮的齿顶圆齿厚为

$$\begin{aligned}s_a&=s\frac{r_a}{r}-2r_a(\text{inv}\,\alpha_a-\text{inv}\,\alpha)\\&=\left[1.57\times\frac{7}{6}-2\times7\times\left(\tan 36.346^\circ-\frac{36.346^\circ}{180^\circ}\times\pi-\tan 20^\circ+\frac{20^\circ}{180^\circ}\times\pi\right)\right]\ \text{mm}=0.620\ \text{mm}\end{aligned}$$

② 当变位系数 $x=x_{\min}=0.294$ 时，有

$$r_a=\frac{1}{2}m(z+2h_a^*)+x_{\min}m=7.294\ \text{mm}$$

$$r=\frac{1}{2}mz=6\ \text{mm}$$

$$\cos\alpha_a=\frac{r\cos\alpha}{r_a}=\frac{6\times\cos 20^\circ}{7.294}=0.773$$

$$\alpha_a = 39.377°$$

$$s = \frac{1}{2}\pi m + 2x_{min} m\tan\alpha = 1.785 \text{ mm}$$

齿轮的齿顶圆齿厚为

$$s_a = s\frac{r_a}{r} - 2r_a(\text{inv }\alpha_a - \text{inv }\alpha)$$

$$= \left[1.785\times\frac{7.294}{6} - 2\times7.294\times\left(\tan 39.377° - \frac{39.377°}{180°}\times\pi - \tan 20° + \frac{20°}{180°}\times\pi\right)\right] \text{ mm}$$

$$= 0.440 \text{ mm}$$

③ 当变位系数 $x=0.3>x_{min}$ 时，有

$$r_a = \frac{1}{2}m(z+2h_a^*) + xm = 7.3 \text{ mm}$$

$$r = \frac{1}{2}mz = 6 \text{ mm}$$

$$\cos\alpha_a = \frac{r\cos\alpha}{r_a} = \frac{6\times\cos 20°}{7.3} = 0.772$$

$$\alpha_a = 39.435°$$

$$s = \frac{1}{2}\pi m + 2x_{min} m\tan\alpha = 1.789 \text{ mm}$$

齿轮的齿顶圆齿厚为

$$s_a = s\frac{r_a}{r} - 2r_a(\text{inv }\alpha_a - \text{inv }\alpha)$$

$$= \left[1.789\times\frac{7.3}{6} - 2\times7.3\times\left(\tan 39.435° - \frac{39.435°}{180°}\times\pi - \tan 20° + \frac{20°}{180°}\times\pi\right)\right] \text{ mm} = 0.435 \text{ mm}$$

由此可见，随着变位系数的增大，齿轮的齿顶圆齿厚随之减小。

强化训练题 7-4 用一个标准齿条形刀具加工齿轮。齿条的模数 $m=4$ mm，齿形角 $\alpha=20°$，齿顶高系数 $h_a^*=1$，顶隙系数 $c^*=0.25$，齿轮的转动中心到刀具分度线之间的距离为 $H=29$ mm，并且被加工齿轮没有发生根切现象。试确定被加工齿轮的基本参数（包括齿数、最小变位系数、分度圆半径、基圆半径、齿顶圆半径、齿根圆半径、分度圆齿厚、齿顶圆齿厚）。

7.4 平行轴斜齿圆柱齿轮机构

7.4.1 齿面的形成及啮合特点

如图 7-26 所示，当发生面 S 在基圆柱上相切并作纯滚动时，发生面上一条与基圆柱母线成 β_b 角的直线 KK 在空间所展开的轨迹为斜齿轮的齿廓曲面。从端面上看（垂直

于轴线的平面）各点的轨迹均为渐开线，只是各渐开线的起点不同而已。由于斜线 KK 在其上各点依次和基圆柱相切，因此各切点在基圆柱上形成螺旋线 k_0k_0，k_0k_0 线上各点为渐开线的起始点，它们在空间展开的曲面为渐开螺旋面。β_b 角称为基圆柱上的螺旋角。

一对平行轴斜齿轮啮合传动时，可以看成发生面（啮合面）分别与两个基圆柱相切并作纯滚动，发生面上的斜线 KK 分别在两基圆柱上形成螺旋角相同、方向相反的渐开螺旋面，如图 7-27 所示。这对齿轮的瞬时接触线即为 KK 线，即一对斜齿轮啮合时其接触线为一斜直线。由于一对斜齿轮的轮齿是反向倾斜的（一个左旋，另一个右旋），因此啮合时，是由前端面进入啮合，由后端面退出啮合，其接触线由短变长，再由长变短变化，图 7-28 所示为齿轮啮合时从动轮上接触线的情况。这种接触方式使齿轮传动的冲击与振动减小，传动较平稳，故斜齿轮传动适用于高速传动。

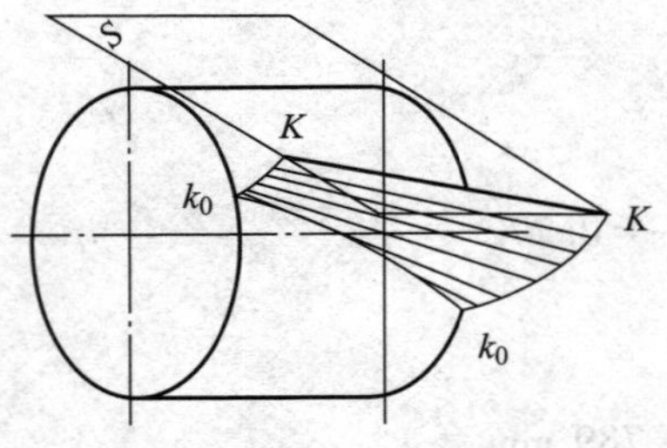

图 7-26 渐开螺旋面的形式

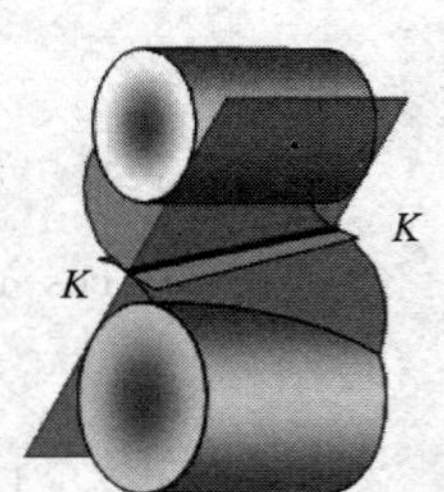

图 7-27 一对斜齿轮的啮合情况

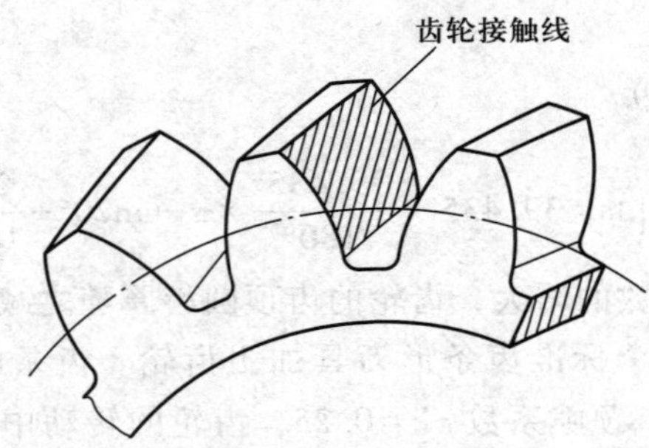

图 7-28 斜齿轮齿面接触线

从端面上看，斜齿圆柱齿轮传动与直齿圆柱齿轮传动相同，啮合线为两基圆内公切线，所以斜齿轮传动能保证准确的传动比。传动过程中，具有啮合角不变及中心距可分性等特点。

7.4.2 斜齿轮标准参数及基本尺寸

1. 标准参数

由于斜齿轮的轮齿倾斜了 β_b 角，切制斜齿轮时，刀具沿着螺旋线方向进刀，此时轮齿的法面参数与刀具的参数一样。因此，斜齿轮的标准参数为法面参数，即法面模数 m_n、法面压力角 α_n、法面齿顶高系数 h_{an}^*、法面顶隙系数 c_n^* 为标准值。

2. 分度圆柱螺旋角及基圆柱螺旋角

与直齿圆柱齿轮一样，斜齿轮的基本尺寸是以其分度圆为基准圆来计算的。斜齿轮分度圆柱上的螺旋线的切线与其轴线所夹之锐角称为分度圆柱螺旋角（简称螺旋角）用β表示。β与β_b间的关系如图 7-29 所示，可得

$$\tan\beta_b=\tan\beta\cos\alpha_t \tag{7-21}$$

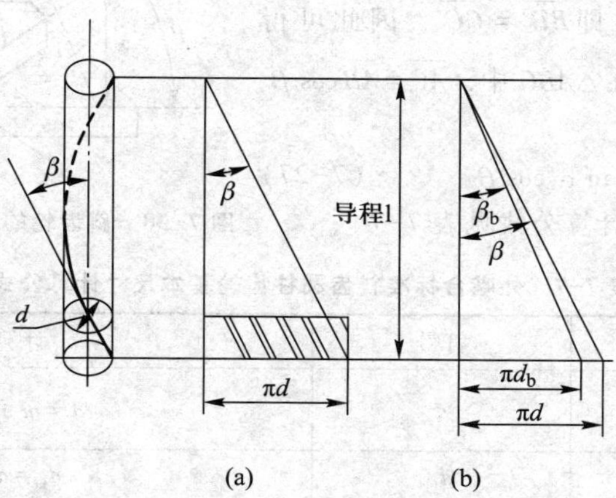

图 7-29 斜齿轮的螺旋角

式中，$\tan\beta=\dfrac{\pi d}{L}$，$\tan\beta_b=\dfrac{\pi d_b}{L}$，其中$L$为螺旋线的导程，对同一个斜齿轮而言，任一圆柱面上螺旋线的导程应相同。

斜齿轮的螺旋角β是重要的基本参数之一，由于斜齿轮的轮齿倾斜了β角，使斜齿轮传动时产生轴向力，β越大，轴向力越大。

3. 法面参数和端面参数

从斜齿轮的端面来看，斜齿轮形状与直齿轮相同，因此可按端面参数用直齿轮的计算公式进行斜齿轮基本尺寸的计算。而法面参数为标准值，故需建立法面参数与端面参数之间的关系。

（1）模数

如图 7-29b 所示，p_n、p_t分别为斜齿轮法面和端面的齿距。它们之间的关系为

$$p_n=p_t\cos\beta$$

由于$p_n=\pi m_n$，$p_t=\pi m_t$求得

$$m_n=m_t\cos\beta \tag{7-22}$$

（2）齿顶高系数、顶隙系数和变位系数

不论从法面和端面看，斜齿轮的齿顶高和齿根高都是相同的，即

$$h_a=h_{an}^*m_n=h_{at}^*m_t$$

所以

$$h_{at}^*=h_{an}^*\cos\beta \tag{7-23}$$

同理

$$h_f=(h_{an}^*+c_n^*)m_n=(h_{at}^*+c_t^*)m_t \tag{7-24}$$

因此

$$c_t^*=c_n^*\cos\beta \tag{7-25}$$

切制齿轮时，刀具沿被切齿轮的径向向前移或向后移，其移动距离不论从法面或端面

来看都是相同的，因此端面变位系数与法面变位系数的关系为

$$x_t = x_n \cos\beta \tag{7-26}$$

(3) 压力角

如图 7-30 所示，斜齿条的法面（$\triangle ACC'$）与端面（$\triangle ABB'$）的夹角为 β 角，由于斜齿轮法面与端面的齿高相等，即 $\overline{BB'}=\overline{CC'}$，因此可得 $\overline{AB}/\tan\alpha_t=\overline{AC}/\tan\alpha_n$，在 $\triangle ABC$ 中，$\overline{AC}=\overline{AB}\cos\beta$，所以

$$\tan\alpha_n = \tan\alpha_t \cos\beta \tag{7-27}$$

斜齿轮的基本尺寸计算公式见表 7-7。

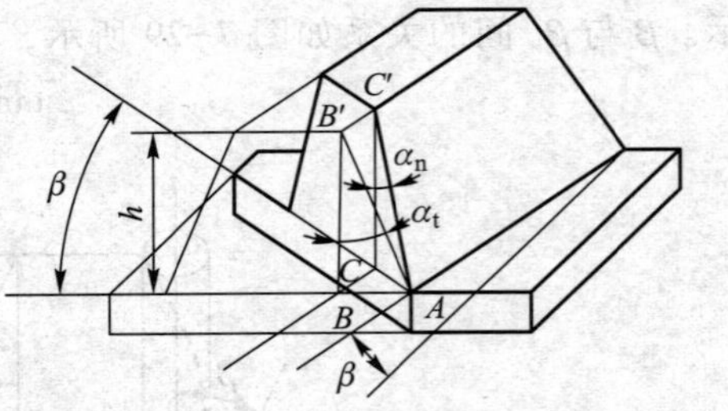

图 7-30 斜齿轮的端面压力角与法面压力角

表 7-7 外啮合标准斜齿圆柱齿轮基本尺寸计算公式

名称	符号	计算公式
分度圆直径	d	$d_i = m_t z_i = \dfrac{m_n}{\cos\beta} z_i$
基圆直径	d_b	$d_{bi} = d_i \cos\alpha_t$
齿顶高	h_a	$h_{ai} = h_{an}^* m_n$
齿根高	h_f	$h_{fi} = (h_{an}^* + c_n^*) m_n$
齿顶高直径	d_a	$d_{ai} = m_n z_i/\cos\beta + 2h_{an}^* m_n$
齿根高直径	d_f	$d_f = m_n z_i/\cos\beta - 2(h_{an}^* + c_n^*) m_n$
端面齿厚	s_t	$s_t = \pi m_n / 2\cos\beta$
端面齿距	p_t	$p_t = \pi m_n / \cos\beta$
端面基节	p_{bt}	$p_{bt} = p_t \cos\alpha_t$
中心距	a	$a = \dfrac{1}{2} m_n (z_1 + z_2)/\cos\beta$

注：公式中下标 $i=1$，2。

7.4.3 正确啮合条件

一对平行轴外啮合斜齿轮传动时，与直齿轮传动一样，两齿轮的法面模数和法面压力角应分别相等。另外，两齿轮啮合处的齿向要相同，因此一对外啮合斜齿圆柱齿轮的正确啮合条件为

$$\begin{cases} m_{n1} = m_{n2} = m_n \\ \alpha_{n1} = \alpha_{n2} \\ \beta_1 = -\beta_2 \end{cases} \tag{7-28}$$

对于内啮合齿轮对，$\beta_1=\beta_2$。另外，相互啮合的斜齿轮的螺旋角大小相等，旋向相同，其端面模数和端面压力角也分别相等，即

$$m_{t1} = m_{t2}, \quad \alpha_{t1} = \alpha_{t2} \tag{7-29}$$

7.4.4 斜齿轮传动的重合度

为便于分析斜齿轮传动的重合度，将端面参数与直齿轮参数相当的斜齿轮进行比较。图 7-31a、b 分别表示直齿圆柱齿轮传动和斜齿圆柱齿轮传动的啮合面。

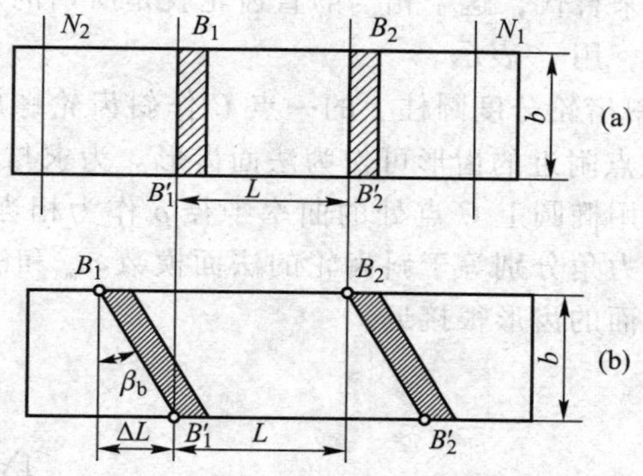

图 7-31 斜齿轮的实际啮合线

由于直齿轮传动啮合时是沿整个齿宽进入啮合（图 7-31a 中的 $B_2B'_2$），脱离啮合时也是沿整个齿宽脱离啮合（图 7-31a 中 $B_1B'_1$线），故其重合度为 $\varepsilon=\dfrac{L}{p_b}$。

对于斜齿圆柱齿轮传动来说，由于轮齿倾斜了 β_b 角度，当一对轮齿在前端面的 B'_2点进入啮合时，后端面还未进入啮合（图 7-31b），同样该对轮齿的前端面在 B'_1点脱离啮合时，后端面还未脱离啮合，只有当该轮齿的后端面转到虚线处的 B_1 点，前端面转到 B'_1点时，该对轮齿才全部脱离啮合，显然斜齿圆柱齿轮传动的实际啮合区比直齿圆柱齿轮传动的实际啮合区增大了 $\Delta L(\Delta L=b\tan\beta_b)$，故斜齿轮传动的重合度为

$$\varepsilon_\gamma=\frac{L+\Delta L}{p_{bt}}=\varepsilon_\alpha+\varepsilon_\beta \tag{7-30}$$

其中，ε_β 称为轴面重合度（纵向重合度）。将 $\tan\beta_b=\tan\beta\cos\alpha_t$，$p_{bt}=p_t\cos\alpha_t$ 代入$\overline{B_1B'_1}/p_{bt}$，整理后可得

$$\varepsilon_\beta=b\sin\beta/(\pi m_n) \tag{7-31}$$

ε_α 称为端面重合度。其值与端面尺寸完全相同的直齿圆柱齿轮传动的重合度相等，即

$$\varepsilon_\alpha=\frac{1}{2\pi}[z_1(\tan\alpha_{at1}-\tan\alpha'_t)+z_2(\tan\alpha_{at2}-\tan\alpha'_t)] \tag{7-32}$$

由以上分析可知，斜齿轮传动的重合度大于直齿轮传动的重合度，斜齿轮传动中同时啮合的轮齿对数多，因此传动平稳，承载能力也高。

由式（7-31）可知，β 愈大，ε_β 愈大，传动愈平稳，但当 β 太大时，轴向力 F_S 也增大，对传动不利，如图 7-32a 所示。因此，β 不能过大，设计时一般取 $\beta=8°\sim15°$。当用于高速大功率的传动时，为了消除轴向力采用左右对称人字齿轮，如图 7-32b 所示。由于其轴向力可以互相抵消，螺旋角 β 可以增大些，$\beta=25°\sim40°$。

7.4.5 斜齿轮的当量齿数

由于斜齿轮的作用力是作用于轮齿的法面，其强度设计、制造等都是以法面为依据的，因此需要知道斜齿圆柱齿轮的法面齿形。一般可以采用近似的方法用一个与斜齿轮法面齿形相当的直齿轮齿形来替代，这个相当的直齿轮就是所谓的斜齿轮的当量齿轮，当量齿轮的齿数称为当量齿数，用 z_v 表示。

如图 7-33 所示，过斜齿轮分度圆柱上的一点 C 作斜齿轮螺旋线的法截面，显然此截面为椭圆。椭圆上只有 C 点附近的齿形可作为法面齿形。为求与法面齿形相当的直齿圆柱齿轮的渐开线齿形，可以用椭圆上 C 点处的曲率半径 ρ 作为相当直齿轮的分度圆半径 r_v，并设当量齿轮的模数和压力角分别等于斜齿轮的法面模数 m_n 和法面压力角 α_n。这样当量齿轮的齿形就与斜齿轮法面的齿形很接近。

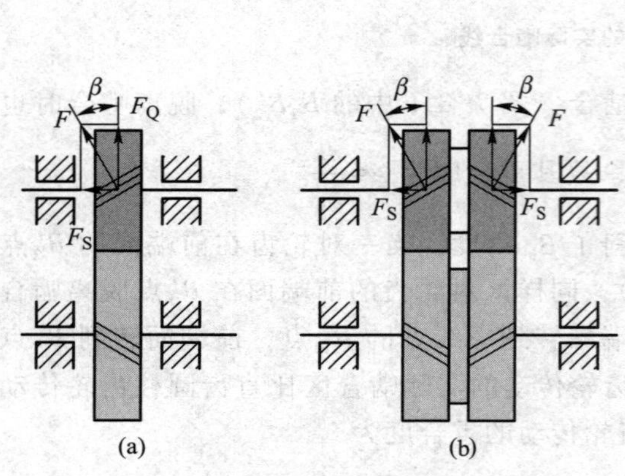

图 7-32 斜齿轮的轴向力图

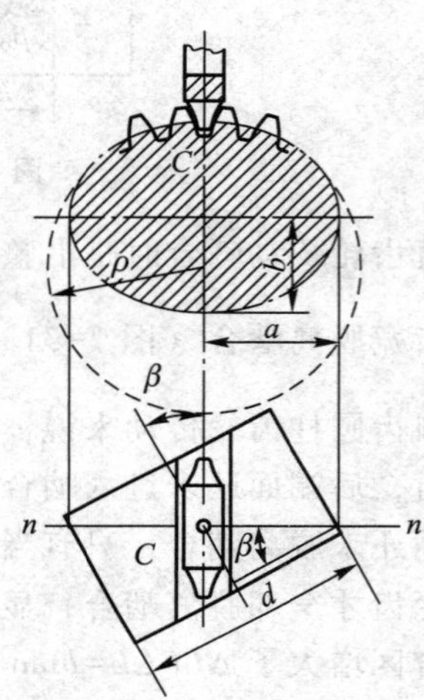

图 7-33 斜齿轮的当量齿轮

当量齿轮的分度圆半径 $r_v=\rho$。由解析几何可知椭圆上 C 点处的曲率半径 $\rho=a^2/b$，其中 a、b 分别为椭圆的长径和短径。在图 7-33 可以得到，$b=r$，$a=r/\cos\beta$，因此

$$r_v=r/\cos^2\beta=m_n z/2\cos^3\beta \tag{7-33}$$

当量齿数

$$z_v=z/\cos^3\beta \tag{7-34}$$

由式（7-34）可以求出用展成法切制斜齿轮时不产生根切的最少齿数：

$$z_{\min}=z_{v\min}\cos^3\beta \tag{7-35}$$

$z_{v\min}$是当量齿轮不发生根切的最少齿数。

综上所述，平行轴斜齿圆柱齿轮与直齿圆柱齿轮比较，具有齿面接触情况好，重合度大，传动平稳，承载能力高，结构紧凑等优点，因此适合于高速重载的机械传动。

例 7-5 设已知一对斜齿轮传动的 $z_1=20$，$z_2=40$，$m_n=8$ mm，$\beta=15°$（初选值），$B=30$ mm，$h_{an}^*=1$。试求 a（应圆整，并精确重算 β）、ε_γ、z_{v1}及 z_{v2}。

解 依据题意有

$$a=\frac{1}{2}(d_1+d_2)=\frac{m_n(z_1+z_2)}{2\cos\beta}=\frac{8\times(20+40)}{2\times\cos 15°}\text{ mm}=248.66\text{ mm}$$

取 $a=250\ \text{mm}$。

则
$$\beta=\arccos\frac{m_n(z_1+z_2)}{2a}=\arccos\frac{8\times(20+40)}{2\times250}=16.260^\circ$$

$$z_{v1}=\frac{z_1}{\cos^3\beta}=\frac{20}{\cos^3 16.260^\circ}=22.586$$

$$z_{v2}=\frac{z_2}{\cos^3\beta}=\frac{40}{\cos^3 16.260^\circ}=45.173$$

$$\alpha_t=\arctan\frac{\tan\alpha_n}{\cos\beta}=\arctan\frac{\tan 20^\circ}{\cos 16.260^\circ}=20.764^\circ$$

$$\alpha_{at1}=\arccos\frac{d_{b1}}{d_{a1}}=\arccos\frac{z_1 m_n\cos\alpha_t/\cos\beta}{m_n(z_1/\cos\beta+2h_{an}^*)}$$
$$=\arccos\frac{20\times\cos 20.764^\circ/\cos 16.260^\circ}{20/\cos 16.260^\circ+2\times1}=31.444^\circ$$

$$\alpha_{at2}=\arccos\frac{d_{b2}}{d_{a2}}=\arccos\frac{z_2 m_n\cos\alpha_t/\cos\beta}{m_n(z_2/\cos\beta+2h_{an}^*)}$$
$$=\arccos\frac{40\times\cos 20.764^\circ/\cos 16.260^\circ}{40/\cos 16.260^\circ+2\times1}=26.846^\circ$$

$$\varepsilon_\alpha=\frac{1}{\pi}[z_1(\tan\alpha_{at1}-\tan\alpha_t)+z_2(\tan\alpha_{at2}-\tan\alpha_t)]$$
$$=\frac{1}{\pi}[20\times(\tan 31.444^\circ-\tan 20.764^\circ)+40\times(\tan 26.846^\circ-\tan 20.764^\circ)]$$
$$=1.548$$

又
$$\varepsilon_\beta=\frac{B\sin\beta}{\pi m_n}=\frac{30\times\sin 16.260^\circ}{\pi\times8}=0.334$$

故
$$\varepsilon_\gamma=\varepsilon_\alpha+\varepsilon_\beta=1.548+0.334=1.882$$

强化训练题 7-5 设已知一对斜齿轮传动的 $z_1=21$，$z_2=51$，$m_n=4\ \text{mm}$，$\beta=15^\circ$（初选值），$B=30\ \text{mm}$，$\alpha_n=20^\circ$，$h_{an}^*=1$。试求 a（应圆整，并精确重算 β）、ε_γ、z_{v1} 及 z_{v2}。

7.5 交错轴斜齿圆柱齿轮机构

如果两个斜齿轮的法面模数和法面压力角分别相等，但它们的螺旋角不相等，这样安装起来的两个斜齿轮的轴线既不平行也不相交，这种齿轮传动称为交错轴斜齿轮传动。

7.5.1 传动中心距与两轮轴线的交角

交错轴斜齿轮机构标准安装时，两齿轮的分度圆柱面切于 C 点，C 点位于两交错轴的公垂线上，该公垂线的长度即为两轮的中心距 a，如图 7-34 所示。

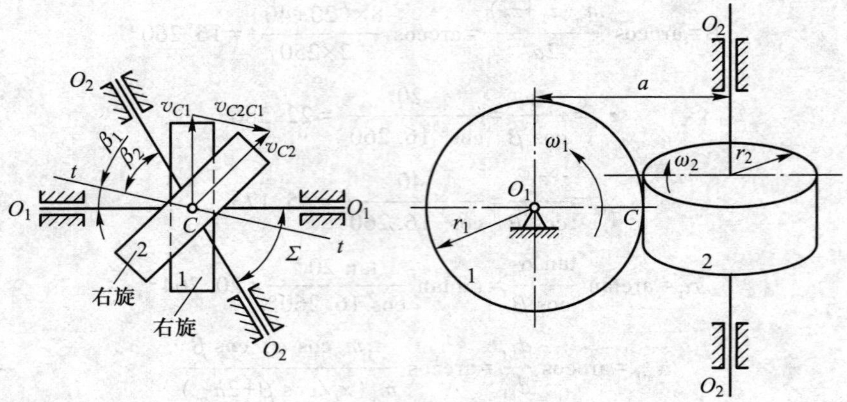

图 7-34 交错轴斜齿轮传动

$$a=r_1+r_2=\frac{m_n}{2}\left(\frac{z_1}{\cos\beta_1}+\frac{z_2}{\cos\beta_2}\right) \tag{7-36}$$

由上式可知，可以通过改变两齿轮螺旋角的大小改变其中心距。

假如过节点 C 作两齿轮分度圆柱的公切面，将两齿轮投影到该公切面上，就可得到两齿轮轴线在公切面上投影的夹角 Σ。由图 7-34 可知

$$\Sigma=|\beta_1+\beta_2| \tag{7-37}$$

式中 β_1、β_2 为代数值，两齿轮的螺旋角的大小及旋向可以任意组合，从而可以实现交错角 Σ 为任意值的两轴之间的传动。

7.5.2 从动轮的传动比及转向

1. 传动比

由于交错轴斜齿轮传动中两齿轮的螺旋角不相等，两齿轮的端面模数 $m_{t1}\neq m_{t2}$，因此其传动比不等于两轮分度圆半径之反比。其传动比为

$$i_{12}=\frac{\omega_1}{\omega_2}=\frac{z_2}{z_1}=\frac{d_2\cos\beta_2}{d_1\cos\beta_1} \tag{7-38}$$

当两轴的交角 $\Sigma=90°$时，

$$i_{12}=\frac{\omega_1}{\omega_2}=\frac{z_2}{z_1}=\frac{d_2}{d_1}\tan\beta_1 \tag{7-39}$$

2. 从动轮的转向

交错轴斜齿轮从动轮的转向取决于两齿轮的螺旋角的大小和方向，其转向可通过速度矢量图解法来确定。如图 7-34 所示，当已知齿轮 1 逆时针转动时，可以根据 $\boldsymbol{v}_{C2}=\boldsymbol{v}_{C1}+\boldsymbol{v}_{C2C1}$，确定 $\boldsymbol{v}_{C2}$的方向，其中 $\boldsymbol{v}_{C2C1}$为齿轮 2 在 C 点对齿轮 1 的相对速度，其方向应沿着过 C 点齿面切线 t-t 方向。由图 7-34 可知从动轮 2 应为顺时针转向。若将两齿轮的螺旋方向都改为左旋，则从动轮 2 的转向发生了变化，如图 7-35 所示。

通过改变螺旋角的旋向来改变从动轮的转向是交错轴斜齿轮传动的特点之一。

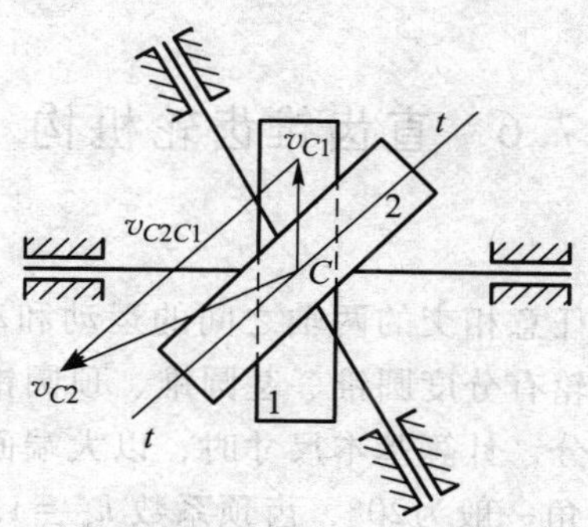

图 7-35 交错轴斜齿轮从动轮转向

7.5.3 交错轴斜齿轮传动的主要缺点

1）两齿轮齿廓曲面间的接触为点接触，故接触应力很大，易磨损，寿命低。

2）两齿轮齿面之间的相对滑动速度大。如图 7-35 所示，两轮齿齿面间除了沿齿高方向的相对滑动速度外，沿齿向方向也有较大的相对滑动速度 v_{C2C1}，所以齿面间将产生较大的摩擦力，易磨损，效率较低。

例 7-6 已知一交错斜齿轮传动的交错角 $\Sigma=90°$，$i_{12}=4$，$z_1=18$，$p_n=9.425$ mm。若分别取 $\beta_t=60°$和30°，试计算在这两种情况下两轮的分度圆直径和中心距，并比较其优劣。

解 依据题意得

$$z_2=z_1 i_{12}=18\times4=72$$

$$m_n=\frac{p_n}{\pi}=\frac{9.425}{\pi}\approx3$$

$$\Sigma=|\beta_1+\beta_2|=90°$$

1）当 $\beta_1=60°$时，$\beta_2=30°$。

$$d_1=m_n z_1/\cos\beta_1=3\times18/\cos 60°\ \text{mm}=108\ \text{mm}$$

$$d_2=m_n z_2/\cos\beta_2=3\times72/\cos 30°\ \text{mm}=249.415\ \text{mm}$$

$$a=\frac{1}{2}(d_1+d_2)=\frac{1}{2}\times(108+249.415)\ \text{mm}=178.708\ \text{mm}$$

2）当 $\beta_1=30°$时，$\beta_2=60°$。

$$d_1=m_n z_1/\cos\beta_1=3\times18/\cos 30°\ \text{mm}=62.354\ \text{mm}$$

$$d_2=m_n z_2/\cos\beta_2=3\times72/\cos 60°\ \text{mm}=432\ \text{mm}$$

$$a=\frac{1}{2}(d_1+d_2)=\frac{1}{2}\times(62.354+432)\ \text{mm}=247.177\ \text{mm}$$

考虑小齿轮的当量齿数 $z_{v1}=z_1/\cos^3\beta_1$，则 β_1 越大，z_{v1} 越大，齿轮传动愈平稳，而且比较两种情况下的 d_1、d_2、a，可知 $\beta_1=60°$时结构更紧凑。故 $\beta_1=60°$比较好。

强化训练题 7-6 已知一交错斜齿轮传动的交错角 $\Sigma=60°$，$i_{12}=5$，$z_1=20$，$p_n=12.566$ mm。若分别取 $\beta_t=45°$和15°，试计算在这两种情况下两轮的分度圆直径和中心距，并比较其优劣。

7.6　直齿锥齿轮机构

直齿锥齿轮机构用于传递任意相交的两轴之间的运动和动力（通常为直角）。其轮齿分布在截锥体上，故直齿锥齿轮有分度圆锥、基圆锥、顶圆锥、根圆锥和节圆锥。锥齿轮是一个锥体，有大端和小端之分，计算基本尺寸时，以大端面的参数作为标准参数。大端的模数按表 7-8 选取，其压力角一般为20°，齿顶系数 $h_a^*=1.0$，顶隙系数 $c^*=0.2$。

表 7-8　锥齿轮模数（摘自 GB/T 12368—1990）

…	1	1. 125	1. 25	1. 375	1. 5	1. 75	2
2. 25	2. 5	2. 75	3	3. 25	3. 5	3. 75	4
4. 5	5	5. 5	6	6. 5	7	8	9
7	11	12	14	16	18	20	…

7.6.1　背锥与当量齿轮

图 7-36 所示为过一对锥齿轮轴面的剖面图，如果作圆锥 O_1C_1C 和 O_2C_2C 使之分别在两齿轮节圆锥处与两齿轮的大端球面相切，切点分别为 C_1、C、C_2。则这两个圆锥称为背锥。将两齿轮的球面渐开线 ab 和 ef 分别投影到各自的背锥上，得到在背锥上的渐开线 $\overline{a'b'}$ 和 $\overline{e'f'}$，由图可知投影出来的齿形与原齿形非常相似，因此可用背锥上的齿形代替球面渐开线。

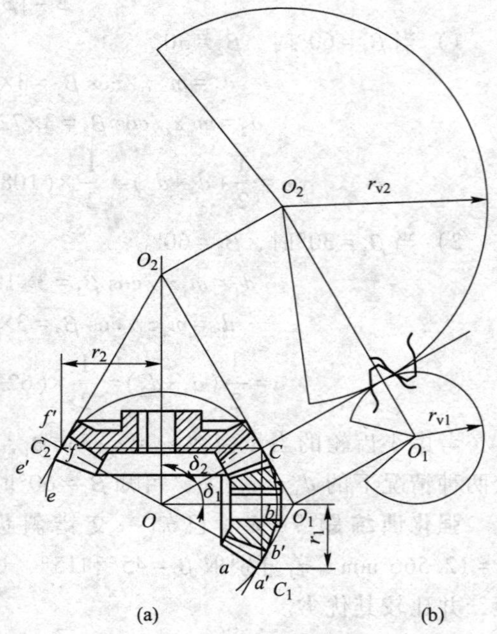

图 7-36　锥齿轮的当量齿轮

将背锥展开成平面后，如图 7-36b 所示，可以得到两个扇形齿轮，其齿数为锥齿轮的齿数 z；若将扇形的缺口补全使之成为完整的圆形齿轮，这个齿轮称为**当量齿轮**，其齿形近似等于直齿锥齿轮大端面的齿形。当量齿轮的分度圆半径 r_v 即等于背锥锥距。由图可得

$$r_{v1}=r_1/\cos\delta_1,\quad r_{v2}=r_2/\cos\delta_2$$

式中：δ_1、δ_2 分别为锥齿轮 1 和锥齿轮 2 的分度圆锥角；r_1、r_2 分别为两轮的分度圆半径。根据 $r=\dfrac{mz}{2}$，$r_v=\dfrac{mz_v}{2}$，可推导出锥齿轮的当量齿数分别为

$$z_{v1}=z_1/\cos\delta_1,\quad z_{v2}=z_2/\cos\delta_2 \qquad (7-40)$$

7.6.2 正确啮合条件

一对标准直齿锥齿轮传动时，两轮的分度圆锥与各自的节圆锥重合。由于在大端面的背锥上可以看成是一对当量齿轮在传动，因此其正确的啮合条件与直齿圆柱齿轮的啮合条件相同。另外，为保证两轮的节圆锥顶重合，使啮合齿面为线接触，应使 $\delta_1+\delta_2=\Sigma$，因此一对标准直齿圆锥齿轮的正确啮合条件为（在大端面上）：

$$m_1=m_2=m,\quad \alpha_1=\alpha_2=\alpha,\quad \delta_1+\delta_2=\Sigma \tag{7-41}$$

7.6.3 基本尺寸计算

由于规定大端面的参数为直齿锥齿轮的标准参数，因此其基本尺寸计算也在大端面上进行。

1）分度圆锥角　一对标准直齿锥齿轮正确安装时，两轮的分度圆锥相切并作纯滚动，设两轮的角速度分别为 ω_1 和 ω_2；齿数分别为 z_1 和 z_2，并结合图 7-36，角速度比为

$$i_{12}=\frac{\omega_1}{\omega_2}=\frac{r_2}{r_1}=\frac{z_2}{z_1}=\frac{\sin\delta_2}{\sin\delta_1} \tag{7-42}$$

由于 $\delta_1+\delta_2=\Sigma$，联立式（7-42）解得：

$$\tan\delta_1=\frac{\sin\Sigma}{i_{12}+\cos\Sigma} \tag{7-43}$$

$$\tan\delta_2=\frac{i_{12}\sin\Sigma}{1+i_{12}\cos\Sigma} \tag{7-44}$$

如图 7-36a 所示，当 $\Sigma=90°$时，得到

$$\tan\delta_1=\frac{1}{i_{12}},\quad \tan\delta_2=i_{12} \tag{7-45}$$

2）锥距 R　由图 7-37 可得锥距 R 为

$$R=\frac{r_1}{\sin\delta_1}=\frac{r_2}{\sin\delta_2}=m\sqrt{z_1^2+\frac{z_2^2}{2}} \tag{7-46}$$

3）根锥角 δ_f　由于直齿锥齿轮的齿形近似于背锥上的齿形，其齿高是沿背锥母线度量的，由图 7-37a 可得根锥角 δ_f

$$\delta_f=\delta-\theta_f \tag{7-47}$$

$$\tan\delta_f=h_f/R \tag{7-48}$$

4）顶锥角 δ_a　前面所述的锥齿轮传动时，其齿顶圆锥、齿根圆锥、分度圆锥的锥顶都重合交于一点，其顶隙是由大端向小端收缩，故称为收缩顶隙锥齿轮传动，其顶锥角

$$\delta_a=\delta+\theta_a \tag{7-49}$$

式中 θ_a 为齿顶角。

$$\tan\theta_a=h_a/R \tag{7-50}$$

这种锥齿轮传动的缺点是：锥齿轮小端齿顶厚度小，齿根处圆角半径小，将影响齿轮的强度。为了提高小端处的强度，可采用所谓的等顶隙锥齿轮传动，如图 7-37b 所示，该

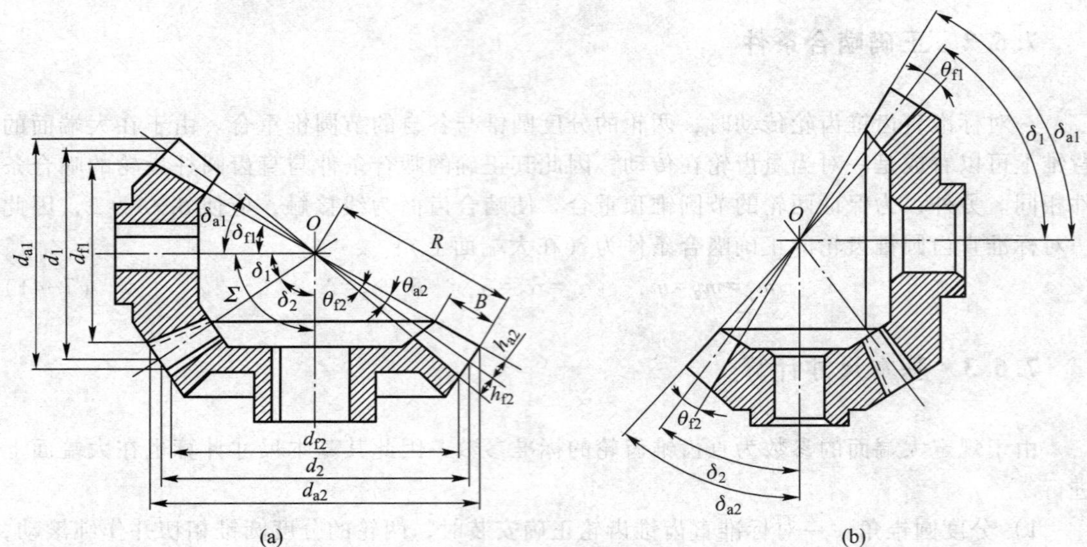

图 7-37　锥齿轮的各部分尺寸

种齿轮的根圆锥和分度圆锥的锥顶还是重合，但为了保证等顶隙，一个齿轮的齿顶圆锥母线应平行于与之啮合齿轮根圆锥的母线，因此其锥顶不再与圆锥锥顶相重合。这种锥齿轮相当于降低了齿轮小端处的齿高，即减小了小端齿廓的实际工作段，从而可增大小端轮齿的强度，减少齿顶尖的可能性。等顶隙锥齿轮传动的顶锥角（$\theta_a=\theta_f$）分别是

$$\delta_{a1}=\delta_1+\theta_f,\quad \delta_{a2}=\delta_1+\theta_f \tag{7-51}$$

标准直齿锥齿轮的基本尺寸见表 7-9。

表 7-9　标准直齿锥齿轮的基本尺寸计算

名称	符号	基本公式
分度圆直径	d	$d_i=z_i m$
齿顶圆直径	d_a	$d_{ai}=d_i+2h_a\cos\delta_i$
齿根圆直径	d_f	$d_{fi}=d_i-2h_f\cos\delta_i$
锥距	R	$R=r_1/\sin\delta_1=r_2/\sin\delta_2$
顶隙	c	$c=c^* m$
齿顶高	h_a	$h_a=h_a^* m$
齿根高	h_f	$h_f=(h_a^*+c^*)m$
分度圆齿厚	s	$s=\pi m/2$

注：直齿锥齿轮标准中规定 $\alpha=20°$，正常齿 $h_a^*=1$，$c^*=0.2$；短齿 $h_a^*=0.8$，$c^*=0.3$。

例 7-7　已知一对直齿锥齿轮的 $z_1=15$，$z_2=30$，$m=5$ mm，$h_a^*=1$，$c^*=0.2$，$\Sigma=90°$。试确定这对锥齿轮的几何尺寸。

解　依据题意有：$\delta_1=\arctan(z_1/z_2)=\arctan(15/30)=26.567°$

$$\delta_2=90°-\delta_1=90°-26.567°=63.433°$$

$$h_a = h_a^* m = 1\times5\ \text{mm} = 5\ \text{mm}$$

$$h_f = (h_a^* + c^*)m = (1+0.2)\times5\ \text{mm} = 6\ \text{mm}$$

$$d_1 = mz_1 = 5\times15\ \text{mm} = 75\text{mm}$$

$$d_2 = mz_2 = 5\times30\ \text{mm} = 150\text{mm}$$

$$d_{a1} = d_1 + 2h_a\cos\delta_1 = (75+2\times5\times\cos 26.567°)\ \text{mm} = 83.944\ \text{mm}$$

$$d_{a2} = d_2 + 2h_a\cos\delta_2 = (150+2\times5\times\cos 63.433°)\ \text{mm} = 154.472\ \text{mm}$$

$$d_{f1} = d_1 - 2h_a\cos\delta_1 = (75-2\times5\times\cos 26.567°)\ \text{mm} = 66.056\ \text{mm}$$

$$d_{f2} = d_2 - 2h_a\cos\delta_2 = (150-2\times5\times\cos 63.433°)\ \text{mm} = 145.528\ \text{mm}$$

$$R = m\sqrt{z_1^{\ 2} + z_2^{\ 2}}/2 = 5\times\sqrt{15^2+30^2}/2\ \text{mm} = 83.853\ \text{mm}$$

$$\theta_f = \arctan\ (h_f/R) = \arctan\ (6/83.853) = 4.093°$$

$$\delta_{a1} = \delta_1 + \theta_f = 26.567° + 4.093° = 30.660°$$

$$\delta_{a2} = \delta_2 + \theta_f = 63.433° + 4.093° = 67.526°$$

$$\delta_{f1} = \delta_1 - \theta_f = 26.567° - 4.093° = 22.474°$$

$$\delta_{f2} = \delta_2 - \theta_f = 63.433° - 4.093° = 59.340°$$

$$c = c^* m = 0.2\times5\ \text{mm} = 1\ \text{mm}$$

$$s = \pi m/2 = \pi\times5/2\ \text{mm} = 7.854\ \text{mm}$$

$$z_{v1} = z_1/\cos\delta_1 = 15/\cos 26.567° = 16.771$$

$$z_{v2} = z_2/\cos\delta_2 = 30/\cos 63.433° = 67.077$$

强化训练题 7-7 已知一对直齿锥齿轮的 $z_1=17$，$z_2=35$，$m=4$ mm，$h_a^*=1$，$\Sigma=90°$。试确定这对锥齿轮的几何尺寸。

7.7 蜗杆蜗轮机构

7.7.1 蜗杆、蜗轮的形成

如果将图 7-34 所示的两交错角 $\Sigma=90°$的交错轴斜齿轮机构中的齿轮 1 的分度圆柱半径减小，并将齿轮的宽度加大，螺旋角 β_1 加大，则齿轮 1 的轮齿在分度圆柱上形成完整的螺旋线，如螺杆一样，故称为蜗杆。与之相啮合的齿轮称为蜗轮，蜗轮的螺旋角 $\beta_2=90°-\beta_1$，蜗轮蜗杆机构是用于传递空间两交错轴间的运动和动力，一般是两轴交错角 $\Sigma=90°$的减速传动。蜗杆传动相啮合的齿面间是点接触，为了改善其接触情况，可以用与蜗轮相啮合的蜗杆作为刀具来加工蜗轮（蜗杆滚刀的外径比标准蜗杆的大，以便切出蜗轮的齿根高）。切制出来的蜗轮母线为圆弧形，这样切制的蜗轮与蜗杆齿面间的接触为线接触，如图 7-38 所示。

由斜齿轮演化的蜗杆端面齿廓是渐开线齿廓，称为渐开线蜗杆。由于这种蜗杆加工工艺较复杂，故应用不广。

常用的蜗杆是阿基米德蜗杆，其端面齿形为阿基米德螺线，轴面齿形为直线，相当于齿条；由于切制蜗杆与车梯形螺纹相似，所以加工方便，应用广泛。

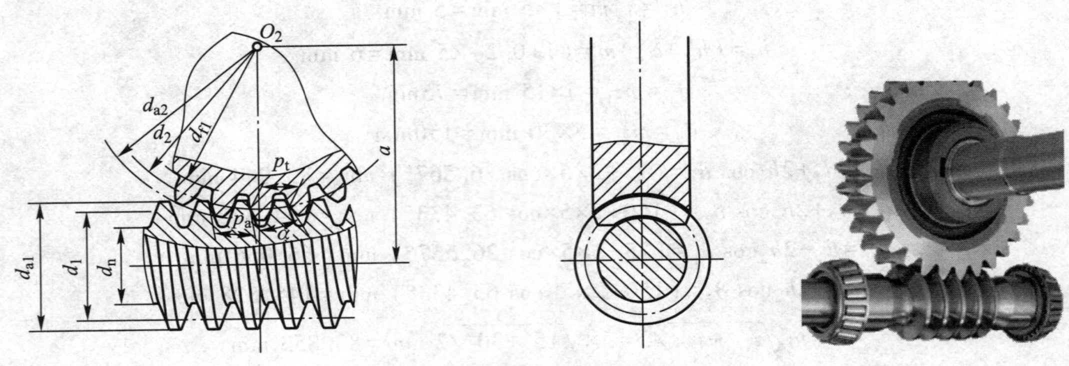

图 7-38 蜗轮蜗杆传动

蜗杆与螺旋一样，可以制成左旋和右旋蜗杆，蜗杆的导程角 $\lambda_1=90°-\beta_1$，$\Sigma=\beta_1+\beta_2=90°$，因此蜗杆的导程角 λ_1 等于蜗轮的螺旋角 β_2，且旋向相同。

7.7.2 基本参数及正确啮合条件

蜗杆蜗轮传动时，从垂直于蜗轮轴线并通过蜗杆轴线的中间平面上看，相当于齿轮齿条传动，如图 7-39 所示，因此标准参数及基本尺寸是在中间平面内按齿轮齿条的啮合尺寸进行计算的。

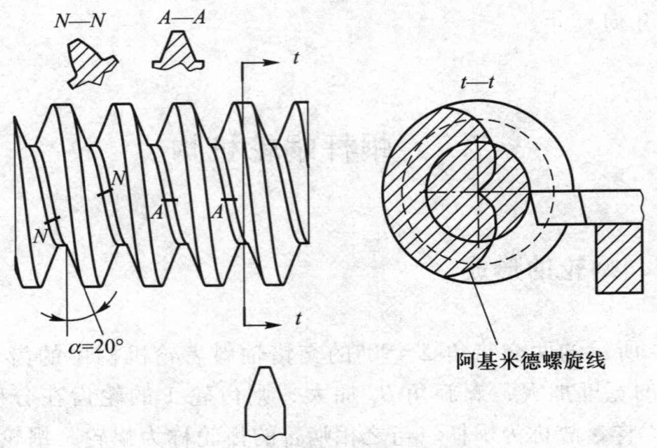

图 7-39 阿基米德蜗杆

1. 标准参数

蜗杆轴面的参数为标准参数，即 m_{a1}、α_{a1}、h_{aa}^*、c_a^* 为标准值；蜗轮的标准参数在端面上，即 m_{t1}、α_{t1}、h_{at}^*，c_t^* 为标准值。由于蜗轮的切制与蜗杆滚刀的尺寸有关，为了减少刀具的品种，标准模数的种类比圆柱齿轮的少（参见表 7-2）；标准压力角、齿顶高系数和顶隙系数分别为 $\alpha=20°$、$h_a^*=1$、$c^*=0.2$。

2. 正确啮合条件

由于蜗轮蜗杆传动的中间平面上相当于齿轮和齿条传动，因此要满足相当于齿轮齿条

正确啮合条件，此外还要保证蜗杆与蜗轮轴线的夹角为90°。所以，阿基米德蜗轮蜗杆传动的正确啮合条件为

$$\begin{cases} m_{a1}=m_{t2}=m \\ \alpha_{a1}=\alpha_{t2}=\alpha \\ \lambda_1=\beta_2 \end{cases} \tag{7-52}$$

7.7.3 基本尺寸计算

1. 蜗杆的直径系数

由于蜗杆相当于螺旋，因此可以将蜗杆沿分度圆柱展开，如图7-40所示，设蜗杆头数（齿数）为 z_1，蜗杆导程角为 λ_1，轴面模数为 m_{a1}，轴面齿距为 p_a，蜗杆导程为 L，分度圆直径为 d_1。由图7-40可得

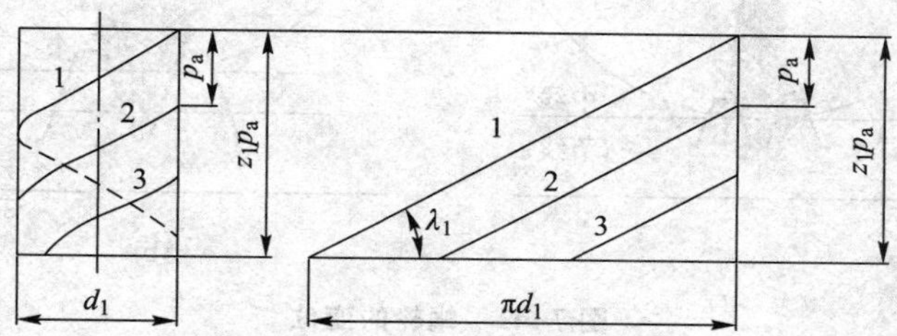

图7-40 蜗杆螺旋线与导程的关系

$$\tan\lambda_1=\frac{L}{\pi d_1}=\frac{z_1m_a}{d_1} \tag{7-53}$$

或

$$d_1=m_az_1/\tan\lambda_1$$

由上式可知：蜗杆的分度圆直径除了与 m_a、z 有关外，还与蜗杆导程角 λ_1 有关。即对于 m_a、z_1 相同而 λ_1 不同的蜗杆，其 d_1 也不同，切制蜗轮的刀具也就不同。为了限制蜗轮滚刀的数目，国家标准规定将蜗杆的分度圆直径标准化（参考GB/T 10085—2018），且与其模数相搭配，并令

$$\frac{d_1}{m_a}=\frac{z_1}{\tan\lambda}=q \tag{7-54}$$

q 称为蜗杆的直径系数。GB/T 10085—2018对蜗杆的模数 m 与分度圆直径 d_1 的搭配等列出了标准系列，详见表7-10。

表7-10 蜗杆分度圆直径与其模数的匹配标准系列 mm

m	1	1.25	1.6	2	2.5	3.15	4	5	6.3	8	10
d_1	18	20 22.4	20 28	(18) 22.4 (28) 35.5	(22.4) 28 (35.5) 45	(28) 35.5 (45) 56	(31.5) 40 (50) 71	(40) 50 (63) 90	(50) 63 (80) 112	(63) 80 (100) 140	(71) 90 (112) 160

注：摘自GB/T 10085—2018，括号中的数字尽可能不采用。

2. 变位系数

为了凑中心距或提高蜗轮蜗杆传动的承载能力，可以采用变位蜗轮蜗杆传动。由于在中间平面上蜗轮蜗杆传动相当于齿轮齿条传动。在凑中心距时，将中间平面内相当于齿条的蜗杆相对于蜗轮中心前移或后移，即蜗杆不变位，而是蜗轮变位。因此，蜗杆的基本尺寸不变，只是在同变位蜗轮啮合时，其节圆与分度圆不重合。变位蜗轮的切制方法与变位齿轮的切制方法相似，因此蜗轮的齿顶圆、齿根圆、分度圆齿厚发生了变化（与标准蜗轮比较）但在与蜗杆相啮合时，其分度圆与节圆重合。如图 7-41 所示，蜗轮变位后与蜗杆按无侧隙啮合安装后的中心距 $a'=a+xm$，因此变位系数

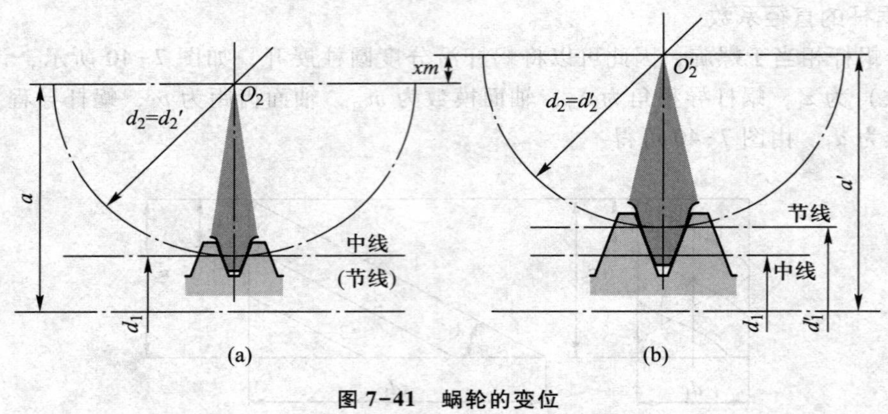

图 7-41 蜗轮的变位

$$x=\frac{a'-a}{m}$$

蜗杆蜗轮传动的基本尺寸计算见表 7-11。

表 7-11 蜗杆蜗轮传动的基本尺寸计算

名称	符号	公式	
		蜗杆	蜗轮
分度圆直径	d_1	$d_1=mq$	$d_2=mz_2$
齿顶圆直径	d_{a1}	$d_{a1}=m(q+2h_a^*)$	$d_{a2}=m(z_2+2h_a^*+2x)$
齿根圆直径	d_f	$d_{f1}=m(q-2h_a^*-2c^*)$	$d_{f2}=m(z_2-2h_a^*-2c^*+2x)$
齿顶高	h_a	$h_{a1}=h_a^*m$	$h_{a2}=(h_a^*+x)m$
齿根高	h_f	$h_f=(h_a^*+c^*)m$	$h_{f2}=(h_a^*+c^*-x)m$
节圆直径	d'	$d_1'=d+2xm$	$d_2'=d_2$
中心距	a'	$a'=\frac{m}{2}(q+z_2+2x)$	

注：标准蜗轮的变位系数 $x=0$，正变位蜗轮的尺寸用 $x>0$ 代入公式，负变位蜗轮尺寸用 $x<0$ 代入公式。

7.7.4 蜗杆蜗轮传动的特点

1）传动平稳。由于蜗杆相当于螺旋，它们啮合时具有螺旋机构的特点，故传动平稳，无噪声。

2）传动比大。由于蜗杆齿数（头数）较少，$z_1=1\sim4$，而蜗轮的齿数可以很多，因此传动比 $i_{12}=z_2/z_1$ 可以很大，结构紧凑。

3）具有自锁性。当蜗杆的导程 λ_1 设计得小于当量摩擦角 φ_v 时，反行程将自锁，即蜗轮主动时，机构不能运动。

4）齿面间的相对滑动速度大，效率低。

由于蜗轮蜗杆传动是交错轴斜齿轮传动的特例，因此啮合时，相对滑动速度大，磨损快，易发热，故传动效率较低。

例 7-8 有一个标准蜗杆机构，已知蜗杆头数 $z_1=1$，蜗轮齿数 $z_2=40$，蜗杆轴面齿距 $p_a=15.7\text{mm}$，蜗杆齿顶圆直径 $d_{a1}=60\text{ mm}$，试求其模数 m、蜗杆直径系数 q、蜗轮螺旋角 β_2、蜗轮分度圆直径 d_2 及中心距 a。

解 由 $p_a=\pi m$，可得 $m=5$。

$$d_{a1}=m(q+2h_a^*)\rightarrow q=\frac{d_{a1}}{m}-2h_a^*$$

得 $q=10$。

$$\lambda_1=\arctan\frac{z_1}{q}=\arctan\frac{1}{10}=5.7$$

又因为 $\beta_2=\lambda_1$，所以 $\beta_2=5.7$。

$$d_2=z_2m=40\times5\text{ mm}=200\text{ mm}$$

$$a=m(q+z_2)/2=5\times(10+40)/2\text{ mm}=125\text{ mm}$$

强化训练题 7-8 有一个标准蜗杆机构，已知蜗杆头数 $z_1=2$，蜗轮齿数 $z_2=42$，蜗杆轴面齿距 $p_a=12.560\text{ mm}$，蜗杆齿顶圆直径 $d_{a1}=70\text{ mm}$，试求其模数 m、蜗杆直径系数 q、蜗轮螺旋角 β_2、蜗轮分度圆直径 d_2 及中心距 a。

7.8 新型齿轮机构

7.8.1 圆弧齿轮

圆弧齿轮作为一种新型的齿轮，其发展的历史已经有六七十余年，在我国发展起步较晚。如图 7-42 所示，圆弧齿轮齿廓为圆弧，小齿轮凸齿，大齿轮凹齿，一般多以斜齿轮的形式出现。通常有两种啮合形式：小齿轮为凸圆弧齿廓，大齿轮为凹圆弧齿廓，称为单圆弧齿轮传动。大、小齿轮在各自的节圆以外的部分都做成凸圆弧齿廓，在节圆以内的部分都做成凹圆弧齿廓，称为双圆弧齿轮传动。

圆弧齿轮传动的特点是：① 综合曲率半径比渐开线齿轮传动大很多，其接触强度比渐开线齿轮传动高 0.5~1.5 倍。② 两轮齿沿啮合线方向的滚动速度很大，齿面间易于形成油膜，传动效率较高，一般可达 0.99~0.995。③ 圆弧齿轮沿齿高方向磨损均匀，且容易跑合。④ 圆弧齿轮无根切现象，故最小齿数可以少。

圆弧齿轮可用于一般的齿轮减速器，如石油抽油机减速器；还可用于磨削困难的、模数和直径较大的齿轮，如轧机齿轮用调质的中硬齿面双圆弧齿轮可使性能接近于硬齿面渐开线齿轮水平。

7.8.2 摆线齿轮

齿廓为摆线的等距曲线形状的盘形或圆环形齿轮称为摆线齿轮，如图 7-43 所示。摆线齿轮的齿数可很少，常用在仪器仪表中，较少用作动力传动，其派生型摆线针轮传动则应用较多。

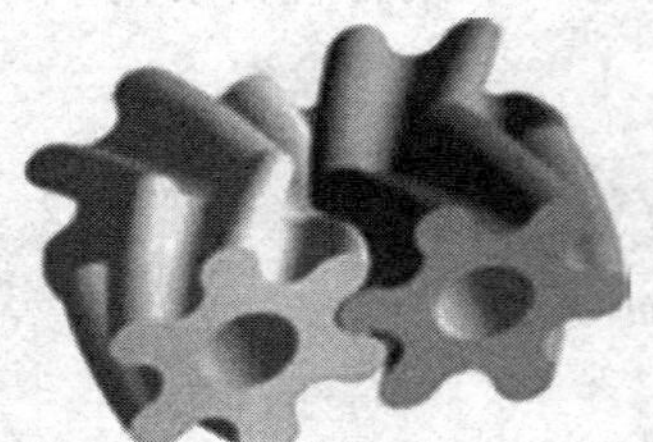

图 7-42 圆弧齿轮

图 7-43 摆线齿轮

摆线齿轮的特点：① 传动时一对齿廓中凹的内摆线与凸的外摆线啮合，因而接触应力小，磨损均匀。② 齿廓的重合度较大，有利于弯曲强度的改善。③ 无根切现象，最少齿数不受限制，故结构紧凑，也可得到较大的传动比。④ 对啮合齿轮的中心距要求较高，若不能保证轮齿正确啮合，则会影响定传动比传动。⑤ 这种传动的啮合线是圆弧的一部分，啮合角是变化的，故轮齿承受的是交变作用力，影响传动平稳性。⑥ 摆线齿轮的制造精度要求较高。

摆线齿轮可用来制造摆线针轮行星减速器，摆线针轮行星减速器可以代替二级或三级普通齿轮减速器和蜗杆蜗轮减速器，且多用于军工、矿山、冶金、化工等工业机械装备中。

7.8.3 抛物线齿轮

齿廓曲线为抛物线的一种新型齿轮称为抛物线齿轮，如图 7-44 所示。20 世纪 80 年代初，中国纺织大学闻智福教授等人提出了新型的抛物线齿轮。抛物线齿轮的齿廓曲线是一种特定的抛物线，该齿廓曲线具有较小的相对主曲率，有较大的齿根厚度和较好的承载性能。

在后来出版的专著文献［79］中提出了抛物线齿轮的三种基本齿形，分别定名为 PWX-Ⅰ、PWX-Ⅱ、PWX-Ⅲ。其中，PWX-Ⅰ型类似于双圆弧齿轮，在齿轮的节线以外是凸齿，节线以内是凹齿。在应用方面，1981 年曾用模数为 3 mm 的调制抛物线齿轮替代 40

型船用齿轮箱的渗碳淬硬磨齿渐开线齿轮，在沙州航运公司的内河拖轮上使用，运转 6 年后拆验无损伤。

7.8.4 球齿轮

球齿轮是一种二自由度的新型齿轮机构，可以实现轴间变角度传动，传递二维的回转运动，如图 7-45 所示。

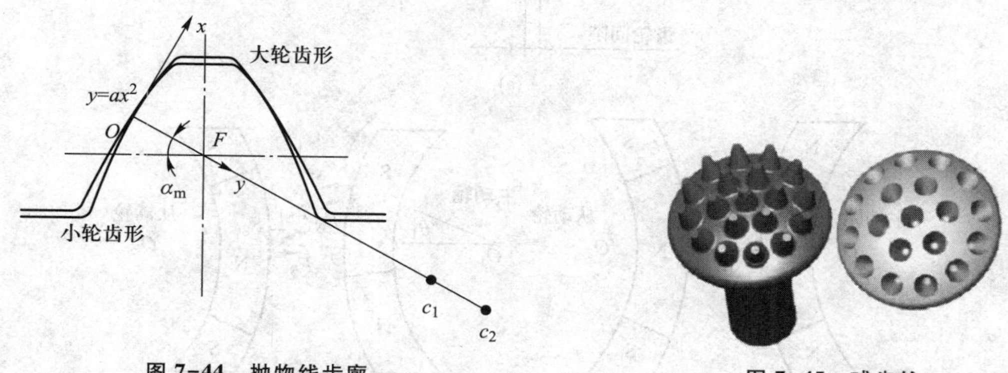

图 7-44 抛物线齿廓

图 7-45 球齿轮

球齿轮由于自身的优点，应用十分广阔，除了目前已有的柔性手腕，还可以用于仿生机械中的复合运动关节机构、假肢及军事方面的雷达等。另外，国防科技大学机电工程与自动化学院的潘存云、温熙森对一种基于渐开线球齿轮的机器人手腕结构进行了分析，该柔性手腕由 6 个球齿轮按特定的规律串联而成，构成了行星轮系机构，且该新型柔性手腕有 3 个自由度，可以实现全方位偏摆运动和自旋运动，对于机器人柔性手腕的发展又是一个较大的飞跃。

7.8.5 永磁齿轮

如图 7-46 所示，永磁齿轮作为一种新型的齿轮，它无直接接触、无摩擦、无磨损，拥有过载保护的功能，瞬时力矩周期性变化，平均力矩一定，转矩小。但它容易腐蚀，其耦合磁场设计较复杂。

磁性齿轮通过轮缘磁极间产生的磁场相互耦合，产生磁作用力来传递运动。当两轮静止时，在磁场力的作用下，同极相斥，异极相吸，在两轮连心线上始终保持 N、S 相互耦合。如图 7-46b 所示，当传动静止时，磁力分布在两轮连心线上，大小相等，方向相反，磁极间传动扭矩为零；当主动轮发生旋转，设转角为 θ_1，此时假设从动轮未发生旋转，则力平衡被破坏，从动轮受到一个向上的磁极分力 F_{St}的作用，如图 7-46c 所示，该分力对从动轮形成驱动扭矩，使从动轮转动，从而实现运动的传动。

中国科学院的张建涛等专家提出了永磁齿轮在人工心脏中应用的设想，目前人工心脏的驱动大多采用电动驱动，而这种传统的方式容易带来皮肤感染、元件发热、更换电池较为频繁等很多问题，引进永磁齿轮后，采用无接触的磁力驱动方式从体外主动轮传递到体内从动件，避免一系列直接接触传递的中间环节，能最大限度地保护患者。

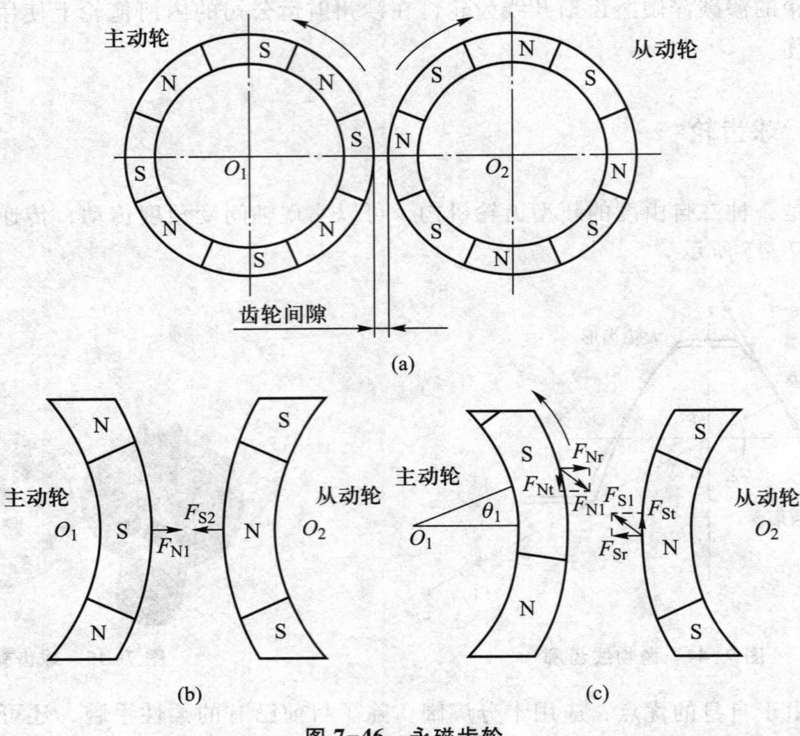

图 7-46 永磁齿轮

7.8.6 面齿轮

如图 7-47 所示，面齿轮是一种圆柱齿轮与锥齿轮相啮合的新型齿轮，用于交错轴间的传动。面齿轮是用直齿渐开线齿轮刀具展成加工而成，当面齿轮传动中采用的圆柱齿轮与刀具的齿数相同时，齿轮传动是线接触，因加工、安装等各种误差的存在，这种线接触传动在实际工作时是不能实现的，故实际参加啮合传动的圆柱齿轮的齿数比刀具少 1~3 个齿，实现点接触传动。传动过程中圆柱齿轮没有轴向力，面齿轮没有径向力，且齿轮副之间的法向作用力始终与圆柱齿轮的基圆相切。

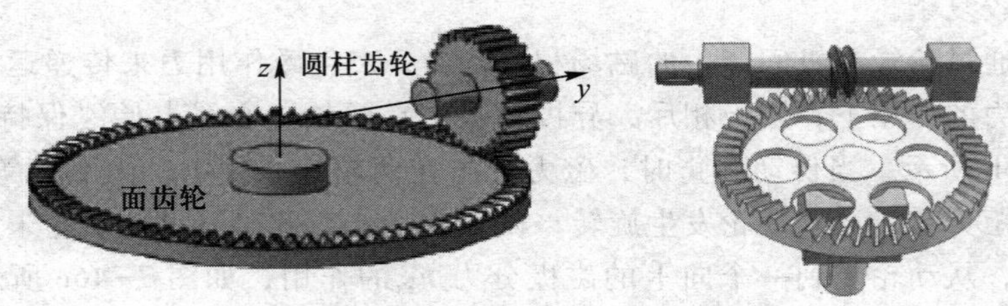

图 7-47 面齿轮

面齿轮的特点：① 通过面齿轮与圆柱齿轮相互啮合来实现传动，不会发生锥齿轮的偏载现象；② 面齿轮传动可以保证传动比恒定，产生的振动和噪声都较低；③ 面齿轮传动的小齿轮是直齿圆柱齿轮，故其互换性较高；④ 面齿轮的理论齿面统一；⑤ 重合度较大。面齿轮的不足之处为面齿轮加工需要不同的刀具参数，其加工成本较高；面齿轮的齿宽不可设计得太长，从而使它的传动强度受到限制。

传统的面齿轮传动只适合于传递较低的载荷，如钓鱼卷线器、无链式自行车等，如今现代新型的面齿轮精密度要求较高，甚至可以用于航天航空中，如飞机等。

7.8.7 简易齿轮及蜗杆传动

玩具与廉价钟表等装置中也出现了一些简易齿轮与蜗杆传动，如图 7-48 所示。这类传动制造方便、成本低廉，但传动精度低、承载小。

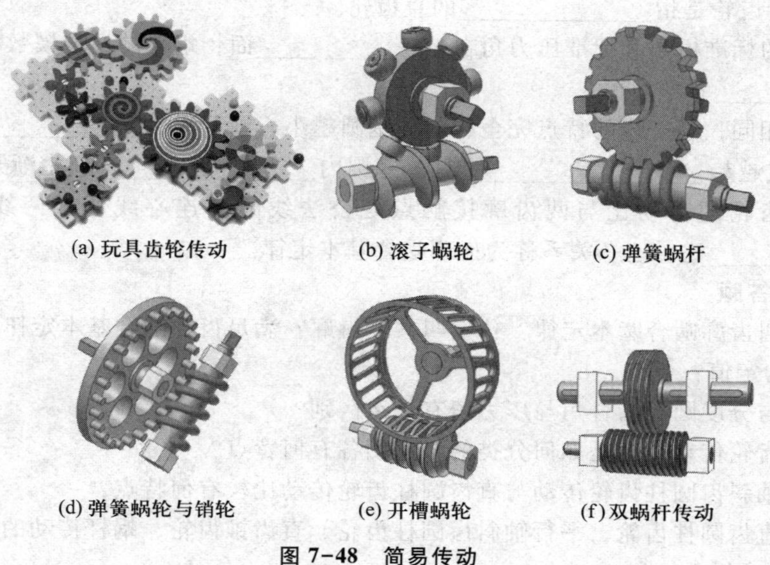

(a) 玩具齿轮传动　(b) 滚子蜗轮　(c) 弹簧蜗杆

(d) 弹簧蜗轮与销轮　(e) 开槽蜗轮　(f) 双蜗杆传动

图 7-48 简易传动

练习题

7-1 选择题

1. 形成渐开线的圆称为（　　）。

A. 齿顶圆　B. 基圆　C. 分度圆　D. 齿根圆

2. 标准规定的压力角应在（　　）上。

A. 齿根圆　B. 基圆　C. 分度圆　D. 齿顶圆

3. 一标准直准圆柱齿轮的齿距 $p=15.7$ mm，齿顶圆的直径为 $d_a=400$ mm，则该齿轮的齿数为（　　）。

A. 78　B. 82　C. 80　D. 7

4. 渐开线直齿圆柱齿轮与齿条啮合时，其啮合角恒等于齿轮（　　）上的压力角。

A. 基圆　B. 齿顶圆　C. 分度圆　D. 齿根圆

5. 齿轮传动的瞬时传动比是（　　）。

A. 变化　B. 恒定　C. 可调　D. 周期性变化

7-2 判断题

1. 齿轮的渐开线形状取决于它的分度圆直径。 ( )

2. $x>0$ 的变位齿轮为负变位齿轮。 ( )

3. 直齿圆柱齿轮的正确啮合条件：只需两齿轮模数相等即可。 ( )

4. 标准直齿圆柱齿轮传动的实际中心距恒等于标准中心距。 ( )

5. 一个渐开线直齿圆柱齿轮同一个渐开线斜齿圆柱齿轮是无法配对啮合的。 ( )

7-3 填空题

1. 一斜齿轮法面模数 $m_n=3$ mm，分度圆螺旋角 $\beta=15°$，其端面模数 $m_t=$________。

2. 一对斜齿圆柱齿轮传动的重合度由________、________两部分组成；斜齿轮的当量齿轮是指________的直齿轮。

3. 蜗杆的标准模数和标准压力角在________面，蜗轮的标准模数和标准压力角在________面。

4. 基圆相同，渐开线的特点完全相同。基圆越小，渐开线越________，基圆越大，渐开线越趋________。基圆内________产生渐开线。

5. 一对齿轮的传动比与两齿廓接触点处公法线分割连心线所得两线段的长度成________比，这一关系称为齿廓啮合基本定律。

7-4 简答题

1. 什么叫齿廓啮合基本定律？什么叫共轭齿廓？满足齿廓啮合基本定律的一对齿廓其传动比是否为定值？

2. 节圆与分度圆、啮合角与压力角有什么区别？

3. 变位齿轮传动类型是如何分类的？它们各有何特点？

4. 平行轴斜齿圆柱齿轮传动与直齿圆柱齿轮传动比较有何特点？

5. 试述直齿圆柱齿轮、平行轴斜齿圆柱齿轮、直齿锥齿轮、蜗杆传动的标准参数及正确啮合条件。

7-5 分析计算题

1. 在基圆半径 $r_b=30$ mm 所发生的渐开线上，求半径 $r_K=40$ mm 处的压力角 r_K 及展角 θ_K，如题图 7-5-1 所示；当 $\alpha=20°$时的曲率半径 ρ 及其所在的向径 r。

2. 已知一对外啮合渐开线直齿圆柱齿轮，齿数 $z_1=20$，$z_2=41$，模数 $m=2$ mm，$h_a^*=1$，$c^*=0.25$，$\alpha=20°$，试求：(1) 当该对齿轮为标准齿轮时，试计算齿轮的分度圆直径 d_1、d_2，基圆直径 d_{b1}、d_{b2}，齿顶圆直径 d_{a1}、d_{a2}，齿根圆直径 d_{f1}、d_{f2}，分度圆上齿距 p、齿厚 s 和齿槽宽；(2) 当该对齿轮为标准齿轮且为正确安装时的中心距，求齿轮 1 的齿顶压力角 α_{a1}、齿顶处齿廓的曲率半径 ρ_{a1}。

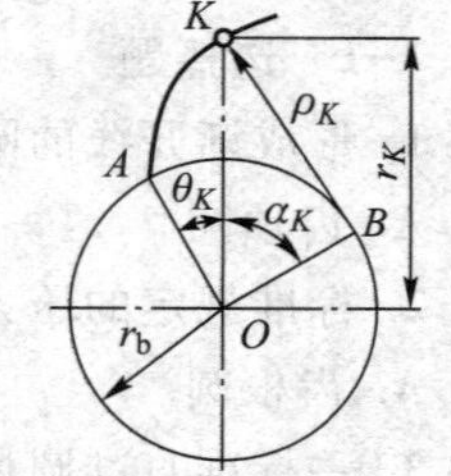

题图 7-5-1

3. 已知一对外啮合正常齿制标准直齿圆柱齿轮 $m=3$ mm，$z_1=19$，$z_2=41$，试计算这对齿轮的分圆直径、齿顶高、齿根高、顶隙、中心距、齿顶圆直径、齿根圆直径、基圆直径、齿距、齿厚和齿槽宽。

4. 设计一无根切的齿轮齿条机构，$z_1=15$，$m=7$ mm，$\alpha=20°$，正常齿制。求：(1) 齿轮 r_1、r'_1、s_1、h_{a1}、h_{f1}、r_{a1}、r_{f1}；(2) 齿条 s_2、h_{a_2}、h_f 以及齿轮中心至齿条分度线之间的距离 $L=$？

5. 已知一对外啮合标准直齿圆柱齿轮传动的标准中心距 $a=200$ mm，传动比 $i_{12}=4$，大齿轮齿数 $z_2=80$，$h_a^*=1.0$。试计算小齿轮的齿数 z_1，齿轮的模数 m，分度圆直径 d_1、d_2，齿顶圆直径 d_{a1}、d_{a2}。

6. 已知一对标准外啮合直齿圆柱齿轮，正常齿制，$m=5$ mm，$\alpha=20°$，$z_1=19$，$z_2=42$。试求其重合度，并绘出单、双齿啮合区。

7. 已知一对外啮合标准直齿圆柱齿轮，正常齿制，$m=2.5$ mm，$z_1=18$，$z_2=37$，安装中心距 $a'=69.75$ mm，求其重合度。

8. 齿条刀具加工一直齿圆柱齿轮。设已知被加工齿轮轮坯的角速度 $\omega_1=5$ rad/s，刀具的移动速度为 0.375 m/s，刀具的模数 $m=10$ mm，压力角 $\alpha=20°$。试求：（1）被加工的齿轮的齿数；（2）若齿条分度线与被加工齿轮中心的距离为 77mm，求被加工的齿轮的分度圆齿厚 s；（3）若已知该齿轮与大齿轮 2 相啮合时的传动比 $i_{12}=4$，在无侧间隙的标准安装中心距为 377mm，求这两个齿轮的节圆半径和啮合角。

9. 某机器上一对外啮合标准直齿圆柱齿轮，已知 $z_1=40$，$z_2=80$，$m=4$ mm，$\alpha=20°$，$h_a^*=1$，$c^*=0.25$。为提高齿轮传动的平稳性，要求在传动比 i_{12}、模数 m 及中心距 a 均不变的条件下，将直齿轮改为斜齿轮，并希望螺旋角 $\beta\leqslant15°$，总重合度 $\varepsilon_\gamma\geqslant3$，试确定斜齿轮函数 z_1'、z_2'，螺旋角 β 和齿宽 B。

10. 在题图 7-5-2 所示的齿轮变速箱中，两轴中心距为 90 mm，各轮齿数为 $z_1=41$，$z_2=51$，$z_3=30$，$z_4=60$，$z_5=20$，$z_6=68$，模数均为 $m=2$ mm，试确定各对齿轮传动的类型。

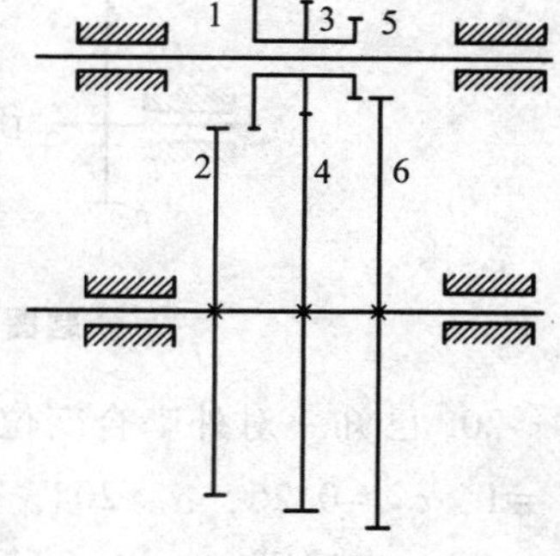

题图 7-5-2

11. 在某牛头刨床中，有一对外啮合渐开线直齿圆柱齿轮传动。已知 $z_1=17$，$z_2=118$，$m=5$ mm，$\alpha=20°$，$h_a^*=1$，$a'=337.5$ mm。现发现小齿轮已严重损坏，拟将其报废。大齿轮磨损较轻（沿分度圆齿厚两侧的磨损量为 0.75mm），拟修复使用，并要求所设计的小齿轮的齿顶厚尽可能大些，问应如何设计这一对齿轮？

12. 已知一对渐开线标准外啮合圆柱齿轮传动的模数 $m=5$ mm，压力角 $\alpha=20°$，中心距 $a=350$ mm，传动比 $i_{12}=9/5$，试求两轮的齿数、分度圆直径、齿顶圆直径、基圆直径以及分度圆上的齿厚和齿槽宽。

13. 已知一对标准外啮合直齿圆柱齿轮传动的 $\alpha=20°$，$m=5$ mm，$z_1=19$，$z_2=42$，试求其重合度 ε_α。问当有一对轮齿在节点 P 处啮合时，是否还有其他轮齿也处于啮合状态；又当一对轮齿在 B_1 点（齿轮 1 脱离啮合点）啮合时，情况又如何？

14. 设有一对外啮合齿轮的齿数 $z_1=30$、$z_2=40$，模数 $m=20$ mm，压力角 $\alpha=20°$，齿顶高系数 $h_a^*=1$。试求当中心距 $a'=725$ mm 时两轮的啮合角 α'。又当 $\alpha'=22°30'$时，试求其中心距 a'。

15. 在题图 7-5-3 所示的机构中，所有齿轮均为直齿圆柱齿轮，模数均为 2 mm，$z_1=15$、$z_2=32$、$z_3=20$、$z_4=30$，要求轮 1 与轮 4 同轴线。试问：（1）齿轮 1、2 与齿轮 3、4 应选什么传动类型最好？为什么？（2）若齿轮 1、2 改为斜齿轮传动来凑中心距，当齿数不变，模数不变时，斜齿轮的螺旋角应为多少？（3）斜齿轮 1、2 的当量齿数是多少？

(4) 当用范成法（如用滚刀）来加工齿轮1、2时，是否会发生根切？

16. 现有一对外啮合直齿圆柱齿轮传动，已知齿轮的基本参数为 $z_1=36$，$z_2=33$，$\alpha=20°$，$m=2$ mm，正常齿制，$x_1=-0.235$，$x_2=1.335$。试求：(1) 计算齿轮这对齿轮传动的标准中心距 a 和正确安装中心距 a'；(2) 计算齿轮1的 r_1、r_{b1}、r_{a1}、r_{f1}、p、s、e；(3) 与采用标准齿轮传动相比较，这对齿轮传动有什么优点和缺点？应检验的条件是什么？

17. 已知一对外啮合渐开线标准直齿圆柱齿轮，其传动比 $i_{12}=2.4$，模数 $m=5$ mm，压力角 $\alpha=20°$，$h_a^*=1$，$c^*=0.25$，中心距 $a=170$ mm，试求该齿轮的齿数 z_1、z_2，分度圆直径 d_1、d_2，齿顶圆直径 d_{a1}、d_{a2}，基圆直径 d_{b1}、d_{b2}。

18. 设有一对外啮合直齿圆柱齿轮，$z_1=20$、$z_2=31$，模数 $m=5$ mm，压力角 $\alpha=20°$，齿顶高系数 $h_a^*=1$，试计算出其标准中心距 a。当实际中心距 $a'=130$ mm 时，其啮合角 α' 为多少？当取 $\alpha'=25°$时，试计算该对齿轮的实际中心距 a'。

19. 在题图 7-5-4 所示的回归轮系中，已知，$z_1=15$，$z_2=53$，$m_{1、2}=2$ mm，$z_3=21$，$z_4=32$，$m_{3、4}=2.5$ mm，各齿轮的压力角20°，试问：这两对齿轮能否均用标准齿轮传动？若用变位齿轮传动，可能有几种传动方案？用哪一种方案比较好？

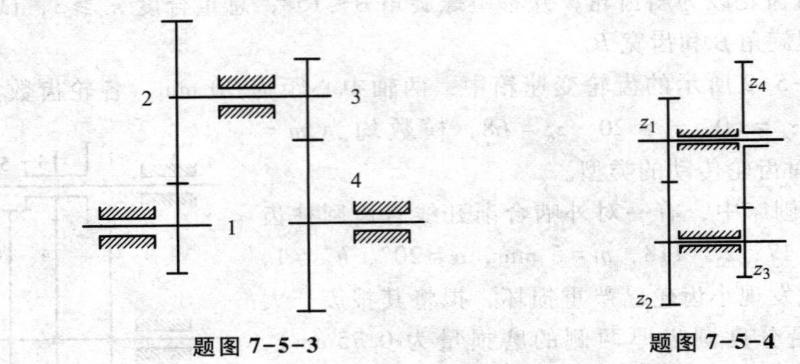

题图 7-5-3　　题图 7-5-4

20. 已知一对外啮合变位齿轮，$z_1=15$，$z_2=42$，若取 $x_1=+1.0$，$x_2=-1.0$，$m=2$ mm，$h_a^*=1$，$c^*=0.25$，$\alpha=20°$，试计算该对齿轮传动的中心距 a'，啮合角 α'，齿顶圆直径 d_{a1}、d_{a2}，齿顶厚 s_{a1}、s_{a2}，试判断该对齿轮能否正常啮合传动，为什么？

21. 一对标准渐开线直齿圆柱齿轮传动，$z_1=17$，$z_2=42$，$\alpha=20°$，$m=5$ mm，正常齿制，若将中心距加大至刚好连续传动，求此时啮合角 α'，节圆直径 d'_1、d'_2，中心距 a'，两分度圆分离距离为顶隙 c。试问此时是否为无侧隙啮合？若不是，啮合节圆上的侧隙为多少 [$\delta=2a'(\mathrm{inv}\,\alpha'-\mathrm{inv}\,\alpha)$]？

22. 已知一对外啮合直齿圆柱齿轮传动，其基本参数为：$z_1=12$，$z_2=56$，$m=4$ mm，$\alpha=20°$，$h_a^*=1$，$c^*=0.25$，变位系数 $x_1=0.3$ mm，$x_2=-0.21$ mm。试问这对齿轮在变位修正后是否会产生根切？这两齿轮的齿顶圆直径各为多大？

23. 某对平行轴斜齿轮传动的齿数 $z_1=20$、$z_2=37$，模数 $m_n=3$ mm，压力角 $\alpha=20°$，齿宽 $B_1=50$ mm、$B_2=45$ mm，螺旋角 $\beta=15°$，正常齿制。试求：(1) 两齿轮的齿顶圆直径 d_{a1}、d_{a2}；(2) 标准中心距 a；(3) 总重合度 ε_γ；(4) 当量齿数 z_{v1}、z_{v2}。

24. 一对标准斜齿轮传动，$z_1=20$，$z_2=38$，$m_n=8$ mm，$\alpha_n=20°$，$\beta=13°$，$h_{an}^*=1$，$c_n^*=0.25$，齿轮宽度 $B=30$ mm。试求：中心距 a'，分度圆半径 r_1、r_2，轴面重合度 ε_β，当

量齿数 z_{v1}、z_{v2}。

25. 已知一对正常齿渐开线标准斜齿圆柱齿轮 $z_1=23$，$z_2=98$，$m_n=4$ mm，$a=250$ mm，试计算其螺旋角、端面模数、端面压力角、当量齿数、分度圆直径、齿顶圆直径、齿根圆直径。

26. 已知一对直齿锥齿轮的基本参数：$z_1=14$，$z_2=30$，$m=10$ mm，$h_a^*=1$，$c^*=0.2$，轴交角 $\Sigma=90°$。试求：分度圆直径 d_1、d_2，顶圆 d_{a1}，根圆 d_{f1}；当量齿数 z_{v1} 和 z_{v2}。此时小齿轮是否根切？为什么？

27. 一蜗轮的齿数 $z_2=40$，$d_2=280$ mm，与一单头蜗杆啮合，试求：(1) 蜗轮端面模数 m_{t2} 及蜗杆轴面模数 m_{a1}；(2) 蜗杆的轴面齿距 p_{a1} 及导程 L；(3) 蜗杆的分度圆直径 d_1；(4) 两轮的中心距 a'。

28. 一个 $z_2=40$，$d_2=200$ mm 的蜗轮，与一双头蜗杆啮合。试求：它们的模数 m、蜗杆分度圆直径 d_1、中心距 a。

29. 已知一蜗杆传动的参数：蜗杆头数 $z_1=1$，传动比 $i_{12}=40$，蜗轮直径 $d_2=200$ mm，蜗杆的导程角 $\gamma=5.71°$。试确定：模数 m、传动中心距 a。

30. 已知一蜗杆传动，测得如下数据：蜗杆头数 $z_1=2$，蜗轮齿数 $z_2=40$，蜗杆轴向齿距 $p_t=15.71$ mm，蜗杆顶圆直径 $d_{a1}=60$ mm。试求出模数 m、蜗轮螺旋角 β_2、蜗轮分度圆直径 d_2 及中心距 a。

第八章 轮系及其设计

本章学习任务：定轴轮系、周转轮系及复合轮系的概念及其传动比的计算，新型轮系简介，行星轮系的设计。

驱动项目的任务安排：完成项目中的论文设计或者分析汽车变速箱的轮系。

8.1 轮系基本知识

在实际机械中，为了满足不同的工作要求，常采用一系列彼此啮合的齿轮所组成的齿轮传动机构。这种由一系列齿轮组成的传动系统称为齿轮系，简称**轮系**。根据轮系运转时各轮几何轴线相对于机架的位置是否固定，可以把轮系分为三种类型：定轴轮系、周转轮系和复合轮系。

8.1.1 定轴轮系及其分类

定轴轮系是指轮系中各个齿轮的轴线相对机架的位置都固定不动的轮系。图 8-1 中齿轮 1、2-2′、3、4 分别固定在Ⅰ、Ⅱ、Ⅲ、Ⅳ各轴上，各轴的轴线相对于机架的位置是不变的。

根据轮系中各轮的运动是平面运动还是空间运动，可把定轴轮系分为平面定轴轮系和空间定轴轮系。**平面定轴轮系**是指各轮的运动为平面运动的定轴轮系。这种轮系中的各齿轮均为平行轴圆柱齿轮，如图 8-1 所示。**空间定轴轮系**是指各轮的运动为空间运动的定轴轮系。这种轮系中一定包含非平行轴传动的齿轮（如锥齿轮、蜗杆蜗轮），如图 8-2 所示。

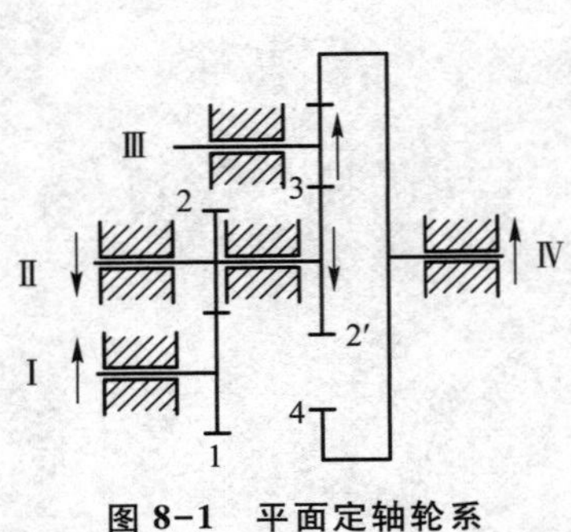

图 8-1 平面定轴轮系

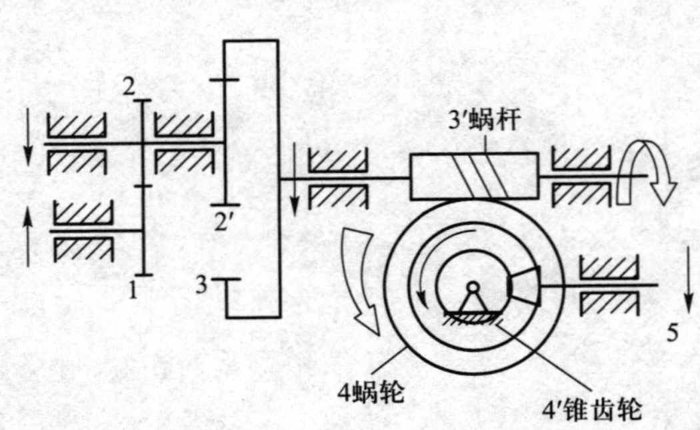

图 8-2 空间定轴轮系

8.1.2 周转轮系及其分类

1. 周转轮系的组成

轮系中如果至少有一个齿轮的轴线绕另一齿轮的轴线转动，这个轮系称为**周转轮系**。

图 8-3 所示为一周转轮系。其中齿轮 2 是支承在 H 杆上，随 H 杆绕 O_1O_1 轴转动（O_1O_1 轴线称为主轴线），同时它与齿轮 1 和齿轮 3 相啮合，故要绕自身轴线 O_2O_2 转动，产生既有自转又有公转的运动，故称为**行星轮**；齿轮 1 和齿轮 3 的轴线固定并与主轴线重合，而且都与行星轮相啮合，这种齿轮称为**中心轮**或**太阳轮**，以 K 表示；支承行星轮的构件称为**行星架**（或**系杆**），通常用 H 表示，因此周转轮系是由行星轮、中心轮、行星架和机架组成。周转轮系中凡是轴线与主轴线 O_1O_1 重合，并承受外力矩的构件称为**基本构件**，显然图 8-3 中，中心轮 1、3 与行星架 H 为基本构件。

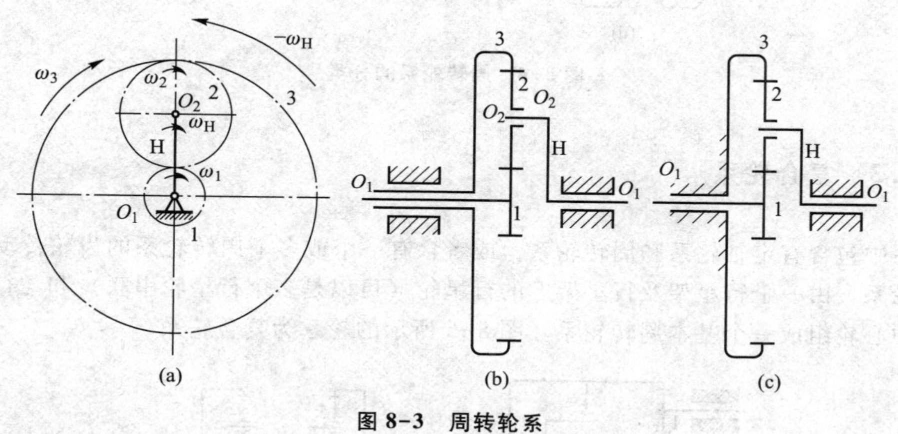

图 8-3 周转轮系

2. 周转轮系的分类

周转轮系的种类很多，常用的分类方法如下：

（1）按周转轮系的自由度分类

1）差动轮系，若周转轮系的自由度为 2，则称其为差动轮系，如图 8-3b 所示。此轮系需要有两个独立运动的主动件。

2）行星轮系，若周转轮系的自由度为 1，如图 8-3c 所示，则称它为**行星轮系**。该轮系只需要有一个独立运动的主动件。

（2）按基本构件的组成分类

1）2K-H 型周转轮系　图 8-4a、b、c 所示为 2K-H 型周转轮系的三种不同形式，该轮系的特点是轮系中有 2 个中心轮。

2）3K 型周转轮系　图 8-4d 所示为 3K 型周转轮系，该轮系中有三个中心轮，而其中的行星架 H 只是起支承行星轮的作用。

3）K-H-V 型行星轮系　图 8-4e 所示的轮系只有一个中心轮，其运动是通过等角速机构由 V 轴输出。

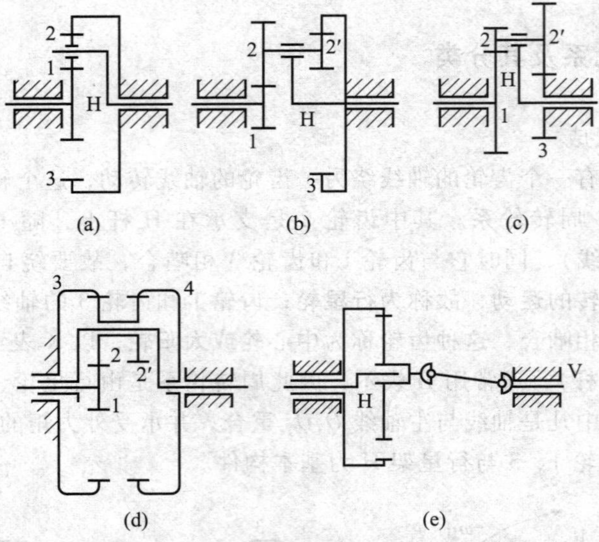

图 8-4　周转轮系的分类

8.1.3　复合轮系

轮系中包含有定轴轮系和周转轮系，或者含有一个或多个周转轮系的齿轮传动系统称为**复合轮系**。由一个行星架及行星架上的行星轮（可以是多个行星轮串联）和与行星轮相啮合的中心轮组成一个基本周转轮系。图 8-5 所示的轮系为复合轮系。

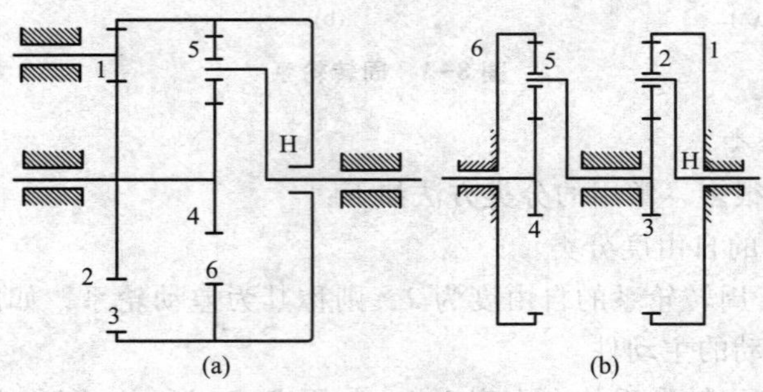

图 8-5　复合轮系

8.2　各类轮系传动比计算

8.2.1　定轴轮系的传动比

定轴轮系中首轮与末轮的角速度（或转速）比称为轮系的传动比。当首轮用“1”，末轮用“k”表示时，其传动比的大小为

$$i_{1k}=\omega_1/\omega_k=n_1/n_k$$

在进行轮系的运动分析时，主要是确定其传动比的大小及首末两轮的转向。

由第七章得知，一对齿轮的传动比

$$i_{12}=\omega_1/\omega_2=z_2/z_1$$

此式表示齿轮 1 与齿轮 2 的角速度之比与两轮的齿数成反比。

一对外啮合齿轮传动时，两轮转向相反；一对内啮合齿轮传动时，两轮转向相同。图 8-6a、b、c 所示分别为外啮合、内啮合齿轮及锥齿轮传动各轮转向的标注法。

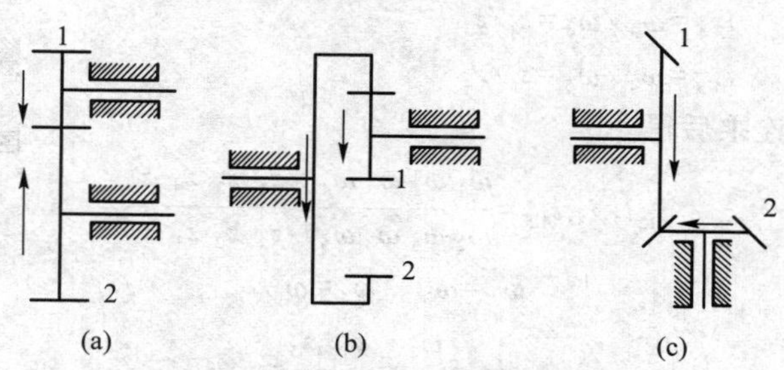

图 8-6 一对齿轮传动的转向

由于蜗轮蜗杆传动具有螺旋传动的特点，因此可以按螺杆和螺母的相对运动关系来确定蜗轮、蜗杆的转向。因为蜗轮、蜗杆的旋向相同，一般可由蜗杆的旋向及转向确定蜗轮的转向，因此首先要判断蜗杆的旋向。判断蜗杆旋向时，可以在简图上从蜗杆（或蜗轮）的端面沿其轴方向看，若左边螺旋升高，则为左旋，若右边螺旋升高，则为右旋，如图 8-7a、b 所示。

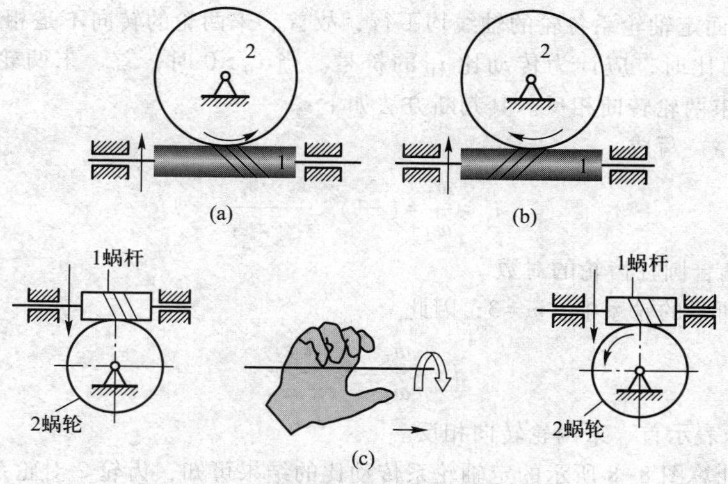

图 8-7 蜗轮、蜗杆的转向

判断蜗轮转向时，可根据蜗杆的旋向及转向，分别用左、右手判断。当蜗杆为右旋时，用右手的四指顺着蜗杆的转向弯曲，拇指的指向表示蜗杆沿轴线移动的方向，方法如图 8-7c 所示，但蜗杆是不能沿轴向移动的，所以只有推动蜗轮向相反方向转动，如图 8-7a 所示，蜗轮逆时针方向转动；蜗杆为左旋时，用左手以同样的方法可判断蜗轮的转向，如图 8-7b 所示，蜗轮顺时针方向转动。

1. 平面定轴轮系

(1) 传动比的大小

图 8-8 所示为平面定轴轮系。设首轮为“1”，末轮为“5”，各轮的角速度和齿数分别用 ω_1、ω_2、ω_3、ω_4、ω_5 和 z_1、z_2、z_3、$z_{3'}$、z_4、$z_{4'}$、z_5 表示。轮系中各对齿轮的传动比为

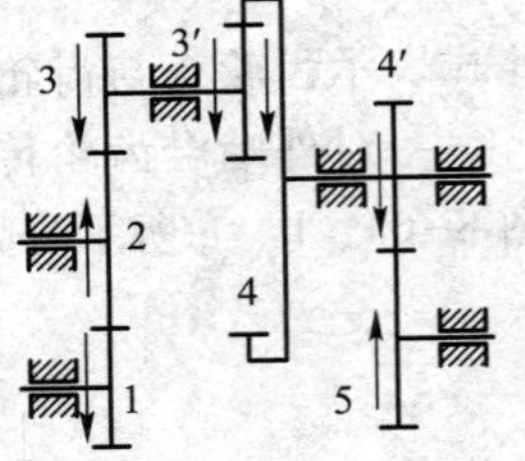

图 8-8 平面定轴轮系

$$i_{12}=\omega_1/\omega_2=z_2/z_1$$

$$i_{23}=\omega_2/\omega_3=z_3/z_2$$

$$i_{3'4}=\omega_{3'}/\omega_4=z_4/z_{3'}$$

$$i_{4'5}=\omega_{4'}/\omega_5=z_5/z_{4'}$$

将以上各式等号两边连乘后得

$$i_{12}i_{23}i_{34}i_{4'5}=\frac{\omega_1}{\omega_2}\frac{\omega_2}{\omega_3}\frac{\omega_3}{\omega_4}\frac{\omega_4}{\omega_5}=\frac{z_1}{z_2}\frac{z_3}{z_2}\frac{z_4}{z_{3'}}\frac{z_5}{z_{4'}}$$

因

$$\omega_3=\omega_{3'}，\ \omega_4=\omega_{4'}$$

故

$$i_{15}=\frac{\omega_1}{\omega_5}=\frac{z_3z_4z_5}{z_1z_{3'}z_{4'}}$$

上式表示定轴轮系首、末两轮的传动比为所有从动轮齿数的乘积与所有主动轮齿数的乘积的比值，其值也等于组成该轮系中各对齿轮传动比的连乘积。定轴轮系传动比的一般表达式为

$$i_{1k}=\frac{\omega_1}{\omega_k}=\frac{n_1}{n_k}=\frac{z_2\cdots z_k}{z_1\cdots z_{k-1}} \tag{8-1a}$$

(2) 首、末轮的转向

1) 由于平面定轴轮系各轮的轴线均平行，故首、末两轮的转向不是相同，就是相反，因此在计算传动比时，应计为传动比 i_{1k} 的符号。当 $i_{1k}>0$ 时，首、末两轮转向相同；当 $i_{1k}<0$ 时，首、末两轮转向相反。其判断方法如下：

将式 (8-1a) 写成

$$i_{1k}=\frac{\omega_1}{\omega_2}=(-1)^m\frac{z_2\cdots z_k}{z_1\cdots z_{k-1}} \tag{8-1b}$$

式中，m 为外啮合圆柱齿轮的对数。

在图 8-8 所示的轮系中，$m=3$，因此

$$i_{15}=\frac{\omega_1}{\omega_5}=-\frac{z_3z_4z_5}{z_1z_{3'}z_{4'}}$$

式中的“-”号表示首、末两轮转向相反。

另外，从计算图 8-8 所示的定轴轮系传动比的结果可知，齿轮 2 对轮系的传动比大小无影响，但它却影响了末轮的转向。如果将轮 2 去掉，则该轮系的传动比不变，但此时末轮的转向变了（轮 5 与轮 1 的转向相同），这种齿轮通称为**惰轮**（或介轮）。可见，为改变首、末两轮的转向，可在轮系中增加惰轮。

2) 用箭头标注法在已知首轮的转向（若未给出，则自定一个转向）时，可根据运动传递顺序，在运动简图的各齿轮上逐个画出箭头以确定末轮的转向。如图 8-8 所示，通过标注箭头可知首、末两轮转向相反，于是在传动比公式的齿数比前加上“-”号，其结论

与第 1）种方法相同。

例 8-1 在图 8-9a 所示的轮系中，已知各轮齿数为 $z_1=z_2=z_3=z_5=z_6=20$，已知齿轮 1、4、5、7 为同轴线，试求该轮系的传动比 i_{17}。

解 根据齿轮机构的结构关系，有

$$z_4=z_1+2z_2+2z_3=5z_1=5\times20=100$$

$$z_7=z_5+2z_6=3z_1=3\times20=60$$

根据定轴轮系传动比公式得到：

$$i_{17}=(-1)^3\frac{z_2z_3z_4z_6z_7}{z_1z_2z_3z_5z_6}=-\frac{100\times60}{20\times20}=-15$$

齿轮机构关系中内啮合齿轮间的径向关系：内齿轮的半径应大于等于所含的齿轮径向尺度和，如图 8-9a 中 1 到 4 的轮系中，轮 1、4 同心，故有 $z_4=z_1+2z_2+2z_3$。

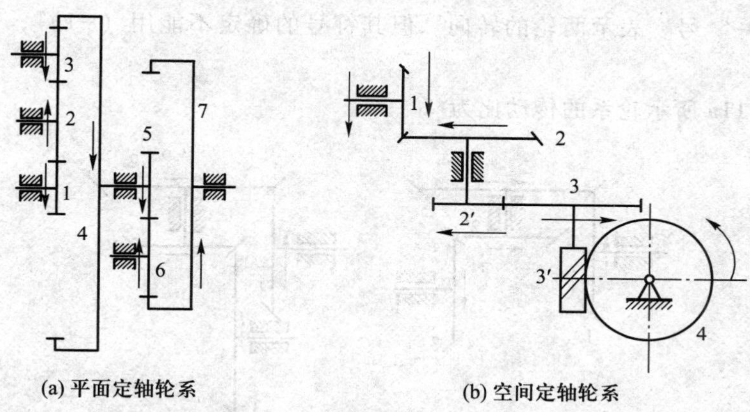

(a) 平面定轴轮系

(b) 空间定轴轮系

图 8-9 平面与空间定轴轮系

例 8-2 如图 8-9b 所示的轮系中，设已知 $z_1=16$，$z_2=32$，$z_{2'}=20$，$z_3=40$，$q_{3'}=2$，$z_4=40$，均为标准齿轮传动。已知轮 1 的转速 $n_1=1\ 000$ r/min，试求轮 4 的转速及转动方向。

解 1）传动比：

$$i=\frac{n_1}{n_4}=\frac{z_2}{z_1}\frac{z_3}{z_{2'}}\frac{z_4}{q_{3'}}=\frac{32\times40\times40}{16\times20\times2}=80$$

2）根据已知条件计算：

$$n_4=n_1/i=1\ 000/80\ \text{r/min}=12.5\ \text{r/min}$$

用箭头标注法判断，轮 4 的转向如图 8-9b 所示，为逆时针转动。

强化训练题 8-1 如图 8-10 所示的轮系中，设已知 $z_1=18$，$z_2=20$，$z_{2'}=26$，$z_3=52$，$q_{3'}=2$，$z_4=60$，$z_5=20$ 均为标准齿轮传动。已知输入轴的转速 $n_1=1\ 000$ r/min，试求输出轴 5 的转速及转动方向。

2. 空间定轴轮系

由于空间定轴轮系包含空间齿轮，因此首、末两轮的轴线不一定平行。

（1）传动比大小

空间定轴轮系传动比大小可按式（8-1）计算。

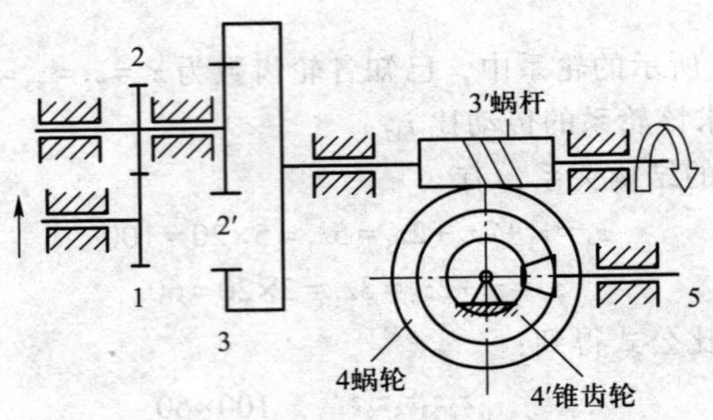

图 8-10 定轴轮系

(2) 首、末两轮转向

1) 首、末两轮轴线平行。当空间定轴轮系的首、末两轮轴线平行时，传动比计算式前应加“+”“-”号，表示两轮的转向。但其符号的确定不能用 $(-1)^m$，而只能用标注箭头法确定。

例如图 8-11a 所示轮系的传动比为

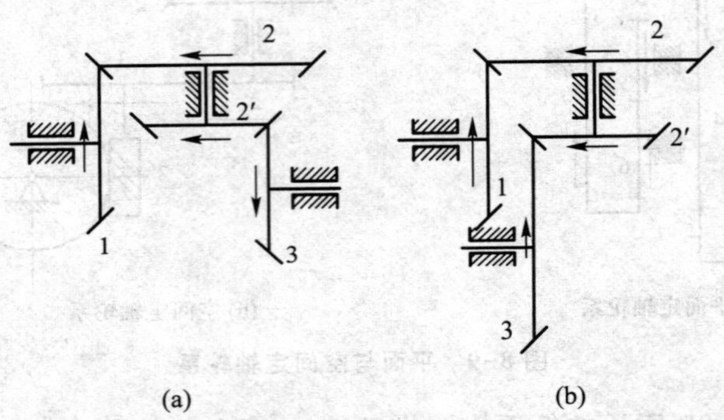

图 8-11 空间定轴轮系的转向

$$i_{13}=\frac{\omega_1}{\omega_3}=-\frac{z_2z_3}{z_1z_{2'}}$$

而图 8-11b 所示轮系的传动比为

$$i_{13}=\frac{\omega_1}{\omega_3}=+\frac{z_2z_3}{z_1z_{2'}}$$

2) 首、末两轮轴线不平行。对于首、末两轮轴线不平行的空间定轴轮系，在传动比计算式中不用加符号，但必须在运动简图上用箭头标明各轮的转向。

图 8-12 所示为具有空间齿轮机构的定轴轮系，各轮齿数及首轮的转向已知时，可求出其传动比及各轮的转向，即

$$i_{18}=\frac{n_1}{n_8}=\frac{z_2z_4z_6z_8}{z_1z_3z_5z_7}$$

由箭头标注法可知，蜗轮 8 为顺时针转动。

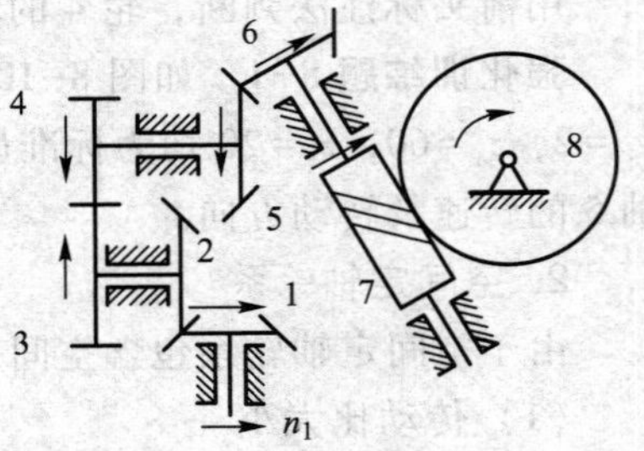

图 8-12 空间定轴轮系

8.2.2 周转轮系传动比

由于周转轮系中有行星轮，故其传动比不能直接用定轴轮系传动比的公式进行计算。但是如果将轮系中的行星架相对固定，即将周转轮系转化为定轴轮系，就可以借助此转化轮系（或称为转化机构），按定轴轮系的传动比公式进行周转轮系传动比的计算，这种方法称为**反转法**或**转化机构法**。

图 8-3 中，设 ω_1、ω_3、ω_2、ω_H 分别为中心轮 1、3，行星轮 2 和行星架 H 的角速度（绝对角速度），如果给整个周转轮系加上一个 $-\omega_H$ 的公共角速度，此时行星架相对固定不动，原周转轮系就转化为定轴轮系，在转化轮系中各构件的角速度见表 8-1。

表 8-1　转化轮系中各构件的角速度

构件	转化轮系中各构件的角速度（相对于行星架的角速度）	构件	转化轮系中各构件的角速度（相对于行星架的角速度）
1	$\omega_1^H=\omega_1-\omega_H$	3	$\omega_3^H=\omega_3-\omega_H$
2	$\omega_2^H=\omega_2-\omega_H$	H	$\omega_H^H=\omega_H-\omega_H=0$

1. 转化轮系的传动比计算

由于转化轮系相当于定轴轮系，故其传动比可按定轴轮系的传动比公式进行计算，即

$$i_{1k}^H=\frac{\omega_1-\omega_H}{\omega_k-\omega_H}=\frac{n_1-n_H}{n_k-n_H}=(\pm)\frac{z_2\cdots z_k}{z_1\cdots z_{k-1}} \tag{8-2}$$

2. 使用转化轮系传动比公式的注意事项

1）式（8-2）只适用于转化轮系的首、末两轮轴线平行的情况。

例如，图 8-13 所示的转化轮系的构件 1 与构件 3 的传动比可以写成

$$i_{13}^H=\omega_1-\omega_H/(\omega_3-\omega_H)$$

但由于构件 1 的轴线与构件 2 的轴线不平行，故

$$i_{12}^H\neq\omega_1-\omega_H/(\omega_2-\omega_H)$$

2）由于使用式（8-2）时，首、末两轮轴线必须平行，故齿数比前要加“+”号或“-”号；“+”号表示转化轮系首、末两轮转向相同，“-”号表示转化轮系首、末两轮转向相反。因为此处的“+”“-”号不仅表明转化轮系首、末两轮的转向，还直接影响各构件角速度之间的数值关系。

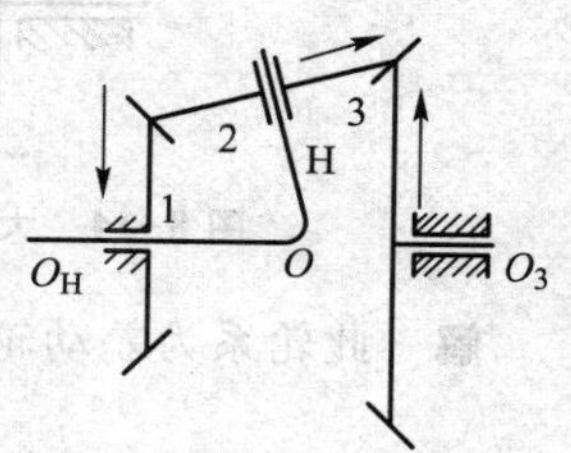

图 8-13　空间周转轮系

3）ω_1、ω_k、ω_H 均为代数值，运用式（8-2）计算时要带相应的“+”“-”号，如转向相同，用同号代入，若转向不同，则应分别用“+”“-”号代入。

在已知周转轮系中各轮齿数的条件下，已知 ω_1、ω_k、ω_H 中的两个量（包括大小和方向），就可按式（8-2）确定第三个量，并注意第三个构件的转向应由计算结果的“+”“-”号来判断。

由于行星轮系中有一个中心轮的转速为零，若令行星轮系的中心轮 k 固定，由于其转速 $n_k=0$，故由式（8-2）可推导出：

$$i_{1H}=i_{1H}^{k}=1-i_{1k}^{H} \tag{8-3}$$

由以上分析可知，周转轮系中各个构件的转速传动比的确定，一定要借助转化轮系的传动比求得。

例 8-3 图 8-14 所示的轮系中，已知 $z_1=100$，$z_2=101$，$z_3=100$，$z_4=99$，求 i_{H1}。当 $z_1=99$ 时，求 i_{H1}。

解 此为行星轮系，$n_4=0$，由式（8-3）可得

$$i_{1H}=i_{1H}^{k}=1-i_{1k}^{H}=1-\left(+\frac{z_2z_4}{z_1z_3}\right)=1-\frac{101\times99}{100\times100}=\frac{1}{10\ 000}$$

所以，$i_{H1}=10\ 000$。

n_1 与 n_H 的转向相同。此例说明周转轮系可获得很大的传动比。但必须指出，这种轮系的效率很低，当轮 1 主动时，将产生自锁，因此在设计轮系时还要注意其效率问题，此轮系只用于轻载下的运动传递及作为微调机构。

当 $z_1=99$ 时，

$$i_{1H}=i_{1H}^{k}=1-i_{1H}^{k}=1-\left(+\frac{z_2z_4}{z_1z_3}\right)=1-\frac{101\times99}{99\times100}=-\frac{1}{100}$$

所以，$i_{H1}=-100$。

可见行星轮系中从动轮的转向不仅与主动轮的转向有关，而且与轮系中各轮的齿数有关。

例 8-4 图 8-15 所示的轮系中，已知 $z_1=30$，$z_2=40$，$z_{2'}=45$，$z_3=60$，$n_1=300$ r/min，$n_3=100$ r/min。问：当 n_1 与 n_3 转向相同及 n_1 与 n_3 转向相反时 n_H 的大小及转向。

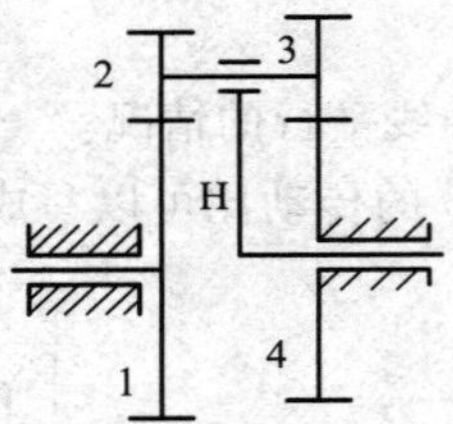

图 8-14 大传动比的行星轮系

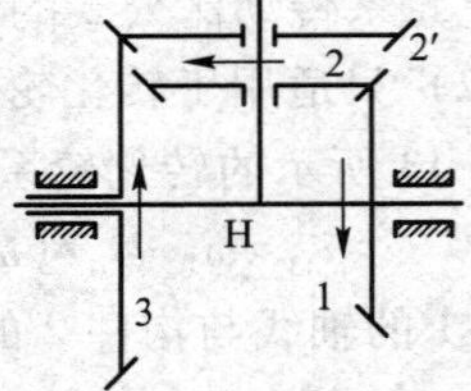

图 8-15 空间周转轮系

解 此轮系为差动轮系。

$$i_{13}^{H}=\frac{n_1-n_H}{n_3-n_H}=-\frac{z_2z_3}{z_1z_2}=-\frac{40\times60}{30\times45}=-1.778$$

$$n_H=(n_3i_{13}^{H}-n_1)/(i_{13}^{H}-1)$$

当 n_1 与 n_3 转向相同时，n_1 与 n_3 用同号代入上式

$$n_H=[100\times(-1.778)-300]/(-1.778-1)\ \text{r/min}$$
$$=171.994\ \text{r/min}$$

n_H 与 n_3 同向。n_1 与 n_3 转向相反时，n_1 用负号代入，n_3 用正号代入：

$$n_H=[+100\times(-1.778)\ -(-300)]/(-1.778-1)\ \text{r/min}=-43.988\ \text{r/min}$$

n_H 与 n_1 转向相同。

此例说明计算周转轮系的传动比时，应用“+”“-”号代入各轮的转速，而图中的箭

头只表示转化轮系的齿轮的转向，不是周转轮系各齿轮的真实转向。

例 8-5 图 8-16 所示为汽车后桥差速器中的轮系结构图。已知各轮齿数，且 $z_1=z_3$，试分析两后轮（太阳轮 1 和 3）实现直行和转弯时 n_1、n_3、n_4 之间的关系。

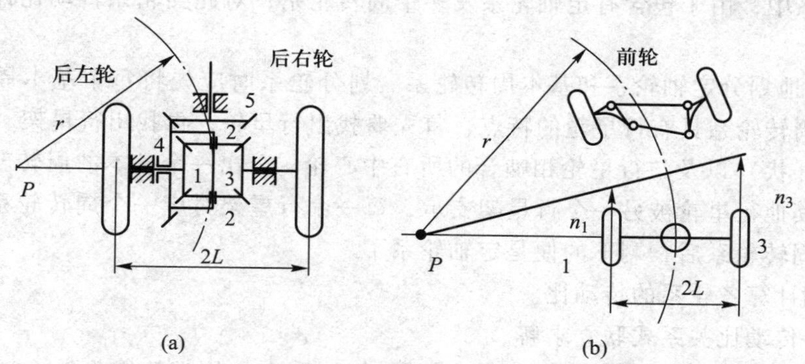

图 8-16 汽车后桥差速器中的轮系结构图

解 汽车的发动机通过传动轴驱动齿轮 5，再带动齿轮 4 及与其固连着的系杆 H 转动。齿轮 1、2、3、4（H）组成一差动轮系。

计算转化机构的传动比

$$i_{13}^{4}=\frac{n_1^4}{n_3^4}=\frac{n_1-n_4}{n_3-n_4}=-\frac{z_3}{z_1}=-1$$

即

$$n_1+n_3=2n_4 \tag{8-4}$$

当汽车直线行驶时，要求两后轮有相同的转速，即 $n_1=n_3$。这时，有 $n_1=n_3=n_4$，齿轮 1、3 和系杆 4（H）之间没有相对运动，整个差动轮系相当于同齿轮 4 固连在一起的刚体，随齿轮 4 一起转动，此时行星轮 2 相对于系杆没有转动。

当汽车转弯左轮时，由于前后四只轮子绕同一点 P（图 8-16b）转动，故处于弯道外侧的右轮滚过地面的弧长应大于处于弯道内侧的左轮滚过地面的弧长。这时，左轮与右轮具有不同的转速。

当汽车向左转弯行驶时，汽车两前轮在梯形转向机构 $ABCD$ 的作用下向左偏转，其轴线与汽车两后轮的轴线相交于 P 点。两个后轮与地面不打滑的条件下，其转速应与弯道半径成正比。由图得到

$$\frac{n_1}{n_3}=\frac{r-L}{r+L} \tag{8-5}$$

式中：r 为弯道平均半径；L 为两后轮中心距之半。

这是一个附加的约束方程。联立式（8-4）、式（8-5）就可求得两后轮的转速。

$$n_1=\frac{r-L}{r}n_4,\quad n_3=\frac{r+L}{r}n_4$$

可见，轮 4 的转速通过差动轮系分解成 n_1 和 n_3 两个转速，这两个转速随弯道半径的不同而不同。

8.2.3 复合轮系的传动比

复合轮系中，由于包含有定轴轮系及多个周转轮系，对此类轮系传动比计算的一般步骤如下：

1）正确地划分定轴轮系和基本周转轮系。划分轮系时应先将每个基本周转轮系划分出来。根据周转轮系具有行星轮的特点，首先要找出行星轮，再找出行星架（注意行星架不一定是呈杆状）以及与行星轮相啮合的所有中心轮。分出一个基本的周转轮系后，还要判断是否有其他行星轮被另一个行星架支承，每一个行星架对应一个周转轮系，在逐一找出所有基本周转轮系后，剩下的便是定轴轮系了。

2）分别计算各轮系的传动比。

3）将各传动比关系式联立求解。

例 8-6 如图 8-17 所示的减速器。若已知蜗杆 1 和 5 的头数均为 1（右旋），即 $q_1=q_5=1$，$z_{1'}=101$，$z_2=99$，$z_{2'}=z_4$，$z_{4'}=100$，$z_{5'}=100$，求传动比 i_{1H}。

解 此系统中构件 1 为输入件，H 杆为输出件。系统由定轴轮系 1-2 及 1′-5′-5-4′和周转轮系 2′-3-4-H 组成。

传动比 i_{1H}的计算如下：

定轴轮系 1-2： $$i_{12}=\frac{n_1}{n_2}=\frac{z_2}{q_1} \tag{8-6}$$

定轴轮系 1′-5′-5-4： $$i_{1'4'}=\frac{n_{1'}}{n_{4'}}=\frac{z_{5'}}{z_{1'}}\frac{z_{4'}}{q_5} \tag{8-7}$$

周转轮系 2′-3-4-H： $$i_{2'4}^{H}=\frac{n_{2'}-n_H}{n_4-n_H}=\frac{z_4}{z_{2'}} \tag{8-8}$$

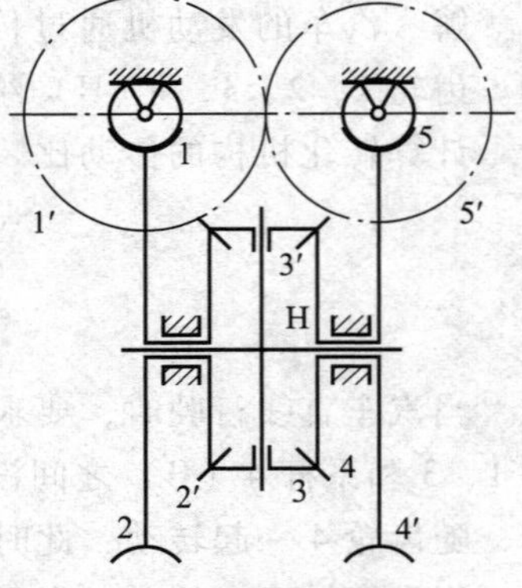

图 8-17 减速器

联立解式（8-6）、式（8-7）、式（8-8），并注意到 $n_1=n_{1'}$，$n_2=n_{2'}$，$n_4=n_{4'}$，$n_5=n_{5'}$，n_4 与 $n_{2'}$反向（设 $n_{2'}$方向为正，则 n_4 方向为负）得

$$i_{1H}=\frac{n_1}{n_H}=198\ 000$$

例 8-7 图 8-18 所示为滚齿机中的复合轮系，已知各轮齿数为 $z_1=30$，$z_2=26$，$z_{2'}=z_3=z_4=21$，$z_{4'}=30$，蜗杆 5 为右旋双头；且齿轮 1 的转速 $n_1=260$ r/min，蜗杆 5 的转速 $n_5=600$ r/min，转向如图中的实线箭头所示，求 H 的转速 n_H的大小和方向。

解 定轴轮系 1-2 中，$i_{12}=\dfrac{n_1}{n_2}=\dfrac{z_2}{z_1}$，则 $n_2=n_1\dfrac{z_1}{z_2}=260\ \text{r/min}\times\dfrac{30}{26}=300\ \text{r/min}$，方向如图，箭头向上。

定轴轮系 4′-5 中，$i_{4'5}=\dfrac{n_{4'}}{n_5}=\dfrac{z_5}{z_{4'}}$，则 $n_{4'}=n_5\dfrac{z_5}{z_{4'}}=$

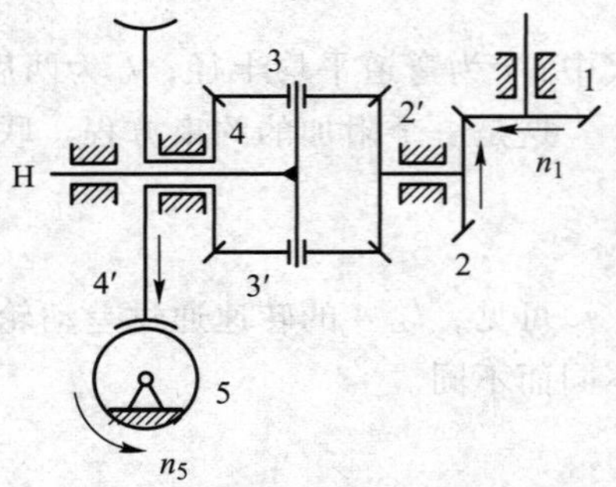

图 8-18 电动卷扬机减速机构

$600\ \text{r/min}\times\dfrac{2}{30}=40\ \text{r/min}=n_4$，转动方向如图，箭头向下。

差动轮系 2′-3-4-H 中，$i_{42'}^{\mathrm{H}}=\dfrac{n_4-n_{\mathrm{H}}}{n_{2'}-n_{\mathrm{H}}}=-\dfrac{z_3z_{2'}}{z_4z_3}=-\dfrac{z_{2'}}{z_4}$，设 n_2 为正，则 n_4 应为负，代入数值得：$\dfrac{(-40)\ -n_{\mathrm{H}}}{300-n_{\mathrm{H}}}=-1$，解得 $n_{\mathrm{H}}=130\ \text{r/min}$。

强化训练题 8-2　如图 8-19a 所示的电动卷扬机减速机构，已知 $z_1=24$，$z_2=33$，$z_{2'}=21$，$z_3=78$，$z_{3'}=18$，$z_4=30$，$z_5=78$，求 $i_{15}=?$

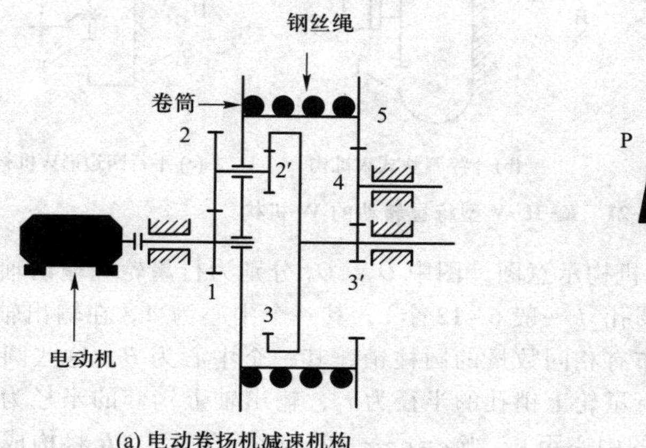

(a) 电动卷扬机减速机构　　(b) 摩托车里程表机构

图 8-19　强化训练题图

强化训练题 8-3　如图 8-19b 所示的摩托车里程表机构，已知 $z_1=17$，$z_3=27$，$z_{4'}=17$，$z_4=19$，$z_5=24$，$d=0.698\ \text{m}$，要求车行 1 km，指针 P 转一周，求 $z_2=?$

8.2.4 其他新型行星齿轮传动简介

1. 渐开线少齿差行星轮系

渐开线少齿差行星轮系由一个中心轮 b（代号 K）、行星轮 g、行星架 H 和输出机构 W 的输出轴 V 及机架组成（图 8-20）。若中心轮固定，行星架 H 输入运动，则有行星轮转轴输出运动。由于行星轮作平面复合运动，运动和动力有 V 轴输出，故此轮系称为 **K-H-V 轮系**。

据式（8-2）和式（8-3）可知：

$$i_{\mathrm{Hg}}^{\mathrm{b}}=\frac{1}{1-i_{\mathrm{gb}}^{\mathrm{H}}}=-\frac{z_{\mathrm{g}}}{z_{\mathrm{b}}-z_{\mathrm{g}}} \tag{8-9}$$

上式说明，K-H-V 轮系的传动比取决于中心轮与行星轮的齿数差（图 8-20 所示的 K-H-V 行星轮系）；齿数差越小，传动比越大，因此结构紧凑。一般取 $z_{\mathrm{b}}-z_{\mathrm{g}}=1\sim4$，故此轮系也称为**少齿差行星轮系**。上式中的负号表示输入轴与输出轴转向相反。

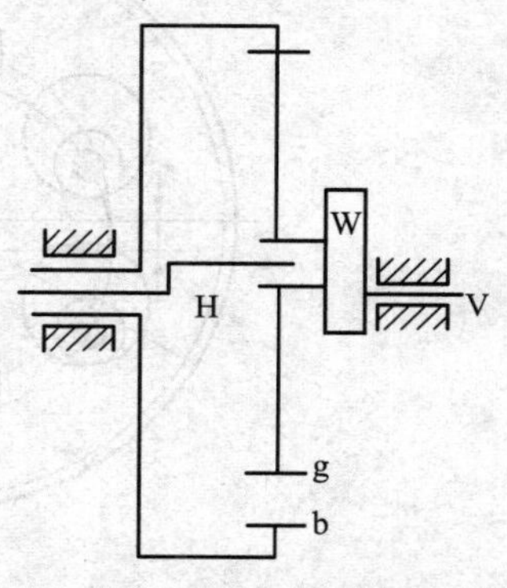

图 8-20　K-H-V 行星轮系

如图 8-21 所示，少齿差行星轮系的 W 输出机构可以采用等速传动机构，如十字滑块联轴器、双万向联轴器等。但由于十字滑块联轴器的效率较低，只适用于小功率传动；双万向联轴器轴向尺寸较大也不适用于有两个行星轮的场合，实际上很少应用。目前用得较多的是孔销式输出机构。

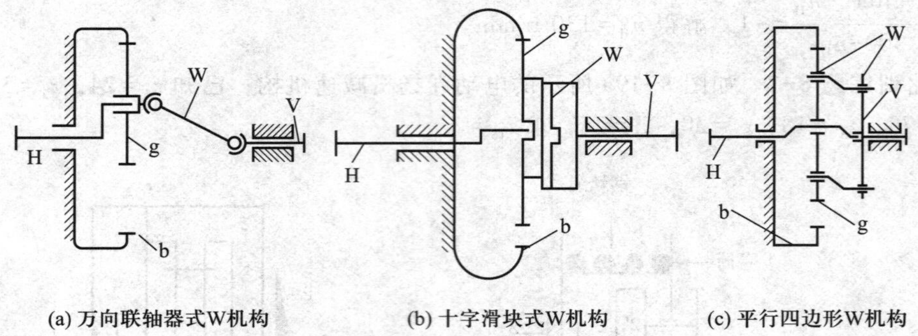

图 8-21　K-H-V 型行星转动的 W 机构

图 8-22 所示是孔销式输出机构示意图，图中 O_2、O_3 分别为行星轮和输出轴圆盘的中心。行星轮 2 上均布开有 6 个圆孔（一般 6~12 个），其一个中心为 A。在输出轴的圆盘 3 上，在半径相同的圆周上，均布有相同数量的圆柱销，其一个中心为 B，这些圆柱销对应地插入行星轮的上述圆孔中。行星轮上销孔的半径为 r_k，输出轴上销套的半径为 r_x，设计时取系杆的偏距 e（齿轮 1、2 的中心距），当 $e=r_k-r_x$ 时，O_2、O_3、A、B 将构成平行四边形 O_2ABO_3。由于在运动过程中，位于行星轮上的 O_2A 和位于输出轴圆盘上的 O_3B 始终保持平行，使得输出轴 V 将与行星轮等速同向转动。渐开线少齿差行星轮系具有传动比大，结构紧凑，重量轻，效率高（$\eta=0.8\sim0.9$），承载能力大等优点。因此，广泛用于冶金、起重运输、纺织等机械中。

但由于它是内啮合传动，其齿数差少，行星轮与内齿轮的直径相差很小，安装时有可能会出现两齿轮齿顶相碰或轮齿干涉现象，因此不能采用标准齿轮传动，需要采用变位系数较大的角度变位齿轮传动，设计较复杂；另外，输出机构的制造及安装精度要求较高，故其推广使用受到一定的限制。

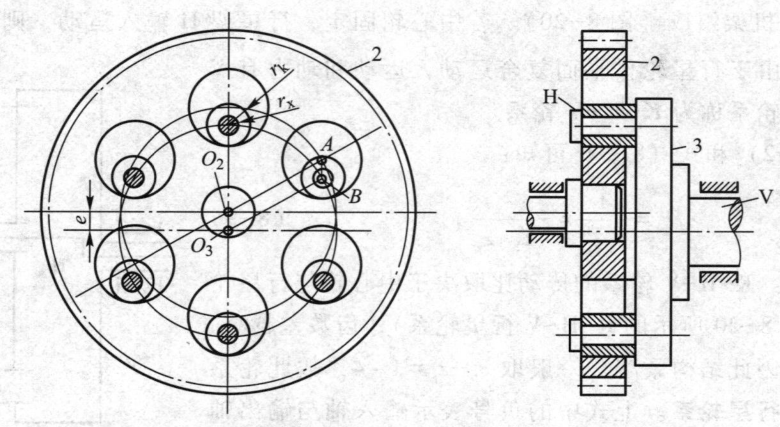

图 8-22　孔销式输出机构示意图

2. 摆线针轮传动（RV 减速器）

摆线针轮传动的原理与渐开线少齿差行星轮传动基本相同，只是行星轮的齿廓曲线是短幅外摆线，中心轮（内齿轮）是由固定在机壳上带有滚动销套的圆柱销组成（即小圆柱针销），称为针轮，故称为摆线针轮行星轮系。其输入构件 H 为偏心圆盘，一般取其偏心距 $e=0.5\sim2.5$ mm，而其输出机构采用孔销式机构，如图 8-23 所示。

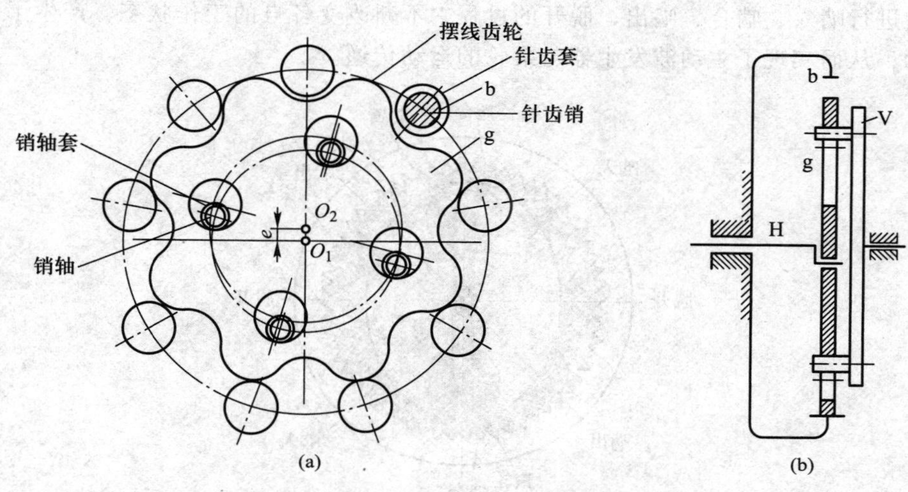

图 8-23 K-H-V 摆线针轮传动

摆线针轮行星轮系的行星轮 g 与中心轮 b 的齿数只差一齿，故属于一齿差 K-H-V 行星轮系。其传动比

$$i_{\mathrm{Hg}}^{\mathrm{b}}=\frac{-z_{\mathrm{g}}}{z_{\mathrm{b}}-z_{\mathrm{g}}}=-z_{\mathrm{g}} \tag{8-10}$$

式中，“-”号表示行星轮 g 与行星架 H 的转向相反。

摆线针轮传动主要的优缺点如下：

1）传动比大，结构紧凑。单级传动比 $i=11\sim87$。

2）该轮系不存在轮齿干涉现象，啮合传动时，同时啮合的齿数多，理论上行星轮的所有轮齿都与针轮相接触，并有一半以上承受载荷，故传动平稳，承载能力高。

3）各零件的制造及安装精度要求较高，齿轮副处的摩擦为滚动摩擦，故传动效率较高，$\eta=0.90\sim0.97$。

4）摆线齿廓需要专门设备制造，主要零件需要用优质材料加工，加工及安装精度要求较高，故其成本较高。

5）行星架轴承受径向力较大。

6）需要 W 输出机构。

摆线针轮传动机构是一种较新型的传动机构，目前在机械、冶金、化工、纺织等行业的设备中已得到广泛的应用，特别是用于机器人关节减速中。

3. 谐波齿轮传动

谐波齿轮传动机构一般由波发生器 H（由转臂与滚轮组成）、柔性齿轮 g（简称柔轮）和刚轮 b 三个基本构件组成。使用时通常是固定刚轮，而主动件可根据需要来确定，但一般多采用波发生器 H 为主动件。

波发生器的长度比未变形的柔轮内圆直径大。当波发生器装入柔轮内圆时，迫使柔轮产生弹性变形而呈椭圆状，使其长轴处柔轮轮齿插入刚轮的轮齿槽内，成为完全啮合状态；而其短轴处两轮轮齿完全不接触，处于脱开状态，由啮合到脱开的过程之间则处于啮出或啮入状态，如图 8-24 所示。当波发生器连续转动时，迫使柔轮不断产生变形，使两轮轮齿在进行啮入、啮合、啮出、脱开的过程中不断改变各自的工作状态，产生了所谓的错齿运动，从而实现了主动波发生器与柔轮的运动传递。

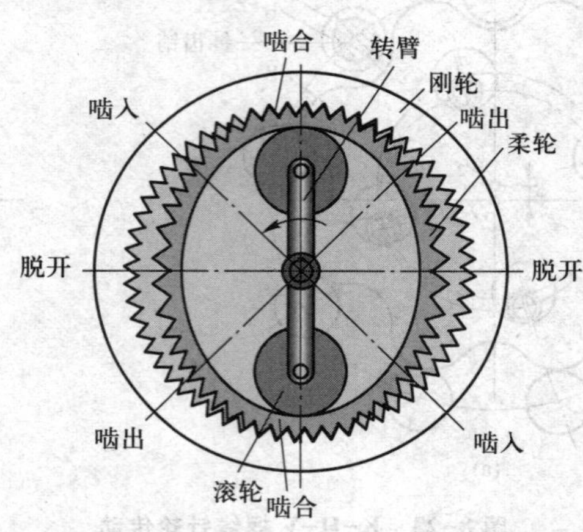

图 8-24 谐波齿轮传动机构啮合原理图

谐波齿轮传动中，刚轮的齿数 z_b 略大于柔轮的齿数 z_g，其齿数差是根据波发生器转一周柔轮变形时与刚轮同时啮合区域的数目即变形波数 u 来确定，即 $z_b - z_g = u$。目前多用双波（有两个啮合区）和三波（有三个啮合区）传动，如图 8-25 所示。因此，谐波齿轮传动与普通齿轮传动不同，它是利用控制柔轮的弹性变形来实现机械运动的传递。传动是柔轮产生的变形波是一个基本对称的简谐波，故称为**谐波传动**。

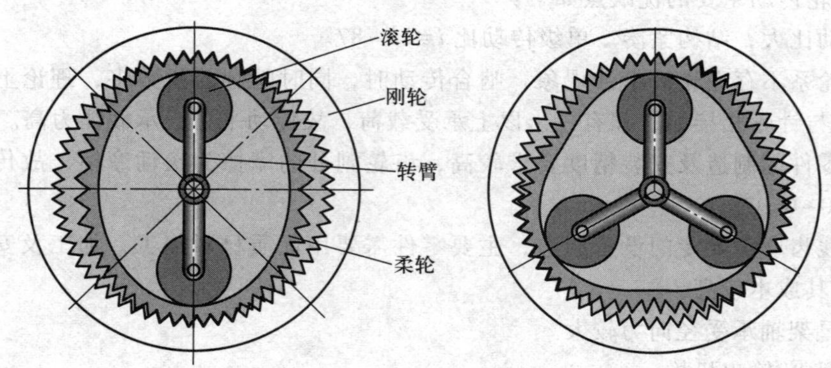

图 8-25 双滚轮式和三滚轮式波发生器

谐波传动的传动比可根据式（8-2）来求。当刚轮固定（$\omega_b = 0$），波发生器主动时，其传动比为

$$i_{Hg} = -\frac{z_g}{z_b - z_g} \tag{8-11}$$

式中，负号表示发生器与柔轮的转向相反。

谐波齿轮传动具有传动比大（单级 $i=60\sim400$），传动平稳，承载能力大，传动效率高（单级 $\eta=0.7\sim0.9$）等优点。另外，在传动过程中柔轮靠自身的柔性使其轴线与刚轮的轴线相重合，故不需要 W 机构输出运动和动力，因此其结构比普通轮系简单，质量也轻。但柔轮和波发生器的制造较复杂，需要特别钢材制造，生产成本较高，其传动比不能太小。

谐波传动广泛用在军工机械、精密机械、自动化机械等传动系统，在机器人关节减速中应用也较多。

4. 活齿传动

图 8-26 所示为柱销式活齿传动。其中偏心盘 1 为主动件，当其沿顺时针方向转动时，迫使柱销 2 沿径向移动，若保持架 3 为固定的，则在柱销齿齿廓和内齿圈齿廓的相互作用下，将迫使内齿圈 4 沿逆时针方向回转。相反，若内齿圈 4 为固定的，则将迫使保持架 3 也沿顺时针方向回转。

图 8-27 所示为滚珠活齿传动（或滚柱式活齿传动），又称波齿传动。可认为它是柱销式传动的一种改进，柱销式传动中的柱销在此可用标准滚珠或短圆柱滚子所代替。

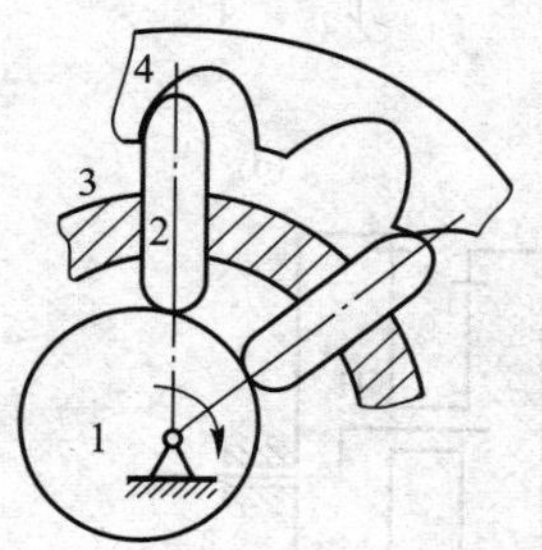

图 8-26 活齿传动

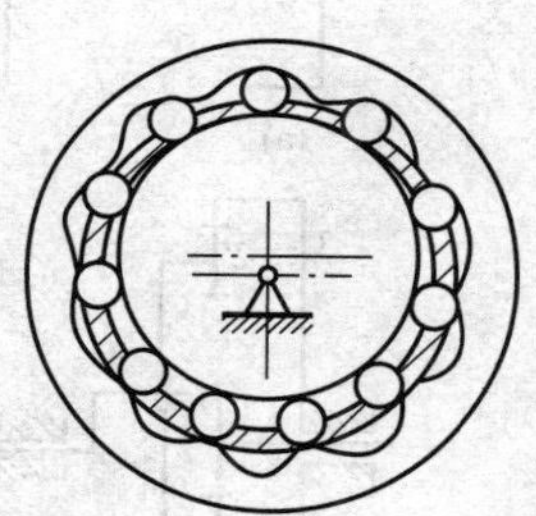

图 8-27 滚珠活齿传动

活齿传动与谐波齿轮传动一样，都不需专门的输出机构。活齿传动的传动比范围广，单级传动比为 8～60，双级传动比为 64～3 600。同时，工作的轮齿对数多，有近 1/2 的活齿参加传递载荷，承载能力高，承受冲击载荷的能力强；尺寸小，重量轻；传动平稳，噪声低。缺点是要求制造精度较高。活齿传动在各个工业部门中的应用日趋广泛。

8.3 行星轮系的设计

8.3.1 行星轮系的效率计算*

周转轮系中差动轮系主要用于运动的传递，而行星轮系可用作动力传递。因此，这里只按“轮化轮系法”介绍行星轮系的效率计算。

根据机械效率的定义，对于任何机械来说，如果其输入功率、输出功率和摩擦损失功率分别以 P_d、P_r 和 P_f 表示，则其效率为

$$\eta=P_r/(P_r+P_f)=1/(1+P_f/P_r) \tag{8-12}$$

$$\eta=(P_d-P_f)/P_d=1-P_f/P_d \tag{8-13}$$

对于一个需要计算其效率的机械来说，P_d和P_r中总有一个已知的，所以只要能求出P_f的值，就可计算机械的效率η。

机械中的摩擦损失功率主要取决于各运动副中的作用力、运动副元素间的摩擦系数和相对运动速度的大小。而行星轮系的转化轮系和原行星轮系的上述三个参量除因构件回转的离心惯性有所不同外，其余均不会改变。因而，行星轮系与其他轮系中的摩擦损失功率P_f^H（主要指轮齿啮合损失功率）应相等（即$P_f=P_f^H$）。下面以图8-28所示的2K-H型行星轮系为例来加以说明。

在图8-28所示的轮系中，设齿轮1为主动轮，作用于其上的转矩为M_1，齿轮1所传递的功率为

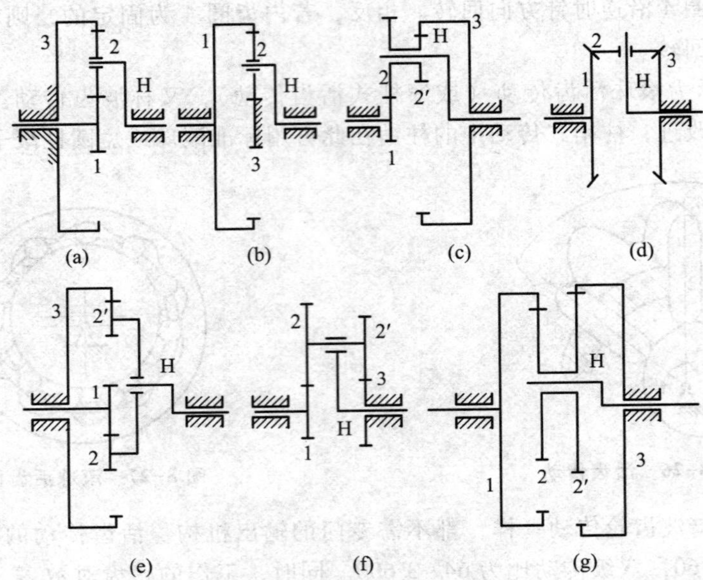

图8-28 2K-H型行星轮系

$$P_1=M_1\omega_1 \tag{8-14}$$

而在转化轮系中轮1所传递的功率为

$$P_1^H=M_1(\omega_1-\omega_H)=P_1(1-i_{H1}) \tag{8-15}$$

因齿轮1在转动轮系中可能为主动或从动，故可能为正或为负，由于按这两种情况计算所得的转化轮系损失功率的值相差不大，为简化计算，取为绝对值，即

$$P_f^H=|P_1^H|(1-\eta_{1n}^H)=|P_1(1-i_{H1})|(1-\eta_{1n}^H) \tag{8-16}$$

式中，η_{1n}^H为转化轮系的效率，即把行星轮系视作轴轮系时由轮1到轮n的传动总效率。它等于由轮1到轮n之间各对啮合轮传动效率的连乘积。

若在原行星轮系中轮1为主动（或从动），则P_1为输入（输出）功率，由式（8-13）或式（8-12）可得行星轮系的效率分别为

$$\eta_{1H}=(P_1-P_f)/P_1=1-|1-1/i_{1H}|(1-\eta_{1n}^H) \tag{8-17}$$

$$\eta_{H1}=|P_1|/(|P_1|+P_f)=1/[1+|1-1/i_{H1}|(1-\eta_{1n}^H)] \tag{8-18}$$

由式（8-17）和式（8-18）可见，行星轮系的效率是其传动比的函数，其变化曲线

如图 8-29 所示，图中设 $\eta_{1n}=0.95$。图中实线为 $\eta_{1H}-i_{1H}$线图，这时轮 1 为主动。由图中可以看出，当 $i_{1H}\to 0$ 时（即增速比 $|1/i_{1H}|$ 足够大时），效率 $\eta_{1H}\leqslant 0$，轮系将发生自锁。图中虚线为 $\eta_{H1}-i_{H1}$线图，这时行星架 H 为主动。

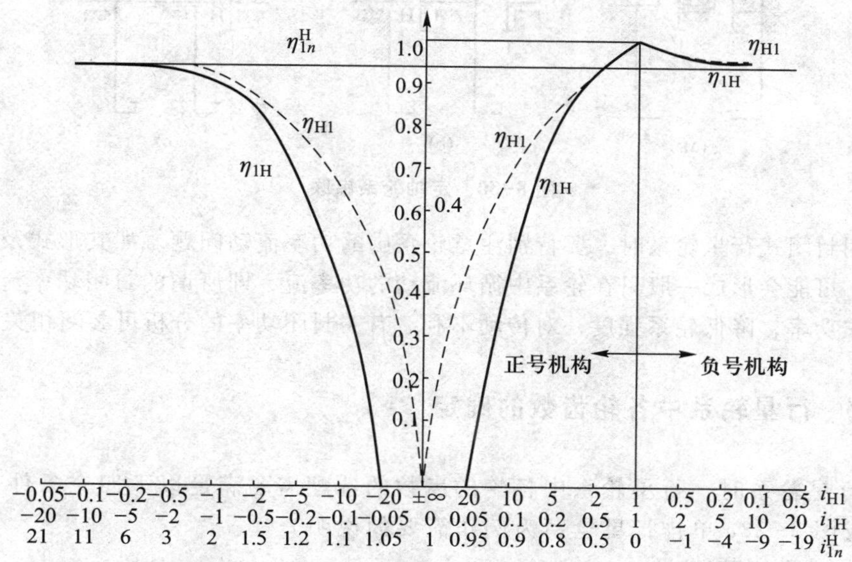

图 8-29 行星轮系的效率随传动比的变化图线

图中所注的正号机构和负号机构分别指其转化轮系的传动比 i_{1n}^{H}为正号或负号的周转轮系。由图中可以看出，2K-H 型行星轮系负号机构的啮合效率总是比较高，且高于其转化轮系的效率 η_{1n}^{H}，故在动力传动中多采用负号机构。图 8-28a、b、c 所示的轮系 $\eta\approx 0.97\sim 0.99$；而图 8-28d 所示的轮系 $\eta\approx 0.95\sim 0.96$。

8.3.2 行星轮系类型的选择

行星轮系的类型很多，在相同速比和载荷的条件下，采用不同的类型可以使轮系的外廓尺寸、重量和效率相差很多，因此在设计行星轮系时应重视轮系类型的选择。

选择轮系的类型时，首先是考虑能否满足传动比的要求。对于图 8-28 所示的行星轮系来说，图 8-28a、b、c、d 所示为四种形式的负号机构。它们实用的传动范围分别为：如图 8-28a 所示，$i_{1H}=2.8\sim 13$；如图 8-28b 所示，$i_{1H}=1.14\sim 1.56$；如图 8-28c 所示，$i_{1H}=8\sim 16$；如图 8-28d 所示，$i_{1H}=2$。而图 8-28e、f、g 所示为三种正号机构，其传动比 i_{1H}理论上可无穷大。

如果设计的轮系还要求具有较大的传动比，而单级负号机构的传动比不能满足要求，则可将负号机构串联起来使用，或与定轴轮系串联，必要时也可采用3K 型轮系，如图 8-30 所示。

正号机构一般只用在对效率要求不高的辅助传动中，如磨床的进给机构、轧钢机的指示器等，它们传递的功率一般较小。用于增速时，增速比 i_{H1} 理论上可达到无穷大，但实际上受到功率的限制。i_{H1} 越大，效率越低，达到一定值后，机构将发生自锁。

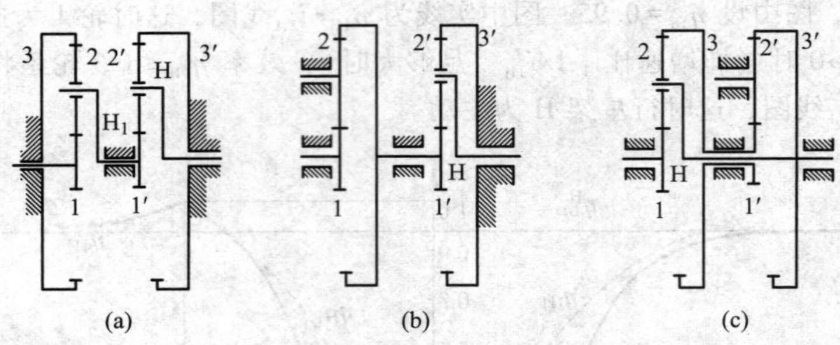

图 8-30 定轴轮系串联

在选用封闭式行星轮系时，要特别注意轮系中的功率流动问题。如其形式及有关参数选择不当，可能会形成一股只在轮系中循环流动的功率流，即所谓的封闭功率流，其将增大摩擦损失功率，降低轮系强度，对传动不利。有关封闭功率的分析可参阅相关文献。

8.3.3 行星轮系中各轮齿数的确定

设计行星轮系时，行星轮系中各轮的齿数的选配需要满足以下四个条件（此处以图 8-3b 或图 8-28a 单排行星轮系为例作简要的说明）。

1. 满足传动比条件

因为轮系中
$$i_{1H}=1+z_3/z_1$$
所以
$$z_3/z_1=i_{1H}-1 \tag{8-19}$$

2. 满足同心条件

要保证两个中心轮与行星架的回转轴线重合。因此，有
$$z_3=z_1+2z_2 \tag{8-20}$$

3. 满足安装条件

为了平衡轮系中的离心惯性力，减少行星架的支承反力，减轻轮齿上的载荷，一般采用多个行星轮均布在两个中心轮之间。因此，行星轮的数目与各轮齿数之间必须满足一定的关系。由分析可知其安装条件应满足：
$$\frac{z_1+z_3}{k}=N \tag{8-21}$$
式中：k 为行星轮的个数，N 为整数。即两中心轮的齿数和应为行星轮个数的整数倍。

4. 满足邻接条件

多个行星轮装入两中心轮之间，应保证相邻两行星轮不能发生干涉。其条件为
$$(z_1+z_2)\sin(180°/k)>z_2+2h_a^* \tag{8-22}$$

对于双排行星轮系（图 8-26c）的齿数选配的相应关系式如下：

1）传动比条件 $$z_2z_3/(z_1z_{2'})=i_{1H}-1 \tag{8-23}$$

2）同心条件 $$z_3=z_1+z_2+z_{2'} \tag{8-24}$$

3）均布条件（安装条件） $$(z_1z_{2'}+z_2z_3)/(z_{2'}k)=N \tag{8-25}$$

4）邻接条件，假设 z_2 大于 $z_{2'}$，则同式（8-22）。

8.3.4 行星轮系的均载装置

行星轮系的主要特点之一，就是在两太阳轮之间的空间采用多个行星轮来分担载荷。实际上，由于零件的制造和装配误差以及工作受力后的变形，往往会造成行星轮间的载荷不均衡。为了尽可能减少载荷分配不均的现象，提高行星轮系的承载能力，必须在结构上采取一定的措施，使每个行星轮上所受的载荷尽可能均匀。常见的均载方法有如下几种：

1. 柔性浮动自位均载方法

这种方法是把行星轮系中某些构件设计成轴线可浮动的支承，当构件受载不均匀时，柔性构件便作柔性自动定位，直至几个行星轮的载荷自动调节趋于均匀分布为止，从而达到载荷均衡的目的。图 8-31a、b 和图 8-31c、d 所示分别为太阳外齿轮和太阳内齿轮浮动的情况。

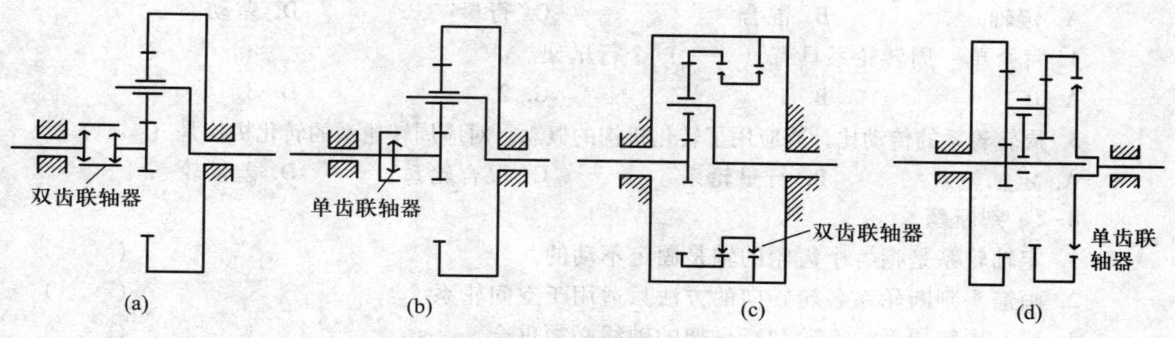

图 8-31 柔性浮动均载结构

2. 采用弹性结构的均载方法

这种方法主要是利用弹性构件的弹性变形使各个行星轮均匀分担载荷。图 8-32 所示为这种均载方法的几种结构。图 8-32a 所示为行星轮 2 装在弹性心轴上；图 8-32b 所示为行星轮装在非金属的弹性衬套上；图 8-32c 所示为行星轮 2 内孔与轴承外套的介轮 4 之间留有较大间隙以形成厚油腻 5 的所谓“油膜弹性浮动”结构。

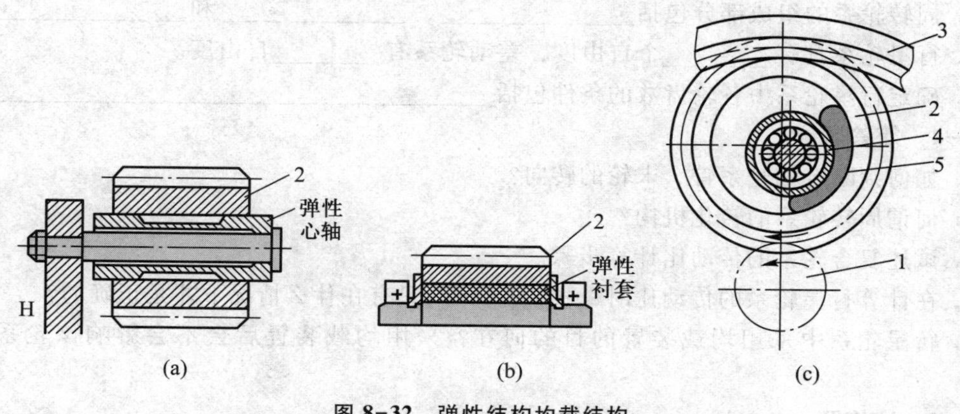

图 8-32 弹性结构均载结构

1—内太阳轮；2—行星轮；3—外太阳轮；4—介轮；5—油膜

3. 采用杠杆连锁机构的均载方法

这种方法是利用杠杆连锁机构使行星轮在受力不均时自动调整其位置来达到载荷均衡的效果。

练习题

8-1 选择题

1. 行星轮系的自由度为（　　）。

A. 1　　B. 2　　C. 3　　D. 1或2

2. （　）轮系中两个中心轮都是运动的。

A. 定轴　　B. 周转　　C. 行星　　D. 差动

3. （　　）轮系不能用转化轮系传动比公式求解。

A. 定轴　　B. 混合　　C. 行星　　D. 差动

4. 每个单一周转轮系具有（　　）个行星架。

A. 0　　B. 1　　C. 2　　D. 3

5. 周转轮系的传动比计算应用了转化机构的概念。对应周转轮系的转化机构是（　　）。

A. 定轴轮系　　B. 行星轮系　　C. 混合轮系　　D. 差动轮系

8-2 判断题

1. 定轴轮系是指各个齿轮的轴是固定不动的。（　　）

2. 画箭头判断轮系各轮转向的方法只适用于空间轮系。（　　）

3. 单一周转轮系中心轮和行星架的轴线必须重合。（　　）

4. 周转轮系中两个中心轮都是运动的。（　　）

5. 行星轮系和差动轮系的自由度分别为1和2，所以只有差动轮系才能实现运动的合成或分解。（　　）

8-3 填空题

1. 轮系可以分为________和________。

2. 在定轴轮系中，只改变传动比符号而不改变传动比大小的齿轮，称为________。

3. 周转轮系的组成部分包括________、________和________。

4. 行星轮系具有______个自由度，差动轮系有______自由度。

5. 确定行星轮系中各轮齿数的条件包括________________。

8-4 简答题

1. 如何判断定轴轮系首、末轮的转向？

2. 何谓周转轮系的转化机构？

3. 试述复合轮系的传动比计算步骤。

4. 在计算行星轮系的传动比时，式 $i_{mH}=1-i_{mn}^{H}$ 只有在什么情况下才是正确的？

5. 行星轮系中采用均载装置的目的何在？采用均载装置后会不会影响该轮系的传动比？

8-5 计算题

1. 如题图8-5-1所示为一手摇提升装置，其中各轮齿数均已知，试求传动比 i_{15}，并指出当提升重物时手柄的转向（从左往右看时的转向）。

2. 在题图 8-5-2 所示的轮系中，设已知双头右旋蜗杆的转速 $n_1=900$ r/min，$z_2=60$，$z_{2'}=25$，$z_3=20$，$z_{3'}=25$，$z_4=20$，$z_{4'}=30$，$z_5=35$，$z_{5'}=28$，$z_6=135$，求 n_6 的大小和方向。

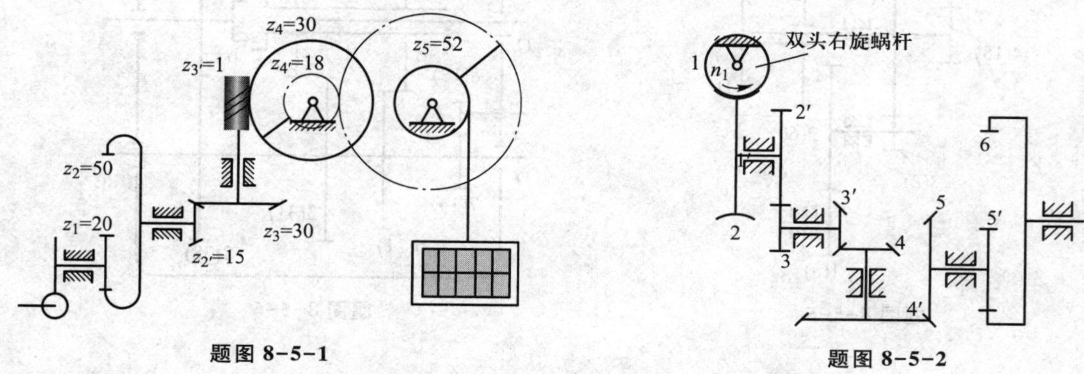

题图 8-5-1

题图 8-5-2

3. 题图 8-5-3 所示为一电动卷扬机的传动简图。已知蜗杆 1 为单头右旋蜗杆，蜗轮 2 的齿数 $z_2=42$，其余各轮齿数为 $z_{2'}=18$，$z_3=78$，$z_{3'}=18$，$z_4=55$；卷筒 5 与齿轮 4 固连，其直径 $D_5=400$ mm，电动机转速 $n_1=1\ 500$ r/min，试求：（1）转筒 5 的转速 n_5 的大小和重物的移动速度 v；（2）提升重物时，电动机应该以什么方向旋转？

4. 题图 8-5-4 所示为一滚齿机工作台的传动机构，工作台与蜗轮 5 相固连。已知 $z_1=z_{1'}=20$，$z_2=35$，$z_{4'}=1$（右旋），$z_5=40$，滚刀 $z_6=1$（左旋），$z_7=28$。若加工一个 $z_{5'}=64$ 的齿轮，试确定挂轮组各轮的齿数 $z_{2'}$ 和 z_4。

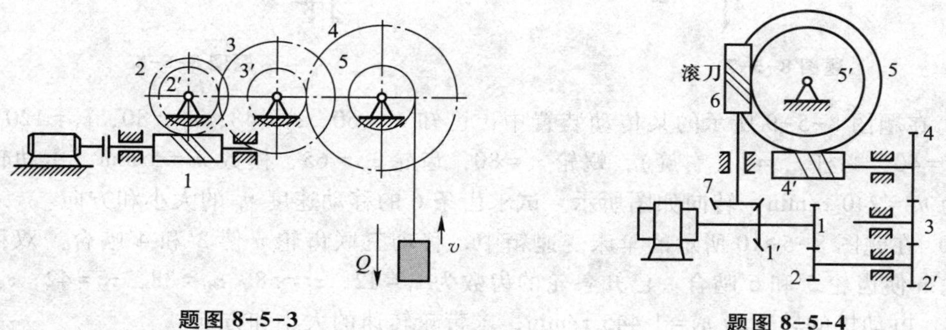

题图 8-5-3

题图 8-5-4

5. 题图 8-5-5 所示为一时钟轮系，S、M、H 分别表示秒针、分针、时针。图示括号内数字表示该轮的齿数。假设 B 和 C 的模数相等，试求齿轮 A、B、C 的齿数。

6. 题图 8-5-6 所示为一汽车变速器，主动轴 A 由发动机驱动，$n_A=1\ 000$ r/min，4、6 为滑移双联齿轮，K 为离合器。已知各轮齿数为 $z_1=19$，$z_2=38$，$z_3=31$，$z_4=26$，$z_5=21$，$z_6=36$，$z_7=14$，$z_8=12$。求由轴 C 输出的四挡转速。

7. 已知题图 8-5-7 所示的轮系中各轮的齿数分别为 $z_1=z_3=15$，$z_2=30$，$z_4=25$，$z_5=20$，$z_6=40$，试求传动比 i_{16}，并指出如何改变 i_{16}的符号。

8. 在题图 8-5-8 所示的轮系中，各轮齿数为 $z_1=1$，$z_2=60$，$z_{2'}=30$，$z_3=60$，$z_{3'}=25$，$z_{3''}=1$，$z_4=30$，$z_{4'}=20$，$z_5=25$，$z_6=70$，$z_7=60$。蜗杆 1 的转速 $n_1=1\ 440$ r/min，方向如图所示。求 i_{16}、i_{17}、n_6 和 n_7 的大小及方向。

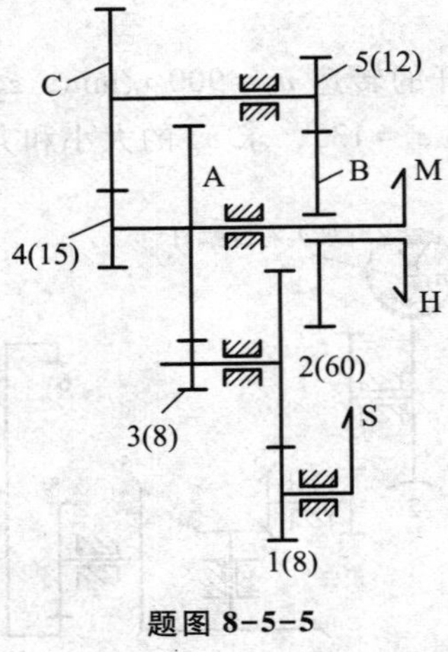

题图 8-5-5

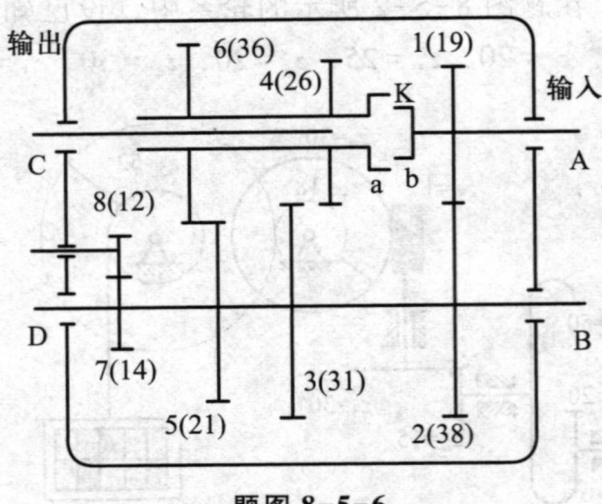

题图 8-5-6

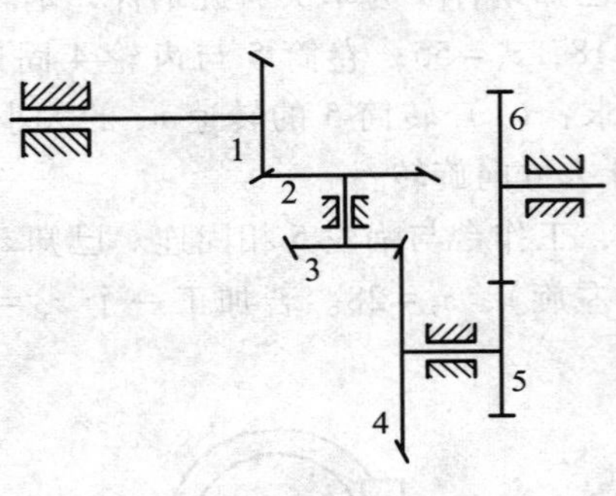

题图 8-5-7

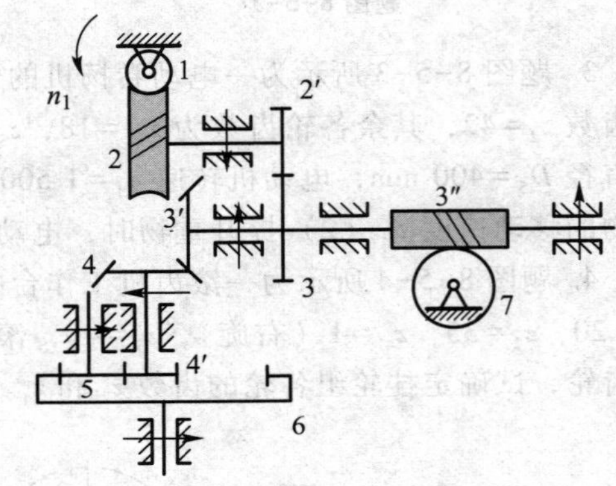

题图 8-5-8

9. 在题图 8-5-9 所示的某传动装置中，已知 $z_1=60$，$z_2=48$，$z_{2'}=80$，$z_3=120$，$z_{3'}=60$，$z_4=40$，蜗杆 $z_{4'}=2$（右旋），蜗轮 $z_5=80$，齿轮 $z_{5'}=65$，模数 $m=5$ mm，主动轮 1 的转速为 $n_1=240$ r/min，转向如图所示。试求齿条 6 的移动速度 v_6 的大小和方向。

10. 在题图 8-5-10 所示的车床变速箱中，移动三联齿轮 a 使 3′和 4′啮合。双移动双联齿轮 b 使齿轮 5′和 6′啮合。已知各轮的齿数为 $z_1=42$，$z_2=58$，$z_{3'}=38$，$z_{4'}=42$，$z_{5'}=48$，$z_{6'}=48$，电动机的转速为 $n_1=1\ 445$ r/min，求带轮转速的大小和方向。

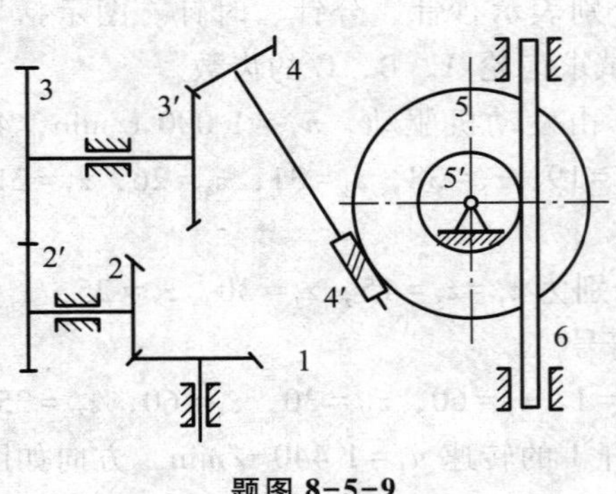

题图 8-5-9

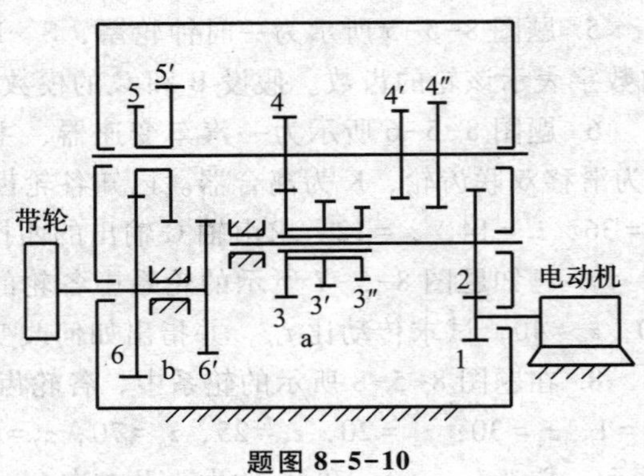

题图 8-5-10

11. 在题图 8-5-11 所示的轮系中，已知 $z_1=20$，$z_2=30$，$z_3=15$，$z_4=65$，$n_1=150$ r/min，求 n_H 的大小及方向。

12. 在题图 8-5-12 所示的周转轮系中，已知各齿轮的齿数 $z_1=15$，$z_2=25$，$z_{2'}=20$，$z_3=60$，齿轮 1 的转速 $n_1=200$ r/min，齿轮 3 的转速 $n_3=50$ r/min，其转向相反。试求：(1) 求行星架 H 的转速 n_H的大小和方向；(2) 当轮 3 固定不动时，求 n_H的大小和方向。

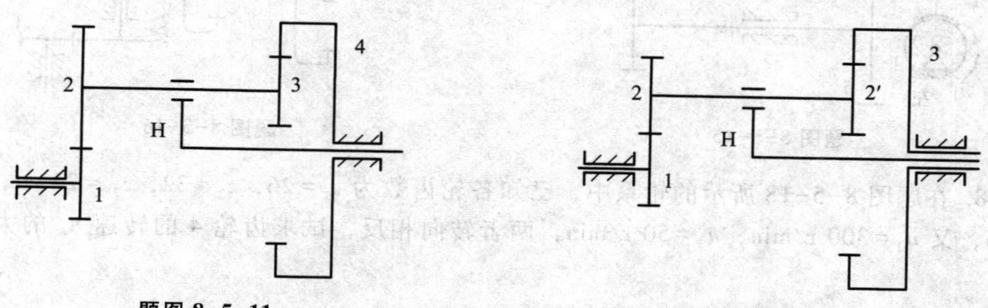

题图 8-5-11　　　　题图 8-5-12

13. 如题图 8-5-13 所示的轮系，已知各轮齿数：$z_2=32$，$z_3=34$，$z_4=36$，$z_5=64$，$z_7=32$，$z_8=17$，$z_9=24$。轴 A 按图示方向以 1 250 r/min 的转速回转，轴 B 按图示方向以 600 r/min 的转速回转，求轴 C 的转速 n_C 的大小和方向。

14. 在题图 8-5-14 所示的轮系中，各齿轮均是模数相等的标准齿轮，并已知 $z_1=34$，$z_2=22$，$z_4=18$，$z_6=88$。试求齿数 z_3 及 z_5，并计算传动比 i_{AB}。

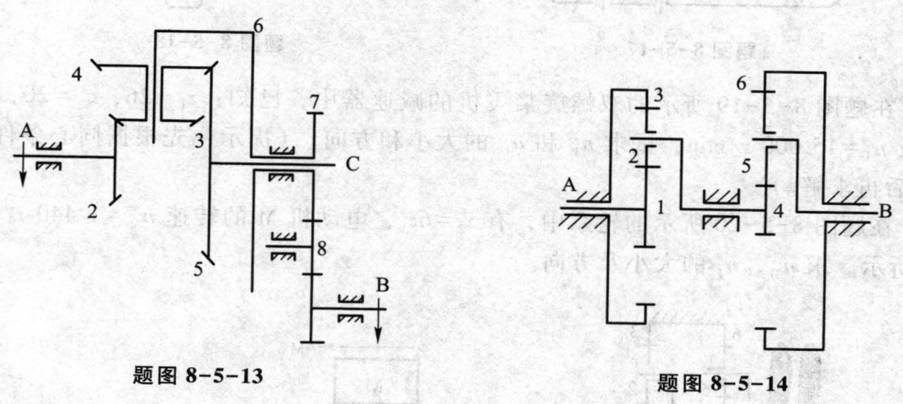

题图 8-5-13　　　　题图 8-5-14

15. 在题图 8-5-15 所示的轮系中，蜗杆 $z_1=1$（左旋），蜗轮 $z_2=40$，齿轮 $z_{2'}=20$，$z_{2''}=20$，$z_3=15$，$z_{3'}=30$，$z_4=40$，$z_{4'}=40$，$z_5=40$，$z_{5'}=20$。试确定传动比 i_{AB}及轴 B 的转向。

16. 在题图 8-5-16 所示的复合轮系中，设已知 $n_1=3\ 549$ r/min，又各轮齿数为 $z_1=36$，$z_2=60$，$z_3=23$，$z_4=49$，$z_{4'}=69$，$z_6=131$，$z_7=94$，$z_8=36$，$z_9=167$，试求行星架 H 的转速 n_H（大小及转向）。

17. 在题图 8-5-17 所示的自动化照明灯具的传动装置中，已知输入轴的转速 $n_1=19.5$ r/min，各齿轮的齿数为 $z_1=60$，$z_2=z_3=30$，$z_4=z_5=40$，$z_6=120$，求箱体 B 的转速 n_B。

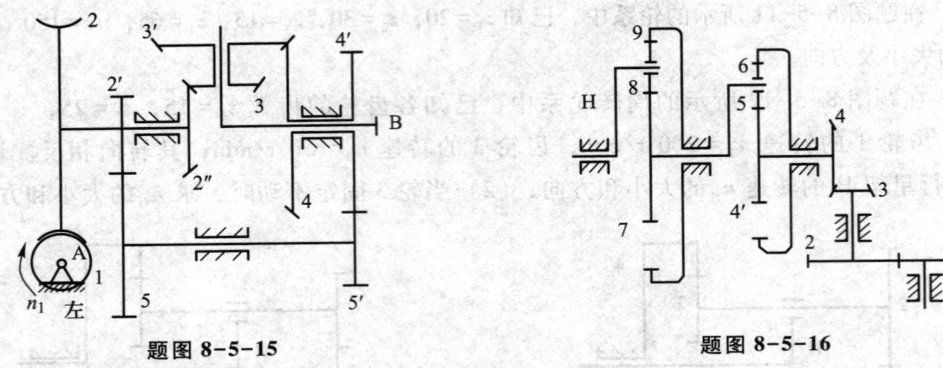

题图 8-5-15　　题图 8-5-16

18. 在题图 8-5-18 所示的轮系中，已知各轮齿数为 $z_1=26$，$z_2=32$，$z_{2'}=22$，$z_3=80$，$z_4=36$，又 $n_1=300$ r/min，$n_3=50$ r/min，两者转向相反，试求齿轮 4 的转速 n_4 的大小和方向。

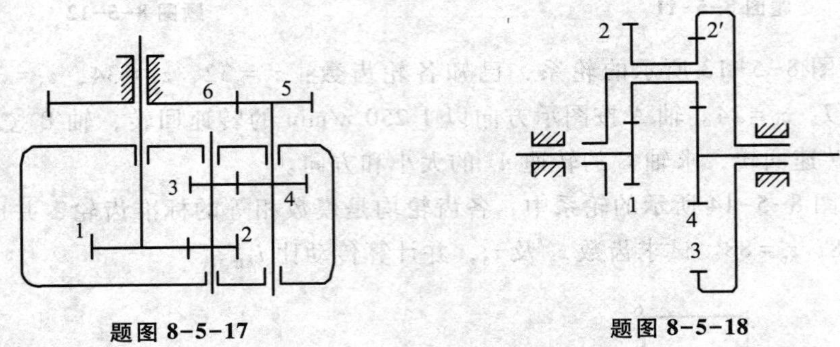

题图 8-5-17　　题图 8-5-18

19. 在题图 8-5-19 所示的双螺旋桨飞机的减速器中，已知：$z_1=26$，$z_2=20$，$z_4=30$，$z_5=18$ 及 $n_1=15\ 000$ r/min，试求 n_P 和 n_Q 的大小和方向。（提示：先根据同心条件，求得 z_3 和 z_6 后再求解。）

20. 在题图 8-5-20 所示的轮系中，有 $z_2=6z_1$，电动机 M 的转速 $n_M=1\ 440$ r/min，方向如图所示。求 n_H、n_1 的大小及方向。

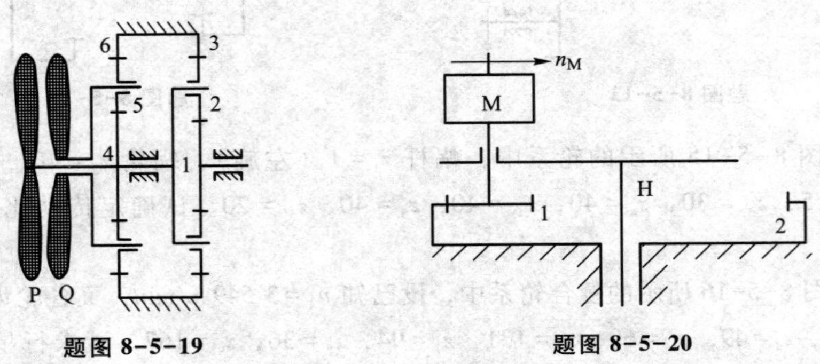

题图 8-5-19　　题图 8-5-20

21. 试设计题图 8-5-21 所示的 2K-H 行星轮系中各轮的齿数，已知条件如下：(1) $i_{1H}=\dfrac{18}{5}$，行星轮个数 $k=3$，各齿轮模数相同且为标准齿轮；(2) $i_{1H}=\dfrac{16}{3}$，行星轮个数 $k=4$，各齿轮模数相同，但为提高齿轮的传动质量并减轻重量而采用变位齿轮。

22. 题图 8-5-22 所示的轮系中，各轮模数和压力角均相同，都是标准齿轮，各轮齿数为 $z_1=23$，$z_2=51$，$z_3=92$，$z_{3'}=40$，$z_4=40$，$z_{4'}=17$，$z_5=33$，$n_1=1\ 500$ r/min，转向如图所示。试求齿轮 2′的齿数 $z_{2'}$ 及 n_A 的大小和方向。

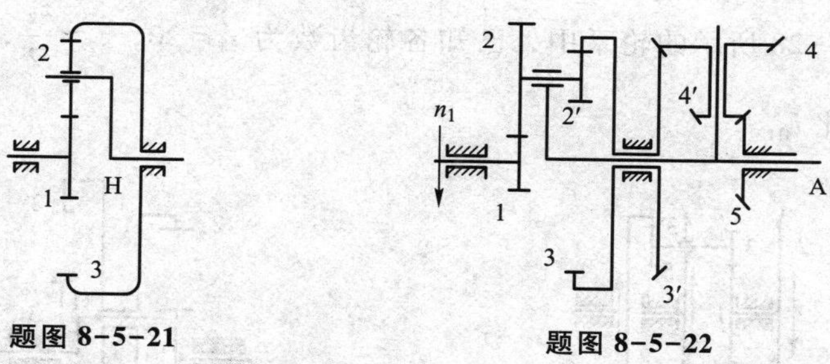

题图 8-5-21　　题图 8-5-22

23. 在题图 8-5-23 所示的轮系中各轮齿数为 $z_1=32$，$z_2=33$，$z_{2'}=z_4=38$，$z_3=z_{3'}=19$，轮 5 为单头右旋蜗杆，$z_6=76$，$n_1=45$ r/min，方向如图所示。试求：(1) 当 $n_5=0$ 时；(2) 当 $n_5=10$ r/min（逆时针转）时；(3) 当 $n_5=10$ r/min（顺时针转）时三种情况下 n_4 的大小及方向。

24. 在题图 8-5-24 所示的轮系中，已知各轮齿数为 $z_1=20$，$z_2=20$，$z_3=30$，$z_4=38$，$z_5=32$，$z_6=25$，$z_7=20$，$z_8=20$，$z_9=25$，$z_{10}=2$，$z_{11}=40$，蜗轮 11 的转速 $n_{11}=20$ r/min，转向如图所示，求轮 1 的转速 n_1 的大小及方向。

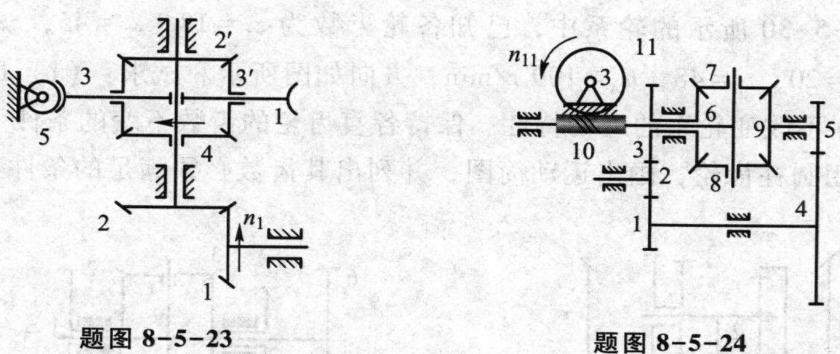

题图 8-5-23　　题图 8-5-24

25. 在题图 8-5-25 所示的轮系中，各轮齿数为 $z_1=6$，$z_2=z_{2'}=25$，$z_3=57$，$z_4=56$，求传动比 i_{14}。

26. 在题图 8-5-26 所示的轮系中，各轮齿数为 $z_1=30$，$z_2=25$，$z_3=z_4=24$，$z_5=18$，$z_6=121$，$n_1=48$ r/min，$n_H=316$ r/min，转向相同，求 n_6。

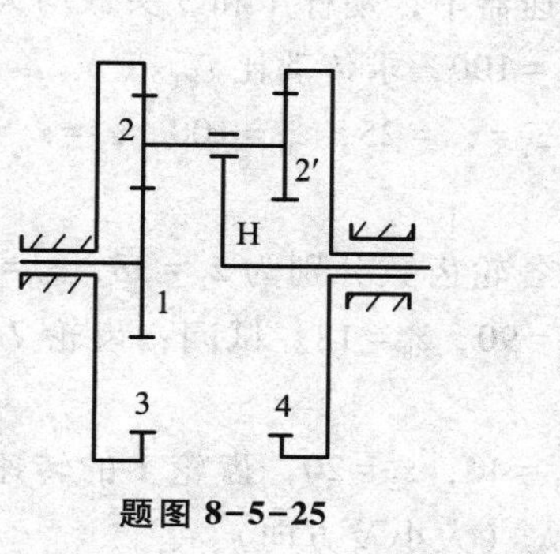

题图 8-5-25

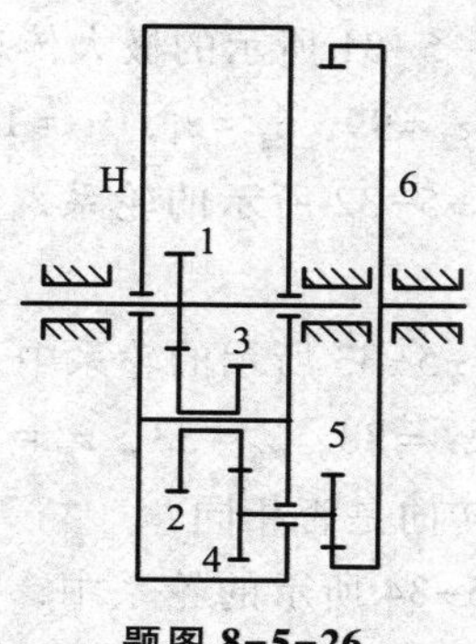

题图 8-5-26

27. 题图 8-5-27 所示的轮系中，各轮齿数为 $z_1=z_{3'}=10$，$z_2=z_5=z_4=40$，$z_{2'}=25$，$z_3=20$，轮 1 的角速度为 $\omega_1=1\ 000$ rad/s，方向如图所示，求轮 4 的角速度 ω_4 的大小及方向。

28. 题图 8-5-28 所示的轮系中，已知各轮齿数为 $z_1=20$，$z_2=\dfrac{z_{2'}}{2}$，$z_3=39$，求系杆 H 与齿轮 1 的传动比 i_{H1}。

题图 8-5-27　　题图 8-5-28

29. 题图 8-5-29 所示的轮系中，已知各轮齿数为 $z_1=30$，$z_2=60$，$z_3=150$，$z_4=40$，$z_5=50$，$z_6=75$，$z_7=15$，$z_{3'}=z_{7'}=180$，$z_8=150$，$n_1=1\ 800$ r/min，求轮 7 的转速及转向。

30. 题图 8-5-30 所示的轮系中，已知各轮齿数为 $z_1=18$，$z_2=45$，$z_{2'}=z_4=50$，$z_{4'}=40$，$z_5=30$，$z_{5'}=20$，$z_6=48$，$n_A=100$ r/min，方向如图所示。试求：（1）B 轴的转速大小及方向；（2）在不改变轮系的运动特性、保持各直齿轮的齿数不变的条件下，把图中锥齿轮 2′、3、4 改用圆柱齿轮，画出运动简图，并列出其齿数必须满足的条件。

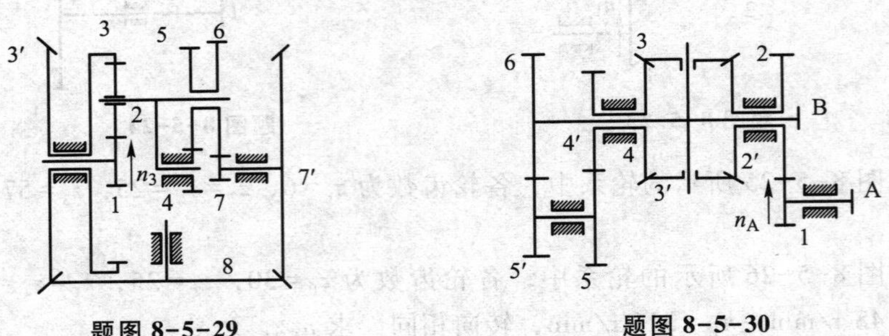

题图 8-5-29　　题图 8-5-30

31. 在题图 8-5-31 所示的极大传动比减速器中，蜗杆 1 和 5 头数均为 1，右旋。各轮齿数为 $z_{1'}=101$，$z_2=99$，$z_{2'}=z_4$，$z_{4'}=100$，$z_{5'}=100$，求传动比 i_{1H}。

32. 如题图 8-5-32 所示的轮系，已知：$z_1=z_{2'}=25$，$z_H=100$，$z_2=z_3=z_4=20$。求传动比 i_{41}。

33. 在题图 8-5-33 所示的轮系中，已知各轮齿数分别为 $z_1=38$，$z_2=20$，$z_4=z_{1'}=18$，$z_{4'}=19$，$z_5=38$，$z_{5'}=88$，$z_6=33$，$z_{6'}=36$，$z_7=90$，$z_8=18$。试问：齿轮 7 转一圈，齿轮 8 转多少圈？两者转向是否相同？

34. 题图 8-5-34 所示的轮系中，已知 $z_1=40$，$z_2=20$，齿轮 1 的转速 $n_1=120$ r/min，求 z_3 及行星架的转速 $n_H=0$ 时齿轮 3 的转速 n_3（大小及方向）。

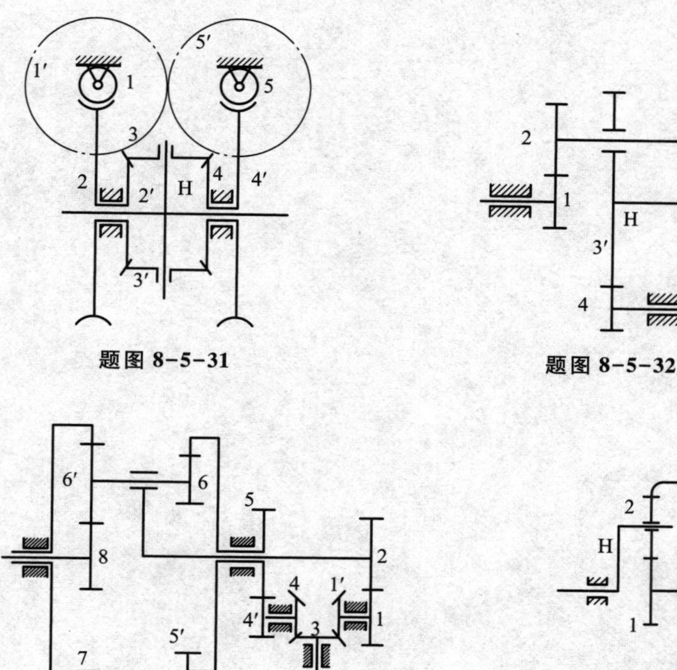

题图 8-5-31

题图 8-5-32

题图 8-5-33

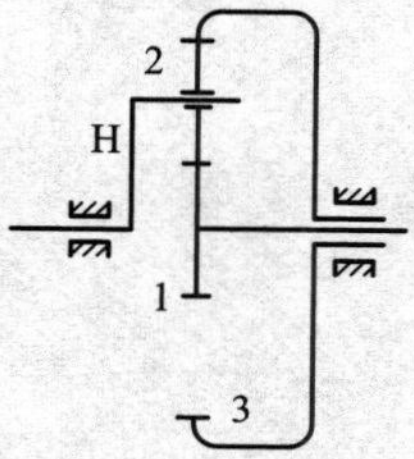

题图 8-5-34

Ⅲ 实施（implement）模块

设计好的机构参数能否满足要求呢？分析一下就知道。这里会让我们掌握机构运动分析、力分析等知识，其实多数内容在理论力学课程学习过，请注意一下其中的异同。

第九章　机构运动分析

本章学习任务：基于速度瞬心法的机构速度分析，基于矢量方程图解法的平面机构运动分析，基于解析法的平面机构运动分析。

驱动项目的任务安排：项目中机构的运动分析，采用 MATLAB 编程计算。

9.1　机构运动分析的目的和方法

机构运动分析是目的：① 求解机构中某些点的运动轨迹或位移，确定机构的运动空间；② 求解构件上某些点的速度、加速度，或某些构件的角位移、角速度、角加速度等运动参数，了解机构的工作性能；③ 为机构的力分析准备数据。

机构运动分析的方法很多，有图解法、解析法和实验法。① 图解法：原理是理论力学中的运动合成原理。在对机构进行速度和加速度分析时，首先要根据运动合成原理列出机构运动的矢量方程，然后再按方程作图求解。优势在于：比较直观地了解机构的某个或某几个位置的运动特性，精度基本能满足实际问题的要求。② 解析法：在建立机构运动学模型的基础上，采用数学方法求解构件的角速度、角加速度或某些点的速度及加速度。优势在于：能够精确地了解机构在整个运动循环过程中的运动特性，获得一系列精确位置的分析结果，并能绘出机构相应的运动参数曲线图，还可把机构分析和机构综合问题联系起来，以便于机构的优化设计。③ 实验法：通过位移、速度、加速度等各类传感器对实际机械的位移、速度、加速度等运动参数进行测量，实验法是研究已有机械运动性能的常用方法。

9.2　基于速度瞬心法的机构速度分析

机构速度分析的图解法有速度瞬心法和矢量方程图解法两种。速度瞬心法能够十分方便对机构作速度分析，在仅需速度分析场合下常常使用。

9.2.1　速度瞬心及其位置

从平面运动学得知，相互作平面相对运动的两构件上瞬时速度相等的重合点，即为两构件的速度瞬心，简称为瞬心。常用表示 P_{ij}构件 i 和 j 之间的瞬心。当瞬心的绝对速度为 0 时，该瞬心为绝对瞬心；若不为 0，则为相对瞬心。

根据瞬心的定义可知，每两个构件就有一个瞬心，在 N 个构件的机构中，其瞬心的总数 K 为

$$K=N(N-1)/2 \tag{9-1}$$

瞬心位置确定方法如下：

（1）根据瞬心的定义确定瞬心的位置

在图 9-1 中，图 a 是转动副的瞬心，位于两构件的连接中心；图 b 是移动副的瞬心，位于垂直于导路方向的无穷远处；图 c 是纯滚动的平面高副的瞬心，位于两构件的接触点；图 d 是既滚又滑的高副的瞬心，位于两构件的接触处的公法线上。

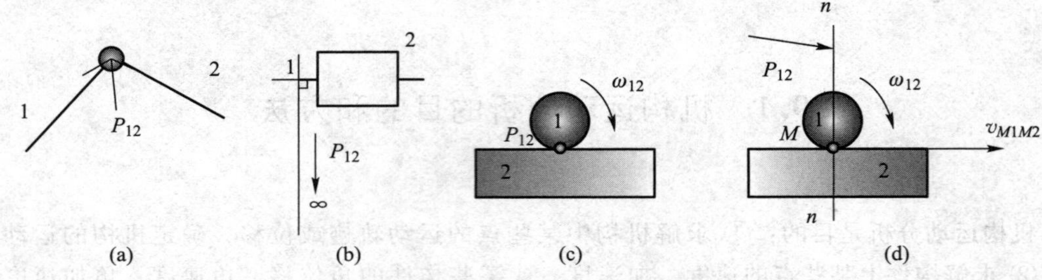

图 9-1　常用运动副的瞬心位置

（2）根据三心定理确定瞬心的位置

三心定理：三个相互作平面运动的构件，有三个瞬心，这三个瞬心必定位于同一直线上。如图 9-2 所示，构件 1、2、3 相互作平面运动，其速度瞬心 P_{12}、P_{13}、P_{23}位于同一直线上。

9.2.2　基于速度瞬心法的机构速度分析

例 9-1　设已知图 9-3 所示的四杆机构各构件的尺寸，原动件 2 的角速度 ω_2，试求在图示位置时从动件 4 的角速度 ω_4和连杆 3 上点 E 的速度 v_E。

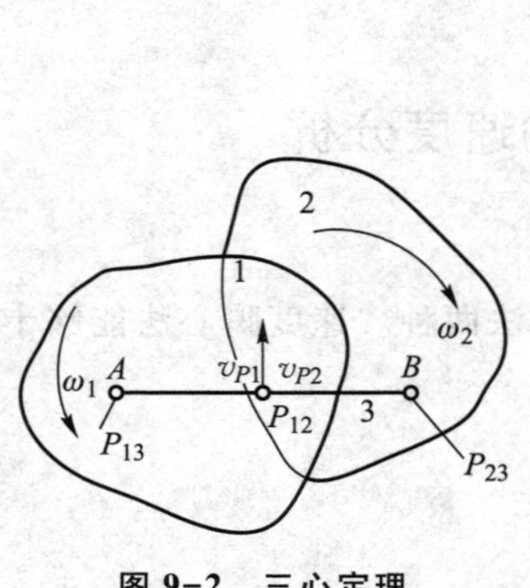

图 9-2　三心定理

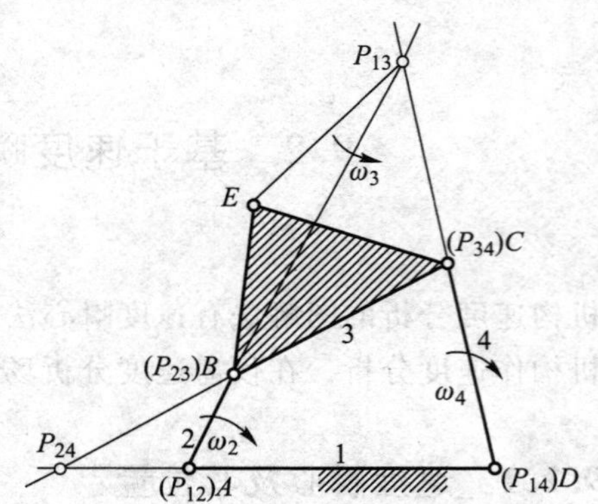

图 9-3　瞬心法分析机构速度

解 在图 9-3 中的机构中，有 4 个构件，应有 6 个瞬心，瞬心 P_{12}、P_{23}、P_{34}、P_{14}的位置可以根据瞬心的定义确定，其余两瞬心 P_{13}、P_{24}可以根据三心定理确定，对于构件 1、2、3，P_{13}必在 P_{12}和 P_{23}的连线上，而对于构件 1、4、3，P_{13}又应在 P_{14}和 P_{34}的连线上，因此这两个连线的交点就为瞬心 P_{13}。同样可以求得瞬心 P_{24}。

由上述分析，瞬心 P_{24}为构件 2、4 的等速重合点，有

$$\omega_2 \overline{P_{12}P_{24}}\mu_l = \omega_4 \overline{P_{14}P_{24}}\mu_l$$

式中，μ_l 为机构的尺寸比例尺，它是构件的真实长度与图示长度之比，单位为 m/mm 或 mm/mm。

由上式可得

$$\omega_4 = \omega_2 \overline{P_{12}P_{24}}/\overline{P_{14}P_{24}}\text{（顺时针）} \tag{9-2}$$

或

$$\omega_2/\omega_4 = \overline{P_{14}P_{24}}/\overline{P_{12}P_{24}}$$

式中，ω_2/ω_4为机构中原动件 2 与从动件 4 的瞬时角速度之比，称为机构的传动比或传递函数。由上式可见，该传动比等于该两构件的各自绝对瞬心至相对瞬心距离的反比。

又因瞬心 P_{13}为连杆 3 在图示位置的瞬时转动中心，故

$$v_B = \omega_3 \overline{P_{13}B}\mu_l = \omega_2 \overline{P_{12}B}\mu_l$$

由此可得

$$\omega_3 = \omega_2 \overline{P_{12}B/P_{13}B}$$

$$v_E = \omega_3 \overline{P_{13}E}\mu_l\text{（方向垂直于 }P_{13}E\text{，指向与 }\omega_3\text{一致）}$$

例 9-2 如图 9-4 所示的凸轮机构，设已知各构件的尺寸及凸轮的角速度 ω_2，需求从动件 3 的移动速度 v。

解 过高副元素的接触点 K 作其公法线 nn，根据三心定理，其与瞬心连线 $P_{12}P_{13}$的交点即为瞬心 P_{23}。又因其为构件 2、3 的等速重合点，故可得

$$v = v_{P23} = \omega_2 \overline{P_{12}P_{23}}\mu_l\text{（方向垂直向上）}$$

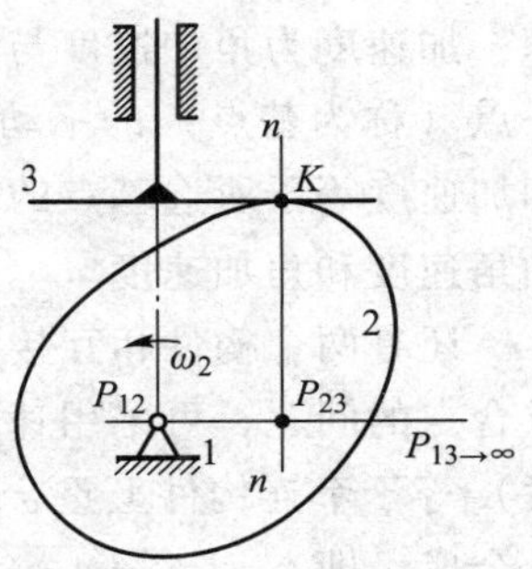

图 9-4 凸轮机构瞬心法

从上述两个实例看到，瞬心的优势在于：对机构进行速度分析比较简便。但也存在不足：当某些瞬心位于图纸之外时，求解比较困难，而且速度瞬心法不能用于机构的加速度分析。

例 9-3 图 9-5a 所示的机构中，已知 $\varphi = 45°$，$H = 50$ mm，$\omega_1 = 100$ rad/s。试用瞬心法确定图示位置构件 3 的瞬时速度 v_3 的大小及方向。

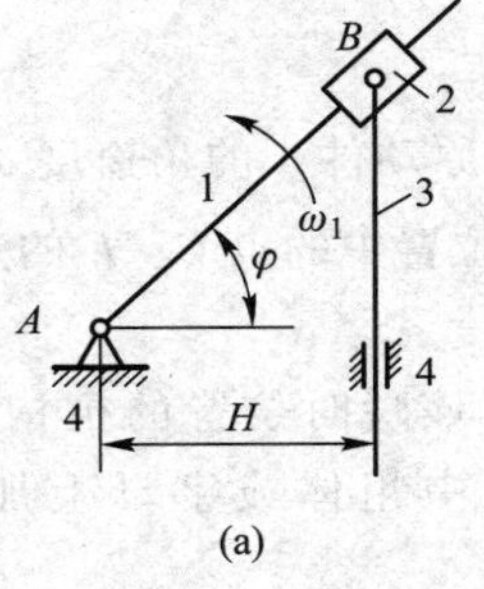

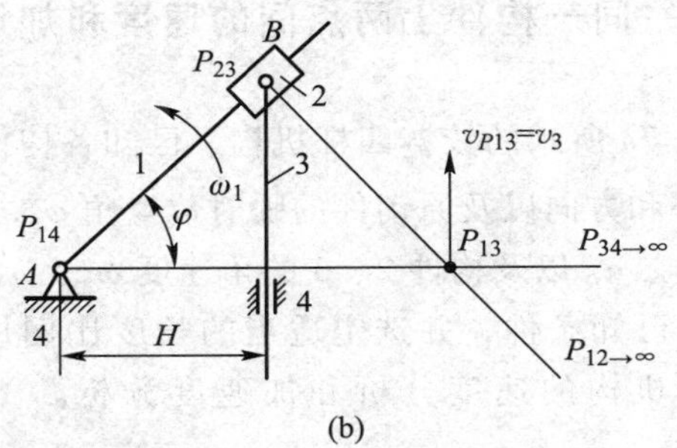

图 9-5 正切机构

解　根据三心定理，P_{14}、P_{34}的连线与P_{12}、P_{23}的连线相交得到P_{13}，如图 9-5b 所示。由瞬心的定义，得到 $v_3=v_{P13}=\omega_1 l_{AP13}=100\times0.1\ \text{m/s}=10\ \text{m/s}$；方向如图 9-5b 所示。

强化训练题 9-1　如图 9-6 所示的摆动凸轮机构中，已知中心距 a，摆杆长 L，凸轮角速度 ω_1，试求摆杆中点的线速度。

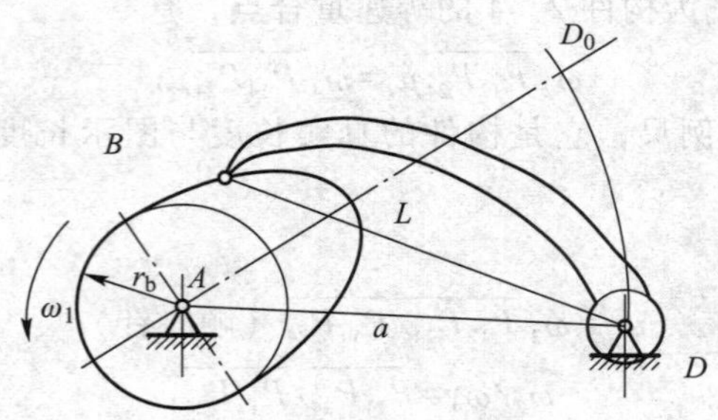

图 9-6　摆动凸轮机构

9.3　基于矢量方程图解法的平面机构运动分析

通常情况下，构件的运动分平移、转动、平面运动三种，平移构件上各点的速度与加速度均相等，如滑块；定轴转动的构件，其上各点的速度为角速度与该点到转轴距离的乘积，加速度为角加速度与该点到转轴距离的乘积；构件的平面运动可分解为构件随其上任一点（称为基点）的平动和绕基点的相对转动，即 $\boldsymbol{v}_C=\boldsymbol{v}_B+\boldsymbol{v}_{CB}$，$\boldsymbol{a}_C=\boldsymbol{a}_B+\boldsymbol{a}_{CB}$。平动的速度和加速度等于所选基点的速度和加速度，绕基点的相对转动角速度和角加速度等于该构件的角速度和角加速度。

还有两个构件相互接触运动的情况，如转动导杆机构中的滑块与导杆，会存在两构件重合点的问题，可采用速度合成与加速度合成定理求解，即一个构件上的速度（或加速度）等于牵连构件上重合点的速度（或加速度）与这两个重合点的相对速度（或加速度）的合成，即 $\boldsymbol{v}_{B3}=\boldsymbol{v}_{B2}+\boldsymbol{v}_{B3B2}$，$\boldsymbol{a}_{B3}=\boldsymbol{a}_{B2}+\boldsymbol{a}^{\mathrm{k}}_{B3B2}+\boldsymbol{a}^{\mathrm{r}}_{B3B2}$，注意的是牵连构件转动时，加速度合成要考虑科氏加速度。

9.3.1　同一构件上两点间的速度和加速度关系

如图 9-7a 所示的铰链四杆机构，已知各构件的长度和原动件 1 的角速度 ω_1和角加速度 α_1的大小和方向以及原动件的瞬时位置角 φ_1，现求图示位置中的点 C、E 的速度 v_C、v_E 和加速度 a_C、a_E 以及构件 2、3 的角速度 ω_2、ω_3 和角加速度 α_2、α_3。

首先按已知条件，并选定适当的长度比例尺 μ_l，作出该瞬时位置的机构运动简图，然后再进行机构的速度分析和加速度分析。（注：本书中粗体或字母上加箭头表示矢量）

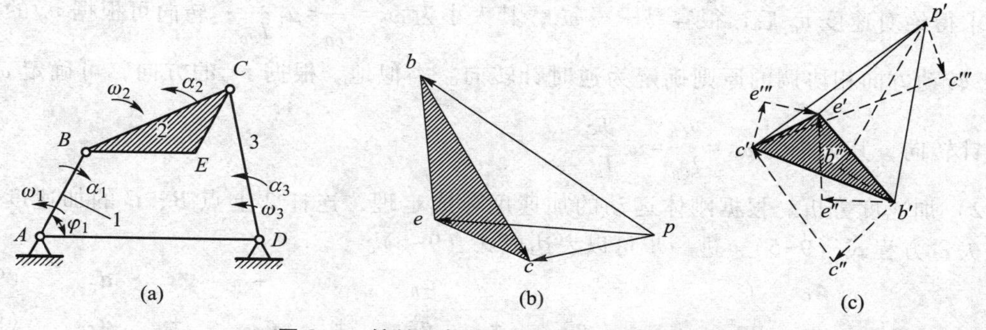

图 9-7 铰链四杆机构速度和加速度分析

1）速度分析。根据平面运动基本法，连杆 2 上点 C 的速度 $\boldsymbol{v}_C$ 应是基点 B 的速度 $\boldsymbol{v}_B$ 和点 C 相对点 B 的相对速度 $\boldsymbol{v}_{CB}$的矢量和，如下式：

$$\begin{array}{lcccccc} & \boldsymbol{v}_C & = & \boldsymbol{v}_B & + & \boldsymbol{v}_{CB} & \quad (9-3) \\ \text{方向} & \perp CD & & \perp AB & & \perp CB & \\ \text{大小} & ? & & \omega_1 l_{AB} & & ? & \end{array}$$

式（9-3）为一矢量方程式，仅有 $\boldsymbol{v}_C$ 和 $\boldsymbol{v}_{CB}$的大小未知，故可根据上式，作矢量多边形求解。为此，取速度比例尺 $\boldsymbol{\mu}_v\left(\frac{\mathrm{m/s}}{\mathrm{mm}}\right)$，然后作速度多边形（图 9-7b），即首先从点 p 作 $\overrightarrow{pb}$代表 $\boldsymbol{v}_B$，$\overrightarrow{pb}$的长度按速度比例尺 $\boldsymbol{\mu}_v$ 计算出，$\overrightarrow{pb}$ 的方向垂直 AB；然后通过点 p 作 $\boldsymbol{v}_C$ 的方向线，通过点 b 作 $\boldsymbol{v}_{CB}$ 的方向线，得交点 c，则矢量 $\overrightarrow{pb}$ 和 $\overrightarrow{bc}$ 分别代表 $\boldsymbol{v}_C$ 和 $\boldsymbol{v}_{CB}$，其大小可按速度比例尺算出为

$$v_C = \boldsymbol{\mu}_v\ \overline{pc} \text{及}\ v_{CB} = \boldsymbol{\mu}_v\ \overline{bc}$$

当点 C 的速度 $\boldsymbol{v}_C$ 求得后，可利用式（9-2）求得点 E 的速度 $\boldsymbol{v}_E$。

$$\begin{array}{lccccccccc} & \boldsymbol{v}_E & = & \boldsymbol{v}_C & + & \boldsymbol{v}_{EC} & = & \boldsymbol{v}_B & + & \boldsymbol{v}_{EB} \quad (9-4) \\ \text{方向} & ? & & \perp CD & & \perp CE & & \perp AB & & \perp BE \\ \text{大小} & ? & & \boldsymbol{\mu}_v\ \overline{pc} & & ? & & \omega_1 l_{AB} & & ? \end{array}$$

式（9-4）中只有 $\boldsymbol{v}_{EC}$、$\boldsymbol{v}_{EB}$的大小未知，故可用图解法求出。如图 9-7b 所示，因 $\boldsymbol{v}_C$、$\boldsymbol{v}_B$ 已作出，故只要过点 b 作 $\boldsymbol{v}_{EB}$的方向线，过点 c 作 $\boldsymbol{v}_{EC}$的方向线得交点 e，并连接点 p 和 e，即可求得代表 $\boldsymbol{v}_E$ 的矢量 $\overrightarrow{pe}$，于是可得到 $v_E = \boldsymbol{\mu}_v\ \overline{pe}$。

对照图 9-7a、b 可以看出，在速度多边形与机构图中，$bc \perp BC$、$ce \perp CE$、$be \perp BE$，故 $\triangle bce \backsim \triangle BCE$，且两三角形顶点字符排列顺序相同，一般称速度图形 bce 为机构结构图形 BCE 的速度影像。故当已知一构件上两点的速度时，可利用速度影像与构件结构图相似的原理求出构件上其他任一点的速度。**但必须注意：**速度影像的相似原理只能应用于同一构件上的各点，而不能应用于机构的不同构件上的各点。

在速度多边形中，点 p 称为极点，它代表该构件上速度为零的点；故连接点 p 与任一点的矢量便代表该点在机构图中的同名点的绝对速度，其方向是从点 p 指向该点；而连接其他任意两点的矢量便代表该两点在机构图中同名点间的相对速度，其方向恰与速度的下标相反。例如，矢量 $\overrightarrow{bc}$ 代表 $\boldsymbol{v}_{CB}$而不是 $\boldsymbol{v}_{BC}$。

求得绝对速度 v_C 后，很容易求得 ω_3，其大小为 $\omega_3=\dfrac{v_C}{l_{CD}}=\mu_v\dfrac{\overline{pc}}{l_{CD}}$；转向可根据 $\boldsymbol{v}_C$ 的方向与 ω_3 转动方向相协调的原则确定为逆时针转向。类似地，根据 v_{CB} 的方向，可确定 ω_2 为顺时针转向，其大小为 $\omega_2=\dfrac{v_{CB}}{l_{CB}}=\mu_v\dfrac{\overline{bc}}{l_{CB}}$。

2）加速度分析。根据刚体运动的加速度合成定理，连杆 2 上点 B、C 的加速度矢量满足矢量方程式（9-5），进一步可以表达成式（9-6）。

$$\boldsymbol{a}_C = \boldsymbol{a}_B + \boldsymbol{a}_{CB} \tag{9-5}$$

$$\boldsymbol{a}_C^{\mathrm{n}} + \boldsymbol{a}_C^{\mathrm{t}} = \boldsymbol{a}_B^{\mathrm{n}} + \boldsymbol{a}_B^{\mathrm{t}} + \boldsymbol{a}_{CB}^{\mathrm{n}} + \boldsymbol{a}_{CB}^{\mathrm{t}} \tag{9-6}$$

	$\boldsymbol{a}_C^{\mathrm{n}}$	$\boldsymbol{a}_C^{\mathrm{t}}$	$\boldsymbol{a}_B^{\mathrm{n}}$	$\boldsymbol{a}_B^{\mathrm{t}}$	$\boldsymbol{a}_{CB}^{\mathrm{n}}$	$\boldsymbol{a}_{CB}^{\mathrm{t}}$
方向	$C\rightarrow D$	$\perp CD$	$B\rightarrow A$	$\perp AB$	$C\rightarrow B$	$\perp CB$
大小	$\dfrac{v_C^2}{l_{CD}}$	?	$l_{AB}\omega_1^2$	$l_{AB}\alpha_1$	$\dfrac{v_{CB}^2}{l_{CB}}$	?

式中只有 $\boldsymbol{a}_C^{\mathrm{t}}$ 和 $\boldsymbol{a}_{CB}^{\mathrm{t}}$ 的大小未知。根据式（9-6），画出加速度矢量多边形求解如图 9-7c 所示。取加速度比例尺 $\mu_v\left(\dfrac{\mathrm{m/s}}{\mathrm{mm}}\right)$，从任意点 p' 连续作矢量 $\overrightarrow{p'b''}$、$\overrightarrow{b''b'}$ 和 $\overrightarrow{b'c''}$ 分别代表 $\boldsymbol{a}_B^{\mathrm{n}}$、$\boldsymbol{a}_B^{\mathrm{t}}$ 和 $\boldsymbol{a}_{CB}^{\mathrm{n}}$；又从 p' 作矢量 $\overrightarrow{p'c'''}$ 代表 $\boldsymbol{a}_C^{\mathrm{n}}$，然后作 $c'''c'$ 垂直于 CD，作 $c''c'$ 垂直于 CB，则 $c'''c'$ 与 $c''c'$ 交于点 c' 得到矢量 $\overrightarrow{c'''c'}$、$\overrightarrow{c''c'}$ 分别代表 $\boldsymbol{a}_C^{\mathrm{t}}$、$\boldsymbol{a}_{CB}^{\mathrm{t}}$；再连 p'、b'，p'、c'，则矢量 $\overrightarrow{p'b'}$、$\overrightarrow{p'c'}$ 分别代表 $\boldsymbol{a}_B$、$\boldsymbol{a}_C$，这些量的大小均按比例尺 μ_a 计算得到。

当点 C 的加速度求得以后，即可根据以下方程式求出点 E 的加速度：

$$\boldsymbol{a}_E = \boldsymbol{a}_B + \boldsymbol{a}_{EB}^{\mathrm{n}} + \boldsymbol{a}_{EB}^{\mathrm{t}} = \boldsymbol{a}_C + \boldsymbol{a}_{EC}^{\mathrm{n}} + \boldsymbol{a}_{EC}^{\mathrm{t}} \tag{9-7}$$

	$\boldsymbol{a}_B$	$\boldsymbol{a}_{EB}^{\mathrm{n}}$	$\boldsymbol{a}_{EB}^{\mathrm{t}}$	$\boldsymbol{a}_C$	$\boldsymbol{a}_{EC}^{\mathrm{n}}$	$\boldsymbol{a}_{EC}^{\mathrm{t}}$
方向	$p'\rightarrow b'$	$E\rightarrow B$	$\perp EB$	$p'\rightarrow c'$	$E\rightarrow C$	$\perp EC$
大小	$\mu_a\,\overline{p'b'}$	$\omega_2^2 l_{BE}$	?	$\mu_a\,\overline{p'c}$	$\omega_2^2 l_{CE}$	?

从式（9-7）看到，如果知道 $\boldsymbol{a}_{EB}$、$\boldsymbol{a}_{EC}^{\mathrm{t}}$，就可求得 $\boldsymbol{a}_E$。为此，继续在原加速度矢量多边形的基础上作图求解。自点 b' 作矢量 $\overrightarrow{b'e''}$ 代表 $\boldsymbol{a}_{EB}^{\mathrm{n}}$，从点 c' 作矢量 $\overrightarrow{c'e'''}$ 代表 $\boldsymbol{a}_{EC}^{\mathrm{n}}$，然后分别从点 e'' 作 $\boldsymbol{a}_{EB}^{\mathrm{t}}$ 的方向线，从点 e''' 作 $\boldsymbol{a}_{EC}^{\mathrm{t}}$ 的方向线，此二方向线交于点 e'，连接点 p'、e'，则矢量 $\overrightarrow{p'e'}$ 即表示 $\boldsymbol{a}_E$，其大小 $a_E=\mu_a\,\overline{p'e'}$。

由加速度多边形可见

$$a_{CB}=\sqrt{(a_{CB}^{\mathrm{n}})^2+(a_{CB}^{\mathrm{t}})^2}=\sqrt{(l_{CB}\omega_2^2)^2+(l_{CB}\alpha_2)^2}=l_{CB}\sqrt{\omega_2^4+\alpha_2^2}$$

类似可得
$$a_{EB}=l_{EB}\sqrt{\omega_2^4+\alpha_2^2},\quad a_{EC}=l_{EC}\sqrt{\omega_2^4+\alpha_2^2}$$

所以
$$a_{CB}:a_{EB}:a_{EC}=l_{CB}:l_{EB}:l_{EC}$$

即
$$\overline{b'c'}:\overline{b'e'}:\overline{c'e'}=l_{CB}:l_{EB}:l_{EC}$$

由此可见，加速度$\triangle b'c'e'$与机构结构图中的$\triangle BCE$ 相似，且两三角形顶点字母顺序方向一致，图形 $b'c'e'$ 称为图形 BCE 的加速度影像。当已知一构件上两点的加速度时，利用加速度影像便能很容易地求出该构件上其他任一点的加速度。**必须注意**：与速度影像一样，加速度影像的相似原理只能应用于机构中同一构件上的各点，而不能应用于不同构件上的点。

由图 9-7c 可知，加速度多边形也有如下特点：① 在加速度多边形中，点 p' 称为极点，代表该构件上加速度为零的点；② 连接点 p' 和任一点的向量便代表该点在机构图中的同名点的绝对加速度，其方向从点 p' 指向该点；③ 连接点 b'、c'、e' 中任意两点的向量，便代表该两点在机构图中的同名点间的相对加速度，其指向与加速度的下角标相反。例如矢量 $\overrightarrow{b'c'}$ 代表 $\boldsymbol{a}_{CB}$ 而不是 $\boldsymbol{a}_{BC}$；④ 代表法向加速度和切向加速度的矢量都用虚线表示，例如矢量 $\overrightarrow{b'c''}$ 和 $\overrightarrow{c''c'}$ 分别代表 $\boldsymbol{a}_{CB}^{n}$ 和 $\boldsymbol{a}_{CB}^{t}$。

连杆和摇杆的角加速度可分别求出：

$$\alpha_2=\frac{a_{CB}^{t}}{l_{CB}}=\frac{\mu_a\,\overline{c''c'}}{l_{CB}},\qquad \alpha_3=\frac{a_C^{t}}{l_{CD}}=\frac{\mu_a\,\overline{c'''c'}}{l_{CD}}$$

将代表 $\boldsymbol{a}_{CB}^{t}$ 的矢量 $\overrightarrow{c''c'}$ 平移到机构图上的点 C，可见 a_2 的方向为逆时针方向；将代表 $\boldsymbol{a}_C^{t}$ 的矢量 $\overrightarrow{c'''c'}$ 平移到机构图上的点 C，可知 α_3 的方向也为逆时针方向。

例 9-4　如图 9-8a 所示的弓锯床，机构简图如图 9-8b 所示，在图示瞬时，曲柄 1 作匀速转动，弓锯片 3 的速度为 0.142 m/s，弓锯片导轨与水平面夹角为 19°，图示瞬时曲柄与水平面夹角为 76°，曲柄 1 长度为 $l_1=40$ mm，铰链中心 A 与弓锯片导轨垂直距离为 60 mm，连杆 2 的长度为 $l_2=260$ mm，试求曲柄 1 的角速度和弓锯片的加速度，连杆 2 的角速度与角加速度。

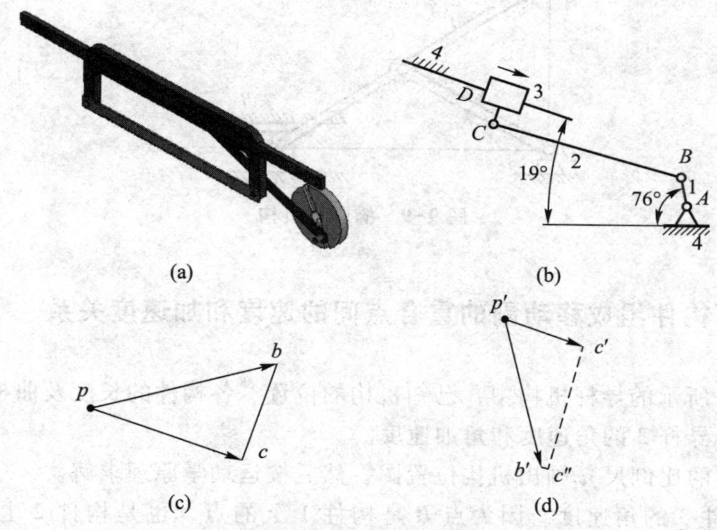

图 9-8　弓锯床机构简图及运动分析图

解　1）速度分析。如图 9-8b 所示，C 点速度已知，由于连杆 2 作平面运动，故可以列出速度矢量方程，其中 $\boldsymbol{v}_C$ 平行于锯片导轨，$\boldsymbol{v}_B$ 垂直于曲柄 1（即 AB）。

	$\boldsymbol{v}_C$	=	$\boldsymbol{v}_B$	+	$\boldsymbol{v}_{BC}$
方向	//滑道 D		$\perp AB$		$\perp BC$
大小	0.142		?		?

任取点 p，按比例绘制速度矢量多边形，如图 9-8c 所示，通过图解，可以求得 $v_B=0.170$ m/s，$v_{BC}=0.093$ m/s，则曲柄 1 的角速度为 $\omega_1=4.250$ rad/s，连杆 2 的角速度为 $\omega_2=0.358$ rad/s。

2）加速度分析。列出如下的加速度矢量方程，其中 $\boldsymbol{a}_C$ 平行于锯片导轨，$\boldsymbol{a}_B^{n}$ 平行曲柄 1，$\boldsymbol{a}_B^{t}$ 垂直于曲柄 1，因为曲柄 1 作匀速转动，$\boldsymbol{a}_B^{t}$ 为 0，$\boldsymbol{a}_{CB}^{n}$ 平行连杆 2（即 CB），$\boldsymbol{a}_{CB}^{t}$ 垂直于连杆 2。

$$\boldsymbol{a}_C = \boldsymbol{a}_B + \boldsymbol{a}_{CB}^{n}$$

	$\boldsymbol{a}_C$	=	$\boldsymbol{a}_B^{n}$	+	$\boldsymbol{a}_B^{t}$	+	$\boldsymbol{a}_{CB}^{n}$	+	$\boldsymbol{a}_{CB}^{t}$
方向	//导轨		$B\to A$		$\perp AB$		$C\to B$		$\perp CB$
大小	?		$l_1\omega_1^2$		0		$l_2\omega_2^2$		?

任取点 p'，按比例绘制加速度矢量多边形，如图 9-8d 所示，经过图解，求得 $a_C=0.395\ \text{m/s}^2$，$a_{CB}^{t}=0.607\ \text{m/s}^2$，进而可知，$\alpha_2=2.335\ \text{rad/s}^2$。

强化训练题 9-2 如图 9-9 所示的椭圆规机构中，椭圆规尺 AB 由曲柄 OC 带动，曲柄以 2 rad/s 的角速度绕 O 轴匀速转动，该机构中 $\overline{OC}=\overline{BC}=\overline{AC}=20$ cm，求滑块 A 和 B 的速度与加速度。

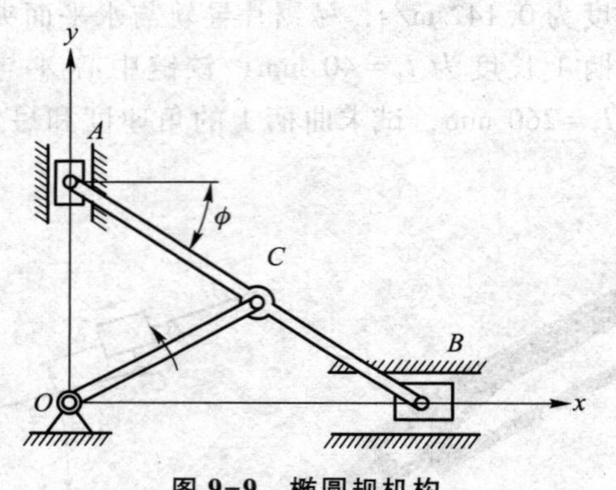

图 9-9 椭圆规机构

9.3.2 两构件组成移动副的重合点间的速度和加速度关系

如图 9-10a 所示的导杆机构中，已知机构的位置、各构件的长度及曲柄 1 的等角速度 ω_1，现在来分析导杆 3 的角速度和角加速度。

首先按选定的比例尺 μ_l 画出机构位置图，然后按运动学原理求解。

1）确定构件 3 的角速度。因为点 B 是构件 1 上的点，也是构件 2 上的点，故 $v_{B2}=v_{B1}=\omega_1 l_{AB}$；构件 2、3 组成移动副，其角速度应相同，即 $\omega_2=\omega_3$；但应注意，$v_{B3}\neq v_{B1}$，$v_{B3}\neq v_{B2}$，$\omega_1\neq\omega_2$，$\omega_1\neq\omega_3$。这就是该机构组成的运动关系，一定要首先予以理解。根据以上分析，导杆上点 B_3 的绝对速度与其在滑块上的重合点 B_2 的绝对速度之间有下列关系方程：

$$\boldsymbol{v}_{B3} = \boldsymbol{v}_{B2} + \boldsymbol{v}_{B3B2} \tag{9-8}$$

	$\boldsymbol{v}_{B3}$	=	$\boldsymbol{v}_{B2}$	+	$\boldsymbol{v}_{B3B2}$
方向	$\perp BC$		$\perp AB$		$/\!/ CB$
大小	?		$\omega_1 l_{AB}$		?

式中仅 $\boldsymbol{v}_{B3}$ 和 $\boldsymbol{v}_{B3B2}$ 的大小未知，故可用图解法求解。取定比例尺 μ_v 和极点 p，根据上式，可画出矢量多边形，如图 9-10b 所示。由此图可知，$v_{B3B2}=\mu_v\ \overline{b_2b_3}$，$v_{B3}=\mu_v\ \overline{pb_3}$，其指

向如图 9-10b 所示。于是可求得构件 3 的角速度为 $\omega_2=v_{B3}/l_{B3C}=\mu_v\,\overline{pb_3}/l_{B3C}$。

将代表$\boldsymbol{v}_3$的矢量 $\overrightarrow{pb_3}$ 平移到机构图上的点 B，可知 $\boldsymbol{v}_3$ 的方向为顺时针方向。

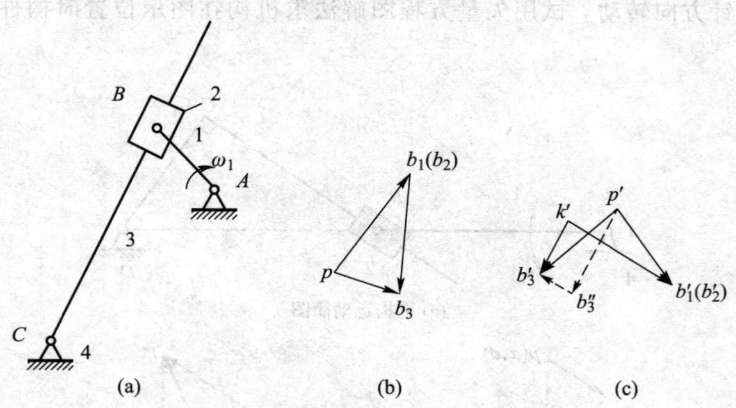

图 9-10 两构件组成重合点

2）确定导杆 3 的角加速度 α_3。点 B_3的绝对加速度与其重合点 B_2的绝对加速度之间的关系为

$$\boldsymbol{a}_{B3}=\boldsymbol{a}_{B2}+\boldsymbol{a}^{k}_{B3B2}+\boldsymbol{a}^{r}_{B3B2} \tag{9-9}$$

其中 $\boldsymbol{a}_{B3}=\boldsymbol{a}^{n}_{B3}+\boldsymbol{a}^{t}_{B3}$，故有

	$\boldsymbol{a}^{n}_{B3}$	+	$\boldsymbol{a}^{t}_{B3}$	=	$\boldsymbol{a}_{B2}$	+	$\boldsymbol{a}^{k}_{B3B2}$	+	$\boldsymbol{a}^{r}_{B3B2}$	(9-10)
方向	$B_3\rightarrow C$		$\perp B_3C$		$B_2\rightarrow A$		$\perp B_3C$		$/\!/B_3C$	
大小	$\omega^2_{B3}l_{B3C}$		?		$\omega^2_1 l_{AB}$		$2\omega_3 v_{B3B2}$		?	

式中 $\boldsymbol{a}^{n}_{B3}$和 $\boldsymbol{a}^{t}_{B3}$是 $\boldsymbol{a}_{B3}$的法向和切向加速度分量；$\boldsymbol{a}^{r}_{B3B2}$为点 B_3对于点 B_2的相对加速度。在一般情况下，

$$\boldsymbol{a}^{r}_{B3B2}=\boldsymbol{a}^{n}_{B3B2}+\boldsymbol{a}^{t}_{B3B2}$$

但由于构件 2 和 3 组成移动副，所有 $\boldsymbol{a}^{n}_{B3B2}=0$，故 $\boldsymbol{a}^{r}_{B3B2}=\boldsymbol{a}^{t}_{B3B2}$，其方向平行于二构件相对移动方向；$\boldsymbol{a}^{k}_{B3B2}$为科氏加速度，其大小为

$$a^{k}_{B3B2}=\omega_2 v_{B3B2}\sin\theta$$

其中，θ 为相对速度矢量 $\boldsymbol{v}_{B3B2}$与牵连角速度 ω_2（$\omega_3=\omega_2$）之间的夹角。对于平面机构，显然有 $\theta=90°$，故 $a^{k}_{B3B2}=2\omega_2 v_{B3B2}$；科氏加速度方向是将 $\boldsymbol{v}_{B3B2}$ 沿 ω_2 的转动方向转 90°，即图 9-10c 中 $\overrightarrow{b'_2k'}$ 的方向。由以上分析可知，在上面的矢量方程式中，只有 $\boldsymbol{a}^{t}_{B3}$与 $\boldsymbol{a}^{r}_{B3B2}$的大小未知，故可选择加速度比例尺 μ_a，按此式画出加速度多边形，如图 9-10c 所示。图中

$$a_{B2}=\mu_a\,\overline{p'b'_2},\ a^{k}_{B3B2}=\mu_a\,\overline{b'_2k'},\ a^{n}_{B3}=\mu_a\,\overline{p'b''_3}$$
$$a^{r}_{B3B2}=\mu_a\,\overline{k'b'_3},\ a^{t}_{B3}=\mu_a\,\overline{b''_3b'_3},\ a_{B3}=\mu_a\,\overline{p'b'_3}$$

由此可求得角加速度 α_3 为

$$\alpha_3=\frac{a^{t}_{B3}}{l_{CB_3}}=\frac{\mu_a\,\overline{b''_3b'_3}}{\mu_l\,\overline{CB_3}}$$

将代表 $\boldsymbol{a}_{B3}^{\mathrm{t}}$ 的矢量 $\overrightarrow{b''_3b'_3}$ 平移到机构图上的点 B_3，可知角加速度 α_3 的方向为逆时针。

例 9-5 在如图 9-11 所示的转动导杆机构中，设已知各构件的尺寸，原动件 1 以等角速度 ω_1 顺时针方向转动。试用矢量方程图解法求机构在图示位置时构件 3 的角速度和角加速度。

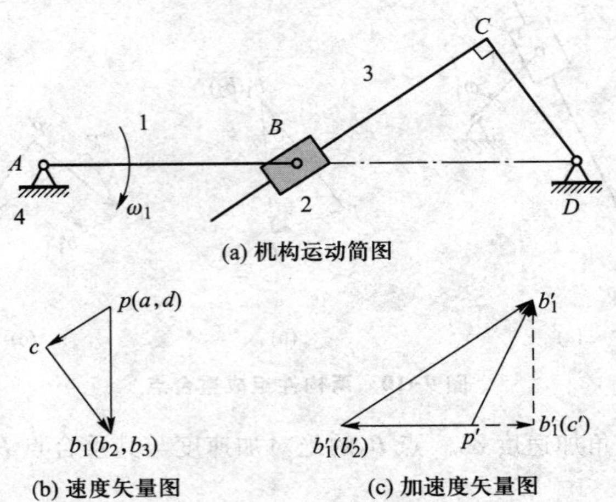

(a) 机构运动简图

(b) 速度矢量图

(c) 加速度矢量图

图 9-11 转动导杆机构

解 取 μ_l 作机构的运动简图，如图 9-11a 所示。

(1) 速度分析

取重合点 B（B_2、B_3），有

	$\boldsymbol{v}_{B3}$	=	$\boldsymbol{v}_{B2}$	+	$\boldsymbol{v}_{B3B2}$
方向	$\perp BD$		$\perp AB$		$/\!/ BC$
大小	?		$\omega_1 l_{AB}$		?

取 μ_v 作速度矢量图，如图 9-11b 所示，再根据速度影像原理，求得 c 点（C 点速度），由图 9-11b 可知：

$$\omega_3=\omega_2=\frac{v_{B3}}{l_{BD}}=\frac{\overline{pb_3}\mu_v}{l_{BD}}\quad \text{逆时针}$$

$$v_{B3B2}=\overline{b_2b_3}\mu_v=0\times\mu_v=0$$

(2) 加速度分析

	$\boldsymbol{a}_{B3}$	=	$\boldsymbol{a}_{B3}^{\mathrm{n}}$	+	$\boldsymbol{a}_{B3}^{\mathrm{t}}$	=	$\boldsymbol{a}_{B2}$	+	$\boldsymbol{a}_{B3B2}^{\mathrm{k}}$	+	$\boldsymbol{a}_{B3B2}^{\mathrm{r}}$
方向			$B\to D$		$\perp BD$		$B\to A$				$/\!/ BC$
大小			$\omega_2^2 l_{BC}$		?		$\omega_1^2 l_{AB}$		0		?

取 μ_a 作加速度矢量图，如图 9-11c 所示，再根据加速度影像原理，求得 c' 点（C 点加速度），由图 9-11c 可知：

$$\alpha_3=\alpha_2=\frac{a_{B3}^{\mathrm{t}}}{l_{BD}}=\frac{\overline{b''_3b'_3}\mu_a}{l_{BD}}\quad \text{顺时针}$$

强化训练题 9-3 图 9-12 所示的曲柄滑杆机构中，曲柄 $OA=\sqrt{3}$ cm，匀速转动 $\omega=2$ rad/s，$\varphi=60°$，求曲柄 OA 在 $\varphi=60°$ 时滑杆 BC 的速度和加速度。

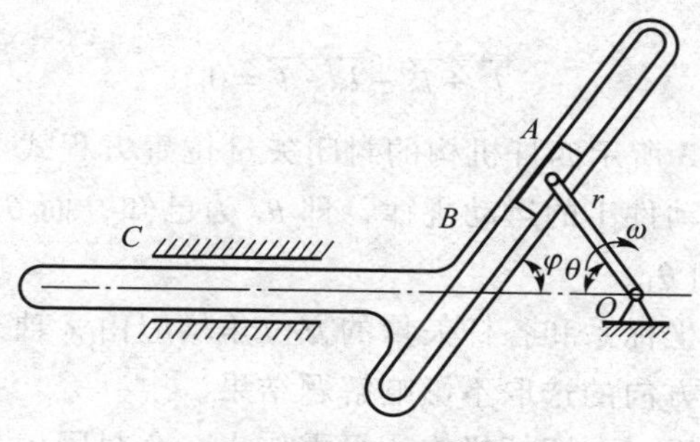

图 9-12 曲柄滑杆机构

9.3.3 矢量方程图解法的注意事项

1）正确判别科氏加速度，两构件以相同的角速度共同转动的同时，是相互之间有相对运动，其重合点存在科氏加速度。

2）建立速度或加速度向量方程时，先从已知速度或加速度的点开始列方程，另一个构件与该点不接触时，可采用构件扩大的方法重合到该点，这样就可以建立两重合点的速度方程或加速度方程。

3）机构在极限位置、共线位置等特殊位置时，其速度和加速度多边形变得简单。

4）液压机构的运动分析可转化为相应的导杆机构进行分析。

9.4 基于解析法的平面机构运动分析

机构运动分析的解析法有很多种，其中比较常用的有封闭矢量多边形投影法、复数矢量法及矩阵法等。用解析法作机构运动分析时，应首先建立机构的位置方程，然后将其对时间求一次、二次导数，即可得到机构的速度方程和加速度方程，完成运动分析的任务。本书仅介绍平面机构运动分析的**矩阵法**。

矩阵法可方便地借助计算机，运用标准计算程序或方程求解器等软件包来帮助求解。用这方法对机构作运动分析时，需要先列出机构的封闭矢量方程式。

在建立机构封闭矢量位置方程之前，需先将构件用矢量来表示，并作出机构的封闭矢量多边形。如图 9-13 所示，先建立一直角坐标系。设构件 1 的长度为 l_1，其方位角为 θ_1，$\vec{l_1}$为构件 1 的杆矢量，即 $\vec{l_1}=\overrightarrow{AB}$。机构中其余构件均可表示为相应的杆矢量，这样就形成了由各杆矢量组成的一个封闭矢量多边形，即 *ABCDA*。在这个封闭的矢量多边形中，其各矢量之和必等

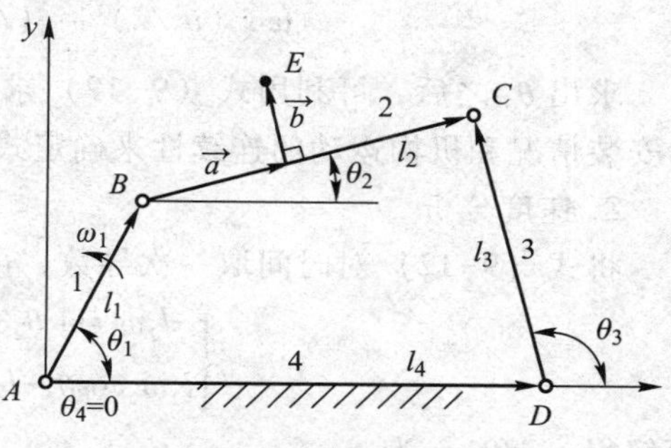

图 9-13 四杆机构矢量多边形

于零，即

$$\vec{l_1}+\vec{l_2}-\vec{l_3}-\vec{l_4}=0 \tag{9-11}$$

式（9-11）为图 9-13 所示四杆机构的封闭矢量位置方程式。对于一个特定的四杆机构，其各构件的长度和主动件 1 的运动规律，即 θ_1 为已知，而 $\theta_4=0$，故由此矢量方程可求得两个未知方位角 θ_2 和 θ_3。

需要特别指出的是：坐标系和各杆矢量的方位角均应由 x 轴开始，并以沿逆时针方向为正。坐标系和各杆矢量方向的选取不影响解题结果。

由上述分析可知，对于一个四杆机构，只需作出一个封闭矢量多边形即可求解。而对四杆以上的多杆机构，则需作出多个封闭矢量多边形才能求解。

1. 位置分析

根据机构的封闭矢量方程式（9-11），将其向两坐标上投影，并改写成方程左边仅含未知矢量项的形式，即得

$$\begin{cases} l_2\cos\theta_2-l_3\cos\theta_3=l_4-l_1\cos\theta_1 \\ l_2\sin\theta_2-l_3\sin\theta_3=-l_1\sin\theta_1 \end{cases} \tag{9-12}$$

解此方程组即可求得两个未知方位角 θ_2 和 θ_3。

求解 θ_3 时，可先将式（9-12）中两式左端含 θ_3 的项移到等式右边，然后分别将两端平方并相加消去未知方位角 θ_2，可得

$$l_2^2=l_3^2+l_4^2+l_1^2-2l_3(l_1\cos\theta_1-l_4)\cos\theta_3-2l_1l_3\sin\theta_1\sin\theta_3-2l_1l_4\cos\theta_1$$

整理得

$$2l_1l_3\sin\theta_1\sin\theta_3+2l_3(l_1\cos\theta_1-l_4)\cos\theta_3+l_2^2-l_1^2-l_3^2-l_4^2+2l_1l_4\cos\theta_1=0 \tag{9-13a}$$

令

$$\begin{aligned} A&=2l_1l_3\sin\theta_1 \\ B&=2l_3(l_1\cos\theta_1-l_4) \\ C&=l_2^2-l_1^2-l_3^2-l_4^2+2l_1l_4\cos\theta_1 \end{aligned}$$

则式（9-13a）可简化为

$$A\sin\theta_3+2B\cos\theta_3+C=0$$

解得

$$\tan(\theta_3/2)=(A\pm\sqrt{A^2+B^2+C^2})/(B-C) \tag{9-13b}$$

求出 θ_3 之后，可利用式（9-12）求得 θ_2。式（9-13b）有两个解，可根据机构的初始安装情况和机构运动的连续性来确定式中“±”号的选取。

2. 速度分析

将式（9-12）对时间取一次导数，可得

$$\begin{cases} -l_2\omega_2\sin\theta_2+l_3\omega_3\sin\theta_3=l_1\omega_1\sin\theta_1 \\ l_2\omega_2\cos\theta_2-l_3\omega_3\cos\theta_3=-l_1\omega_1\cos\theta_1 \end{cases} \tag{9-14}$$

可解得 ω_2 和 ω_3 为

$$\begin{bmatrix}\omega_2\\ \omega_3\end{bmatrix}=-\frac{\omega_1}{l_2l_3\sin(\theta_1-\theta_3)}\begin{bmatrix}l_1l_3\sin(\theta_1-\theta_3)\\ l_1l_2\sin(\theta_1-\theta_2)\end{bmatrix}\tag{9-15}$$

3. 加速度分析

将式（9-15）再对时间取一次导数，可得加速度关系，写成矩阵形式为

$$\begin{bmatrix}-l_2\sin\theta_2 & l_3\sin\theta_3\\ l_2\cos\theta_2 & -l_3\cos\theta_3\end{bmatrix}\begin{bmatrix}\alpha_2\\ \alpha_3\end{bmatrix}=-\begin{bmatrix}-l_2\omega_2\cos\theta_2 & l_3\omega_3\cos\theta_3\\ -l_2\omega_2\sin\theta_2 & l_3\omega_3\sin\theta_3\end{bmatrix}\begin{bmatrix}\omega_2\\ \omega_3\end{bmatrix}+\omega_1\begin{bmatrix}l_1\omega_1\cos\theta_1\\ l_1\omega_1\sin\theta_1\end{bmatrix}\tag{9-16}$$

由式（9-16）可解得

$$\begin{bmatrix}\alpha_2\\ \alpha_3\end{bmatrix}=\begin{bmatrix}\omega_2\tan(\theta_2-\theta_3) & -\dfrac{l_3\omega_3}{l_2\sin(\theta_2-\theta_3)}\\ \dfrac{l_2\omega_2}{l_3\sin(\theta_2-\theta_3)} & \omega_3\tan(\theta_2-\theta_3)\end{bmatrix}\begin{bmatrix}\omega_2\\ \omega_3\end{bmatrix}-\frac{l_1\omega_1^2}{l_2l_3\sin(\theta_2-\theta_3)}\begin{bmatrix}l_3\cos(\theta_2-\theta_3)\\ l_2\cos(\theta_1-\theta_2)\end{bmatrix}\tag{9-17}$$

若还需求连杆上任一点 E 的位置、速度和加速度时，先假设连杆上任一点 E 的位置矢量为 $\boldsymbol{a}$ 及 $\boldsymbol{b}$，由下列各式直接求得：

$$\begin{cases}x_E=l_1\cos\theta_1+a\cos\theta_2+b\cos(90°+\theta_2)\\ y_E=l_1\sin\theta_1+a\sin\theta_2+b\sin(90°+\theta_2)\end{cases}\tag{9-18}$$

$$\begin{bmatrix}v_{Ex}\\ v_{Ey}\end{bmatrix}=\begin{bmatrix}\dot{x}_E\\ \dot{y}_E\end{bmatrix}=\begin{bmatrix}-l_1\sin\theta_1 & -a\sin\theta_2-b\sin(90°+\theta_2)\\ l_1\cos\theta_1 & a\cos\theta_2+b\cos(90°+\theta_2)\end{bmatrix}\begin{bmatrix}\omega_1\\ \omega_2\end{bmatrix}\tag{9-19}$$

$$\begin{aligned}\begin{bmatrix}a_{Ex}\\ a_{Ey}\end{bmatrix}=\begin{bmatrix}\ddot{x}_E\\ \ddot{y}_E\end{bmatrix}&=\begin{bmatrix}-l_1\sin\theta_1 & -a\sin\theta_2-b\sin(90°+\theta_2)\\ l_1\cos\theta_1 & a\cos\theta_2+b\cos(90°+\theta_2)\end{bmatrix}\begin{bmatrix}0\\ \alpha_2\end{bmatrix}\\&-\begin{bmatrix}l_1\cos\theta & a\cos\theta_2+b\cos(90°+\theta_2)\\ l_1\sin\theta_1 & a\sin\theta_2-b\sin(90°+\theta_2)\end{bmatrix}\begin{bmatrix}\omega_1^2\\ \omega_2^2\end{bmatrix}\end{aligned}\tag{9-20}$$

利用公式 $v_E=\sqrt{v_{Ex}^2+v_{Ey}^2}$，$a_E=\sqrt{a_{Ex}^2+a_{Ey}^2}$，即可求出 v_E、a_E。

为了便于书写与记忆，在矩阵中，速度分析关系式可表示为 $\boldsymbol{A\omega}=\omega_1\boldsymbol{B}$，式中：$\boldsymbol{A}$ 为机构从动件的位置参数矩阵；$\boldsymbol{\omega}$ 为机构从动件的速度列阵；$\boldsymbol{B}$ 为机构主动件的位置参数阵列；ω_1 为机构主动件的速度。

加速度分析的关系式可表示为

$$\boldsymbol{A\alpha}=-\dot{\boldsymbol{A}}\boldsymbol{\omega}+\omega_1\dot{\boldsymbol{B}}$$

式中：$\boldsymbol{\alpha}$ 为机构从动件的角加速度列阵；$\dot{\boldsymbol{A}}=\mathrm{d}\boldsymbol{A}/\mathrm{d}t$；$\dot{\boldsymbol{B}}=\mathrm{d}\boldsymbol{B}/\mathrm{d}t$。

4. 解析法总结

封闭矢量环的建立是解析法的关键问题。图 9-14 所示为一些机构的封闭矢量环的示意图。

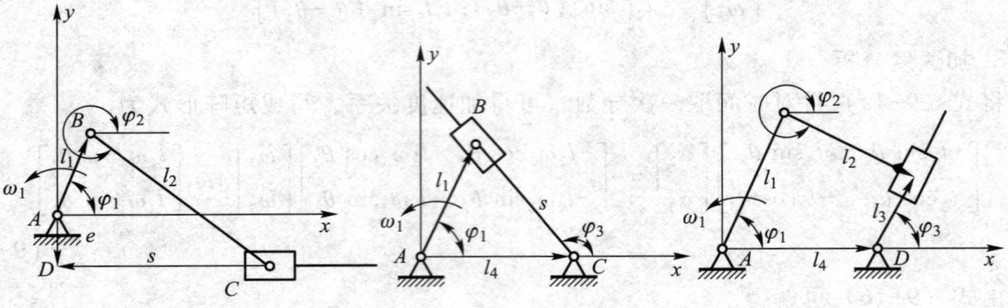

图 9-14 机构的封闭矢量环示例

图 9-14a 所示的曲柄滑块机构中，不能用 ABC 建立封闭矢量环，而应建成封闭矢量环 $ABCD$，$\overline{AD}=e$，$\overline{DC}=s$，s 为待求量。图 9-14b 所示为摆动导杆机构的封闭矢量环及其坐标系的选择。当机构处于特殊位置时，可按图 9-14c 所示的一般位置建立矢量环方程，代入特定角度后，可求解对应位置的速度与加速度。

例 9-6 对图 9-15 所示的机构进行运动分析。已知机构的尺寸和原动件 1 的位置 φ_1 和角速度 ω_1，求构件 3 的位移、速度、加速度。

解 在机构简图中建立图示的坐标系，建立矢量环。

封闭矢量环方程如下：

$$\boldsymbol{l}_1+\boldsymbol{l}_2-\boldsymbol{s}=0$$

投影方程如下：

$$\begin{cases} l_1\cos\varphi_1+l_2\cos\varphi_2=0 \\ l_1\sin\varphi_1+l_2\sin\varphi_2=s \end{cases}$$

$$\varphi_2=\theta-(180°-\varphi_1)=\theta+\varphi_1-180°$$

将 φ_2 代入上式可有：

$$\begin{cases} l_1\cos\varphi_1+l_2\cos(\varphi_1+\theta-180°)=0 \\ l_1\sin\varphi_1+l_2\sin(\varphi_1+\theta-180°)=s \end{cases}$$

$$\begin{cases} l_1\cos\varphi_1-l_2\cos(\varphi_1+\theta)=0 \\ l_1\sin\varphi_1-l_2\sin(\varphi_1+\theta)=s \end{cases}$$

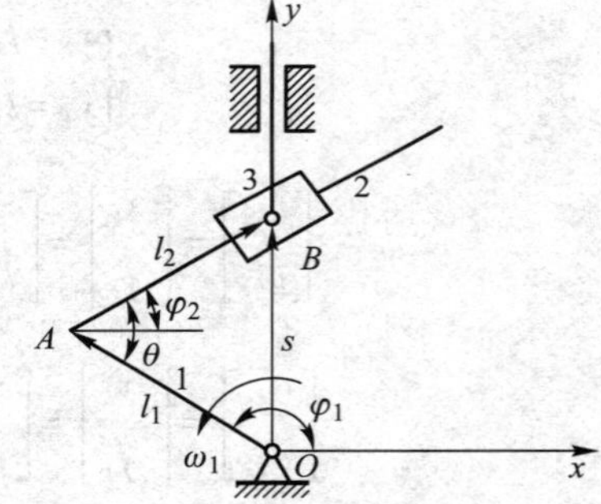

图 9-15 含有移动副四杆机构的运动分析模型

该例题求解过程比较简单。解上述位移方程可求出位移 s，对 s 求导数可求出速度与加速度。由于 l_2 是变量，l_2 的一次导数是构件 2、3 的相对速度，二次导数为相对加速度。

例 9-7 图 9-16 所示为牛头刨床的机构简图。已知各构件的尺寸为 $l_1=125$ mm，$l_3=540$ mm，$l_4=100$ mm，原动件 1 的方位角 $\theta_1=0°\sim360°$和等角速度 $\omega_1=1$ rad/s。试用矩阵法求该机构中各从动件的方位角、角速度、角加速度及 E 点的位移、速度和加速度的运动曲线。

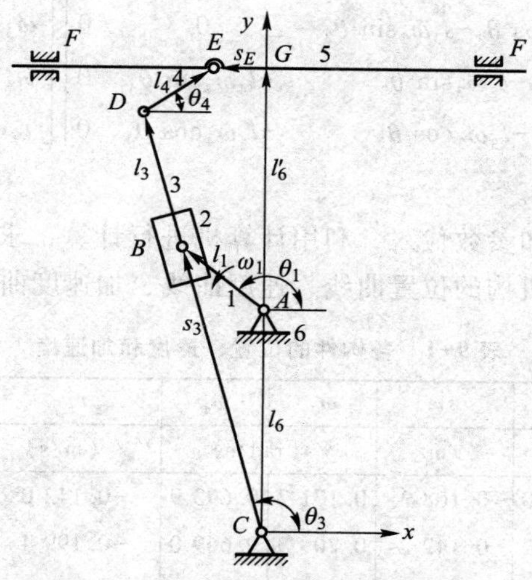

图 9-16 牛头刨床的机构简图

解 如图 9-16 所示，建立以 C 为原点的直角坐标系，并标出各杆矢量及其方位角。其中共有四个未知量 θ_3、θ_4、s_3、s_E。需要建立两个封闭矢量方程才能求解，这里利用两个封闭图形 $ABCA$ 及 $CDEGC$，建立的矢量方程为

$$\boldsymbol{l}_6+\boldsymbol{l}_1=\boldsymbol{s}_3,\quad \boldsymbol{l}_3+\boldsymbol{l}_4=\boldsymbol{l}'_6+\boldsymbol{s}_E$$

写出投影的形式为

$$\begin{cases}l_1\cos\theta_1=s_3\cos\theta_3\\ l_1\sin\theta_1+l_6=s_3\sin\theta_3\end{cases}$$

$$\begin{cases}l_3\cos\theta_3+l_4\cos\theta_4=s_E\\ l_3\sin\theta_3+l_4\sin\theta_4=l'_6\end{cases}$$

由以上各式可求得 θ_3、θ_4、s_3、s_E 四个运动变量，而滑块 2 的方位角 $\theta_2=\theta_3$。然后分别对上述各式求时间的一次、二次导数，并写出矩阵形式，就得到下列速度和加速度方程式：

$$\begin{bmatrix}\cos\theta_3 & -s_3\sin\theta_3 & 0 & 0\\ \sin\theta_3 & s_3\cos\theta_3 & 0 & 0\\ 0 & l_3\sin\theta_3 & -l_4\sin\theta_4 & -1\\ 0 & l_3\cos\theta_3 & l_4\cos\theta_4 & 0\end{bmatrix}\begin{bmatrix}\dot{s}_3\\ \omega_3\\ \omega_4\\ v_E\end{bmatrix}=\omega_1\begin{bmatrix}-l_1\sin\theta_1\\ l_1\cos\theta_1\\ 0\\ 0\end{bmatrix}$$

$$\begin{bmatrix}\cos\theta_3 & -s_3\sin\theta_3 & 0 & 0\\ \sin\theta_3 & s_3\cos\theta_3 & 0 & 0\\ 0 & l_3\sin\theta_3 & -l_4\sin\theta_4 & -1\\ 0 & l_3\cos\theta_3 & l_4\cos\theta_4 & 0\end{bmatrix}\begin{bmatrix}\ddot{s}_3\\ \alpha_3\\ \alpha_4\\ a_E\end{bmatrix}$$

$$
= -\begin{bmatrix} \omega_3\cos\theta_3 & -\dot{s}_3\sin\theta_3 - s_3\omega_3\cos\theta_3 & 0 & 0 \\ \omega_3\sin\theta_3 & \dot{s}_3\cos\theta_3 - s_3\omega_3\sin\theta_3 & 0 & 0 \\ 0 & -l_3\omega_3\sin\theta_3 & -l_4\omega_4\sin\theta_4 & 0 \\ 0 & -l_3\omega_3\cos\theta_3 & -l_4\omega_4\cos\theta_4 & 0 \end{bmatrix}\begin{bmatrix} \dot{s}_3 \\ \omega_3 \\ \omega_4 \\ v_E \end{bmatrix} + \omega_1\begin{bmatrix} -l_1\omega_1\sin\theta_1 \\ l_1\omega_1\cos\theta_1 \\ 0 \\ 0 \end{bmatrix}
$$

其中，$\omega_2=\omega_3$，$\alpha_2=\alpha_3$。

根据上述各式，将已知参数代入，利用计算机进行计算，求得的数值结果列于表 9-1 中，并根据所得数据绘出机构的位置曲线、速度曲线、加速度曲线，如图 9-17 所示。

表 9-1　各构件的位置、速度和加速度

θ_1	θ_3	θ_4	s_E	ω_3	ω_4	v_E	α_3	α_4	a_E
/ (°)			/m	/ (rad/s)		/ (m/s)	/ (rad/s²)		/ (m/s²)
0	69.996 0	123.486 0	0.168 3	0.171 2	0.693 9	−0.142 0	0.247 7	0.014 9	−0.103 0
10.000 0	67.466 8	130.337 2	0.142 2	0.209 3	0.669 0	−0.199 4	0.190 8	−0.294 7	−0.099 8
20.000 0	69.712 9	136.769 0	0.114 4	0.238 6	0.613 2	−0.162 9	0.147 2	−0.371 1	−0.032 4
360.000 0	69.996 0	123.486 0	0.168 3	0.171 2	0.693 9	−0.142 0	0.247 7	0.014 9	−0.103 0

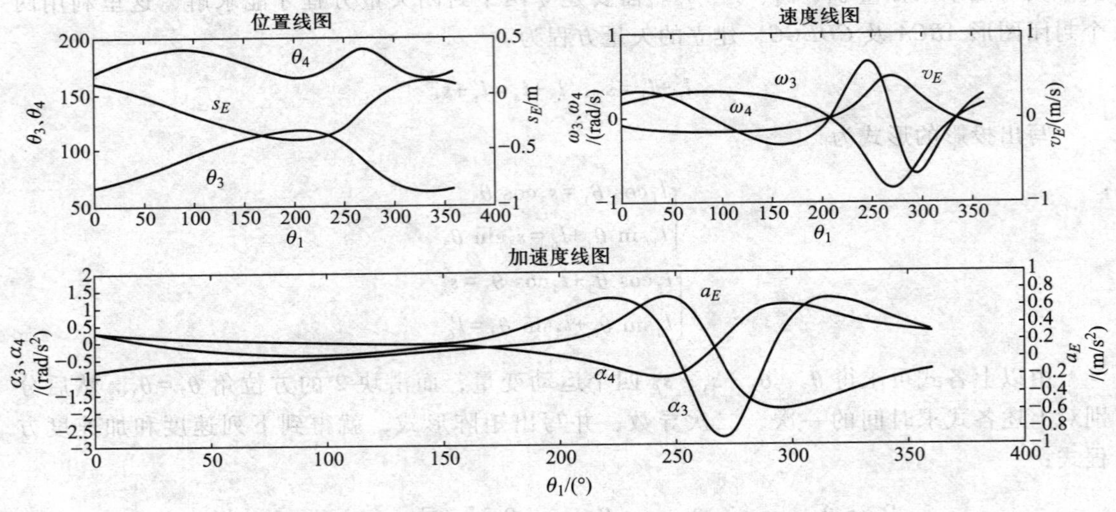

图 9-17　位置曲线、速度曲线、加速度曲线

强化训练题 9-4　在图 9-18 所示的六杆机构中，已知机构中各构件的杆长，固定铰链点 A、D、F 的位置，原动件的运动。试在以下两种情况下写出确定机构中所有从动件运动的相应位置方程：（1）以构件 1 为原动件；（2）以构件 5 为原动件。

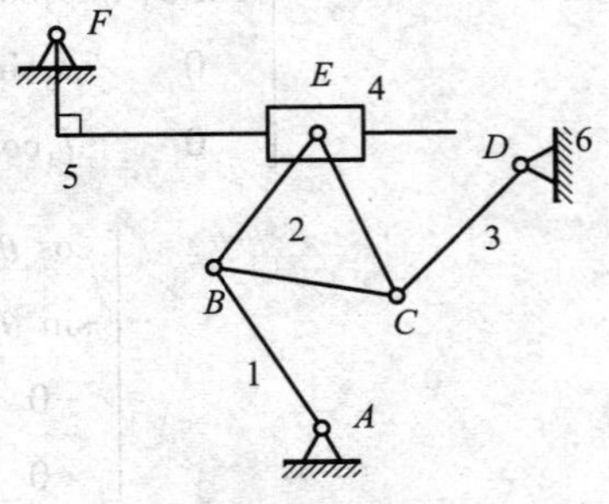

图 9-18　六杆机构

练习题

9-1 选择题

1. 题图 9-1-1 所示的连杆机构中滑块 2 上点 E 的轨迹应是（　　）。

A. 直线　　B. 圆弧

C. 椭圆　　D. 复杂平面曲线

2. 题图 9-1-2 中的构件 2 和构件 3 组成移动副，则有关系（　　）。

A. $v_{B2B3}=v_{C2C3}$，$\omega_2=\omega_3$　　B. $v_{B2B3}\neq v_{C2C3}$，$\omega_2=\omega_3$

C. $v_{B2B3}=v_{C2C3}$，$\omega_2\neq\omega_3$　　D. $v_{B2B3}\neq v_{C2C3}$，$\omega_2\neq\omega_3$

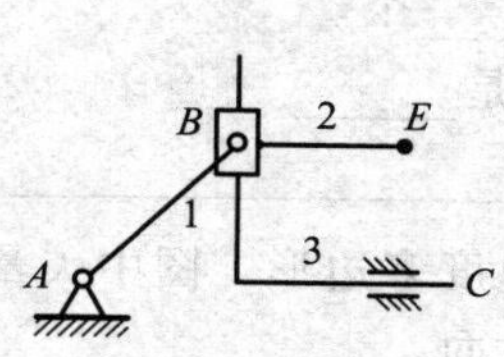

题图 9-1-1

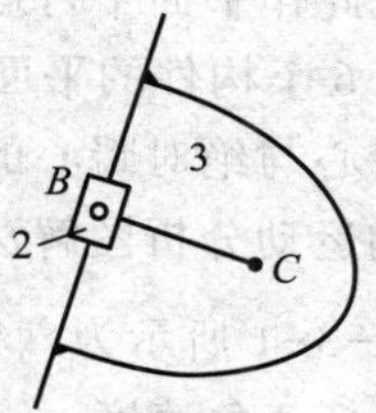

题图 9-1-2

3. 如题图 9-1-3 所示，用速度影像法求杆 3 上与 D_2 点重合的 D_3 点速度时，可以使（　　）。

A. $\triangle ABD\backsim\triangle pb_2d_2$　　B. $\triangle CBD\backsim\triangle pb_2d_2$

C. $\triangle CBD\backsim\triangle pb_3d_3$　　D. $\triangle CBD\backsim\triangle pb_2d_3$

4. 题图 9-1-4 所示的凸轮机构中 P_{12}是凸轮 1 和从动件 2 的相对速度瞬心。O 为凸轮轮廓线在接触点处的曲率中心，则计算式（　　）是正确的。

A. $a^{n}_{B2B1}=v^2_{B2}/l_{BP_{12}}$　　B. $a^{n}_{B2B1}=v^2_{B2}/l_{BO}$

C. $a^{n}_{B2B1}=v^2_{B2B1}/l_{BP_{12}}$　　D. $a^{n}_{B2B1}=v^2_{B2B1}/l_{BO}$

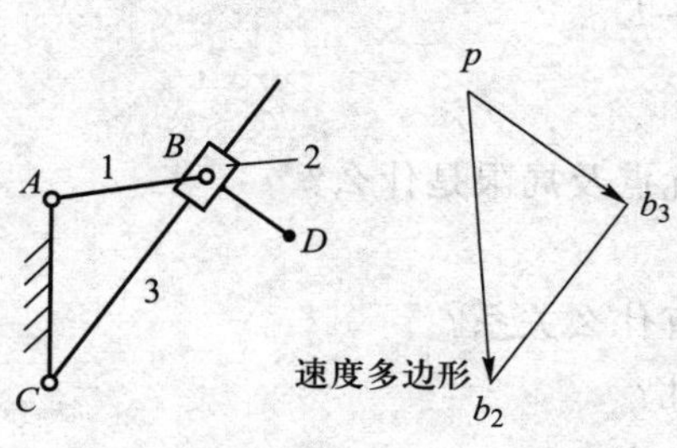

题图 9-1-3

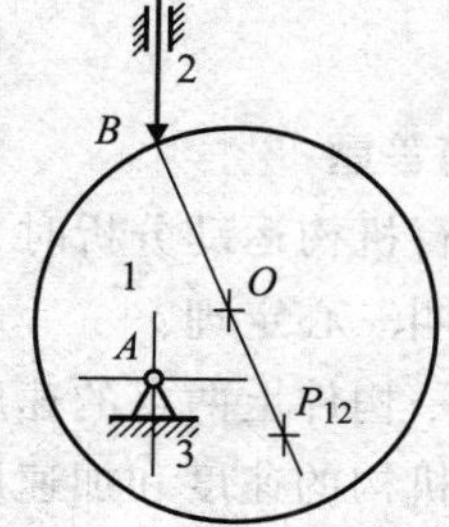

题图 9-1-4

5. 作连续往复移动的构件，在行程的两端极限位置处，其运动状态必定是（　　）。

A. $v=0$，$a=0$　　B. $v=0$，$a=a_{max}$

C. $v=0$，$a\neq0$　　D. $v\neq0$，$a\neq0$

9-2 判断题

1. 平面连杆机构的活动件数为 n，则可构成的机构瞬心数是 $n(n+1)/2$。 （ ）
2. 在平面机构中，不与机架直接相连的构件上任一点的绝对速度均不为零。 （ ）
3. 两构件组成一般情况的高副即非纯滚动高副时，其瞬心就在高副接触点处。 （ ）
4. 在同一构件上，任意两点的绝对加速度间的关系式中不包含科氏加速度。 （ ）
5. 当牵连运动为转动，相对运动是移动时，将会产生科氏加速度。 （ ）

9-3 填空题

1. 在摆动导杆机构中，当导杆和滑块的相对运动为________动，牵连运动为________动时，两构件的重合点之间将有科氏加速度。科氏加速度的大小为____________方向与____________的方向一致。

2. 三个彼此作平面平行运动的构件间共有____个速度瞬心，这几个瞬心必定位于一条直线上。含有 6 个构件的平面机构，其速度瞬心共有______个。

3. 相对瞬心与绝对瞬心的相同点是______，不同点是______。

4. 在机构运动分析图解法中，影像原理只适用于__________________________。

5. 题图 9-3-1 所示为六杆机构的机构运动简图及速度多边形，图中矢量 $\overrightarrow{cb}$ 代表__________，杆 3 角速度 ω_3 的方向为__________时针方向。

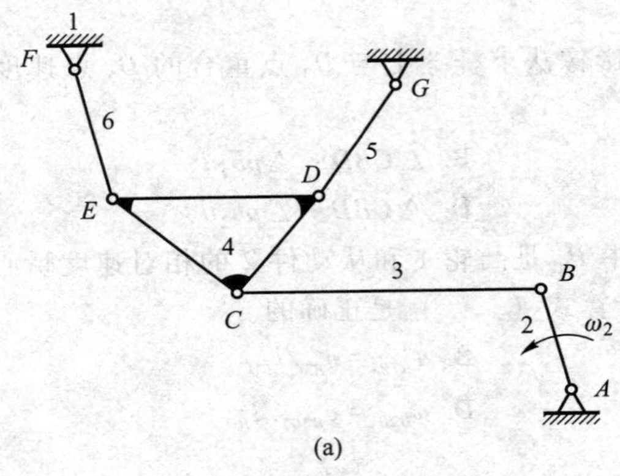

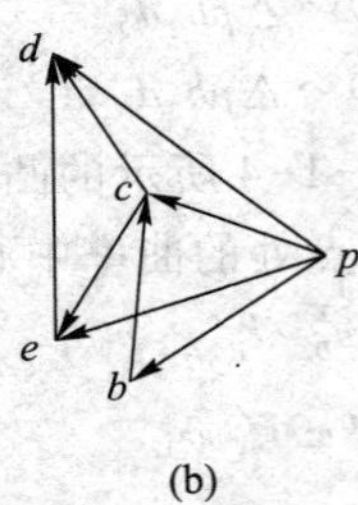

题图 9-3-1

9-4 简答题

1. 在进行机构运动分析时，速度瞬心法的优点及局限是什么？
2. 什么叫三心定理？
3. 在同一构件上两点的速度和加速度之间有什么关系？
4. 平面机构的速度和加速度多边形有何特性？
5. 如何确定构件上某点法向加速度的大小和方向？

9-5 计算题

1. 题图 9-5-1 所求为摆动从动件盘形凸轮机构，凸轮为一偏心圆盘，其半径 $r=30$ mm，偏距 $e=10$ mm，$l_{AB}=90$ mm，$l_{BC}=30$ mm，$\omega_1=20$ rad/s，试求 ω_2、v_C。

2. 题图 9-5-2 所示的机构中，设已知机构的尺寸及原动件以 ω_1 等速回转，试求：（1）标出机构中所有的瞬心位置；（2）用瞬心法确定 M 点的线速度。

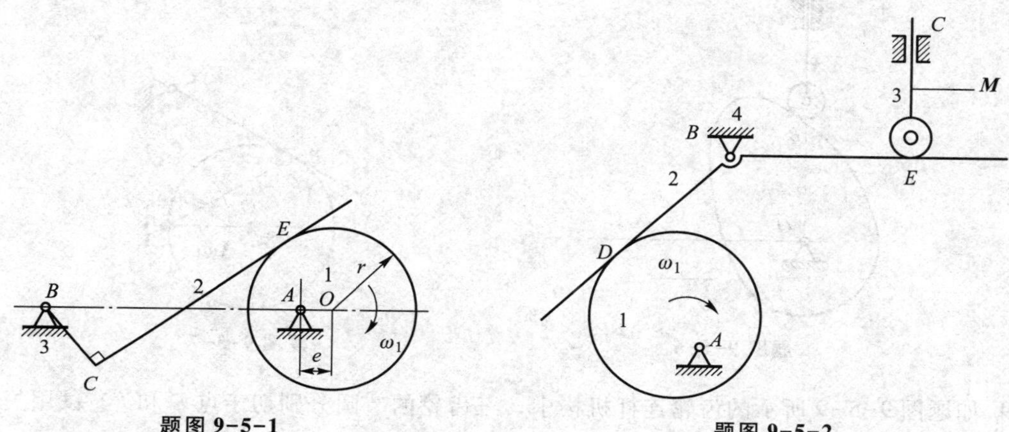

题图 9-5-1　　题图 9-5-2

3. 题图 9-5-3 所示的机构的位置，已知构件尺寸，原动件 AB 以等角速度逆时针方向转动，试求：（1）在图上标出全部速度瞬心 P_{12}、P_{23}、P_{34}、P_{14}、P_{13}和 P_{24}，并指出其中的绝对瞬心。（2）用矢量方程图解法以自定比例尺作出机构的速度图和加速度图，求构件 3 的角速度和角加速度。

4. 找出题图 9-5-4 所示的机构在图示位置时的所有瞬心。

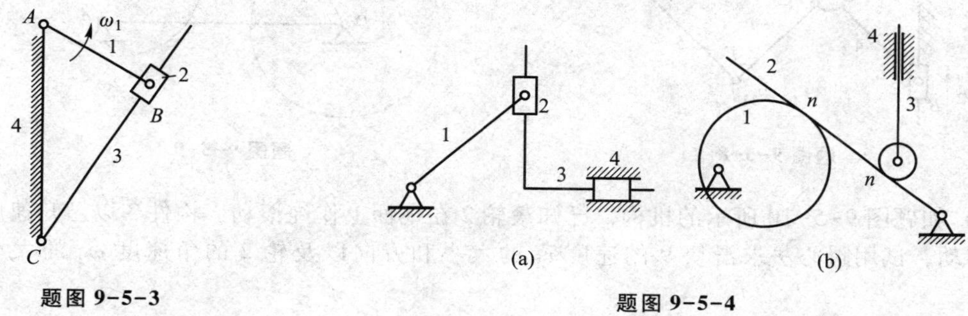

题图 9-5-3　　题图 9-5-4

5. 如题图 9-5-5 所示为一双销四槽槽轮机构。已知中心距 $a = 200$ mm，主动件 1 以 $n_1 = 1\ 000$ r/min 等速转动，当 $\theta_1 = 30°$时，试求槽轮 2 的角速度。

6. 题图 9-5-6 是一个对心直动滚子从动件盘形凸轮机构，凸轮为原动件，图示位置时凸轮在与滚子接触点 B 的曲率中心在点 O'。试对机构进行高副低代，并验证替代前后机构的自由度、凸轮 1 与从动件 2 之间的速度瞬心都没有发生变化。

7. 如题图 9-5-7 所示，已知凸轮 1 的角速度 $\omega_1 = 20$ rad/s，半径 $R = 50$ mm，$\angle ACB = 60°$，$\angle CAO = 90°$，试用瞬心法及矢量方程图解法求出构件 2 的角速度 ω_2。

8. 如题图 9-5-8 所示的机构尺寸：$l_{AC} = l_{BC} = l_{CE} = l_{CD} = l_{DF} = l_{EF} = 20$ mm，两滑块以匀速且 $v_1 = v_2 = 0.002$ m/s 作反方向移动，求图示位置（$\theta = 45°$）时的速度之比 v_F/v_1 的大小。

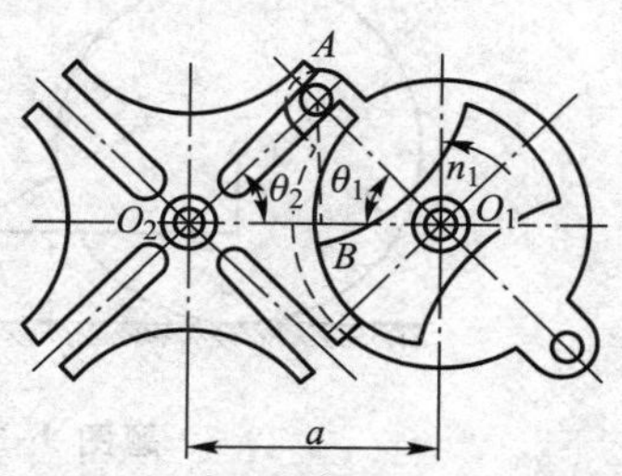

题图 9-5-5　双销四槽槽轮机构

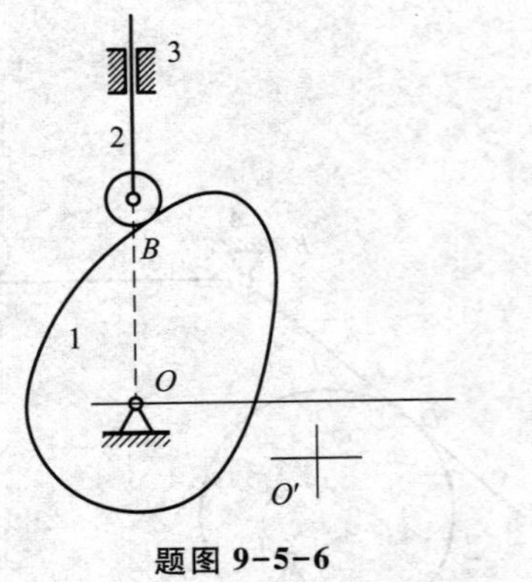

题图 9-5-6

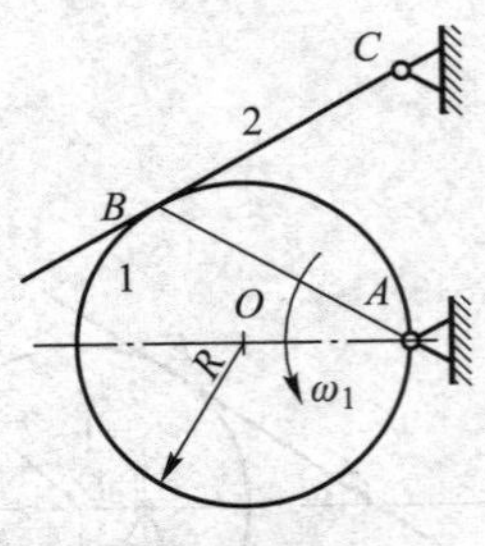

题图 9-5-7

9. 如题图 9-5-9 所示的齿轮连杆机构中，三齿轮的节圆分别切于点 E 和 F，试用矢量方程图解法求齿轮 2、3 的角速度 ω_2、ω_3 和构件 4、9 的角速度 ω_4、ω_5。

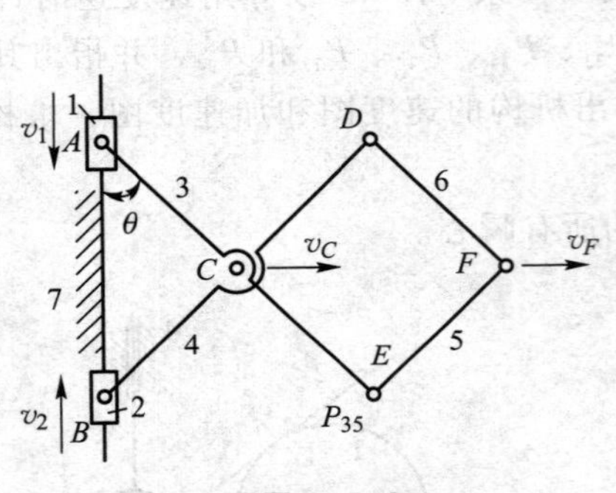

题图 9-5-8

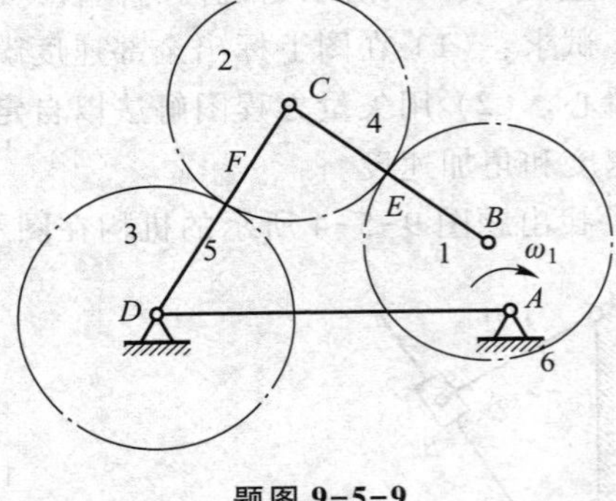

题图 9-5-9

10. 如题图 9-5-10 所示的机构，已知滚轮 2 在地面上作纯滚动，构件 3 以已知速度 v_3 向左移动，试用瞬心法求滑块 9 的速度 v_5 的大小和方向以及轮 2 的角速度 ω_2 的大小和方向。

11. 如题图 9-5-11 所示的机构尺寸已知（$\mu_l=0.05\ \mathrm{m/mm}$），构件 1 沿构件 4 作纯滚动，其上 S 点的速度为 v_S（$\mu_v=0.6\ \dfrac{\mathrm{m/s}}{\mathrm{mm}}$）。试求：(1) 在图上画出所有速度瞬心；(2) 用瞬心法求出 K 点的速度 v_K。

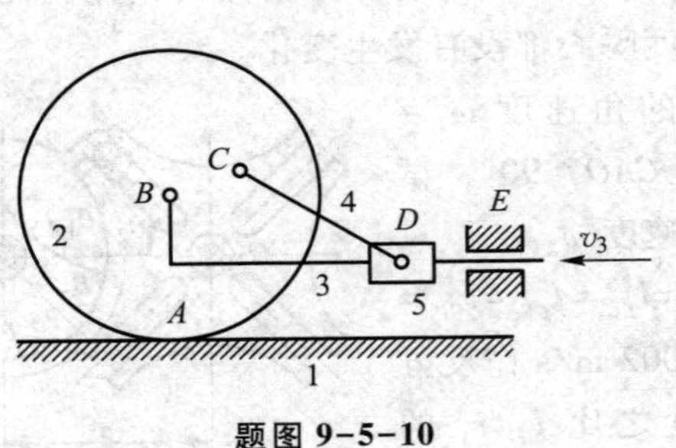

题图 9-5-10

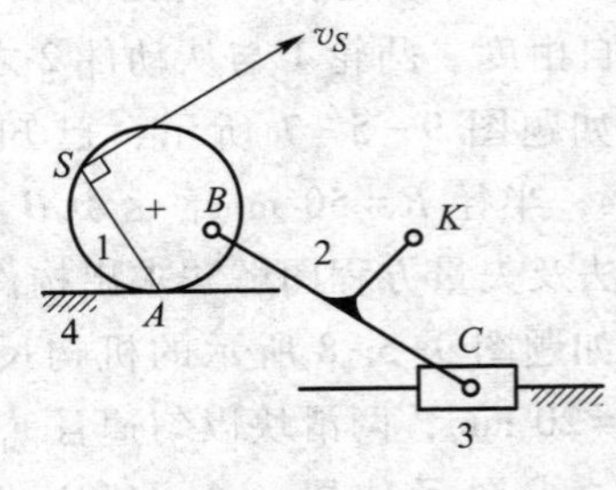

题图 9-5-11

12. 已知机构的尺寸和位置如题图 9-5-12 所示，$l_{AB}=100\ \mathrm{mm}$，ω_1 为常数，$l_{AB}=l_{CD}$。试求出全部瞬心，D 点的速度和加速度。

13. 如题图 9-5-13 所示的机构中已知各构件尺寸及 ω_1，用矢量方程图解法分析机构的速度，并求 v_E、ω_5。（写出表达式，并标明方向）

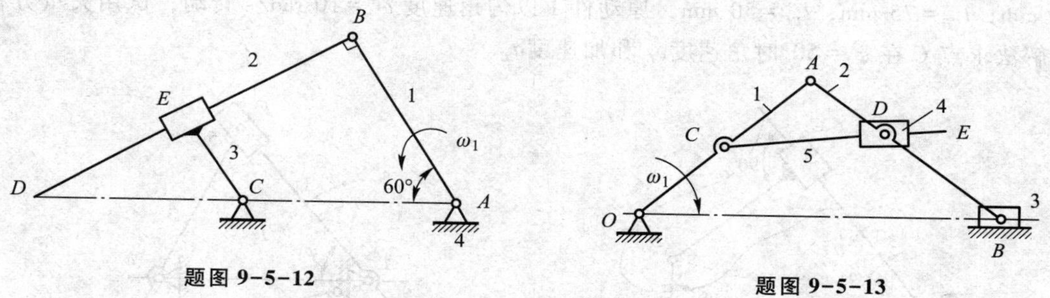

题图 9-5-12

题图 9-5-13

14. 如题图 9-5-14 所示的机构中，已知 $v_C=50\ \mathrm{mm/s}$，画出速度多边形并求出 v_B、v_D、ω_3、ω_5。

15. 有一四杆机构，已知按长度比例尺 $\mu_l=0.001\ \mathrm{m/mm}$ 所绘出的机构位置图及各杆的尺寸如题图 9-5-15 所示。设 $\omega_1=1\ \mathrm{rad/s}$，方向为顺时针，用矢量方程图解法求构件 3 的角速度及角加速度。

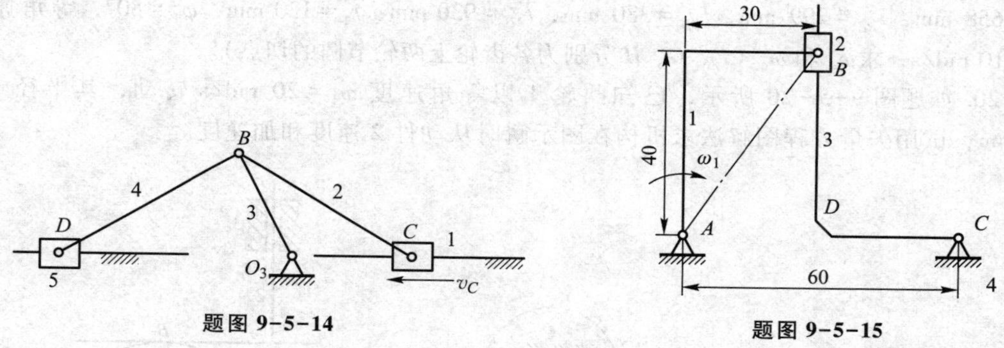

题图 9-5-14

题图 9-5-15

16. 如题图 9-5-16 所示的摇动筛机构简图，已知 $n_1=600\ \mathrm{r/min}$，$l_{AB}=200\ \mathrm{mm}$，$l_{DE}=600\ \mathrm{mm}$，$l_{DG}=460\ \mathrm{mm}$，$l_{EF}=500\ \mathrm{mm}$，$x_G=2\ 200\ \mathrm{mm}$，$y_G=550\ \mathrm{mm}$，$x_F=1\ 100\ \mathrm{mm}$，$y_F=600\ \mathrm{mm}$，H 是 DE 的中点，$l_{CH}=400\ \mathrm{mm}$，试求 $\angle xAB=30°$时的 v_E、v_D、a_E、a_D。

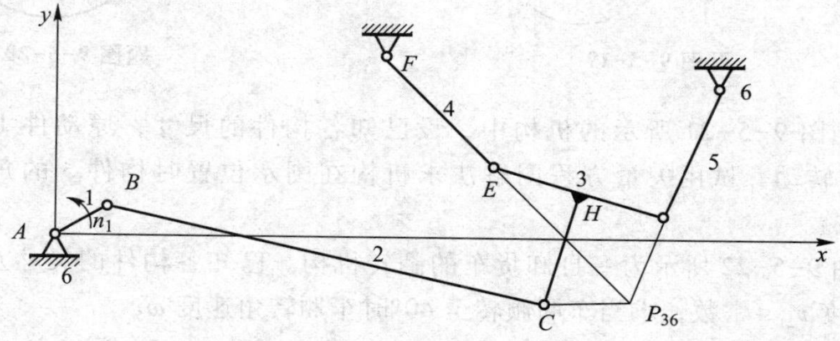

题图 9-5-16 摇动筛机构简图

17. 在如题图 9-5-17 所示的机构中，已知各构件的尺寸及原动件 1 的匀角速速度 ω_1，试用矢量方程图解法求 $\psi_1=90°$时，构件 3 的角速度 ω_3 及角加速速度 α_3（比例尺自定）。

18. 如题图 9-5-18 所示的机构中，已知 $l_{AE}=70$ mm，$l_{AB}=40$ mm，$l_{EF}=60$ mm，$l_{DE}=35$ mm，$l_{CD}=75$ mm，$l_{BC}=50$ mm，原动件 1 以匀角速度 $\omega_1=10$ rad/s 转动，试用矢量方程图解法求点 C 在 $\varphi_1=50°$时角速度v_C 和加速度a_C。

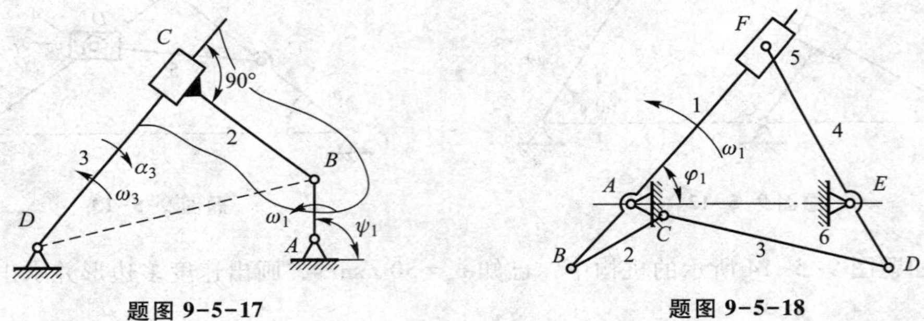

题图 9-5-17　　题图 9-5-18

19. 如题图 9-5-19 所示的亚麻收割机传动机构是由曲柄摇杆机构的四个齿轮组成，齿轮 1 和曲柄 AB 刚性相连，齿轮 2、3、4 活套在 E、C、D 三根轴上，DC 是摇杆，齿轮 4 作摆动，它正向摆动的角度比反向摆动的角度大些，由此传递运动。已知 $l_{AB}=200$ mm，$l_{BC}=658$ mm，$l_{BE}=299$ mm，$l_{CD}=380$ mm，$l_{AD}=930$ mm，$r_1=130$ mm，$\varphi_1=80°$，等角速度 $\omega_1=10$ rad/s，求ω_4 和 ω_6（F、G、H 分别为各齿轮上两轮节圆的切点）。

20. 如题图 9-5-20 所示，已知凸轮 1 以等角速度 $\omega_1=20$ rad/s 转动，其半径 $R=50$ mm，试用矢量方程图解法求机构在图示瞬时从动件 2 速度和加速度。

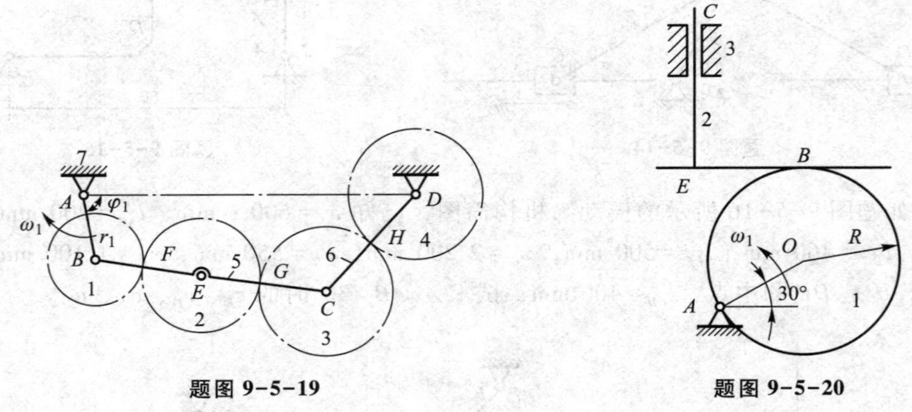

题图 9-5-19　　题图 9-5-20

21. 在如题图 9-5-21 所示的机构中，设已知各构件的尺寸，原动件 1 以等角速度 ω_1 顺时钟方向转动。试用矢量方程图解法求机构在图示位置时构件 3 的角速度和角加速度。

22. 如题图 9-5-22 所示为一自卸货车的翻转机构。已知各构件的尺寸及液压缸活塞的相对移动速度 $v_{21}=$常数，求当车厢倾转至 40°时车厢转角速度 ω_5。

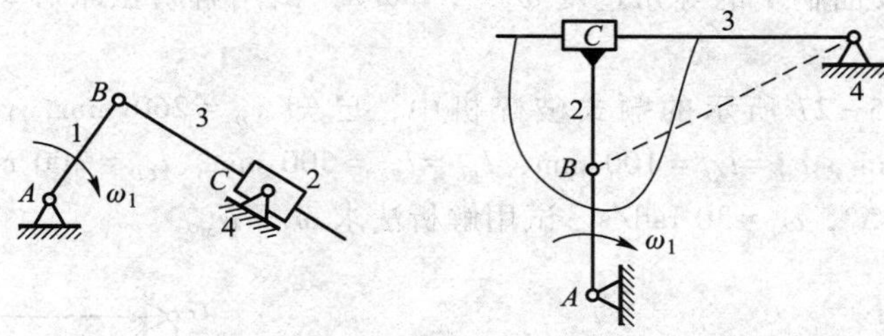

题图 9-5-21

23. 在题图 9-5-23 所示的干草压缩机中，已知 $\omega_1=5$ rad/s，$l_{AB}=150$ mm，$l_{BC}=600$ mm，$l_{CE}=300$ mm，$l_{CD}=460$ mm，$l_{EF}=600$ mm，$x_D=600$ mm，$y_D=500$ mm，$y_F=600$ mm，$\varphi_1=30°$，求活塞 9 的速度 v_5 和加速度 a_5。

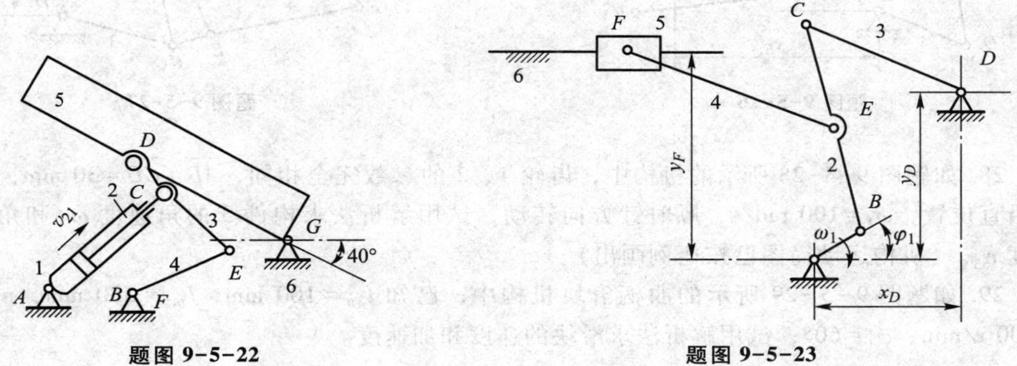

题图 9-5-22　　题图 9-5-23

24. 题图 9-5-24 所示为一六杆机构。已知机构的尺寸和原动件 1 的匀角速度 ω_1，试用矢量方程图解法求解图示位置时 F 点的速度。

25. 如题图 9-5-25 所示为康拜因采煤机的钻探机构中，已知 $l_{BC}=280$ mm，$l_{AB}=840$ mm，$l_{AD}=1\ 300$ mm，$\theta=15°$及等角速度 $\omega_{21}=1$ rad/s，试用解析法求点 C、D 的速度和加速度。

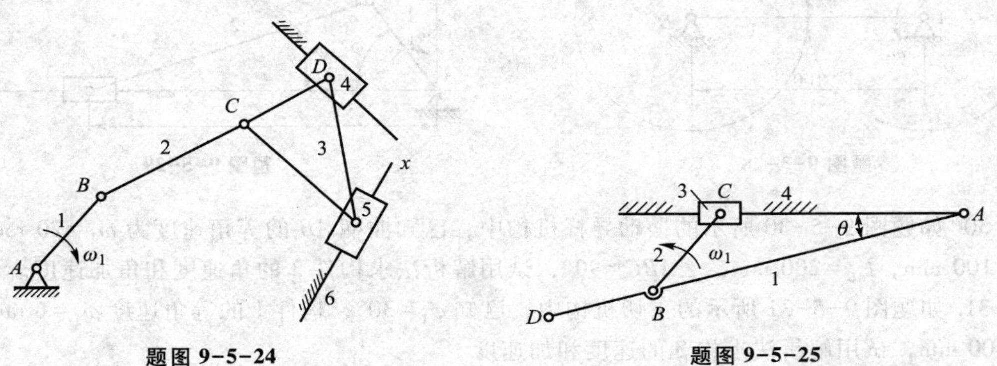

题图 9-5-24　　题图 9-5-25

26. 如题图 9-5-26 所示半自动印刷机的活字移动台机构中，已知 $x_E=580$ mm，$y_E=165$ mm，$y_F=240$ mm，$l_{AB}=200$ mm，$l_{BC}=970$ mm，$l_{DE}=370$ mm，$l_{DC}=290$ mm，$l_{CF}=$

330 mm，$\varphi_1=30°$及曲柄 1 的等角速度 $\omega_1=3$ rad/s，试用解析法求移动台 9 的速度和加速度。

27. 如题图 9-5-27 所示的颚式破碎机中，已知 $x_D=260$ mm，$y_D=480$ mm，$x_G=400$ mm，$y_G=200$ mm，$l_{AB}=l_{CE}=100$ mm，$l_{BC}=l_{BE}=500$ mm，$l_{CD}=300$ mm，$l_{EF}=400$ mm，$l_{GF}=685$ mm，$\varphi_1=45°$，$\omega_1=30$ rad/s。试用解析法求 ω_5、α_5。

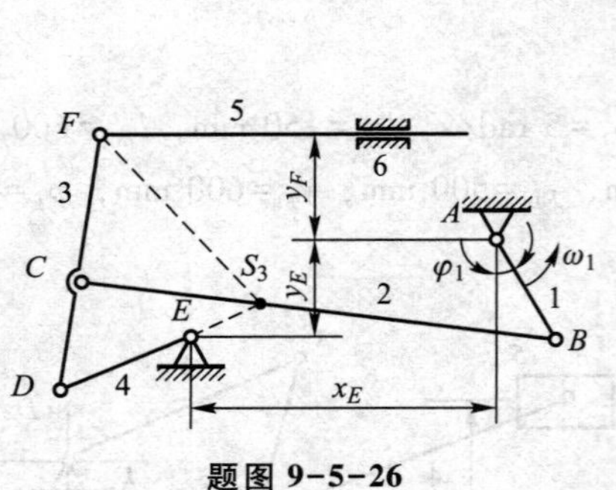

题图 9-5-26

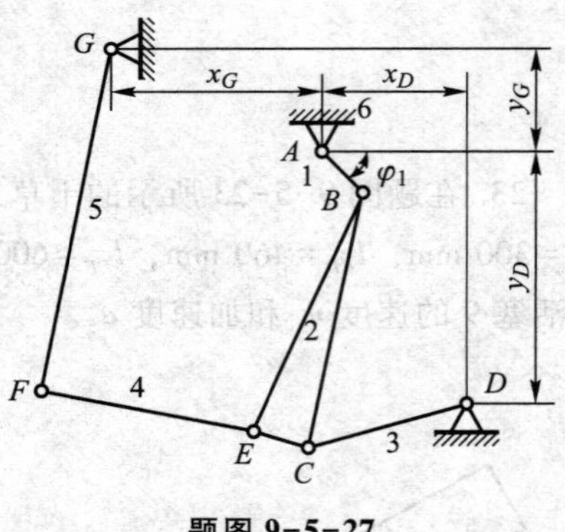

题图 9-5-27

28. 如题图 9-5-28 所示的机构中，齿轮 1、2 的参数完全相同，$\overline{AB}=\overline{CD}=30$ mm，处于铅直位置，$\omega_1=100$ rad/s，顺时针方向转动，试用解析法求构件 3 的角速度 ω_3 和角加速度 α_3。（机构运动简图已按比例画出）

29. 如题图 9-5-29 所示的曲柄滑块机构中，已知 $l_{AB}=100$ mm，$l_{BC}=330$ mm，$n_1=1\ 500$ r/min，$\varphi_1=60°$，试用解析法求滑块的速度和加速度。

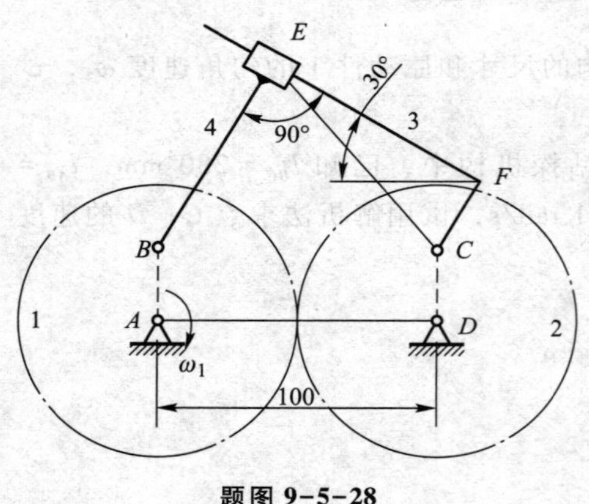

题图 9-5-28

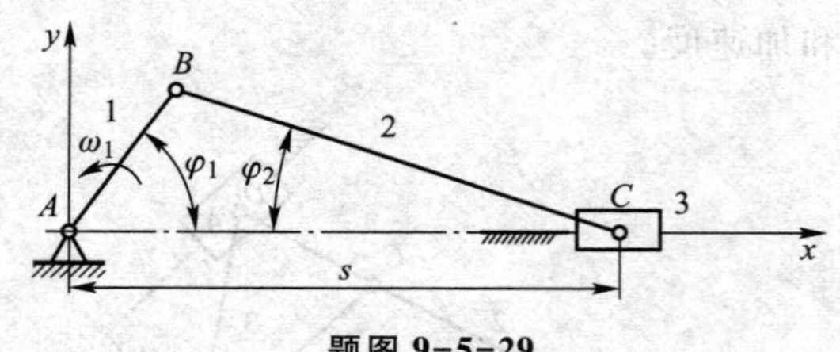

题图 9-5-29

30. 如题图 9-5-30 所示的摆动导杆机构中，已知曲柄 AB 的等角速度为 $\omega_1=20$ rad/s，$l_{AB}=100$ mm，$l_{AC}=200$ mm，$\angle ABC=90°$，试用解析法求构件 3 的角速度和角加速度。

31. 如题图 9-5-31 所示的正切机构中，已知 $\varphi_1=30°$，构件 1 的等角速度 $\omega_1=6$ rad/s，$h=400$ mm，试用解析法求构 3 的速度和加速度。

32. 在题图 9-5-32 所示的机构中，已知 $\varphi=45°$，构件 1 以等角速度 $\omega_1=100$ rad/s 逆时针方向转动，$l_{AB}=400$ mm，$\gamma=60°$，用解析法求构件 2 的角速度 ω_2 和构件 3 的速度 v_3。

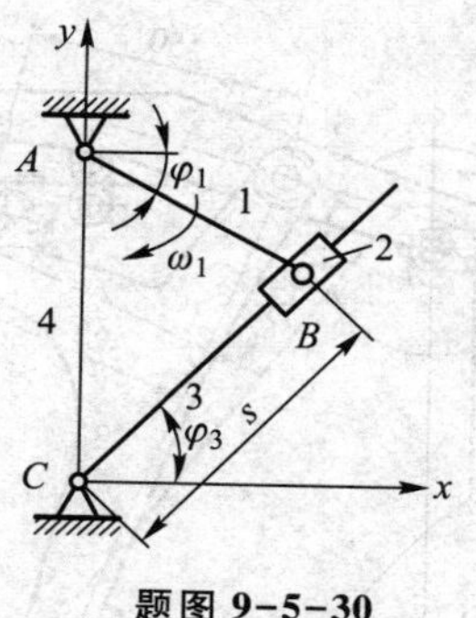

题图 9-5-30

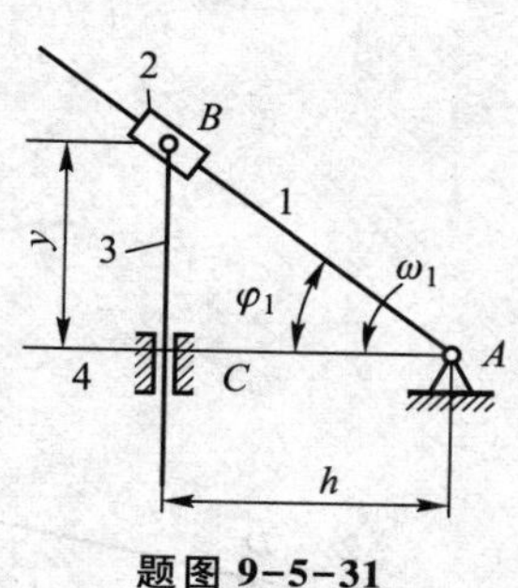

题图 9-5-31

33. 如题图 9-5-33 所示的牛头刨床的机构简图。已知各构件的尺寸为 $l_2 = 809$ mm，$l_4 = 133$ mm，$l_5 = 299$ mm，位置参数：$d_1 = 430$ mm，$d_2 = 789$ mm，原动件 4 的转速 $n = 9.9$ rad/s。试用矩阵法求该机构中滑枕上点 E 的位移、速度和加速度的运动曲线。

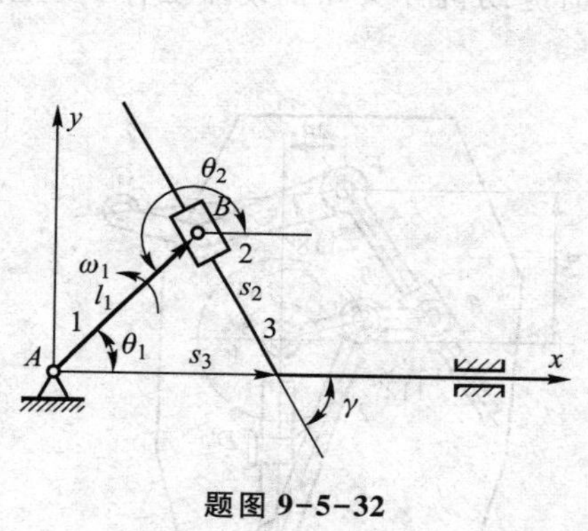

题图 9-5-32

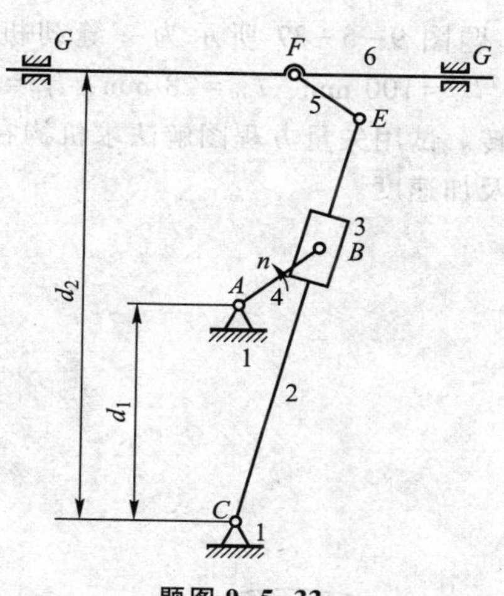

题图 9-5-33

34. 如题图 9-5-34 所示的曲柄摇块机构中，已知 $l_{AB} = 30$ mm，$l_{AC} = 100$ mm，$l_{BD} = 50$ mm，$l_{DE} = 40$ mm，$\varphi_1 = 45°$，等角速度 $\omega_1 = 10$ rad/s，求点 E、D 的速度和加速度，构件 3 的角速度和角加速度。

35. 如题图 9-5-35 所示的摆动式飞剪机用于剪切连续运动中的钢带。设机构的尺寸 $l_{AB} = 130$ mm，$l_{BC} = 340$ mm，$l_{CD} = 800$ mm。试确定剪床的安装高度 H（两切刀 E 及 E' 应同时开始剪切钢带 9）；若钢带 9 以速度 $v_5 = 0.5$ m/s 送进，求曲柄 1 的角速度 ω_1 应为多少才能作到同步剪切？

36. 题图 9-5-36 所示为一汽车雨刷机构。其构件 1 绕固定轴心 A 转动，齿条 2 与构件 1 在 B 点处铰接，并与绕固定轴心 D 转动的齿轮 3 啮合（滚子 9 用来保证两者啮合），固连于轮 3 上的雨刷 3′作往复摆动。设机构的尺寸为 $l_{AB} = 18$ mm，轮 3 的分度圆半径 $r_3 = l_{CD} = 12$ mm，原动件 1 以等角速度 $\omega = 1$ rad/s 顺时针回转，试以图解法确定雨刷的摆角范围和图示位置时雨刷的角速度和角加速度。

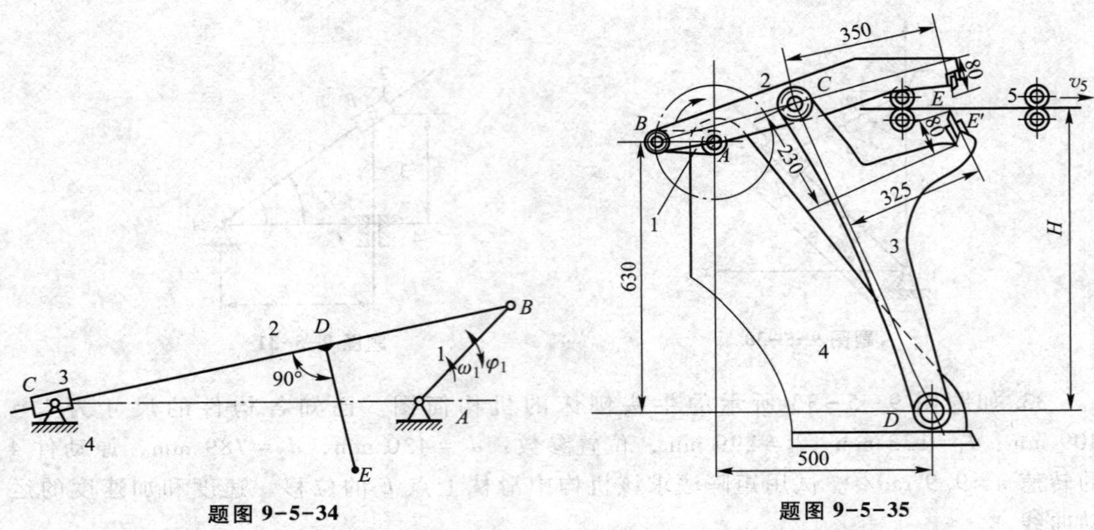

题图 9-5-34

题图 9-5-35

37. 题图 9-5-37 所示为一缝纫机针头及挑线器机构，设已知机构的尺寸：$l_{AB}=32\ \mathrm{mm}$，$l_{BC}=100\ \mathrm{mm}$，$l_{BE}=28\ \mathrm{mm}$，$l_{FG}=90\ \mathrm{mm}$，原动件 1 以等角速度 $\omega_1=5\ \mathrm{rad/s}$ 逆时针方向回转。试用矢量方程图解法求机构在图示位置时缝纫机针头和挑线器摆杆 *FG* 上点 *G* 的速度及加速度。

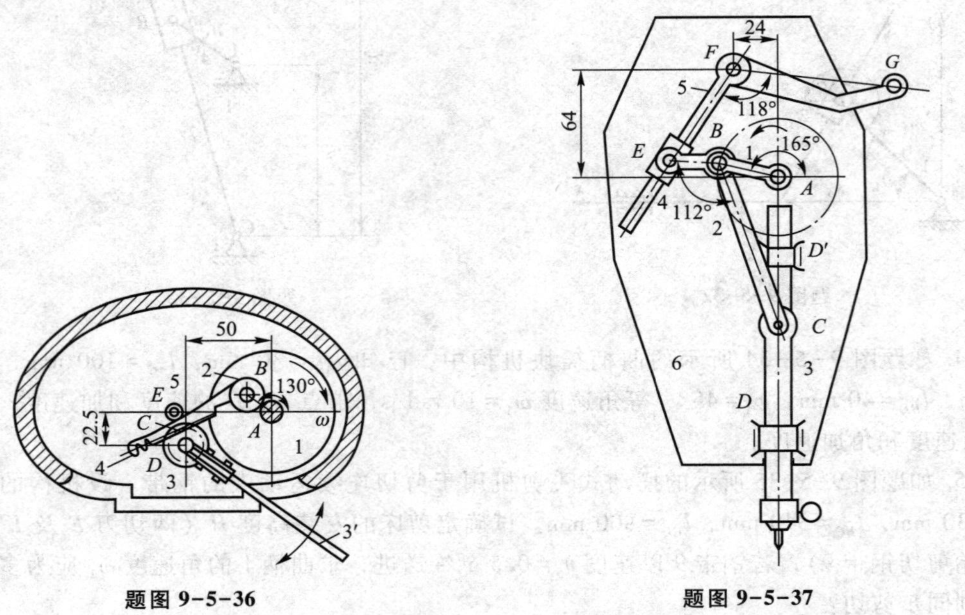

题图 9-5-36

题图 9-5-37

38. 题图 9-5-38 所示为一行程可调的发动机。在此发动机中，已知各构件的尺寸：$l_{AB}=35\ \mathrm{mm}$，$l_{BC}=l_{BE}=65\ \mathrm{mm}$，$l_{CE}=35\ \mathrm{mm}$，$l_{CD}=l_{DG}=70\ \mathrm{mm}$，$l_{EF}=110\ \mathrm{mm}$，调节螺旋的可调范围为 $l_{DH}=55\sim125\ \mathrm{mm}$，试以矢量方程图解法求该发动机的最短行程和最长行程。设机构在图示位置时曲轴的瞬时角速度 $\omega_1=5\ \mathrm{rad/s}$（顺时针方向）及瞬时角加速度 $\alpha_1=5\ \mathrm{rad/s^2}$（顺时针方向），求此时活塞 9 的速度及加速度。

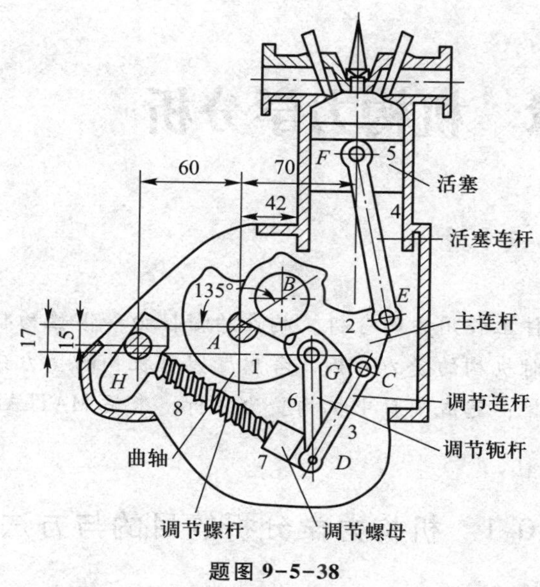

题图 9-5-38

39. 题图 9-5-39 所示为一可倾斜卸料的升降台机构，此升降机有两个液压缸 1、4，设已知机构的尺寸为 $l_{BC}=l_{CD}=l_{CG}=l_{FH}=l_{EF}=750\ \text{mm}$，$l_{DE}=2\ 000\ \text{mm}$，$l_{EI}=500\ \text{mm}$。若两活塞杆的相对移动速度分别为 $v_{21}=0.05\ \text{m/s}=$ 常数和 $v_{54}=0.03\ \text{m/s}=$ 常数。试求两活塞杆的相对位移分别为 $s_{21}=350\ \text{mm}$、$s_{54}=260\ \text{mm}$ 时（以升降台位于水平且 DE 与 CF 重合时为起始位置），工件重心 S 处的速度及加速度和工作台的角速度及角加速度。

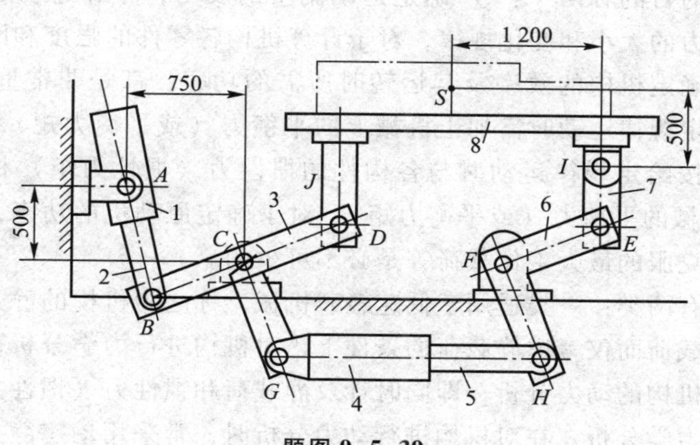

题图 9-5-39

第十章　机构力学分析

本章学习任务：构件上作用力的分析，构件的惯性力和惯性力偶的分析，运动副中摩擦力的分析，忽略摩擦时机构的受力分析，考虑摩擦时机构的受力分析。

驱动项目的任务安排：完成项目中机构受力分析，采用 MATLAB 编程计算。

10.1　机构力学分析的目的与方法

在机构运动过程中，其各个构件受到各种力的作用，故机构的运动过程也是机构传力和做功的过程，作用在机械上的力，不仅是影响机械的运动和动力性能的重要参数，而且也是决定相应构件尺寸及结构形状等的重要依据。所以，不论是设计新的机械，还是为了合理地使用现有机械，都应当对机构进行力分析。

机构力学分析的目的有两个：① 确定运动副中的反力，亦即运动副两元素接触处的相互作用力。这些力的大小和变化规律，对于计算机构各零件的强度和刚度，分析运动副中的摩擦、磨损，确定机构的效率及其运转时所需的功率，都是非常重要的数据。② 确定机构原动件按给定规律运动时需加于机械上的平衡力（或平衡力矩），亦即与作用在机械上的已知外力及按给定规律运动时与各构件的惯性力（惯性力矩）相平衡的未知外力（外力矩）。求得机械的平衡力（或平衡力矩），对于确定原动机的功率，或根据原动机的功率确定机械所能克服的最大工作载荷等是必不可少的。

机构力学分析有两类：一类适用于低速轻载机械，称之为机构的静力分析，即在不计惯性力所产生的动载荷而仅考虑静载荷的条件下，对机构进行力学分析；另一类适用于高速重载机构称之为机构的动力分析，即同时计及静载荷和惯性力（惯性力矩）所引起的动载荷，对机构进行力学分析。在对机构进行动力分析时，常采用动态静力法，即根据达朗贝尔原理，假想将惯性力加在产生该力的构件上，则在惯性力和该构件上所有其他外力的作用下，该机构及其单个构件都可认为是处于平衡状态，因此可以用静力学的方法进行计算。

机构力分析的方法可分为图解法和解析法两种。图解法用于静力分析是清晰简便的，也有足够的精度。解析法求解精度高，容易求得约束反力与平衡力的变化规律，随着计算机的广泛应用，解析法愈来愈受到重视。

10.2　构件上作用力分析

机构不但要能实现预期的运动，而且还要传递动力。所以在机械的运动过程中，它们各个构件上都受到力的作用。如图 10-1 所示，作用在机构和构件上的力常见的有：

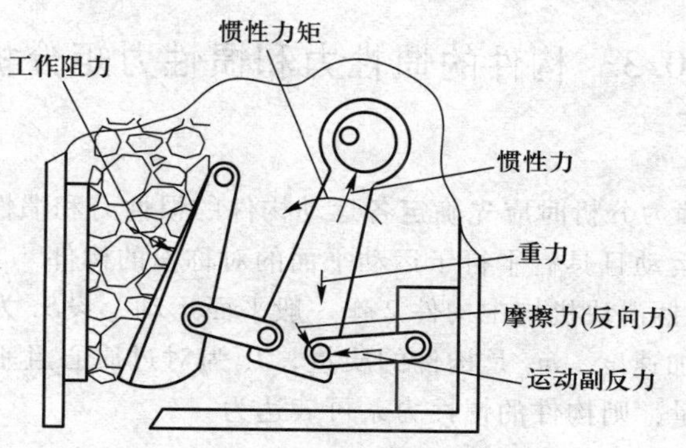

图 10-1　作用在构件上的力

1）原动力　原动力是驱使机构产生运动，而由外部施予机构的力。各种原动机加在机构上的力为原动力。

2）工作阻力　工作阻力是机械在生产过程中为了改变加工对象的外形、位置或状态等所受到的阻力，克服了这些阻力就完成了有益的工作。如机床的切削阻力、起重机的荷重等都是工作阻力。

3）运动副反力　运动副反力是当机构受到外力作用时，在运动副两元素接触处所产生的反作用力。它又可分解为沿运动副两元素接触处的法向和切向两个分力。法向反力又称正压力，由于它与运动副元素的相对运动方向垂直，所以它是诸力中唯一不做功的力。切向反力即摩擦力，这是由正压力而产生的，它起阻止运动副两元素作相对运动的作用。

4）重力　重力是作用在构件质心上的地球引力。因构件质心每经一运动循环后回到原来的位置，所以在一个运动循环中重力所做的功为零。重力通常比其他各力小得多，故在很多情况下（尤其是高速机械的计算中）可以忽略不计。

5）惯性力　惯性力是力学中一种虚拟地加在作变速运动的构件上的力。在机械正常工作的一个运动循环中，惯性力所做的功为零。低速机械的惯性力一般很小，可以忽略不计，而高速机械的惯性力往往很大。当机构构件的运动、质量及尺寸已知时，其惯性力就可以求出。

机构和构件上所受到的力，按其与作用点运动方向之间的关系，可以分为以下两类：

1）驱动力　凡是驱使机械产生运动的力称为驱动力。如上述原动力即为驱动力。驱动力的特征是该力与其作用点速度的方向相同或成锐角，故其所做的功为正功，常称为输入功或驱动功。

2）阻抗力　凡是阻止机械产生运动的力统称为阻抗力。阻抗力的特征是该力与其作用点速度的方向相反或成钝角，故其所做的功称负功，常称为阻抗功。

阻抗力又可分为有益阻力和有害阻力两种。工作阻力是有益阻力，克服有益阻力所做的功称为输出功。有害阻力是机构在运转过程中所受到的非工作阻力。机械为了克服这类阻力所做的功是一种浪费。克服有害阻力所做的功称为损耗功。

因此，摩擦力、重力和惯性力视其与作用点运动方向的关系，在某种情况下会是驱动力，在另外一些情况下又会变成阻抗力。

10.3 构件的惯性力和惯性力矩分析

进行机构的动态静力分析时应先确定各运动构件的惯性力和惯性力矩。

（1）作一般平面运动且具有平行于运动平面的对称面的构件

图 10-2 所示的曲柄滑块机构中构件 2 作一般平面运动，设S_2 为其质心，a_{S2}是质心加速度，α_2 为构件的角加速度，m_2 是构件的质量，J_{S2}为对过质心且垂直运动平面的轴（简称质心轴）的转动惯量，则构件的惯性力系可表达为

$$F_{I2}=-m_2a_{S2} \tag{10-1}$$

$$M_{I2}=-J_{S2}\alpha_2 \tag{10-2}$$

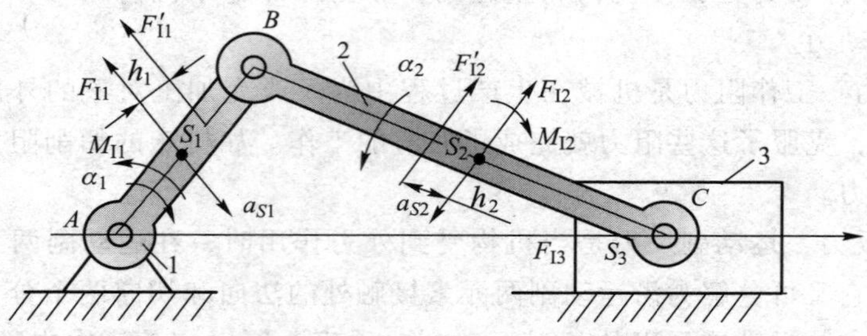

图 10-2 构件上的惯性力

式中，I 下标代表惯性引起的力或力偶，负号表示惯性力 F_{I2}与 a_{S2}的方向相反、惯性力矩 M_{I2}与 α_2 的方向相反。通常可将 F_{I2}和 M_{I2}合成为一个总惯性力 F'_{I2}，其距质心的距离为

$$h_2=M_{I2}/F_{I2} \tag{10-3}$$

（2）作平面移动的构件

因移动构件的角加速度 α 为零，故只可能有惯性力。如图 10-2 所示的曲柄滑块机构中的滑块 3，若其质量为 m_3，加速度为 a_3，则惯性力是 $F_{I3}=-m_3a_3$。

（3）绕定轴转动的构件

若转轴 A 通过质心 S，因质心的加速度 a_S 为零，故只可能有惯性力矩。如图 10-2 所示的曲柄滑块机构中的曲柄 1，若转轴通过质心，其角加速度为 α_1，过质心轴的转动惯量为 J_{S1}，则惯性力矩 $M_{I1}=-J_{S1}\alpha_1$。若转轴 A 不通过质心 S 的转动件，其惯性力系包括一个惯性力矩 M_I 和作用于质心的惯性力 F_I，可以仿照式（10-1）和式（10-2）求得，而且同样可以把它们合成为一个总惯性力 F'_I。当角加速度为零时，仅有离心惯性力存在。

例 10-1 在图 10-3 所示的双滑块机构中，已知：$x_A=250$ mm，$y_B=200$ mm，$l_{AS2}=128$ mm，F 为驱动力，F_r 为工作阻力。$m_1=m_3=2.75$ kg，$m_2=4.95$ kg，$J_{S2}=0.012$ kg·m^2，又原动件 3 以等速 $v=5$ m/s 向下移动，试确定作用在各构件上的惯性力。

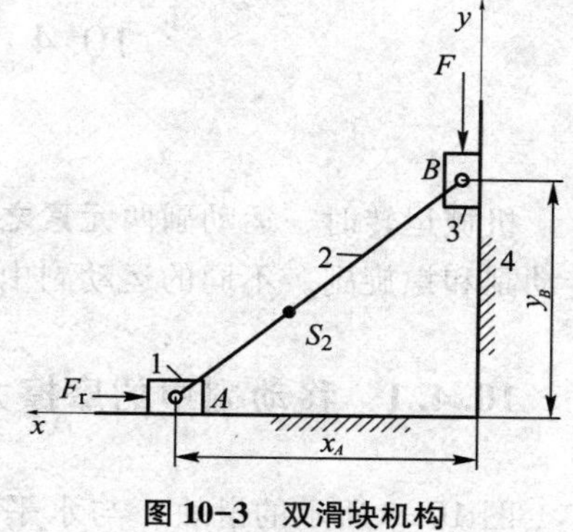

图 10-3 双滑块机构

解 （1）运动分析

选取 $\mu_l=0.005$ m/mm，作机构简图如图 10-4a 所示。

速度矢量方程式

	$\boldsymbol{v}_A$	=	$\boldsymbol{v}_B$	+	$\boldsymbol{v}_{AB}$
方向	//x 轴		//y 轴		$\perp AB$
大小	?		5 m/s		?

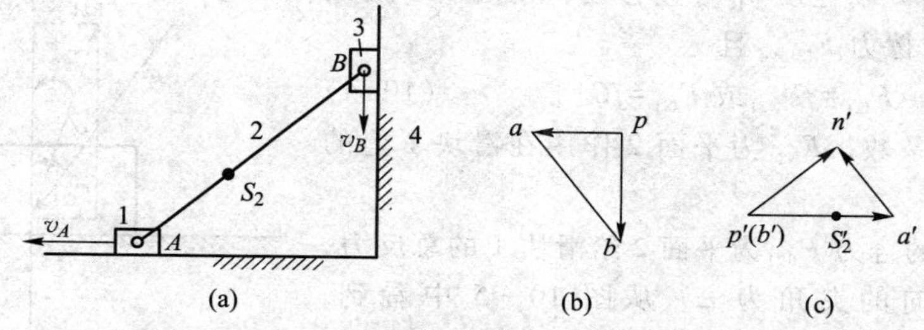

图 10-4 机构运动简图、速度矢量图、加速度矢量图

取 $\mu_v=\dfrac{0.04\ \text{m/s}}{\text{mm}}$，作速度多边形如图 10-4b 所示，则 $\omega_2=\dfrac{v_{AB}}{l_{AB}}=\dfrac{\overline{ab}\mu_v}{l_{AB}}=20$ rad/s，顺时针方向；$v_A=\overline{pa}\mu_v=4$ m/s，$v_{AB}=\overline{ab}\mu_v=6.04$ m/s。

加速度矢量方程式

	$\boldsymbol{a}_A$	=	$\boldsymbol{a}_B$	+	$\boldsymbol{a}_{AB}^{n}$	+	$\boldsymbol{a}_{AB}^{t}$
方向	//x 轴		//y 轴		$A\to B$		$\perp AB$
大小	?		0		$\omega_2^2 l_{AB}$		?

其中，取加速度比例尺 $\mu_a=\dfrac{1\ \text{m/s}^2}{\text{mm}}$，作加速度多边形如图 10-4c 所示，则 $a_A=\overline{p'a'}\mu_a=164$ m/s^2，$a_{AB}^{t}=\overline{n'a'}\mu_a=102.45$ m/s^2，$\alpha_2=a_{AB}^{t}/l_{AB}=320$ rad/s^2。根据加速度影像，可求得 $a_{S2}=\overline{p's_2'}\mu_a=98.4$ m/s^2。

（2）确定惯性力

$F_{I1}=m_1a_A=-451$ N，方向向左；

$F_{I2}=m_2a_{S2}=-487.24$ N，方向向右；

$M_{I2}=J_{S2}\alpha_{S2}=3.84$ N·m，顺时针。

10.4 运动副中摩擦力分析

机械运转时，运动副两元素之间将产生摩擦力。工程中常用的运动副主要有移动副、转动副和螺旋副，不同的运动副中摩擦力的计算方法不一样，下面分别讨论。

10.4.1 移动副中的摩擦力

图 10-5 所示的滑块 1 与水平平台 2 构成移动副，G 为作用在滑块 1 上的铅垂载荷，设滑块 1 对平面 2 以速度 v_{12} 等速移动，则滑块 1 受到平面 2 作用的摩擦力 F_{f21}，且

$$F_{f21}=fF_{N21} \text{ 或 } F_{f21}=fG \tag{10-4}$$

式中，f 为摩擦系数，F_{N21} 为平面 2 作用在滑块 1 上的法向反力。

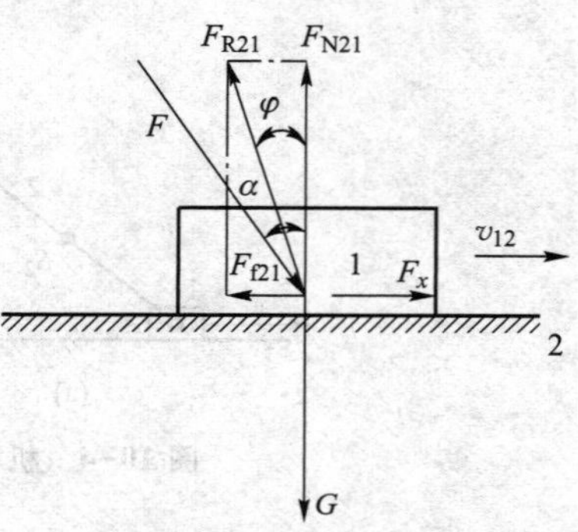

图 10-5 平面副中的摩擦

F_{f21} 与 F_{N21} 的合力 F_{R21} 为平面 2 给滑块 1 的总反力，F_{R21} 与法线方向的夹角为 φ，从图 10-5 中看到，$\tan\varphi=\dfrac{F_{f21}}{F_{N21}}$，将式（10-4）代入，有

$$\tan\varphi=\frac{fF_{N21}}{F_{N21}}=f \tag{10-5}$$

即

$$\varphi=\arctan f \tag{10-6}$$

当滑块与平面的材料一定时，摩擦系数为定值，总反力与正压力方向夹角 φ 为一恒定角度，称之为摩擦角。构件 2 给构件 1 的总反力 F_{R21} 和构件 1 相对构件 2 的相对运动方向 v_{12} 成 $90°+\varphi$ 角。

如果将图 10-5 所示的滑块作成图 10-6a 所示夹角为 2θ 的楔形滑块，并置于相应的槽面中，楔形滑块 1 在外力 F 的作用下沿槽面等速运动。设两侧法向反力分别为 F_{N21}，铅垂载荷为 G，总摩擦力为 F_f，其大小为 $F_f=2F_{f21}=2F_{N21}f$。由图 10-6b 所示的力多边形可知：$F_{N21}=\dfrac{G/2}{\sin\theta}=\dfrac{G}{2\sin\theta}$，则楔形滑块 1 受到的总摩擦力为

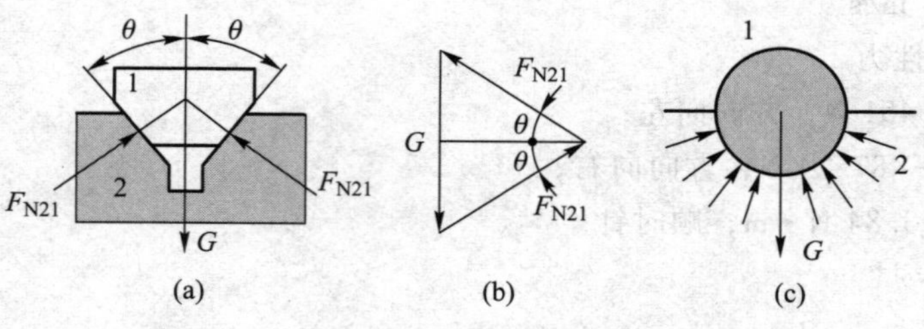

图 10-6 槽面摩擦

$$F_f=2f\frac{G}{2\sin\theta}=\frac{f}{\sin\theta}G=f_vG \tag{10-7}$$

式中，$f_v=\frac{f}{\sin\theta}$，称为当量摩擦系数。很明显，$f_v>f$，表明槽面摩擦产生的摩擦力大于平面摩擦产生的摩擦力。

如果将图 10-5 所示的滑块作成图 10-6c 所示的圆柱形，其法向反力的总和为 $F_{N21}=kG$，其中，k 是与接触有关的系数，$k=1\sim\pi/2$。总摩擦力为 $F_f=kGf$，令 $f_v=kf$，这样圆柱形滑块受到的总摩擦力为

$$F_f=f_vG \tag{10-8}$$

式中，$f_v=1\sim\pi/2$，其值的选择与接触精度有关。

例 10-2 如图 10-7a 所示的斜面摩擦移动副，斜面导路倾斜 α 角度，作用在滑块 1 上的铅垂载荷为 G。(1) 试求使滑块 1 沿斜面 2 等速上升时所需的水平力 F_d；(2) 保持滑块沿斜面减速下滑时所需施加的水平力。

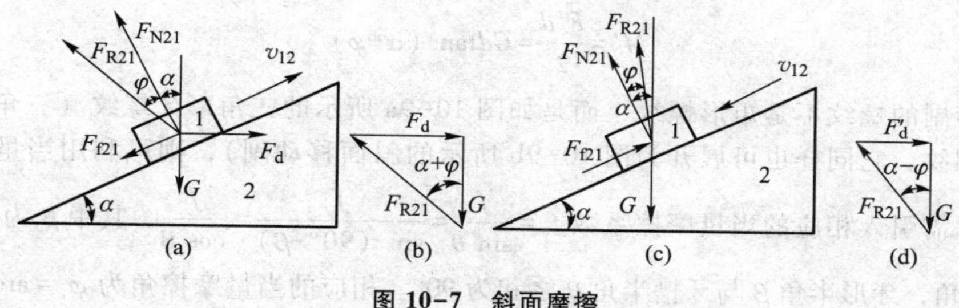

图 10-7 斜面摩擦

解 图 10-7a 中，滑块受铅垂载荷 G，在水平力 F_d 的作用下等速上升，则斜面 2 给滑块 1 的正压力 F_{N21} 和摩擦力 F_{f21}，其合成总反力 F_{R21}，滑块的力系平衡条件为 $\boldsymbol{F}_d+\boldsymbol{G}+\boldsymbol{F}_{R21}=0$。作出图 10-7b 所示的力多边形，可以根据下式求出水平力 F_d。

$$F_d=G\tan(\alpha+\varphi) \tag{10-9}$$

图 10-7c 中，若使滑块等速下滑，有效驱动力为 $G\sin\alpha$，斜面给滑块的摩擦阻力为 $F_{f21}=Gf\cos\alpha=G\cos\alpha\tan\varphi$，则滑块沿斜面下滑的力学条件为 $G\sin\alpha\geqslant G\cos\alpha\tan\varphi$，简化后有

$$\tan\alpha\geqslant\tan\varphi，即\ \alpha\geqslant\varphi \tag{10-10}$$

根据平衡条件，作出力多边形，由图 10-7d 的力多边形求出滑块等速下滑时的水平力 F'_d，

$$F'_d=G\tan(\alpha-\varphi) \tag{10-11}$$

例 10-3 如图 10-8a 所示的矩形牙螺旋副，已知螺纹在中径处的升角 α，摩擦角 φ，螺纹的导程 Ph，螺母承受轴向载荷 $2G$，求拧紧螺纹所需的力矩。

解 由于螺纹可以看作是斜面缠绕在圆柱体上形成的，将矩形牙螺纹沿螺纹中径 d 展开，这样螺母 2 和螺杆 1 的螺纹之间的相互作用关系可以简化为滑块 2 沿斜面 1 滑动的关系，如图 10-8b 所示，斜面底长为螺纹中径处圆周长，高度为螺纹导程 Ph。现在螺母 2 上施加力矩 M，使螺母旋转并沿轴向等速运动（运动方向与螺母受到的轴向力相反），这相当于在滑块 2 上施加水平力，使其沿斜面 1 等速向上滑动，$F=2G\tan(\alpha+\varphi)$，故拧紧螺母所需的力矩为

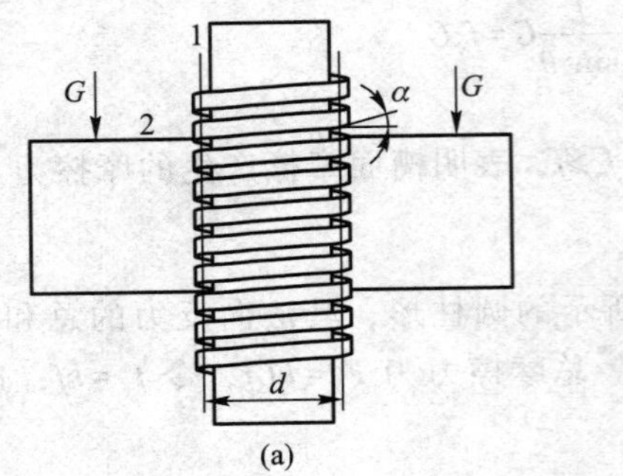

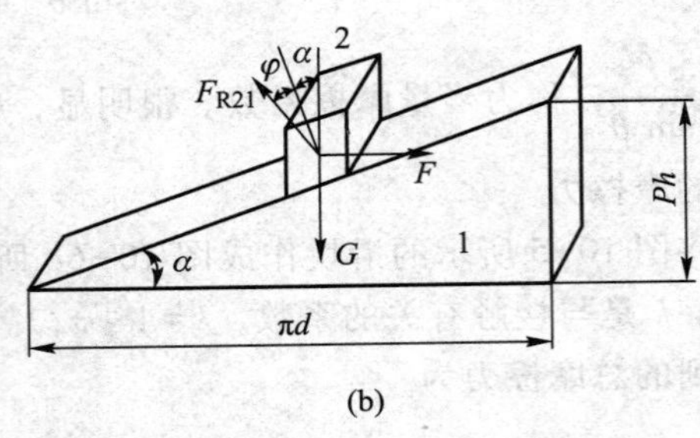

图 10-8 矩形牙螺旋副的摩擦

$$M=\frac{Fd}{2}=Gd\tan\ (\alpha+\varphi) \tag{10-12}$$

上述拧紧螺母的过程一般称为正行程。当放松螺母时，相当于滑块等速沿斜面下降，为反行程。同样也能得到等速放松螺母时所需的力矩为

$$M'=\frac{F'd}{2}=Gd\tan\ (\alpha-\varphi) \tag{10-13}$$

若螺旋副的螺纹不是矩形螺纹，而是如图 10-9a 所示的三角形牙螺纹（三角形牙螺纹即为普通螺纹，它同样也可展开为图 10-9b 所示的斜面移动副），则可利用当量摩擦系数的概念，只需引入相应的当量摩擦系数 $f_v=\dfrac{f}{\sin\theta}=\dfrac{f}{\sin\ (90°-\beta)}=\dfrac{f}{\cos\beta}$，其中 β 为牙形半角，θ 为牙槽半角，牙形半角 β 与牙槽半角 θ 之和为 90°。相应的当量摩擦角为 $\varphi_v=\arctan f_v$，直接引用式（10-12）、式（10-13），分别得到拧紧和放松螺母所需的力矩为

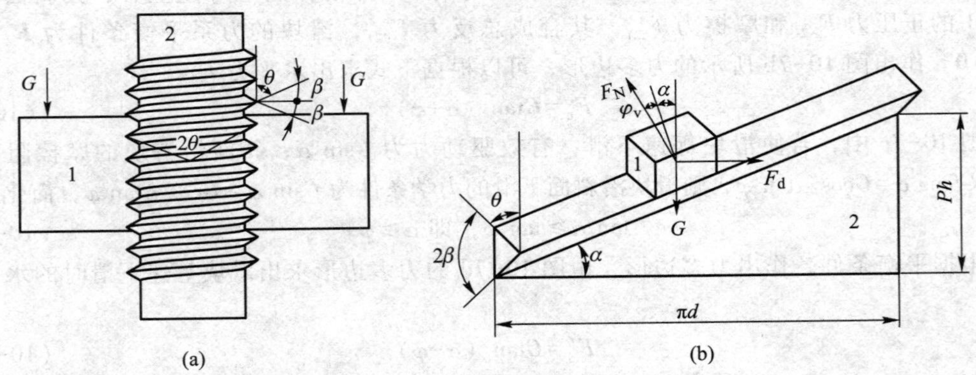

图 10-9 普通螺纹的摩擦

$$M=Gd\tan\ (\alpha+\varphi_v) \tag{10-14}$$

$$M'=Gd\tan\ (\alpha-\varphi_v) \tag{10-15}$$

10.4.2 转动副中的摩擦力

轴承是转动副的典型代表，可分为承受径向力的轴承和承受轴向力的轴承。

1. 径向轴承的摩擦力矩

图 10-10 所示为考虑运动副间隙的径向轴承。轴颈 1 在没有转动前，径向载荷 G 与 A 点的法向反力 F_{N21} 平衡。

在驱动力矩 M_d 作用下，图 10-10b 所示的轴颈 1 半径为 r，由于受到接触点摩擦力的阻抗，接触点 A 爬行到 B 点后，摩擦力矩与驱动力矩平衡后开始转动。摩擦力 F_{f21} 与法向力 F_{N21} 的合力 F_{R21} 为轴承 2 给轴颈 1 的总反力，其到轴心的距离为 ρ，则摩擦力矩为

$$M_f = F_{f21} r = F_{R21}\rho = G\rho \tag{10-16}$$

由于径向轴承为曲线状接触面，可引入当量摩擦系数 f_v，所以摩擦力与径向载荷之间的关系为 $F_{f21} = f_v G$，将其代入式（10-16），可求出总反力 F_{R21} 到轴心之距离 ρ，

$$\rho = f_v r \tag{10-17}$$

由于轴颈尺寸与材料确定以后，ρ 为常量。以 ρ 为半径的圆称为摩擦圆，当 $\omega_{12} \neq 0$ 且匀速转动时，总反力 F_{R21} 切于摩擦圆。

当量摩擦系数 f_v 的选取遵循以下原则：对于较大间隙的轴承，$f_v = f$；对于较小间隙的轴承，未经跑合时 $f_v = 1.57f$，经过跑合时 $f_v = 1.27f$。

总反力 F_{R21} 方向的判别方法为：轴承 2 给轴颈 1 的总反力 F_{R21} 对轴心力矩的方向与轴颈 1 相对于轴承 2 的相对角速度 ω_{12} 方向相反，并切于摩擦圆。

2. 止推轴承的摩擦力矩

止推轴承是指作用力通过轴线的轴承，图 10-11a 所示为止推轴承受力示意图，G 为轴向载荷。未经跑合时，接触面压强 p 为常数。经过跑合时，压强与半径的乘积为常数。

在图 10-11b 所示的底平面半径 ρ 处取微小圆环面积 $ds = 2\pi\rho d\rho$，小圆环面积上的摩擦力为 $dF_f = f dN = 2\pi f p\rho d\rho$，小圆环面积上的正压力 $dF_N = p ds = 2\pi p\rho d\rho$，小圆环面积上的摩擦力矩为 $dM_f = \rho dF_f = 2\pi f p\rho^2 d\rho$。

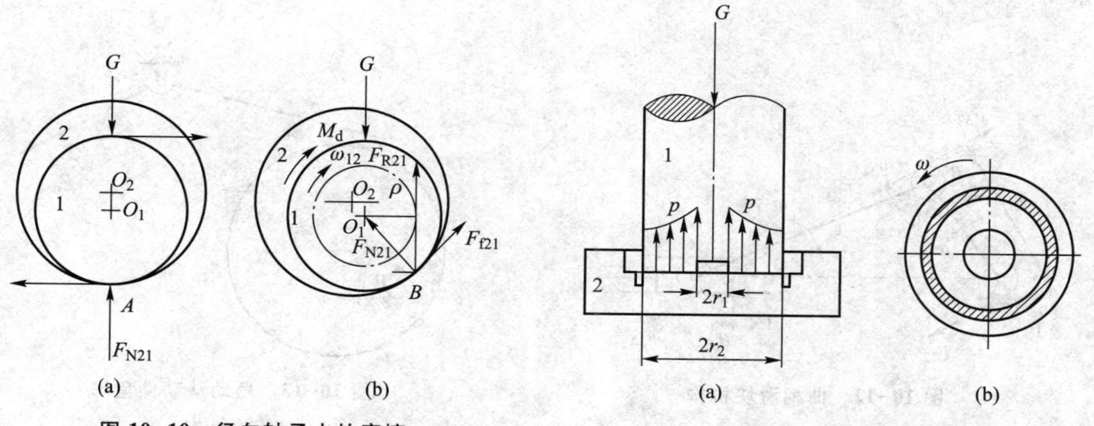

图 10-10 径向轴承中的摩擦

图 10-11 止推轴承的摩擦

对圆环面积上的摩擦力矩进行积分，得到整个圆环接触面积上的摩擦力矩为

$$M_f = \int_{r_1}^{r_2} dM_f = \int_{r_1}^{r_2} 2\pi f p\rho^2 d\rho = 2\pi f\int_{r_1}^{r_2} p\rho^2 d\rho \tag{10-18}$$

对于未经跑合的止推轴承，$p = G/[\pi(r_2^2 - r_1^2)]$ = 常数，摩擦力矩为

$$M_f=\frac{2}{3}fG\frac{r_2^3-r_1^3}{r_2^2-r_1^2} \tag{10-19}$$

对于经跑合的止推轴承，$p\rho$=常数，摩擦力矩为

$$M_f=\frac{1}{2}fG\ (r_2+r_1) \tag{10-20}$$

止推轴承摩擦力矩是设计摩擦离合器的理论依据。

例 10-4 图 10-12 所示的曲柄滑块机构中，已知各构件尺寸和曲柄的位置，作用在滑块 4 上的阻力 F_r 以及各运动副中的摩擦系数 f，忽略各构件质量和惯性力。试在图上标注出各运动副的反力以及加在曲柄上的平衡力矩 M_b。

解 1）根据轴径尺寸和摩擦系数，求出摩擦圆半径，摩擦圆如图 10-12 所示。

2）连杆 3 为受压二力共线杆，根据连杆 3 相对曲柄 2 的相对运动方向 ω_{32}，判断曲柄 2 给连杆 3 的反力 F_{23}的方向；根据连杆 3 相对滑块 4 的相对运动方向 ω_{34}，判断滑块 4 给连杆 3 的反力 F_{43}的方向。二者在两摩擦圆的内公切线方向共线。

3）滑块 4 为三力汇交构件，根据滑块 4 对机架 1 的运动方向 v_{41}，可知道机架 1 给滑块 4 的反力 F_{14}与 v_{41}成 90°+θ 角，由三力汇交，滑块 4 所受力 F_{14}、F_{34}、F_r汇交于一点，可确定 F_{14}的位置。

4）取曲柄 2 为研究对象，连杆 3 给曲柄 2 的力 F_{32}方向已求出，机架 1 给曲柄 2 的反作用力 F_{12}对轴心 A 之矩与 ω_{21}反向。F_{32}与 F_{12}大小相等，方向相反，形成力偶矩。

5）加在曲柄 2 上的平衡力矩为 $M_b=F_{12}h$，方向标注于图中，逆时针方向。

强化训练题 10-1 图 10-13 所示的摆动从动件盘形凸轮机构中，已知凸轮机构的尺寸、轴径尺寸、运动副处的摩擦系数 f 以及作用在从动件上点 F 的阻力 F_r，在不计构件质量和惯性力时，试在图上标注各运动副处的反作用力及作用在凸轮上的平衡力矩 M_b。

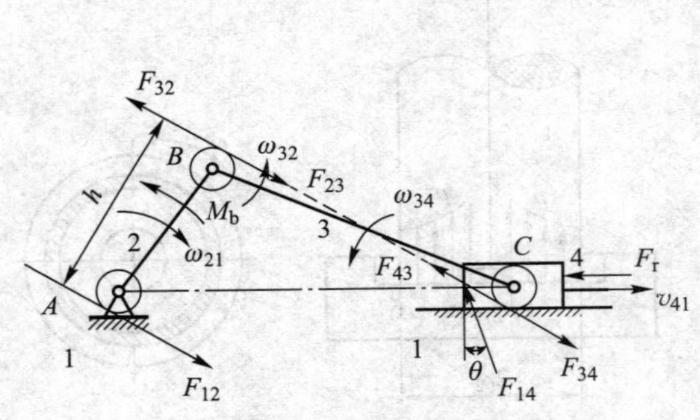

图 10-12 曲柄滑块机构

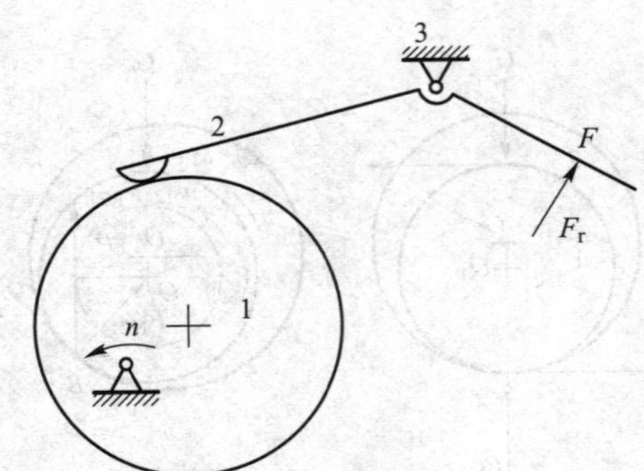

图 10-13 摆动从动件盘形凸轮机构

10.5　忽略摩擦时的机构受力分析

10.5.1　运动副中的反力与构件组的静定条件

在忽略摩擦的情况下，转动副中的总反力不管方向如何，总是通过转动副的中心，即反力的作用点已知而大小及方向待定（图 10-14）；移动副中的总反力不管作用点如何，总是与导路方向垂直，即反力的方向已知而大小及作用点待定（图 10-15）。由此可见，平面机构中每个低副中的约束反力均含有两个未知数。

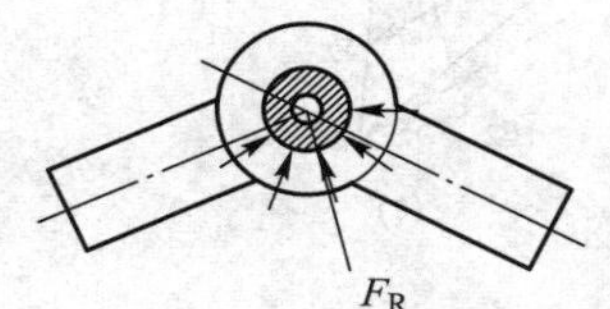

图 10-14　转动副中的反力图

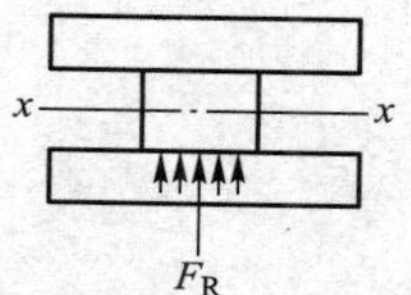

图 10-15　移动副中的反力

用解析法对机构进行力分析时，为减小计算量，常按构件组进行动态静力计算，即选用构件组作为研究对象。故为了方便起见，所选用的构件组应满足约束反力静定条件。设运动链（构件组）含有 n 个构件和 P_L 个低副，则由 n 个构件可列出 $3n$ 个独立的平衡方程式，而构件组中所含低副反力的未知参数为 $2P_L$。因此，全由低副连接而成的运动链的动态静定条件为

$$3n=2P_L \text{ 或 } P_L=\frac{3}{2}n \tag{10-21}$$

将上式与组成杆组的条件比较可知，二式完全相同。由此可知，杆组是满足动态静定条件的运动链。

10.5.2　用图解法进行机构的动态静力分析

用图解法进行机构的动态静力分析的流程为：① 对机构作运动分析，确定在所求位置处各构件的速度和质心加速度（或角速度和角加速度）；② 求出各构件的惯性力，并把惯性力视为加于构件上的外力；③ 根据基本杆组建立一系列的平衡矢量方程；④ 选取比例尺，绘制力多边形并进行求解。分析的顺序是由外力全部已知的构件组开始，逐步推算到未知平衡力作用的构件。

例 10-5　在如图 10-16a 所示的曲柄滑块机构中，设已知各构件的尺寸，曲柄 1 绕其转动中心 A 的转动惯量 J_A（质心 S_1 与 A 点重合），连杆 2 的重量为 G_2，转动惯量 J_{S2}（质心 S_2 在杆 BC 的 1/3 处），滑块 3 的重量为 G_3（质心 S_3 在 C 处）。原动件 1 以角速度 ω_1 和角加速度 α_1 顺时针方向回转，作用于滑块 3 上 C 点工作阻力为 F_r，各运动副的

摩擦忽略不计。求机构在图示位置时各运动副中的反力以及需加在构件 1 上的平衡力矩 M_b。

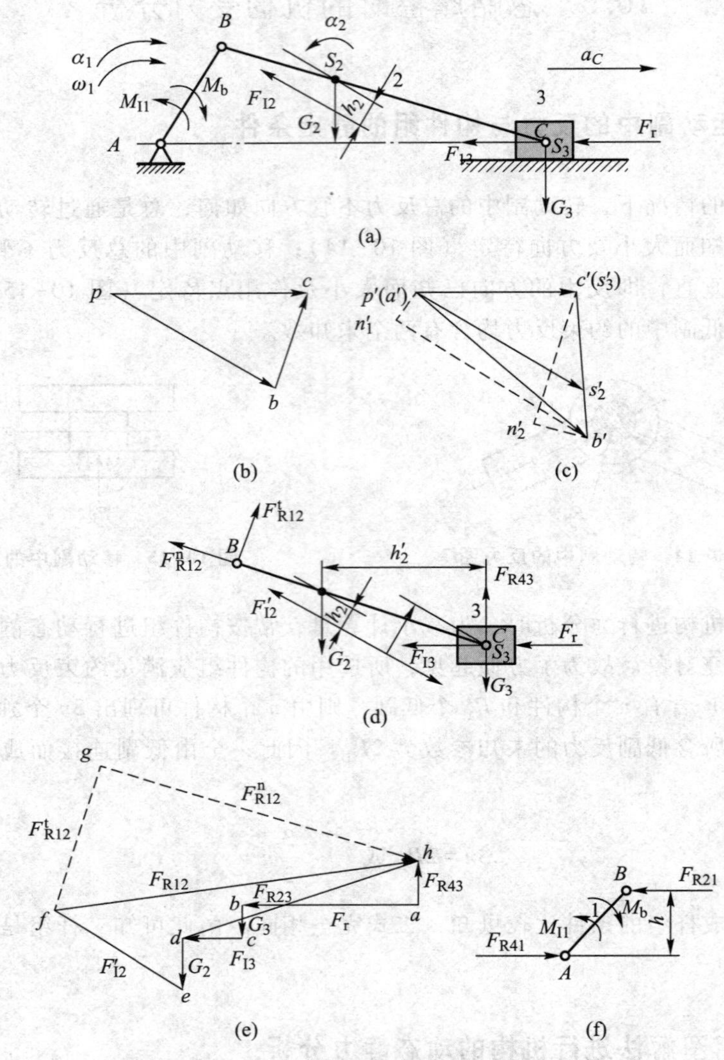

图 10-16 曲柄滑块机构受力的图解法

解 (1) 对机构进行运动分析

选定长度比例尺 μ_l、速度比例尺 μ_v 及加速度比例尺 μ_a，作出机构的运动简图、速度图及加速度图，分别如图 10-16a、b、c 所示。

(2) 确定各构件的惯性力及惯性力矩

作用在曲柄 1 上的惯性力矩为 $M_{I1}=J_A\alpha_1$（逆时针）；作用中连杆 2 上的惯性力及惯性力偶矩分别为 $F_{I2}=m_2a_{S2}=(G_2/g)\mu_a\overline{p's'_2}$ 和 $M_{I2}=J_{S2}\alpha_2=J_{S2}a^t_{CB}/l_2=J_{S2}\mu_a\overline{n'_2c'}/l_2$，总惯性力 F'_{I2}（$=F_{I2}$）偏离质心 S_2 的距离为 $h_2=M_{I2}/F_{I2}$，其对 S_2 之矩的方向与 α_2 方向相反（逆时针）；而作用在滑块 3 上惯性力为 $F_{I3}=m_3a_C=(G_3/g)\mu_a\overline{p'c'}$（方向与 a_C 反向）。上述各惯性力及各构件重力如图 10-16a 所示。

(3) 作动态静力分析

按静定条件将机构分解为一个基本杆组 2、3 和作用有未知平衡力的构件 1，并由杆组 2、3 开始进行分析。

先取杆组 2、3 为研究对象，如图 10-16 所示。其上受有重力 G_2 及 G_3、惯性力 F'_{I2} 及 F_{I3}、工作阻力 F_r 以及待求的运动副反力 F_{R12} 和 F_{R43}。因不计摩擦力，F_{R12} 过转动副 B 的中心，并将 F_{R12} 分解为沿杆 BC 的法向分力 F^n_{R12} 和垂直于 BC 的切向分力 F^t_{R12}，而 F_{R43} 则垂直于移动副的导路方向。将构件 2 对 C 点取矩，由 $\sum M_C=0$，可得 $F^t_{I2}=(G_2h'_2-F'_{I2}h''_2)/l_2$，再根据整个构件组的力平衡条件得

$$\boldsymbol{F}_{R43}+\boldsymbol{F}_r+\boldsymbol{G}_3+\boldsymbol{F}_{I3}+\boldsymbol{G}_2+\boldsymbol{F}'_{I2}+\boldsymbol{F}^t_{R12}+\boldsymbol{F}^n_{R12}=0$$

上式中仅 $\boldsymbol{F}_{R43}$ 及 $\boldsymbol{F}^n_{R12}$ 的大小未知，故可用图解法求解，如图 10-16e 所示。选定比例尺 μ_F，从点 a 依次作矢量 $\overrightarrow{ab}$、$\overrightarrow{bc}$、$\overrightarrow{cd}$、$\overrightarrow{de}$、$\overrightarrow{ef}$ 和 $\overrightarrow{fg}$ 分别代表力 $\boldsymbol{F}_r$、$\boldsymbol{G}_3$、$\boldsymbol{F}_{I3}$、$\boldsymbol{G}_2$、$\boldsymbol{F}'_{I2}$ 和 $\boldsymbol{F}^t_{R12}$，然后再分别由点 a 和 g 点作直线 ah 和 gh 分别平行于力 F_{R43} 和 F^n_{R12}，即

$$F_{R43}=\mu_F\,\overline{ha},\qquad F_{R12}=\mu_F\,\overline{fh}$$

为了求得 F_{R23}，可根据构件 3 的力平衡条件，即 $\boldsymbol{F}_{R43}+\boldsymbol{F}_r+\boldsymbol{G}_3+\boldsymbol{F}_{I3}+\boldsymbol{F}_{R23}=0$，并由图 10-16e 可知，矢量 $\overrightarrow{dh}$ 即代表 $\boldsymbol{F}_{R23}$，即

$$F_{R23}=\mu_F\,\overline{dh}$$

再取构件 1 为研究对象，如图 10-16f 所示。其上作用有运动副反力 F_{R21} 和待求的运动副反力 F_{R41}，惯性力偶矩 M_{I1} 及平衡力矩 M_b。将杆 1 对 A 点取矩，有

$$M_b=M_{I1}+F_{R21}h\ （顺时针）$$

再由杆 1 的力的平衡条件，有

$$F_{R41}=-F_{R21}$$

强化训练题 10-2 图 10-17 所示的牛头刨床机构中，各构件的尺寸及原动件的角速度 ω_1 均为已知。刨头重量为 G_5，在图示位置时刨头的惯性力为 F_{I5}，刀具所受的工作阻力为 F_r。其余构件的重力及惯性力、惯性力矩均忽略不计。求机构各运动副中的反力及需要加在原动件上的平衡力矩 M_b。

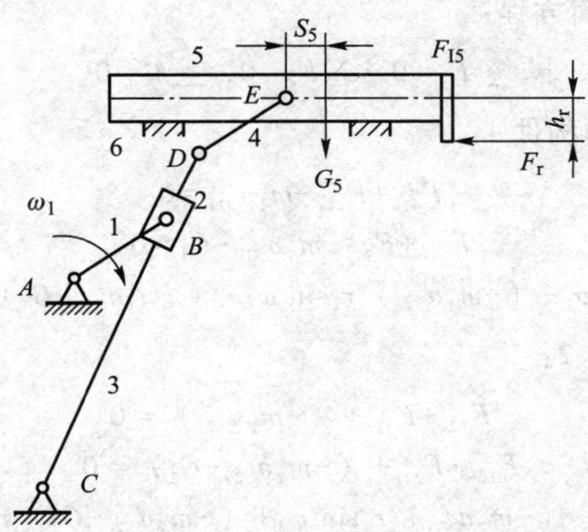

图 10-17 牛头刨床机构

10.5.3 用解析法进行机构的动态静力分析

用解析法作机构动态静力分析的基本步骤是：首先将作用在机构上的所有外力、外力矩（包括惯性力和惯性力矩以及待求的平衡力和平衡力矩）加到机构的相应构件上；然后将各构件作为受力对象写出相应的力（矩）平衡方程式；最后通过联立求解这些力（矩）平衡方程式，求出各运动副中的约束力和需加于机构上的平衡力或平衡力矩。一般情况下，可把这组力（矩）平衡方程式的求解归纳为解线性方程组的问题。

例 10-6 图 10-18a 所示的曲柄滑块机构中，已知曲柄和连杆的尺寸分别为 l_1、l_2，各构件的重力分别为 G_1、G_2、G_3，经过运动分析后已经知道各构件的运动参数。已知作用在滑块的工作阻力为 F_r，求各运动副的反力和作用在曲柄上的平衡力矩。

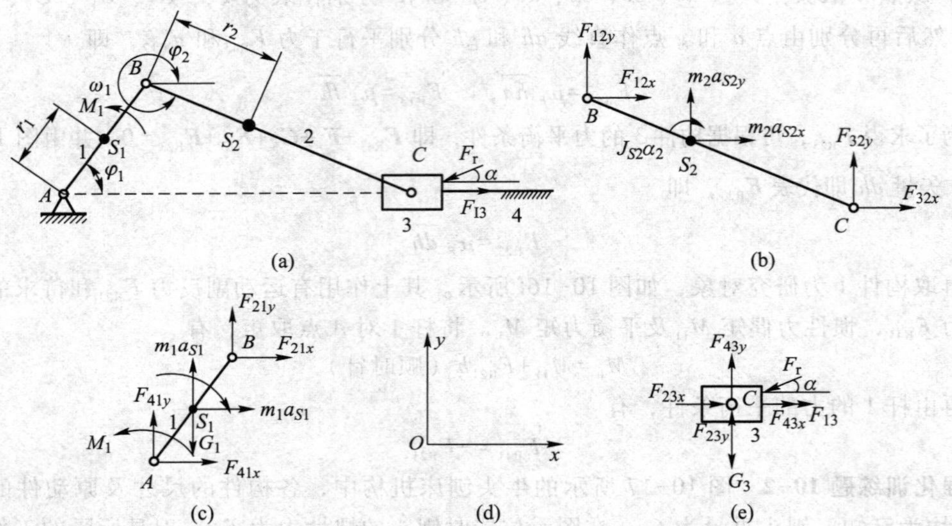

图 10-18 曲柄滑块机构受力的解析法

解 分别以构件 1、2、3 为研究对象，标注各力的分量如图 10-18b、c、d 所示，按力系平衡条件列出力的平衡方程：

$$\sum F_x=0,\ \sum F_y=0,\ \sum M=0$$

对于图 10-18b 所示的构件 1：

$$F_{41x}+F_{21x}-m_1a_{S1x}=0$$

$$F_{41y}+F_{21y}-m_1a_{S1y}-G_1=0$$

$$M_1-F_{21x}l_1\sin\varphi_1+F_{21y}l_1\cos\varphi_1-(-m_1a_{S1x})\,r_1\sin\varphi_1+(-m_1a_{S1y}-G_1)\,r_1\cos\varphi_1-(-J_{S1}\alpha_1)=0$$

对于图 10-18c 所示的构件 2：

$$F_{12x}+F_{32x}+(-m_2a_{S2x})=0$$

$$F_{12y}+F_{32y}+(-m_2a_{S2y}-G_2)=0$$

$$F_{32x}l_2\sin\varphi_2+F_{32y}l_2\cos\varphi_2-(-m_2a_{S2x})\,r_2\sin\varphi_2+(-m_2a_{S2y}-G_2)\,r_2\cos\varphi_2-(-J_{S2}\alpha_2)=0$$

对于图 10-18d 所示的构件 3：

$$F_{23x}-F_{rx}+(-m_3a_{C3x})+F_{43x}=0$$
$$F_{23y}+F_{43y}-F_{ry}-G_3=0$$

考虑 $F_{12x}=-F_{21x}$，$F_{12y}=-F_{21y}$，$F_{23x}=-F_{32x}$，$F_{23y}=-F_{32y}$，则未知数的个数为 8 个，而方程的个数也为 8 个，故该方程组可解。

将其写成矩阵形式：

$$\begin{bmatrix} -1 & 0 & 0 & 0 & 1 & 0 & 0 & 0 & 0 \\ 0 & -1 & 0 & 0 & 0 & 1 & 0 & 0 & 0 \\ l_1\sin\varphi_1 & -l_1\cos\varphi_1 & 0 & 0 & 0 & 0 & 0 & 0 & 1 \\ 1 & 0 & -1 & 0 & 0 & 0 & 0 & 0 & 0 \\ 0 & 1 & 0 & -1 & 0 & 0 & 0 & 0 & 0 \\ 0 & 0 & -l_2\sin\varphi_2 & -l_2\cos\varphi_2 & 0 & 0 & 0 & 0 & 0 \\ 0 & 0 & 1 & 0 & 0 & 0 & 0 & 0 & 0 \\ 0 & 0 & 0 & 1 & 0 & 0 & 0 & 1 & 0 \\ 0 & 0 & 0 & 0 & 0 & 0 & 0 & 0 & 0 \end{bmatrix}\begin{bmatrix} F_{12x} \\ F_{12y} \\ F_{23x} \\ F_{23y} \\ F_{41x} \\ F_{41y} \\ F_{43x} \\ F_{43y} \\ M_1 \end{bmatrix}=$$

$$\begin{bmatrix} m_1a_{S1x} \\ m_1a_{S1y}+G_1 \\ -m_1a_{S1x}r_1\sin\varphi_1+(m_1a_{S1y}+G_1)\ r_1\cos\varphi_1-J_{S1}\alpha_1 \\ m_2a_{S2x} \\ m_2a_{S2y}+G_2 \\ -m_2a_{S2}r_2\sin\varphi_2+(m_2a_{S2y}+G_2)\ r_2\cos\varphi_2-J_{S2}\alpha_2 \\ m_3a_{C3x}+F_r\cos\alpha \\ F_r\sin\alpha+G_3 \\ 0 \end{bmatrix}$$

该矩阵可简写为

$$[\boldsymbol{A}]\ [\boldsymbol{F}_{ij}]\ =\ [\boldsymbol{B}]$$

[$\boldsymbol{A}$]、[$\boldsymbol{B}$] 矩阵均为已知参数矩阵，未知力矩阵 [$\boldsymbol{F}_{ij}$] 可以利用计算机编程求解。

强化训练题 10-3 如图 10-19 所示，转动导杆机构的两连架杆 1 和 3 均能作整周转动。已知：主动件 1 以角速度 ω_1 转动，构件 3、4 的长度分别为 l_{CB} 和 l_{BA}，构件 1 的重力G_1 和质心 S_1 的位置尺寸 l_{AS1}，质心沿坐标轴方向的加速度 a_{S1x}、a_{S1y} 以及应加于构件 1 上的平衡力矩 M_b；构件 3 的重力 G_3、角加速度 α_3、对过质点S_3（与点 C 重合）轴的转动惯量 J_{S3}和所受的阻力矩 M_r；忽略构件 2 的重力和惯性力。试用解析法确定当 $\varphi_1=90°$和 $\varphi_1=135°$时各运动副中的约束反力。

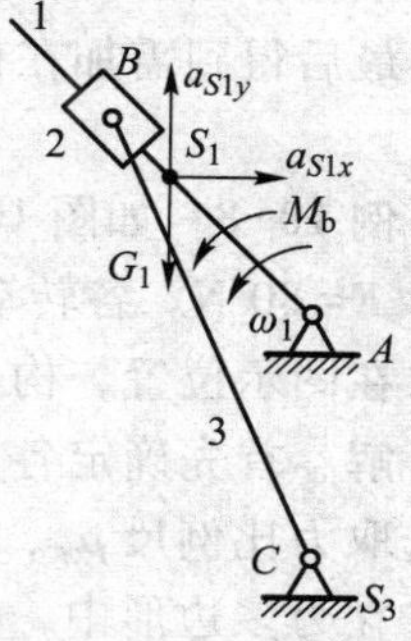

图 10-19 转动导杆机构的力分析

10.6　考虑摩擦时的机构受力分析

当力分析过程需要考虑摩擦力时，仍依据力系的平衡条件，只是运动副总反力方向发生了变化。移动副中的总反力与相对运动方向成 $90°+\varphi$ 角，转动副中的总反力要切于摩擦圆。

例 10-7　如图 10-20 所示的凸轮提升机构（$\mu_l=0.001$ m/mm）。已知圆盘 1 与杠杆 2 接触处的摩擦角 $\varphi=30°$，各转动副处的摩擦圆如图 10-20 所示，悬挂点 D 处的摩擦忽略不计。设重物 $G=150$ N，试求出在图示位置时，需加在偏心圆盘上的驱动力矩 M_1 的大小。

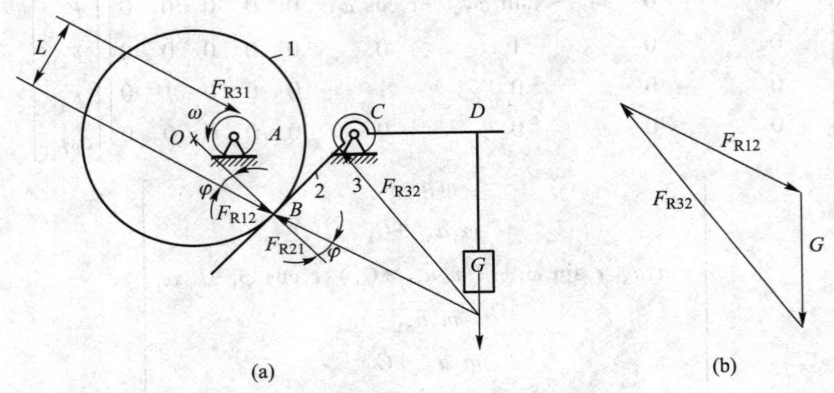

图 10-20　凸轮提升机构

解　首先确定各个运动副中反力的方向如图 10-20a 所示，其中构件 2 受 3 个力平衡，这 3 个力作用力线应该汇交于一点。选取构件 2 为研究对象，再选取力比例尺 μ_F，作出其力多边形，如图 10-20b 所示。

$$F_{R12}=\frac{20}{13}G=\frac{20}{13}\times 150\ \mathrm{N}=231\ \mathrm{N}$$

依据作用力与反作用的关系，得 $F_{R21}=F_{R12}=231$ N。

最后得到需加在偏心圆盘上的驱动力矩 M_1 的大小为

$$M_1=F_{R21}h\mu_l=231\times 14\times 0.001\ \mathrm{N\cdot m}=3.2\ \mathrm{N\cdot m}$$

例 10-8　如图 10-21 所示的曲柄滑块机构（$\mu_l=0.001$ m/mm），滑块 3 为原动件，驱动力 $F=80$ N。各转动副处的摩擦圆如图 10-21a 所示，滑块与导路之间的摩擦角 $\varphi=20°$，试求在图示位置，构件 AB 上所能克服的阻力矩 M_Q 的大小和方向。

解　首先确定各个运动副中反力的方向如图 10-21a 所示。选取构件 3 为研究对象，再选取力比例尺 μ_F，作出其力多边形，如图 10-21b 所示。

在力多边形中，量得力 F_{R23} 的长为 18 mm，力 F 的长为 20 mm，

所以 $F_{R23}=\dfrac{18}{20}F=\dfrac{18}{20}\times 80\ \mathrm{N}=72\ \mathrm{N}$

构件 2 为二力杆，所以 $F_{R21}=F_{R12}=F_{R32}=F_{R23}=72$ N

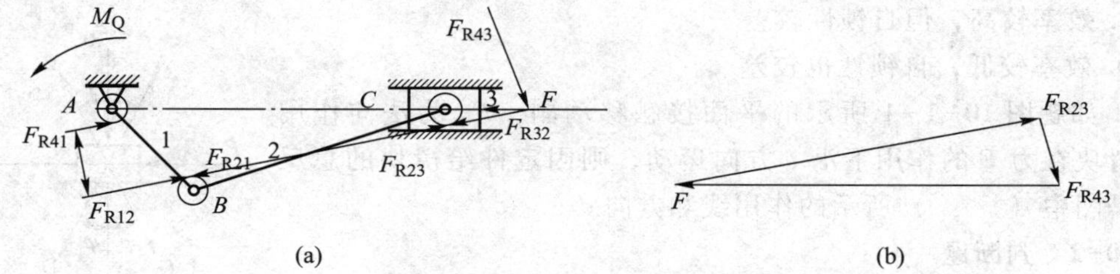

图 10-21 曲柄滑块机构

最后得构件 AB 上所能克服的阻力矩 M_Q 的大小为

$$M_Q = F_{R21} l\mu_l = 72\times10\times0.001\ \text{N}\cdot\text{m} = 0.72\ \text{N}\cdot\text{m}$$

阻力矩 M_Q 的方向为逆时针方向，如图 10-21b 所示。

强化训练题 10-4 在图 10-22 所示的机构中，已知各构件的尺寸及机构的位置，各转动副处的摩擦圆半径、移动副及凸轮高副处的摩擦角 φ，凸轮为主动件，顺时针转动，作用在构件 4 上的工作阻力 F_r 的大小。试求图示位置：（1）各运动副的反力；（2）需施加于凸轮 1 上的驱动力矩 M_1。

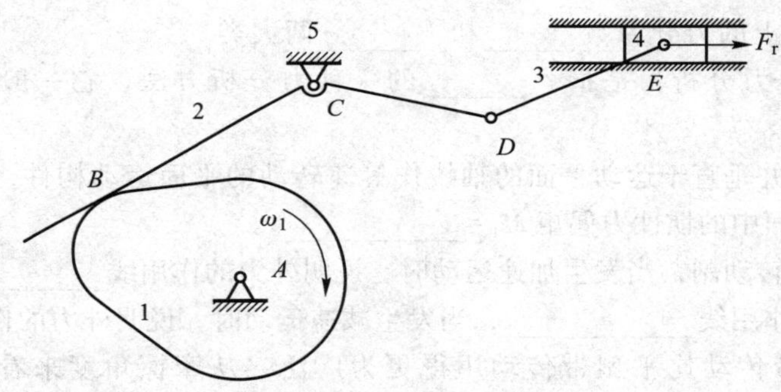

图 10-22 凸轮滑块机构

练习题

10-1 选择题

1. 在机械中阻力与其作用点速度方向（　　）。

A. 相同　　B. 一定相反　　C. 成锐角　　D. 相反或成钝角

2. 在机械中驱动力与其作用点的速度方向（　　）。

A. 一定同向　　B. 可成任意角度

C. 相同或成锐角　　D. 成钝角

3. 在车床刀架驱动机构中，丝杠的转动使与刀架固连的螺母作移动，则丝杠与螺母之间的摩擦力矩属于（　　）。

A. 驱动力　　B. 工作阻力　　C. 有害阻力　　D. 惯性力

4. 在其他条件相同的情况下，矩形螺纹与普通螺纹相比，前者（　　）。

A. 效率较高，自锁性也较好

B. 效率较低，但自锁性较好

C. 效率较高，但自锁性较差

D. 效率较低，自锁性也较差

5. 如题图 10-1-1 所示的平面接触移动副，F_Q 为法向作用力，滑块在力 F 的作用下沿 v 方向运动，则固定件给滑块的总反力应是图中（　　）所示的作用线和方向。

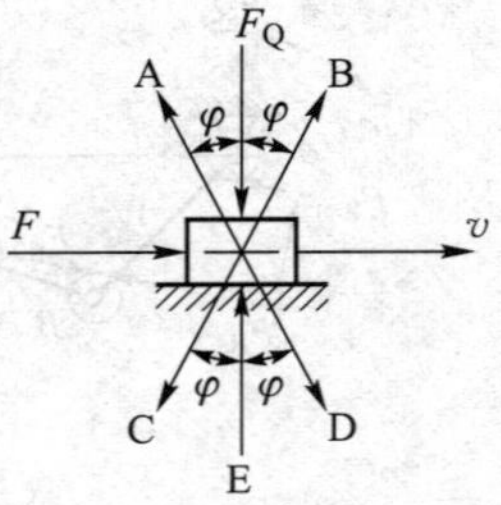

题图 10-1-1

10-2　判断题

1. 在机械中，因构件作变速运动而产生的惯性力一定是阻力。（　　）

2. 在车床刀架驱动机构中，丝杠的转动使与刀架固连的螺母作移动，则丝杠与螺母之间的摩擦力矩属于工作阻力。（　　）

3. 考虑摩擦的转动副，不论轴颈在加速、等速、减速的不同状态下运转，其总反力的作用线一定都切于摩擦圆。（　　）

4. 普通螺纹的摩擦大于矩形螺纹的摩擦，因此前者多用于紧固连接。（　　）

5. 在外圆磨床中，砂轮磨削工件时它们之间的磨削力是属于工作阻力。（　　）

10-3　填空题

1. 作用在机械上的力分为________和________两大类。

2. 所谓动态静力分析，是指________的一种力分析方法，它一般适用于________情况。

3. 绕通过质心并垂直于运动平面的轴线作等速转动的平面运动构件，其惯性力 F_1__________，在运动平面中的惯性力偶矩 $M_1=$____________。

4. 考虑摩擦的转动副，当发生加速运动时，说明外力的作用线________，当发生匀速运动时，说明外力的作用线____________，当发生减速运动时，说明外力的作用线________。

5. 机械中 V 带传动比平型带传动用得更为广泛，从摩擦角度来看，其主要原因是______________。

10-4　简答题

1. 何谓机构的动态静力分析？用解析法对机构进行动态静力分析的步骤如何？

2. 增大摩擦力的措施有哪些？

3. 对于平面运动的构件，请给出惯性力的表达式？

4. 惯性力的方向和质心加速度的方向有何关系？惯性力偶矩的方向和构件的角加速度的方向有何关系？

5. 简述构件组的静定条件。

10-5　计算题

1. 如题图 10-5-1 所示为一个十字沟槽联轴器，用以传递两平行轴间的运动。主动轴Ⅰ能过中间圆盘 G 将运动传至从动轮Ⅱ。圆盘 G 两侧的凸肩互相垂直，其中心线能过圆盘中心。两侧凸肩分别装圆盘Ⅰ′和Ⅱ′的凹槽内，圆盘Ⅰ′和Ⅱ′分别与轴Ⅰ和Ⅱ刚性连接。设圆盘 G 的质量 m，主动轴以等角速度 ω 回转。试求圆盘 G 的惯性力。

2. 如题图 10-5-2 所示为绕定点 O 转动的构件 OA，已知 $\omega=120\ \text{rad/s}$，$\alpha=4\ 000\ \text{rad/s}^2$，$\varphi=45°$，构件重 $G=100\ \text{N}$，质心 S 离 O 的距离为 $l_{OS}=200\ \text{mm}$，构件对通过质心 S 的轴线的转动惯量 $J_S=0.025\ \text{kg}\cdot\text{m}^2$。试求此构件的惯性力。

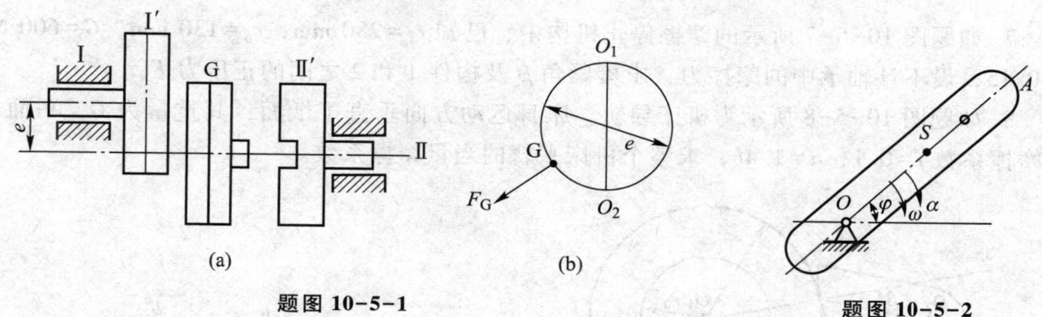

题图 10-5-1

题图 10-5-2

3. 如题图 10-5-3 所示的摇块机构，已知 $\angle ABC=90°$，曲柄长度 $l_{AB}=100$ mm，$l_{AC}=200$ mm，$l_{BS2}=86$ mm，连杆的质量 $m_2=2$ kg，连杆对其质心轴的转动惯量 $J_{S2}=0.007\ 4$ kg·m²，曲柄等角速转动 $\omega_1=40$ rad/s，求连杆的总惯性力及其作用线。

4. 如题图 10-5-4 所示的曲柄滑块机构中，已知 $l_{AB}=0.1$ m，$l_{BC}=0.33$ m，$n_1=1\ 500$ r/min（为常数），活塞 3 和连杆 2 的重量分别为 $G_3=21$ N，$G_2=25$ N，对质心的转动惯量 $J_{S2}=0.042\ 5$ kg·m²，$l_{BS2}=l_{BC}/3$。试确定在图示位置时活塞的惯性力和连杆的总惯性力。

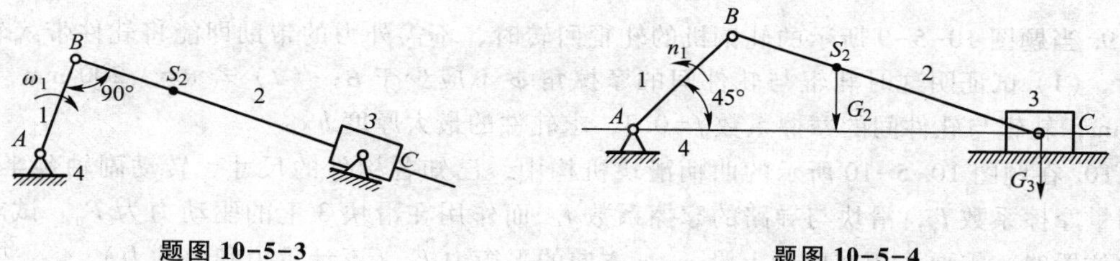

题图 10-5-3

题图 10-5-4

5. 如题图 10-5-5 所示的凸轮机构中，已知凸轮的半径 $R=200$ mm，距离 $l_{OA}=100$ mm，从动件的质量 $m_2=20$ kg 及凸轮的角速度 $\omega_1=20$ rad/s。当 OA 线在水平的位置时，求从动杆的惯性力。

6. 如题图 10-5-6 所示为一机床的矩形-V 形导轨副，拖板 1 与导轨 2 组成复合移动副。已知拖板 1 的移动方向垂直纸面，质心在 S 处，几何尺寸如图所示，各接触面间的摩擦系数为 f。试求导轨副的当量摩擦系数 f_v。

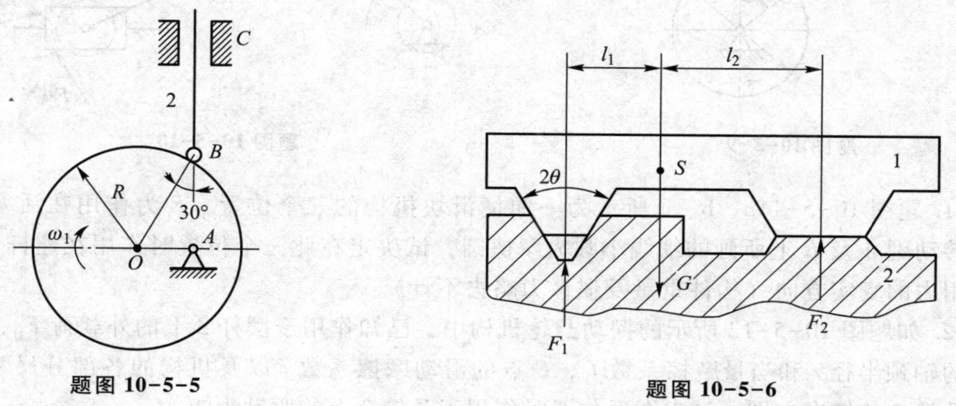

题图 10-5-5

题图 10-5-6

7. 如题图 10-5-7 所示的摩擦停止机构中，已知 $r_1=280$ mm，$r_0=130$ mm，$G=600$ N，$f=0.15$，设不计轴承中的摩擦力，求楔紧角 β 及构件 1 和 2 之间的正压力 F_N。

8. 如题图 10-5-8 所示为机床导轨。床身运动方向垂直于纸面，其重量为 G，平面滑动摩擦系数 $f=0.1$，$a=1.4b$，求整个机床平轨的当量摩擦系数。

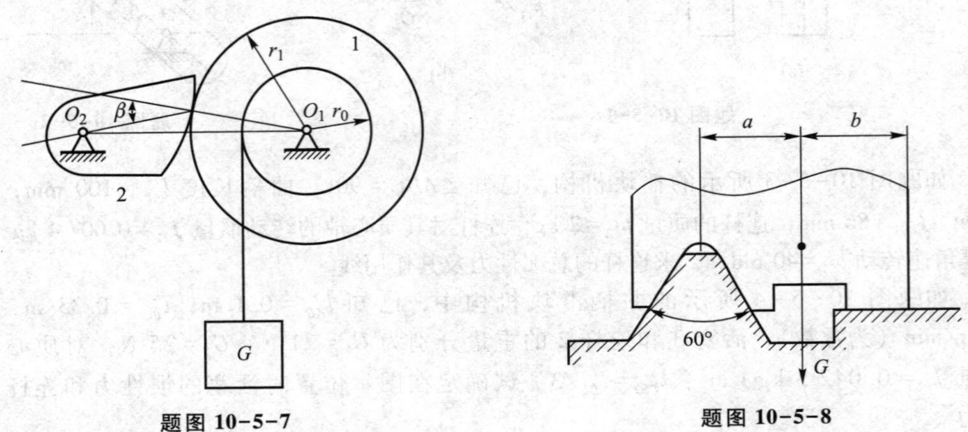

题图 10-5-7　　题图 10-5-8

9. 当题图 10-5-9 所示的轧钢机的轧辊回转时，不需外力的帮助即能将轧件带入轧辊之间。(1) 试证明这时轧辊与轧件间的摩擦角 φ 不应少于 β；(2) 若 $d=1\,200$ mm，$a=25$ mm，轧辊与轧件间的摩擦系数 $f=0.3$，求轧件的最大厚度 h。

10. 在题图 10-5-10 所示的曲柄滑块机构中，已知各构件的尺寸、转动副轴颈半径 r 及当量摩擦系数 f_v，滑块与导路的摩擦系数 f。而作用在滑块 3 上的驱动力为 F_d。试求在图示位置时，需要作用在曲柄上沿 x—x 方向的平衡力 F_b（不计重力和惯性力）。

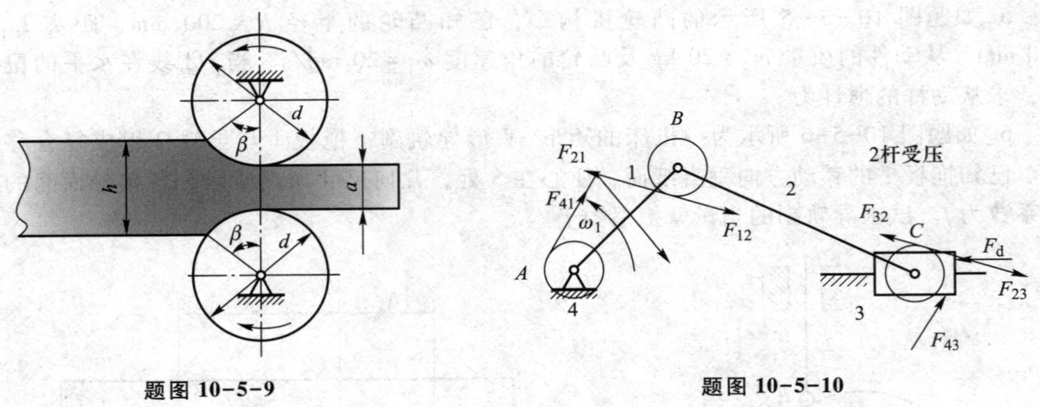

题图 10-5-9　　题图 10-5-10

11. 题图 10-5-11a、b、c 所示为一曲柄滑块机构的三个位置，F 为作用在活塞上的力，转动副 A 及 B 上所画的细线小圆为摩擦圆，试决定在此三个位置时作用在连杆 AB 上的作用力的真实方向（构件重量及惯性力略去不计）。

12. 如题图 10-5-12 所示的摆动凸轮机构中，已知作用于摆杆 3 上的外载荷 F_Q，各转动副的轴颈半径 r 和当量摩擦系数 f_v，C 点的滑动摩擦系数 f 以及机构的各部分尺寸。主动件凸轮 2 的转向如图，试求图示位置时作用于凸轮 2 上的驱动力矩 M。

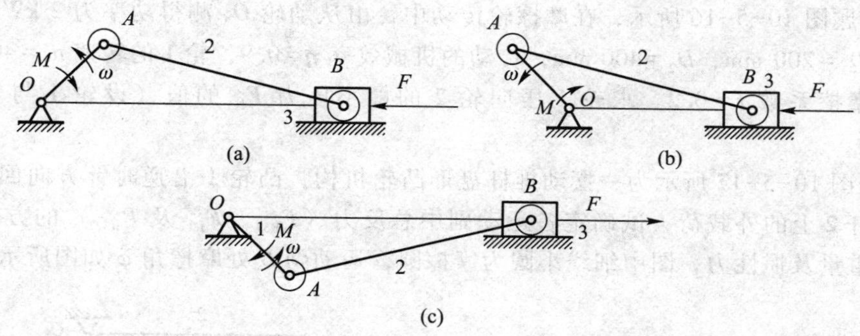

题图 10-5-11

13. 如题图 10-5-13 所示为一锁紧机构，已知各部分尺寸和接触面的摩擦系数 f，转动副 A、B、C 处的细线圆代表摩擦圆，在力 F 的作用下工作面上产生夹紧力 F_Q。试画此时各运动副中的总反力作用线位置和方向（不考虑各构件的质量和转动惯量）。

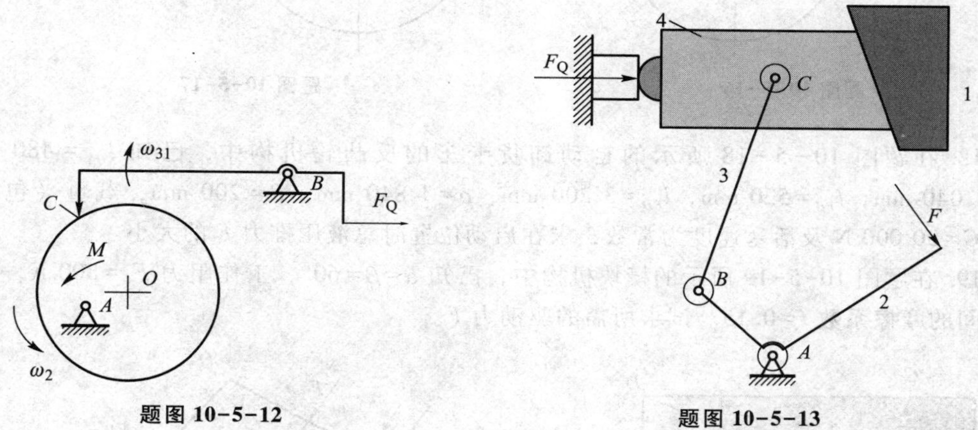

题图 10-5-12　　题图 10-5-13

14. 如题图 10-5-14 所示的机构中，各摩擦面间的摩擦角均为 φ，F_Q 为工作阻力，F 为驱动力。试在图中画出各运动副的总反力 F_{R32}、F_{R12}、F_{R31}（包括作用线位置方向）。

15. 如题图 10-5-15 所示的铰链机构中，各铰链处细实线圆为摩擦圆，M_d 为驱动力矩，M_r 为工作阻力矩。试在图上画出下列约束反力的方向与作用线位置：F_{R32}、F_{R12}、F_{R43}、F_{R41}。

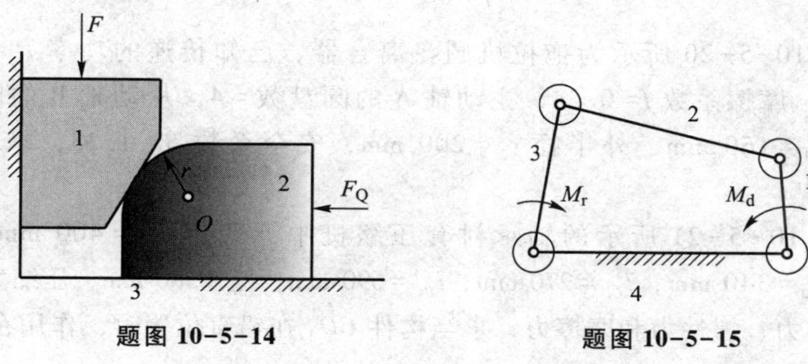

题图 10-5-14　　题图 10-5-15

16. 如题图 10-5-16 所示，在摩擦轮传动中，由从动轮 O_2 测得功率为 2 kW，两轮直径分别为 $D_1=200$ mm，$D_2=400$ mm，传动的机械效率 $\eta=0.9$，轮 1 的转速 $n_1=400$ r/min，轮缘间的摩擦系数 $f=0.2$。求轮 1 压向轮 2 的最小压力 F_{N1} 的值（设轮 1 与轮 2 为纯滚动）。

17. 题图 10-5-17 所示为一摆动推杆盘形凸轮机构，凸轮 1 沿逆时针方向回转，F 为作用在推杆 2 上的外载荷，试确定各运动副中总反力（F_{R31}、F_{R12} 及 F_{R32}）的方位（不考虑构件的重量及惯性力，图中细线小圆为摩擦圆，运动副 B 处摩擦角 φ 如图所示）。

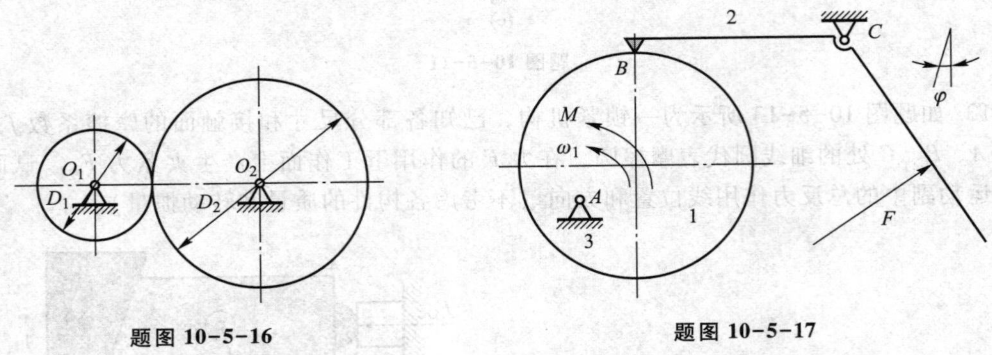

题图 10-5-16　　题图 10-5-17

18. 在题图 10-5-18 所示的自动卸货卡车的反凸轮机构中，已知 $l_{OA}=480$ mm，$l_{AB}=1\ 040$ mm，$l_{BC}=520$ mm，$l_{BD}=3\ 200$ mm，$\rho=1\ 840$ mm，$R=200$ mm，载重（包括自重）$G=30\ 000$ N 及活塞速度为常数，求在启动位置时总液压推力 F 的大小。

19. 在题图 10-5-19 所示的楔块机构中，已知 $\alpha=\beta=60°$，工作阻力 $F_r=800$ N，各接触面间的摩擦系数 $f=0.15$。试求所需的驱动力 F。

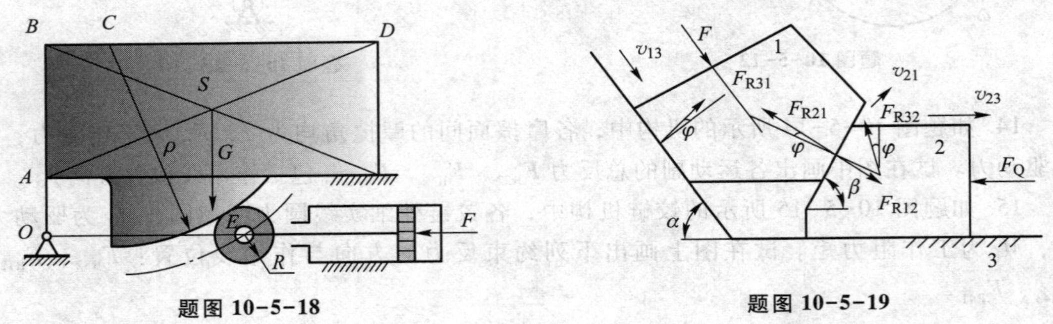

题图 10-5-18　　题图 10-5-19

20. 如题图 10-5-20 所示为拖拉机圆盘离合器，已知传递的功率 $P=22$ kW，转速 $n=1\ 000$ r/min，摩擦系数 $f=0.34$，主动轴 A 的圆盘数 =4，从动轴 B 的圆盘数 =5，接触面的内半径 $r_1=160$ mm，外半径 $r_2=200$ mm，安全系数 $S=1.33$，求应加的弹簧压力 F_Q。

21. 在题图 10-5-21 所示的轴承衬套压缩机中，已知：$x=400$ mm，$l=260$ mm，$y=400$ mm，$l_{CO2}=340$ mm，$l_{CD}=270$ mm，$l_{BC}=690$ mm，$l_{AB}=580$ mm，压缩力 $F_Q=5\ 000$ N。如不考虑构件重力、惯性力和摩擦力，求当构件 CO_2 在铅直位置时，作用在气缸活塞上的平衡力 F_b。

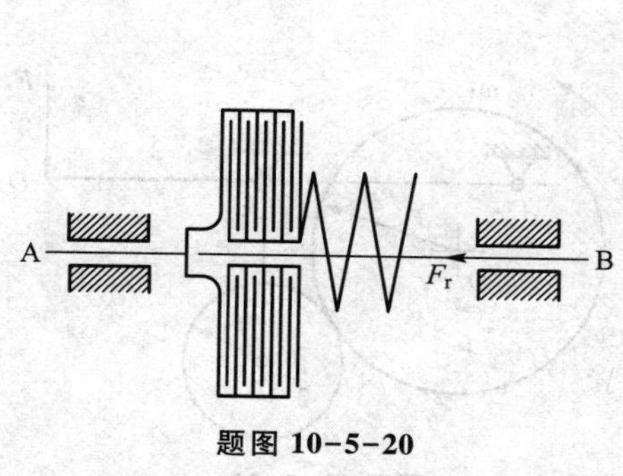

题图 10-5-20

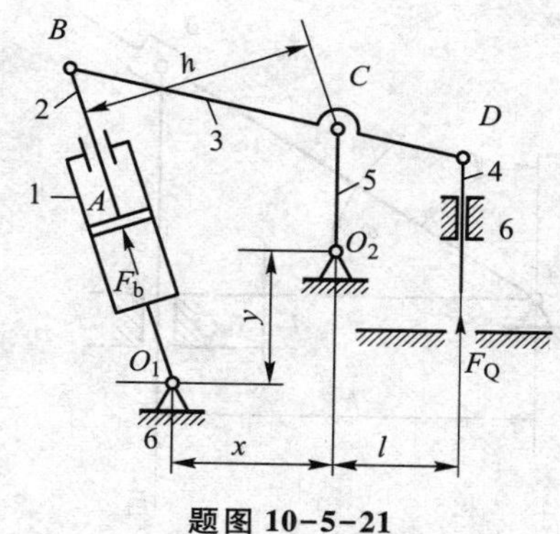

题图 10-5-21

22. 在题图 10-5-22 所示的搬运器机构中，已知 $l_{AB}=100$ mm，$l_{BC}=l_{CD}=200$ mm，$l_{DE}=0.5l_{CD}$及工作阻力 $F_{r5}=1\ 000$ N，若不计各构件的重量和惯性力，求机构在图示位置时各运动副的反力及必须加在主动构件 1 上的平衡力矩。

23. 在题图 10-5-23 所示的消防梯升降机构中，已知 $l_{AB'}=500$ mm，$l_{BB'}=200$ mm，$l_{AD}=1\ 500$ mm（D 为消防员站立的位置），$x_C=y_A=1\ 000$ mm，设消防员的重量 $G=1\ 000$ N，构件 1 的质心位于 A 点，其余构件的重量及全部惯性力忽略不计，$\varphi=0°\sim80°$，求机构在图示位置时应加于油缸活塞上的平衡力 F_b。

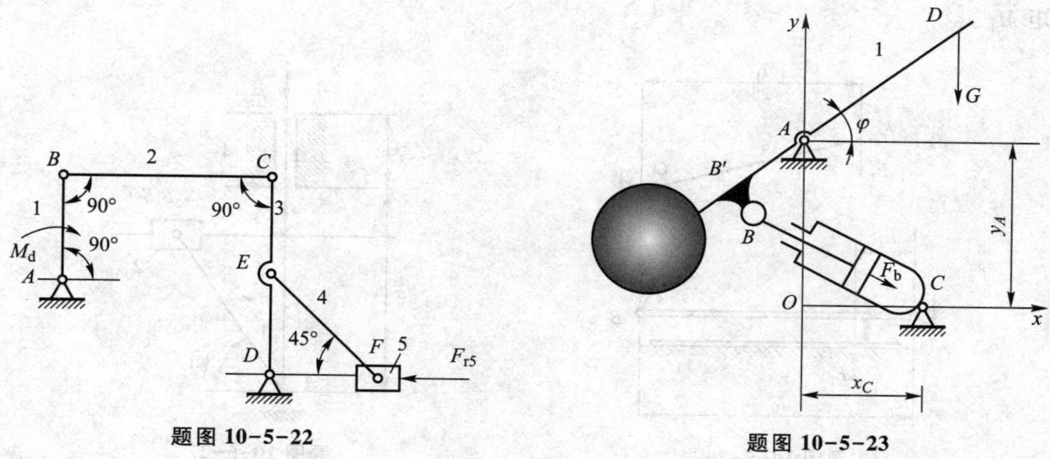

题图 10-5-22

题图 10-5-23

24. 在题图 10-5-24 所示的正切机构中，已知 $h=500$ mm，$l=100$ mm，$\omega_1=10$ rad/s（为常数），构件 3 的重量 $G_3=10$ N，质心在其轴线上，工作阻力 $F_r=100$ N，其余构件的重力和惯性力均略去不计。试求当 $\varphi_1=60°$时，需加在构件 1 上的平衡力矩 M_b。

25. 如题图 10-5-25 所示的偏心圆盘凸轮机构中，凸轮半径 $r_1=40$ mm，其几何中心 O 与回转中心 A 的偏距为 25 mm。从动件质心在点 C，绕质心的转动惯量为 0.02 kg · m²，有一垂直力 F 作用于点 D，$l_{CD}=60$ mm。以 B 为中心装一半径 $r_2=20$ mm 的滚子，$l_{BC}=50$ mm。凸轮转速 $\omega_1=12$ rad/s，转向如图所示。当∠ACB 为直角时，∠$OBC=60°$。试问如此时要保证凸轮与滚子接触，力 F 的最小值应为多少（不考虑摩擦力）？

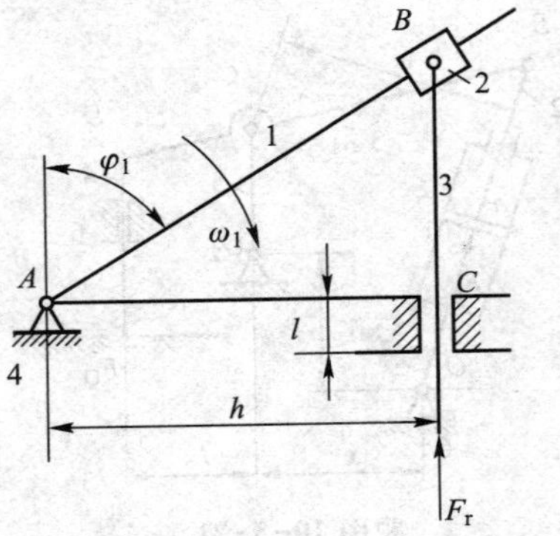

题图 10-5-24

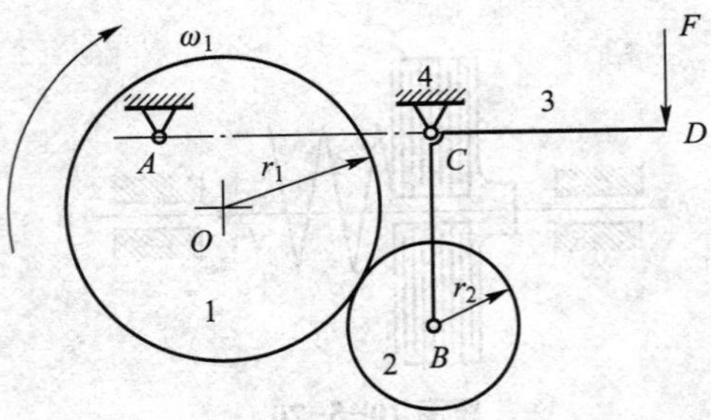

题图 10-5-25

26. 如题图 10-5-26 所示为一增力物动剪切机构，F 为驱动力，并给出 $\beta=30°$，$l_{OA}=l_{AB}=100$ mm，$h_2=100$ mm，$l_1=400$ mm，$l_0=500$ mm，试求能过连杆 2 作用于从动件 3 上的作用力 F_{R23} 和工作阻力 F_r 对驱动力 F 的比值（假设略去各运动副中的摩擦和重力）。

27. 在题图 10-5-27 所示的正弦机构中，已知 $l_{AB}=100$ mm，$h_1=120$ mm，$h_2=80$ mm，$\omega_1=10$ rad/s（为常数）滑块 2 和构件 3 的重量分别为 $G_2=40$ N 和 $G_3=100$ N，质心 S_2 和 S_3 的位置如图所示，加于构件 3 上的工作阻力 $F_r=400$ N，构件 1 的重力和惯性力略去不计。试用解析法求机构在 $\varphi_1=60°$、220°位置时各运动副反力和需加于构件 1 上的平衡力偶矩 M_b。

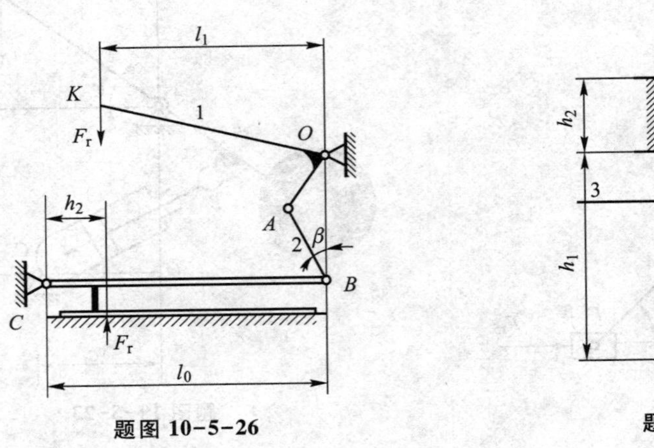

题图 10-5-26

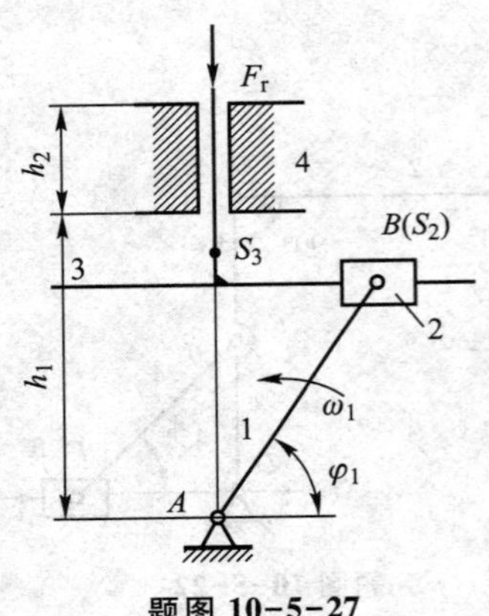

题图 10-5-27

28. 如题图 10-5-28 所示的矩形螺纹千斤顶中，已知螺纹外直径 $d=24$ mm，内直径 $d_1=20$ mm；顶头环形摩擦面的外直径 $D=50$ mm，内直径 $D_1=42$ mm；手柄长度 $l=300$ mm，所有摩擦面的摩擦系数均为 $f=0.1$，求该千斤顶起重时所需的驱动力矩。又若 $F=100$ N，求可举起的重力为多少？

29. 在题图 10-5-29 所示的机构中，$x=250$ mm，$y=200$ mm，$l_{AS2}=128$ mm，F 为驱动力，F_r 为工作阻力。$m_1=m_3=2.75$ kg，$m_2=4.95$ kg，$J_{S2}=0.012$ kg·m^2，又原动件以等速 $v=5$ m/s 向下移动。如已知转动副 A、B 的轴颈半径 r 及当量摩擦系数 f_v，且各构件的惯性力和重力均略去不计，试作出各运动副的总反力的作用线。

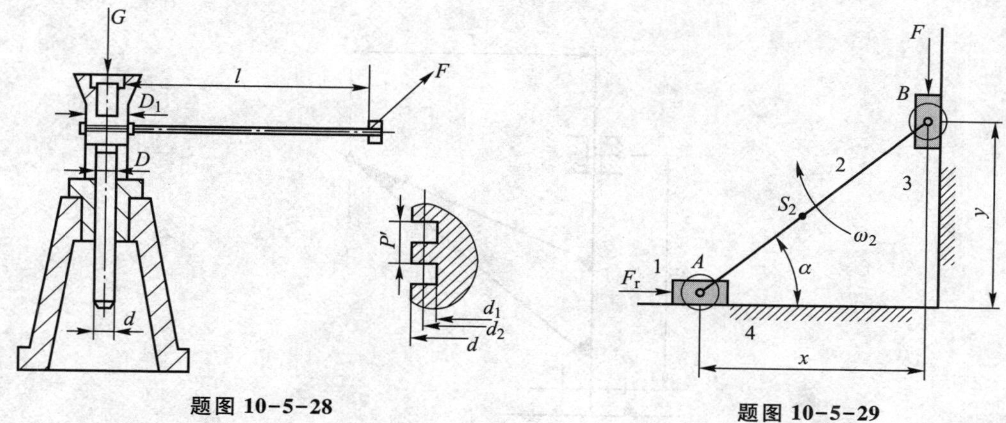

题图 10-5-28　　题图 10-5-29

30. 如题图 10-5-30 所示，小车上的载荷 $F_Q = 30\ 000$ N，其轮轴轴颈的直径 $d = 40$ mm，轴承中的当量摩擦系数 $f_v = 0.1$，车轮的直径 $D = 250$ mm，车轮与铁轨间的滚动摩擦系数 $k = 0.1$，求使小车在水平铁轨 $x-x$ 上等速运动的水平牵引力 F 的大小。

31. 在题图 10-5-31 所示的凸轮机构中，已知作用在从动件 2 上的载荷 $F = 1\ 000$ N，$l_{AO} = 30$ mm，$R = 60$ mm，$\beta = 30°$，$\angle OAC = 90°$，各运动副中的摩擦系数（包括 A 处的当量摩擦系数）均为 $f = 0.1$，转动副 A 的轴颈半径 $r = 15$ mm。试求各运动副中的反力及应加在凸轮上的平衡力矩。构件重量及其惯性力均不计。

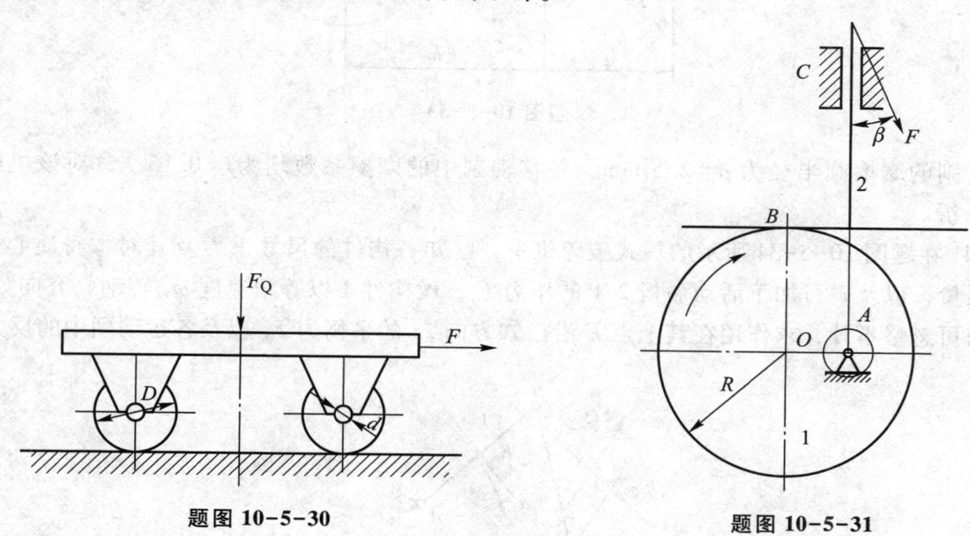

题图 10-5-30　　题图 10-5-31

32. 如题图 10-5-32 所示的旋臂起重机中，已知载荷 $G = 5\ 000$ N，$h = 4$ m，$l = 5$ m，轴颈的直径 $d = 80$ mm，径向轴颈和止推轴颈的摩擦系数均为 $f = 0.1$。设它们都是非跑合的，求使旋臂转动的力矩 M。

33. 在题图 10-5-33 所示的插床导杆机构中，已知 $l_1 = 70.261$ mm，$l_3 = l_4 = 106.744$ mm，$l_6 = 150$ mm，$h = 100.527$ mm，$a = b = 50.0$ mm，$c = 120$ mm，$d = 125$ mm，构件 3 的质心为 S_3，重量为 G_3，对过质心 S_3 且与运动平面相垂直的轴的转动惯量，滑块 5 的质心为 S_5，重量为 $G_5 = 320.0$ N，其余构件的质量不计，切削力 $F = 1\ 200$ N，曲柄 1 的匀角速度 $\omega_1 = 12.566\ \mathrm{s}^{-1}$，

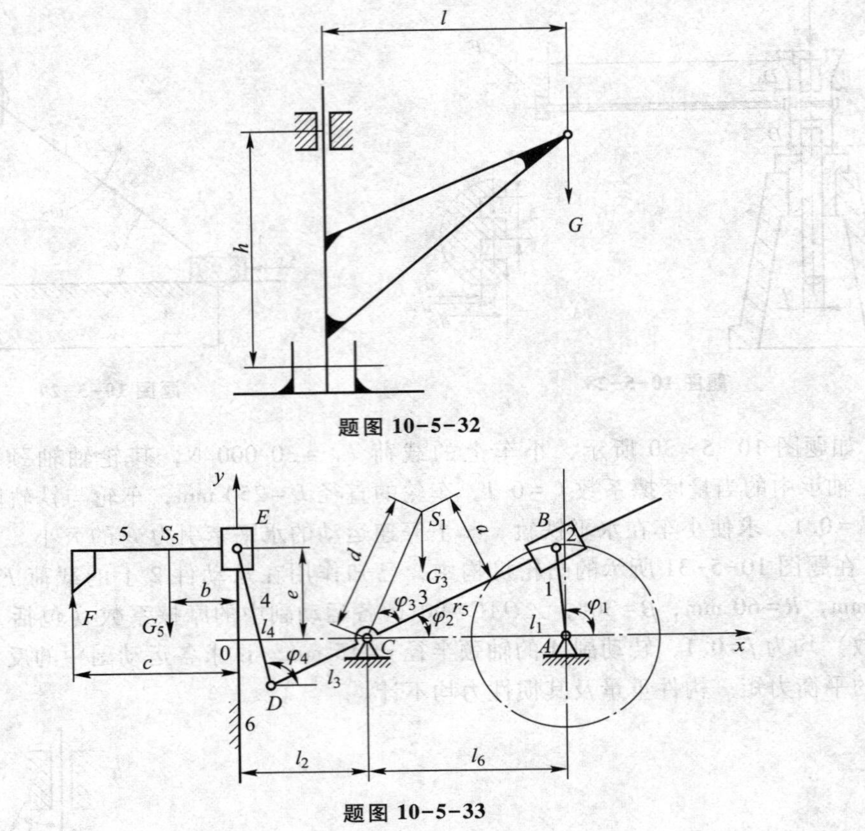

题图 10-5-32

题图 10-5-33

各回转副的摩擦圆半径为 $\rho=2.5$ mm，各移动副中的摩擦系数均为 $f=0.15$，试对该机构进行力分析。

34. 在题图 10-5-34 所示的颚式破碎机中，已知各构件的尺寸重力及其对本身质心轴的转动惯量，以及矿石加于活动颚板 2 上的压力 F_r，设构件 1 以等角速度 ω_1 转动，方向如图，其重力可忽略不计，求作用在其上点 E 沿已知方向 xx 的平衡力 F_b 以及各运动副中的反力。

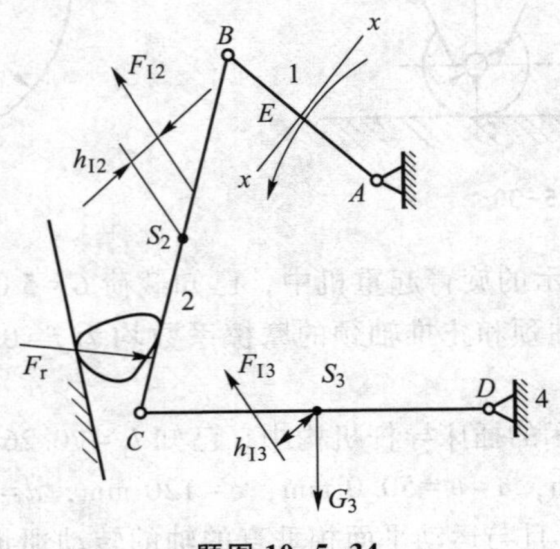

题图 10-5-34

Ⅳ 运行（operation）模块

设计分析好的机构，在实际运行中会碰到什么问题呢？可能会有人问你设计的机构效率如何？是否存在自锁？是否有动载荷？是否会出现速度波动等？这个模块会一一解答这些问题。

第十一章　机械的效率和自锁

本章学习任务：机械的机械效率，自锁现象及自锁条件。

驱动项目的任务安排：全面认识机械效率与自锁的概念，掌握简单机械的效率与自锁条件的求解方法。

11.1　机械的效率

机械稳定运转时，作用在机械上的驱动功（输入功）W_d、有效功（输出功）W_r、损失功 W_f 之间的关系如下式：

$$W_d = W_r + W_f \tag{11-1}$$

机械效率 η：机械的输出功与输入功之比，见式（11-2a），它反映输入功在机械中的有效作用程度。机械效率的高低是机械的一个重要性能指标。

$$\eta = W_r / W_d = 1 - W_f / W_d \tag{11-2a}$$

机械效率用功率表示：

$$\eta = P_r / P_d = 1 - P_f / P_d \tag{11-2b}$$

式中，P_d、P_r、P_f 分别为输入功率、输出功率及损失功率。

损失率 ξ：机械的损失功与输入功之比，或损失功率与输入功率之比。

$$\xi = W_f / W_d = P_f / P_d \tag{11-3}$$

从式（11-2）、式（11-3）可得 $\eta+\xi=1$。由于摩擦损失不可避免，必有 $\xi>0$ 和 $\eta<1$。为便于效率的计算，下面介绍一种很有用的效率计算公式。图 11-1 所示为机械传动装置的示意图，设 F_P 为驱动力，F_r 为工作阻力，v_P 和 v_r分别为各作用点沿该力作用线方向的分速度，于是根据式（11-2b）可得

$$\eta = P_r / P_d = F_r v_r / (F v_P) \tag{11-4}$$

为了将式（11-4）简化，假设在该机械中不存在摩擦，这样的机械称为理想机械。这时，为克服同样的工作阻力 F_r，其所需要的驱动称为理想驱动力 F_0，显然 $F_0<F_P$。对理想机械来说，其效率应等于 1，即

$$\eta = F_r v_r / (F_0 v_P) = 1 \tag{11-5}$$

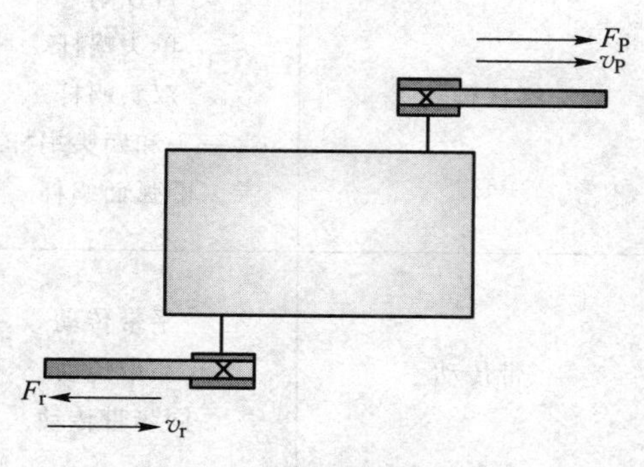

图 11-1　传动装置示意图

将式（11-5）代入式（11-4），得

$$\eta = F_0 v_P / (F_P v_P) = F_0 / F_P \tag{11-6}$$

式（11-6）说明，机械效率也等于不考虑摩擦时克服工作阻力所需的理想驱动力 F_0 与克服同样工作阻力（连同克服摩擦力）时该机械实际所需的驱动力 F_P（F_P 与 F_0 的作用方向线相同）之比。

同理，机械效率也可以用力矩之比的形式来表达，即

$$\eta = M_0 / M \tag{11-7}$$

式中，M_0 和 M 分别表示为了克服同样工作阻力所需的理想驱动力矩和实际驱动力矩。综合式（11-6）与式（11-7）可得

$$\eta = \frac{\text{理想驱动力}}{\text{实际驱动力}} = \frac{\text{理想驱动力矩}}{\text{实际驱动力矩}} \tag{11-8}$$

对于整个机器或整个机组的机械效率，常用下述方法来估算。因为各种机械都不过是由一些常用机构组合而成的，而这些常用机构的效率已通过实践积累了不少资料（表 11-1）。在已知各机构的机械效率后，就可通过计算来确定整个机器（或机组）的效率。下面分三种情况来进行讨论。

表 11-1 简单传动机构和运动副的效率

名称	传动形式	效率值	备注
圆柱齿轮传动	6~7 级精度齿轮传动	0. 98~0. 99	良好磨合、润滑油润滑
	8 级精度齿轮传动	0. 97	润滑油润滑
	9 级精度齿轮传动	0. 96	润滑油润滑
	切制齿、开式齿轮传动	0. 94~0. 96	润滑脂润滑
	铸造齿、开式齿轮传动	0. 90~0. 93	
锥齿轮传动	6~7 级精度齿轮传动	0. 97~0. 98	良好磨合、润滑油润滑
	8 级精度齿轮传动	0. 94~0. 97	润滑油润滑
	切制齿、开式齿轮传动	0. 92~0. 911	润滑脂润滑
	铸造齿、开式齿轮传动	0. 88~0. 92	
蜗杆传动	自锁蜗杆	0. 40~0. 411	润滑良好
	单头蜗杆	0. 70~0. 711	
	双头蜗杆	0. 711~0. 82	
	三头和四头蜗杆	0. 80~0. 92	
	圆弧面蜗杆	0. 811~0. 911	
带传动	平带传动	0. 90~0. 98	
	V 带传动	0. 94~0. 96	
	同步带传动	0. 98~0. 99	

续表

名称	传动形式	效率值	备注
链传动	套筒滚子链 无声链	0.96 0.97	润滑良好
摩擦轮传动	平摩擦轮传动 槽摩擦轮传动	0.811~0.92 0.88~0.90	
滑动轴承		0.94 0.97 0.99	润滑不良 润滑正常 液体润滑
滚动轴承	球轴承 滚子轴承	0.99 0.98	润滑油润滑 润滑油润滑
螺旋传动	滑动螺旋 滚动螺旋	0.30~0.80 0.811~0.911	

1. 串联

图 11-2 所示为 k 个机器串联组成的机组。设各机器的效率分别为 η_1、η_2、…、η_k，机组的输入功率为 P_d，输出功率为 P_r。这种串联机组功率传递的特点是前一机器的输出功率即为后一机器的输入功率。故串联机组的机械效率为

$$\eta=\frac{P_r}{P_d}=\frac{P_1}{P_d}\frac{P_2}{P_1}\cdots\frac{P_k}{P_{k-1}}=\eta_1\eta_2\cdots\eta_k \tag{11-9}$$

即串联机组的总效率等于组成该机组的各个机器效率的连乘积。由此可见，只要串联机组中任一机器的效率很低，就会使整个机组的效率极低；且串联机器的数目越多，机械效率也越低。

2. 并联

图 11-3 所示为由 k 个机器并联组成的机组。设各机器的效率分别为 η_1、η_2、…、η_k，输入功率分别为 P_1、P_2、…、P_k，则各机器的输出功率分别为 $P_1\eta_1$、$P_2\eta_2$、…、$P_k\eta_k$。这种并联机组的特点是机组的输入功率为各机器的输入功率之和，而其输出功率为各机器的输出功率之和。于是，并联机组的机械效率应为

$$\eta=\frac{\sum P_{ri}}{\sum P_{di}}=\frac{P_1\eta_1+P_2\eta_2+\cdots+P_k\eta_k}{P_1+P_2+\cdots+P_k} \tag{11-10}$$

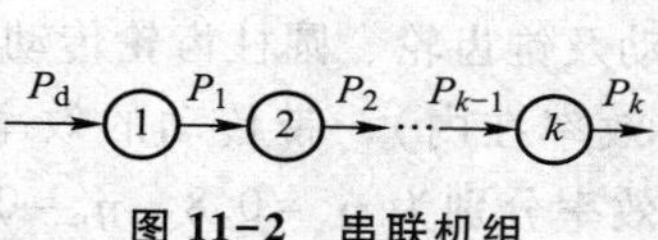

图 11-2 串联机组

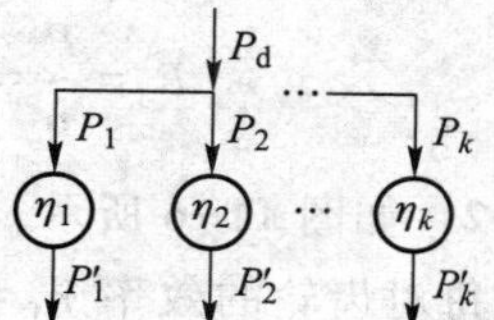

图 11-3 并联机组

式（11-10）表明，并联机组的总效率 η 不仅与各机器的效率有关，而且也与各机器所传递的功率大小有关。设在各机器中效率最高者及最低者的效率分别为 $\eta_{\max}$ 及 $\eta_{\min}$，则 $\eta_{\min}<\eta<\eta_{\max}$，并且机组的总效率 η 主要取决于传递功率最大的机器的效率。由此可得出结论，要提高并联机组的效率，应着重提高传递功率大的传动路线的效率。

3. 混联

图 11-4 所示为兼有串联和并联的混联机组。为了计算其总效率，可先将输入功至输出功的路线弄清，然后分别计算出总的输入功率 $\sum P_d$ 和总的输出功率 $\sum P_r$，则其总机械效率为

$$\eta=\sum P_r/\sum P_d \tag{11-11}$$

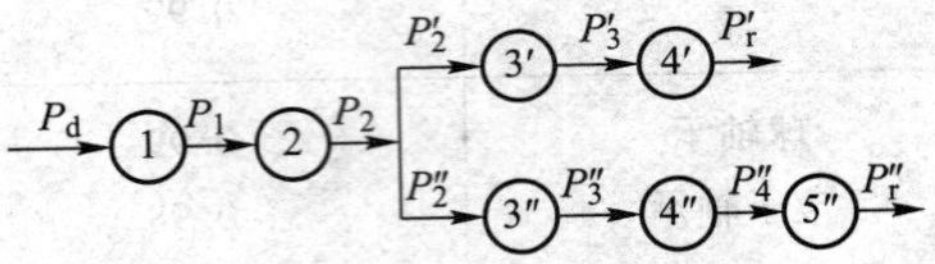

图 11-4 混联机组

例 11-1 图 11-5 所示为一带式运输机，由电动机 1 经带传动及一个两级齿轮减速器带动运输带 8。设已知运输带 8 所需的曳引力 $F=5\ 500$ N，运送速度 $v=1.2$ m/s。带传动（包括轴承）的效率 $\eta_1=0.94$，每对齿轮（包括其轴承）的效率 $\eta_2=0.98$，运输带 8 的机械效率 $\eta_3=0.92$（包括其支承和联轴）。试求系统的总效率 η 及电动机所需的功率。

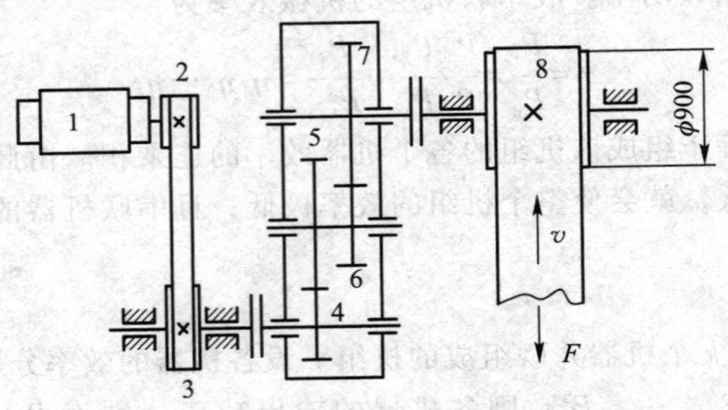

图 11-5 带式运输机

解 该系统的总效率为

$$\eta=\eta_1\eta_2^2\eta_3=0.94\times0.98^2\times0.92=0.831$$

电动机所需的功率为

$$P_d=\frac{P}{\eta}=\frac{5\ 500\times1.2}{0.831}\text{ W}=7\ 942\text{ W}=7.942\text{ kW}$$

例 11-2 如图 11-6 所示，电动机通过 V 带传动及锥齿轮、圆柱齿轮传动带动工作机 A 及 B。设每对齿轮的效率 $\eta_1=0.96$（包括轴承的效率在内），带传动的效率 $\eta_3=0.92$，工作机 A、B 的功率分别为 $P_A=5$ kW、$P_B=2$ kW，效率分别为 $\eta_A=0.8$、$\eta_B=0.5$，试求电动机所需的功率及系统的总效率。

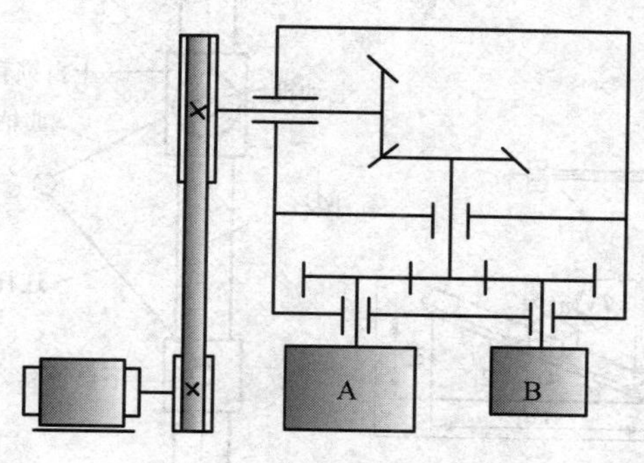

图 11-6 V 带传动电动机

解 此传动属混联系统，其输入功率为

$$P'_A=\frac{P_A}{\eta_3\eta_1^2\eta_A}=7.37\ \text{kW}$$

$$P'_B=\frac{P_B}{\eta_3\eta_1^2\eta_B}=4.72\ \text{kW}$$

电动机所需的功率为 $P_d=P'_A+P'_B=(7.37+4.72)\ \text{kW}=12.09\ \text{kW}$

系统的总效率 $\eta=\frac{P_A+P_B}{P'_A+P'_B}=\frac{5+2}{7.37+4.72}=0.58$

11.2 机械的自锁

有些机构由于摩擦的存在，无论施加多大的驱动力，也无法使它运动，这种现象称为机械的**自锁**。

自锁现象在机械工程中具有十分重要的意义。一方面，设计机械时，为使机械能够实现预期的运动，需要避免在所需的运动方向发生自锁；另一方面，充分利用自锁特性进行安全保护或锁死。例如，图 11-7a 所示的手摇螺旋千斤顶，当转动加力手摇杆 6 将物体 4 举起后，应保证不论物体 4 的重量多大，都不能驱动螺母 5 反转，致使物体 4 自行降落下来。即要求该千斤顶在物体 4 的重力作用下必须具有自锁性。工程中多数螺纹连接就是利用自锁性防松的。又如图 11-7b 所示的爬杆机构，为了防止机构下滑，采用了一个自锁套的装置。在设计机械时，由于未能很好地考虑机械的自锁问题而导致失败的事例时有发生，因此自锁问题需要高度重视。下面就自锁问题进行分析。

如图 11-8 所示，滑块 1 与平台 2 组成移动副。设 F 为作用于滑块 1 上的驱动力，它与接触面的法线 nn 间的夹角为 β（称为传动角），而摩擦角为 φ。将力 F 分解为沿接触面切向和法向的两个分力 F_t、F_n，$F_t=F\sin\beta=F_n\tan\beta$ 是推动滑块 1 运动的有效分力；而 F_n 只能使滑块 1 压向平台 2，其所能引起的最大摩擦力为 $F_{fmax}=F_n\tan\varphi$。因此，当 $\beta\leqslant\varphi$ 时，有

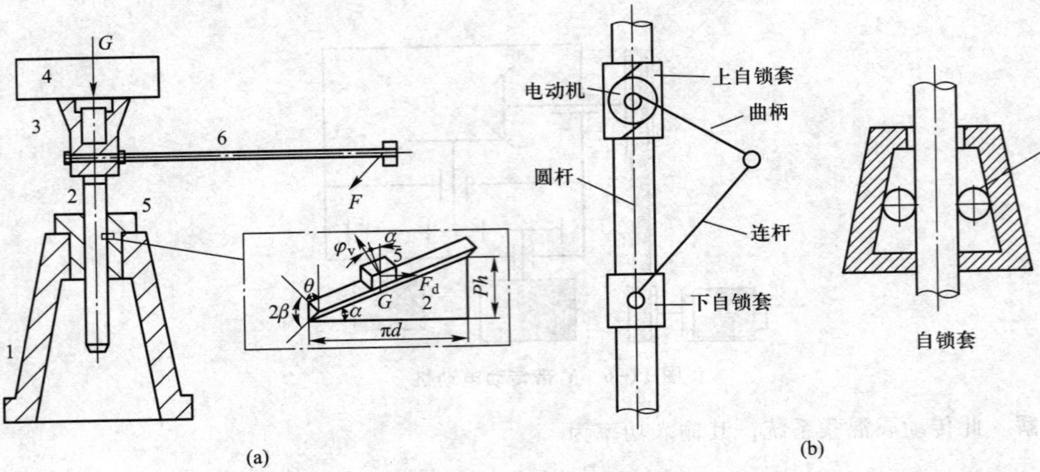

图 11-7　自锁装置

1—基座；2—螺杆；3—举开台；4—重物；5—螺母；6—加力手摇杆

$$F_t \leqslant F_{fmax} \tag{11-12}$$

即在 $\beta \leqslant \varphi$ 的情况下，不管驱动力 F 增大（方向维持不变），驱动力的有效分力 F_t 总小于驱动力 F 本身所可能引起的最大摩擦力，因而总不能推动滑块 1 运动，这就是**自锁现象**。

因此，在移动副中，如果作用于滑块上的驱动力作用在其摩擦角之内（即 $\beta \leqslant \varphi$），则发生自锁，这就是移动副发生自锁的条件。

在图 11-9 所示的转动副中，设作用在轴颈上的外载荷为单力 F，则当为 F 的作用线在摩擦圆之内时（即 $a \leqslant \rho$），因它对轴颈中心的力矩 M_a，始终小于它本身所受到的最大摩擦力矩 $M_f = F_R\rho = F\rho$，所以力 F 任意增大（力臂 a 保持不变），也不能驱使轴颈转动，亦即出现了**自锁现象**。因此，**转动副发生自锁的条件**为：作用在轴颈上的驱动力为力 F，且作用于摩擦圆之内，即 $a \leqslant \rho$。

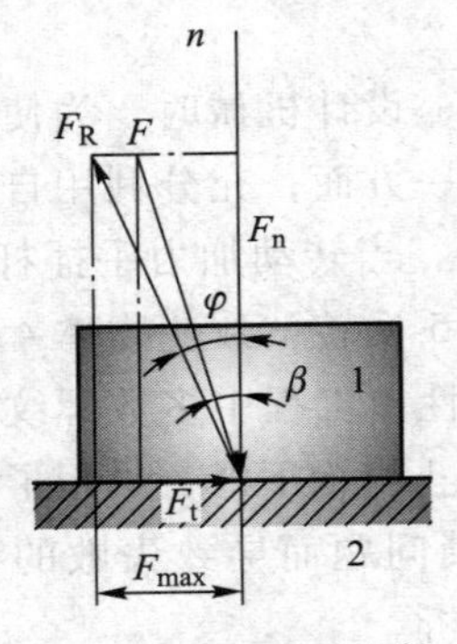

图 11-8　移动副自锁

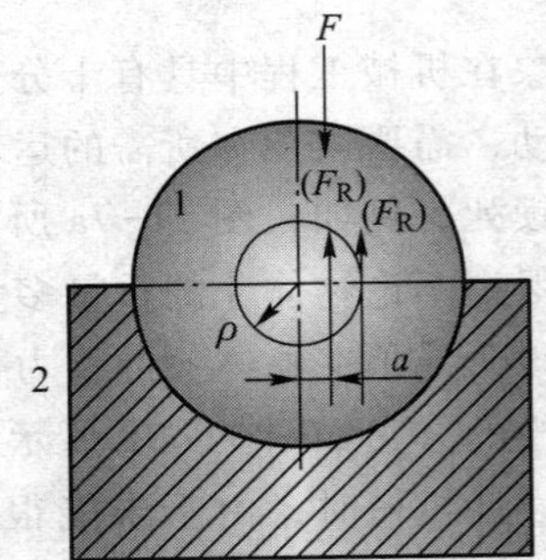

图 11-9　转动副自锁

上面讨论了单个运动副发生自锁的条件。对于一个机械来说，还可根据如下条件之一来判断机械是否会发生自锁。

由于当机械自锁时，机械已不能运动，所以这时它所能克服的工作阻力 $G \leqslant 0$。故可利用当驱动力增大时 $G \leqslant 0$ 是否成立来判断机械是否自锁。

此外，当机械发生自锁时，驱动力所能做的功 W_d 不足以克服其所能引起的最大损失功 W_f，根据式（11-2），这时 $\eta\leqslant 0$。所以，当驱动力任意增大恒有 $\eta\leqslant 0$ 时，机械将发生自锁。

下面举例说明如何确定机械的自锁条件。

（1）螺旋千斤顶

如前所述，图 11-7a 所示的螺旋千斤顶在物体 4 的重力作用下应具有自锁性，其自锁条件可按以下方法求得。

螺旋千斤顶在物体 4 的重力 G 作用下运动时的阻力矩 M'：

$$M'=d_2G\tan(\alpha-\varphi_v)/2$$

令 $M'\leqslant 0$（驱动力 G 为任意值），则得

$$\tan(\alpha-\varphi_v)\leqslant 0,\ 即\ \alpha\leqslant\varphi_v$$

上式为螺旋千斤顶在物体 4 的重力作用下的自锁条件。

（2）斜面压榨机

在图 11-10a 的斜面压榨机中，如在滑块 2 上施加一定的力 F，即可产生一压紧力将物体 4 压紧。图中，F_Q 为被压紧的物体对滑块 3 的反作用力。显然，当力 F 撤去后，该机构在力 F_Q 的作用下，应该具有自锁性，现在来分析其自锁条件，可先求出当 F_Q 为驱动力时该机械的阻力 F。设各接触面的摩擦系数均为 f（$\varphi=\tan f$），再根据各接触面间的相对运动，将两滑块所受的总反力作出，如图 11-11a 所示。然后，分别取滑块 2 和 3 为研究对象，列出力平衡方程式 $\boldsymbol{F}+\boldsymbol{F}_{R12}+\boldsymbol{F}_{R32}=0$ 及 $\boldsymbol{F}_Q+\boldsymbol{F}_{R13}+\boldsymbol{F}_{R23}=0$，并作出力多边形如图 11-10b 所示，于是由正弦定律可得：

$$F=F_{R32}\sin(\alpha-2\varphi)/\cos\varphi \tag{11-13}$$

$$F_Q=F_{R23}\cos(\alpha-2\varphi)/\cos\varphi \tag{11-14}$$

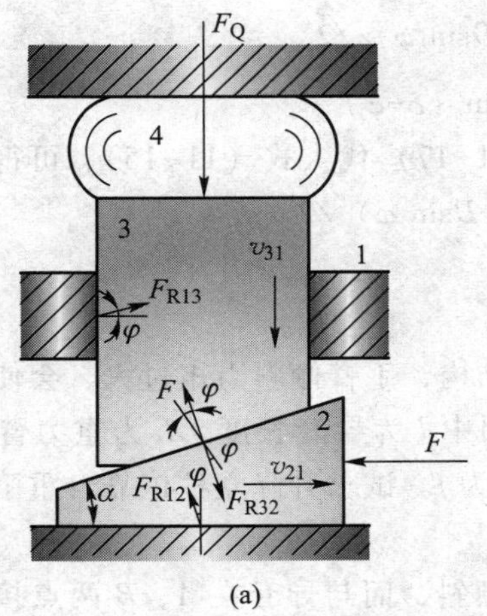

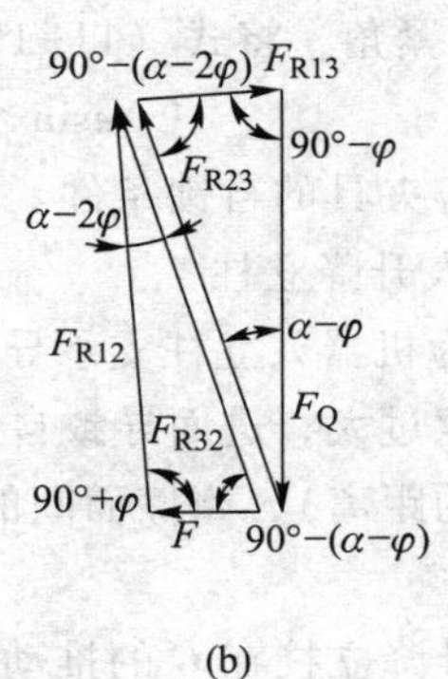

图 11-10 斜面压榨机

又因 $F_{R32}=F_{R23}$，故可得 $F=F_Q\tan(\alpha-2\varphi)$，令 $F\leqslant 0$，得

$$\tan(\alpha-2\varphi)\leqslant 0$$

即

$$\alpha\leqslant 2\varphi$$

此即压榨机反行程（F_Q 为驱动力时）的自锁条件。

(3) 偏心夹具

在图 11-11 所示的偏心夹具中，1 为夹具体，2 为工件，3 为偏心圆盘。当用力 F 压下手柄时，即能将工件夹紧，以便对工件加工。为了当作用在手柄上的力 F（距转动中心为 L）去掉后，夹具不会自动松开，则需要夹具能够自锁性。图中，A 为偏心盘的几何中心，偏心盘的外径为 D，偏心距为 e，偏心盘轴颈的摩擦圆半径为 ρ。

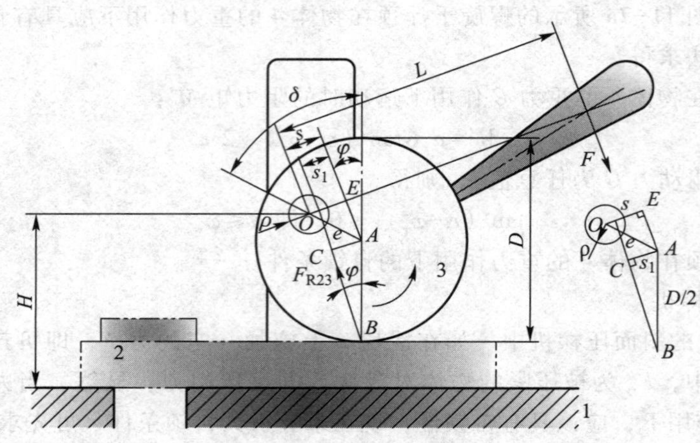

图 11-11 偏心夹具

当作用在手柄上的力 F 去掉后，偏心盘有沿逆时针方向转动放松的趋势，由此可定出总反力 F_{R23}的方向如图 11-11 所示。分别过点 O、A 作 F_{R23}的平行线。要偏心夹具反行程自锁，总反力 F_{R23}应穿过摩擦圆，即应满足条件

$$s-s_1\leqslant\rho \tag{11-15}$$

由直角三角形△ABC 及△OAE 有

$$s_1=\overline{AC}=(D\sin\varphi)/2 \tag{11-16}$$

$$s=\overline{OE}=e\sin(\delta-\varphi) \tag{11-17}$$

式中，δ 称为楔紧角，将式（11-16）、式（11-17）代入式（11-15），可得

$$e\sin(\delta-\varphi)-(D\sin\varphi)/2\leqslant\rho \tag{11-18}$$

这就是偏心夹具的自锁条件。

(4) 机器人升降立柱

图 11-12 为机器人立柱支承导向部分的结构，手臂倾斜力矩过大，会使支承导向套与立柱之间的摩擦过大，进而导致自锁现象。图中 l 为导套长度，L 为重力臂（即手臂质心离立柱中心轴的距离），摩擦面间的摩擦系数为 f。试求升降立柱依靠自重下降而不引起卡死的条件。

因机器人升降立柱在 G 的推动下将发生倾斜，而与导套在 A、B 两点接触，在这两点处将产生正压力 F_{N1}、F_{N2}和摩擦力 F_{f1}、F_{f2}。根据所有的力在水平方向上的投影和应为零的条件，有

$$F_{N1}=F_{N2}$$

根据所有的力对 A 点取矩之和应为零的条件，有

$$F_{N1}l=GL$$

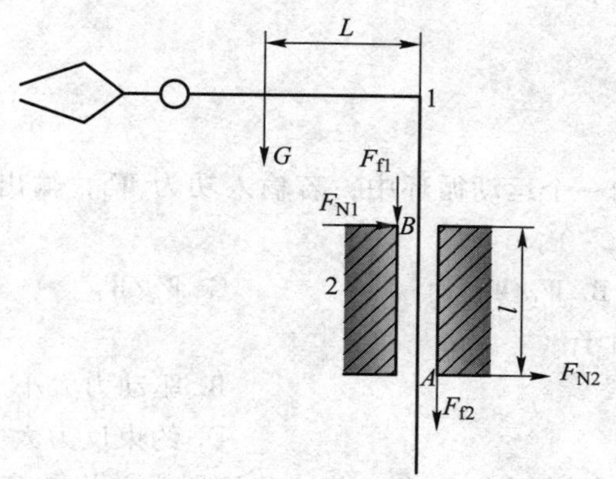

图 11-12 机器人立柱支承导向部分的结构

要立柱 1 不发生自锁，必须满足

$$G>F_{f1}+F_{f2}=2fF_{N1}=2fGL/l$$

故

$$l>2fL$$

必须指出的是，机械的自锁只在一定的受力条件和受力方向下发生，而在另外的情况下却是可动的。如图 11-10 所示的斜面压榨机，要求在力 G 的作用下自锁，滑块 2 不能松退，但在力 F 反向时即可使滑块 2 松退出来，即在力 F 的作用下该压榨机是不自锁的。这就是机械自锁的方向性。

强化训练题 11-1 如图 11-13a 所示的某变速机构中的滑移齿轮，在力 F_P 的作用下使齿轮能够沿轴向顺利向左滑动。已知齿轮孔与轴之间的摩擦系数为 f，轴的直径为 d，齿轮孔与轴的接触面的长度为 b，如果不计齿轮重力，试求力 F_P 到轴中心线的距离 a，在该距离下齿轮不致被卡而自锁。

强化训练题 11-2 如图 11-13b 所示，砖夹宽为 250 mm，由爪 AHB 和 $HCED$ 在点 H 铰接。被提起的砖共重 G，如果不计其余构件的重量，则作用在 O 处的提举力 F_p 与力 G 共线。已知砖夹与砖之间的摩擦系数 $f_s=0.5$，问距离 b 多大才能保证砖不滑掉？

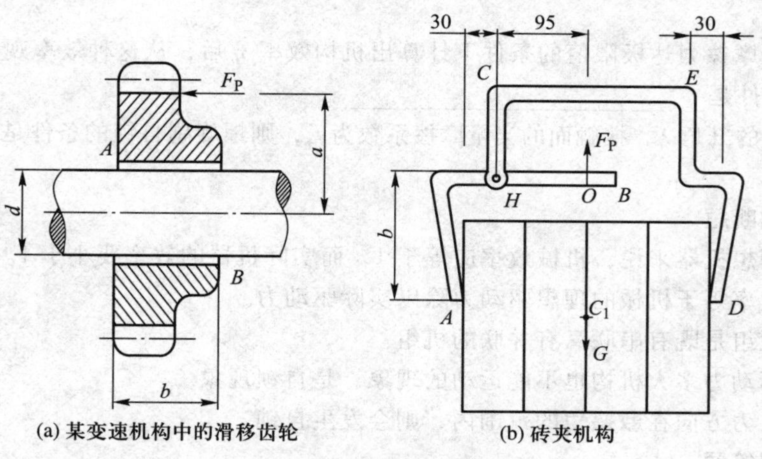

(a) 某变速机构中的滑移齿轮　(b) 砖夹机构

图 11-13 强化训练题图

练习题

11-1 选择题

1. 在机器稳定运转的一个运动循环中，若输入功为 W_d，输出功为 W_r，损失功为 W_f，则机器的机械效率为（　　）。

A. W_r/W_d　　B. W_f/W_d　　C. W_r/W_f　　D. W_d/W_r

2. 机械出现自锁是由于（　　）。

A. 机械效率小于零　　B. 驱动力太小

C. 阻力太大　　D. 约束反力太大

3. 在由若干机器并联构成的机组中，若这些机器中单机效率相等均为 η_0，则机组的总效率 η 必有如下关系（　　）。

A. $\eta>\eta_0$　　B. $\eta<\eta_0$

C. $\eta=\eta_0$　　D. $\eta=n\eta_0$（n 为单机台数）

4. 在由若干机器并联构成的机组中，若这些机器的单机效率均不相同，其中最高效率和最低效率分别为 η_{max} 和 η_{min}，则机组的总效率 η 必有如下关系（　　）。

A. $\eta<\eta_{min}$　　B. $\eta>\eta_{max}$

C. $\eta_{min}\leqslant\eta\leqslant\eta_{max}$　　D. $\eta_{min}<\eta<\eta_{max}$

5. 反行程自锁的机构，其正行程效率（　　），反行程效率（　　）。

A. $\eta>1$　　B. $\eta=1$　　C. $0<\eta<1$　　D. $\eta\leqslant 0$

11-2 填空题

1. 设机器中的实际驱动力为 F_P，在同样的工作阻力和不考虑摩擦时的理想驱动力为 F_0，则机器效率的计算式是 $\eta=$________。

2. 设机器中的实际工作阻力为 F_r，在同样的驱动力作用下不考虑摩擦时能克服的理想工作阻力为 F_{r0}，则机器效率的计算式是 $\eta=$____________。

3. 并联机组的效率不仅与____________的效率有关，而且也与各机器所传递____________有关。

4. 在认为摩擦力达极限值的条件下计算出机构效率 η 后，从这种效率观点考虑，机器发生自锁的条件是____________________。

5. 设螺纹的升角 λ，接触面的当量摩擦系数为 f_v，则螺旋副自锁的条件是________________。

11-3 判断题

1. 对于理想机器来说，机械效率应等于 1，而实际机器的效率要小于 1。（　　）

2. 机械效率等于机械的理想驱动力除以实际驱动力。（　　）

3. 混联机组是既有串联又有并联的机组。（　　）

4. 无论驱动力多大机构也不能运动的现象，是自锁现象。（　　）

5. 若总反力方向在摩擦角的范围内，则会发生自锁。（　　）

11-4 问答题

1. 如何计算整套机组的机械效率？

2. 若机器的输出功为 T_r、损耗功为 T_f，试写出用 T_r、T_f 表达的机器输入功 T_d，并给出机器效率 η 的公式。

3. 若给出某机械的理想驱动力矩为 M_o 与实际驱动力矩为 M_r，试写出该机械的机械效率表达式。

4. 何谓机械自锁？举出两种工程中利用机械自锁完成工作要求的实例。

5. 具有自锁性的蜗杆蜗轮传动，工作时应以哪个构件为主动件？自锁的几何条件是什么？

11-5　分析题

1. 题图 11-5-1 所示为一输送辊道的传动简图，设已知一对圆柱齿轮传动的效率为 0.95；一对锥齿轮传动的效率为 0.92（均已包括轴承效率）。求该传动装置的总效率 η。

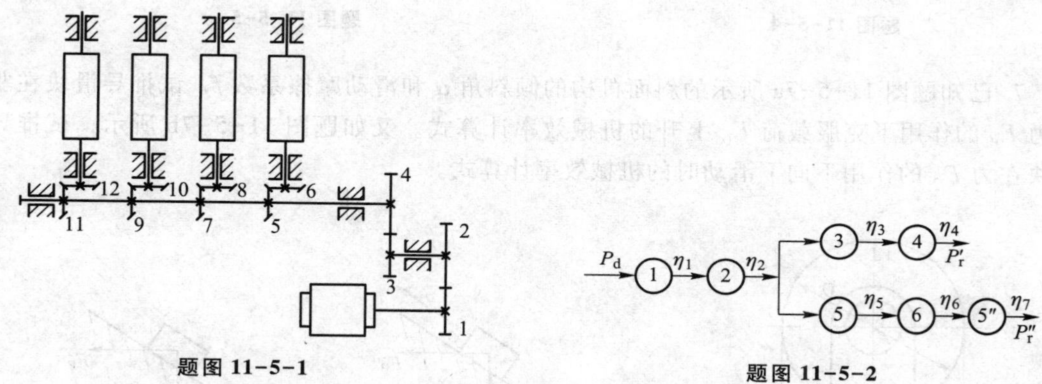

题图 11-5-1　　　　题图 11-5-2

2. 题图 11-5-2 所示为由几种机构组成的机器传动简图，已知：$\eta_1=\eta_2=0.98$，$\eta_3=\eta_4=0.96$，$\eta_5=\eta_6=0.94$，$\eta_7=0.42$，$P'_r=5$ kW，$P''_r=0.2$ kW。求机器的总效率 η。

3. 某重量 G=10 N 的重物，在题图 11-5-3 所示的力 F_P 作用下，斜面等速向上运动。若已知：$\alpha=\beta=15°$，滑块与斜面间的摩擦系数 f=0.1，试求力 F_P 的大小及斜面机构的机械效率。

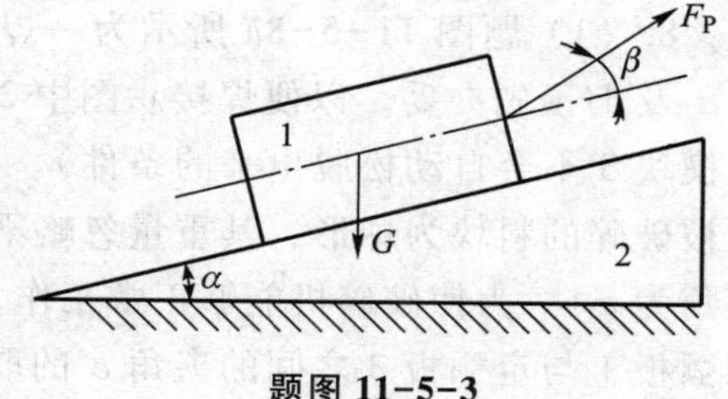

题图 11-5-3

4. 如题图 11-5-4 所示的矩形螺纹千斤顶中，已知螺纹的大径 d=24 mm，小径 d_1=20 mm；螺距 P=4 mm，顶头环形摩擦面的直径 D=50 mm，内直径 d_0=42 mm；手柄的长度 l=300 mm。所有摩擦系数均为 f=0.1。求该千斤顶的效率。又若 F_d=100 N，求能举起重物的重量 F_Q 的大小。

5. 题图 11-5-5 中，已知滑杆端点 A 上作用有驱动力 F_P，夹角为 α，$\overline{AB}=\overline{BC}=\dfrac{l}{2}$，摩擦系数为 f，杆重力忽略不计。求：(1) 力 F_P 拉动滑杆时的效率 η；(2) 力 F_P 能拉动滑杆时 α 最大值不能大于多少？

6. 题图 11-5-6 所示的定滑轮中，已知滑轮直径 D=400 mm，滑轮轴直径 d=60 mm，摩擦系数 f=0.1，载荷 F_Q=500 N，当不计绳与滑轮间的摩擦时，试用摩擦圆概念求：(1) 使 Q 等速上升时的驱动力 F_P；(2) 该滑轮的效率。

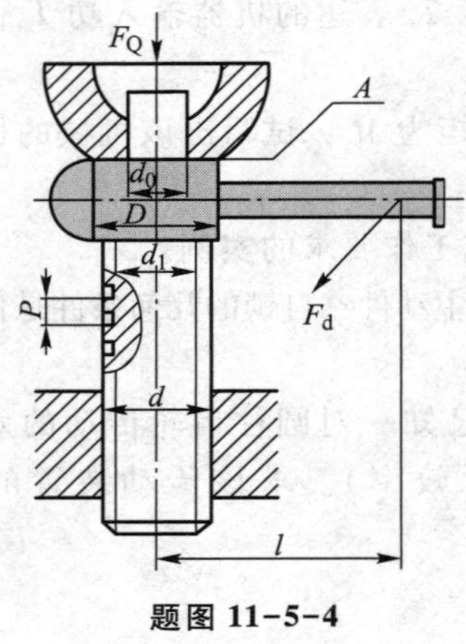

题图 11-5-4

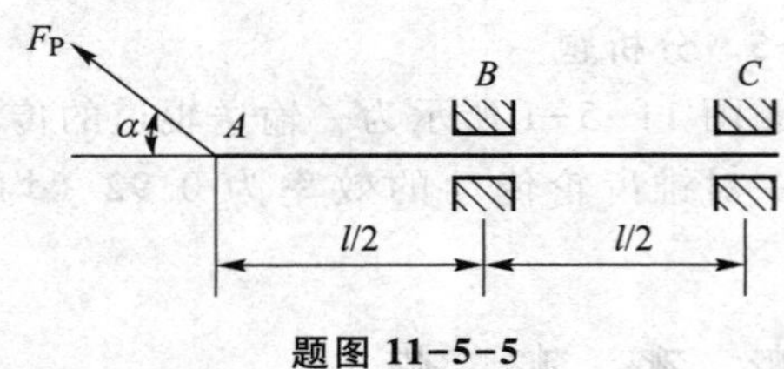

题图 11-5-5

7. 已知题图 11-5-7a 所示的斜面机构的倾斜角 α 和滑动摩擦系数 f，试推导滑块在驱动力 F_P 的作用下克服载荷 F_Q 上升的机械效率计算式。又如题图 11-5-7b 所示，试推导滑块在力 F_Q 的作用下向下滑动时的机械效率计算式。

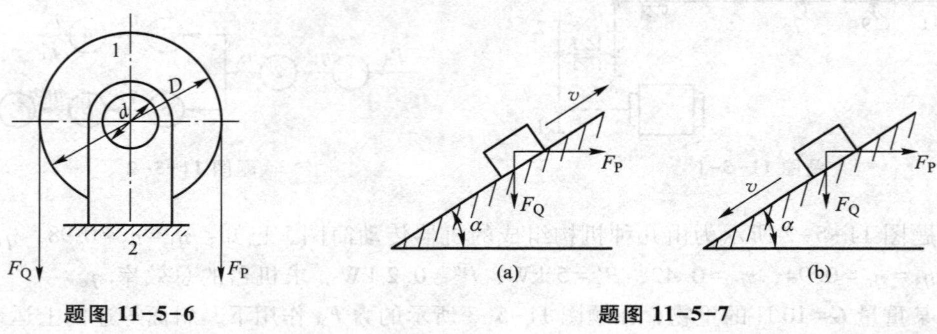

题图 11-5-6　　题图 11-5-7

8.（1）题图 11-5-8a 所示为一焊接用的楔形夹具。利用这个夹具把两块要焊接的工件 1 及 1′预先夹妥，以便焊接。图中 2 为夹具，3 为楔块。试确定其自锁条件（即当夹紧后楔块 3 不会自动松脱出来的条件）。（2）颚式破碎机的原理简图如题图 11-5-8b 所示。设被破碎的料块为球形，其重量忽略不计。料块 2 与颚板 1 和 3 之间的摩擦系数为 f（摩擦角为 φ）。为使破碎机能够正常工作，要求料块 2 能被颚板夹紧而不会向上滑脱。试求：动颚板 1 与定颚板 3 之间的夹角 α 的取值范围。

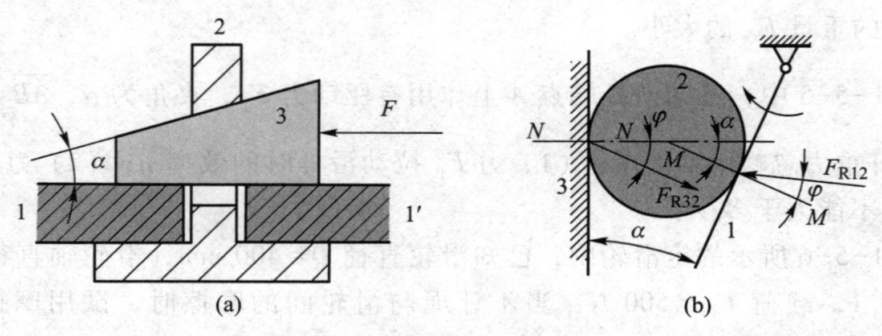

题图 11-5-8

9. 在题图 11-5-9 所示的缓冲器中，若已知各楔块接触面间的摩擦系数 f 及弹簧的压力 F_Q，试求当楔块 2、3 被等速推开和等速恢复原位时力 F 的大小、该机构的效率以及此缓冲器正反行程不致发生自锁的条件。

10. 在题图 11-5-10 所示的夹紧机构中，细线圆为摩擦圆，φ 为摩擦圆，试求：(1) 求出在图示位置欲产生 $F_Q=400$ N 的法向预紧力，需要加在手柄上的力 F 为多少？(2) 判断当力 F 去掉后，该机构是否自锁？为什么？

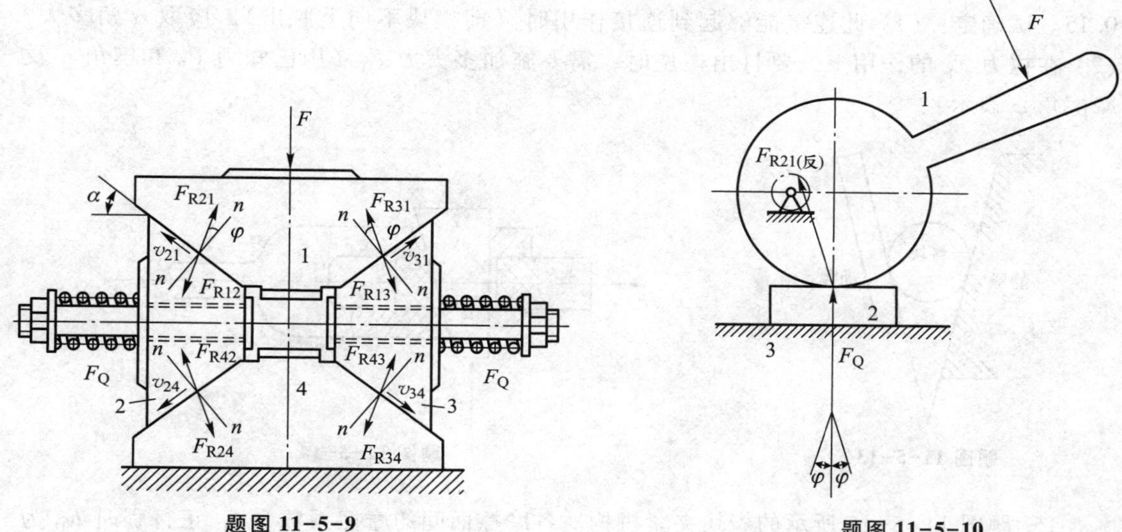

题图 11-5-9　　　　题图 11-5-10

11. 如题图 11-5-11 所示的摩擦停止机构中，已知：$r_1=290$ mm，$r_0=150$ mm，$F_Q=5\ 000$ N，$f=0.16$，求楔紧角 β 及构件 1 和 2 之间的正压力 F_N。（本题中不计及 O_1 和 O_2 轴颈中的摩擦力矩）

12. 题图 11-5-12 所示为一钢锭抓取器，求其能抓起钢锭自锁条件。设抓取器与钢锭之间的摩擦系数为 f，忽略各转动副中的摩擦及抓取器各构件的自重。

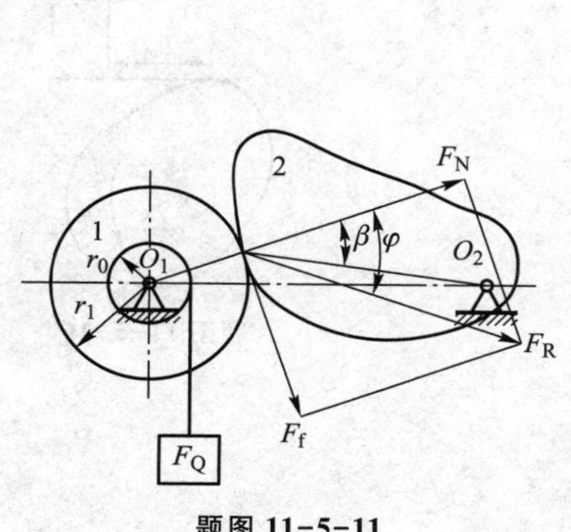

题图 11-5-11

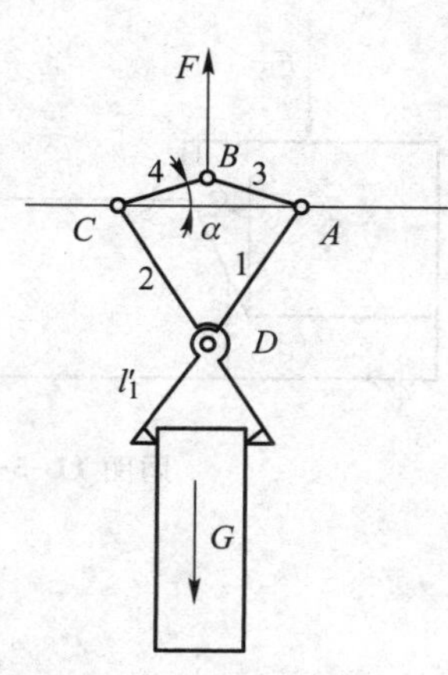

题图 11-5-12

13. 如题图 11-5-13 所示为颚式破碎机的两块颚板，设料块为球形，料块与颚板间的摩擦系数为 $f=0.2$，若不计料块的重量，试求在破碎过程中，不会使料块向上跳开的两颚板之间的夹角 α（咬角）。(2) 颚式破碎机的原理简图如题图 11-5-8b 所示。设被破碎的料块为球形，其重量忽略不计。料块 2 与颚板 1 和 3 之间的摩擦系数为 f（摩擦角为 φ）。为使破碎机能够正常工作，要求料块 2 能被颚板夹紧而不会向上滑脱。试求：动颚板 1 与定颚板 3 之间的夹角 α 的取值范围。

14. 题图 11-5-14 所示为楔块连接，被连接的两拉杆受有拉力 F_P，已知摩擦系数 $f=0.15$。试确定：(1) 此连接能够起到连接作用时（即楔块不向上脱出），应取 α 角多大？(2) 在拉力 F_P 的作用下，要打出楔块时，需要施加多大力 F_T（用已知力 F_P 和楔角 α 及摩擦角 φ 表示）？

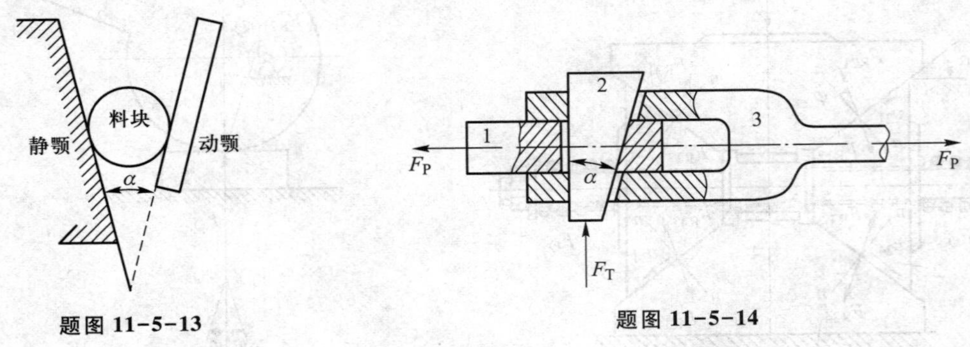

题图 11-5-13　　题图 11-5-14

15. 题图 11-5-15 所示的楔块夹紧机构。各摩擦面间的摩擦系数为 f，正行程时 F_Q 为阻力，F_P 为驱动力。试求：(1) 该机械装置正行程的机械效率 η（用 α 和摩擦角表示）。(2) 反行程欲自锁，α 角应满足什么条件？

16. 在题图 11-5-16 所示的凸轮机构中，已知凸轮与从动件平底的接触点至从动件导路的最远距离 $L_m=100$ mm，从动件与其导轨之间的摩擦系数 $f=0.2$，若不计平底与凸轮接触处的摩擦，为了避免自锁，从动件导轨的长度 b 应满足什么条件？

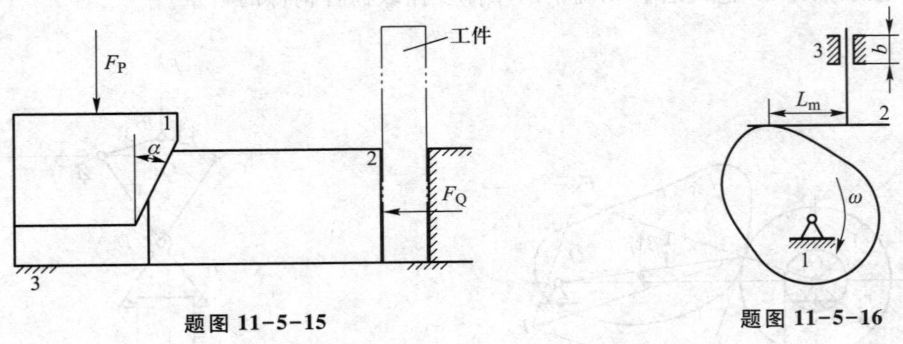

题图 11-5-15　　题图 11-5-16

第十二章　机械平衡

本章学习任务：机械平衡的基本概念，刚性转子的静平衡设计与静平衡实验，刚性转子的动平衡设计与动平衡实验，平衡精度与不平衡量的计算；平面机构平衡的基本概念，质量代换方法，平面机构惯性力的部分平衡方法以及完全平衡方法。

驱动项目的任务安排：掌握刚性转子静、动平衡的原理和方法，了解平面四杆机构的平衡原理。

12.1　机械平衡的目的及内容

12.1.1　机械平衡的目的

机械在运转时，构件运动产生的不平衡惯性力将在运动副中产生附件动压力。这不仅会增大运动副中的摩擦力和构件中的内应力，降低机械效率和使用寿命，而且由于这些惯性力的大小和方向一般都是周期性变化的，所以将会引起机械及其基础产生受迫振动。如果其振幅较大，或其频率接近系统的固有频率，会导致机械本身的工作性能和可靠性下降，零件材料内部疲劳损伤加剧，从而使机械设备破坏，甚至危及人员的安全。

例如，质量 $m=6.8$ kg 的某航空电动机的转子，工作转速为 $n=9\ 000$ r/min，若质心与转子轴线的偏距 $e=0.2$ mm，则该转子产生的离心惯性力 $F=1\ 208$ N，为转子自重的18倍。转子轴承处的动反力也是静止状态轴承反力的18倍。转速越高，产生的惯性力越大。

又如某航空发动机活塞的质量 $m=2.5$ kg，往复移动时的最大加速度 $a_{max}=6\ 900$ m/s^2，活塞作用在连杆上的惯性力为活塞自重的704倍。由于活塞加速度的大小与方向随机构的位置而变化，所以活塞作用在连杆上的惯性力的大小与方向也随之变化。可见，惯性力对机械的工作性能有极大的影响，必须予以高度的重视。

研究机械平衡的目的就是根据惯性力的变化规律，采用平衡设计和平衡实验方法，消除或减少构件所产生的惯性力，减轻机械振动，降低噪声污染，提高机械系统的工作性能和使用寿命。机械的平衡设计与实验是现代机械的一个重要问题，尤其在高速、重型机械和精密机械中，更具有特别重要的意义。

当然不平衡惯性力也有利用价值，有一些机械就是利用构件产生的不平衡惯性力所引起的振动来工作的，如振石机、按摩机、蛙式打夯机、振动打桩机、振动运输机等。

12.1.2 机械平衡的内容

组成机构的构件按照运动方式可分为三种：作定轴转动的构件、往复移动的构件和作平面复合运动的构件。由于构件的结构及运动形式不同，所产生的惯性力和平衡方法也不同。

1. 转子的平衡

在平衡技术中，常把作定轴转动的构件称为转子，如汽轮机、发电机、电动机以及离心机等机器。转子是工作的主体。转子分为刚性转子和挠性转子两种。

(1) 刚性转子的平衡

工作转速低于一阶临界转速，变形可以忽略不计时，称其为**刚性转子**。

图 12-1 所示的转子直径为 d、宽度为 b，左、右两面各有一个不平衡质量 m_1、m_2，回转轴线与中心主惯性轴线交于点 O。转子上各点所产生的惯性力可简化为一个通过质心 C 处的惯性力 F 和惯性力偶矩 M，根据力系平衡条件，有

$$\boldsymbol{F}=\boldsymbol{F}_1+\boldsymbol{F}_2 \tag{12-1}$$

$$M=F_1 l_1+F_2 l_2 \tag{12-2}$$

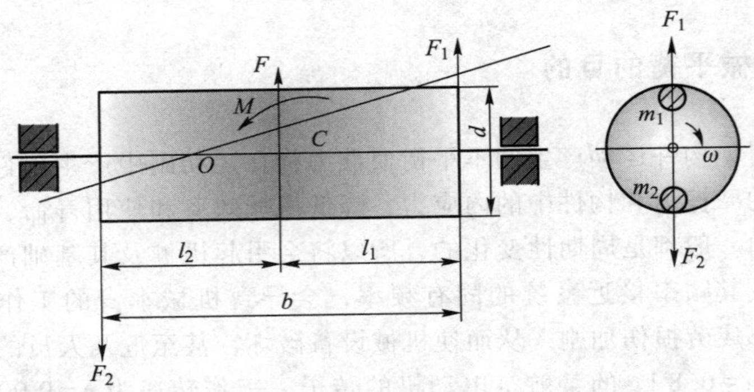

图 12-1 转子惯性力的简化

若转子的宽度 b 很小，l_1、l_2的尺寸更小。当 $b/d<0.2$ 时，可不考虑转子的宽度影响，惯性力偶矩可忽略不计。这类转子形状为圆盘状，其质量分布可认为在同一平面内。偏心重所产生的静力矩使其质心趋于下方，就像支起后架的自行车后轮一样，静止时气门芯的位置停在下方。也就是说这类转子的不平衡现象在静止状态即可表现出来，称为**静不平衡**。对这类转子可以只进行静平衡设计。若转子的宽度 b 很大，l_1、l_2的尺寸也较大。当 $b/d\geqslant 0.2$ 时，转子的宽度不能忽略，惯性力偶矩的影响也不能忽略不计。这类长圆柱形转子的不平衡现象在静止时不易显示出来，只有在运转过程中才会出现明显的不平衡特征，称为**动不平衡**。对这类转子需要进行动平衡设计，对惯性力和惯性力偶矩都要进行平衡。

静平衡仅消除了惯性力的影响，经过静平衡的转子不一定能满足动平衡的条件，在机械设计时要予以注意。

转子的材质分布不均匀或制造、安装误差等因素造成的转子回转轴线与其中心主惯性轴线不重合会产生离心惯性力和惯性力偶矩。这种不平衡现象可以通过对转子本身增减平

衡质量的方法，重新调整转子上的质量分布，使转子的回转轴线与其中心主惯性轴线重合。

（2）挠性转子的平衡

在现代机械如汽轮机、航空涡轮发动机、电动机等中的大型转子，由于受径向尺寸的限制，长径比较大，且重量大，导致其共振转速降低，而其工作转速又往往很高。在运转过程中，转子本身会发生明显的弯曲变形，产生动挠度，从而使其惯性力显著增大，称这类发生弹性变形的转子为**挠性转子**。挠性转子的平衡与前述刚性转子的平衡有很大的不同。若转子的工作转速 n 接近转子的第一阶临界转速 n_{c1}，则该转子就会发生明显的弯曲变形。一般情况下，当 $n \geqslant 0.7n_{c1}$ 时，可把这种状态下工作的转子视为挠性转子。挠性转子的平衡原理是基于弹性梁的横向振动理论。

2. 机构的平衡

对于作往复移动的构件和平面复合运动的构件，因构件的质心位置随机构的运动而发生变化，故质心处的加速度大小与方向也随机构的运动而变化，所以不能用在构件上加减平衡质量的方法来平衡惯性力，只能就整个机构进行研究，通过合理设计，设法使各运动构件惯性力的合力和合力偶作用在机架上，最终由机械的机座承担，故此类平衡问题又称为**机械在机座上的平衡**或**机构的平衡**。

12.2 刚性转子的静平衡与动平衡设计

在转子的设计阶段，尤其是对高速转子及其精密转子进行结构设计时，必须对其进行平衡计算，以检查其惯性力和惯性力矩是否平衡。若不平衡，则需在结构上采取措施消除不平衡惯性力的影响，这一过程称为**转子的平衡设计**。

如图 12-2a 所示的内燃机曲轴，结构上对回转轴线就不对称。如图 12-2b 所示的盘状零件，由于尺寸、重量较大，设计时要留有穿钢丝绳的起吊孔，从而造成了转子的不平衡。在设计过程中，可利用在转子上加、减平衡质量的方法，使转子上的惯性力和惯性力偶矩的合力为零，即满足 $\sum F_i = 0$，$\sum M_i = 0$，使其回转轴线与中心主惯性轴线重合。

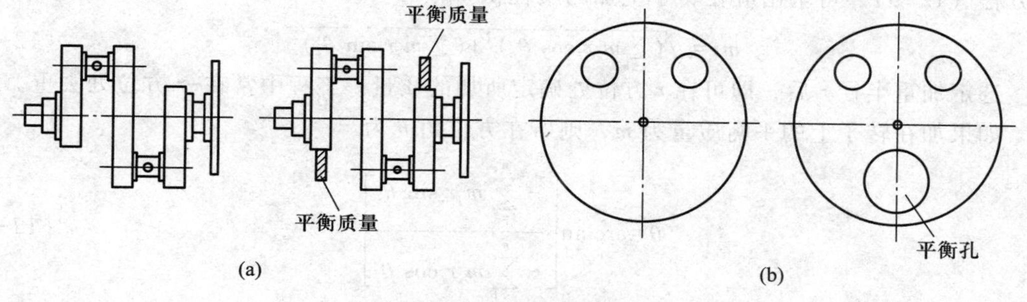

图 12-2 转子平衡示意图

12.2.1 刚性转子的静平衡设计

宽径比 $b/d<0.2$ 的圆盘状转子可进行静平衡设计。由于忽略了转子的宽度，转子上的不平衡质量可以认为集中在一个平衡面内。**设计的关键问题**是找出转子在该平面上应加或应减配重的大小与方位，平衡原理是转子上各不平衡质量所产生的离心惯性力与所加平衡质量（或所减平衡质量）所产生的离心惯性力的合力为零。

转子离心惯性力的计算公式为 $F=mr\omega^2$。

当转子的角速度 ω 为定值时，决定离心惯性力的大小与方位的只有质径积 mr。在平衡分析中，常称之为**不平衡量**。当不平衡量一定时，离心惯性力的大小与角速度的平方成正比。

图 12-3 所示的转子上，已知三个不平衡质量的大小分别为 m_1、m_2、m_3；相对直角坐标系 Oyz 中的方位为 r_1、θ_1，r_2、θ_2，r_3、θ_3。设应加的平衡质量为 m，相对直角坐标系 Oyz 的方位为 r、θ。所加平衡质量 m 所产生的惯性力与三个不平衡质量 m_1、m_2、m_3所产生的惯性力的合力为零（$\sum \boldsymbol{F}_i=0$）时，其质量中心位于回转轴线上，实现了转子的静平衡。如转子上有 n 个不平衡质量，惯性力（惯性力可简化为直径积形式）平衡方程写为：

$$\begin{cases}\sum m_i r_i\cos\theta_i+mr\cos\theta=0\\ \sum m_i r_i\sin\theta_i+mr\sin\theta=0\end{cases}\tag{12-3}$$

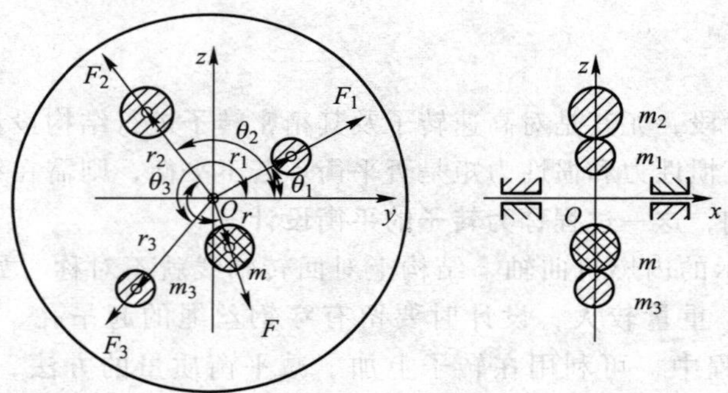

图 12-3 刚性转子的静平衡计算模型

解方程（12-3），可求出应在转子上加的质径积 mr：

$$mr=\sqrt{(\sum m_i r_i\cos\theta_i)^2+(\sum m_i r_i\sin\theta_i)^2}\tag{12-4}$$

选定加重半径 r 后，即可在 r 方位处确定所加的质量。工程中常在 $-r$ 方位处去重。

如果加在转子上的平衡质量为 m，则所在方位角 θ 为

$$\theta=\arctan\left[\frac{-\sum_{i=1}^{n} m_i r_i\sin\theta_i}{-\sum_{i=1}^{n} m_i r_i\cos\theta_i}\right]\tag{12-5}$$

根据式（12-5）中分子与分母的正、负号可区别方位角所在的象限，如表 12-1 所示。

表 12-1 方位角象限表

分子	+	+	−	−
分母	+	−	−	+
象限	Ⅰ	Ⅱ	Ⅲ	Ⅳ

综上所述，对静不平衡的转子进行静平衡设计，不论转子有多少个不平衡质量，都只需要在同一个平衡面内增加或去除一个平衡质量即可获得平衡，故转子的静平衡设计又称作单面平衡。

例 12-1 图 12-3 所示的转子中，各不平衡质量的大小与方位分别为 $m_1=3$ kg，$r_1=80$ mm，$\theta_1=60°$；$m_2=2$ kg，$r_2=80$ mm，$\theta_2=150°$；$m_3=2$ kg，$r_3=60$ mm，$\theta_3=225°$。求在 $r=80$ mm 处应加的平衡质量与方位。

解 设在 $r=80$ mm 处应加的平衡质量为 m，方位角为 θ。由方程（12-1）可写出下式：

$$\begin{cases}\sum_{i=1}^{3} m_i r_i \cos\theta_i + mr\cos\theta = 0 \\ \sum_{i=1}^{3} m_i r_i \sin\theta_i + mr\sin\theta = 0\end{cases}$$

$$\begin{aligned} mr &= \left[\left(\sum_{i=1}^{3} m_i r_i \cos\theta_i\right)^2 + \left(\sum_{i=1}^{3} m_i r_i \sin\theta_i\right)^2\right]^{1/2} \\ &= \left[(m_1r_1\cos\theta_1+m_2r_2\cos\theta_2+m_3r_3\cos\theta_3)^2+\right. \\ &\quad \left.(m_1r_1\sin\theta_1+m_2r_2\sin\theta_2+m_3r_3\sin\theta_3)^2\right]^{1/2} \end{aligned}$$

代入已知数据并计算

$$mr = 227.59\ \text{kg}\cdot\text{mm}$$

$$m = \frac{227.59\ \text{kg}\cdot\text{mm}}{80\ \text{mm}} = 2.84\ \text{kg}$$

$$\theta = \arctan\frac{\sum_{i=1}^{3}(m_i r_i \sin\theta_i)}{\sum_{n=1}^{3}(m_i r_i \cos\theta_i)} = \arctan\frac{3\times80\sin 60°+2\times80\sin 150°+2\times60\sin 225°}{3\times80\cos 60°+2\times80\cos 150°+2\times60\cos 225°}$$

$$= \arctan\frac{203}{-103.4} \approx 297°$$

强化训练题 12-1 如图 12-4 所示的盘形转子中，有四个偏心质量位于同一回转平面内，它们的大小及其重心至回转轴的距离分别为 $G_1=50$ N，$G_2=70$ N，$G_3=80$ N，$G_4=100$ N，$r_1=r_4=100$ mm，$r_2=200$ mm，$r_3=150$ mm，各偏心质量的方位如图 12-4 所示。又设平衡重力 G 的重心至回转轴距离 $r=150$ mm，试求平衡重力 G 的大小和方位。

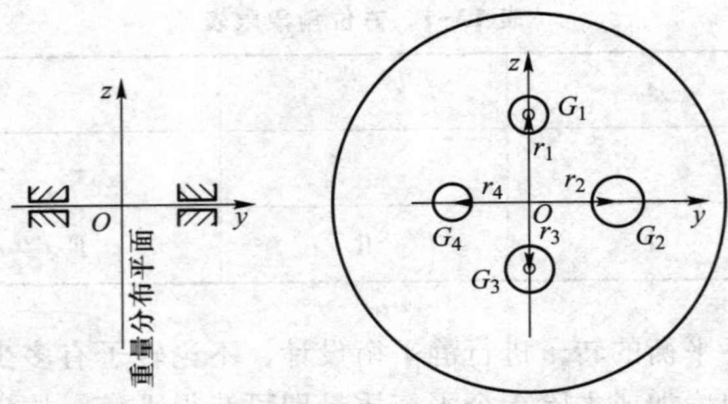

图 12-4 盘形转子

12.2.2 刚性转子的动平衡设计

对于宽径 $b/d \geqslant 0.2$ 的长圆柱形转子，由于不能忽略转子的宽度，转子上的不平衡质量不能视为集中在一个平面内，而是分布在多个平面内。对这类转子需要进行动平衡设计，要求转子在运转时各偏心质量产生的惯性力和惯性力偶矩同时得以平衡。

在图 12-5 所示的转子中，设已知的偏心质量 m_1、m_2、m_3分别位于平面 1、2、3 内，方位分别为 r_1、θ_1，r_2、θ_2，r_3、θ_3。当转子以等角速度 ω 旋转时所产生的惯性力 F_1、F_2、F_3形成一个空间力系。

$$F_1 = m_1 r_1 \omega^2,\ F_2 = m_2 r_2 \omega^2,\ F_3 = m_3 r_3 \omega^2$$

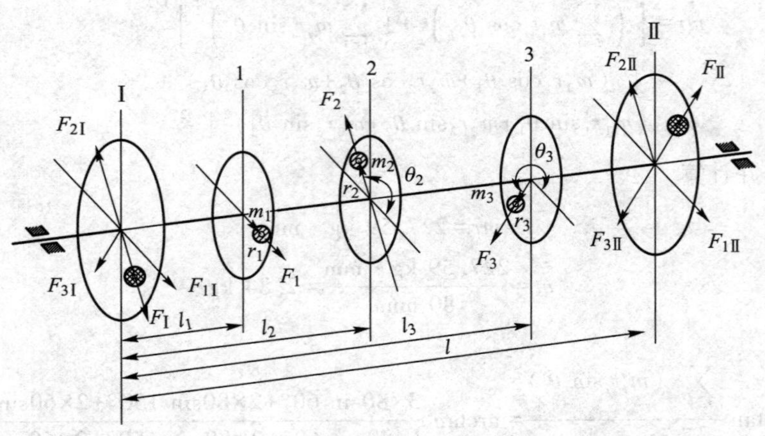

图 12-5 转子的动平衡

由理论力学可知，每个力可以分解为与其相平行的两个分力，故可以把惯性力 F_1、F_2、F_3平行分解到两个选定的平衡基面Ⅰ、Ⅱ，可有下式：

$$F_{1Ⅰ} = F_1 \frac{l-l_1}{l} = m_1 r_1 \omega^2 \frac{l-l_1}{l},\ F_{1Ⅱ} = F_1 \frac{l_1}{l} = m_1 r_1 \omega^2 \frac{l_1}{l}$$

$$F_{2Ⅰ} = F_2 \frac{l-l_2}{l} = m_2 r_2 \omega^2 \frac{l-l_2}{l},\ F_{2Ⅱ} = F_2 \frac{l_2}{l} = m_2 r_2 \omega^2 \frac{l_2}{l}$$

$$F_{3\mathrm{I}}=F_3\frac{l-l_3}{l}=m_3r_3\omega^2\frac{l-l_3}{l},\quad F_{3\mathrm{II}}=F_3\frac{l_3}{l}=m_3r_3\omega^2\frac{l_3}{l}$$

这样就把空间力系的平衡问题转化为两个平面汇交力系的平衡问题。在平衡面Ⅰ上加平衡质量 m_{I} 产生惯性力 F_{I}，使平衡面Ⅰ内惯性力之和为零，在面Ⅰ则有：

$$\sum_{i=1}^{3}\boldsymbol{F}_{i\mathrm{I}}+\boldsymbol{F}_{\mathrm{I}}=0 \tag{12-6}$$

同样道理，在面Ⅱ则有

$$\sum_{i=1}^{3}\boldsymbol{F}_{i\mathrm{II}}+\boldsymbol{F}_{\mathrm{II}}=0 \tag{12-7}$$

面Ⅰ、Ⅱ的交汇力系平衡如图 12-6 所示。

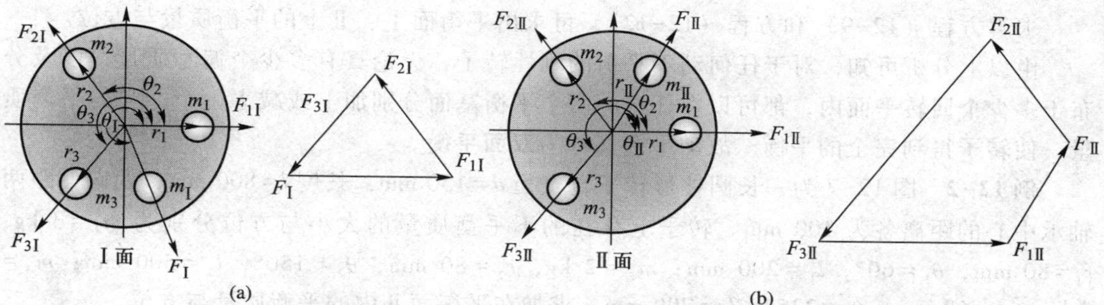

图 12-6 两平衡面的汇交力系平衡示意图

按单面平衡原理可分别对两面进行平衡计算。

面Ⅰ的平衡方程如下：

$$\begin{cases} m_1r_1\dfrac{l-l_1}{l}\cos\theta_1+m_2r_2\dfrac{l-l_2}{l}\cos\theta_2+m_3r_3\dfrac{l-l_3}{l}\cos\theta_3+m_{\mathrm{I}}r_{\mathrm{I}}\cos\theta_{\mathrm{I}}=0\\ m_1r_1\dfrac{l-l_1}{l}\sin\theta_1+m_2r_2\dfrac{l-l_2}{l}\sin\theta_2+m_3r_3\dfrac{l-l_3}{l}\sin\theta_3+m_{\mathrm{I}}r_{\mathrm{I}}\sin\theta_{\mathrm{I}}=0\end{cases} \tag{12-8}$$

如转子上有 n 个不平衡质量，式（12-8）可写为：

$$\begin{cases} \sum\limits_{i=1}^{n}lm_ir_i\cos\theta_i-\sum\limits_{i=1}^{n}l_im_ir_i\cos\theta_i+lm_{\mathrm{I}}r_{\mathrm{I}}\cos\theta_{\mathrm{I}}=0\\ \sum\limits_{i=1}^{n}\mathrm{lm_ir_i}\sin\theta_i-\sum\limits_{i=1}^{n}l_im_ir_i\sin\theta_i+lm_{\mathrm{I}}r_{\mathrm{I}}\sin\theta_{\mathrm{I}}=0\end{cases} \tag{12-9}$$

$$\mathrm{m}_{\mathrm{I}}r_{\mathrm{I}}=\frac{\left[\left(\sum\limits_{i=1}^{n}lm_ir_i\cos\theta_i-\sum\limits_{i=1}^{n}l_im_ir_i\cos\theta_i\right)^2+\left(\sum\limits_{i=1}^{n}lm_ir_i\sin\theta_i-\sum\limits_{i=1}^{n}l_im_ir_i\sin\theta_i\right)^2\right]^{1/2}}{l} \tag{12-10}$$

$$\theta_{\mathrm{I}}=\arctan\frac{\sum\limits_{i=1}^{n}(-lm_ir_i\sin\theta_i)+\sum\limits_{i=1}^{n}l_im_ir_i\sin\theta_i}{\sum\limits_{i=1}^{n}(-lm_ir_i\cos\theta_i)+\sum\limits_{i=1}^{n}l_im_ir_i\cos\theta_i} \tag{12-11}$$

同理，Ⅱ面的平衡方程如下：

$$\begin{cases} m_1 r_1 \dfrac{l_1}{l}\cos\theta_1 + m_2 r_2 \dfrac{l_2}{l}\cos\theta_2 + m_3 r_3 \dfrac{l_3}{l}\cos\theta_3 + m_{\mathrm{II}} r_{\mathrm{II}} \cos\theta_{\mathrm{II}} = 0 \\ m_1 r_1 \dfrac{l_1}{l}\sin\theta_1 + m_2 r_2 \dfrac{l_2}{l}\sin\theta_2 + m_3 r_3 \dfrac{l_3}{l}\sin\theta_3 + m_{\mathrm{II}} r_{\mathrm{II}} \sin\theta_{\mathrm{II}} = 0 \end{cases} \tag{12-12}$$

对 n 个不平衡质量，则有

$$m_{\mathrm{II}} r_{\mathrm{II}} = \frac{\left[\left(\sum_{i=1}^{n} l_i m_i r_i \cos\theta_i\right)^2 + \left(\sum_{i=1}^{n} l_i m_i r_i \sin\theta_i\right)^2\right]^{1/2}}{l} \tag{12-13}$$

$$\theta_{\mathrm{II}} = \arctan\frac{\sum l_i m_i r_i \sin\theta_i}{\sum l_i m_i r_i \cos\theta_i} \tag{12-14}$$

求解方程（12-9）和方程（12-12），可求出平衡面Ⅰ、Ⅱ上的平衡质量与方位。

由以上分析可知，对于任何动不平衡的刚性转子，无论具有多少个偏心质量，以及分布于多少个回转平面内，都可以在任选的两个平衡基面分别加上或减去一个适当的平衡质量，使转子得到完全的平衡。故动平衡又称为**双面平衡**。

例 12-2　图 12-7 为一长圆柱形转子，直径 $d=150$ mm，长度 $l=800$ mm，两端面距两轴承中心的距离各为 100 mm。转子上存在的不平衡质量的大小与方位分别为 $m_1=3$ kg，$r_1=80$ mm，$\theta_1=60°$，$l_1=200$ mm；$m_2=2$ kg，$r_2=80$ mm，$\theta_2=150°$，$l_2=500$ mm；$m_3=2$ kg，$r_3=60$ mm，$\theta_3=225°$，$l_3=700$ mm。求加在平衡面Ⅱ内的平衡质量与方位。

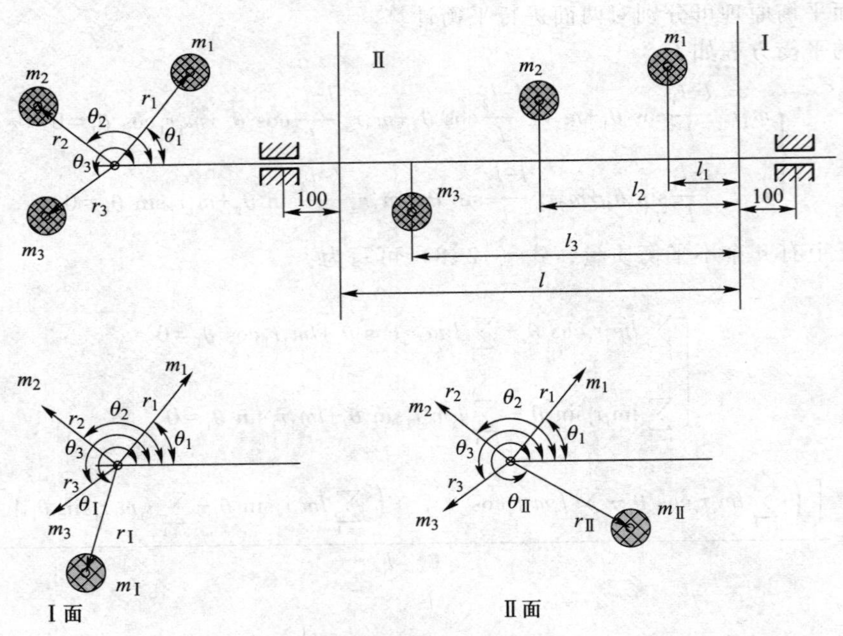

图 12-7　动平衡例图

解　选定两个端面Ⅰ、Ⅱ为平衡基面，把不平衡质量 m_1、m_2、m_3所产生的离心惯性力分别分解到平面Ⅰ、Ⅱ上。

在Ⅰ面上加平衡质量 m_{I}、半径为 r_{I}、方位角为 θ_{I}，所产生的惯性力为 F_{I}，则有

$$\sum_{i=1}^{3} F_{i\mathrm{I}} + F_{\mathrm{I}} = 0$$

同样道理，在Ⅱ面则有

$$\sum_{i=1}^{3} F_{i\mathrm{II}} + F_{\mathrm{II}} = 0$$

Ⅰ面、Ⅱ面的汇交力系平衡如图 12-7 所示，由方程（12-12）有

$$m_{\mathrm{II}} r_{\mathrm{II}} = \frac{\left[\left(\sum_{i=1}^{3} l_i m_i r_i \cos\theta_i\right)^2 + \left(\sum_{i=1}^{3} l_i m_i r_i \cos\theta_i\right)^2\right]^{1/2}}{l} = 133.8\ \mathrm{kg \cdot mm}$$

$$\theta_{\mathrm{II}} = \arctan\frac{\sum_{i=1}^{3}(-l_i m_i r_i \sin\theta_i)}{\sum_{i=1}^{3}(-l_i m_i r_i \cos\theta_i)} = 348^\circ$$

强化训练题 12-2 如图 12-8 所示，高速水泵的凸轮轴系由三个互相错开120°的偏心轮组成，每一个偏心轮的质量为 m，其偏心距为 r，设在平衡平面 A 和 B 各装一个平衡质量 m_A 和 m_B，其回转半径为 $2r$，其他尺寸如图 12-8 所示。试求 m_A 和 m_B 的大小和方向。

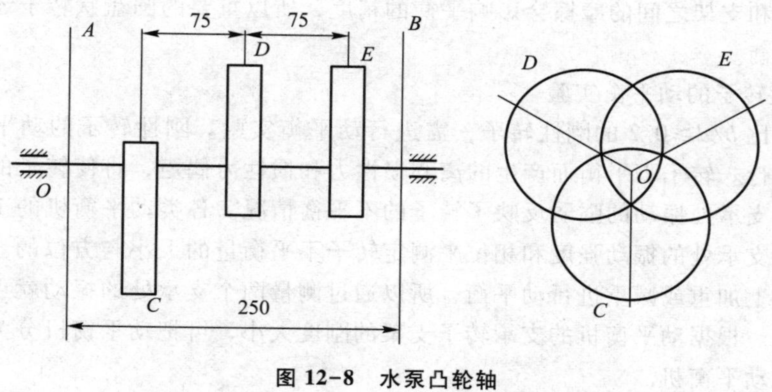

图 12-8 水泵凸轮轴

12.3 刚性转子的平衡实验与平衡精度

经过平衡设计的刚性转子在理论上是完全平衡的，但是由于制造和装配误差及材质不均匀等原因，实际生产出来的转子在运转时还会出现不平衡现象，这种不平衡在设计阶段是无法确定和消除的，需要通过实验来确定不平衡的大小和方位，然后利用增加或去除平衡质量的方法予以平衡。

（1）刚性转子的静平衡实验

对于宽径比 $b/d<0.2$ 的刚性转子，可进行静平衡实验。静平衡实验设备比较简单，一般采用带有两根平行导轨的静平衡架，为减少轴颈与导轨之间的摩擦，导轨的端口形状常

作成刀口状和圆弧状。图 12-9 为静平衡实验示意图。其中图 12-9b 所示为刀口式静平衡支架，图 12-9c 所示为圆弧状静平衡支架。

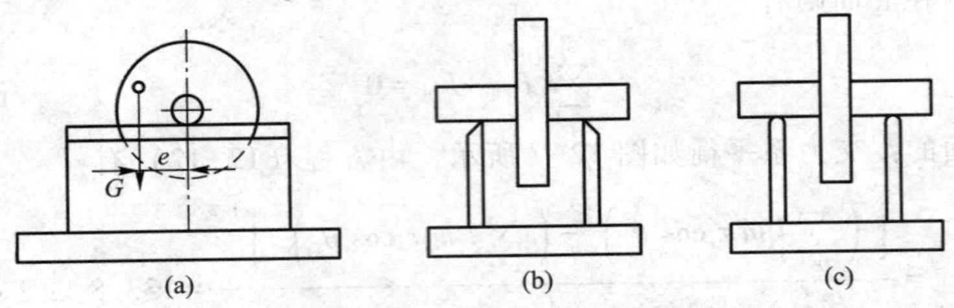

图 12-9　静平衡实验示意图

静平衡实验的原理是重心居下的道理。将一个具有偏心质量的圆盘状转子放在静平衡支架上，偏心重对其转动中心会产生一个重力矩 Ge，并驱动转子转动，直到重心位于正下方才会停止。进行静平衡实验时，首先调整好支架的水平状态，然后将转子轴颈放置在支架的一端，轻轻使转子向另一端滚动，待其静止时，在正上方作一标记。再使转子反方向滚动，若转子仍在上次附近静止，说明在该位置时的质心位于转子轴线的下方。在其上方加一平衡质量或在下方减一平衡质量，再反复实验，直到该转子在任意位置都能静止，说明转子的重心与其回转轴线趋于重合。

由于轴颈和支架之间的摩擦会影响平衡的精度，所以重要的圆盘状转子还要在动平衡机上进行静平衡。

（2）刚性转子的动平衡实验

对于宽径比 $b/d \geqslant 0.2$ 的刚性转子，需进行动平衡实验。刚性转子的动平衡实验要在动平衡机上进行。转子不平衡而产生的离心惯性力和惯性力偶矩，将使转子的支承产生受迫振动，转子支承处振动的强弱反映了转子的不平衡情况。各类动平衡机的工作原理都是通过测量转子支承处的振动强度和相位来测定转子不平衡量的大小与方位的。由于可在两个选定的平面上加重或减重进行动平衡，所以通过测量两个支承处的振动就可以知道两平面的平衡结果。根据动平衡机的支承转子支架的刚度大小，可把动平衡机分为软支承动平衡机和硬支承动平衡机。

图 12-10a 所示为软支承动平衡机的支承架，图 12-10b 所示为硬支承动平衡机的支承架。软支承动平衡机的转子支承架由两片弹簧悬挂起来，可以沿振动方向往复摆动，因而支承架也称摆架，其刚度较小，故称之为**软支承动平衡机**。软支承动平衡机的转子工作频率 ω 要远远超过转子支承系统的固有频率 ω_n，一般情况下，转子在 $\omega \geqslant 2\omega_n$ 的情况下工作。

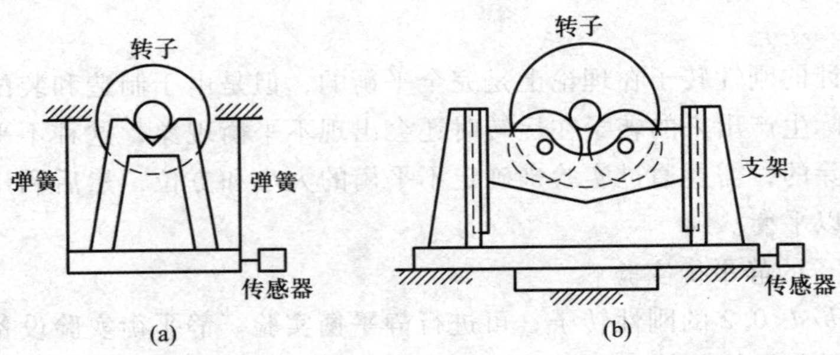

图 12-10　动平衡机的支承

硬支承动平衡机的转子支承架的刚度很大，它没有摆架结构。转子直接支承在刚度很大的支架上，且这种支架在水平和垂直方向的刚度不同，转子及支承系统的固有频率也很大。硬支承动平衡机的转子工作频率 ω 要远远小于转子支承系统的固有频率 ω_n，通常转子在 $\omega \leqslant 0.3\omega_n$ 的情况下工作。

动平衡机的工作原理如图 12-11 所示。

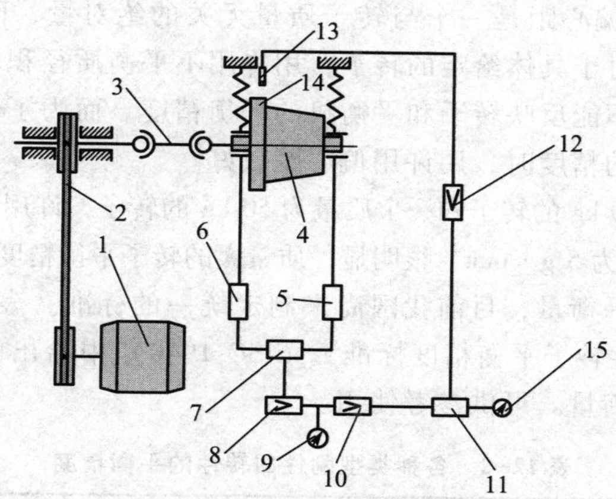

图 12-11 动平衡机工作原理示意图

1—电动机；2—带传动；3—万向联轴器；4—转子；5、6—传感器；7—解算电路；
8—选频放大器；9、15—电表；10、12—整形放大器；
11—鉴相器；13—光电头；14—标记

电动机 1 通过带传动 2、万向联轴器 3 驱动转子 4 转动，转子的振动信号由传感器 5、6 拾取，并送到解算电路 7 进行处理，以消除两平衡面加重时的互相影响。经选频放大器 8 将信号放大后，由电表 9 输出不平衡质径积的大小。选频放大后的信号经过整形放大器 10 放大后成为脉冲信号，送到鉴相器 11 的一端。光电头 13 的信号受转子周向黑白标记 14 的影响，以与转子转速相同的频率变化。该信号经整形放大器 12 放大后送到鉴相器 11 的另一端，鉴相器两端信号的相位差即为不平衡重所在方位，其值由电表 15 指示。

进行动平衡时，首先要在转子的两个平衡面处沿圆周方向作好标记，然后将转子轴颈放入动平衡机的两端支架上，再用万向联轴器将转子与动平衡机主轴连接起来，选择平衡面并调整各测量装置，即可进行动平衡实验。

(3) 现场平衡

对于尺寸很大的转子，要在实验机上进行平衡是很困难的。另外，有些高速转子和工作精度要求很高的转子，虽然在制造期间已经通过平衡实验达到良好的平衡状态，但由于运输、蠕变和工作温度过高或电磁场的影响等原因，仍会发生微小变形而造成不平衡。在这些情况下一般可进行现场平衡。现场平衡就是通过直接测量机器中转子支架的振动来确定转子不平衡量的大小和方位，进而确定应加减平衡质量的大小和方位。

(4) 刚性转子的平衡精度

经过平衡实验的转子还会存在一些残存的不平衡量，即剩余的不平衡量。要减小这种残存的不平衡量，就需要使用更精密的平衡实验装置、更先进的测试设备和更高的平衡技术，这就意味着要提高成本。而绝对的平衡是很难做到的，即很难做到转子的中心主惯性轴线与回转轴线完全重合。实际上也没有必要做到转子的完全平衡，只要满足实际工作要求就可以了。因此，应该对转子的许用不平衡量做出相应的规定。根据转子的平衡精度规定转子的许用不平衡量，只要转子的剩余不平衡量小于许用不平衡量就可以满足工作要求。

转子的许用不平衡量有两种表示方法，即质径积表示法和偏心距表示法。转子的许用不平衡质径积以 $[mr]$ 表示，转子质心离回转轴线的许用偏心距以 $[e]$ 表示。两者的关系为 $[e]=[mr]/m$，该偏心距是一个与转子质量无关的绝对量，而质径积是与转子质量有关的相对量。通常，对于具体给定的转子，用许用不平衡质径积较好，因为它直观，便于平衡操作，但缺点是不能反映转子和平衡机的平衡精度。而为了便于比较，在衡量转子平衡的优劣或衡量平衡的精度时，用许用偏心距较好。

例如，一个质量为 10 kg 的转子和一个质量为 50 kg 的转子，许用不平衡量均为 8 g · mm，如两者的剩余不平衡量均为 5 g · mm，很明显，质量大的转子平衡精度高。

关于转子的许用不平衡量，目前我国尚未制定统一的标准。表 12-2 为国际标准化组织（ISO）制定的《刚性转子平衡精度标准》（ISO 1940）中给出的各种典型转子的平衡精度与对应的许用不平衡量。可供参考使用。

表 12-2 各种类型刚性回转件的平衡精度

精度等级	$A=\dfrac{[e]\ \omega}{1\ 000}$[①] / (mm/s)	典型转子举例
A4000	4 000	刚性安装的具有奇数个气缸的低速[②]船用柴油机曲轴传动装置[③]
A1600	1 600	刚性安装的大型两冲程发动机曲轴传动装置
A630	630	刚性安装的大型四冲程发动机曲轴传动装置；弹性安装的船用柴油机曲轴传动装置
A250	250	刚性安装的高速四缸柴油机曲轴传动装置
A100	100	六缸或六缸以上的高速柴油机曲轴传动装置；汽车和机车用发动机整机
A40	40	汽车轮、轮缘、轮组、传动轴；弹性安装的六缸或六缸以上的高速四冲程发动机曲轴传动装置；汽车和机车用发动机的曲轴传动装置
A16	16	特殊要求的传动轴（螺旋桨轴、万向传动轴）；破碎机械及农用机械的零部件；汽车和机车用发动机的特殊部件；有特殊要求的六缸或六缸以上发动机的曲轴传动装置
A12.3	12.3	作业机械的回转零件；船用主汽轮机的齿轮；风扇；航空燃气轮机转子部件；泵的叶轮；离心机鼓轮；机床及一般机械的回转零部件；普通电动机转子；特殊要求的发动机回转零部件

续表

精度等级	$A=\frac{[e]\ \omega}{1\ 000}$ ①/(mm/s)	典型转子举例
A2.5	2.5	燃气轮机和汽轮机的转子部件；刚性汽轮发电机的转子；透平压缩机转子；机床主轴和驱动部件；特殊要求的大型和中型电动机转子；小型电动机转子；透平驱动泵
A1.0	1.0	磁带记录仪及录音机驱动部件；磨床驱动部件；特殊要求的微型电机转子
A0.4	0.4	精密磨床的主轴、砂轮盘及电动机转子；陀螺仪

① ω 为转子转动的角速度，rad/s；[e] 为许用偏心距，μm。② 按国际标准，低速柴油机活塞速度小于 9 m/s，高速柴油机活塞速度大于 9 m/s。③ 曲轴传动装置包括曲轴、飞轮、离合器、带轮、减振器、连杆回转部分等的组件。

根据表中数据，通过计算可得到转子的许用偏心距和许用质径积。

许用偏心距为

$$[e]=\frac{1\ 000}{\omega}A$$

许用质径积为

$$[mr]=m[e]$$

对静不平衡的转子要进行静平衡实验，由于转子的不平衡质量与平衡质量均在同一个平面内，故转子质心与回转中心之间的最大距离应控制在许用偏心距之内，其许用质径积为 $m[e]$。对动不平衡的转子进行动平衡实验，先求出质心所在平面的许用偏心距 [e]，再求许用质径积 $m[e]$，还要求出两个平衡基面内的许用质径积。以图 12-12 所示的转子为例，设转子质量为 m，质心位于 c 点，平衡基面 Ⅰ、Ⅱ 上的许用质径积分别为

$$[mr]_{\text{I}}=m[e]b/(a+b) \tag{12-15}$$

$$[mr]_{\text{II}}=m[e]a/(a+b) \tag{12-16}$$

平衡时，两个平面的剩余不平衡量分别与上述值相比较即可知道平衡效果。

例 12-3 图 12-12 所示转子质量 $m=100$ kg，工作转速为 $n=3\ 000$ r/min，$a=200$ mm，$b=300$ mm，平衡精度为 A 为 6.3。求两个平衡面上的许用质径积。

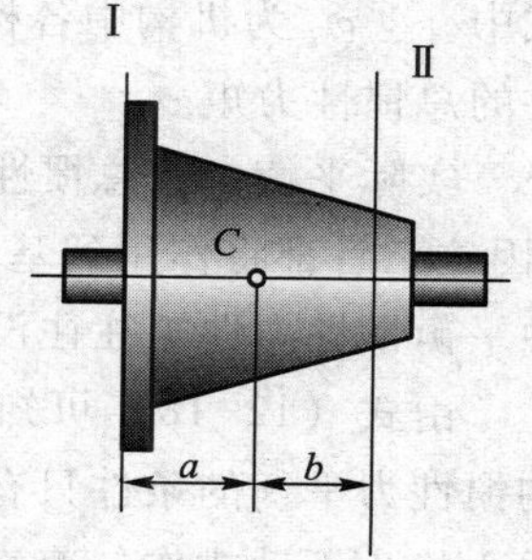

图 12-12 许用质径积分配到两个校正平面

解

$$\omega=\frac{\pi n}{30}=314.159\ \text{rad/s}$$

质心平面的许用偏心距为 $[e]=6.3\times\frac{1\ 000}{\omega}=20\ \mu\text{m}$；

许用质径积为 $m[e]=100\ \text{kg}\times0.02\ \text{mm}=2\ \text{kg}\cdot\text{mm}$；

Ⅰ 平面的许用质径积为

$$[mr]_{\mathrm{I}}=m[e]\frac{b}{a+b}=2\times\frac{300}{200+300}\ \mathrm{kg\cdot mm}=1.2\ \mathrm{kg\cdot mm}$$

Ⅱ平面的许用质径积为

$$[mr]_{\mathrm{II}}=m[e]\frac{b}{a+b}=2\times\frac{200}{200+300}\ \mathrm{kg\cdot mm}=0.8\ \mathrm{kg\cdot mm}$$

确定刚性转子的平衡精度时，一定要从实际生产的需要出发，既要考虑技术条件，还要考虑经济性，对转子提出过高的平衡精度要求会在制造时间和劳力上造成浪费。而且当构件制造好后，材质、加工、装配等误差的影响或者由于使用过程中可能产生的转子变形、磨损，还可能形成新的不平衡。因此，对刚性转子的平衡是一个不断实验的过程，这样才有可能使所设计的刚性转子满足工作要求。

12.4 平面机构的平衡*

在含有平面复合运动或往复直线运动构件的机构中，作平面复合运动或往复直线运动的构件质心位置随原动件的运动而随时变化，质心处的加速度的大小和方向也在不断变化，故质心处的惯性力和作平面运动构件的惯性力偶矩也随原动件的运动发生变化。因此，该类构件上的惯性力不能利用在构件上加、减平衡质量的方法得以平衡，必须把各运动构件与机架作为一个整体来考虑惯性力和惯性力偶矩的平衡。

12.4.1 平面机构惯性力的平衡条件

机构运动时，各运动构件所产生的惯性力可以合成为一个通过机构质心 S 处的总惯性力和一个总惯性力偶矩，这个总惯性力和总惯性力偶矩全部由基座承受。因此，为了消除机构在基座上引起的动压力，就必须设法平衡这个总惯性力和总惯性力偶矩。故机构平衡的条件是作用在机构质心的总惯性力和总惯性力偶矩分别为零，即

$$\sum m_i a_S=0 \tag{12-17}$$

$$\sum M_i=0 \tag{12-18}$$

式中，$\sum m_i$ 为机构中各构件的质量和，a_S为机构总质心处的加速度。$\sum M_i$ 为机构中各构件的总惯性力矩。

实际平衡中，总惯性力偶矩对基座的影响应当与外加驱动力矩和阻抗力矩一并研究（因这三者都将作用到基座上），但是由于驱动力矩和阻抗力矩与机械的工作性质有关，单独平衡惯性力偶矩往往没有意义，故本章只讨论总惯性力的平衡问题。

由式（12-18）可知，机构的总质量 $\sum m_i$ 不可能为零，若使机构惯性力得以平衡，机构惯性力平衡的条件只有满足机构的总质心处的加速度 $a_S=0$。满足 $a_S=0$ 的条件是机构总质心静止不动或作匀速直线运动。由于机构在运动过程中总质心的运动轨迹为封闭曲线，总质心不可能作匀速直线运动。故机构惯性力的平衡条件只有总质心静止不动。

因此，进行平面机构的平衡时，可利用在运动构件上加、减平衡质量的方法，使机构

总质心位于机架上并静止不动。

根据对惯性力的平衡程度，平面机构的平衡可分为惯性力的完全平衡与惯性力的部分平衡。

12.4.2 平面机构惯性力的完全平衡

机构惯性力的完全平衡是指总惯性力恒为零，为了达到完全平衡，可通过适当设置镜像对称机构，使机构总惯性力为零，或通过在构件上加、减平衡质量，调整机构总质心的位置，使总质心在机架上静止不动。

1. 设置对称机构，使机构总惯性力为零

设置对称机构时要选择好镜像平面，使对称结构最少而达到平衡目的。

图 12-13 中，首先以 y 轴为镜像线作出机构 $ABCD$ 的镜像机构 $AB_1C_1D_1$，再以 x 轴为镜像线作出机构 $AB_1C_1D_1$ 的镜像机构 $AB_2C_2D_1$，则机构 $AB_2C_2D_1$ 可平衡机构 $ABCD$ 的惯性力。

图 12-14 中，一次镜像机构只能消除部分惯性力和惯性力偶矩。只有沿 x、y 轴作两次镜像，才能完全消除机构惯性力。同理，图 12-15 所示的曲柄滑块机构经两次镜像后，整个机构惯性力也可以完全平衡。利用对称机构可得到良好的平衡效果，但是采用这种方法将使得机构的体积大大增加。

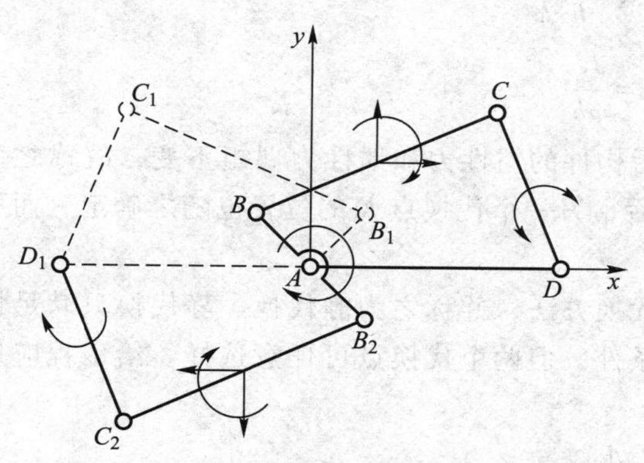

图 12-13 两次镜像机构示意图

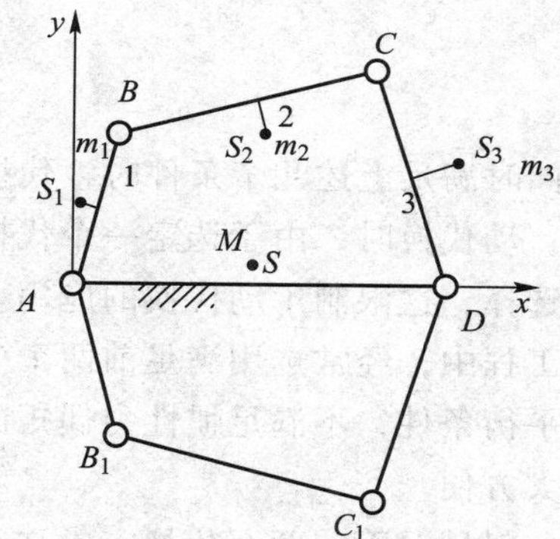

图 12-14 一次镜像机构示意图

2. 利用平衡质量实现惯性力的完全平衡

(1) 质量代换

在进行机构的动力分析和平衡设计时，经常把构件质心处的质量用几个选定位置的质量代替，工程中一般选定两个集中代换点处的质量代替构件质心处的质量，并称之为**质量代换**。在图 12-16 所示的构件中，构件 BC 质量为 m，质心在 S 点。两个代换点分别为 B、K，代换点的质量分别为 m_B、m_K。为了保证代替前后的惯性力和惯性力偶矩不变，进行质量代换时必须满足以下几个条件：

① 代换点处的质量总和等于质心处质量，即代换前后质量不变

$$m_B+m_K=m$$

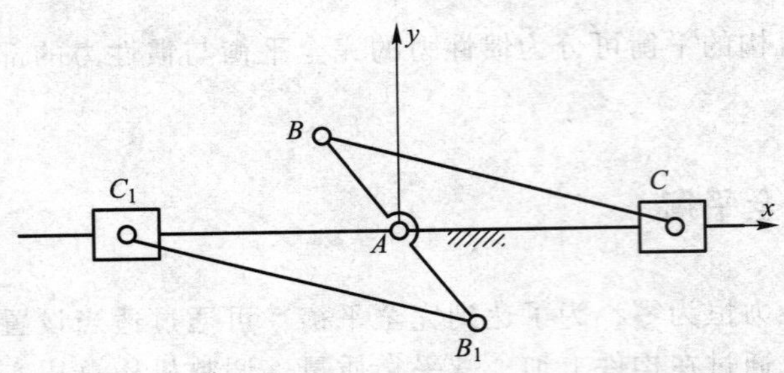

图 12-15 曲柄滑块机构的两次镜像机构图

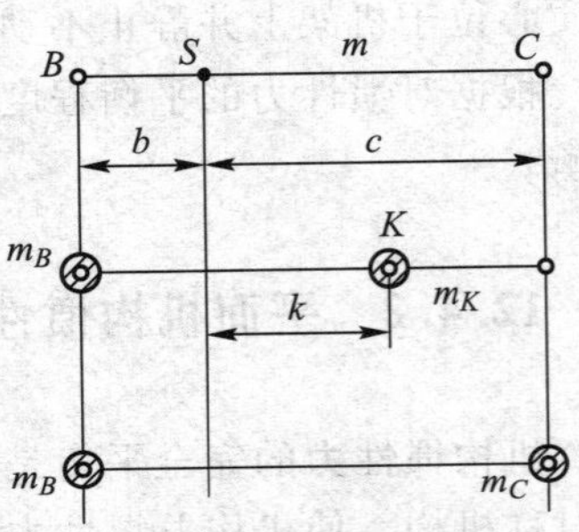

图 12-16 机构的质量代换

② 代换前后的构件质心位置不变

$$m_B b = m_K k$$

③ 代换前后构件对质心轴的转动惯量不变

$$m_B b^2 + m_K k^2 = J_S$$

由此可解出代换点的质量

$$\begin{cases} m_B = \dfrac{mk}{b+k} \\ m_K = \dfrac{mb}{b+k} \\ k = \dfrac{J_S}{mb} \end{cases} \tag{12-19}$$

同时满足上述几个条件时，代换前、后构件的惯性力和惯性力偶矩不变，故称之为**动代换**。动代换时，由于选定一个代换点 B 后，另一个代换点 K 的位置也随之确定，而不能随意选择，这限制了动代换的应用。

工程中，经常选用满足前两个条件的代换方法，并称之为静代换。静代换只满足惯性力的平衡条件，不满足惯性力偶矩的平衡条件，但两个代换点可任意选择。给工程应用带来很大方便。

一般情况下，两个代换点常选在 B、C 处。

$$\begin{cases} m_B + m_C = m \\ m_B b = m_C c \\ m_B = m\dfrac{c}{b+c} \\ m_C = m\dfrac{b}{b+c} \end{cases} \tag{12-20}$$

(2) 在运动构件上加平衡质量实现机构惯性力的完全平衡

在运动构件的适当位置上安装平衡质量，重新调整机构的质心位置，使质心落在机架上静止不动。

图 12-17 所示的机构中，已知构件质量分别为 m_1、m_2、m_3，质心位置分别在 S_1、S_2、S_3。利用机构的质量静代换方法将构件 2 质量 m_2 代换到 B、C 点：

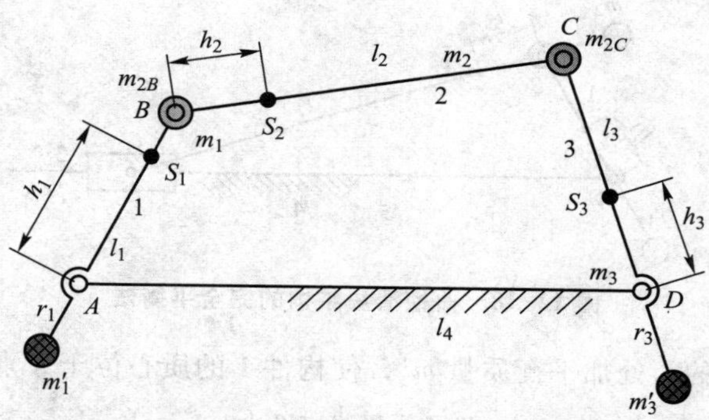

图 12-17　铰链四杆机构的完全平衡法

$$m_{2B}=m_2\frac{l_2-h_2}{l_2}=m_2\left(1-\frac{h_2}{l_2}\right)$$

$$m_{2C}=m_2\frac{h_2}{l_2}$$

在构件 1 的延长线上 r_1 处加装一个质量 m_1'，使 m_1'、m_1、m_{2B} 的质心位于 A 点。

$$m_1'r_1=m_1h_1+m_{2B}l_1$$

$$m_1'=\frac{m_1h_1+m_{2B}l_1}{r_1}$$

同样在构件 3 延长线的 r_3 处加一平衡质量 m_3'，使 m_3'、m_3、m_{2C} 的质心位于 D 点，则有

$$m_3'r_3=m_3h_3+m_{2C}l_3$$

$$m_3'=\frac{m_3h_3+m_{2C}l_3}{r_3}$$

通过加装平衡质量 m_1'、m_3'，可认为机构总质量集中在 A、D 两处。

$$m_A=m_1'+m_1+m_{2B}$$

$$m_D=m_3'+m_3+m_{2C}$$

机构总质心位于机架上，总质心在机架上静止，有 $m_Al_{AS}=m_D(l_4-l_{AS})$，则 $\frac{l_4-l_{AS}}{l_{AS}}=\frac{m_A}{m_D}$，$\frac{l_4}{l_{AS}}-1=\frac{m_A}{m_D}$，$\frac{l_4}{l_{AS}}=1+\frac{m_A}{m_D}=\frac{m_D+m_A}{m_D}$，最终得 $l_{AS}=\frac{m_D}{m_D+m_A}l_4$。

同理，可平衡图 12-18 所示的曲柄滑块机构，在构件 2 的延长线上加平衡质量 m_2'，使构件 2 质心位于 B 点。

$$m_B=m_2'+m_2+m_3$$

$$m_2'r_2=m_2h_2+m_3l_2$$

$$m_2'=\frac{m_2h_2+m_3l_2}{r_2}$$

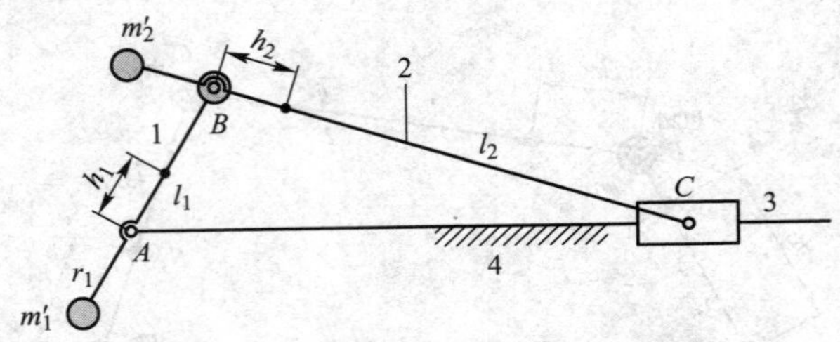

图 12-18　曲柄滑块结构的完全平衡法

在曲柄延长线上的 r_1 处加平衡质量 m_1'，使构件 1 的质心位于 A 点，则有

$$m_1' r_1 = m_1 h_1 + m_B l_1$$

$$m_1' = \frac{m_1 h_1 + m_B l_1}{r_1}$$

机构总质量为 $m_A = m_1' + m_1 + m_B$，总质心位于 A 点。

以上平衡方法可完全平衡机构的惯性力，但是若要完全平衡 n 个构件的单自由度机构的惯性力，需要加至少 $n/2$ 个平衡质量，这样一来，机构的质量将大大增加，特别是在连杆上增加质量不利于机构的结构设计，因此实际应用中往往不采用这种方法，而更多地采用下述部分平衡的方法。

12.4.3　平面机构惯性力的部分平衡

完全平衡机构的惯性力会增加机构的质量，使机构结构复杂。因此，设计人员常采用平衡机构的部分惯性力的方法。

1. 设置镜像机构或近似机构实现部分平衡

图 12-19 中，采用一次镜像机构可平衡部分惯性力。图 12-19 所示为安装平衡机构平衡部分惯性力的示意图。图 12-19a 中，两滑块加速度方向相反，可平衡部分惯性力。图 12-19b 中，两摇杆角加速度方向相反，可平衡部分惯性力。

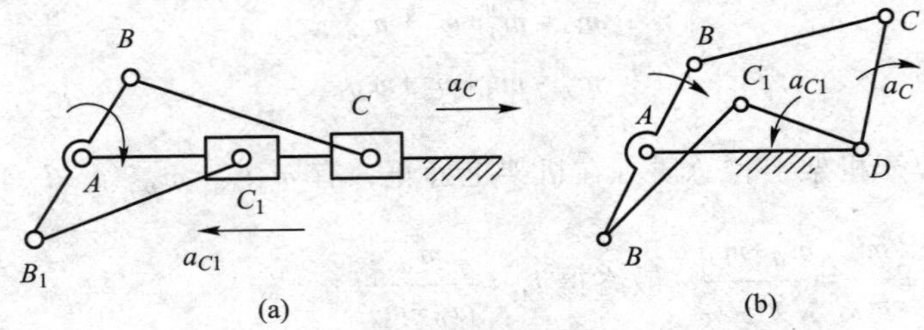

图 12-19　安装平衡机构的部分惯性力平衡法

2. 在运动构件上加平衡质量实现部分平衡

工程中，曲柄滑块机构作为内燃机、空气压缩机的主体机构常位于传动链的高速级，机构惯性力的完全平衡受结构限制，因此常采用惯性力的部分平衡方法，在图 12-20 所示的曲柄滑块机构中，利用质量静代换方法，将构件 2 的质量 m_2 代换到 B、C 两点，B 点的质量为 m_{2B}，C 点的质量为 m_{2C}，则有

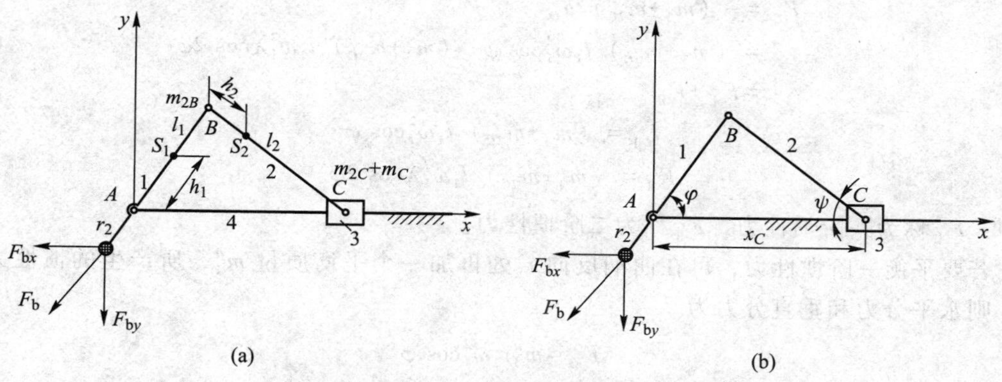

图 12-20 安装平衡质量实现部分惯性力平衡法

$$m_{2B}=\frac{l_2-h_2}{l_2}m_2$$

$$m_{2C}=\frac{h_2}{l_2}m_2$$

在曲柄反方向 r_2处加一平衡质量，使其产生的惯性力平衡 m_{2B}和 m_1所产生的惯性力：

$$m'r_1=m_1h_1+m_{2B}l_1$$

$$m_1'=\frac{m_1h_1+\dfrac{l_2-h_2}{l_2}m_2l_1}{r_1}=m_1\frac{h_1}{r_1}+\frac{l_2-h_2}{l_2r_1}m_2l_1$$

若曲柄 1 经过平衡处理，则 $h_1=0$，所以

$$m_1'=\frac{l_1\ (l_2-h_2)}{l_2r_1}m_2$$

m_1'可平衡该机构的部分惯性力。

若要平衡滑块所产生的往复惯性力 F_C，平衡过程则要复杂一些，因为 F_C的大小与方向随着曲柄转角 φ 的不同而时刻在变化。由图 12-20b 可知，滑块的位移 x_C为

$$x_C=l_1\cos\varphi+l_2\cos\psi$$

$$\sin\psi=\frac{l_1\sin\varphi}{l_2}=\lambda\sin\varphi,\quad \lambda=\frac{l_1}{l_2}$$

$$\cos\psi=\sqrt{1-\sin^2\psi}=(1-\lambda^2\sin^2\varphi)^{\frac{1}{2}}$$

由牛顿二项式展开定理，取 $\cos\psi$ 前两项即可满足计算要求，$\cos\psi=1-\dfrac{1}{2}\lambda^2\sin^2\varphi$，将其代入位移方程中，

$$x_C=l_1\cos\varphi+l_2-\frac{l_2}{2}\lambda^2\sin^2\varphi=l_1\cos\varphi+l_2-\frac{l_1}{2}\lambda\sin^2\varphi$$

求出位移 x_C的二阶导数，可求出滑块的加速度

$$a_C=-l_1\omega_1^2\ (\cos\varphi+\lambda\cos 2\varphi)$$

滑块产生的惯性力 F_C为

$$
\begin{aligned}
F_C &= -\left(m_3+m_{2C}\right) a_C \\
&= \left(m_3+m_{2C}\right) l_1\omega_1^2\cos\varphi + \left(m_3+m_{2C}\right) l_1\omega_1^2\lambda\cos 2\varphi \\
&= F_{\mathrm{I}} + F_{\mathrm{II}}
\end{aligned}
$$

$$F_{\mathrm{I}} = \left(m_3+m_{2C}\right) l_1\omega_1^2\cos\varphi$$

$$F_{\mathrm{II}} = \left(m_3+m_{2C}\right) l_1\omega_1^2\lambda\cos 2\varphi$$

式中：F_{I} 称为一阶惯性力，F_{II} 称为二阶惯性力。

若要平衡一阶惯性力，可在曲柄反向 r_1 处再加一个平衡质量 m_1''，所产生的惯性力为 F_{b}，则水平分力和垂直分力为

$$F_{\mathrm{b}x} = m_1'' r_1\omega_1^2\cos\varphi$$

$$F_{\mathrm{b}y} = m_1'' r_1\omega_1^2\sin\varphi$$

若 $F_{\mathrm{b}x}$ 将 F_C 完全平衡，所加平衡质量很大，所产生的垂直分力 $F_{\mathrm{b}y}$ 也很大，故一般只需平衡一阶惯性力的一部分。工程上常取 $F_{\mathrm{b}x} = (0.3-0.5)\ F_C$。

一般就平衡一阶惯性力，有

$$F_{\mathrm{b}x} = F_{\mathrm{I}}$$

$$m_1'' r_1\omega^2\cos\varphi = \left(m_3+m_{2C}\right) l_1\omega_1^2\cos\varphi$$

$$m_1'' = \frac{\left(m_3+m_{2C}\right) l_1}{r_1}$$

尽管这种平衡方法是近似的，由于结构简单，在工程上得到了广泛的应用。最后，对于机械平衡问题，还需进一步指出，在一些精密设备中，要获得高质量的平衡效果，仅在最后才进行平衡检测是不够的，应在生产的全过程中（即原材料的准备、加工、装配各个环节）都关注到平衡问题。

练习题

12-1 选择题

1. 机械平衡研究的内容是（　　）。

A. 驱动力与阻力间的平衡　　B. 各构件作用力间的平衡

C. 惯性力系间的平衡　　D. 输入功率与输出功率间的平衡

2. 题图 12-1-1 所示为变直径带轮。设该带轮的材料均匀，制造精确，安装正确，当它绕 AA 轴线回转时是处于（　　）状态。

A. 静不平衡（合惯性力 $\sum F_{\mathrm{b}} \neq 0$）

B. 静平衡（合惯性力 $\sum F_{\mathrm{b}} = 0$）

C. 完全不平衡（合惯性力 $\sum F_{\mathrm{b}} \neq 0$，合惯性力矩 $\sum M_{\mathrm{b}} \neq 0$）

D. 动平衡（合惯性力 $\sum F_{\mathrm{b}} \neq 0$，合惯性力矩 $\sum M_{\mathrm{b}} = 0$）

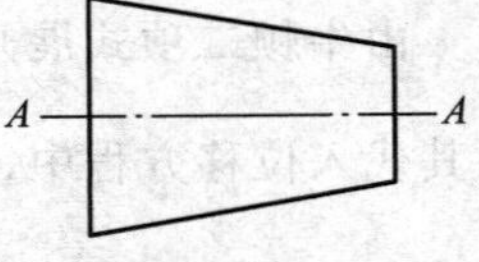

题图 12-1-1

3. 题图 12-1-2 所示为某发动机曲轴，设各曲拐部分的质量及质心至回转轴线的距离都相等，当该曲轴绕 OO 轴线回转时是处于（　　）状态。

A. 静不平衡（合惯性力 $\sum F_{\mathrm{b}} \neq 0$）

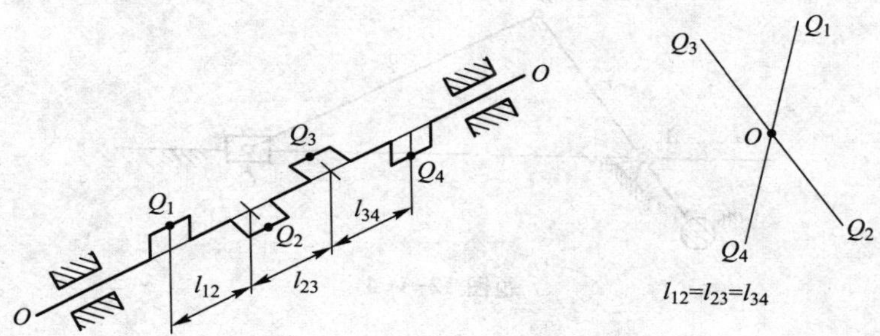

题图 12-1-2

B. 静平衡（合惯性力$\sum F_b=0$）

C. 完全不平衡（合惯性力$\sum F_b\neq 0$，合惯性力矩$\sum M_b\neq 0$）

D. 动平衡（合惯性力$\sum F_b=0$，合惯性力矩$\sum M_b=0$）

4. 题图 12-1-3 所示为附加齿轮平衡装置的曲柄滑块机构。设曲柄 AB 的质心在 A 处，滑块的质心在 C 处，连杆质量忽略，平衡质量 $m_a=m_b$，$r_a=r_b$，$\varphi_a=\varphi_b$，当正确选择平衡质量的质径积 m_ar_a 大小后，可使该曲柄滑块机构达到（　　）。

A. 机构的总惯性力全部平衡，但产生附加惯性力偶矩

B. 机构的总惯性力全部平衡，不产生附加惯性力偶矩

C. 机构的一级惯性力（即惯性力中具有与曲柄转动频率相同的频率分量）得到平衡，但产生附加惯性力偶矩

D. 机构的一级惯性力得到平衡，亦不产生附加惯性力偶矩

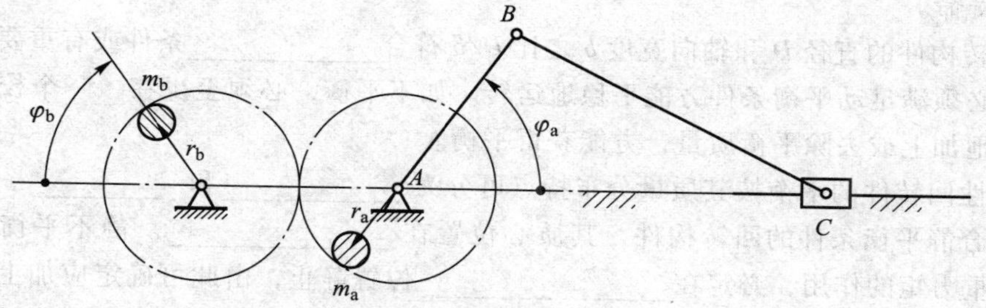

题图 12-1-3

5. 题图 12-1-4 所示为一曲柄滑块机构（不计曲柄与连杆的质量）。为了平衡滑块 C 往复运动时产生的往复惯性力，在曲柄 AB 的延长线上附加平衡质量 m_b，当合理选择平衡质量质径积 m_br_b 的大小后，可使该曲柄滑块达到（　　）。

A. 平衡全部往复惯性力，在其他方向也不引起附加惯性力

B. 平衡全部往复惯性力，在铅垂方向引起附加惯性力

C. 平衡滑块第一级惯性力，在其他方向也不引起附加惯性力

D. 平衡滑块第一级惯性力的全部或部分，在铅垂方向引起附加惯性力

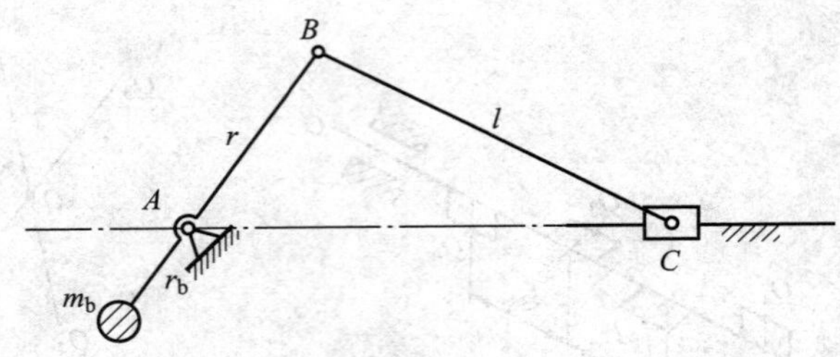

题图 12-1-4

12-2 判断题

1. 不论刚性回转体上有多少个平衡质量，也不论它们如何分布，只需要在任意选定两个平面内，分别适当地加平衡质量即可达到动平衡。（ ）

2. 设计形体不对称的回转构件，虽已进行精确的平衡计算，但在制造过程中仍需安排平衡校正工序。（ ）

3. 经过动平衡校正的刚性转子，任一回转面内仍可能存在偏心质量。（ ）

4. 通常提到连杆机构惯性力平衡是指使连杆机构与机架相连接的各个运动副内动反力全为零，从而减小或消除机架的振动。（ ）

5. 作往复运动或平面复合运动的构件可以采用附加平衡质量的方法使它的惯性力在构件内部得到平衡。（ ）

12-3 填空题

1. 研究机械平衡的目的是部分或完全消除构件在运动时所产生的________，减少或消除在机构各运动副中所引起的_____力，减轻有害的机械振动，改善机械工作性能和延长使用寿命。

2. 回转构件的直径 D 和轴向宽度 b 之比 D/b 符合________条件或有重要作用的回转构件，必须满足动平衡条件方能平稳地运转。如不平衡，必须至少在___个校正平面上各自适当地加上或去除平衡质量，方能获得平衡。

3. 刚性回转件的平衡按其质量分布特点可分为________和_______。

4. 符合静平衡条件的回转构件，其质心位置在_________。静不平衡的回转构件，由于重力矩的作用，必定在__________位置静止，由此可确定应加上或去除平衡质量的方向。

5. 在题图 12-3-1a、b、c 中，S 为总质心，图______中的转子具有静不平衡，图____中的转子是动不平衡。

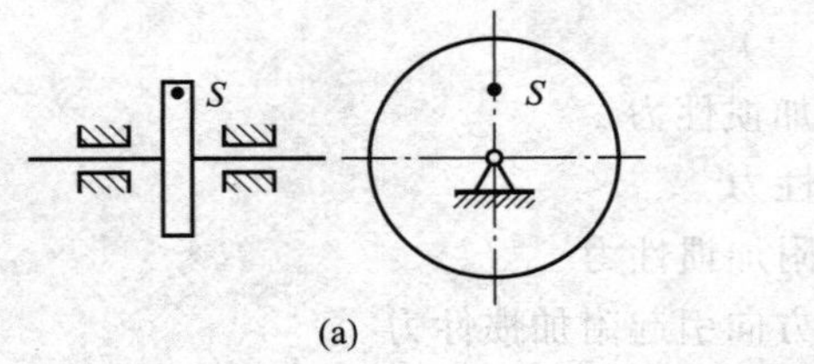

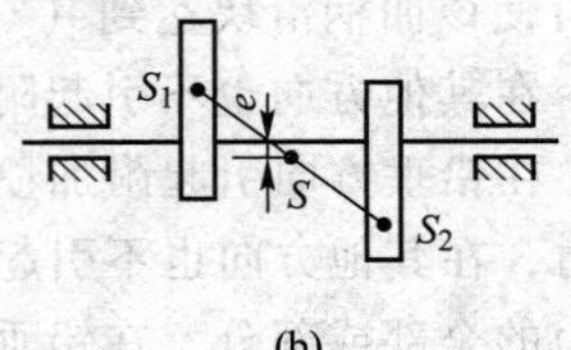

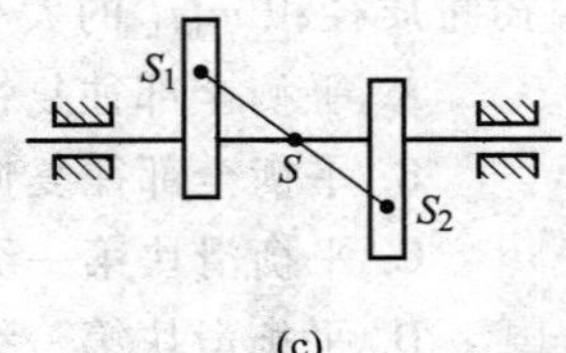

题图 12-3-1

12-4 问答题

1. 为什么说经过静平衡的转子不一定是动平衡的，而经过动平衡的转子必定是静平衡的？

2. 请针对工程中需满足静平衡条件的转子，及需满足动平衡条件的转子情况，各举三例。

3. 对于任何不平衡转子，采用在转子上加平衡质量使其达到静平衡的方法是否对改善支承反力总是有利的？为什么？

4. 题图 12-4-1 所示的刚性转子是否符合动平衡条件，为什么？

5. 在题图 12-4-2 所示的曲轴上，四个曲拐位于同一平面内，若质径积 $m_1r_1=m_2r_2=m_3r_3=m_4r_4$，$l_1=l_3=l_2$，试判断该曲轴是否符合动平衡条件？为什么？

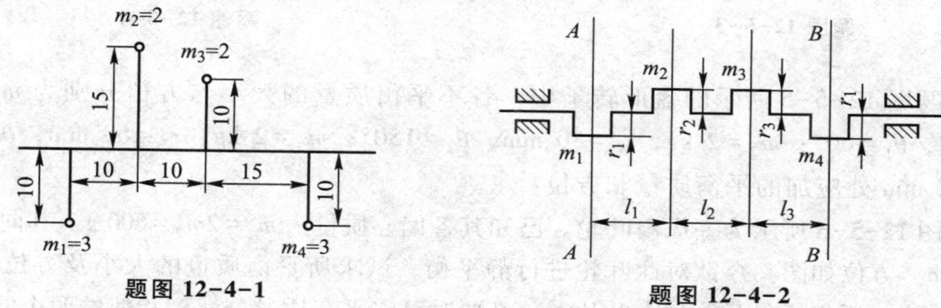

题图 12-4-1　　题图 12-4-2

12-5 分析题

1. 题图 12-5-1 所示的盘状转子上有两个不平衡质量：$m_1=1.5$ kg，$m_2=0.8$ kg，$r_1=140$ mm，$r_2=180$ mm，相位如图。现用去重法来平衡，求所需挖去的质量的大小和相位（设挖去质量处的半径 $r=140$ mm）。

2. 题图 12-5-2 所示的盘形回转件上存在三个偏置质量，已知 $m_1=10$ kg，$m_2=15$ kg，$m_3=10$ kg，$r_1=50$ mm，$r_2=100$ mm，$r_3=70$ mm，设所有不平衡质量分布在同一回转平面内，问应在什么方位上加多大的平衡质径积才能达到平衡？

题图 12-5-1　　题图 12-5-2

3. 题图 12-5-3 所示为一钢制圆盘，盘厚 $b=50$ mm，位置Ⅰ处有一直径的通孔，位置Ⅱ处是一质量 $m_2=0.6$ kg 的重块。为使圆盘平衡，在 $r=200$ mm 制一通孔。试求此孔的直径与位置（钢的密度 $\rho=7.8\ \mathrm{g/cm^3}$）。

4. 如题图 12-5-4 所示的一盘形回转体，其上有四个不平衡质量，它们的大小和质心到回转轴线的距离分别为 $m_1=5$ kg，$m_2=7$ kg，$m_3=8$ kg，$m_4=6$ kg，$r_1=100$ mm，

$r_2 = 200$ mm，$r_3 = 150$ mm，$r_4 = 100$ mm，又设平衡质量 m 的回转半径 $r = 250$ mm，试求需加平衡质量 m 的大小和方位。

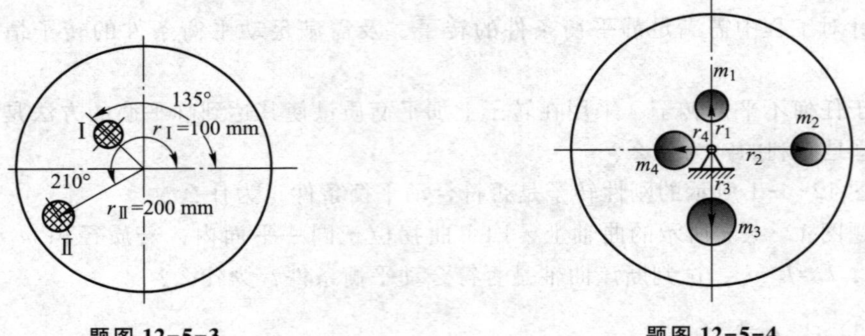

题图 12-5-3　　题图 12-5-4

5. 如题图 12-5-5 所示的盘形转子中，各不平衡质量的大小与方位分别为 $m_1 = 3$ kg，$r_1 = 80$ mm，$\theta_1 = 60°$；$m_2 = 2$ kg，$r_2 = 80$ mm，$\theta_2 = 150°$；$m_3 = 2$ kg，$r_3 = 60$ mm，$\theta_3 = 225°$。求在 $r = 80$ mm 处应加的平衡质量和方位。

6. 题图 12-5-6 所示为一风扇叶轮。已知其各偏心质量为 $m_1 = 2m_2 = 600$ g，其向径为 $r_1 = r_2 = 200$ mm。方位如图。今欲对此叶轮进行静平衡，试求所平衡质量的大小及方位，取 $r_b = 200$ mm。（注：平衡质量只能加在叶片上，必要时可将平衡质量分解到相邻的两个叶片上）。

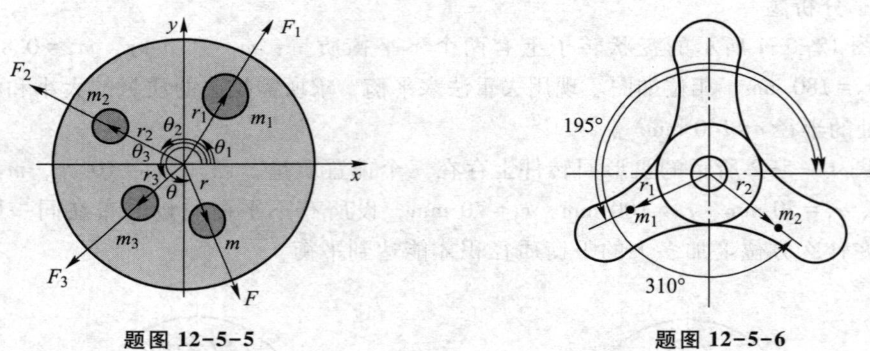

题图 12-5-5　　题图 12-5-6

7. 设题图 12-5-7 所示系统的转速为 300 r/min，$R_1 = 2$ mm，$R_2 = 35$ mm，$R_3 = 40$ mm，$m_1 = 2$ kg，$m_2 = 1.5$ kg，$m_3 = 3$ kg。求轴承 A 和轴承 B 处的轴承反力。若对转子进行静平衡，平衡质量 m_b 位于半径 $R_b = 50$ mm 处，求它的大小与角位置。

8. 题图 12-5-8 所示的曲轴结构中，已知 $m_1 = m_2 = m_3 = m_4$，$r_1 = r_2 = r_3 = r_4$，$l_{12} = l_{23} = l_{34}$，试判断该曲轴是否达到静平衡？是否达到动平衡？为什么？

9. 题图 12-5-9 所示为某曲轴，已知两个不平衡质量 $m_1 = m_2 = m$，$\boldsymbol{r}_1 = -\boldsymbol{r}_2$，位置如图，试判断该轴是否静平衡？是否动平衡？若不平衡，求下列两种情况下在两个平衡基面Ⅰ、Ⅱ上需加的平衡质径积 $m_{b\mathrm{I}}\overrightarrow{r_{b\mathrm{I}}}$ 和 $m_{b\mathrm{II}}\overrightarrow{r_{b\mathrm{II}}}$ 的大小和方位。

10. 如题图 12-5-10 所示的刚性转子中，已知：各个平衡质量、向径、方位角以及所在回转平面的位置分别为 $m_1 = 12$ kg，$m_2 = 20$ kg，$m_3 = 21$ kg；$r_1 = 20$ mm，$r_2 = 15$ mm，

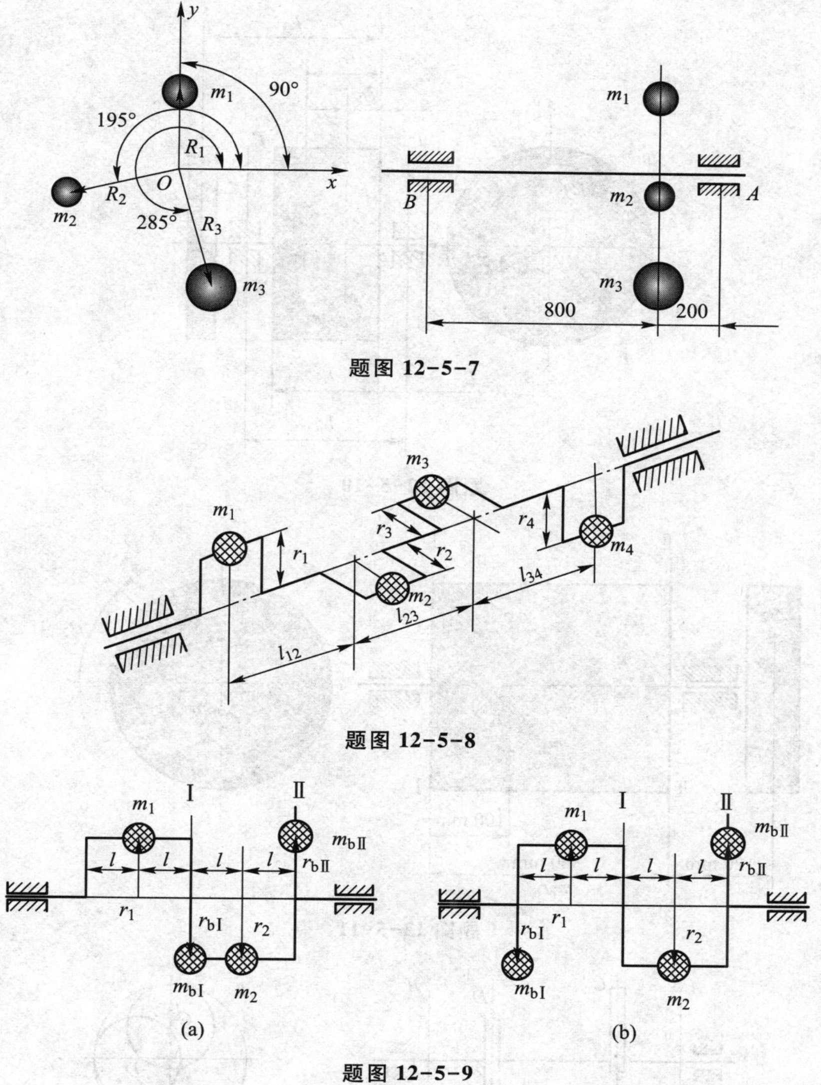

题图 12-5-7

题图 12-5-8

题图 12-5-9

$r_3=10$ mm；$\alpha_1=60°$，$\alpha_2=90°$，$\alpha_3=30°$；$L_1=50$ mm，$L_2=80$ mm，$L_3=160$ mm，$L=100$ mm，$L_t=20$ mm，$L_n=140$ mm。该转子选定的两个平衡平面 T' 和之间距离 T''，应加平衡质量的向径分别为 $r_b'=30$ mm 和 $r_b''=40$ mm。求应加平衡质量 m' 和 m''，以及它们的方位角 α_b' 和 α_b''。

11. 对题图 12-5-11 所示的转子进行动平衡，平衡平面为Ⅰ-Ⅰ和Ⅱ-Ⅱ。

12. 如题图 12-5-12 所示，某转子由两个互相错开 90°的偏心轮组成，每一偏心轮的质量均为 m，偏心距均为 r，拟在平衡平面 A、B 上半径为 $2r$ 处添加平衡质量，使其满足动平衡条件，试求平衡质量 $(m_b)_A$ 和 $(m_b)_B$ 的大小和方向。

13. 题图 12-5-13 所示的回转构件中有两个不平衡质量 m_1 和 m_2，T' 和 T'' 为选定的校正平面，已知：$m_1=5$ kg，$m_2=10$ kg，$\varphi_1=30°$，$\varphi_2=120°$，$r_1=100$ mm，$r_2=60$ mm，$L=400$ mm，$L_1=150$ mm，$L_2=300$ mm，拟在两平面内半径 $r=150$ mm 圆周上配置平衡质量 m_b' 和 m_b''。试求 m_b' 和 m_b'' 的大小和相位（从 Ox 轴正向测量）。

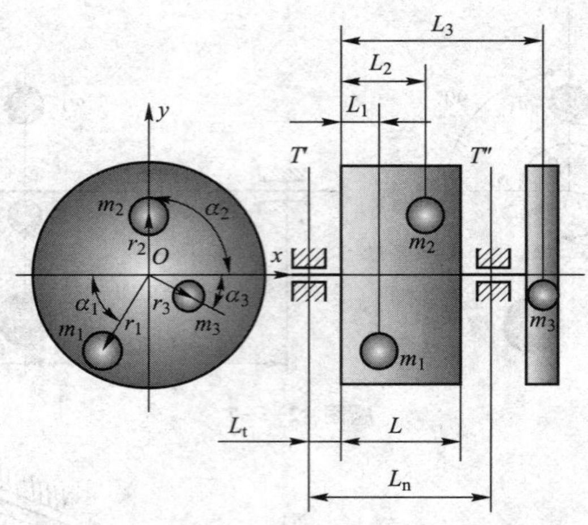

题图 12-5-10

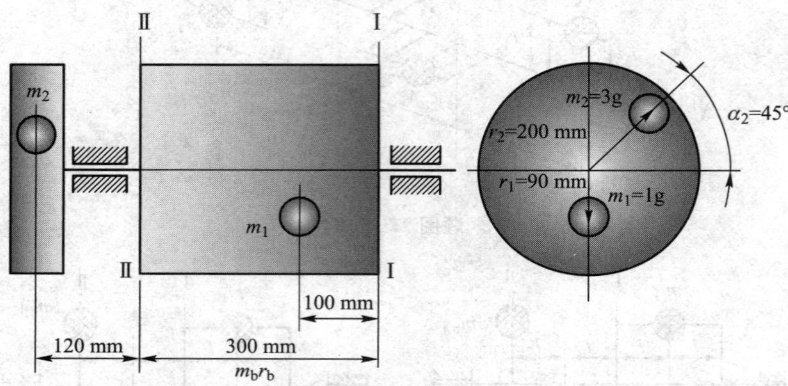

题图 12-5-11

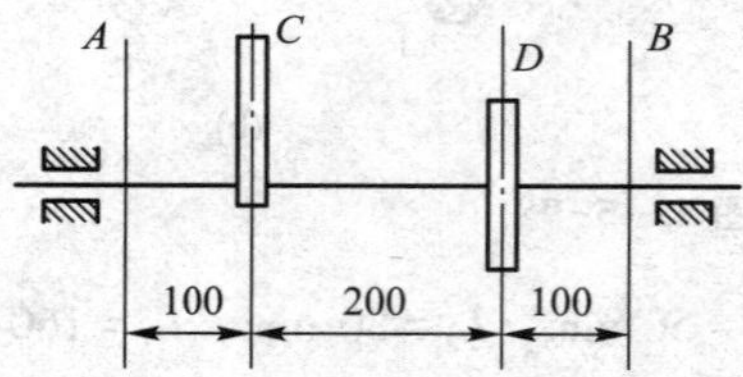

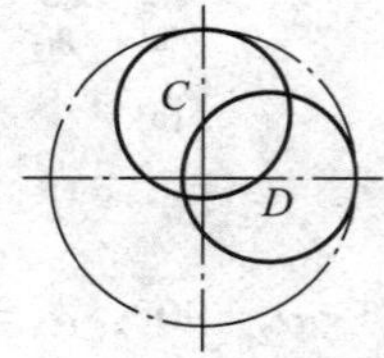

题图 12-5-12

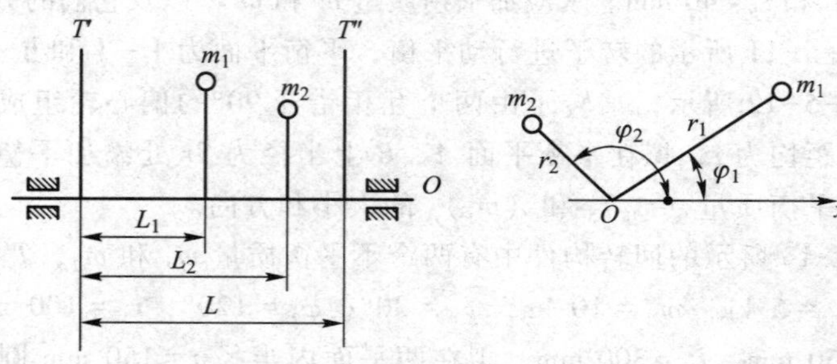

题图 12-5-13

14. 题图 12-5-14 所示为一回转体，其上有不平衡质量 $m_1=1$ kg，$m_2=2$ kg，与转动轴线的距离分别为 $r_1=300$ mm，$r_2=150$ mm。试计算在 P、Q 两平衡校正面上应加的平衡质径积$(m_b r_b)_P$ 和$(m_b r_b)_Q$ 的大小和方位。

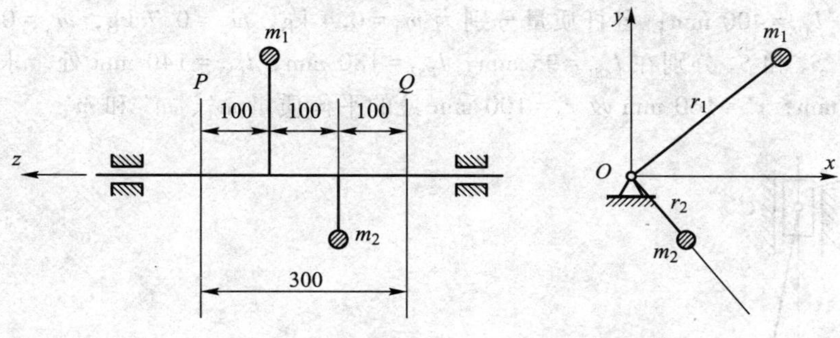

题图 12-5-14

15. 题图 12-5-15 所示为某双缸发动机的曲轴，两曲拐在同一平面内，相隔 180°，每一曲拐的质量为 50 kg，离轴线距离为 200 mm，A、B 两支承间距离为 900 mm，工作转速 $n=3\ 000$ r/min。试求：(1) 支承 A、B 处的动反力大小；(2) 欲使此曲轴符合动平衡条件，以两端的飞轮平面作为平衡平面，在回转半径为 500 mm 处应加平衡质量的大小和方向。

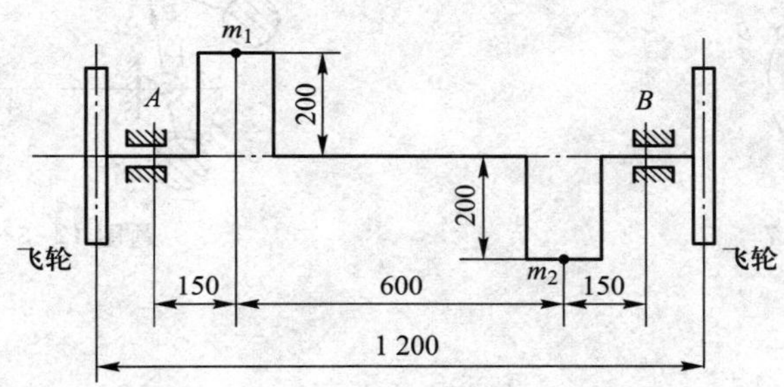

题图 12-5-15

16. 如题图 12-5-16 所示，带有刀架盘 A 的机床主轴需要做动平衡实验，现取Ⅰ、Ⅱ两回转面为校正平面，但所用动平衡机只能测量在两支承范围内的校正平面的不平衡量。现测得Ⅰ、Ⅲ平面内应加质径积为 $m_1 r_1=1$ g · m，$m_3 r_3=1.2$ g · m，方向如图。问能否在Ⅰ、Ⅱ两回转面内校正？如何校正？

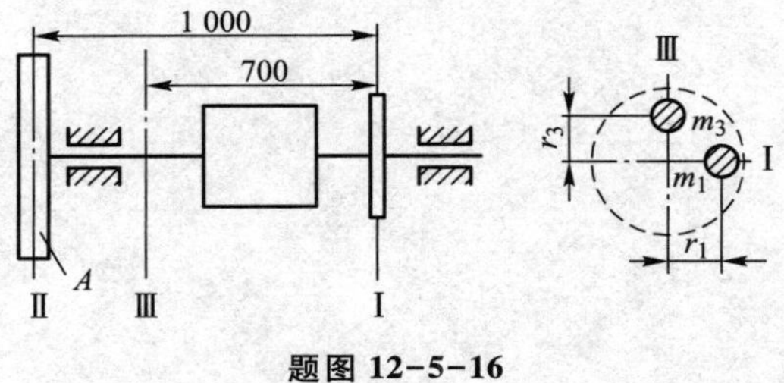

题图 12-5-16

17. 在题图 12-5-17 所示的立式单缸内燃机的曲柄连杆机构中，已知 $l_{AB}=66$ mm，$l_{BC}=330$ mm，杆 1、2 的质心 S_1、S_2 的位置分别为 $l_{AS1}=44$ mm，$l_{BS2}=100$ mm，各构件的

质量分别为 $m_1=5$ kg，$m_2=8$ kg，$m_3=6$ kg。试问加在曲柄上处 $r=60$ mm 的平衡质量 m 应多大，才能平衡第一级惯性力的60%。

18. 在题图 12-5-18 所示的铰链四杆机构中，已知各杆尺寸分别为 $l_{AB}=150$ mm，$l_{BC}=360$ mm，$l_{AD}=400$ mm；各杆质量分别为 $m_1=0.4$ kg，$m_2=0.7$ kg，$m_3=0.5$ kg；各杆质量位置 S_1、S_2 和 S_3 分别在 $l_{AS1}=95$ mm，$l_{BS2}=180$ mm，$l_{CS3}=140$ mm 处。求完全静平衡时在 $r'_1=110$ mm，$r'_2=160$ mm 及 $r'_3=100$ mm 处的平衡质量 m'_1、m'_2 和 m'_3。

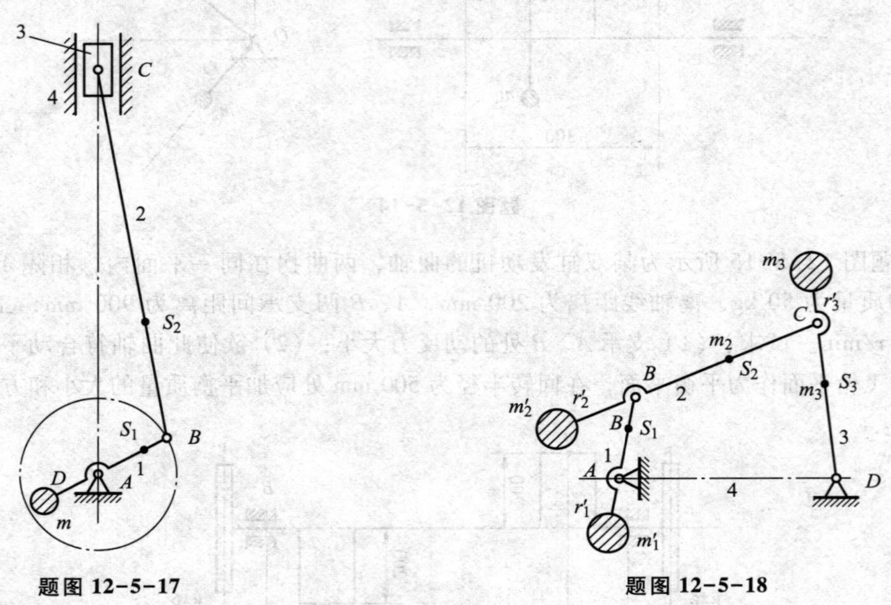

题图 12-5-17　　题图 12-5-18

第十三章　机械的运转及其速度波动的调节*

本章学习任务：机械系统运转过程、机械系统等效力学模型的建立，机械系统的运动方程构建与求解，机械系统运转产生速度波动原因及调节方法，以及飞轮设计。

驱动项目的任务安排：尝试进行项目系统的运动方程构建与求解，考虑项目中机械运转时产生速度波动的原因及其调节问题。

13.1　机械系统动力学分析

机械的运转过程与作用在机械上的外力、构件的质量和转动惯量有关。只有确定了机械中原动件的真实运动规律，才能对机械进行准确的运动分析和力分析。特别是高速、重载、高精度和高自动化程度的机械，研究其运转过程中的真实运动规律，更显得十分重要和必要。

下面将首先介绍机械在其运转过程中各阶段的运动状态以及作用在机械上的驱动力和阻抗力的情况。

1．启动阶段

机械的启动阶段是指机械转速由零逐渐上升到正常的工作转速的过程。该阶段中机械驱动力所做的功 W_d 大于阻力所做的功 W_r，二者之差为机械启动阶段的动能增量 ΔE。

$$W_d = W_r + \Delta E$$

动能增量越大，启动时间就越短。为减少机械启动的时间，一般在空载下启动，即 $W_r = 0$，则

$$W_d = \Delta E$$

这时机械驱动力所做的功除克服机械摩擦功之外，全部转换为加速启动的动能，缩短了启动的时间。

在条件许可的情况下应使机械在空载下启动，当达到应有的工作转速时再加上工作阻力，以减轻原动机在启动时的负担，从而可以选用功率较小的原动机。

2．稳定运转阶段

经过启动阶段，机械进入稳定运转阶段，也就是机械的工作阶段。在该阶段中，机械驱动力所做的功 W_d 和阻抗力所做的功 W_r 相平衡，动能增量 ΔE 为零。其角速度保持不

变，称之为**等速稳定运转**。如起重机、鼓风机、轧钢机等机械，在其稳定运转阶段角速度均保持不变。但有些机械，如内燃机、曲柄压力机、刨床等机械，在稳定运转过程中其角速度作周期性的波动，但角速度的平均值 ω_m 为常量，如图 13－1a 所示的曲柄压力机。在冲压过程中，阻抗力急剧增加导致机械主轴的角速度迅速下降。在冲压完毕的返回行程中，阻抗力消失，机械主轴的角速度又恢复到原来的数值，周而复始，其角速度作周期性的波动，但其平均值保持不变。故称这种类型机械的稳定运转为周期性变速稳定运转。

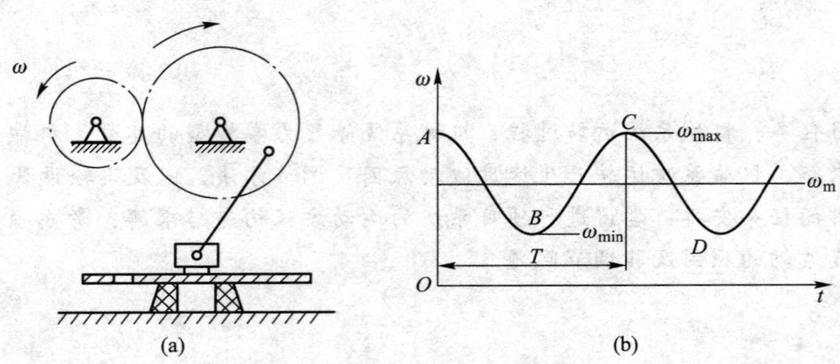

图 13－1　曲柄压力机工作示意图

在周期性变速稳定运转过程中，在某一时刻驱动力所做的功不等于阻抗力所做的功。如图 13－1b 中的 AB 工作段，角速度呈下降趋势，说明驱动力所做的功小于阻抗力所做的功，即 $W_d<W_r$。在 BC 工作段，角速度上升，说明驱动力所做的功大于阻抗力所做的功，即 $W_d>W_r$。由于在一个运转周期的始末两点的角速度相等，即 $\omega_A=\omega_C$，说明在一个运转周期的始末两点的机械动能相等，或者说在一个运转周期内驱动力所做的功 W_{dp} 等于阻抗力所做的功 W_{rp}，即

$$W_{dp}=W_{rp}$$

尽管周期性变速稳定运转过程中的平均角速度为常量，但过大的速度波动会影响机械的工作性能。因此，把周期性变速稳定运转过程中的速度波动调节到许用范围之内，是机械速度调节的重要任务。

3. 停车阶段

机械的停车阶段是指机械由稳定运转的工作转速下降到零的过程。要停止机械运转必须首先撤销机械的驱动力，即 $W_d=0$。这时阻抗力所做的功用于克服机械在稳定运转过程中积累的惯性动能 ΔE，即

$$W_r=\Delta E$$

由于停车阶段一般要撤去阻抗力，仅靠摩擦力做的功去克服惯性动能会使停车时间很长。为了缩短停车时间，一般要在机械中安装制动器，加速消耗机械的惯性动能，减少停车时间。

机械的运转过程如图 13－2 所示。启动阶段和停车阶段统称为机械运转的过渡阶段。大多数机械是在稳定运转阶段进行工作的，但也有一些机械（如起重机），其工作过程却有相当一部分是在过渡阶段进行的。

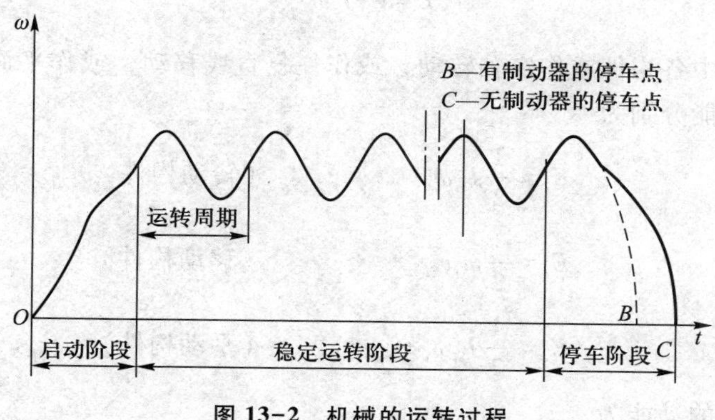

图 13-2 机械的运转过程

13.2 等效动力学模型

就单自由度的机械系统而言，给定一个构件的运动后，其余各构件的运动也随之确定。因此，可以用机械中的一个构件的运动代替整个机械系统的运动，把这个能代替整个机械系统运动的构件称为**等效构件**。通常，将定轴转动构件或直线移动构件作为单自由度机械系统的等效构件，等效构件的角位移（或位移）即为系统的广义坐标。为使等效构件与系统中该构件的真实运动一致，需将作用于机械系统的所有外力与外力矩、所有运动构件的质量与转动惯量都向等效构件转化。换言之，等效构件的等效质量（或等效转动惯量）所具有的动能应等于机械系统的总动能；等效构件上的等效力（或等效力矩）所产生的功率应等于机械系统的所有外力与外力矩所产生的总功率。

如图 13-3a 所示，当取等效构件为定轴转动构件（如曲柄）时，作用于其上的等效力矩为 M_e，其具有的等效转动惯量为 J_e；如图 13-3b 所示，当取等效构件为直线移动构件（如滑块）时，作用于其上的等效力为 F_e，其具有的等效质量为 m_e。

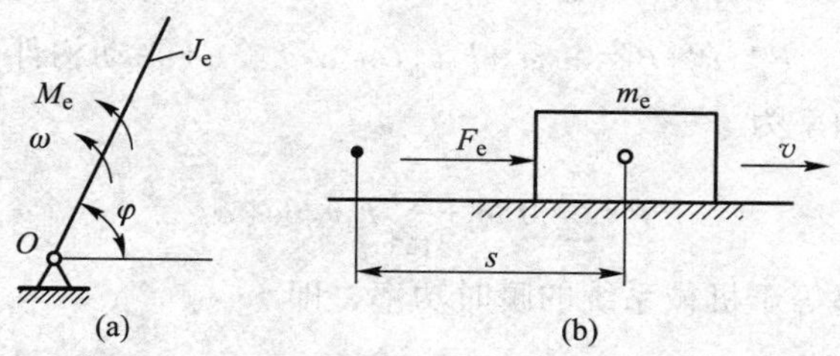

图 13-3 等效动力学模型

13.2.1 等效构件为定轴转动构件

当等效构件以角速度 ω 作定轴转动，其动能为

$$E=\frac{1}{2}J_{e}\omega^{2} \tag{13-1}$$

实际机械系统中各构件或作定轴转动，或作往复直线移动，或作平面运动，各类不同运动形式的构件动能分别为

$$E_i=\frac{1}{2}J_{Si}\omega_i^2 \qquad (转动构件)$$

$$E_i=\frac{1}{2}m_i v_{Si}^2 \qquad (移动构件)$$

$$E_i=\frac{1}{2}J_{Si}\omega_i^2+\frac{1}{2}m_i v_{Si}^2 \qquad (平动构件)$$

整个机械系统的动能为

$$E=\sum_{i=1}^{n}\frac{1}{2}J_{Si}\omega_i^2+\sum_{i=1}^{n}\frac{1}{2}m_i v_{Si}^2$$

式中：ω_i为第 i 个构件的角速度；m_i为第 i 个构件的质量；J_{Si}为第 i 个构件绕其质心轴的转动惯量；v_{Si}为第 i 个构件质心处的速度。

根据等效替代原理，等效构件的动能要等于机械系统的动能，则有

$$\frac{1}{2}J_{e}\omega^{2}=\sum_{i=1}^{n}\frac{1}{2}J_{Si}\omega_i^2+\sum_{i=1}^{n}\frac{1}{2}m_i v_{Si}^2$$

方程两边同除以$\frac{1}{2}\omega^2$，可求解等效转动惯量：

$$J_{e}=\sum_{i=1}^{n}J_{Si}\left(\frac{\omega_i}{\omega}\right)^2+\sum_{i=1}^{n}m_i\left(\frac{v_{Si}}{\omega}\right)^2 \tag{13-2}$$

同样，可以通过等效构件的瞬时功率等于机械系统的瞬时功率求得等效力矩。

作定轴转动的等效构件的瞬时功率为

$$P=M_{e}\omega$$

机械系统中的各类不同运动形式构件的瞬时功率分别为

$$P_i'=M_i\omega_i \qquad (转动构件)$$

$$P_i''=F_i v_{Si}\cos\alpha_i \qquad (移动构件)$$

$$P_i'''=P_i'+P_i''=M_i\omega_i+F_i v_{Si}\cos\alpha_i \qquad (平动构件)$$

整个机械系统的瞬时功率为

$$P=\sum_{i=1}^{n}M_i\omega_i+\sum_{i=1}^{n}F_i v_{Si}\cos\alpha_i$$

由等效构件的瞬时功率等于机械系统的瞬时功率，即

$$M_{e}\omega=\sum_{i=1}^{n}M_i\omega_i+\sum_{i=1}^{n}F_i v_{Si}\cos\alpha_i$$

方程两边同除以 ω，可求解等效力矩：

$$M_{e}=\sum_{i=1}^{n}M_i\left(\frac{\omega_i}{\omega}\right)+\sum_{i=1}^{n}F_i\left(\frac{v_{Si}}{\omega}\right)\cos\alpha_i \tag{13-3}$$

式中：M_i为第 i 个构件上的力矩；F_i为第 i 个构件上的力；α_i 为第 i 个构件质心处的速度

v_{Si}与作用力 F_i之间的夹角。

13.2.2 等效构件为直线移动构件

当等效构件以线速度 v 作直线运动，其动能为

$$E=\frac{1}{2}m_e v^2$$

根据等效替代原理，等效构件的动能要等于机械系统的动能，则有

$$\frac{1}{2}m_e v^2=\sum_{i=1}^{n}\frac{1}{2}J_{Si}\omega_i^2+\sum_{i=1}^{n}\frac{1}{2}m_i v_{Si}^2$$

方程两边同除以$\frac{1}{2}v^2$，可求解等效质量为

$$m_e=\sum_{i=1}^{n}J_{Si}\left(\frac{\omega_i}{v}\right)^2+\sum_{i=1}^{n}m_i\left(\frac{v_{Si}}{v}\right)^2 \tag{13-4}$$

同样，可以通过等效构件的瞬时功率等于机械系统的瞬时功率，求得等效力。

等效构件作往复移动时的瞬时功率为

$$P=F_e v$$

由等效构件的瞬时功率等于机械系统的瞬时功率，即

$$F_e v=\sum_{i=1}^{n}M_i\omega_i+\sum_{i=1}^{n}F_i v_{Si}\cos\alpha_i$$

方程两边同除以 v，可求解等效力为：

$$F_e=\sum_{i=1}^{n}M_i\left(\frac{\omega_i}{v}\right)+\sum_{i=1}^{n}F_i\left(\frac{v_{Si}}{v}\right)\cos\alpha_i \tag{13-5}$$

由以上计算可知，等效转动惯量、等效质量、等效力矩、等效力的数值均与构件的速度比值有关，而构件的速度又与机构位置有关，故等效转动惯量、等效质量、等效力矩、等效力均为机构位置的函数。

这里的等效力矩是指作用在等效构件上的等效驱动力矩 M_{ed}和等效阻抗力矩 M_{er}之和；等效力是指作用在等效构件上的等效驱动力 F_{ed}与等效阻抗力 F_{er}的和。

$$M_e=M_{ed}-M_{er}$$

$$F_e=F_{ed}-F_{er}$$

工程上有时需要求解某一个力的等效力或等效力矩。

求解驱动力的等效驱动力时可按驱动力的瞬时功率等于等效驱动力的瞬时功率来求解。求解驱动力矩的等效驱动力矩时可按驱动力矩的瞬时功率等于等效驱动力矩的瞬时功率来求解。

求解阻抗力的等效阻抗力时可按阻抗力的瞬时功率等于等效阻抗力的瞬时功率来求解。求解阻抗力矩的等效阻抗力矩时可按阻抗力矩的瞬时功率等于等效阻抗力矩的瞬时功率来求解。

例 13-1 在图 13-4 所示的正弦机构中，已知曲柄长为 l_1，绕 A 轴的转动惯量为 J_1，构件 2、3 的质量分别为 m_2、m_3，作用在构件 3 上的阻抗力为 F_3。若等效构件设置在构件

1 处，求其等效转动惯量 J_e，并求出阻抗力 F_3 的等效阻抗力矩 M_{er}。

解 根据等效前、后动能相等的条件，有

$$\frac{1}{2}J_e\omega_1^2=\frac{1}{2}J_1\omega_1^2+\frac{1}{2}m_2v_B^2+\frac{1}{2}m_3v_C^2$$

$$J_e=J_1+m_2\left(\frac{v_B}{\omega_1}\right)^2+m_3\left(\frac{v_C}{\omega_1}\right)^2$$

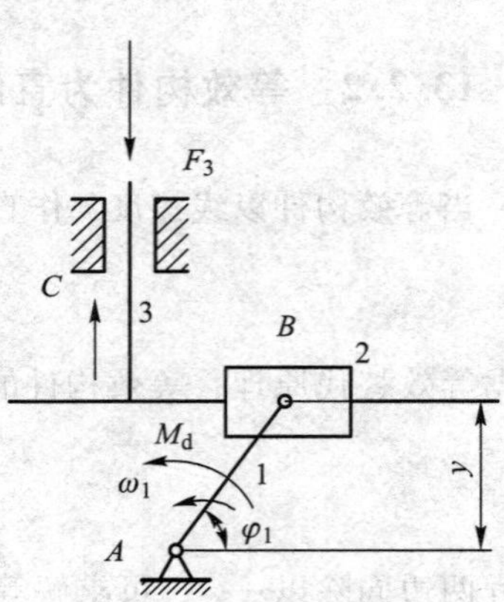

由运动分析可知：

$$v_B=\omega_1 l_1,\qquad v_C=y'=(l_1\sin\varphi_1)'=l_1\omega_1\cos\varphi_1$$

将其代入上述方程中可解出 J_e，

$$J_e=J_1+m_2l_1^2+m_3l_1^2\cos^2\varphi_1=J_c+J_v$$

式中：$J_c=J_1+m_2l_1^2$，$J_v=m_3l_1^2\cos^2\varphi_1$。

图 13-4 正弦机构

该例说明机械系统含有连杆机构时，其等效转动惯量由常量和变量两部分组成。由于工程中的连杆机构常安装在低速级，等效转动惯量中的变量部分有时可以忽略不计。

由于阻抗力的瞬时功率等于等效阻抗力的瞬时功率，可有

$$M_{er}\omega_1=F_3v_C\cos\varphi_1$$

$$M_{er}=-\frac{F_3l_1\omega_1}{\omega_1}\cos\varphi_1=-F_3l_1\cos\varphi_1$$

思考：若等效构件为 3，其等效质量和等效力各为多少？

强化训练题 13-1 如图 13-5 所示的正弦机构，已知各个构件尺寸和质量，$F_3=-Av_3$，其中 A 为一常数。求以曲柄为等效时的动力学模型。

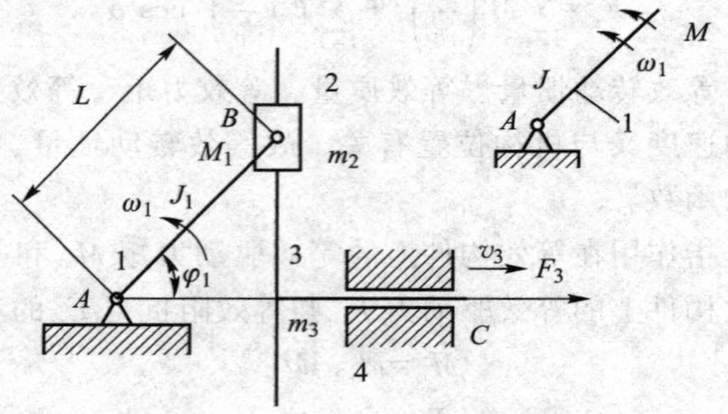

图 13-5 正弦机构

13.3 机械系统的运动方程及其求解

在研究等效构件的运动方程时，为简化书写格式，在不引起混淆的情况下，略去表示等效概念的下角标 e。根据动能定理，在 dt 时间内，等效构件上的动能增量 dE 应等于该瞬时等效力或等效力矩所做的元功 dW。

$$dE=dW$$

如等效构件作定轴转动，则有

$$d\left(\frac{1}{2}J\omega^2\right)=Md\varphi \tag{13-6}$$

如等效构件作往复移动，则有

$$d\left(\frac{1}{2}mv^2\right)=Fds \tag{13-7}$$

由式（13-6）有

$$\frac{d\left(\frac{1}{2}J\omega^2\right)}{d\varphi}=M \tag{13-8}$$

由于等效转动惯量、等效力、等效力矩及角速度均是机构位置的函数，实际上 $J=J(\varphi)$，$F=F(\varphi)$，$M=M(\varphi)$，$\omega=\omega(\varphi)$。

整理式（13-8）得

$$J\frac{\omega d\omega}{d\varphi}+\frac{\omega^2}{2}\frac{dJ}{d\varphi}=M=M_d-M_r \tag{13-9}$$

由于$\frac{d\omega}{d\varphi}=\frac{d\omega}{dt}\frac{dt}{d\varphi}=\frac{d\omega}{dt}\frac{1}{\omega}$，将其代入式（13-9），有

$$J\frac{d\omega}{dt}+\frac{\omega^2}{2}\frac{dJ}{d\varphi}=M=M_d-M_r \tag{13-10}$$

式（13-10）称为作定轴转动的等效构件的微分方程。

等效构件作往复移动时的微分方程推导如下：

整理式（13-10），有

$$m\frac{vdv}{ds}+\frac{v^2}{2}\frac{dm}{ds}=F=F_d-F_r \tag{13-11}$$

将$\frac{dv}{ds}=\frac{dv}{dt}\frac{dt}{ds}=\frac{dv}{dt}\frac{1}{v}$，代入式（13-11），有

$$m\frac{dv}{dt}+\frac{v^2}{2}\frac{dm}{ds}=F=F_d-F_r \tag{13-12}$$

式（13-12）称为等效构件作往复移动的微分方程。

如果对式（13-10）两边积分，并取边界条件为 $t=t_0$，$\varphi=\varphi_0$，$\omega=\omega_0$，$J=J_0$。

$$\frac{1}{2}J\omega^2-\frac{1}{2}J_0\omega_0{}^2=\int_{\varphi_0}^{\varphi}Md\varphi=\int_{\varphi_0}^{\varphi}(M_d-M_r)d\varphi \tag{13-13}$$

式（13-12）称为等效构件作定轴转动的积分方程。式中，ω_0、ω 为等效构件在初始位置和任意位置的角速度；φ_0、φ 为等效构件在初始位置和任意位置的角位移；J_0、J 为等效构件在初始位置和任意位置的等效转动惯量。

如果对式（13-12）两边积分，并取边界条件为 $t=t_0$，$s=s_0$，$v=v_0$，$m=m_0$。

$$\frac{1}{2}mv^2-\frac{1}{2}m_0v_0{}^2=\int_{s_0}^{s}Fds=\int_{s_0}^{s}(F_d-F_r)ds \tag{13-14}$$

式（13-14）称为等效构件作往复移动的积分方程。式中：v_0、v 为等效构件在初始位置和

任意位置的线速度；s_0、s 为等效构件在初始位置和任意位置的位移；m_0、m 为等效构件在初始位置和任意位置的等效质量。

从上面分析看到，当描述等效构件的运动时，有微分方程和积分方程两种形式，要根据具体应用情况决定使用哪种形式。

不同机械的驱动力和工作阻力特性不同，它们可能是时间的函数，也可能是机构位置或速度的函数，等效转动惯量可能是常数也可能是机构位置的函数，等效力或等效力矩可能是机构位置的函数，也可能是速度的函数。因此，运动方程的求解方法也不尽相同。

工程上常选作定轴转动的构件为等效构件，故讨论等效构件作定轴转动的简单情况。

（1）等效转动惯量与等效力矩均为常数的运动方程求解

等效转动惯量与等效力矩均为常数是定传动比机械系统中的常见问题。在这种情况下运转的机械大都属于等速稳定运转，使用力矩方程求解该类问题要方便些。

由于 J=常数，M=常数，式（13-10）可改写为

$$J\frac{\mathrm{d}\omega}{\mathrm{d}t}=M$$

$$\frac{\mathrm{d}\omega}{\mathrm{d}t}=\frac{M}{J}=\alpha$$

$\mathrm{d}\omega=\alpha\mathrm{d}t$，两边积分后：

$$\int_{\omega_0}^{\omega}\mathrm{d}\omega=\int_{t_0}^{t}\alpha\mathrm{d}t$$

$$\omega=\omega_0+\alpha(t-t_0) \tag{13-15}$$

$$\varphi=\varphi_0+\omega_0(t-t_0)+\frac{\alpha}{2}(t-t_0)^2 \tag{13-16}$$

例 13-2 在图 13-6 所示的机械系统中，已知电动机 A 转数为 1 440 r/min，减速箱的传动比 $i=2.5$，选 B 轴为等效构件，等效转动惯量 $J_e=0.5\ \mathrm{kg\cdot m^2}$。要求刹住 B 轴后 3 s 停车，求解等效制动力矩。

解 $\omega_B=\dfrac{1\,440}{2.5}\times\dfrac{2\pi}{60}\ \mathrm{rad/s}=60.32\ \mathrm{rad/s}$

由 $\omega=\omega_0+\alpha(t-t_0)$，$\omega_0=\omega_B$，$\omega=0$，$t=3$，$t_0=0$，得

$$\alpha=\frac{\omega-\omega_0}{t-t_0}=\frac{0-60.32}{3}\ \mathrm{rad/s^2}\approx-20.11\ \mathrm{rad/s^2}$$

刹车时要取消驱动力矩和工作阻力，$M=M_d-M_r=-M_r$，此处 M_r 为刹车制动力矩。

由 $\dfrac{\mathrm{d}\omega}{\mathrm{d}t}=\dfrac{M}{J_e}=\alpha$ 可知

$M_r=-\alpha J_e=-20.11\times0.5\ \mathrm{N\cdot m}\approx-10.06\ \mathrm{N\cdot m}$

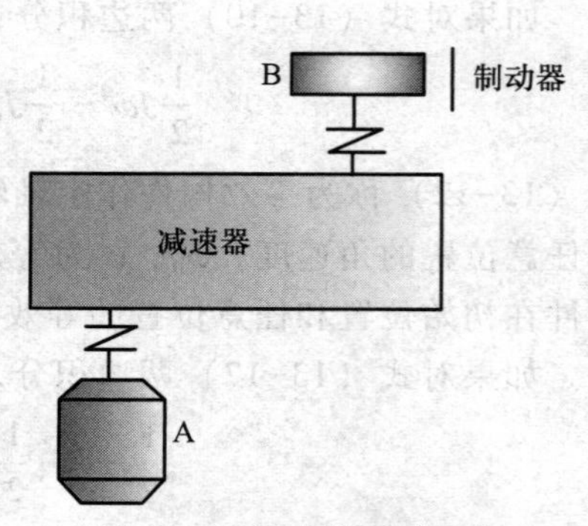

图 13-6 简单的机械系统

（2）等效转动惯量与等效力矩均为等效构件位置函数的运动方程的求解

当 $J=J(\varphi)$，$M=M(\varphi)$ 可用解析式表示时，用积分方程求解方便些。

由方程

$$\frac{1}{2}J\omega^2-\frac{1}{2}J_0\omega_0^2=\int_{\varphi_0}^{\varphi}M\mathrm{d}\varphi$$

可解出

$$\omega=\sqrt{\frac{J_0}{J}\omega_0^2+\frac{2}{J}\int_{\varphi_0}^{\varphi}M\mathrm{d}\varphi}$$

当等效转动惯量与等效力矩不能写成函数式时，可用数值解法求解。

例 13-3 如图 13-7 所示为一起吊重物的电动葫芦。电动机通过一个少齿差行星减速器带动链轮旋转。已知：电动机型号为 Y90L-4，额定功率 $P_H=1.5$ kW，同步转速 $n_0=1\ 500$ r/min，额定转速 $n_H=1\ 410$ r/min，电动机转子连同偏心轴的转动惯量 $J_1=7.15\times10^{-3}$ kg · m²，行星轮、输出装置、链轮等的转动惯量 $J_2=0.15$ kg · m²，行星轮重量 $G_1=20$ N，偏心轴的偏心距 $r=2.5$ mm，链轮半径 $R=100$ mm，起吊重物重量 $G=4\ 000$ N，行星减速器传动比 $i=40$。

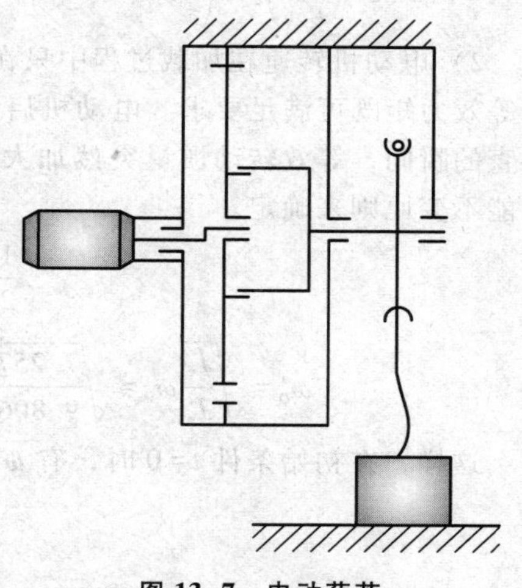

图 13-7 电动葫芦

1）若以电动机轴为等效构件，试写出等效力矩的表达式，并计算加载前和加载后的等效转动惯量。

2）电动葫芦起吊重物。假定在钢丝绳未拉直之前电动机已启动到空载角速度，求钢丝绳拉直并将重物吊离地面加载过程的运动规律。

解 1）以电动机轴为等效构件，求取等效力矩及计算加载前、后的等效转动惯量。

① 求等效力矩

作用于系统中的外力为电动机的驱动力矩和被吊重物的重力。因电动机轴为等效构件，电动机的驱动力矩不必再转化，由电动机 Y90L-4 的机械特性求出，所以等效驱动力矩即为

$$M_{ed}=169.232-1.077\ 3\omega$$

重力向电动机轴转化的等效阻力矩 M_{er} 为

$$M_{er}=\frac{Gv\cos\alpha}{\omega}$$

式中：v 为起吊钢丝绳的速度，α 为重力 G 与 v 之夹角，$\alpha=180°$。代入上式，有

$$M_{er}=\frac{-GR}{i}=-4\ 000\times0.1\times\frac{1}{40}\ \mathrm{N\cdot m}=-10\ \mathrm{N\cdot m}$$

等效力矩为

$$M_e=M_{ed}+M_{er}=(169.232-1.077\ 3\omega-10)\ \mathrm{kg\cdot m^2}=(159.232-1.077\ 3\omega)\ \mathrm{kg\cdot m^2}$$

② 求等效转动惯量

注意：在这一系统中，加载前和加载后系统的等效转动惯量是不同的。钢丝绳未拉紧之前的等效转动惯量包括三部分：电动机轴和偏心轴的转动惯量 J_1，从动部分（包括行星

轮、链轮、输出装置）的转动惯量 J_2 向电动机轴折算后的等效值，以及行星轮随偏心轴公转的转动惯量。这样，加载前的等效转动惯量为

$$J_e=J_1+J_2\frac{1}{i^2}\frac{G_1}{g}r^2=\left(7.15\times10^{-3}+0.15\times\frac{1}{40^2}+\frac{20}{9.807}\times2.5^2\times10^{-6}\right)\text{ kg}\cdot\text{m}^2$$
$$=7.257\times10^{-3}\text{ kg}\cdot\text{m}^2$$

可以看出，从动部分在总的等效转动惯量中所占的比重甚小。

加载后，还应加上重物的等效转动惯量

$$J_e'=J_e+\frac{GR^2}{g}\frac{1}{i^2}=\left(7.257\times10^{-3}+\frac{4\ 000\times0.1^2}{9.807}\times\frac{1}{40^2}\right)\text{ kg}\cdot\text{m}^2=9.806\times10^{-3}\text{ kg}\cdot\text{m}^2$$

2）电动机转速在加载过程中只在额定转速附近变化，因而用所导出的一次函数形式的等效力矩既可满足要求。电动机启动后已达到空载角速度 $\omega_0=157.08$ rad/s，但钢丝绳拉直的瞬间，等效转动惯量突然加大。若忽略钢丝绳的弹性，则此瞬间的角速度 ω_0' 可由动能不变原则来确定。

$$\frac{1}{2}J_e\omega_0^2=\frac{1}{2}J_e'(\omega_0')^2$$

$$\omega_0'=\sqrt{\frac{J_e}{J_e'}}\omega_0=\sqrt{\frac{7.257\times10^{-3}}{9.806\times10^{-3}}}\times157.08\text{ rad/s}=135.089\quad\text{rad/s}$$

这样，在初始条件 $t=0$ 时，有 $\omega=\omega_0'$，根据式（13-10），有

$$t=\frac{J_e'}{b}\ln\frac{a+b\omega}{a+b\omega_0'}$$

其中，$a=159.232$，$b=-1.077\ 3$。

求此式的反函数得

$$\omega=\frac{1}{b}\left[e^{qt}(a+b\omega_0')-a\right]$$
$$=\frac{-1}{1.077\ 3}\left[e^{-109.861t}\times(159.232-1.077\ 3\times135.089)-159.232\right]\text{rad/s}$$
$$=(-12.718e^{-109.861t}+147.807)\text{ rad/s}$$

式中，$q=b/J_e'$。

图 13-8 是依据 ω 随着 t 变化的规律绘出的线图。由此图可看出，加载过程一开始，电动机转速由 ω_0 突然下降到 ω_0'(由于钢丝绳有一定弹性，这个下降实际上并非在瞬间完成，而要延续一个很短的时间)，然后以指数规律回升到稳定角速度 ω_B，ω_B 是指数曲线的渐近线。

$$\omega_B=-a/b=147.807\text{ rad/s}$$

ω_B 是渐近线，从理论上说达到 ω_B 的时间为无穷大，这就使过渡时间的计算失去了意义。因此规定，当达到 ω_B 的一个接近值（例如 $0.99\omega_B$）时即可认为过渡过程结束。本题加载时间为

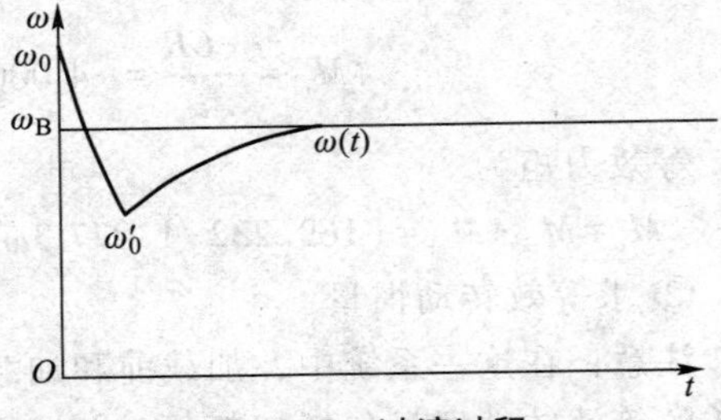

图 13-8 过渡过程

$$t'=\frac{J_e'}{b}\ln\frac{a+b0.99\omega_B}{a+b\omega_0'}$$
$$=\frac{-0.009\ 654}{1.077\ 3}\ln\frac{159.232-1.077\ 3\times0.99\times147.806}{159.232-1.077\ 3\times134.765\ 8}\ \text{s}=0.019\ 5\ \text{s}$$

由此可见，加载时间很短，机械的加载性能良好。

强化训练题 13-2 设等效驱动力矩为 $M_{ed}=(27\ 600-264\omega)$ N·m，等效阻力矩 $M_{er}=1\ 100$ N·m，等效转动惯量 $J_e=10$ kg·m²。求自启动到 $\omega=100$ rad/s 所需的时间 $t(t_0=0)$。

13.4 机械的速度波动及其调节

13.4.1 周期性速度波动及其调节

1. 周期性速度波动产生的原因

由式（13-10）可知，机械系统作匀速稳定运转的条件为：等效转动惯量 J_e 为常数，且任一时刻等效驱动力矩均等于等效阻力矩（即 $M_e=0$）。但实际上，对于多数机械而言，上述条件难以保证。例如，由电动机驱动的鼓风机，其等效转动惯量为常数，但其等效力矩是等效构件角速度的函数；又如，由内燃机驱动的往复式工作机，其等效转动惯量、等效力矩均是等效构件位移的函数。

根据作用于机械系统的外力、外力矩性质的不同，等效力矩 M_e 可能是等效构件的角位移、角速度或时间的函数。在稳定运转阶段，若系统存在周期性的速度波动，则等效构件的角速度 ω 必可表示为其位移 φ 的周期性函数。因此，对于 $M_e=M_e(\varphi)$、$M_e=M_e(\omega)$ 及 $M_e=M_e(\varphi,\ \omega)$ 的情形，其等效力矩归根结底均可统一表示为 $M_e=M_e(\varphi)$。若等效力矩与时间有关，则该类机械系统不可能出现周期性的速度波动。

由式（13-2）可知，等效转动惯量仍是系统中各运动构件的质量、转动惯量以及各运动构件与等效构件的速比的函数。若系统中仅含齿轮机构的等定速比机构，则各运动构件与等效构件的速比均为常数；若系统中含有连杆机构、凸轮机构等变速比机构，则上述速比仅与等效构件的位移有关。因此，等效转动惯量可统一表示为 $J_e=J_e(\varphi)$。

因此，在稳定运转阶段，若机械系统的运转速度呈现周期性的波动，则其等效转动惯量与等效力矩应为等效构件位移的**周期性函数**。

设某机械在稳定运转阶段，其等效构件在一个周期 φ_T 内所受到的等效驱动力矩 M_{ed} 与等效阻力矩 M_{er} 的变化曲线如图 13-9a 所示。当等效构件由起始位置 φ_a 回转至任一位置 φ 时，M_{ed} 与 M_{er} 所做功的差值 ΔE（称为盈亏功）和机械动能的增量分别为

$$\Delta W=\int_{\varphi_a}^{\varphi}\left[M_{ed}(\varphi)-M_{er}(\varphi)\right]\mathrm{d}\varphi \tag{13-17}$$

$$\Delta E=\Delta W=\frac{1}{2}J_e(\varphi)\omega^2(\varphi)-\frac{1}{2}J_a\omega_a{}^2 \tag{13-18}$$

式中，J_a、ω_a 分别为起始位置处等效构件的等效转动惯量与角速度。

图 13-9a 所示的等效力矩变化曲线中，在 bc 段与 de 段，因 $M_{ed}>M_{er}$，故 $\Delta W>0$，多余的功以“+”标识，称为盈功；反之，在 ab、cd 与 ea 段，由于 $M_{ed}<M_{er}$，故 $\Delta W<0$，不足的功以“-”标识，称为亏功。图 13-9b 所示的功能增量变曲线表示了以点 a 为基准的 ΔW（或 ΔE）与 φ 关系。在亏功区，等效构件的角速度因机械动能的减小而减小；在盈功区，等效构件的角速度因机械功能的增大而增大。能量变化的指示图如图 13-9c 所示。

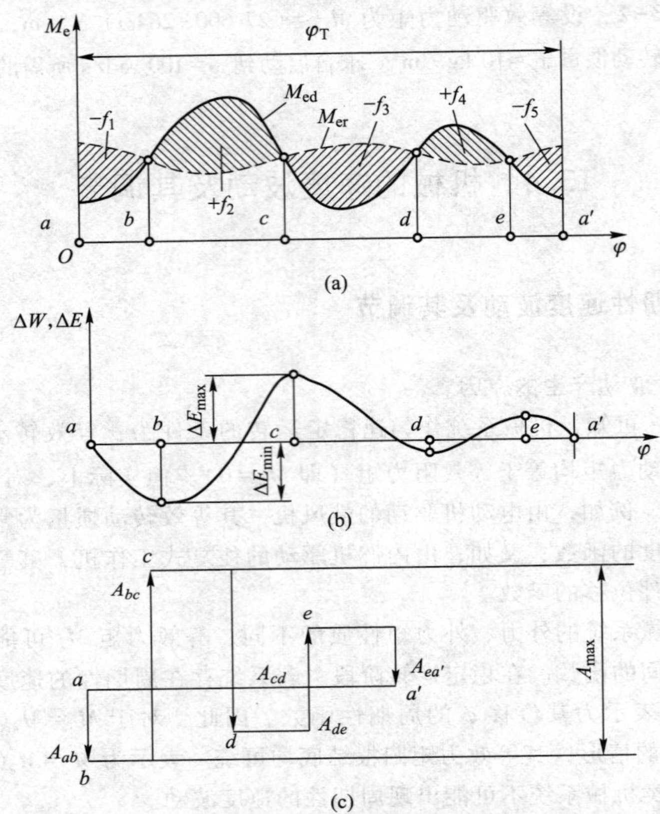

图 13-9 周期性速度波动的等效力矩与功能增量

若等效力矩与等效转动惯量均为等效构件角位移的周期性函数，则在 M_e、J_e 变化的公共周期内，M_{ed}与 M_{er}所做的功相等，机械动能的增量为零。图 13-9c 中，φ_a 至 $\varphi_{a'}$的区间即为 M_e 与 J_e 变化的一个公共周期，故

$$\Delta W=\Delta E=\int_{\varphi_a}^{\varphi_{a'}}[M_{ed}(\varphi)-M_{er}(\varphi)]\mathrm{d}\varphi=\frac{1}{2}J_{a'}\omega_{a'}^2-\frac{1}{2}J_a\omega_a^2=0 \tag{13-19}$$

式中，$J_{a'}$、$\omega_{a'}$分别为 $\varphi_{a'}$处等效构件的等效转动惯量与角速度。

于是，经过等效力矩与等效转动惯量变化的一个公共周期，机械的动能又恢复到原来的数值，等效构件的角速度也将恢复到原来的数值。由此可知，在稳定运转阶段，等效构件的角速度将呈现周期性的波动。

2. 速度波动程度的衡量指标

设一个周期内 φ_T，等效构件角速度的变化如图 13-10 所示，则其平均角速度 ω_m 为

$$\omega_m=\frac{1}{\varphi_T}\int_0^{\varphi_T}\omega(\varphi)\mathrm{d}\varphi \tag{13-20}$$

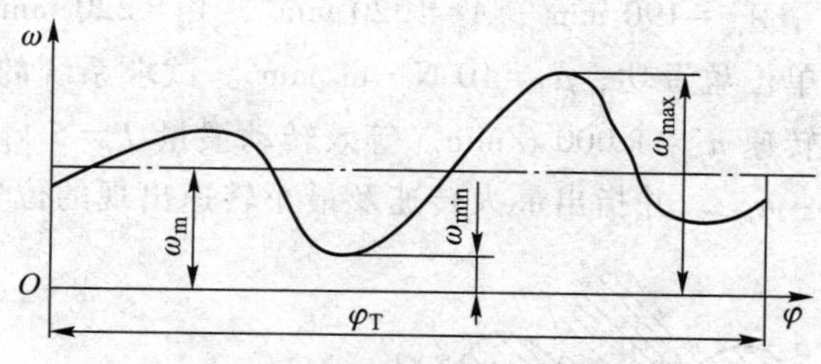

图 13-10 等效构件角速度变化曲线

实际工程中，若 ω 变化不大，常以最大、最小角速度的算术平均值计算 ω_m，即

$$\omega_m=\frac{1}{2}(\omega_{max}+\omega_{min}) \tag{13-21}$$

式中，ω_{max}、ω_{min} 分别为 φ_T 内等效构件的最大、最小角速度。

机械的速度波动程度可用角速度的变化量与平均角速度的比值来反映，该比值称为**速度波动系数**或**速度不均匀系数**，一般以 δ 表示，即

$$\delta=\frac{\omega_{max}-\omega_{min}}{\omega_m} \tag{13-22}$$

不同类型的机械，所允许的速度波动程度是不同的。表 13-1 给出了常用机械的许用速度波动系数 $[\delta]$。为使所设计的机械在运转过程中速度波动在允许范围内，必须保证 $\delta\leqslant[\delta]$。

表 13-1 常用机械的许用速度波动系数

机器名称	运转不均匀系数 $[\delta]$	机器名称	运转不均匀系数 $[\delta]$
石料破碎机	1/5～1/20	造纸机、织布机	1/40～1/50
农业机械	1/5～1/50	压缩机	1/50～1/100
冲床、剪床、锻床	1/13～1/10	纺纱机	1/60～1/100
轧钢机	1/10～1/25	内燃机	1/80～1/150
金属切削机	1/20～1/50	直流发动机	1/100～1/200
汽车、拖拉机	1/20～1/60	交流发动机	1/200～1/300
水泵、鼓风机	1/30～1/50	汽轮发动机	≤1/200

当采用额外的附加构件（如飞轮）来调节机械的速度波动时，这个额外附加构件（如飞轮）的转动惯量可以由下式求出：

$$J_F+J_e=\frac{900\Delta W_{max}}{\pi^2 n^2\delta} \tag{13-23}$$

式中：J_F 为飞轮（或其他额外附加构件）的转动惯量；J_e 为一个周期内机械转动惯量的等效值；n 为机械转速。

例 13-4 图 13-11a 所示为某机械系统的等效驱动力矩 M_{ed} 及等效抗力矩 M_{er} 对转角 φ 的变化曲线，φ_T 为其变化的周期转角。设已知各相差面积分别为 A_{ab} = 200 mm^2，A_{bc} =

260 mm^2，$A_{cd}=100$ mm^2，$A_{de}=190$ mm^2，$A_{ef}=320$ mm^2，$A_{fg}=220$ mm^2，$A_{ga'}=500$ mm^2，而单位面积所代表的功为单位盈亏功，$\mu_A=10$ N·m/mm^2。试求系统的最大盈亏功。又如设已知其等效构件的平均转速 $n_m=1\ 000$ r/min。等效转动惯量 $J_e=5$ kg·m^2。试求该系统的最大转速 n_{max} 及最小转速 n_{min}，并指出最大转速及最小转速出现的位置。

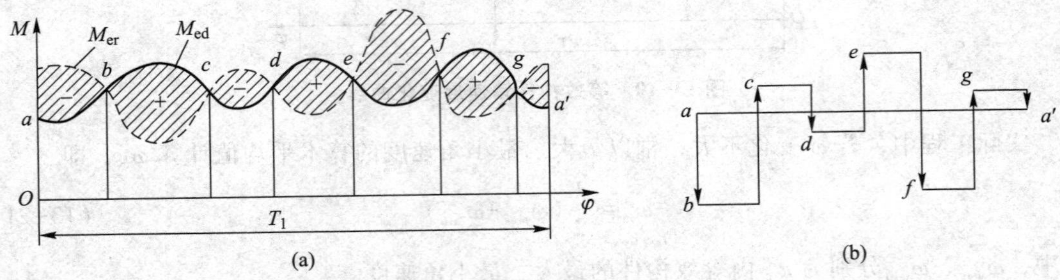

图 13-11 转角变化曲线（例 13-4）

解 1）求 ΔW_{max}，作此系统的能量指示图，如图 13-11b 所示。由图 13-11b 知：此机械系统的动能最小及最大值分别出现在 b 及 e 的位置，即系统在 φ_b 及 φ_e 处，分别有 n_{max} 及 n_{min}。

$$\begin{aligned}\Delta W_{max}&=\mu_A(A_{bc}-A_{cd}+A_{de})\\&=10\times(260-100+190)\ \text{N}\cdot\text{m}\\&=2\ 500\ \text{N}\cdot\text{m}\end{aligned}$$

2）求运转不均匀系数，由式（13-23）得

$$J_F+J_e=\frac{900\Delta W_{max}}{\pi^2 n_m^2\delta}$$

设 $J_F=0$，则有

$$\delta=\frac{900\Delta W_{max}}{\pi^2 n_m^2 J_e}=\frac{900\times 2\ 500}{\pi^2\times 1\ 000^2\times 5}=0.045\ 6$$

3）求 n_{max} 和 n_{min}。

$$n_{max}=(1+\delta/2)n_m=(1+0.045\ 6/2)\times 1\ 000\ \text{r/min}=1\ 022.8\ \text{r/min}$$

$$\varphi_{max}=\varphi_e$$

$$n_{min}=(1-\delta/2)n_m=(1-0.045\ 6/2)\times 1\ 000\ \text{r/min}=977.2\ \text{r/min}$$

$$\varphi_{min}=\varphi_b$$

例 13-5 当取其主轴为等效构件时，在一个稳定运动循环中，其等效阻力矩 M_{er} 如图 13-12a 所示。已知等效驱动力矩为常数，机械主轴的平均转速为 1 000 r/min。若不计其余构件的转动惯量，试问：① 当要求运转的速度不均匀系数 $\delta\leqslant 0.05$ 时，应在主轴上安装一个转动惯量为 J_F 的飞轮；② 如不计摩擦损失，驱动此机器的原动机需要多大的功率 P。

解 ① 在一个稳定运动周期中等效驱动功和等效阻力功相等，所以有

$$\frac{5}{3}\pi\times 10+\left(2\pi-\frac{5}{3}\pi\right)\times 60=M_{ed}\times 2\pi$$

$$M_{ed}=\frac{55}{3}=18.33\ \text{N}\cdot\text{m}$$

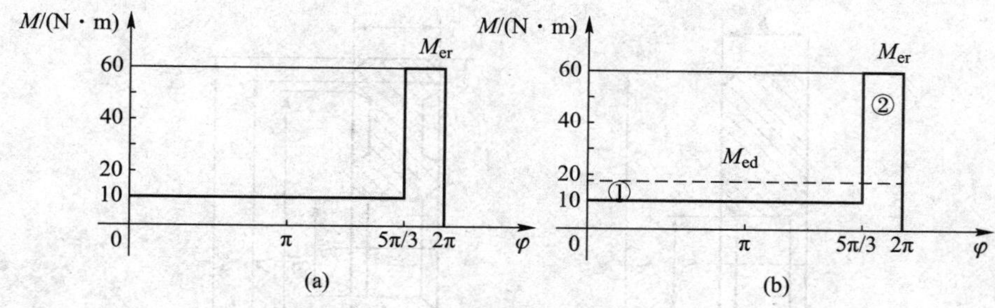

图 13-12 一个稳定运动循环（例 13-5）

$$\Delta W_{\max}=\text{面积①}=\text{面积②}=\frac{5}{3}\pi\times(18.33-10)\ \text{J}=43.54\ \text{J}$$

$$\omega_{m}=\frac{\pi n}{30}=\frac{\pi\times 1\ 000}{30}\ \text{rad/s}=104.72\ \text{rad/s}$$

$$J_{F}\geqslant\frac{\Delta W_{\max}}{\omega_{m}^{2}\ [\delta]}=\frac{43.54}{104.72^{2}\times 0.05}\ \text{kg}\cdot\text{m}^{2}=0.079\ \text{kg}\cdot\text{m}^{2}$$

② $P=M_{ed}\omega_{m}=18.33\times 104.72\ \text{W}\approx 1.920\ \text{kW}$

强化训练题 13-3 已知某机械稳定运转时的等效驱动力矩和等效阻力矩如图 13-13 所示。机械的等效转动惯量为 $J_e=1\ \text{kg}\cdot\text{m}^2$，等效驱动力矩为 $M_{ed}=30\ \text{N}\cdot\text{m}$，机械稳定运转开始时等效构件的角速度 $\omega_0=25\ \text{rad/s}$。试确定：（1）等效构件的稳定运动规律 $\omega(\varphi)$；（2）速度不均匀系数 δ；（3）最大盈亏功 $\Delta W_{\max}$；（4）若要求$[\delta]=0.05$，系统是否满足要求？如果不满足，求飞轮的转动惯量 J_F。

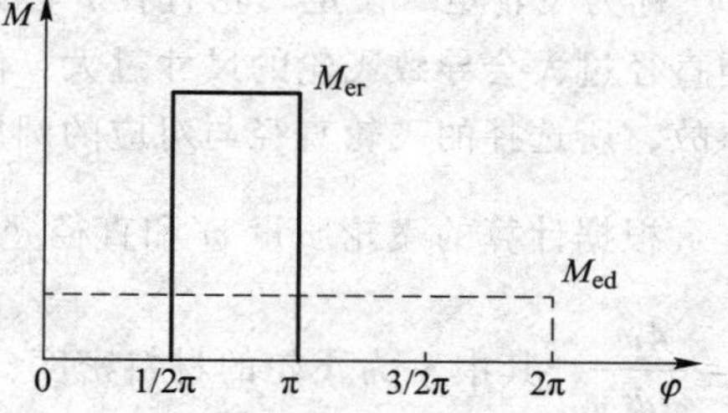

图 13-13 等效驱动力矩和等效阻力矩（强化训练题 13-3）

3. 周期性速度波动的调节方法

为减少机械运转过程中的周期性速度波动，最常用的方法是安装飞轮。所谓飞轮，就是一个具有较大转动惯量的盘状零件。由于飞轮的转动惯量较大，当系统出现盈功时，它能以动能的形式将多余的能量储存起来，从而使等效构件角速度上升的幅度减小；反之，当系统出现亏功时，飞轮又可释放出其储存的能量，从而使等效构件角速度下降的幅度减小。从这个意义上讲，飞轮在系统中的作用相当于一个容量较大的储能器，由式（13-23）可以得到飞轮的转动惯量。

求出飞轮的转动惯量后，进而可设计飞轮的尺寸。工程中常把飞轮做成圆盘状或腹板状。

图 13-14a 所示为直径为 d、宽度为 b、质量为 m 的飞轮，图 13-14b 所示为腹板状飞轮。

（1）圆盘状飞轮的尺寸

图 13-14a 所示为圆盘状飞轮，由理论力学可知，圆盘状飞轮对其转轴的转动惯量 J_F 为

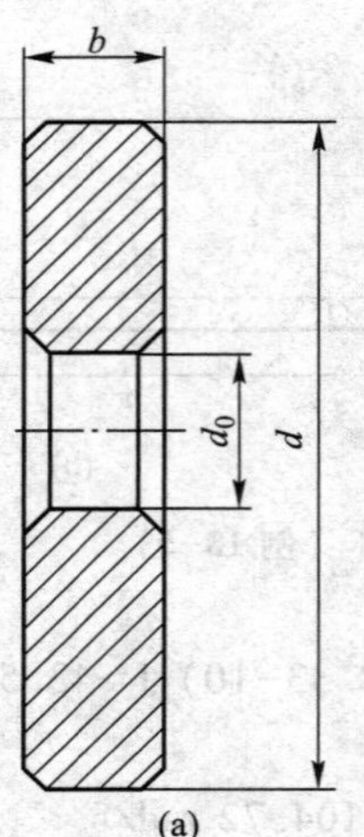

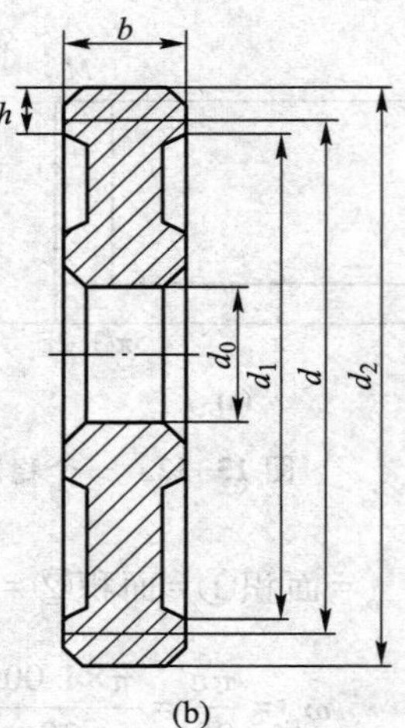

图 13-14 飞轮尺寸

$$J_F=\frac{1}{2}m\left(\frac{d}{2}\right)^2=\frac{1}{8}md^2$$

$$md^2=8J_F \tag{13-24}$$

md^2 称为飞轮矩，设定飞轮直径 d 以后，可求出飞轮的质量 m。直径越大，其质量越小。但直径过大会导致飞轮的尺寸过大，使其圆周速度和离心力增大。为防止发生飞轮破裂的事故，所选择的飞轮直径与对应的圆周速度要小于工程上规定的许用值。

根据计算的飞轮质量 m 和直径 d，可求出飞轮的宽度 b。飞轮质量 $m=\frac{1}{4}\pi d^2b\gamma$，则有 $b=\frac{4m}{\pi d^2\gamma}$，其中 γ 为飞轮的材料密度，kg/m^3。

（2）腹板状飞轮尺寸的计算

图 13-14b 所示为腹板状飞轮，其转动惯量可近似地认为是飞轮轮缘部分的转动惯量。厚度为 h 的轮缘部分是一个直径为 d_1、d_2 的圆环。由理论力学可知，其转动惯量为

$$J_F=\frac{1}{2}m\left[\left(\frac{d_1}{2}\right)^2+\left(\frac{d_2}{2}\right)^2\right]=\frac{m}{2}\left(\frac{d_1{}^2+d_2{}^2}{4}\right)$$

从图 13-14b 看到，$d_1=d+h$，$d_2=d-h$，则有 $d=\frac{1}{2}(d_1+d_2)$，其式中 d 为轮缘的平均直径。整理上式，得

$$J_F=\frac{1}{4}m(d^2+h^2)$$

由于 $h\ll d$，上式可近似地写为

$$J_F=\frac{1}{4}md^2$$

$$md^2=4J_F \tag{13-25}$$

选定飞轮直径 d 后，根据飞轮矩可计算飞轮质量 m。

$$m=\pi dbh\gamma \tag{13-26}$$

从《机械设计手册》[成大先. 机械设计手册（机构）. 5版. 北京：化学工业出版社，2010.] 中查取 b/h 的比值，或者自己先确定一个 b/h 的比值后，再确定平均 d 值后，可计算出飞轮宽度 b 和轮缘厚度 h。

13.4.2 非周期性速度波动及其调节

1. 非周期性速度波动产生的原因

机械运转的过程中，若等效力矩呈非周期性的变化，则机械的稳定运转状态将遭到破坏，此时出现的速度波动称为非周期性速度波动。非周期性速度波动多是由于工作阻力或驱动力在机械运转过程中发生突变，从而使系统的输入、输出能量在较长的一段时间内失衡所造成的。若不予以调节，机械的转速将持续增大或减小，严重时会导致“飞车”或停止运转。

2. 非周期性速度波动的调节方法

对于非周期性速度波动，安装飞轮还不能达到调节目的。这是因为飞轮的作用只是“吸收”和“释放”能量，它既不能创造能量，也不能消耗能量。非周期性速度波动的调节问题可分为以下两种情况：

（1）若等效驱动力矩 M_{ed} 是等效构件角速度 ω 的函数，且随着 ω 的增大而减小，则该机械系统具有自动调节非周期性速度波动的能力。

如图 13-15 所示，机械稳定运转时，$M_{ed}=M_{er}$，此时等效构件角速度为 ω_S，S 点称为稳定工作点。若某种随机因素使 M_{er} 减少，则 $M_{ed}>M_{er}$，等效构件角速度 ω 会有所上升；但由图可知随着 ω 的上升，M_{ed} 将减小，故可使 M_{ed} 与 M_{er} 自动地重新达到平衡，等效构件将以角速度 ω_b 稳定运转。反之，若某个随机因素使 M_{er} 增大，则 $M_{ed}<M_{er}$，等效构件角速度 ω 会有所下降；但由图可知，随着 ω 的下降，M_{ed} 将增大，故可使 M_{ed} 与 M_{er} 自动地重新达到平衡，等效构件将以角速度 ω_a 稳定运转。这种自动调节非周期性速度波动的能力称为**自调性**。以电动机为原动机的机械，一般都具有较好的自调性。

（2）对于没有自调性或自调性较差的机械系统（如以蒸汽机、内燃机或汽轮机为原动机的机械系统），必须安装调速器以调节可能出现的非周期性速度波动。

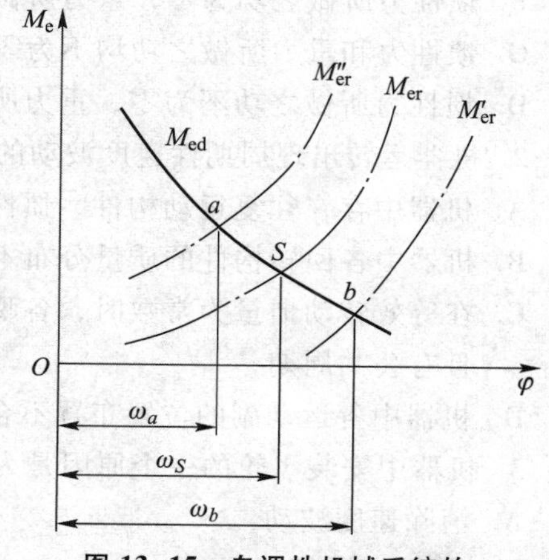

图 13-15 自调性机械系统的等效力矩变化曲线

调速器一般有机械式与电子式两类。机械式调速器以 1788 年瓦特发明的离心调速器为代表。蒸汽机将其普及应用，关键在于其速度能够调节。机械式离心调速器的工作原理如图 13-16 所示。调速器本体 5 由两个对称的摇杆滑块机构并联而成，滑块 N 与中心轴 P 组成移动副，摇杆 AC、BD 的末端分别装有重球 K，中心轴经锥齿轮 4、3 与原动机 1 的主轴相连，而原动机又与工作机 2 相连。当工作载荷减小时，机械系统的主轴转速升高，调速器中心轴的转速也将随之升高。此时，由于离心力的作用，两重球 K 将逐渐飞起，带动滑块 N 及滚子 M 上升，并通过连杆机构关小节流阀 6，以减少进入原动机的工作介质（燃气、燃油等）。其调节结果是令系统的输入功与输出功相等，从而使机械在略高的转速下重新达到稳态。反之，当工作载荷增大时，主轴及调速器中心轴的转速降低，两重球 K 落下，带动滑块及滚子下降，并通过连杆机构开大节流阀 6，以增加进入原动机的工作介质。经上述调节，系统的输入功与输出功相平衡，机械可在略低的转速下重新达到稳定运动。因此，从本质上讲，调速器是一种反馈控制机构。

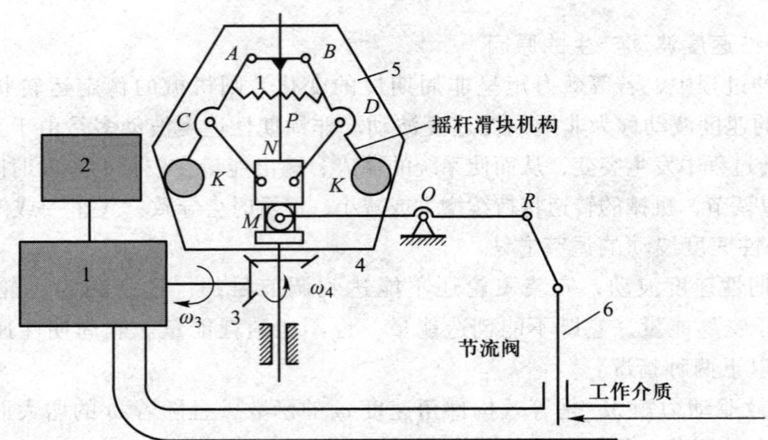

图 13-16　机械式离心调速器工作原理图

1—原动机；2—工作机；3、4—锥齿轮；5—调速器本体；6—节流阀

练习题

13-1　选择题

1. 在机械稳定运转的一个运动循环中，应有（　　）。

A. 惯性力和重力所做之功均为零

B. 惯性力所做之功为零，重力所做之功不为零

C. 惯性力和重力所做之功均不为零

D. 惯性力所做之功不为零，重力所做之功为零

2. 机器运转出现周期性速度波动的原因是（　　）。

A. 机器中存在往复运动构件，惯性力难以平衡

B. 机器中各回转构件的质量分布不均匀

C. 在等效转动惯量为常数时，各瞬时驱动功率和阻抗功率不相等，但其平均值相等，且有公共周期

D. 机器中各运动副的位置布置不合理

3. 机器中安装飞轮的一个原因是为了（　　）。

A. 消除速度波动　　　　B. 达到稳定运转

C. 减小速度波动　　　　D. 使惯性力得到平衡，减小机器振动

4. 在题图 13-1-1 所示的传动系统中，已知 $z_1=20$，$z_2=60$，$z_3=20$，$z_4=80$。如以齿

轮 4 为等效构件，则齿轮 1 的等效转动惯量将是它自身转动惯量的（　）。

A. 12 倍　　B. 144 倍　　C. 1/12　　D. 1/144

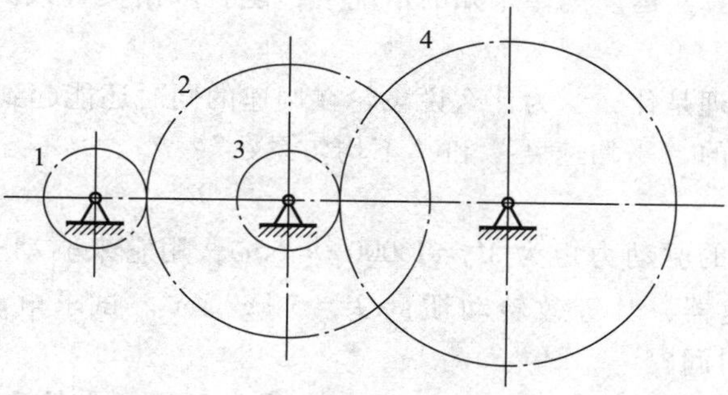

题图 13-1-1

5. 将作用于机器中所有驱动力、阻力、惯性力、重力都转化到等效构件上，求得的等效力矩和机构动态静力分析中求得的在等效构件上的平衡力矩，两者的关系应是（　）。

A. 数值相同，方向一致　　B. 数值相同，方向相反

C. 数值不同，方向一致　　D. 数值不同，方向相反

13-2　判断题

1. 机器作稳定运转，必须在每一瞬时驱动功率等于阻抗功率。（　）

2. 机器等效动力学模型中的等效质量（转动惯量）是一个假想质量（转动惯量），它不是原机器中各运动构件的质量（转动惯量）之和，而是根据动能相等的原则转化后计算得出的。（　）

3. 机器等效动力学模型中的等效力（矩）是一个假想力（矩），它的大小等于原机器所有作用外力的矢量和。（　）

4. 机器稳定运转的含义是指原动件（机器主轴）作等速转动。（　）

5. 为了减轻飞轮的重量，最好将飞轮安装在转速较高的轴上。（　）

13-3　填空题

1. 设某机器的等效转动惯量为常数，则该机器作匀速稳定运转的条件是________，作变速稳定运转的条件是________。

2. 机器中安装飞轮的原因，一般是为了________，同时还可获得________的效果。

3. 在机器的稳定运转时期，机器主轴的转速可有两种不同情况：______稳定运转和______稳定运转，在前一种情况，机器主轴速度是________，在后一种情况，机器主轴速度是________。

4. 在机器稳定运转的一个运动循环中，运动构件的重力做功等于________，因为________。

5. 机器运转时的速度波动有________速度波动和________速度波动两种，前者采用________进行调节，后者采用________进行调节。

13-4　问答题

1. 一般机械的运转过程分为哪三个阶段？在这三个阶段中，输入功、总耗功、动能

及速度之间的关系各有什么特点？

2. 为什么要建立机器等效动力学模型？建立时应遵循的原则是什么？

3. 在机械系统的真实运动规律未知的情况下，能否求出其等效力矩和等效转动惯量？为什么？

4. 飞轮的调速原理是什么？为什么说飞轮在调速的同时还能起到节约能源的作用？

5. 何谓机械运转的“平均速度”和“不均匀系数”？

13-5 分析题

1. 已知某电动机的驱动力矩为 $M_d = 1\,000 - 9.55\omega$，用它来驱动一个阻抗力矩为 $M_r = 200$ N·m 的齿轮减速器，其等效转动惯量 $J_e = 5$ kg·m^2。试求电动机角速度从零增至 50 rad/s 时需要多长时间？

2. 如题图 13-5-1 所示的齿轮-连杆组合机构中，已知轮 1 的齿数及其转动惯量分别为 z_1、J_1；轮 2 的齿数为 z_2，其与曲柄 2′为同一构件，质心位于 B 点，对轴 B 的转动惯量为 J_2；滑块 3 与构件 4 的质量分别为 m_3、m_4，其质心分别位于 C 点与 D 点；轮 1 上作用的驱动力矩为 M_1，构件 4 上作用的工作阻力为 F_4。若以曲柄 2′等效构件，试求图示位置机构的等效转动惯量 J_e 与等效力矩 M_e。

3. 题图 13-5-2 所示的车床主轴箱系统中，带轮直径 $d_0 = 80$ mm，$d_1 = 240$ mm，各齿轮齿数为 $z_{1'} = z_{2'} = 20$，$z_2 = z_3 = 40$，各轮转动惯量为 $J_{1'} = J_{2'} = 0.01$ kg·m^2，$J_2 = J_3 = 0.04$ kg·m^2，$J_0 = 0.02$ kg·m^2，$J_1 = 0.06$ kg·m^2 作用在主轴Ⅲ上的阻力矩 $M_3 = 60$ N·m。当取轴Ⅰ为等效构件时，试求机构的等效惯量和阻力矩的等效力矩 M_{er}。

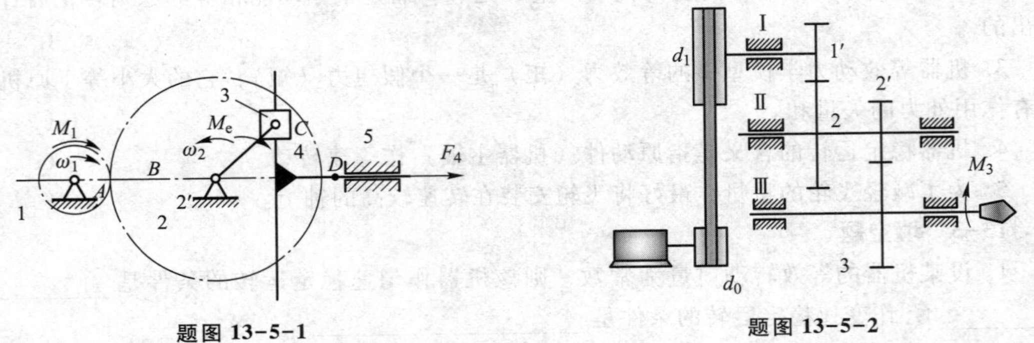

题图 13-5-1　　题图 13-5-2

4. 在题图 13-5-3 所示的刨床机构中，已知空行程和工作行程中消耗于克服抗力的恒功率分别为 $P_1 = 368$ W 和 $P_2 = 3\,680$ W，曲柄的平均转速 $n = 100$ r/min，空程曲柄的转角为 $\varphi_1 = 120°$。当机构的运转不均匀系数 $\delta = 0.05$ 时，试确定电动机所需的平均功率，并分别计算在以下两种情况中的飞轮转动惯量 J_F（略去各构件的重量和转动惯量）：(1) 飞轮装在曲柄轴上；(2) 飞轮装在电动机轴上，电动机的额定转速 $n_n = 1\,440$ r/min。电动机能通过减速器驱动曲柄。为简化计算，减速器的转动惯量忽略不计。

5. 某内燃机的曲柄输出力矩 M_d 随曲柄转角 φ 的变化曲线如题图 13-5-4 所示，其运动周期 $\varphi_T = \pi$，曲柄的平均转速 $n_m = 620$ r/min。当用该内燃机驱动一阻抗力为常数的机械时，如果要求其运转不均匀系数 $\delta = 0.01$。试求：(1) 曲轴最大转速 x_{max} 和相应的曲柄转角位置 φ_{max}；(2) 装在曲轴上的飞轮转动惯量 J_F（不计其余构件的转动惯量）。

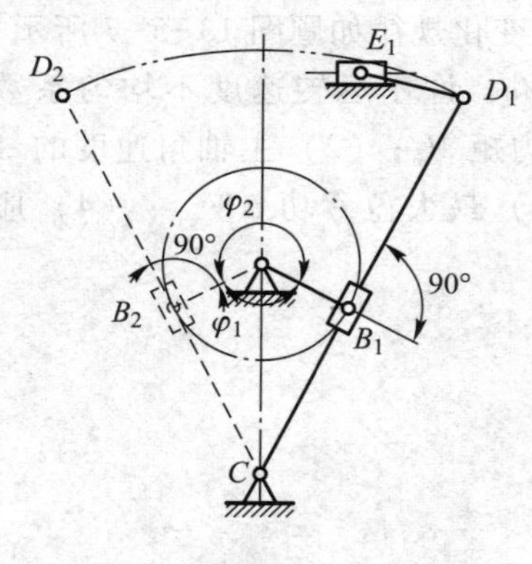

题图 13-5-3

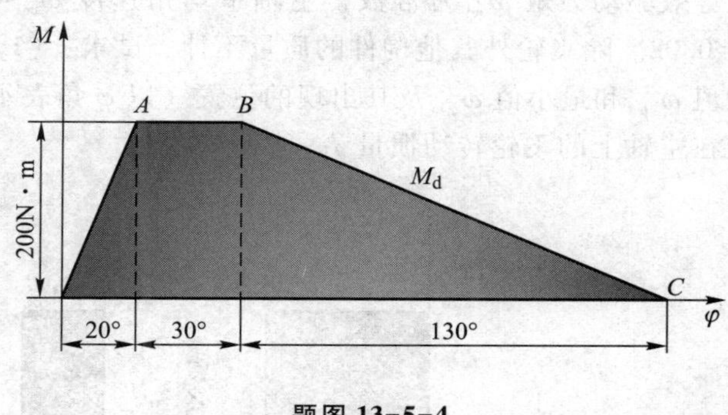

题图 13-5-4

6. 如题图 13-5-5 所示为一机床工作台的传动系统。设已知各齿轮的齿数，齿轮 3 的分度圆半径 r_3，各齿轮的转动惯量 J_1、J_2、J_3、J_4，齿轮 1 直接装在电动机轴上，故 J_1 中包含了电动机转子的转动惯量 G；工作台和被加工零件的重量之和为 J_c。当取齿轮 1 为等效构件时，求该机械系统的等效转动惯量。

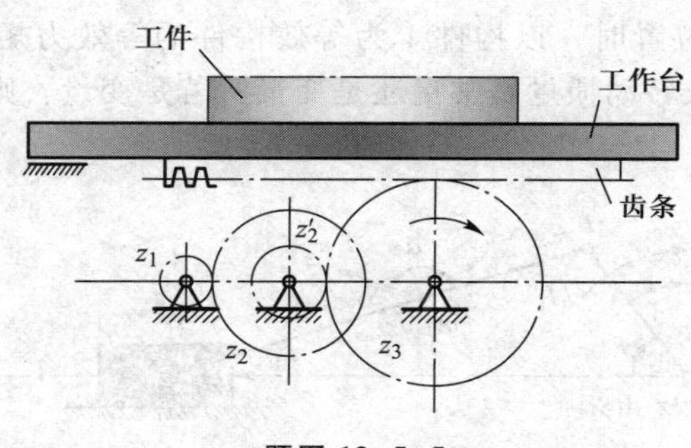

题图 13-5-5

7. 题图 13-5-6 所示为 DC 伺服电机驱动的立式铣床数控工作台，已知工作台及工作的质量 $m_4=355$ kg，滚珠丝杠的导程 $Ph=6$ mm，转动惯量 $J_3=1.2\times10^{-3}$ kg · m^2。齿轮 1、2 的转动惯量分别为 $J_1=732\times10^{-6}$ kg · m^2，$J_2=768\times10^{-6}$ kg · m^2。在选择伺服电机时，伺服电机允许的负载转动惯量必须大于折算到电动机轴上的负载等效转动惯量，试求图示系统折算到电动机轴上的等效转动惯量。

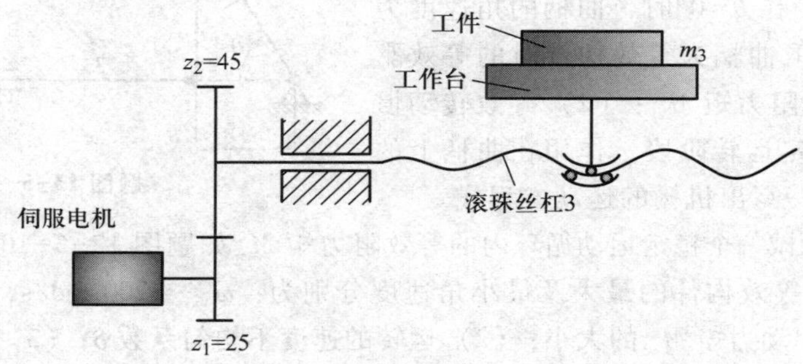

题图 13-5-6

8. 已知机器在一个运动循环中主轴上等效阻力矩 M_{er}的变化规律如题图 13-5-7 所示。设等效驱动力矩 M_{ed}为常数，主轴平均角速度 $\omega_m=25$ rad/s，许用运转速度不均匀系数 $\delta=0.02$。除飞轮外其他构件的质量不计。试求：(1) 驱动力矩 M_d；(2) 主轴角速度的最大值 ω_{max}和最小值 ω_{min}及其出现的位置（以 φ 角表示）；(3) 最大盈亏功 ΔW_{max}；(4) 应装在主轴上的飞轮转动惯量 J_F。

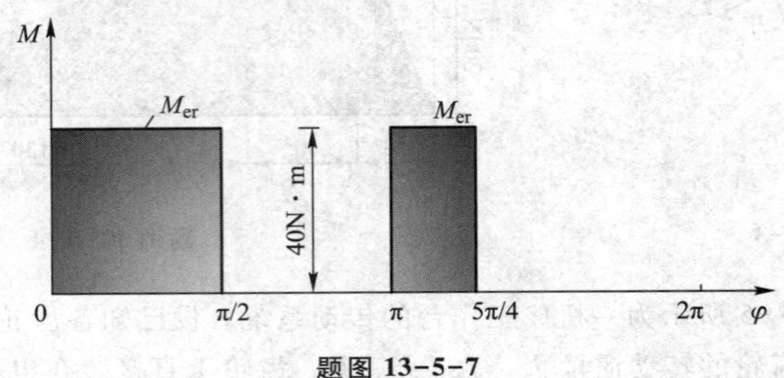

题图 13-5-7

9. 在题图 13-5-8 所示的曲柄滑块机构中，设已知各构件的尺寸、质量 m、质心位置 S、转动惯量 J_S，构件 1 的角速度 ω_1。又设该机构上作用有常量外力（矩）M_1、F_{R3}、F_2。试求：(1) 写出在图示位置时，以构件 1 为等效构件的等效力矩和等效转动惯量的计算式；(2) 等效力矩和等效转动惯量是常量还是变量？若是变量，则指出是机构什么参数的函数，为什么？

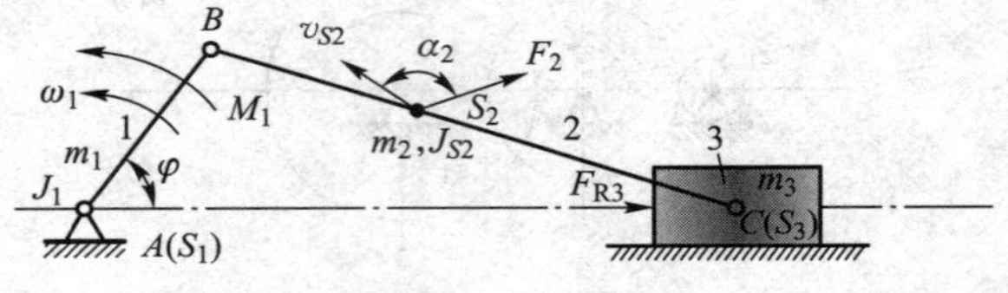

题图 13-5-8

10. 在题图 13-5-9 所示的机构中，滑杆 3 的质量为 m_3，曲柄 AB 长为 r，滑杆 3 的速度 $v_3=\omega_1 r\sin\theta$，ω_1 为曲柄的角速度。当 $\theta=0°\sim180°$时，阻力 $F=$常数；当 $\theta=180°\sim360°$时，阻力 $F=0$。驱动力矩 M 为常数。曲柄 AB 绕 A 轴的转动惯量为 J_{A1}，不计构件 2 的质量及各运动副中的摩擦。设在 $\theta=0°$时，曲柄的角速度为 ω_0。试求：(1) 取曲柄为等效构件时的等效驱动力矩 M_{ed}和等效阻力矩 M_{er}；(2) 等效转动惯量 J_e；(3) 在稳定运转阶段，作用在曲柄上的驱动力矩 M；(4) 写出机构的运动方程式。

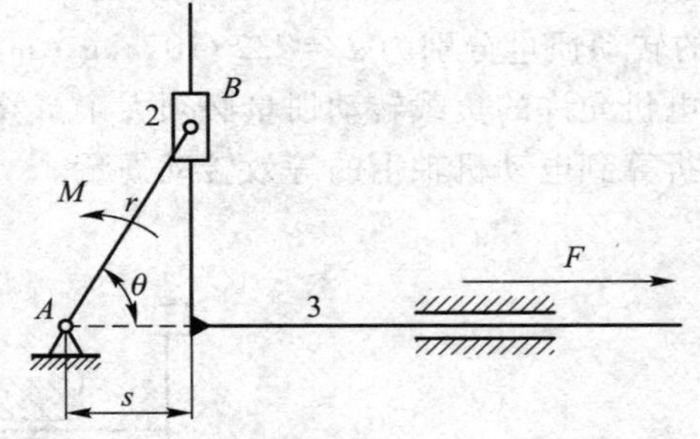

题图 13-5-9

11. 已知某机械一个稳定运动循环内的等效阻力矩 M_{er}如题图 13-5-10 所示，等效驱动力矩 M_{ed}为常数，等效构件的最大及最小角速度分别为：$\omega_{max}=200$ rad/s，$\omega_{min}=180$ rad/s。试求：(1) 等效驱动力矩 M_{ed}的大小；(2) 运转的速度不均匀系数 δ；(3) 当要求 $\delta\leqslant0.05$，并不计其余构件的转动惯量时，应装在等效构件上的飞轮的转动惯量 J_F。

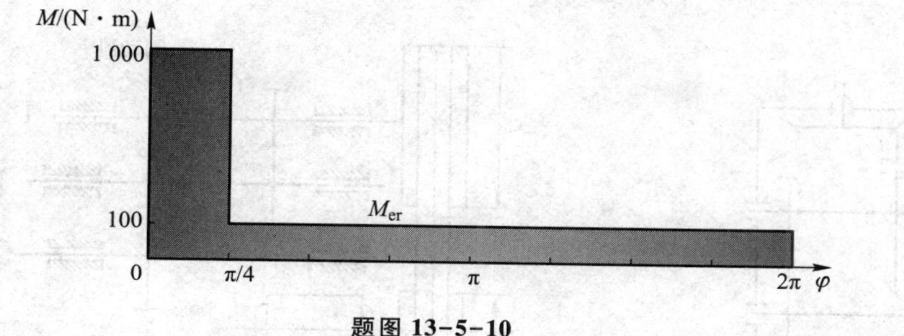

题图 13-5-10

12. 已知某机械稳定运转时的等效驱动力矩和等效阻力矩如题图 13-5-11 所示。机械的等效转动惯量为 $J_e=1\ \text{kg}\cdot\text{m}^2$，等效驱动力矩为 $M_{ed}=30\ \text{N}\cdot\text{m}$，机械稳定运转开始时等效构件的角速度 $\omega_0=25\ \text{rad/s}$，试确定：(1) 等效构件的稳定运动规律 $\omega(\varphi)$；(2) 速度不均匀系数 δ；(3) 最大盈亏功 ΔW_{max}；(4) 若要求 $[\delta]=0.05$，系统是否满足要求？如果不满足，求飞轮的转动惯量 J_F。

13. 如题图 13-5-12 所示的轮系中，已知各轮齿数：$z_1=z_{2'}=20$，$z_3=z_2=20$，$J_1=J_{2'}=0.01\ \text{kg}\cdot\text{m}^2$，$J_3=J_2=0.01\ \text{kg}\cdot\text{m}^2$。作用在轴 O_3 上阻力矩 $M_3=40\ \text{N}\cdot\text{m}$。当取齿轮 1 为等效构件时，求机构的等效转动惯量和阻力矩 M_3 的等效力矩。

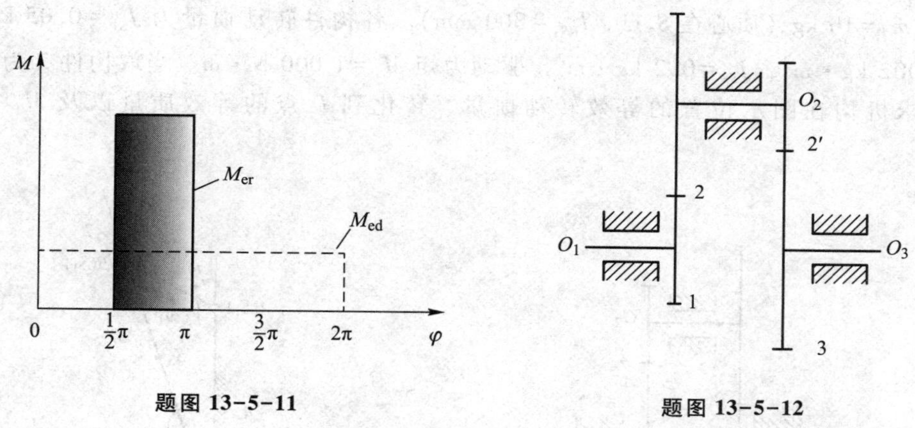

题图 13-5-11

题图 13-5-12

14. 在题图 13-5-13 所示的减速器中，已知各轮的齿轮：$z_1=z_3=25$，$z_2=z_4=50$，各轮的转动惯量 $J_1=J_3=0.04\ \text{kg}\cdot\text{m}^2$，$J_2=J_4=0.16\ \text{kg}\cdot\text{m}^2$，忽略各轴的转动惯量，作用在轴Ⅲ上阻力矩 $M_3=100\ \text{N}\cdot\text{m}$。试求选取轴Ⅰ为等效构件时，该机构的等效转动惯量 J_e 和 M_3 的等效阻力矩 M_{er}。

15. 题图 13-5-14 所示为一简易机床的主传动系统，由一级带传动和两级齿轮传动组成。已知直流电动机的转速 $n_0=1\ 500\ \text{r/min}$，小带轮直径 $d=100\ \text{mm}$，转动惯量 $J_d=0.1\ \text{kg}\cdot\text{m}^2$，大带轮直径 $D=200\ \text{mm}$，转动惯量 $J_D=0.3\ \text{kg}\cdot\text{m}^2$，各齿轮的齿数和转动惯量分别为 $z_1=32$，$J_1=0.1\ \text{kg}\cdot\text{m}^2$，$z_2=56$，$J_2=0.2\ \text{kg}\cdot\text{m}^2$，$z_{2'}=32$，$J_{2'}=0.4\ \text{kg}\cdot\text{m}^2$，$z_3=56$，$J_3=0.25\ \text{kg}\cdot\text{m}^2$，要求在切断电源 2 s 后，利用装在轴上的制动器将整个传动系统制动住。求所需的制动力矩 M_1。

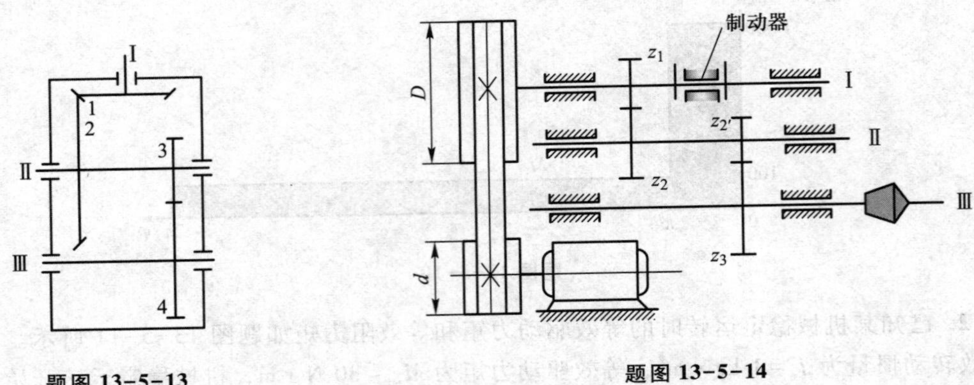

题图 13-5-13　　题图 13-5-14

16. 在题图 13-5-15 所示的定轴轮系中，已知各轮齿数为 $z_1=z_{2'}=20$，$z_2=z_3=40$，各轮对其轮心的转动惯量分别为 $J_1=J_{2'}=0.01\ \text{kg}\cdot\text{m}^2$，$J_2=J_3=0.04\ \text{kg}\cdot\text{m}^2$，作用在轮 1 上的驱动力矩 $M_d=60\ \text{N}\cdot\text{m}$，作用在轮 3 上的阻力矩 $M_r=120\ \text{N}\cdot\text{m}$。设该轮系原来静止，试求在 M_d 和 M_r 作用下，运转到 $t=15$ s 时，轮 1 的角速度 ω_1 和角加速度 α_1。

17. 如题图 13-5-16 所示的在水平面内运动的导杆机构中，已知 $l_{AB}=150$ mm，$l_{AC}=300$ mm，$l_{CD}=550$ mm。各构件的质量为 $m_1=5$ kg（质心 S_1 在 A 点），$m_2=3$ kg（质心 S_2 在 B 点），$m_3=10$ kg（质心在 S_3 点，$l_{CS_3}=300$ mm）。各构件转动惯量为 $J_{S1}=0.05\ \text{kg}\cdot\text{m}^2$，$J_{S2}=0.002\ \text{kg}\cdot\text{m}^2$，$J_{S3}=0.2\ \text{kg}\cdot\text{m}^2$，驱动力矩 $M_1=1\ 000\ \text{N}\cdot\text{m}$。当取构件 3 为转化构件时，求机构在图示位置的等效转动惯量、转化到 D 点的等效质量以及 M_1 的等效力矩。

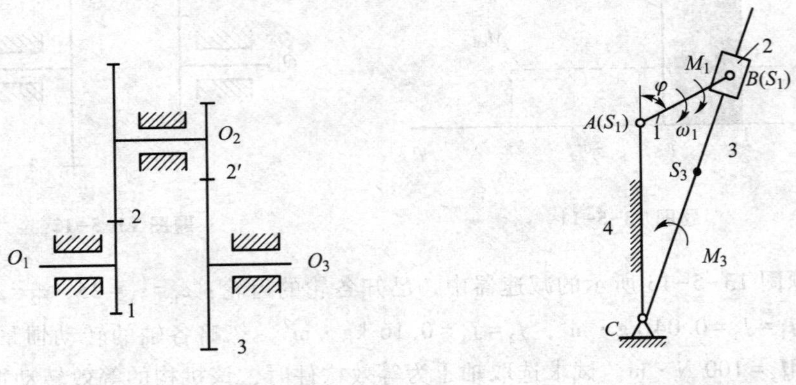

题图 13-5-15　　题图 13-5-16

18. 单缸四冲程发动机近似的等效输出转矩 M_{ed} 如题图 13-5-17 所示。主轴为等效构件，其平均转速 $n_m=1\ 000$ r/min，等效阻力矩 M_{er} 为常数。飞轮安装在主轴上，除飞轮以外其他构件的质量不计，要求运转速度不均匀系数 $\delta=0.05$。试求：（1）等效阻抗力矩 M_{er} 的大小和发动机的平均功率 P_d；（2）稳定运转时 ω_{max} 和 ω_{min} 的大小和位置；（3）最大盈亏功 ΔW_{max}；（4）在主轴上安装的飞轮的转动惯量 J_F。

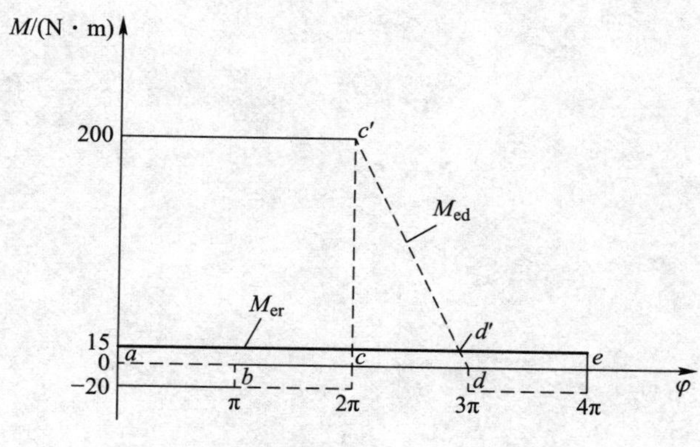

题图 13-5-17

19. 在题图 13-5-18 所示的船舶汽车轮机和螺旋桨的传动装置中，已知各构件的转动惯量：汽轮机 1 转子的 $J_1=1\ 950\ \mathrm{kg\cdot m^2}$，螺旋桨 5 及其轴的 $J_5=2\ 500\ \mathrm{kg\cdot m^2}$；轴 3 及其上齿轮的 $J_3=400\ \mathrm{kg\cdot m^2}$，轴 4 及其上齿轮的 $J_4=400\ \mathrm{kg\cdot m^2}$；传动比 $i_{23}=6$ 和 $i_{34}=5$，加在螺旋桨上的阻力矩 $M_{5r}=30\ \mathrm{kN\cdot m}$。求换算到汽轮机轴上的整个机器的等效转动惯量 J_e 和等效阻力矩 M_{er}。

20. 机械系统的等效驱动力矩和等效阻力矩的变化如题图 13-5-19 所示。等效构件的平均角速度为 1 000 r/min，系统的许用运转速度波动系数 $\delta=0.05$，不计其余构件的转动惯量。求所需飞轮的转动惯量。

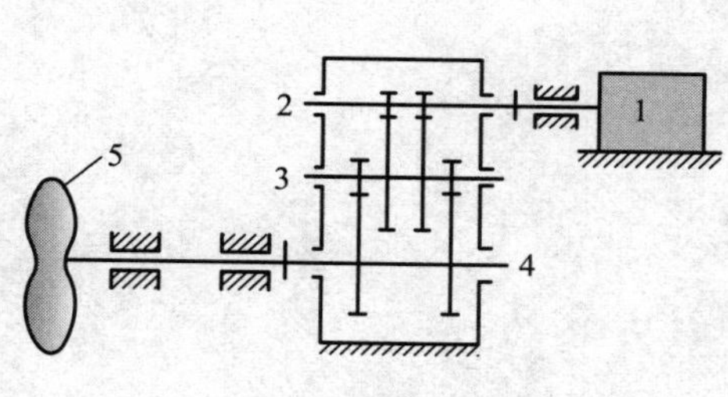

题图 13-5-18

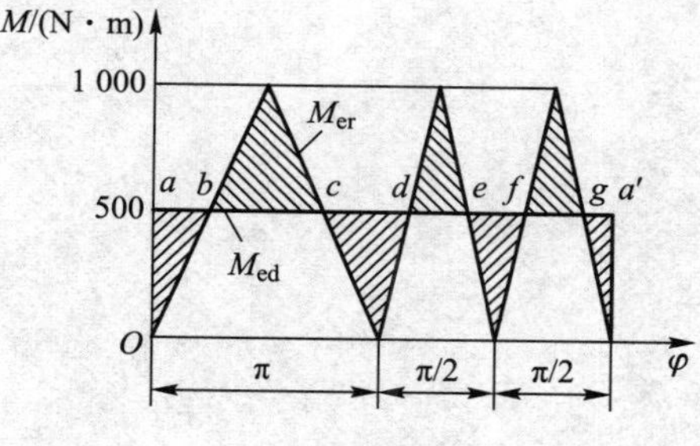

题图 13-5-19

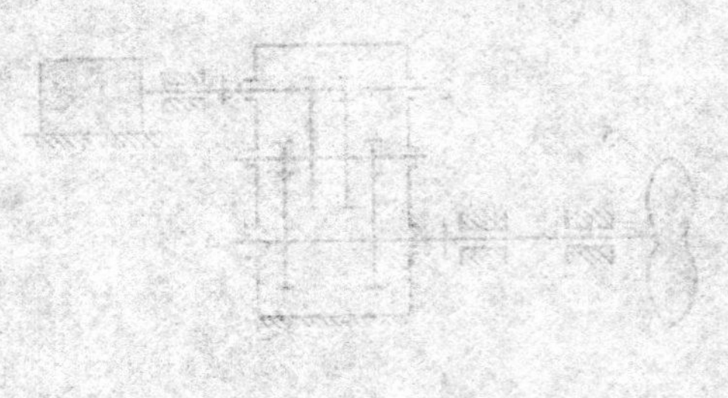

Ⅴ 拓展(development)模块

不能仅仅满足机构设计分析的要求，工程实践中还会碰到，如何创新设计机构？如何优化机构？如何让计算机来帮助我们解决机构设计与分析中的问题？这个模块会进一步拓展机构设计与分析的能力，了解机构创新设计方法、优化设计方法、应用 MATLAB 编写机构设计分析程序的方法。

第十四章　机构创新设计与优化*

本章学习任务：机构创新设计方法、机构优化方法。
驱动项目的任务安排：项目中机构再创新与优化。

14.1　机构创新设计

14.1.1　基于再生运动链的杆机构设计

机构再生运动链法是台湾成功大学颜鸿森教授提出的机构创新设计方法，又称颜式创造性机构设计法。该方法是目前机构创新设计中一种比较系统的方法，具有良好的操作性，其设计流程如图 14-1 所示。

1. 一般化运动链

将现有装置的运动简图抽象化为只含有构件和转动副的运动链，便于找出机构的共同点，通过一般化处理，能够用一种非常基本的方式来研究和比较不同的机构。其一般化原则为：① 将非连杆形状的构件转化为连杆，将高副构件转化为杆件，如图 14-2a 所示。② 将移动副转化为转动副，如图 14-2b 所示。③ 解除机架与原动件、复合铰链单一化，如图 14-2c 所示。④ 运动链的自由度保持不变。图 14-3 给出了挖掘机机构的一般化过程。

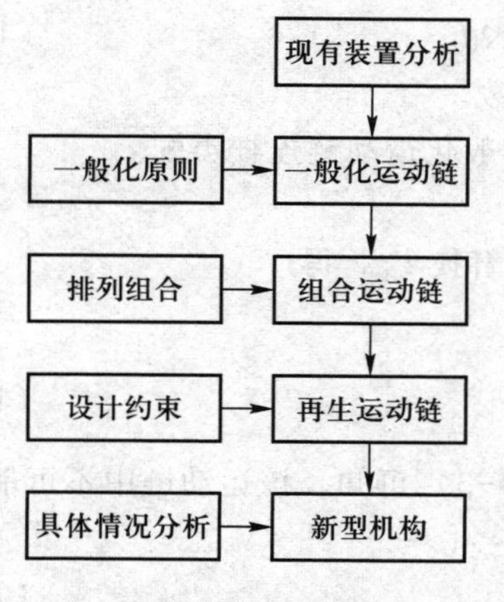

图 14-1　再生运动链法创新设计流程

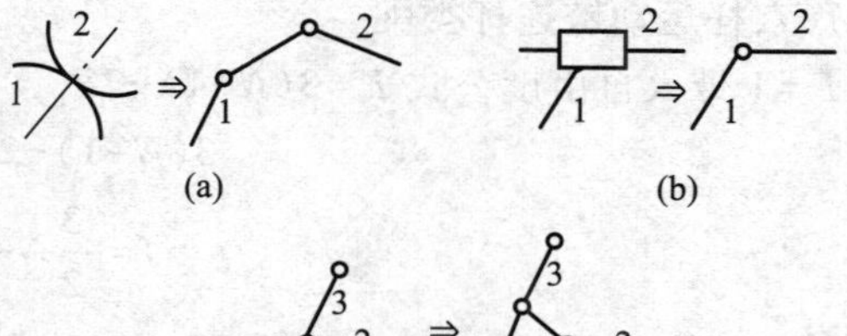

图 14-2　一般化原则

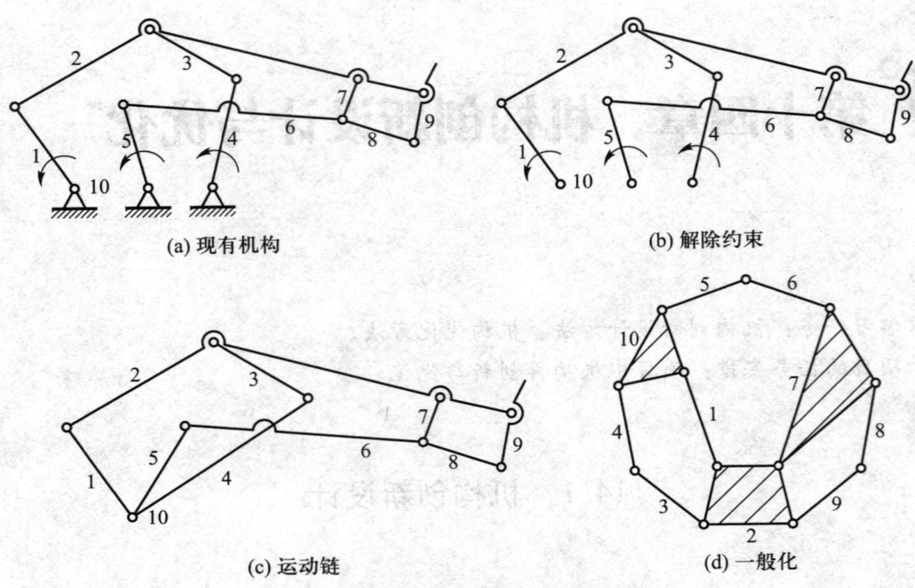

图 14-3 挖掘机机构的一般化过程

2. 连杆类配

将机构中固定杆（机架）的约束解除后，该机构转化为运动链。运动链中包含的带有不同数量运动副的各类连杆的组合，称为连杆类配。运动链中连杆类配可表示为

$$LA=(6/1/0/1) \tag{14-1}$$

$LA=(L_2/L_3/\cdots/L_n)$ 分别表示具有 2 副元素、3 副元素、4 副元素、…、n 副元素的连杆的数目。

连杆类配分为自身连杆类配和相关连杆类配两类：① 自身连杆类配。原始机构的一般化运动链（简称原始运动链）的连杆类配。② 相关连杆类配。按照运动链自由度不变的原则，由原始运动链可以推出与其具有相同连杆数和运动副数的连杆类配。按此，相关连杆类配应满足下列两式：

$$L_2+L_3+L_4+\cdots+L_n=N \tag{14-2}$$

$$2L_2+3L_3+4L_4+\cdots+nL_n=2J \tag{14-3}$$

式中：N 为运动链中连杆总数；J 为运动链中运动副总数。

下面讨论由单自由度机构转化而成的六杆和八杆一般化运动链连杆类配。

(1) 六杆运动链连杆类配

以 $F=1$ 带入自由度公式 $F=3(N-1)-2P_L$，并以 J 替换 P_L，得

$$3(N-1)-2J=1$$

或

$$J=\frac{3}{2}N-2 \tag{14-4}$$

以 $N=6$ 带入上式得 $J=7$。由式（14-2）或式（14-3）可知，该运动链中不可能具有五副以上的连杆，故得

$$L_2+L_3+L_4=6 \tag{14-5}$$

$$2L_2+3L_3+4L_4=14 \tag{14-6}$$

式（14-5）、式（14-6）组成的线性方程组可有两组解，六杆运动链的连杆类配共有两种方案，见表 14-1。

表 14-1 六杆运动链的连杆类配方案

类配方案	L_4	L_3	L_2	$N=L_2+L_3+L_4$	$2J=2L_2+3L_3+4L_4$
Ⅰ	0	2	4	6	14
Ⅱ	1	0	5	6	14

六杆运动链连杆类配的方案Ⅰ可表示为 $LA=(4/2)$，其图解表示如图 14-4 所示。

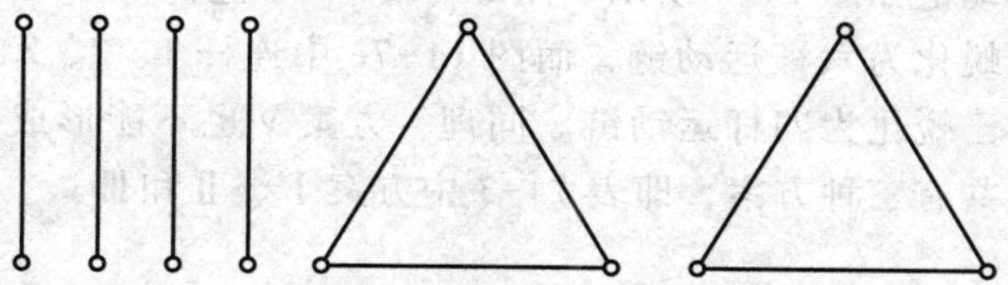

图 14-4 六杆运动链连杆类配方案Ⅰ

六杆运动链连杆类配的方案Ⅱ可表示为 $LA=(5/0/1)$，其图解表示如图 14-5 所示。由此组成的运动链如图 14-6 所示，其左面三杆之间无相对运动，实际上形成了一个刚体。在该运动链中固定一杆后将成为一个自由度的四杆机构已不符合六杆运动链的要求。所以，六杆运动链连杆类配仅有一种方案，即表 14-3 中方案Ⅰ，$LA=(4/2)$。

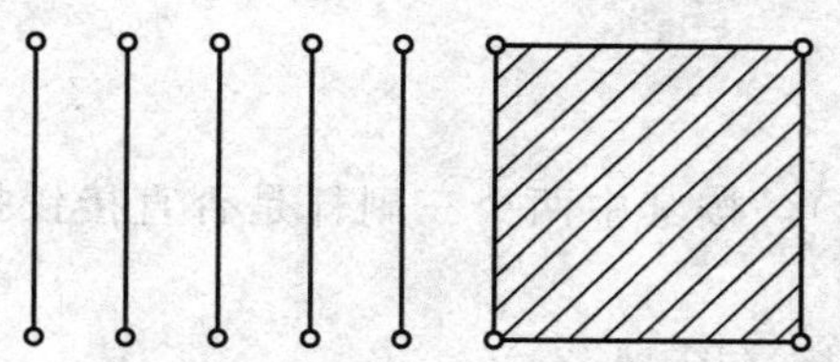

图 14-5 六杆运动链连杆类配方案Ⅱ

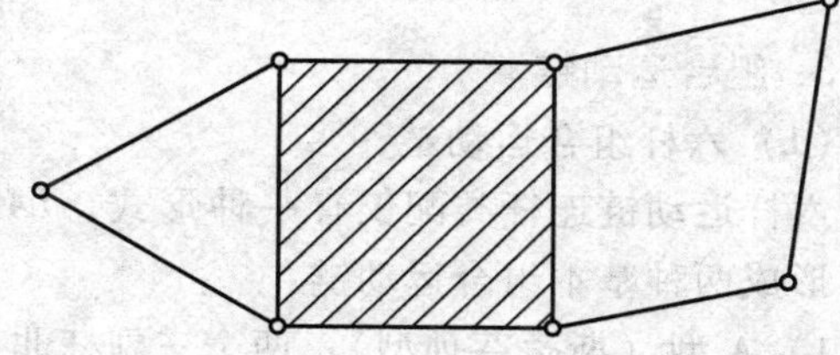

图 14-6 $LA=(5/0/1)$ 组成的运动链

（2）八杆运动链连杆类配

以 $N=8$ 代入式（14-4）的 $J=10$。由式（14-2）和式（14-3）可知，该运动链中不可能具有七副以上的连杆，则得

$$L_2+L_3+L_4+L_5+L_6=8 \tag{14-7}$$

$$2L_2+3L_3+4L_4+5L_5+6L_6=20 \tag{14-8}$$

式（14-7）、式（14-8）组成的线性方程组可有 5 组解，故八杆运动链的连杆类配共有五种方案，见表 14-2。

表 14-2 八杆运动链的连杆类配方案

类配方案	L_6	L_5	L_4	L_3	L_2	$N=L_6+L_5+L_4+L_3+L_2$	$2J=6L_6+5L_5+4L_4+3L_3+2L_2$
Ⅰ	0	0	0	4	4	8	20
Ⅱ	0	0	1	2	5	8	20

续表

类配方案	L_6	L_5	L_4	L_3	L_2	$N=L_6+L_5+L_4+L_3+L_2$	$2J=6L_6+5L_5+4L_4+3L_3+2L_2$
Ⅲ	0	0	2	0	6	8	20
Ⅳ	0	1	0	1	6	8	20
Ⅴ	1	0	0	0	7	8	20

八杆运动链连杆类配方案Ⅰ可表示为 $LA=(4/4)$，其方案Ⅱ为 $LA=(5/2/1)$，方案Ⅲ为 $LA=(6/0/2)$，方案Ⅳ为 $LA=(6/1/0/1)$，方案Ⅴ为 $LA=(7/0/0/0/1)$。

方案Ⅳ形成的运动链如图 14-7 所示。图 14-7a、b 中连杆 7、8 和 1 已固接为一刚体，这两个八杆运动链已蜕化为六杆运动链，而图 14-7c 中连杆 1、2、3、5 和 6 固接为一刚体，这个八杆运动链已蜕化为四杆运动链。同理，方案Ⅴ也不能形成八杆运动链。所以，八杆运动链连杆配类共有三种方案，即表 14-3 中方案Ⅰ、Ⅱ和Ⅲ。

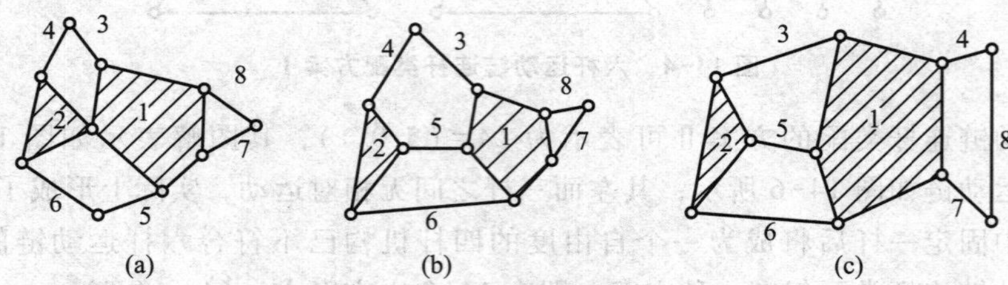

图 14-7 $LA=(6/1/0/1)$ 组成的运动链

3. 组合运动链

(1) 六杆组合运动链

六杆运动链连杆类配仅有一种形式，$LA=(4/2)$。按其中两个三副杆是否直接铰接，它可形成两种基本组合运动链：

1）A 型（斯蒂芬孙型）：两个三副杆非直接铰接（图 14-8a）。

2）B 型（瓦特型）：两个三副杆直接铰接（图 14-8b）。

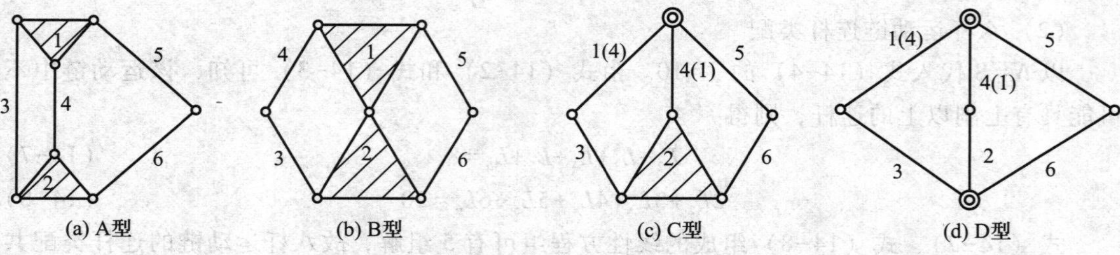

图 14-8 六杆组合运动链

在上列两种基本型的基础上，可派生出下列两种组合运动链：

1）C 型：在 A 型或 B 型基础上，使连杆 1、4 与 5 构成复合铰链（图 14-8c）。

2）D 型：在 C 型的基础上，使连杆 2、3 和 6 构成复合铰链（图 14-8d）。

(2) 八杆组合运动链

如前所述，八杆运动链共有三种方案。

方案Ⅰ ［$LA=(4/4)$］：包含四个双副杆和四个三副杆，按这些连杆不同的排列和组合方式，可得图 14-9a、b、c、d、e、f、g、h 和 i 所示的九种组合运动链。

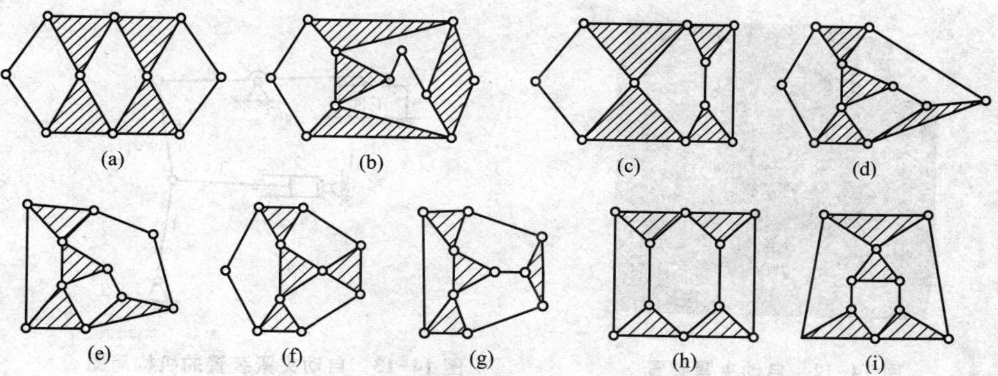

图 14-9 八连杆类配方案Ⅰ的组合运动链

方案Ⅱ ［$LA=(5/2/1)$］：包含五个双副杆、两个三副杆和一个四副杆，按这些连杆不同的排列和组合方式，可得图 14-10a、b、c、d 和 e 所示的五种组合运动链。

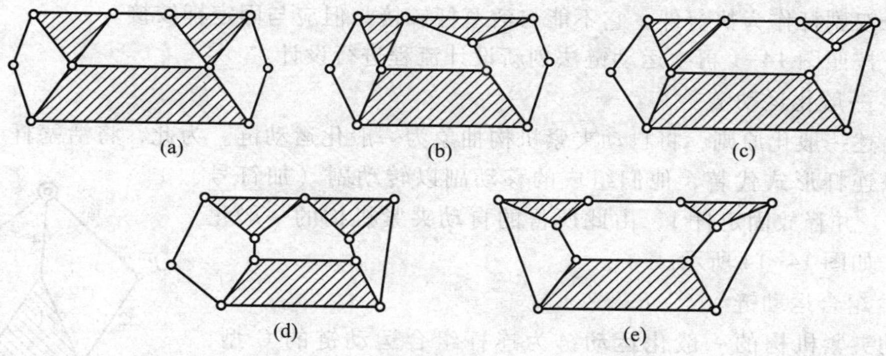

图 14-10 八连杆类配方案Ⅱ的组合运动链

方案Ⅲ ［$LA=(6/0/2)$］：包含六个双副杆和两个四副杆，按这些连杆不同的排列和组合方式，可得图 14-11a、b 两种组合运动链。

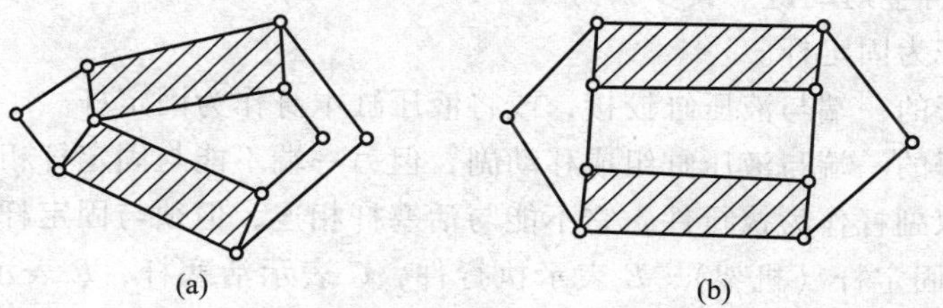

图 14-11 八连杆类配方案Ⅲ的组合运动链

这样，八杆运动链的连杆类配可形成十六种基本组合运动链。如在每一种组合运动链中存在复合铰链，则又可派生出多种组合运动链。

例 14-1 以机构设计中常用的一种自动夹紧装置作为原始机构，如图 14-12 所示，其运动简图如图 14-13 所示，1 为机架，2 和 3 分别为液压缸和活塞杆，5 为连杆，4 和 6

为连架杆，其中 6 是执行杆，用以夹紧工件。按铰链夹紧机构的基本特性与工作需求，定出下列六条设计约束，作为新机构设计依据：

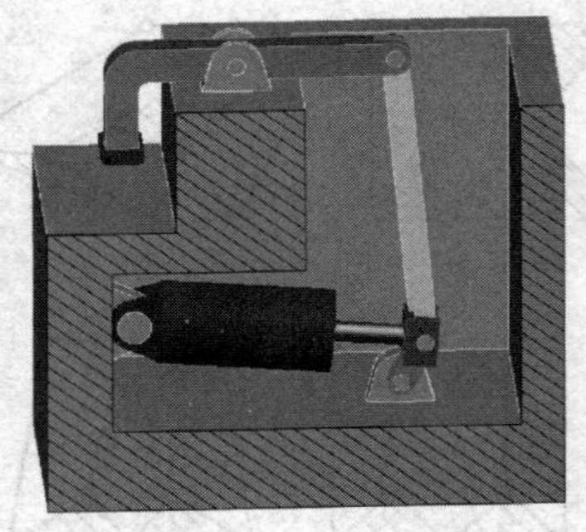

图 14-12 自动夹紧装置

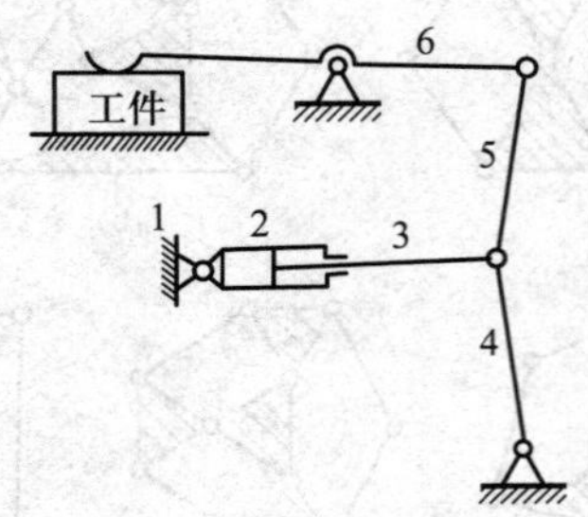

图 14-13 自动夹紧装置的机构简图

① 构件总数 N 和运动副总数 J 均保持不变，即 $N=6$，$J=7$。② 必须由液压元件驱动，即包含一液压缸和一活塞。③ 必须有一个固定杆（机架）。④ 液压缸必须与机架铰链或本身作为机架。⑤ 活塞杆一端与液压缸组成移动副，其另一端不能与固定杆铰接。⑥ 必须有一个双副杆作为执行件，它不能与活塞杆铰接，但应与固定杆铰接。

解 按照图 14-1 再生运动链法创新设计流程进行设计。

（1）一般化运动链

按上述一般化原则，将自动夹紧机构抽象为一般化运动链。为此，将活塞杆 3 和液压缸 2 均以连杆形式代替，他们组成的移动副以转动副（加符号 P）代替，并释放固定杆 1，由此所得的自动夹紧机构的一般化运动链，如图 14-14 所示。

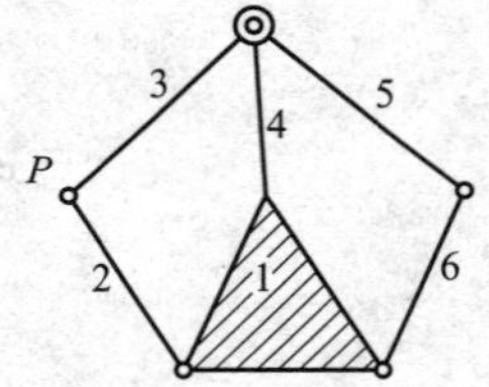

图 14-14 自动夹紧装置的一般化运动链

（2）组合运动链

自动夹紧机构的一般化运动链为连杆组合运动链的 C 型，余下相关的组合运动链有 A 型、B 型和 D 型（参见图 14-8）。

（3）再生运动链

根据预定的自动夹紧机构设计约束，可求得上述六杆组合运动链派生出的各再生运动链。其步骤为：

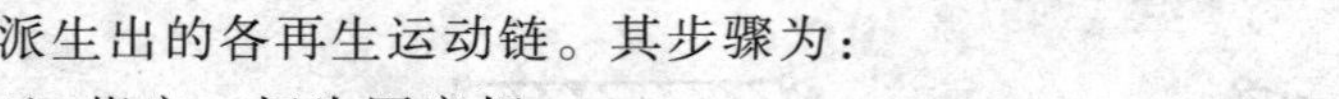

1）指定一杆为固定杆。

2）选固定杆的一端与液压缸铰接，或将液压缸本身作为固定杆。

3）使活塞杆的一端与液压缸组成移动副，但另一端不能与固定杆相连。

4）选一个双副杆作为执行件，它不能与活塞杆相连，但须与固定杆铰接。

设以 G 表示固定杆（机架），E 表示执行件，C 表示活塞杆，P 表示由液压缸与活塞杆组成的移动副，则由六杆组合运动链 A 型可派生出六种再生运动链（图 14-15），由 B 型可派生出四种再生运动链（图 14-16），由 C 型可派生出十种再生运动链（图 14-17），由 D 型仅得的一种再生运动链（图 14-18）。

这样，从一种原始的铰链夹紧机构出发，可推演出在预定设计约束下的 21 种运动链，除原始的一种（图 14-14）以外，共创造 20 种新的再生运动链。

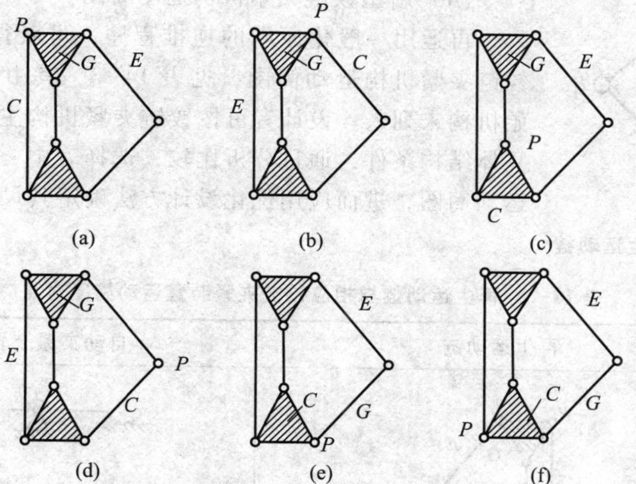

图 14-15 A 型再生运动链

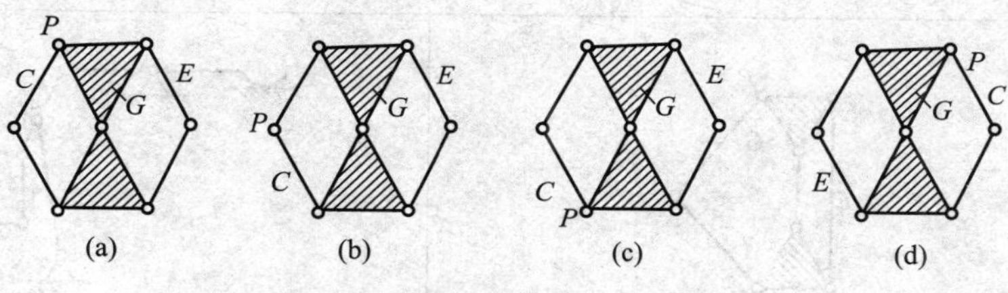

图 14-16 B 型再生运动链

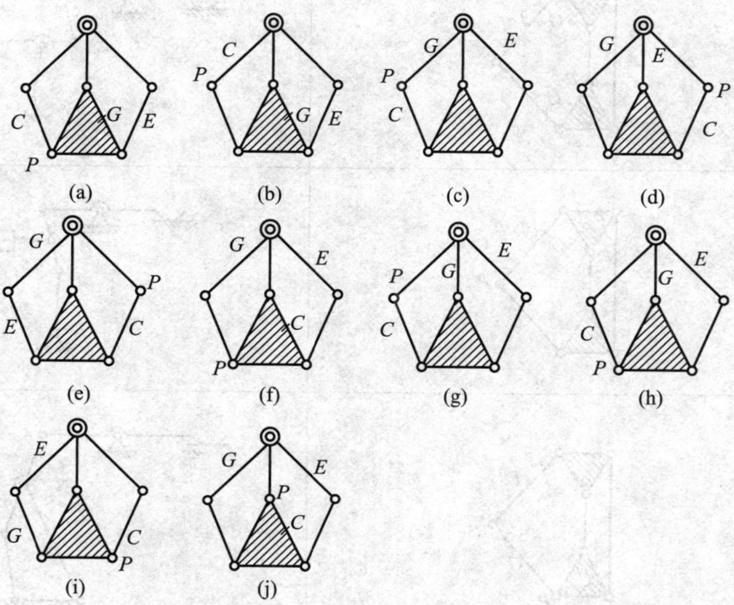

图 14-17 C 型再生运动链

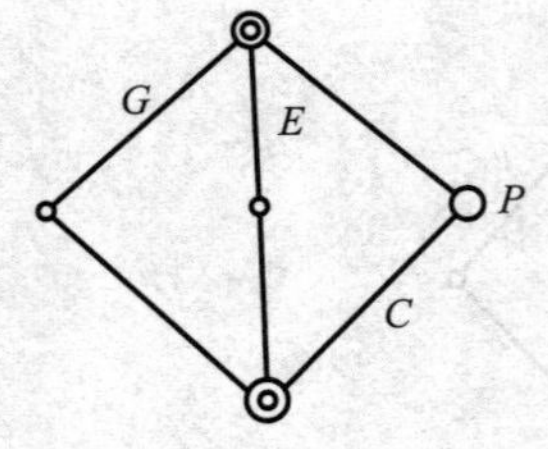

图 14-18 D 型再生运动链

(4) 新型铰链夹紧机构运动简图

再运用一般化原则的逆推程序，可获得相应的 20 种新型铰链夹紧机构运动简图，见表 14-3，其中铰链夹紧机构的原始机构未列入。设计者可按铰链夹紧机构主要技术性能指标及具体结构条件，通过分析比较，选择表中一种或几种新的机构运动简图，进而应用优化设计方法确定其尺寸。

表 14-3 再生运动链与相应铰链夹紧装置运动简图对照

序号	再生运动链	自动夹紧装置运动简图
1		
2		
3		
4		
5		

续表

序号	再生运动链	自动夹紧装置运动简图
6	E C G P	
7	G E P C	
8	P C G E	
9	G E C P	
10	P C G E	

续表

序号	再生运动链	自动夹紧装置运动简图
11	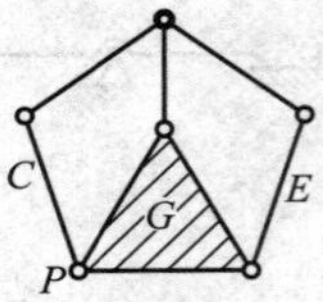 C E G P	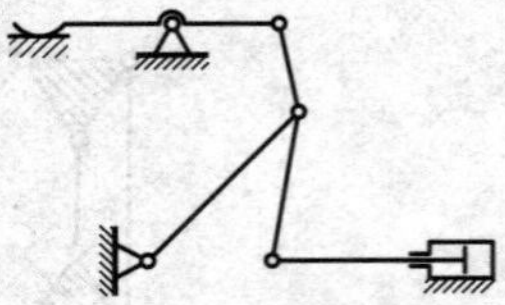
12	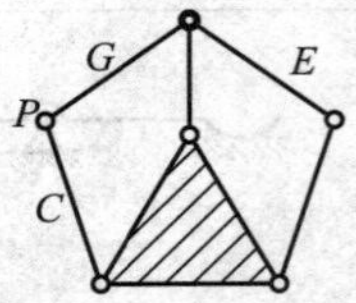 G E P C	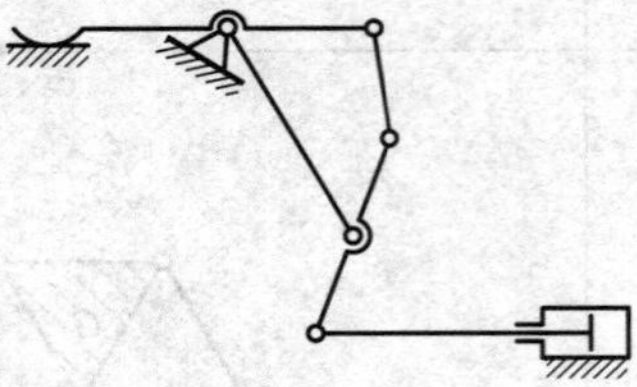
13	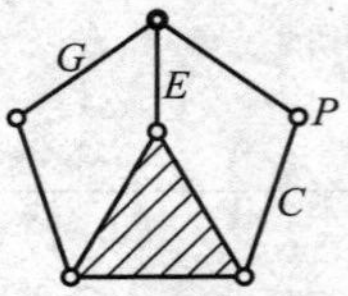 G E P C	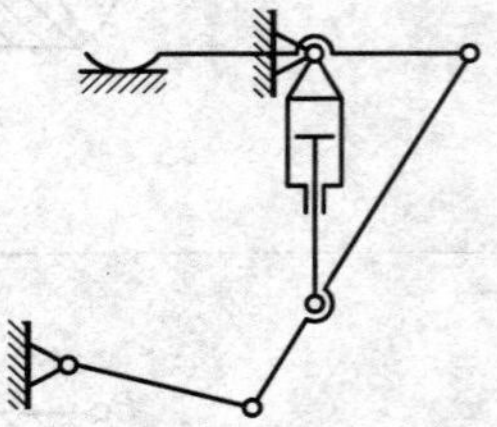
14	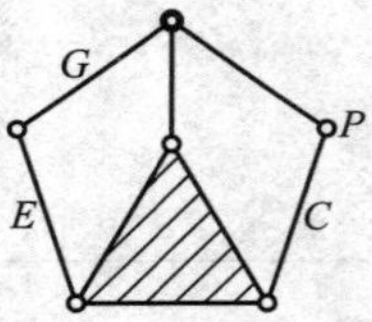 G P E C	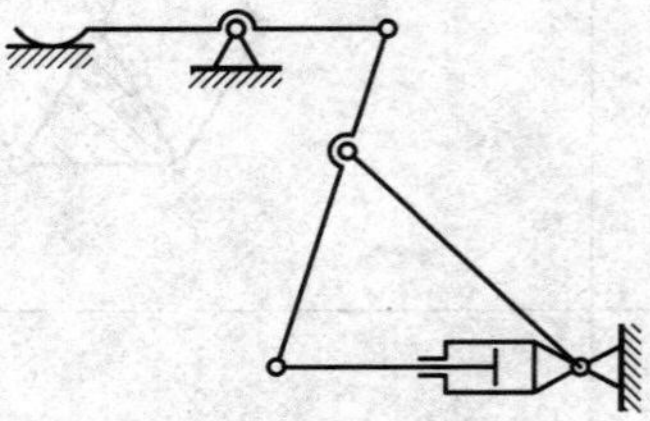
15	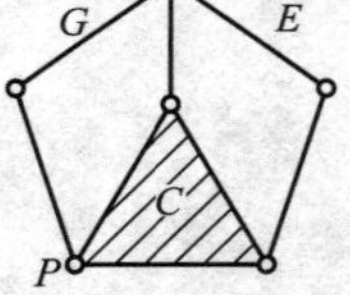 G E C P	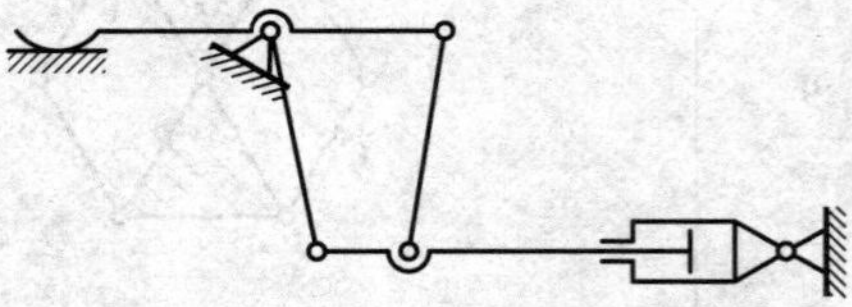
16	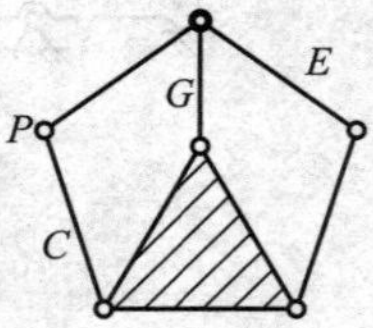 G E P C	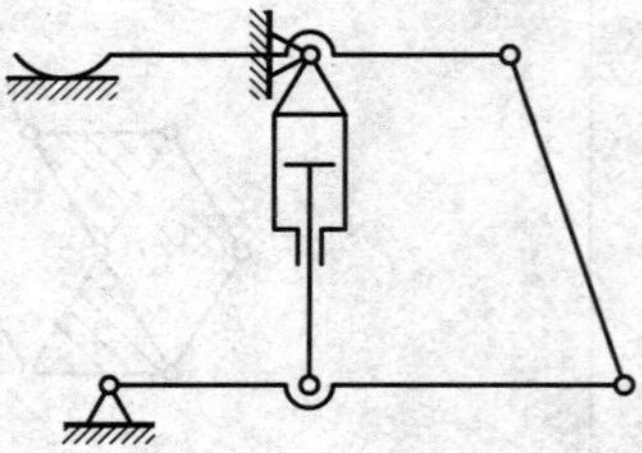

续表

序号	再生运动链	自动夹紧装置运动简图
17	E G C P	
18	E G C P	
19	G E P C	
20	G E P C	

强化训练题 14-1 利用再生运动链方法对牛头刨床运动机构进行创新方案构思，其原型机构如图 14-19 所示，供参考的约束为：① 必须有一个构件作为机架，为分散工作载荷，增强机构整体刚度采用三副构件作为机架；② 必须有一个构件作为原动件，考虑到动力源情况和牛头刨床急回特性，原动件应为曲柄且是连架杆；③ 必须有一个移动副作为滑枕执行往复直线主运动，且滑枕须是连架杆；④ 除滑枕外还需增加移动副，使机构更为紧凑；⑤ 机架、原动件和滑枕不可以在同一个子运动链中。

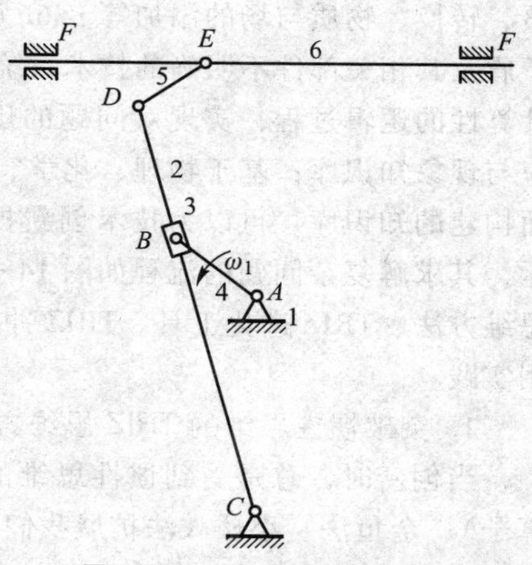

图 14-19 牛头刨床的原型

14.1.2 基于 TRIZ 理论的机构设计

TRIZ 理论是“发明问题的解决理论”（theory of inventive problem solving）的俄语含义的单词首字母“Teoriya Resheniya Izobretatelskikh Zadatch”的缩写），由苏联发明家阿奇舒勒（G·S·Altshuller）在 1946 年提出的。在他的领导下，苏联的研究机构、大学、企业组成了 TRIZ 的研究团体，分析了世界近 250 万份高水平的发明专利，总结出各种技术发展进化遵循的规律模式，以及解决各种技术矛盾和物理矛盾的创新发明技巧，建立一个由解决技术问题、实现创新开发的各种方法和算法组成的理论体系，即 TRIZ 理论体系，该体系也综合多学科领域的原理和法则。

阿奇舒勒认为，技术系统进化过程不是随机的，而是有客观规律可以遵循，这种规律在不同领域反复出现。现代 TRIZ 理论的核心思想主要体现在三个方面：首先，技术系统的发展都是遵循着客观的规律发展演变的，即具有客观的进化规律。其次，各种技术难题、冲突和矛盾的不断解决是推动这种进化过程的动力。第三，技术系统发展的理想状态是用最少的资源实现最大效益。

TRIZ 理论的强大作用正在于它为人们创造性地发现问题和解决问题提供了系统的理论和方法工具。TRIZ 的主要内容包括以下几方面：① 创新思维方法与问题分析方法：TRIZ 理论中提供了如何系统分析问题的科学方法，如多屏幕法。而对于复杂问题的分析，它包含了科学的问题分析建模方法（如功能分析法、物场分析法等），它可以帮助快速确认核心问题，发现根本矛盾所在。② 技术系统进化法则：针对技术系统进化演变规律，在大量专利分析的基础上，TRIZ 理论总结提炼出八大进化法则。利用这些进化法则，可以分析确认当前产品的技术状态，并预测未来发展趋势，开发富有竞争力的新产品。③ 最终理想解：发明创造的理想状态是理想解的实现，尽可能使企业的产品接近于其理想解是产品创新的指导思想。④ 工程矛盾解决原理：不同的发明创造往往遵循共同的规律，TRIZ 理论将这些共同的规律归纳成 40 个发明原理与 4 个分离原理，针对具体的矛盾，可以基于这些创新原理，结合工程实际寻求具体的解决方案。⑤ 发明问题标准解法：针对具体问题的物场模型之间的不同特征，分别对应有标准的模型处理方法，包括模型的修整、转换、物质与场的添加等。⑥ 发明问题解决算法（ARIZ）：主要针对问题情境复杂，矛盾及其相关部件不明确的技术系统。它是一个对初始问题进行一系列变形及再定义等非计算性的逻辑过程，实现对问题的逐步深入分析，问题转化，直到问题解决。⑦ 科学效应与现象知识库：基于物理、化学、几何学等工程学原理的数百万项发明专利的分析结果而构建的知识库，可以为技术创新提供丰富的方案来源。其基本理论体系如图 14-20 所示，其求解复杂问题的流程如图 14-21 所示。由于 TRIZ 理论体系较大，本节主要对 TRIZ 思维方法、TRIZ 进化工具、TRIZ 冲突求解、TRIZ 物场分析四个方面的内容进行分析和应用实践。

1. 突破惯性思维的 TRIZ 思维方法

当创新时，总是受到惯性思维的约束，TRIZ 理论采用多屏幕法、STC 算子（或 RTC 算子）、金鱼法、小矮人法扩展我们的思维，帮助我们克服惯性思维。下面用实例介绍这些方法在机构创新设计中的应用。

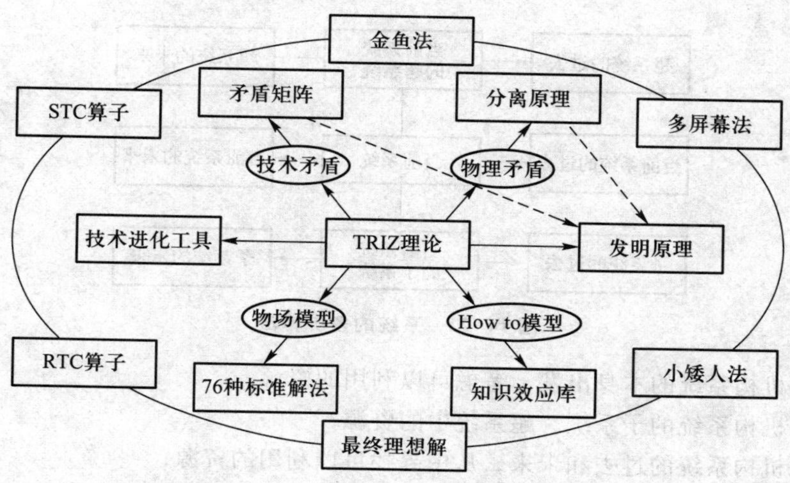

图 14-20 TRIZ 理论体系

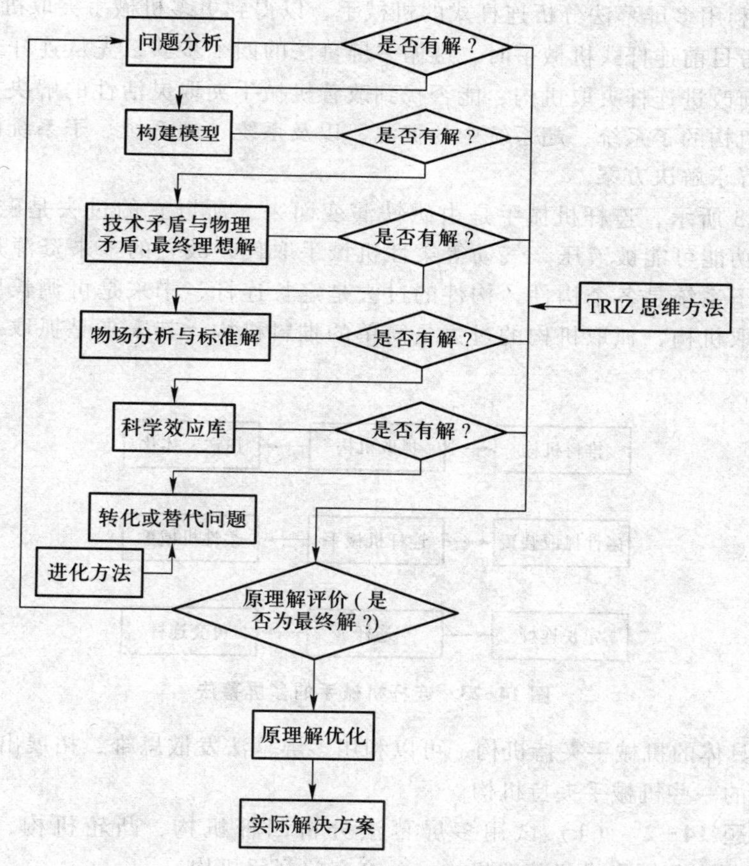

图 14-21 TRIZ 求解问题的流程

（1）多屏幕法

多屏幕思维方式是一种分析问题的手段，为解决问题提供资源，而非直接解决问题的手段。如图 14-22 所示，利用多屏幕法，可以从不同的角度分析待解决问题，主要步骤如下：

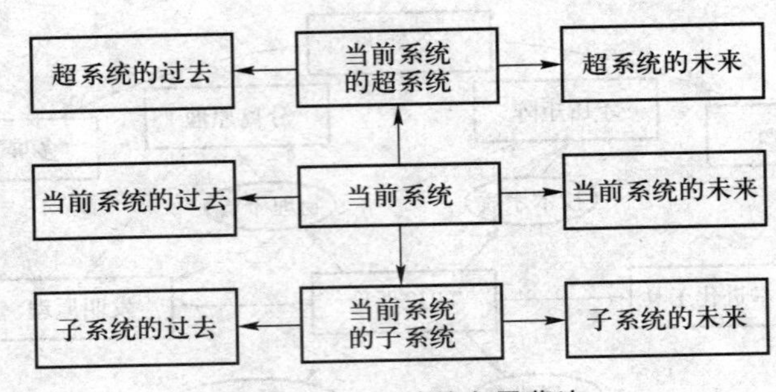

图 14-22　系统的多屏幕法

1）先从机构系统的本身出发，考虑可以利用的资源；

2）考虑机构系统的子系统、超系统中的资源；

3）考虑机构系统的过去和未来，从中寻找可以利用的资源；

4）考虑超系统和子系统的过去和未来，从中寻求可以利用的资源。

例 14-2　利用多屏幕法分析连杆式的机械手，以得到更多机械手夹取机构方案。

解　在思考目前连杆式机械手时，遵循多屏幕法的四个步骤，先从连杆式机械手本身入手，考虑如何改进连杆夹取机构，能否找到改善机械手夹取灵活性的解决方案，如果不能，则考虑该机构的子系统、超系统中的资源，以及系统、超系统、子系统的过去和未来的资源，从中寻求解决方案。

如图 14-23 所示，连杆机械手是由磁铁演变而来，所以它的过去是磁性抓取装置，同时分析它的功能可能被液压、气动等柔性机械手取代，故它的未来资源是气动柔性夹取机构。它的子系统是各个构件，构件的过去是定长连杆，未来是可调长度的连杆。它的超系统是抓取机构，抓取机构的过去是简单的推料机构，其未来是抓取、移送一体化的机构。

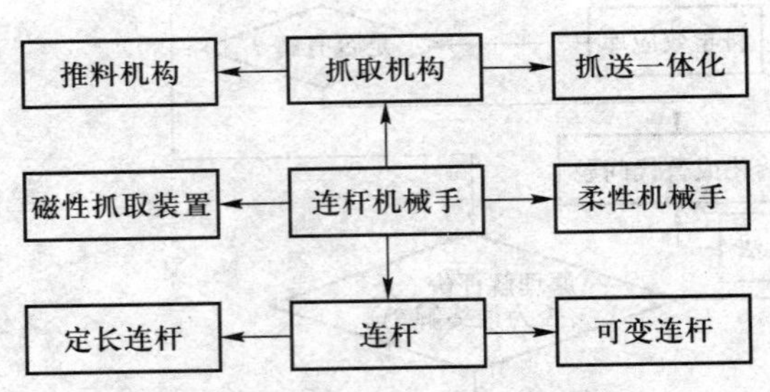

图 14-23　连杆机械手的多屏幕法

针对一种具体的机械手夹持机构，可以利用多屏幕法发散思维，拓展出很多思路，如图 14-24 所示的一些机械手夹持机构。

强化训练题 14-2　（1）试用多屏幕法分析四杆机构、凸轮机构、齿轮机构等。（2）试用多屏幕法分析飞机起落架机构、公交车门开闭机构。

（2）金鱼法

利用金鱼法求解问题时，先从提议的解决方案中区分现实和幻想部分，对幻想部分寻求资源支持，转换为现实部分，进而找到整个问题的解决方案。如图 14-25 所示，金鱼法是反复迭代区分现实与幻想，并集中求解幻想部分的问题求解方法。

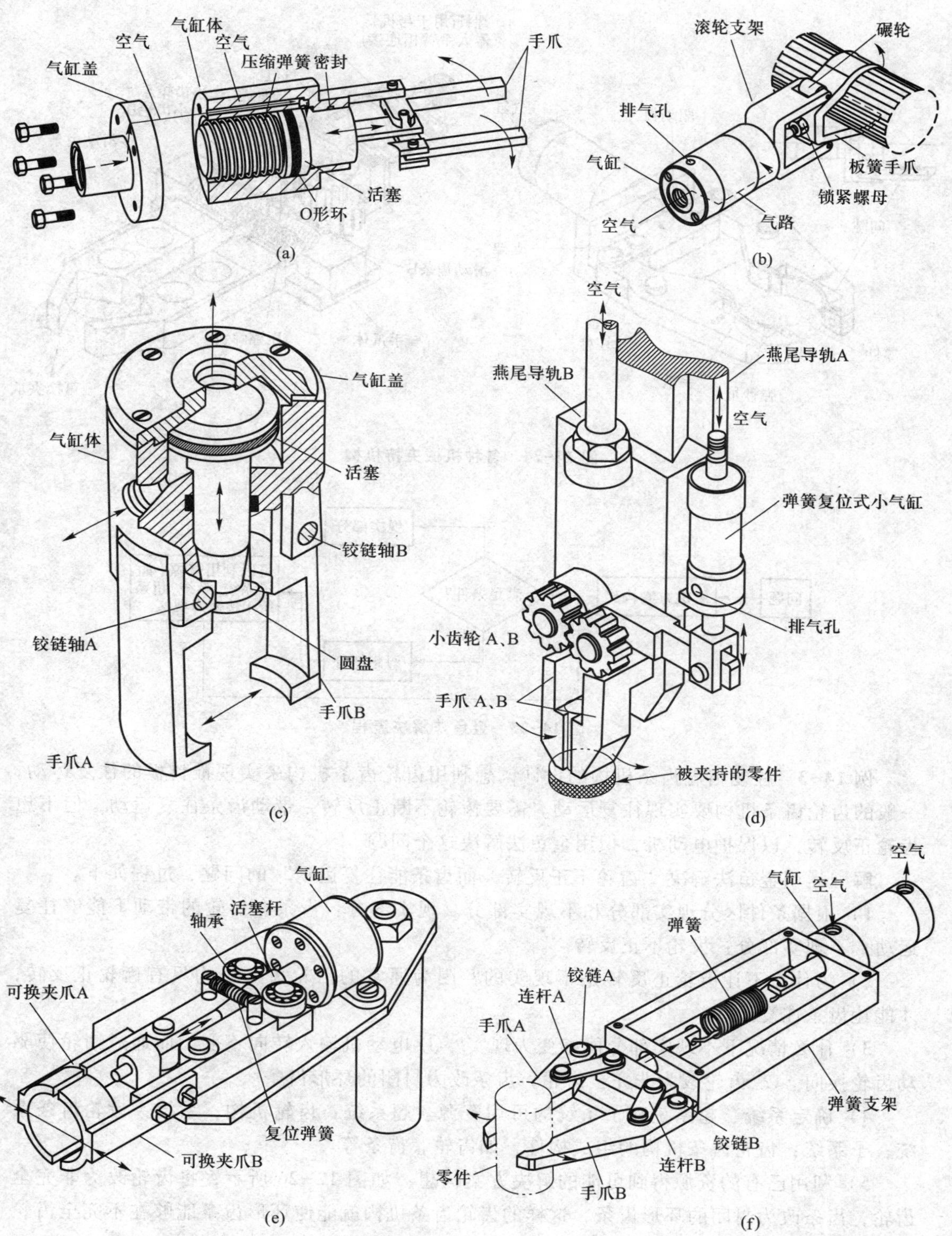

气缸体
空气
空气
手爪
气缸盖
压缩弹簧 密封
活塞
O形环
(a)
滚轮支架
碾轮
排气孔
气缸
板簧手爪
锁紧螺母
空气
气路
(b)
气缸盖
气缸体
活塞
铰链轴B
铰链轴A
圆盘
手爪B
手爪A
(c)
空气
燕尾导轨B
燕尾导轨A
空气
弹簧复位式小气缸
排气孔
小齿轮 A、B
手爪 A、B
被夹持的零件
(d)
气缸
轴承
活塞杆
可换夹爪A
复位弹簧
可换夹爪B
(e)
空气
气缸
空气
弹簧
铰链A
连杆A
手爪A
弹簧支架
铰链B
连杆B
零件
手爪B
(f)

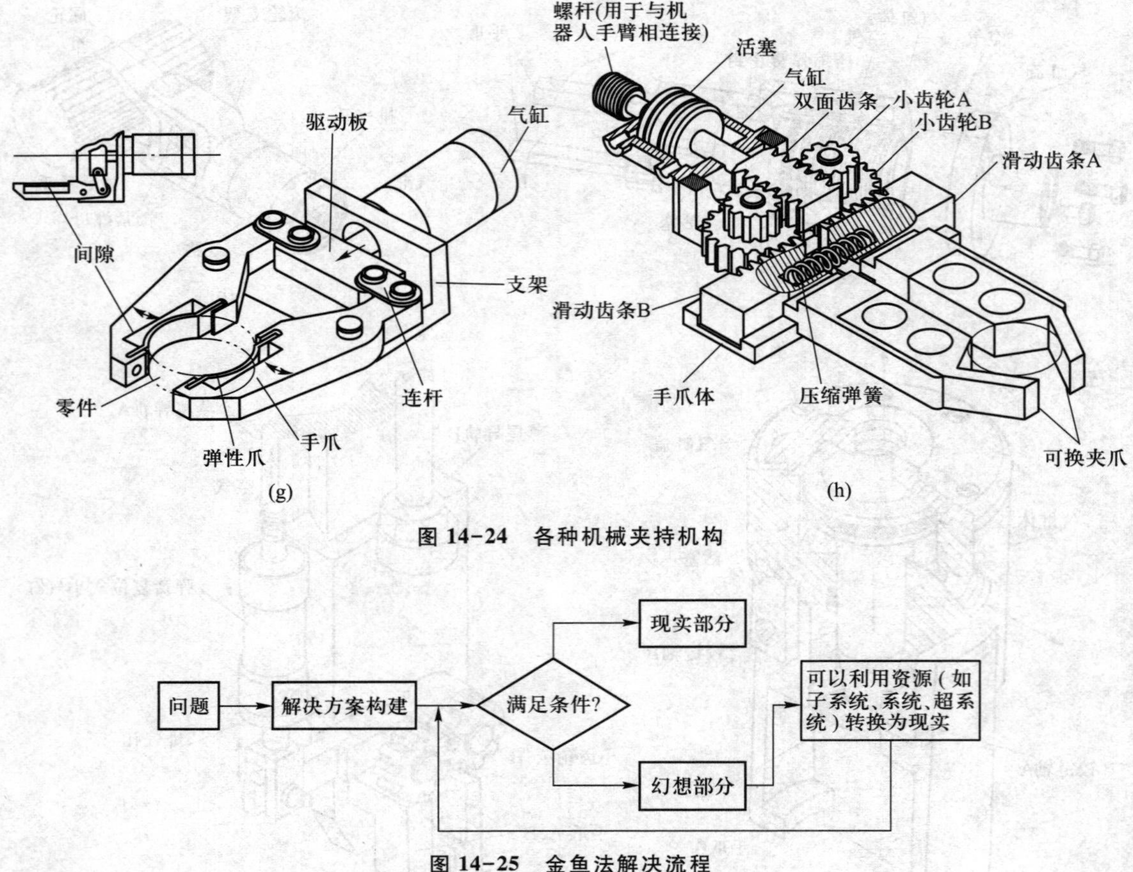

图 14-24 各种机械夹持机构

图 14-25 金鱼法解决流程

例 14-3 往复齿轮齿条机构的设计，想利用齿轮齿条机构来实现推料板的往复运动，一般的齿轮齿条机构要实现往复运动，需要齿轮不断正反转，带动齿条往复运动，但不想齿轮正反转，以保护电动机，拟用金鱼法解决这个问题。

解 运用金鱼法解决“齿轮不正反转，而齿条能往复运动”的问题，过程如下。

1）根据条件区分现实部分和不现实部分。现实部分：齿条在齿轮的带动下能够往复运动；不现实部分：齿轮不正反转。

2）为什么不让齿轮正反转是不现实的？因为通常的齿轮齿条机构只有齿轮正反转，才能让齿条往复运动。

3）什么情况下不现实部分能够变为现实？① 电动机输入转向不变，而通过惰轮使驱动齿轮换向。② 齿轮改为非完全齿轮，齿条改为封闭的环形齿条。

4）确定系统、超系统和子系统的可用资源。超系统：齿轮机构；系统：齿轮齿条系统；子系统：齿轮齿条机构的组成构件，如齿轮、齿条等。

5）利用已有的资源得到可能的解决方案构想：如图 12-26 所示，将齿轮改为非完全齿轮，齿条改为封闭的环形齿条，这样的齿轮齿条机构就能使环形齿条能够在不完全齿轮连续单向转动的情况下作往复运动。

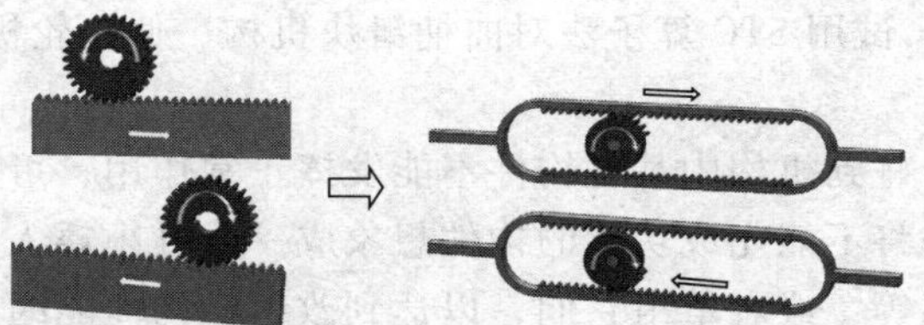

图 14-26 齿轮齿条机构

强化训练题 14-3 试用金鱼法求解无能耗自返回装卸车的设计方案。具体问题描述为：现有四轮运输车运送货物时，由人力推动或电力驱动，现计划改善其驱动方式，使其不需人力、电力等能源，而是利用车的自身机构特点驱动运输车前进，并能在卸货后自动返回。

(3) STC 算子法

STC 算子法是对技术系统的尺寸（size）、时间（time）、成本（cost）三个参数进行调整，产生新的创意。通过对机构的尺寸、时间、成本向增大和缩小的方向变化，产生新机构的创意。其实施流程为：① 定义求解机构系统的尺寸、时间和成本；② 对机构的尺寸向无穷大或无穷小方向变化，考察机构性能的变化情况；③ 对机构构建过程的时间或其中组件运动速度向无穷大或无穷小方向变化，考察机构性能变化；④ 考察机构成本向无穷大或无穷小方向变化时机构性能的变化；⑤ 对上述三个维度的优值进行综合，获得一个理想的解决方案。

例 14-4 机器人的 STC 演化，试用 STC 算子法对机器人进行发散思维。

解 根据 STC 算子法的流程，按顺序进行以下发散思维（图 14-27）：

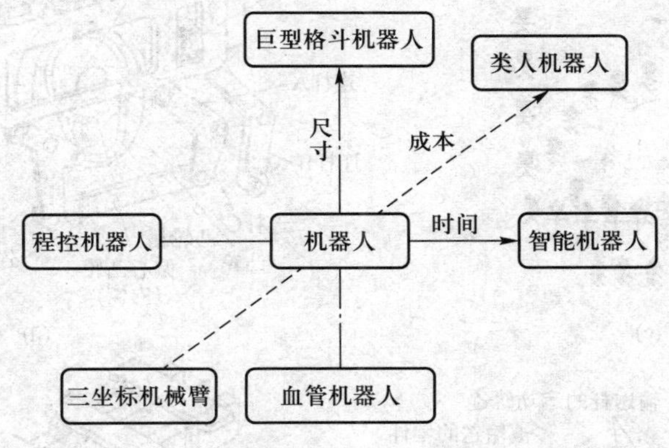

图 14-27 机器人的 STC 发散

1）定义机器人系统的尺寸：总体结构尺寸，如长、宽、高；时间：机器人处理器的计算速度；成本：机器人的制造成本。

2）将机器人尺寸不断放大，将得到巨型机器人，如巨型格斗机器人，将机器人尺寸缩小，得到微型机器人，如血管机器人。

3）机器人运行速度向无穷大变化，得到具有超算与 AI 能力的机器人，如智能机器人；机器人运行速度向无穷小方向变化，得到只能简单按照一定程序动作的机器人，如程控机器人。

4）机器人的成本向无穷大方向变化时，出现类人机器人，如波士顿动力公司的 Atlas 机器人；成本向无穷小方向变化，就是原来的三坐标机械臂。

强化训练题 14-4 试用 STC 算子法对曲柄滑块机构、偏心轮机构进行发散思维。

(4) 小矮人法

在机构设计中，会碰到机构中某些构件不能发挥正常作用，可以利用小矮人法来解决这种问题。小矮人法是将不能完成功能的构件想象成一群群小矮人，通过改变小矮人的形状、大小、位置、功能等，或者重组它们，以达到改善机构性能的目的。

例 14-5 以步进输送零件为例，如图 14-28a 所示的步进移送机构，如果机体强度要

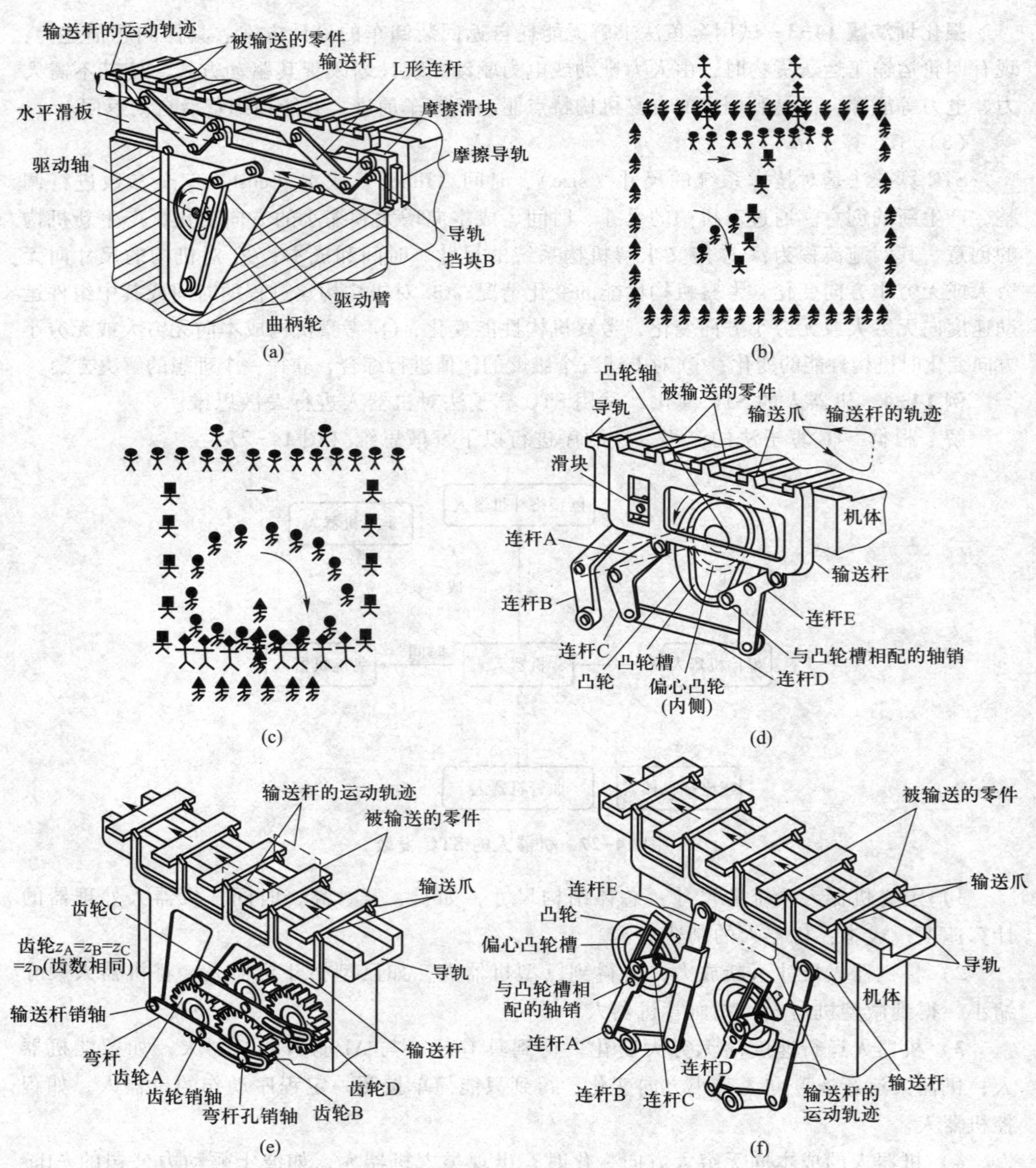

图 14-28 各种步进机构

求，不允许驱动机构安装在机体内，同时由一个摆杆驱动滑枕带动两个步进齿可靠性不高，就可以用小矮人法来改进。首先建立小矮人模型，如图 14-28b 所示，然后重组这些小矮人，建立能够解决问题的小矮人模型，如图 14-28c 所示，如果这些小矮人能够完成预想的功能，就将这些小矮人映射回实际的机构，这样有如图 14-28d、e、f 所示的另外 3 种的步进移送机构方案。

强化训练题 14-5 试用小矮人法对往复送料机构、手摇打谷机构进行创新设计。

2. TRIZ 进化工具

进化工具是 TRIZ 理论的核心内容之一，它表明技术是不断进化，其进化过程遵守一定规律，这些进化规律能够被重复利用。

TRIZ 理论就是通过对世界专利库进行分析比较发现技术从结构上进化的趋势，即技术进化模式与进化路线。另外，还发现在一个工程领域中总结出来的进化模式与进化路线可以在另外的工程领域实现，即技术进化模式与进化路线具有可传递性。这个理论的研究不仅能预测技术的发展，而且还能展示预测结果，实现产品的可能结构状态，对于产品创新设计具有一定的指导作用。TRIZ 理论总结了经典的 8 大技术进化法则。

法则 1 完备性法则：完备的技术系统包括动力装置、传动装置、执行装置、控制装置，即技术系统向样样俱全的方向进化。这个法则的启示是：① 当技术系统中这些部分不齐全时，需要补齐缺失的部分，如缺少动力装置，就增加动力装置。② 当技术系统的某个部分功能不完善时，改善这个部分，就可以获得创新的装置，例如将曲柄摇杆机构的摆动摇杆换成直线运动的滑块执行机构，就建立了曲柄滑块机构。

法则 2 能量传递法则：技术系统的能量能够从能量源流向技术系统的所有元件。如果技术系统中的能量传输不通畅，将导致技术系统不能正常工作。能量传递可以通过物质媒介（如带、链条、轴、齿轮等），也可以通过场媒介（如磁场、电场、引力场、化学场等）或物-场媒介（如带电粒子流等）。这个法则的启示是：① 能量传递路径应通畅，不得有阻隔，如发现机构中某个构件没有得到能量，就要建立这个构件与原动件的联系；② 缩短能量的传递路径，可以使技术系统得到改进，如将摇扇的往复直线运动改为叶片电扇圆周运动，扇风效率大幅上升。

法则 3 协调性法则：技术系统向着各子系统相互协调、与超系统相互协调的方向发展，需要各子系统、各参数之间，系统参数与超系统各参数之间要相得益彰，才能完成所需的功能。该法则的启示是：① 技术系统在结构（几何尺寸、质量、形状等）上应协调；② 技术系统的各性能参数（载荷、功率、电压、电流等）应协调，如构件的重心分布与惯性力参数一致；③ 技术系统的执行动作之间应协调（各动作的先后顺序、各动作的速度等）。

法则 4 提高理想度法则：技术系统朝着提高其理想度、朝着最理想系统的方向发展。理想度描述为：有用功能总和与有害功能总和及成本总和的比值。提高理想度就是提高系统的有用功能，降低系统的有害功能。可以从如下方面考虑提高理想度：① 提高系统的有用参数，例如提高机构的效率、提高构件的强度等，也包括简化子系统、简化操作、简化组件；例如构件的结构简化，减少加工难度。② 降低系统的有害参数，例如减少不平衡质量对机构平衡的破坏。③ 提高有用参数的同时降低有害参数，例如增加机构的功能，减少机构的成本。④ 同步提高有用参数与有害参数，但有用参数提高幅度远大于有害参数的提高幅度，例如机构功能增加，成本也有所提升，但功能提高的幅度较大。⑤ 同步降低有益参数与有害参数，但有害参数降低的幅度远大于有益参数降低的幅度，例如为了降低构件的不平衡质量，导致构件加工难度增加，但构件的不平衡质量降低明显。

法则 5 动态化法则：技术系统向着结构柔性、可移动性、可控性好的方向发展，以适应环境状况或执行方式的变化。提升系统的动态性能使系统功能更灵活地发挥作用，或作用更为多样化，能够满足用户的各种要求。该法则的启示是：① 提高系统的柔性（或适应性），如连杆机构可以改变杆长，以调整行程速度变化系数。② 提高系统的可移动性，如机构的机架设计成可移动的，方便搬运；③ 提高系统的可控性，如增加机构的反馈控制，以提高机构的自主控制性能。

法则 6 子系统不均衡进化法则：技术系统的各子系统不是同步、均衡发展的，这种不均衡发展会导致子系统间出现矛盾，解决此矛盾会使整个系统突破性发展；技术系统的进化速度取决于系统中进化最慢的子系统。这个法则的启示是：改变进化最慢的子系统，就能提高整个系统的性能。

法则 7 向微观化进化法则：技术系统在进化过程中，向着减小它们尺寸的方向发展，倾向于达到原子核基本粒子的尺度。这个法则的启示是：① 可以把产品做得足够小，以满足特殊需要，如把管道机器人进一步缩小，设计出血管机器人，以满足心血管疾病诊治的需要；② 为了减小空间的占用，可以把机构设计成折叠的，以减小不用时占用的地面空间。

法则 8 向超系统跃迁法则：当技术系统进化到极限时，实现其某项功能的子系统会从系统中剥离，转移至超系统，作为超系统的一部分。该法则的启示是：① 技术系统向着单系统到双系统再到多系统方向进化的，如机构通过组合与集成进行创新；② 技术系统通过与超系统组件合并来获得资源，超系统提供更多的可用资源，如设计利用超系统能源的装置，太阳能驱动的装置就是利用超系统——太阳的能源；③ 技术系统的可用资源逐渐枯竭后寻求新的资源支撑系统继续发展，如通过增加机构的功能或降低成本来提升价值，或将子机构独立处理，单独做成一个装置。

例 14-6 利用 TRIZ 进化工具改进脚踏稻谷脱粒机（图 14-29a）方案，主要实现稻谷脱粒机的省力、安全的目标。

解 1）根据完备性法则，改善动力装置，由脚踏改为电动机驱动，如图 14-29b 所示。

2）为了便于在田间移动脱粒机，根据动态进化法则，在机架底板按照滚轮或滑靴，如图 14-29c 所示。

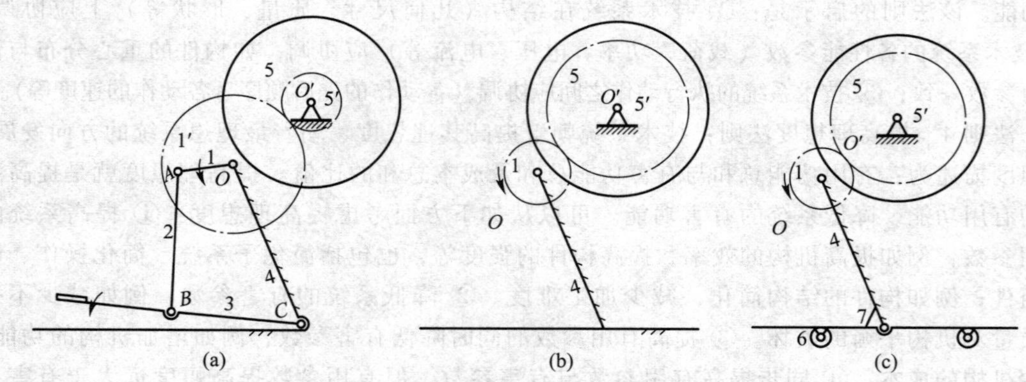

图 14-29 稻谷脱粒机进化方案

强化训练题 14-6 试用技术进化工具改进悬窗机构（如图 2-9a 所示，或自主选择一种机构），要求机构的构件向数目少、结构简单（即提高理想度）方向进化。

3. TRIZ 冲突求解

TRIZ 冲突解决原理是获得冲突解决方案所应遵循的一般规律，TRIZ 主要研究技术冲突和物理冲突。技术冲突是指系统一个方面得到改进时，削弱了另一方面的期望。如增加机构系统中飞轮的惯性，一般会增加飞轮的质量或几何尺寸，这样就带来飞轮轴强度不够或机构空间尺寸增大的问题。

如图 14-30 所示，对于具体问题，当找到了一个技术冲突后，用该问题所处技术领域中的特定术语描述该冲突。随后，将冲突双方参数标准化（TRIZ 理论有 39 个标准参数，见表 14-4，有的文献已经扩展到 48 个），根据标准参数查询 TRIZ 矛盾矩阵，找到推荐的发明原理（TRIZ 理论有 40 个发明原理，见表 14-5），应用发明原理求解该冲突，并根据专家领域知识针对具体问题获得合适的解决方案。

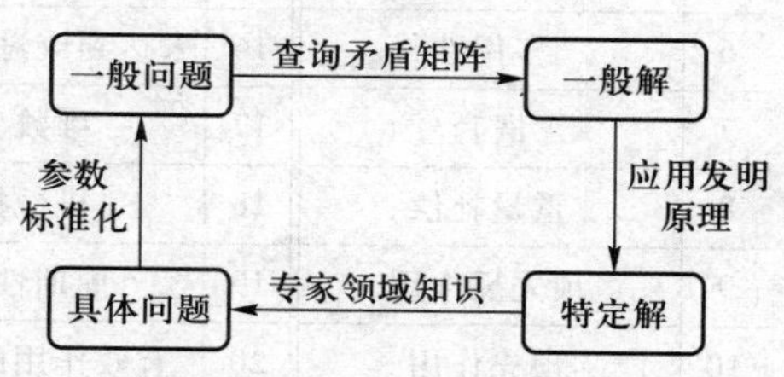

图 14-30 TRIZ 理论技术冲突求解流程

表 14-4 39 个通用工程参数名称

序号	名称	序号	名称	序号	名称
1	运动物体的重量	14	强度	27	可靠性
2	静止物体的重量	15	运动物体作用时间	28	测试精度
3	运动物体的长度	16	静止物体作用时间	29	制造精度
4	静止物体的长度	17	温度	30	物体外部有害因素作用
5	运动物体的面积	18	光照度	31	物体产生的有害因素
6	静止物体的面积	19	运动物体的能量	32	可制造性
7	运动物体的体积	20	静止物体的能量	33	可操作性
8	静止物体的体积	21	功率	34	可维修性
9	速度	22	能量损失	35	适应性及多用性
10	力	23	物质损失	36	装置的复杂性
11	应力或压力	24	信息损失	37	监控与测试的困难程度
12	形状	25	时间损失	38	自动化程度
13	结构的稳定性	26	物质或事物的数量	39	生产率

为了应用方便，上述 39 个通用工程参数可分为如下三类：

1）通用物理及几何参数：No. 1~12，No. 17~18，No. 21。

2）通用技术负向参数：No. 15~16，No. 19~20，No. 22~26，No. 30~31。

3）通用技术正向参数：No. 13~14，No. 27~29，No. 32~39。

负向参数，指这些参数变大时，使系统或子系统的性能变差。如子系统为完成特定的功能所消耗的能量（No. 19~20）越大，则设计越不合理。

正向参数，指这些参数变大时，使系统或子系统的性能变好。如子系统可制造性（No. 32）指标越高，子系统制造成本就越低。

表 14-5 40 条发明原理

序号	名称	序号	名称	序号	名称	序号	名称
1	分割	11	事先防范	21	减少有害作用的时间	31	多孔材料
2	抽取	12	等势	22	变害为利	32	改变颜色
3	局部质量	13	反向作用	23	反馈	33	同质性
4	增加不对称	14	曲面化	24	借助中介物	34	抛弃或再生
5	组合	15	动态化	25	自服务	35	参数变化
6	多用性	16	未达到或过度的作用	26	复制	36	相变
7	嵌套	17	维数变化	27	廉价替代	37	热膨胀
8	重量补偿	18	机械振动	28	机械系统的代替	38	加速强氧化
9	预先反作用	19	周期性作用	29	气动与液压结构	39	惰性环境
10	预先作用	20	有效作用的连续性	30	柔性壳体与薄膜	40	复合材料

物理冲突指一个物体有相反的需求，如机床的刀具应该有很高的硬度，这样切削工件比较容易，但太硬会降低刀具韧性，刀具容易断裂，这就是一个物理冲突。对于物理冲突，采用分离原理进行求解。TRIZ 理论有四大分离原理：① 空间分离；② 时间分离；③ 条件分离；④ 系统级别分离。每个分离原理对应一系列求解问题的发明原理，见表 14-6。如图 14-31 所示，对于一个具体问题，找到该问题的物理冲突，然后寻求合适的分离原理，根据分离原理对应的发明原理进行具体分析，寻求最终解决方案。

表 14-6 分离原理与发明原理

分离原理	对应的发明原理
空间分离原理	分割、抽取、局部质量、增加不对称、嵌套、反向作用、维数变化、借助中介物、复制、柔性壳体与薄膜
时间分离原理	预先反作用、预先作用、事先防范、动态化、未达到或过度的作用、机械振动、周期性作用、有效作用的连续性、减少有害作用的时间、气压与液压结构、抛弃或再生、热膨胀
条件分离原理	分割、组合、多用性、嵌套、重量补偿、反向作用、曲面化、变害为利、反馈、自服务、廉价替代、同质性、参数变化
系统级别分离原理	等势、廉价替代、机械系统的代替、多孔材料、改变颜色、参数变化、相变、加速强氧化、惰性环境、复合材料

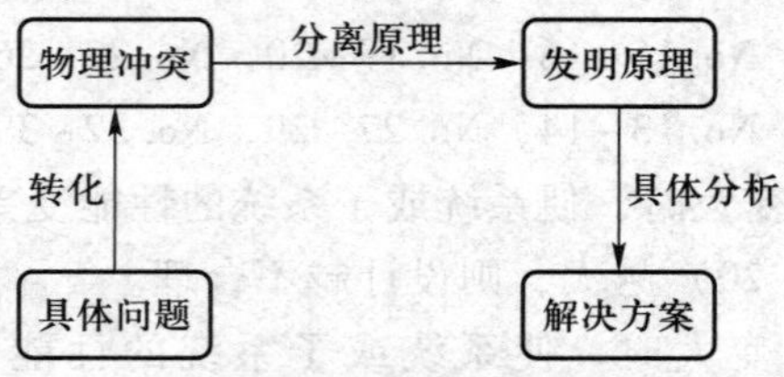

图 14-31 TRIZ 理论物理冲突求解流程

例 14-7 利用 TRIZ 冲突工具求解多功能婴儿车设计方案中的冲突，为了便于婴儿入睡，要求婴儿车边行走边摇动摇篮、摇动幅度可调，同时要考虑婴儿摇篮在不摇动时可处于躺、坐等位置。

解 多功能婴儿车设计中，要解决婴儿车边行走边摇动摇篮的需求，而且摆动幅度可调，及婴儿车摇篮能处于不同的位置，这里面临以下矛盾：① 运动长距离传递与空间结构简易性的矛盾；② 婴儿车摇篮摇动幅度可调与构件数量的矛盾；③ 摇篮不同位置固定与构件复杂性的矛盾。

将这些矛盾用 TRIZ 理论标准参数进行描述，见表 14-7。

表 14-7 冲突参数标准化

编号	冲突	冲突的标准化描述
1	运动长距离传递与空间结构简易性的矛盾	7-运动物体的体积/12-形状
2	摇篮摇动幅度可调与构件数量的矛盾	34-适应性/26-物质的量
3	摇篮不同位置固定与构件复杂性的矛盾	34-适应性/12-形状

根据表 14-7 中标准化的冲突参数，查阅 TRIZ 理论的矛盾矩阵，找到推荐的发明原理，见表 14-8。

表 14-8 冲突矩阵简表

	1~11	12	13~25	26	27~39
1~6					
7	⟶	1、15、29、4			
8~33					
34	⇢	15、37、1、8	⟶	3、35、15	
35~39					

从表 14-8 可知，对于冲突 1，采用第 1、15、29、4 条发明原理进行求解；对于冲突 2，可以采用第 3、35、15 条发明原理进行求解；对于冲突 3，可以采用第 15、37、1、8 条发明原理求解。TRIZ 理论对这些发明原理解释如下：

第 1 条发明原理：分割原理。① 把一个物体分成相互独立的部分；② 将物体分成容易组装的部分；③ 提高物体的可分性。

第 3 条发明原理：局部质量原理。① 将物体、环境或外部均匀结构变为不均匀结构；② 让物体的不同部分各具不同功能；③ 让物体的各部分处于完成各自功能的最佳状态。

第 4 条发明原理：增加不对称原理。① 将物体的对称外形变为不对称的；② 增加不对称物体的不对称程度。

第 8 条发明原理：重量补偿原理。① 将需要提起的重物和有上升性质的物体结合起来；② 给需要提起的物品加上空气动力或由外部环境引起的水动力。

第 15 条发明原理：动态化原理。① 调整物体或环境的性能，使其工作的各阶段达到最佳状态；② 分割物体，使其各部分可以改变相对位置；③ 如果一个物体整体是静止的，使之移动或者可动。

第 29 条发明原理：气压或液压结构原理。将物体的固定部分用气体或流体代替。

第 35 条发明原理：参数变化原理。① 改变聚集态（物态）；② 改变浓度或密度；③ 改变柔度；（4）改变温度。

第 37 条发明原理：热膨胀原理。① 使用热膨胀或热收缩材料；② 组合使用不同热膨胀系数的几种材料。

对上述矛盾矩阵推荐的发明原理进行具体分析，采用一条可以伸缩的推杆（该推杆可由两根带端螺纹的杆和一个长螺母组成，旋转螺母就可以调节推杆的长度；杆的形状可以根据婴儿车的实际结构进行调整），推杆一端有直销与婴儿车后轮上的偏置孔相连，另外一端有小勾与摇篮支架相连，后轮应做成如图 14-32 所示的悬臂双轮结构，另外在婴儿车的后车架上有一孔，如图 14-33 所示的小孔，当摇篮不需要摇动时，推杆的直销置于该孔中，并调节推杆长度，使摇篮处于所需的位置。

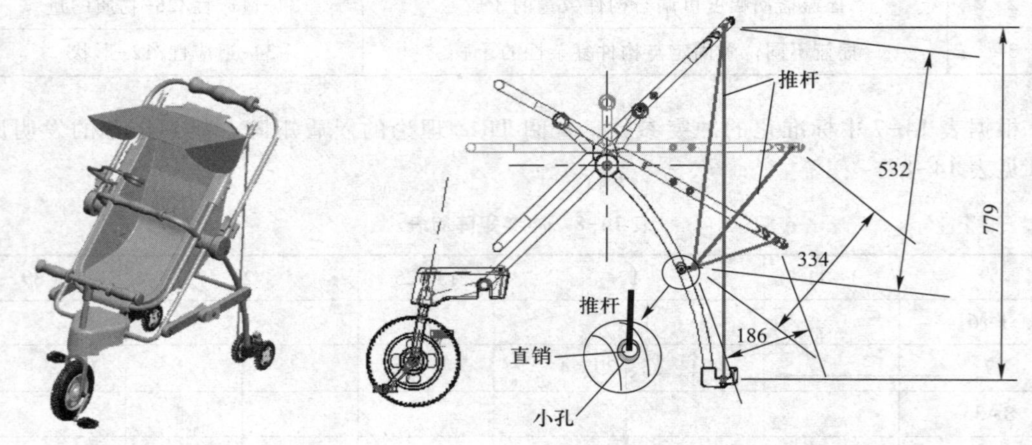

图 14-32 婴儿车整体结构　　图 14-33 摇篮摇动实现机构

强化训练题 14-7 试用矛盾工具求解一种锁紧机构（如机床上的虎钳）设计中的冲突：因为要锁紧，采用梯形螺纹，梯形螺纹升角小于摩擦角，能够自锁，具有放松功能，但在夹头没有接近工件之前，希望快速移动，而梯形螺纹传动效率低，移动非常慢。

4. TRIZ 物场分析

物场分析原理为，所有的功能都可分解为两种物质及一种场，即一种功能由两种物质及一种场的三元素组成。产品是功能的一种实现，因此可用物场分析产品的功能。

物场分析模型通常用三角形描述，如图 14-34 所示，在三角形的物场模型中，下面的两个角分别表示两种物质，一般用 S 表示，上面一个角表示场，用 F 表示，场表示物质之间的相互作用或效应。对于复杂系统，经过分解后，可以运用多个组合三角形模型表示。物场模型通常有四种类型：① 有效模型，这是一种理想的状态，也是设计者追求的状态，功能的 3 个元素都存在，且相互之间的作用全部实现；② 不充分模型，3 个元素齐全，但是设计者追求或预期的相互作用未能实现或者只是部分实现；③ 缺失模型，3 个元素不齐全，可能缺少物质，也可能缺少场；④ 有害模型，虽然 3 个元素齐全，但是产生的作用是一种与预期相反的作用，设计者不得不想办法消除这些有害的相互作用。

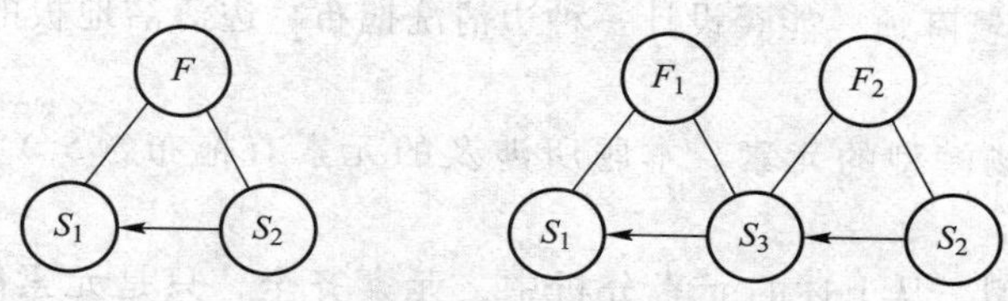

图 14-34 三角形的物场分析模型

常用的相互作用表示符号见表 14-9。TRIZ 理论重点关注后 3 种模型，即不充分模型、缺失模型、有害模型，并提出 6 种解法应对这 3 个模型，具体解法见表 14-10。

表 14-9 常用的物质相互作用表示符号

符号	意义	符号	意义
——→	期望的作用	∿∿→	有害的作用
- - - -→	不足的作用	⇒	改变了的模型

表 14-10 物场分析的一般解法

一般解法编号	存在的问题	具体解决措施
1	缺失模型	补全缺失的元素（场、物质），使模型完整
2	有害模型	加入第三种物质，阻止有害作用
3		引入第二个场，抵消有害作用
4	不充足模型	引入第二个场，增强有用的效应
5		引入第二个场和第三个物质，增强有用的效应
6		引入第二个场或第二个场和第三个物质，代替原有场或原有场和物质

对于复杂问题，物场分析提出了 76 种标准解，并分为如下 5 类：① 不改变或仅少量改变已有系统：13 种标准解；② 改变已有系统：23 种标准解；③ 系统传递：6 种标准解；④ 检查与测量：17 种标准解；⑤ 简化与改善策略：17 种标准解。由已有系统的特定问题，将标准解变为特定解，即为新概念。

为了能够有效地运用上述 6 种解法，建议参照以下的顺序求解问题：

1）确定物场模型的元素。利用简明扼要的术语描述存在的问题，确定物场模型中的元素。如果系统比较复杂，先对系统进行分解，直到可以确定物场模型中的元素为止。

2）建立物场模型。分解系统后，建立与之相对应的物场模型。确定元素之间的相互作用，根据不同的相互作用，采用不同的表达方法。

3）确定物场模型的一般解法。根据物场模型的类型，确定该问题的一般解法。如果有多种解法，应该将所有的解法全部列出，再根据各种实际情况，确定最佳解法。

4）开发新的设计。将最佳解法应用于实际问题中。实际问题中可能会存在限制，可以进一步根据实际条件修正最佳解法，从而获得新的设计。

例 14-8 现有地拖每次清洗后，清洁一定面积的地板后又要重新清洗地拖，直到清洁面积完成，这样比较麻烦，能否设计一种边清洗拖布、边清洁地板的地拖？试用物场分析方法求解。

解　1）确定物场模型的元素。本题所涉及的元素有拖布（S_1）、地板（S_2）、机械力（F）。

2）建立物场模型。从上述的元素分析中，元素齐全，只是元素间的相互作用不足，建立如图 14-35 的物场模型。

3）确定物场模型的一般解法。从表 14-10 中查得，可以采用解法 4、5、6 求解本题，这里主要应用一般解法 4 来求解，即引入第二个场和第三个物质增强有用的效应，引入第二个机械力场（F_2），第三个物质——水（S_3），其物场模型如图 14-36 所示。

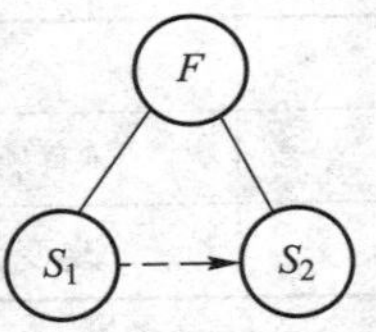

图 14-35　地拖清洁地板的物场模型

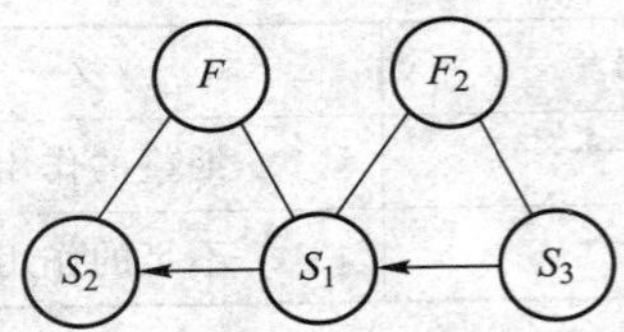

图 14-36　地拖自清洗、清洁地板的物场模型

根据图 14-36 所示的物场模型，本地拖的创新设计思路是：地拖中带有一个小水箱，地拖布封闭成环形，清洁地板过程，依靠摩擦力，使得地拖布与地板接触后，运动到水箱中，通过水箱清洗，而后又重新压干出来与地板接触，进而实现连续清洁地板及自清洁的过程，如图 14-37 所示，为创新地拖的机构示意图。

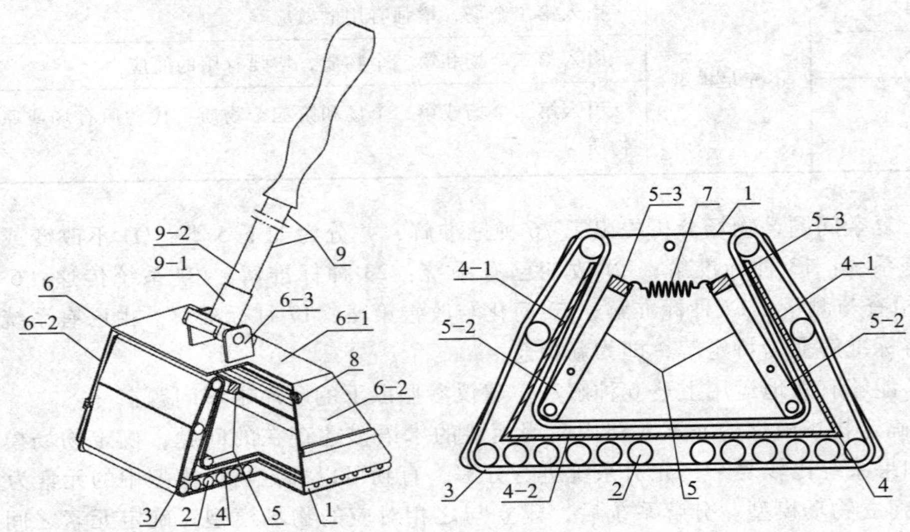

图 14-37　创新地拖机构设计

1—侧板；2—滚轴；3—环形带状拖布；4—水箱；5—矩形框架；6—连接板；7—拉伸弹簧；8—锁紧销钉；9—拖把杆；5-1—张紧滚筒；5-2—两侧边框；5-3—上边框；6-1—上盖板；6-2—两侧板；9-1—连接头；9-2—把柄

强化训练题 14-8　在用煤发电的火电厂，通常使用小车将煤运到筒仓中，再通过螺旋输送器将煤送往球磨机。球磨机将煤碾碎，然后用高速气流将碾碎的煤粉送往分离器，

达到要求的煤粉送往锅炉，没有达到要求的煤粉需要进行下一轮的碾碎。这个过程中可能有些湿煤会粘在输送器的螺旋部分上，也可能粘在管壁上，或者粘在碾碎机的入口和颈部。一旦这些湿煤粘在系统中，将造成一系列的问题。该如何解决这个问题？请利用物场分析的方法进行分析。

5. TRIZ 发明原理在机构创新设计中的应用实例

(1) 合并/组合原理

在许多应用场合，特别是在要求多样化的场合，采用单一机构通常不能满足设计的总体要求。如凸轮机构可以实现任意的运动规律，但行程不可调；齿轮机构具有良好的运动和动力特性，但运动形式简单；连杆机构组型多样，但难以实现特殊的、很精确的运动规律等。充分利用这些单一机构的优势，加以组合，获得一些满足所需性能的新机构。图 14-38 所示为凸轮和齿轮齿条机构的组合，可以实现将转动变为大角度的摆动。第三章中 3.3.4 节介绍的齿轮连杆组合机构、凸轮连杆机构等，就是一些机构组合的实例，另外本书第四章中 4.5.3 节具体介绍了机构组合的方法。

(2) 嵌套原理

把机构的部分构件安装在某个构件空腔中，以减少机构的空间尺寸。如图 14-39 所示的机械手，连杆和螺纹是安装在主体的内空间。还有如图 5-7c 所示的内置偏心轮机构，其滑块包含曲柄和连杆。

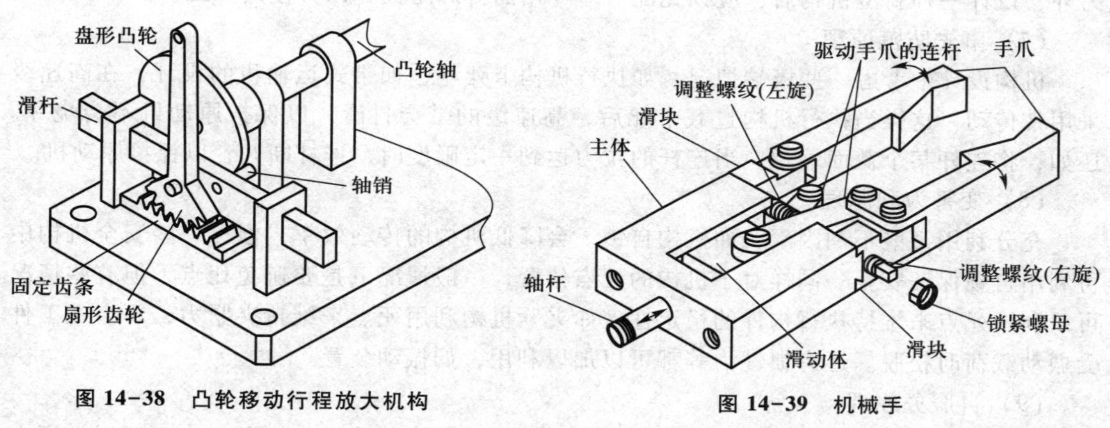

图 14-38 凸轮移动行程放大机构

图 14-39 机械手

(3) 反向作用原理

机构设计中常用到机构倒置的方法，即将机构的运动构件与机架进行转换，这也与 TRIZ 理论的反向作用原理一致。具体实例见表 5-1。

(4) 局部质量原理

对机构的某个构件形状做适当改变，从而使原有机构获得某种新功能的方法，即局部质量原理，如图 14-40a 所示，将导杆机构的导杆一部分做成弧形，且弧形的半径等于曲柄的长度，当滑块运行于圆弧段时，导杆就实现了停歇。还有如图 14-40b 所示的组合式蜗轮，外圈是锡青铜材料，以减少摩擦，而中间部分采用铸铁或碳素钢，以减少成本。局部质量原理在冲裁板材排样中也有体现，以大幅提高板材的利用率，降低成本。

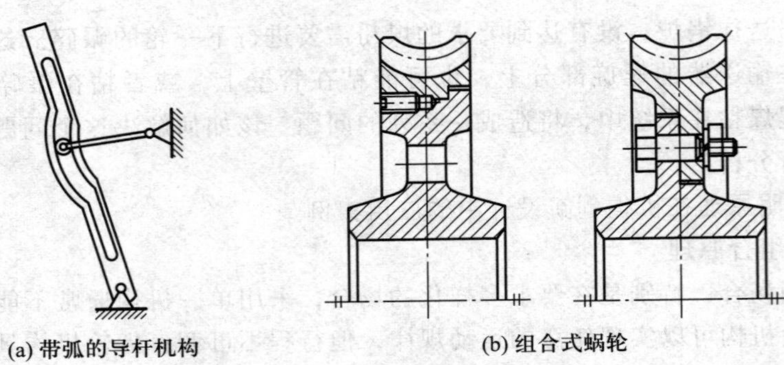

(a) 带弧的导杆机构　　(b) 组合式蜗轮

图 14-40 局部质量原理的应用

(5) 增加不对称原理

机构中某些构件做成不对称结构会起到一些意想不到的效果，如保证连接的可靠性，构件的接口形状一般设计成非对称结构。如曲柄为了减少不平衡质量，需要增加不对称，以便将质心保持在转动中心，如图 14-41 所示。

(6) 预先作用原理

机构设计中要注意后续问题，即构件结构设计时要考虑后续的制造与装配的方便性，如与弹簧连接的部分应设计挂钩或孔，与轴承连接的部位设计轴肩，以便于轴向定位等。另外，设计一种新型机构后，应预先配一些专用的拆卸工具，以方便用户维护。

(7) 事先防范原理

机构设计中考虑一些极端情况，如执行机构卡死等，如带式运输机的设计，在高速级采用带传动，这样当执行机构过载卡死后，高速级的带会打滑，以保护原动机不会烧坏。还如，将连杆某个截面缩颈，当连杆的拉力达到一定限度时，连杆断开，以保护原动机。

(8) 变害为利原理

充分利用某些不利因素，如机构自锁，会降低机构的传动效率，但在一些安全机构中可利用自锁保证安全。同样对于机构的死点位置，一般情况下是要避免死点，但有些情况可以利用死点来维持执行构件的稳定性，如夹紧机构利用死点来维持夹紧力，不会在工件受振动载荷时松脱。还有惯性力等都可以加以利用，如振动装置。

(9) 自服务原理

机构设计时要考虑自我清洁、自我张紧等，如重力张紧装置，如图 14-42 所示。还有连续模的连续进料装置等也是利用自服务原理。

图 14-41 增加不对称原理的应用

图 14-42 自服务原理的应用

（10）反馈原理

机构的组合设计中有反馈式组合，机械速度波动调节装置中也有反馈装置，随着控制技术、智能机构的发展，在机构执行端或构件内部植入反馈传感器，将执行件的运动参数或结构应力等参数反馈给控制器，通过与经验数据进行对比，自动对机构的运行进行控制。

TRIZ 理论还有很多原理与工具可以应用到机构设计中，如科学效应、标准解系统、ARIZ 算法等，限于篇幅，本书仅作一个导引，其他具体内容可以参考《创新方法与创新设计》（江帆等编著）一书。这些创新工具给出了一种思想和思考方法的提示、一些指导路径与方向，而最终的创新设计需要在专业知识支持下完成。

14.2 机构优化设计

14.2.1 机构优化设计基本概念与优化流程

机构优化设计是近代机构设计的一个重要发展方向。这种设计方法是建立在数学规划论的基础上，利用计算机技术，按照某种设计准则建立优化的评价函数，即目标函数，在考虑附加约束条件下去寻求机构的最优方案。

机构优化设计的内容可以归结为：在给定的运动学和动力学的要求下，在结构参数本身和其他因素的限制（设计约束）范围内，优选机构某些有影响的结构参数（设计变量），使作为判定机构设计方案好坏标准的目标函数取得最优值。因此，设计变量、目标函数和设计约束这三个基本概念是描述一个机构优化设计问题的必要手段。

1. 设计变量

机构设计的一个方案，常用一组参数来表示，它们可以分为几何参数（如构件长度和固定铰接点坐标等）和物理参数（如力、质量、功率和效率等）两类。在这些参数中，有些可以根据设计的具体情况和条件预先给定，称为设计常量。有一些则需要在设计中优选，因而是设计中一种变化的量，称为设计变量。

如果一个优化设计问题具有 n 个设计变量 x_1、x_2、…、x_n，则常用矩阵形式表示成一个列向量，记作

$$X=\begin{pmatrix}x_1\\x_2\\\vdots\\x_n\end{pmatrix}=(x_1,\ x_2,\ \cdots,\ x_n)^{\mathrm{T}} \tag{14-9}$$

即一组设计变量对应着一个以坐标原点为始点的向量，向量端点的坐标值就是这一组设计量。一组设计变量表示着一个设计方案，它与一个向量端点相对应，后者称为设计点。设计点的集合称为设计空间，它是以 n 个设计变量为坐标轴组成的实空间，通常称为实欧氏空间。若用符号 R^n 来表示 n 维的实欧氏空间，则用集合的概念可写出 $X \in R^n$。

2. 目标函数

评判设计方案的优劣，需要有一个衡量的标准。若把这个衡量标准表示为设计变量的可计算函数，那么优化这个函数，就可取得一组最优设计变量，即一个最优设计方案。在优化设计中，这种用于评判设计方案优劣的函数，称为目标函数，其数学表达式为

$$f(X)=f(x_1,x_2,\cdots,x_n) \tag{14-10}$$

在一般情况下，总是追求目标函数的极小值，即目标函数值愈小，设计方案愈优。但某些设计问题也可能追求目标函数的极大值，例如：追求效率最高。由于求目标函数 $f(X)$ 的极大化等价于求目标函数 $-f(X)$ 的极小化，故为了简化算法和程序，一律把优化过程看成是追求目标函数极小化的过程，记作

$$f(X^*)=\min f(X) \tag{14-11}$$

目标函数有单目标函数和多目标函数之分。仅根据一项设计准则建立的目标函数称为单目标函数。若某项设计要求同时满足若干个设计准则，则这就是多目标函数。

3. 设计约束

在机构设计问题中，设计变量的选取一般总要受到某些条件的制约，这些限制条件就称为设计约束。设计约束一般分成边界约束和性能约束两大类。所谓边界约束，是指考虑设计变量的限制范围的一种约束。例如：连杆机构设计中，各构件长度不能等于零或负值，最长亦不能超过某一值。所谓性能约束，是指由机械工作性能所提出的一些限制条件。

设计约束在数学模型中可以表达成不等式约束函数

$$\begin{cases} g_i(X)\geqslant 0 \\ g_i(X)\leqslant 0 \end{cases} \quad i=1,2,\cdots,m \tag{14-12}$$

也可以表达成等式约束函数

$$h_i(X)=0 \quad i=m+1,\ \cdots,\ p \tag{14-13}$$

4. 优化设计的数学模型

优化设计问题可归纳为如下数学模型：

设某项设计有 n 个设计变量 $X=[x_1,\ x_2,\ \cdots,\ x_n]^{\mathrm{T}}$，$X\in R^n$，在满足 $g_i(X)\geqslant 0(i=1,\ 2,\ \cdots,\ m)$ 和 $h_i(X)=0(i=m+1,\ \cdots,\ p)$ 约束条件下，求目标函数 $f(X)=f(x_1,\ x_2,\ \cdots,\ x_n)$ 最小（或最大）。其中 R^n 表示 n 维实欧氏空间。该数学模型通常简记为

$$\begin{cases} \min\limits_{X\in R^n} f(X) \\ \text{s. t. } g_i(X)\geqslant 0 \quad i=1,\ 2,\ \cdots,\ m \\ \qquad h_i(X)=0 \quad i=m+1,\ \cdots,\ p \end{cases} \tag{14-14}$$

在上式表述的优化问题中，若目标函数和约束条件都是设计变量的线性函数，则称为线性规划问题。只要目标函数和约束条件中有一个是非线性函数的优化问题，就称为非线性规划问题。在机构设计中，绝大多数优化设计问题都属于非线性规划问题。

5. 机构优化设计流程

根据机构设计的运动学和动力学要求首先建立机构的数学分析模型，即表示出各机构参数间的内在函数关系，然后建立目标函数和约束条件。建立数学模型之后，根据目标函数的性态、设计变量和约束条件的多少，再选用合适的最优化方法及程序，拟订计算框

图，编写目标函数与约束函数的子程序段。最后在计算机上进行运算。

14.2.2 机构优化方法

1. 一维搜索的最优化方法

求一元函数的极值问题就是一个一维最优化问题，它的求解过程叫做一维搜索。一维优化方法是优化方法中最简单、最基本的方法。一维搜索的最优化方法很多，如切线法、平分法、0.618 法、分数法、抛物线法、二次插值法、三次插值法和有理插值法等。下面将介绍其中两种较为常用的方法—— 0.618 法和二次插值法。

进行一维搜索，一般要分成两步走：第一步是确定搜索区间，要求该区间必须是单峰区间。所谓单峰区间，是指在此区间上函数只有一个峰值。第二步是在单峰区间寻找极小点。第一步是第二步的必要前提，因为在非单峰区间上寻找极小点是毫无意义的。

（1）0.618 法

0.618 法又称黄金分割法，其基本思想是通过不断缩小单峰区间的长度来搜索函数 $f(X)$ 的极小点。这种方法步骤简单，效果也比较好，是实际计算中常用的方法之一。在已确定的函数单峰区间 $[a, b]$ 上，其函数值的性态是两端高，中间低。为了逐步缩小单峰区间的长度，必须取包括 a，b 在内的四个点进行函数值的比较。

设初始搜索区间为 $[a, b]$ 在其内部任取两点 c、d，并有 $a<c<d<b$（图 14-43）。计算函数值 $f(c)$、$f(d)$，比较它们的大小。

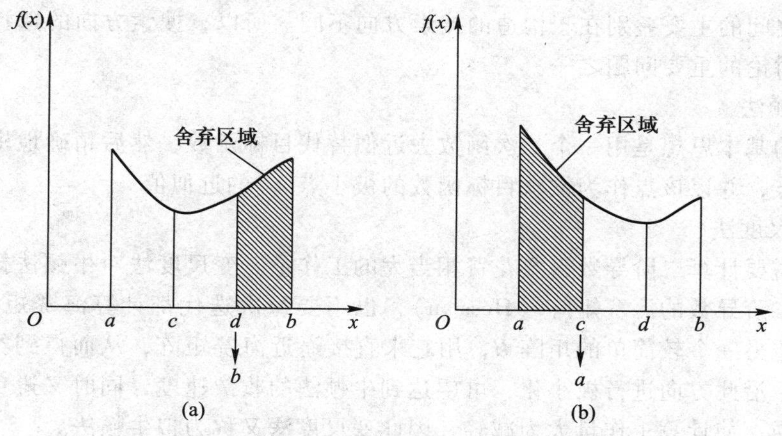

图 14-43 搜索区域调整

1）若 $f(c)<f(d)$，如图 14-43a 所示，丢掉右端点 b，取 $[a, d]$ 为缩短后的搜索区间，得新区间 $[a, b]=[a, d]$。

2）若 $f(c)>f(d)$，如图 14-43b 所示，丢掉左端点 a，取 $[c, d]$ 为缩短后的搜索区间，得新区间 $[a, b]=[c, d]$。

3）判断新区间长度 $(b-a)$ 是否达到预先给定的充分小数，即 $b-a\leqslant\varepsilon$？若满足，则迭代终止，得最优解：

$$x^*=0.5(b+a), \quad f^*=f(x^*)$$

4）若不能满足，返回到 1)，继续寻优，直到满足为止。

(2) 二次插值法

二次插值法是多项式近似法的一种。多项式近似法的基本原理是利用一个低次多项式来拟合目标函数，从而求出这个多项式的极小点作为目标函数的近似极小点。也就是说，在已确定的初始搜索区间（单峰区间）上，可利用在若干点处的函数值来构成低次插值多项式，并以此作为求极小点的函数近似表达式，从而求出极小点作为目标函数的近似极小点。

因为低次多项式的极小点容易计算，故常用的插值多项式为二次或三次多项式。以二次插值多项式代替目标函数的优化方法称为二次插值法。它计算简单，且又具有一定的精度，所以应用较广。

2. 无约束最优化方法

无约束最优化问题的数学模型可表达为

$$\min_{X \in R^n} f(X) \tag{14-15}$$

式中：$f(X)$ 为目标函数，R^n 为欧氏空间定义域。

无约束最优化方法是研究最优化技术的基础。在机构设计实际问题中，虽然大量属于有约束最优化问题，但是它们可以通过对约束的处理而转化成无约束最优化问题来求解，因而研究无约束最优化方法就具有普遍意义。

根据搜索时是否需要求导，无约束最优化方法可分为两种类型：一种是需要用到目标函数的一阶或二阶导数的最优化方法，如梯度法、牛顿法、变尺度法等；另一类是不用导数的直接搜索方法，如单纯形法、可变多面体搜索法、随机搜索法、鲍威尔法等。构成上述各种算法之间的主要差别在于构造的搜索方向不同。所以，搜索方向的选择问题是最优化方法中所讨论的重要问题之一。

(1) 牛顿法

牛顿法的基本思想是用一个二次函数去近似替代目标函数，然后精确地求出这个二次函数的极小点，并以该点作为欲求目标函数的极小点 X^* 的近似值。

(2) 变尺度法

牛顿法需要计算二阶导数，要花费相当大的工作量。变尺度法对牛顿法扬长避短，它不直接计算二阶导数的海赛矩阵（Hessian），也不要每次迭代都计算海赛矩阵的逆矩阵，而是设法构造另一个较简单的矩阵 H，用它来直接逼近海赛矩阵，从而得到类似牛顿方向的搜索方向，沿此方向进行极小化，可望达到牛顿法的收敛速度，同时又避免了海赛矩阵的计算和求逆，使计算工作量大为减轻，因此变尺度法又称为拟牛顿法。

(3) 鲍威尔法

鲍威尔法可以这样简要地来描述：假设已经沿每个坐标方向按一维搜索方法求过一次函数的极小值，然后又在相应的模式方向上求过一次极小。考虑到模式方向很可能比坐标方向好，为组成下一次要用的 n 个方向，需丢弃一个坐标方向，加进模式方向。在下一个极小化循环后，又会产生一个新的模式方向，用它再替换一个坐标方向，如此循环下去，直到逼近目标函数的极值点。

(4) 可变多面体搜索法

可变多面体搜索法是在单纯形法的基础上发展出来的，两者在本质上都属于直接搜索法，不需要计算目标函数的梯度，已证明是易于在计算机上应用的有效方法。它们的基本搜索策略是先算出若干点的函数值，然后进行比较，从它们的大小关系中判断函数变化的趋势，作为下一步搜索方向的参考。

3. 约束最优化方法

对于约束最优化方法的研究，目前还不及无约束优化方法那样完善，但已有许多方法可供机构设计实际问题所选用，根据对约束条件的处理方法不同，可分为直接求解法与间接求解法。

约束问题的直接求解法就是在约束的可行域内按照一定的原则来搜索可行点的迭代计算方法，这种方法仅对具有不等约束的优化问题是有效的。

约束问题的间接解法是将有约束的优化问题转化为一系列无约束优化问题来求解。各种约束问题的间接解法具有一个共同的特点：它们都是通过构造一个新的目标函数等价$\varphi(X)$，然后搜索它的极值，从而逐步逼近原目标函数的最优解。

（1）可变容差法

可变容差法是一种有约束直接求极值的优化方法，它借助于无约束的可变多面体搜索法求解极值。

可变容差法是由可行点和近似可行点（不可行点）提供数据来改进目标函数值，在搜索过程中加强对近似可行点的限制。

（2）惩罚函数法

间接求优法中，有消元法、拉格朗日法、惩罚函数法等。当前以惩罚函数法使用较广，对于兼有等式约束和不等式约束条件的问题都能适用，而惩罚函数中最常用的是参数型罚函数法，即 SUMT 法。

SUMT 法的原理是：将约束条件考虑到目标函数中去，从而构成一个没有约束条件的新目标函数，在新目标函数中还存在一个或数个惩罚因子，在优化过程中，不断调整这些参数，使新目标函数的最优解逐步逼近于原目标函数的最优解，这个新目标函数就称为惩罚函数。SUMT 方法中，根据惩罚项函数形式的不同，又分为内点法、外点法和混合法三种。

例 14-9 按给定函数 $y=\lg x$（$1\leqslant x\leqslant 2$）设计平面铰链四杆机构，两连架杆的转角范围规定为 $\theta_m=60°$，$\varphi_m=90°$，要求输入角 θ_i 和输出角 φ_i 能实现 16 组对应位置，试设计此四杆机构。

解 1）建立函数关系变换

建立目标函数之前，首先要将给定函数 $y=\lg x$ 转换为四杆机构的预期的函数关系 $\varphi_i=f(\theta_i)$。根据自变量的取值范围，令 $x_0=1$，$x_m=2$。又根据输入和输出构件的转角分别为 θ_i 和 φ_i，可建立下面的比例关系：

$$\begin{cases}\dfrac{x_1-1}{\theta_i}=\dfrac{2-1}{60°}\\[2ex]\dfrac{y_1}{\varphi_i}=\dfrac{\lg 2-\lg 1}{90°}\end{cases}\qquad i=1,\ 2,\ \cdots,\ 16 \tag{14-16}$$

由上式可得

$$x_i=\frac{\theta_i}{60°}+1,\qquad y_i=\frac{\lg 2}{90°}\varphi_i$$

代入给定函数式 $y=\lg x$，则得下列变换关系：

$$\varphi_i=\frac{90°\lg\left(\dfrac{\theta_i}{60°}+1\right)}{\lg 2}\qquad (0\leqslant\theta_i\leqslant 60°)$$

2）铰链四杆机构运动分析

在图 14-44 所示的铰链四杆机构中，设机构的参数为各杆件的长度 l_1，l_2，l_3，l_4 以及输入角 θ_i，输出角 φ_i。现取 l_4 为单位长度 1，初始角分别为 θ_0 及 φ_0，先建立输出角 φ_i 与各参数之间的函数关系。

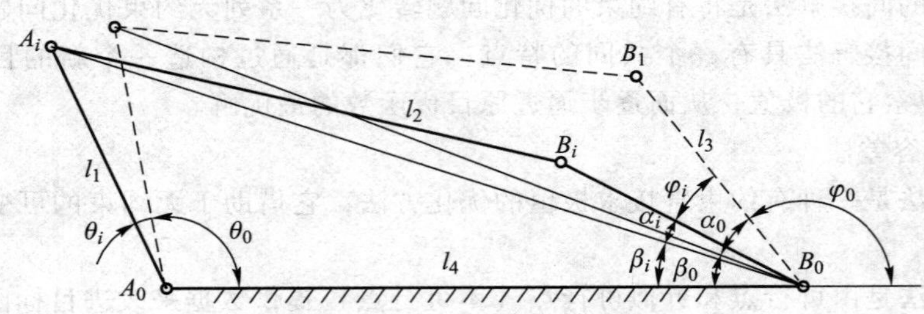

图 14-44　待优化的四杆机构

根据图 14-44 可知，输出角 φ_i 可表达如下：

$$\varphi_i=\beta_0+\alpha_0-\beta_i-\alpha_i\qquad (i=1，2，\cdots，16)\tag{14-17}$$

而

$$\begin{cases}\beta_0=\arctan\dfrac{l_1\sin\theta_0}{1-l_1\cos\theta_0}\\ \beta_i=\arctan\dfrac{l_1\sin(\theta_0+\theta_i)}{1-l_1\cos(\theta_0+\theta_i)}\\ \alpha_0=\arccos\dfrac{r_0^2+l_3^2-l_2^2}{2r_0l_3}\\ \alpha_i=\arccos\dfrac{r_i^2+l_3^2-l_2^2}{2r_il_3}\end{cases}\qquad (i=1，2，\cdots，16)\tag{14-18}$$

式中

$$\begin{cases}r_0=(l_1^2+l_4^2-2l_1l_4\cos\theta_0)^{\frac{1}{2}}\\ r_1=[l_1^2+l_4^2-2l_1l_4\cos(\theta_1+\theta_0)]^{\frac{1}{2}}\end{cases}\tag{14-19}$$

由式（14-16）到式（14-19）可见，从动杆输出角 φ_i 是下列机构参数的非线性参数，即

$$\varphi_i=f(l_1，l_2，l_3，\theta_0，\theta_i)$$

3）建立目标函数

根据以上对铰链四杆机构的运动分析，可确定以下机构参数作为设计变量。

$$X=[l_1，l_2，l_3，\theta_0]^{\mathrm T}$$

根据题意，要求输出角函数 $\varphi_{si}=f(X，\theta_{si})$ 在运动范围 $\varphi_0\leqslant\varphi\leqslant\varphi_{\mathrm m}$ 内，逼近预期函数 $\varphi_i=f(\theta_i)$，因此要求两函数的积分误差最小，即令

$$s = \int_{\varphi_0}^{\varphi_0+\varphi_m} (\varphi_i - \varphi_{si})^2 \mathrm{d}\varphi \to \min \tag{14-20}$$

为了便于数值计算，在区间内 $[\varphi_0, \varphi_m]$，取 16 个离散点，于是可将式（14-20）改写成如下形式的目标函数：

$$f(X) = \sum_{i=1}^{16} [f(\theta_i) - f(X, \theta_{si})]^2 \tag{14-21}$$

4）建立约束函数

为防止在计算过程中两连架杆长度出现负值，建立以下不等式约束方程：

$$\left.\begin{aligned} g_1(X) = l_1 \geqslant 0 \\ g_2(X) = l_3 \geqslant 0 \end{aligned}\right\} \tag{14-22}$$

为限制两连架杆长度，规定以下两个不等式约束条件：

$$\left.\begin{aligned} g_3(X) = R - l_1 \geqslant 0 \\ g_4(X) = R - l_3 \geqslant 0 \end{aligned}\right\} \tag{14-23}$$

R 为两连架杆的最大单位杆长，这里取 $R=1.2$。

5）计算分析

采用混合惩罚函数寻求最优解，即将原目标函数的约束最优化问题转化为求罚函数的无约束最优化问题。

求解无约束最优化过程是采用 DFP 变尺度法（百度文库中有源代码），一维搜索过程用二次插值法。

根据数学模型编写主程序 OPT1 和子程序 FUNC，并在主程序中调用优化子程序段 MINI。

子程序 FUNC 中，包括目标函数 $G(1)$ 及约束函数 $G(2)$，$G(3)$，$G(4)$，$G(5)$。

主程序 OPT1 中，四个设计变量所取初始值为

$$X^{(0)} = [0.69,\ 1.37,\ 0.40,\ 85.0]^{\mathrm{T}}$$

计算结果见表 14-11。

表 14-11 计算结果

点号 I	输入角 $\theta_i/(°)$	输出角 $\varphi_i/(°)$	输出角误差 $\Delta\varphi_i/(°)$
1	0.000	0.000	0.000
2	4.000	8.380	-0.247
3	8.000	16.252	-0.250
4	12.000	23.673	-0.146
5	16.000	30.693	-0.008
6	20.000	37.353	0.119
7	24.000	43.688	0.217
8	28.000	49.729	0.272
9	32.000	55.501	0.282
10	36.000	61.026	0.248

续表

点号 I	输入角 $\theta_i/(°)$	输出角 $\varphi_i/(°)$	输出角误差 $\Delta\varphi_i/(°)$
11	40.000	66.327	0.177
12	44.000	71.419	0.077
13	48.000	76.319	-0.038
14	52.000	81.042	-0.156
15	56.000	85.598	-0.257
16	60.000	90.000	-0.321

经过 164 次迭代，达到的最优解为

$$X^* = [0.655\,8,\ 1.386\,4,\ 0.389\,1,\ 84.99]^T$$

$$f(X^*) = 0.655\,8$$

输出角最大误差 $|\Delta\varphi| = 0°19'$。

根据计算结果所得各机构参数，按比例放大 10 倍后，所得机构参数如下：$l_1 = 6.558$，$l_2 = 13.864$，$l_3 = 3.891$，$l_4 = 10$，$\theta_0 = 84.99°$。

强化训练题 14-9 试设计一曲柄摇杆机构，再给定轨迹上的 12 个点。给定轨迹点 P_j 坐标（P_{jx}，P_{jy}）及与此对应主动曲柄 OA_j 相对第一位置 OA_1 的转角 $\varphi_{1j} = \varphi_j - \varphi_1$，见表 14-12，固定铰接点 O 的坐标为（-30，20），许用传动角 $[\gamma] = 40°$，即 $[\delta_{\min}] = [\gamma] = 40°$，$[\delta_{\max}] = 180° - [\gamma] = 140°$。

表 14-12 给定轨迹参数

j	1	2	3	4	5	6	7	8	9	10	11	12
$\varphi_{1j}/(°)$	0	—	—	—	120	150	180	210	240	270	300	330
P_{jx}/mm	44.9	28.6	6.4	-17.4	-37.8	-48.9	-48.3	-34.6	-9.2	21.1	43.7	50.7
P_{jy}/mm	46.5	63.9	72.5	70.4	58.1	41.5	23.9	8.7	0.5	-1.2	6.6	24.6

练习题

14-1 填空题

1. 机构再生运动链法是台湾成功大学__________教授提出的机构创新设计方法，又称__________机构设计法。

2. 通过____________________，能够用一种非常基本的方式来研究和比较不同的机构。

3. 运动链中包含的带有不同数量运动副的各类连杆的组合，称为____________，分为____________类配和____________类配两类。

4. 不同的发明创造往往遵循共同的规律，TRIZ 理论将这些共同的规律归纳成_______个发明原理与______个分离原理。

5. 在机构设计问题中，________的选取一般总要受到某些条件的制约，这些限制条件就称为________。

14-2 选择题

1. 六杆运动链的连杆类配共有（　　）种方案。

A. 1　　B. 2　　C. 3　　D. 4

2. 八杆运动链共有（　　）种方案。

A. 1　　B. 2　　C. 3　　D. 4

3. TRIZ 理论总结提炼出（　　）大经典进化法则。

A. 6　　B. 7　　C. 8　　D. 10

4. TRIZ 理论的物场模型中，其一般解法有（　　）种。

A. 6　　B. 5　　C. 8　　D. 4

5. 下列哪种不是一维搜索的最优化方法。（　　）

A. 分数法　　B. 抛物线法　　C. 二次插值法　　D. 牛顿法

14-3 判断题

1. 金鱼法能将幻想变为现实。（　　）

2. 多屏幕法从时间和空间两个方向发散思维。（　　）

3. STC 算子法是对技术系统的尺寸、时间、机会三个参数进行调整，产生新的创意。（　　）

4. 牛顿法需要计算二阶导数，要花费相当大的工作量。（　　）

5. 优化设计时一定是追求目标函数的极小值，即目标函数值愈小，设计方案愈优。（　　）

14-4 问答题

1. 简述再生运动链杆机构设计的步骤。

2. 简述运动链一般化的原则。

3. 简述 TRIZ 创新思维方法及其步骤。

4. 简述 TRIZ 理论常用工具及应用流程。

5. 简述常用的机构优化算法。

14-5 分析题

1. 对如题图 14-5-1 的摩托车后轮悬挂机构采用再生运动链进行创新设计。

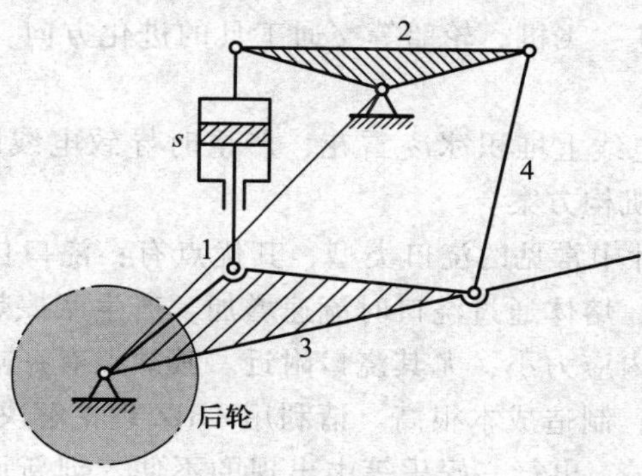

题图 14-5-1　摩托车后轮悬挂机构

2. 对如题图 14-5-2 所示的机械夹具应用再生运动链进行创新设计。

3. 针对如题图 14-5-3 所示的某起重机的大车行走机构，采用再生运动链方法进行创新设计。

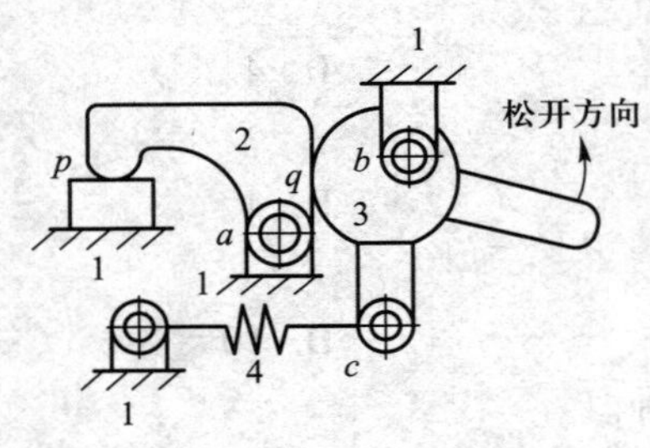

题图 14-5-2　机械夹具

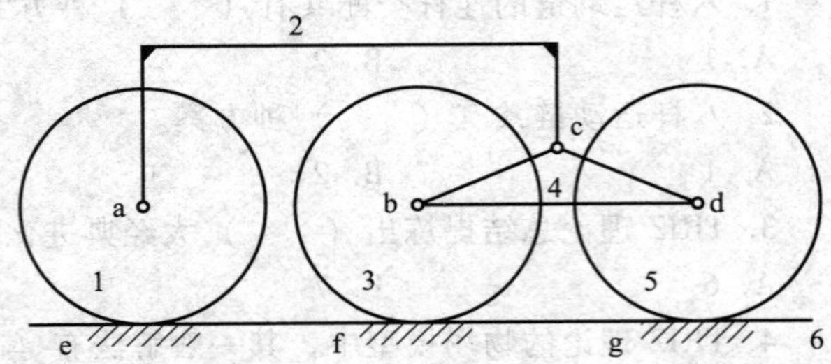

题图 14-5-3　大车行走机构

1、3、5—大车车轮；2—平衡梁；4—车架；6—轨道；
a、b、c、d—转动副；e、f、g—滚动副

4. 请参考相关文献（知网上搜索），对挖掘机机构、内螺纹加工装置机构、断路器机构、锁芯机构、梁式抽油机机构，利用再生运动链方法进行创新设计。

5. 试用 STC 算子法完成割草机构、修剪机构、铲土机构等绿化机械的创意设计。

6. 试用多屏幕法完成一款多功能健身器材的创意设计。

7. 试用金鱼法创意设计行李箱、旅行牙刷、晾衣架等日用品。

8. 利用经典进化法则进行多工位机床夹具、送料机构、模具中的顶出机构、侧抽芯机构等的创新设计。

9. 分析微型管道机器人行走机构、老年人行走助力机构所面临的矛盾，并应用 TRIZ 理论进行求解。

10. 分析现有单排溜冰鞋、购物车、自行车等上楼梯的困难，应用 TRIZ 理论进行求解并创新设计。

11. 将固定式健骑机、椭圆机、坐式拉力器等健身器材改为行走式，分析此过程中的难点问题，并应用 TRIZ 理论求解。

12. 分析现有鞋柜、衣柜、餐桌、沙发、茶几等家具的功能不足，请用物场模型分析方法来求解。

13. 试分析汽车、高铁、飞机、轮船等交通工具的进化方向，并预测未来交通工具的样式及结构。

14. 大雪和严寒会使电线上堆积冰凌雪花，严重时导致电线断裂，试应用 TRIZ 理论解决此问题，并给出创新机构方案。

15. 点浇口是模具设计中常见的浇口类型，其优点有：浇口位置限制较少，可自由选择进料部位，浇口尺寸小，熔体通过浇口时流速增加，产生摩擦热使熔体温度升高，黏度降低，有利于充模；铸件内应力小，尤其浇口附近。其缺点有：点浇口模具需要两个以上的分型面，模具结构复杂，制造成本很高。请利用 TRIZ 理论解决此问题。

16. 针对老年人的起居、出行、娱乐等中出现的不便，创新设计一种助老机械，要求机构简单可靠、可调节、操作方便。

17. 如题图 14-5-4 所示的曲柄滑块机构，其行程速度变化系数为 $K=1.5$，滑块行程为 $H=50$ mm，偏距 $e=20$ mm：当原动件曲柄作整周匀速转动时，为了获得良好的传力性能，要求按照滑块在整个行程中的最小传动角最大，试确定该滑决机构的运动结构参数。

18. 已知直动从动件盘形凸轮机构的理论轮廓线基圆半径 $r_b=40$ mm，从动件偏距 $e=0$，行程 $h=20$ mm，推程运动角 $\phi_0=90°$，从动件运动规律为余弦加速度，求凸轮机构的最大压力角 α_{max} 及其对应的凸轮转角 ϕ。

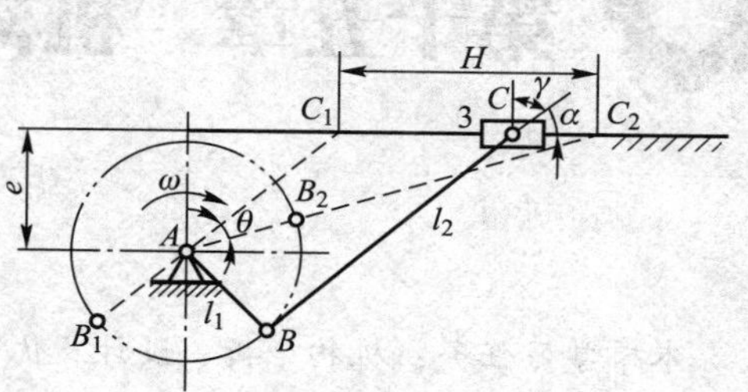

题图 14-5-4

19. 在精密仪器中，会用到如题图 14-5-5 所示的多级减速器，已知总传动比为 i、假定各级小齿轮参数相同，为了提高运动精度，不仅要求减重，还要求转动惯量小，试求达到如上两个目标的传动比分配（即求出 i_1，i_2，i_3，i_4，i_5）。

20. 如题图 14-5-6 所示的曲柄摇杆机构，当曲柄 AB 整周转动时，连杆 BC 上一点 M 实现给定轨迹，轨迹要求如题表 14-5-1 所示。要求机构的许用传动角［δ］$=30°$，试确定机构的各杆尺寸，使点 M 实际运动轨迹与给定轨迹之间的偏差尽可能小。

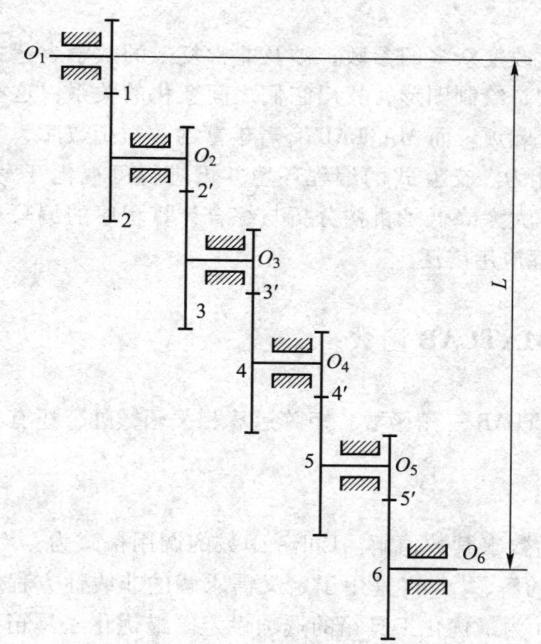

题图 14-5-5

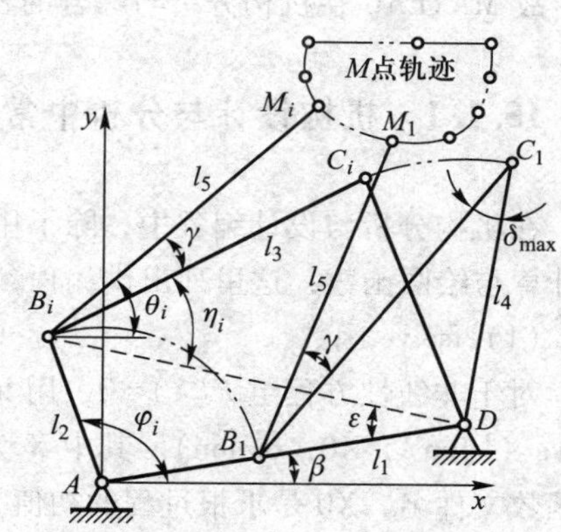

题图 14-5-6

题表 14-5-1

离散点	1	2	3	4	5	6	7	8
S_{x_i}	26	23	20	17	13	10	20	30
S_{y_i}	16	16	17	16	15	11	6	12
$\Delta\theta_i$/(°)	0	22	44	66	88	129	221	314

第十五章　机构设计与分析的编程*

本章学习任务：机构分析、设计及优化的相关 MATLAB 编程基础知识及具体应用。

驱动项目的任务安排：项目中机构有关计算分析（机构设计计算及其运动、力学分析等）的编程实践。

15.1　基于 MATLAB 的机构设计与分析相关编程的基础

在机构分析与综合计算过程中，需要多次改变众多的参数，涉及非常复杂的数学表达式求解。同时，还要对计算结果进行分析、比较，绘制图形，找出它们之间变化的关系，这些都使机构分析与综合计算程序的编写变得比较麻烦。而 MATLAB 有着丰富的数学函数库、图形图像处理能力、强大数值运算和符号运算能力、交互式的编程环境并可进行可视化开发，更重要的是它不要求用户对算法很熟悉。这样大大降低了机构分析与综合计算程序的编写难度，故 MATLAB 在机构分析与综合的相关编程应用广泛。

15.1.1　机构设计与分析中常用的 MATLAB 函数

在机构分析与设计编程中，除了用到 MATLAB 三角函数、矩阵运算相关函数外，还有一些计算与绘图函数，这里列出供编程参考。

（1）fsolve 函数

对于非线性方程组 $F(X)=0$，用 fsolve 函数求其数值解。fsolve 函数的调用格式为：X= fsolve（'fun'，X0，option）。其中 X 为返回的解，'fun'是用于定义需求解的非线性方程组的函数文件名，X0 是求根过程的初值，option 为最优化工具箱的选项设定。最优化工具箱提供了 20 多个选项，用户可以使用 optimset 命令将它们显示出来。如果想改变其中某个选项，则可以调用 optimset() 函数来完成。例如，Display 选项决定函数调用时中间结果的显示方式，其中'off'为不显示，'iter'表示每步都显示，'final'只显示最终结果。optimset（'Display'，'off'）将设定 Display 选项为'off'。

（2）linspace 函数

调用格式：linspace（x1，x2，N），用于产生 x1、x2 之间的 N 点行矢量。其中 x1、x2、N 分别为起始值、终止值、元素个数。N 的默认值为 100。

（3）zeros 函数

调用格式：zeros（m，n）或 zeros（n），zeros（m，n）产生 $m \times n$ 的全 0 矩阵，zeros（n）产生 $n \times n$ 的全 0 方阵。

（4）length 函数

调用格式：n=length（M），对于一个非空的数组，返回值 n 在数值上和 max（size（M））相等，对于一个空数组，n 等于 0。

（5）plot 函数

调用格式：plot（x，y），其中 x 和 y 为长度相同的向量，分别用于存储 *x* 坐标和 *y* 坐标数据。plot 函数功能强大，这只是基本调用格式，其余请参考 MATLAB 书籍。应用 plot 函数前，可先用 figure 指令打开图形窗口，当需要打开网格时加上 grid on 命令，另外还有 subplot 函数是分隔图形窗口函数，如 subplot（m，n，i）是将图形窗口分隔成 $m \times n$ 个子图形矩阵，并选第 *i* 个子图形为当前图形。

（6）title 函数

调用格式：title（'string'），在当前坐标系上方居中输出标题“string”，其中 string 是自定义的内容。

（7）xlabel 与 ylabel 函数

调用格式：xlabel（'string'）和 ylabel（'string'），在 *x*（*y*）坐标轴上标上“string”。

（8）moviein 和 movie 函数

调用格式：moviein（n，clf）和 movie（m，n），前者用来建立一个足够大的 *n* 列矩阵，用来保存 *n* 幅画面的数据以备播放；后者播放由矩阵 *m* 所定义的画面 *n* 次，默认时播放一次。

（9）mesh 函数

调用格式：mesh（x，y，z，c），绘制网格曲面，将数据点在空间中描出，并连成网格。

（10）fmincon 函数

用于优化设计中，调用格式较多，其中一种调用格式为 x=fmincon（fun，x0，A，b，Aeq，beq，lb，ub，nonlcon），表达式中 x 为所求的最小值，x0 为求解过程的初始值，b 与 beq，分别为线性不等式和等式约束的左端值，lb 和 ub 为线性不等式约束的上、下界向量，A 和 Aeq 为线性不等式约束和等式约束的左端系数矩阵，fun 为目标函数，nonlcon 为非线性约束函数。

15.1.2 机构分析与设计编程思路

机构分析与设计编程主要用辅助解析方法求解机构运动学、力学及设计与优化问题的方程组，主要流程如下：

1）问题分析与数学模型构建。根据问题的描述进行分析，建立数学模型，如机构运动分析模型、机构力学分析模型、机构设计模型等，这些模型就是前面各章节提到的解析法求解方程。

2）设定变量，输入已知数据。根据数学模型，设置各计算变量（如构件尺寸、转角、速度、加速度、角速度、角加速度、受力设计变量等），并将模型的已知数据输入（如构件尺寸、转速等）。

3）方程求解。采用 MATLAB 的矩阵运算、方程求解函数等编写方程（组）的求解程序。方程组求解一般可以编写一个子函数（简单问题也可不要子函数），如运动学分析问题，这个子函数可以在输入已知条件的基础上，求解位移方程、速度方程、加速度方程，这样便于类似程序重复使用。

4）结果分析与处理。将求解结果用表格、图形等方式显示，方便对问题进行进一步处理。还可以进一步编程实现机构的运动仿真。

15.2 机构设计与分析及优化的相关 MATLAB 程序实例

15.2.1 杆机构运动分析程序实例

例 15-1 编写第九章例 9-7 的求解程序。

解 按上述步骤编写 MATLAB 程序如下：

```
%1.输入已知数据
clear all;clc;
w1=1;l1=0.125;l3=0.54;l6=0.275;l61=0.575;l4=0.10;
%2.位移、速度和加速度方程求解
for m=1:3601
o1(m)=pi*(m-1)/1800;o31(m)=atan((l6+l1*sin(o1(m)))/(l1*cos(o1(m))));
if o31(m)>=0
o3(m)=o31(m);
else o3(m)=pi+o31(m);
end;
s3(m)=(l1*cos(o1(m)))/cos(o3(m));o4(m)=pi-asin((l61-l3*sin(o3(m)))/l4);
se(m)=l3*cos(o3(m))+l4*cos(o4(m));
if o1(m)==pi/2
o3(m)=pi/2; s3(m)=l1+l6;
end
if o1(m)==3*pi/2
o3(m)=pi/2; s3(m)=l6-l1;
end
A1=[cos(o3(m)),-s3(m)*sin(o3(m)),0,0;sin(o3(m)),s3(m)*cos(o3(m)),0,0;0,-l3*sin(o3(m)),-l4*sin(o4(m)),-1;0,l3*cos(o3(m)),l4*cos(o4(m)),0];
B1=w1*[-l1*sin(o1(m));l1*cos(o1(m));0;0];D1=A1\B1;E1(:,m)=D1;ds(m)=D1(1);w3(m)=D1(2);w4(m)=D1(3);ve(m)=D1(4);
A2=[cos(o3(m)),-s3(m)*sin(o3(m)),0,0;sin(o3(m)),s3(m)*cos(o3(m)),0,0;0,-l3*sin(o3(m)),-l4*sin(o4(m)),-1;0,l3*cos(o3(m)),l4*cos(o4(m)),0];
B2=-[-w3(m)*sin(o3(m)),(-ds(m)*sin(o3(m))-s3(m)*w3(m)*cos(o3
```

```
(m))),0,0;w3(m) * cos(o3(m)),(ds(m) * cos(o3(m))-s3(m) * w3(m) * sin(o3
(m))),0,0;0,-l3 * w3(m) * cos(o3(m)),-l4 * w4(m) * cos(o4(m)),0;0,-l3 * w3(m)
* sin(o3(m)),-l4 * w4(m) * sin(o4(m)),0] * [ds(m);w3(m);w4(m);ve(m)];
    C2=w1 * [-l1 * w1 * cos(o1(m));-l1 * w1 * sin(o1(m));0;0];B=B2+C2;D2=A2\
B;E2(:,m)=D2;dds(m)=D2(1);a3(m)=D2(2);a4(m)=D2(3);ae(m)=D2(4);
    end;
    o11=o1 * 180/pi;y=[o3 * 180/pi;o4 * 180/pi];w=[w3;w4];a=[a3;a4];
    %3.结果处理,如绘制位移、速度和加速度线图
    figure; subplot(221);h1=plotyy(o11,y,o11,se); axis equal;
    title('位置线图');xlabel('\it\theta_1');ylabel('\it\theta_3,\theta_4,Se');
    subplot(222);h2=plotyy(o11,w,o11,ve);
    title('速度线图');
    xlabel('\it\theta_1');ylabel('\it\omega_3,\omega_4,Ve');
    subplot(212);h3=plotyy(o11,a,o11,ae);
    title('加速度线图');
    xlabel('\it\theta_1');ylabel('\it\alpha_3,\alpha_4,\alpha_E');
    F=[o11;o3./pi * 180;o4./pi * 180;se;w3;w4;ve;a3;a4;ae]';G=F(1:100:3601,:);
    set(gcf,'color','white')
```

运行后的结果如图 15-1 所示，具体结果如图 9-17 所示。

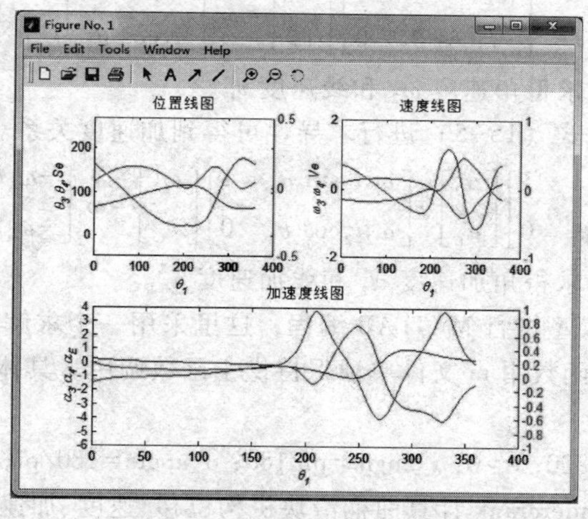

图 15-1　牛头刨床六杆机构运动分析结果

例 15-2　在如图 15-2 所示的曲柄滑块机构中，曲柄 *AB* 为原动件，以匀角速度 $\omega_1=8$ rad/s 逆时针旋转，曲柄和连杆的长度分别为 $l_1=100$ mm，$l_2=300$ mm。试确定连杆 2 和滑块 3 的位移、速度和加速度，并绘制出运动线图。

解　1）根据第九章的解析法建立曲柄滑块机构运动分析数学模型

① 位置分析，由图中封闭图形 *ABCA* 可写出该曲柄滑块机构的矢量方程。

$$l_1+l_2=s_C \tag{15-1}$$

进一步可得到投影方程。

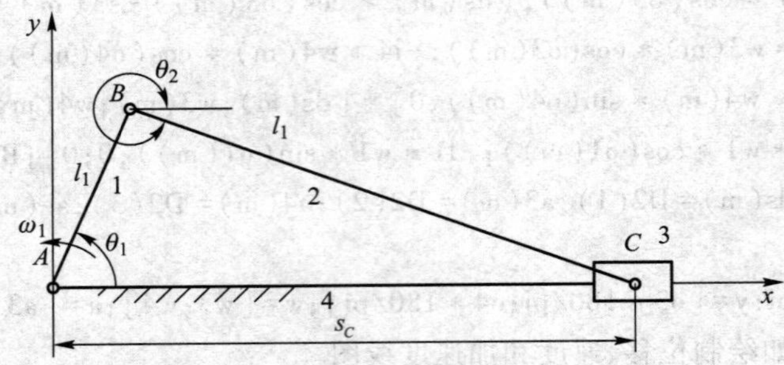

图 15-2 曲柄滑块机构

$$\begin{cases} l_1\cos\theta_1 + l_2\cos\theta_2 = s_C \\ l_1\sin\theta_1 + l_2\sin\theta_2 = 0 \end{cases} \tag{15-2}$$

$$\begin{cases} \theta_2 = \arcsin\left(\dfrac{-l_1\sin\theta_1}{l_2}\right) \\ s_C = l_1\cos\theta_1 + l_2\cos\theta_2 \end{cases} \tag{15-3}$$

② 速度分析，对式（15-2）求导，即得到速度关系。

$$\begin{cases} l_1\omega_1\cos\theta_1 + l_2\omega_2\cos\theta_2 = 0 \\ -l_1\omega_1\sin\theta_1 - l_2\omega_2\sin\theta_2 = v_C \end{cases} \tag{15-4}$$

写成矩阵形式有

$$\begin{bmatrix} l_2\sin\theta_2 & 1 \\ -l_2\cos\theta_2 & 0 \end{bmatrix}\begin{bmatrix} \omega_2 \\ v_C \end{bmatrix} = \omega_1\begin{bmatrix} -l_1\sin\theta_1 \\ l_1\cos\theta_1 \end{bmatrix} \tag{15-5}$$

求解式（15-5）可求得角速度 ω_2 和线速度 v_C。

③ 加速度分析，对式（15-5）进行求导，可得到加速度关系。

$$\begin{bmatrix} l_2\sin\theta_2 & 1 \\ -l_2\cos\theta_2 & 0 \end{bmatrix}\begin{bmatrix} \alpha_2 \\ a_C \end{bmatrix} + \begin{bmatrix} \omega_2 l_2\sin\theta_2 & 1 \\ \omega_2 l_2\cos\theta_2 & 0 \end{bmatrix}\begin{bmatrix} \omega_2 \\ v_C \end{bmatrix} = \omega_1\begin{bmatrix} -\omega_1 l_1\cos\theta_1 \\ -\omega_1 l_1\sin\theta_1 \end{bmatrix} \tag{15-6}$$

求解式（15-6）可求得角加速度 α_2 和线加速度 a_C。

2）根据上述数学模型进行 MATLAB 编程，这里采用一个求解机构各杆件位移、速度和加速度的子函数，子函数用 m 文件单独保持供主函数调用。具体程序如下：

```
%1.输入已知数据
clear; l1=100; l2=300; e=0; r_angle=pi/180; d_angle=180/pi; omega1=8; alpha1=0;
%2.调用子函数 slindercrank 计算曲柄滑块机构位移、速度、加速度
for n1=1:720
theta1(n1)=(n1-1)*r_angle;
[theta2(n1),s3(n1),omega2(n1),v3(n1),alpha2(n1),a3(n1)]=slidercrank(theta1(n1),omega1,alpha1,l1,l2,e);
end
%3.位移、速度、加速度和曲柄滑块机构图形输出
figure;
N1=1:720;
```

```
subplot(2,2,1); %绘制位移线图
[AX,H1,H2]=plotyy(theta1 * d_angle,theta2 * d_angle,theta1 * d_angle,s3);
set(get(AX(1),'ylabel'),'String','连杆角位移/(\circ)')
set(get(AX(2),'ylabel'),'String','滑块位移/mm')
title('位移线图');
xlabel('曲柄转角\theta_1/(\circ)')
subplot(2,2,2); %绘制速度线图
[AX,H1,H2]=plotyy(theta1 * d_angle,theta2 * d_angle,theta1 * d_angle,v3);
set(get(AX(2),'ylabel'),'String','滑块位移/(mm \cdots^{-1})')
xlabel('曲柄转角\theta_1/(\circ)')
ylabel('连杆角速度/(rad \cdots^{-1})')
title('速度线图');
subplot(2,1,2); %绘制加速度线图
[AX,H1,H2]=plotyy(theta1 * d_angle,theta2 * d_angle,theta1 * d_angle,a3);
set(get(AX(2),'ylabel'),'String','滑块位移/(mm \cdots^{-2})')
xlabel('曲柄转角\theta_1/(\circ)')
ylabel('连杆角加速度/(rad \cdots^{-2})')
title('加速度线图');
set(gcf,'color','white');
%求解位移、速度和加速度的子函数,在 matlab 中另外保存一个 m 文件
function[theta2,s3,omega2,v3,alpha2,a3]=slidercrank(theta1,omega1,alpha1,l1,l2,e);
%①计算连杆 2 的角位移和滑块 3 的线位移
theta2=asin((e-l1 * sin(theta1))/l2);
s3=l1 * cos(theta1)+l2 * cos(theta2);
%②计算连杆 2 的角速度和滑块 3 的线速度
A=[l2 * sin(theta2),1; -l2 * cos(theta2),0];
B=[-l1 * sin(theta1); l1 * cos(theta1)];
omega=A\(omega1 * B);
omega2=omega(1);
v3=omega(2);
%③计算连杆 2 的角加速度和滑块 3 的线加速度
At=[omega2 * l2 * cos(theta2),0; omega2 * l2 * sin(theta2),0];
Bt=[-omega1 * l1 * cos(theta1); -omega1 * l1 * sin(theta1)];
alpha=A\(-At * omega+alpha1 * B+omega1 * Bt);
alpha2=alpha(1);
a3=alpha(2);
end
```

运行上述程序，结果如图 15-3 所示。

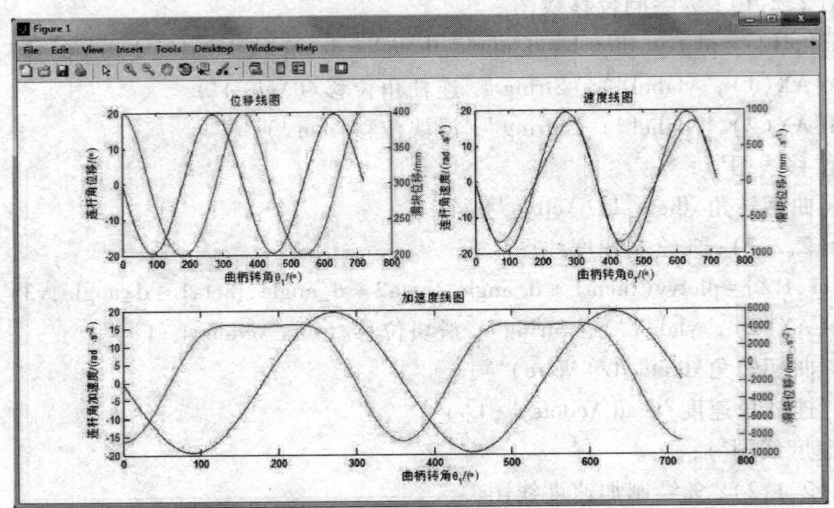

图 15-3 曲柄滑块机构运动分析结果

15.2.2 杆机构力学分析程序实例

例 15-3 如图 15-4 所示的曲柄滑块机构，曲柄 AB 以匀角速度 $\omega_1=10$ rad/s 逆时针转动，曲柄和连杆的尺寸分别为 $l_1=300$ mm，$l_2=1\ 100$ mm，$l_{AS1}=150$ mm，$l_{BS2}=550$ mm；各构件质量分别为 $m_1=1.1$ kg，$m_2=3.4$ kg，$m_3=5.5$ kg，连杆的转动惯量为 $J_{S2}=0.43$ kg·m²；作用在滑块 3 上外力 $F_r=-1\ 000$ N。试确定各运动副的反力及曲柄 1 的平衡力矩 M_b。

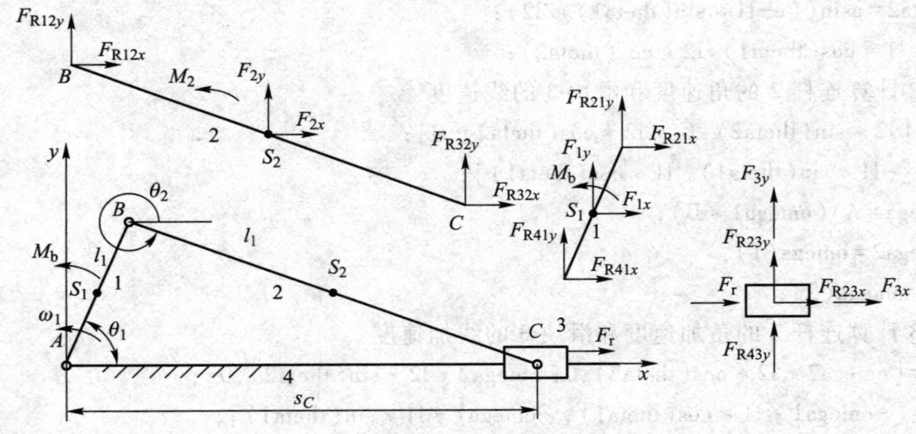

图 15-4 曲柄滑块机构受力分析

解 1）建立数学模型。分别取曲柄、连杆、滑块为研究对象，其受力分析如图 15-4 所示。在求出各构件质心加速度和角加速度的基础上给每个构件加上惯性力和惯性力偶矩，在惯性力和惯性力偶矩的作用下，各构件处于平衡状况，分别对 3 个构件列出平衡方程，整理后写成矩阵形式有

$$AF_R=B \tag{15-7}$$

式中：A 为系数矩阵，F_R 为未知力矩阵，B 为已知力矩阵。

$$A=\begin{bmatrix}1 & -(y_{S1}-y_B) & -(x_B-x_{S1}) & -(y_{S1}-y_A) & -(x_A-x_{S1}) & 0 & 0 & 0\\ 0 & -1 & 0 & -1 & 0 & 0 & 0 & 0\\ 0 & 0 & -1 & 0 & -1 & 0 & 0 & 0\\ 0 & (y_{S2}-y_B) & (x_B-x_{S2}) & 0 & 0 & -(y_{S2}-y_C) & -(x_C-x_{S2}) & 0\\ 0 & 1 & 0 & 0 & 0 & -1 & 0 & 0\\ 0 & 0 & 1 & 0 & 0 & 0 & -1 & 0\\ 0 & 0 & 0 & 0 & 0 & 1 & 0 & 0\\ 0 & 0 & 0 & 0 & 0 & 0 & 1 & -1\end{bmatrix}$$

$$F_R=\begin{bmatrix}M_b\\ F_{R12x}\\ F_{R12y}\\ F_{R14x}\\ F_{R14y}\\ F_{R23x}\\ F_{R23y}\\ F_{R34y}\end{bmatrix},\quad B=\begin{bmatrix}0\\ -F_{1x}\\ -F_{1y}\\ -M_2\\ -F_{2x}\\ -F_{2y}\\ -F_{3x}-F_r\\ -F_{3y}\end{bmatrix}。$$

2）求解程序编写。根据上述数学分析模型，编写程序如下，本实例需要用到例 15-2 的 slidercrank 函数。

```
%1.输入已知数据
clear; l1=0.3;l2=1.1;las1=0.15;lbs2=0.55;m1=1.1;m2=3.4;m3=5.5;g=10;J2=0.43;G1=m1*g;
G2=m2*g;G3=m3*g;Fr=-1000;e=0;r_angle=pi/180;d_angle=180/pi;omega1=10;alpha1=0;
%2.曲柄滑块机构力平衡计算
for n1=1:360
theta1(n1)=(n1-1)*r_angle;
%调用函数 slidercrank 计算曲柄滑块机构位移、速度和加速度
[theta2(n1),s3(n1),omega2(n1),v3(n1),alpha2(n1),a3(n1)]=slidercrank(theta1(n1),omega1,alpha1,l1,l2,e);
%计算各质心点加速度
as1x(n1)=-las1*cos(theta1(n1))*omega1^2; as1y(n1)=-las1*sin(n1*r_angle)*omega1^2;
as2x(n1)=-l1*omega1^2*cos(n1*r_angle)-lbs2*(omega2(n1)^2*cos(theta2(n1))+alpha2(n1)*sin(theta2(n1))); %质心 S2 在 x 轴的加速度
as2y(n1)=-l1*omega1^2*sin(n1*r_angle)-lbs2*(omega2(n1)^2*sin(theta2(n1))-alpha2(n1)*cos(theta2(n1))); %质心 S2 在 y 轴的加速度
%计算各构件惯性力和惯性偶矩
```

```
F1x(n1)=-as1x(n1)*m1;F1y(n1)=-as1y(n1)*m1;
F2x(n1)=-as2x(n1)*m2;F2y(n1)=-as2y(n1)*m2;
F3x(n1)=-a3(n1)*m3;F3y(n1)=0;
FR43x(n1)=Fr;M2(n1)=-alpha2(n1)*J2;
%计算各铰链点坐标,计算各质心点坐标
xa=0;ya=0;
xs1=las1*cos(n1*r_angle);ys1=las1*sin(n1*r_angle);
xb=l1*cos(n1*r_angle);yb=l1*sin(n1*r_angle);
xs2=xb+lbs2*cos(theta2(n1));ys2= yb+lbs2*sin(theta2(n1));
xc=xb+l2*cos(theta2(n1)); yc=yb+l2*sin(theta2(n1));
%未知力系数矩阵
A=zeros(8);
A=[1,-(ys1-yb),-(xb-xs1),-(ys1-ya),-(xa-xs1),0,0,0;
0,-1,0,-1,0,0,0,0;0,0,-1,0,-1,0,0,0;
0,(ys2-yb),(xb-xs2),0,0,-(ys2-yc),-(xc-xs2),0;
0,1,0,0,0,-1,0,0; 0,0,1,0,0,0,-1,0;
0,0,0,0,0,1,0,0; 0,0,0,0,0,0,1,-1];
%已知力矩阵
B=zeros(8,1);
B=[0;-F1x(n1);-F1y(n1)+G1;-M2(n1);-F2x(n1);-F2y(n1)+G2;-F3x(n1)+
FR43x(n1);-F3y(n1)];
C=A\B;
Mb(n1)=C(1);Fr12x(n1)=C(2);Fr12y(n1)=C(3);Fr14x(n1)=C(4);Fr14y(n1)=
C(5);
Fr23x(n1)=C(6);Fr23y(n1)=C(7);Fr34(n1)=C(8);
end
%3.绘制曲柄滑块机构力分析图形输出
figure;
n1=1:360;
subplot(2,2,1); %绘制运动副反力 F_R14 曲线图
plot(n1,Fr14x,'b');
hold all
plot(n1,Fr14y,'k-');
legend('F_R_1_4_x','F_R_1_4_y')
title('运动副反力 F_R_1_4 曲线图');
xlabel('曲柄转角 \theta_1/(\circ)')
ylabel('F/N')
subplot(2,2,2); %绘制运动副反力 FR23 曲线图
plot(n1,Fr23x(n1),'b');
```

```
hold all
plot(n1,Fr23y(n1),'k-');
legend('F_R_2_3_x','F_R_2_3_y')
title('运动副反力 F_R_2_3 曲线图');
xlabel('曲柄转角\theta_1/(\circ)')
ylabel('F/N')
subplot(2,2,3); %绘制运动副反力 FR34 曲线图
plot(n1,Fr14y,'b');
hold all
title('运动副反力 F_R_3_4 曲线图');
xlabel('曲柄转角\theta_1/(\circ)')
ylabel('F/N')
subplot(2,2,4); %绘制平衡 Mb 曲线图
plot(n1,Mb);
hold all
title('平衡力学 Mb 图');
xlabel('曲柄转角\theta_1/(\circ)')
ylabel('M/N.m')
set(gcf,'color','white');
```

运行上述程序，结果如图 15-5 所示。

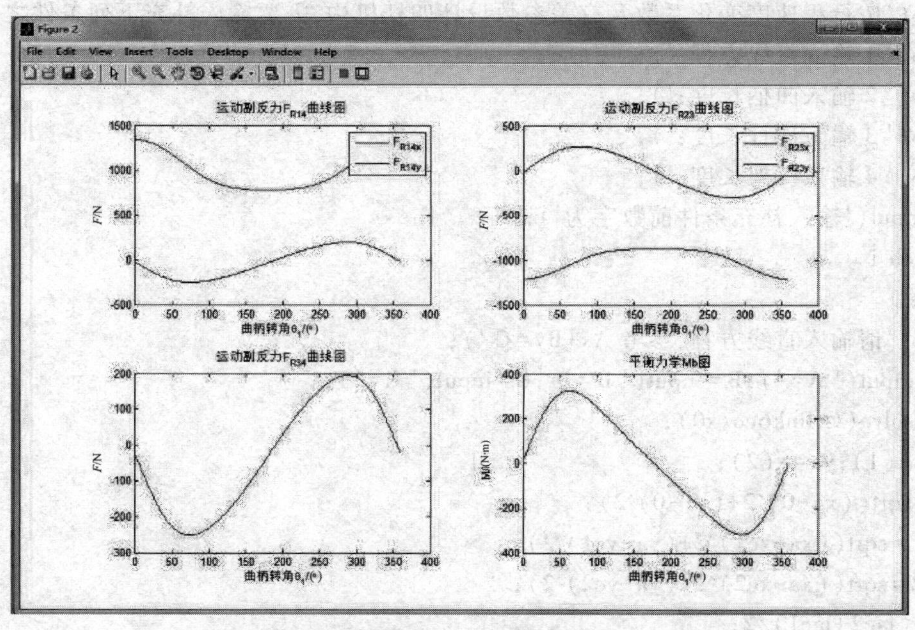

图 15-5 曲柄滑块机构力学分析结果

15.2.3 杆机构设计程序实例

例 15-4 已知连杆机构行程速度变化系数 $K=1.25$，摇杆 CD 的长度 $l_{CD}=300$ mm，摆角 $\varphi=33°$，许用最小传动角 $[\gamma_{min}]=40°$，分别按下列不同的条件设计一个曲柄摇杆机构，并校验其最小传动角是否满足要求。① 已知固定铰链 A 在直线 $y-x=2$ 上；② 已知曲柄长度 $l_1=80$ mm；③ 已知连杆长度 $l_2=220$ mm；④ 已知机架长度 $l_4=250$ mm。

解 根据题目已知条件进行编程，本程序包括一个主程序和两个子函数 link6co 和 link6ad，应用 fsolve 函数求解非线性方程，具体如下：

```
%1.已知参数和初始数据
clear;x0=[-100;100];global k theta l3 phi xc2 R xo yo l4 A B C
k=1.25;%行程速度变化系数
theta=pi*(k-1)/(k+1);  %极位夹角
l3=300;  %摇杆长度
phi=33*pi/180;  %摇杆摆角
gamin=40*pi/180;%最小传动角
xc2=l3*sin(phi/2);R=xc2/sin(theta);xc2=l3*sin(phi/2);yc2=l3*cos(phi/2);
xc1=-xc2;yc1=-yc2;R=xc2/sin(theta);
xo=0;yo=l3*cos(phi/2)-R*cos(theta);
%2.按行程速度变化系数及有关参数设计四杆机构
disp('按行程速度变化系数及有关参数设计四杆机构,需要输入补充下列条件之一:');
disp('1 输入直线方程:');
disp('2 输入曲柄长度:');
disp('3 输入连杆长度:');
disp('4 输入机架长度:');
i=input('输入补充条件前数字为');
switch i
case 1
disp('请输入直线方程,参考 Ax+By=C');
A=input('A=');B=input('B=');C=input('C=');
x=fsolve(@link6co,x0);
xa=x(1);ya=x(2);
l4=sqrt((xa-0)^2+(ya-0)^2);
lac1=sqrt((xa-xc1)^2+(ya-yc1)^2);
lac2=sqrt((xa-xc2)^2+(ya-yc2)^2);
l2=(lac2+lac1)/2;
l1=(lac2-lac1)/2;
case 2
disp('请输入曲柄长度');
```

```
l1=input('l1=');
l2=sqrt(((xc2-xc1)^2/2-l1^2*(1+cos(theta)))/(1-cos(theta)));
lac1=l2-l1;
lac2=l2+l1;
alpha=theta-phi/2;
beta=acos((l2-l1)/(2*R));
gama=beta-alpha;
l4=sqrt((l2-l1)^2+l3^2-2*(l2-l1)*l3*cos(gama));
case 3
disp('请输入连杆长度');
l2=input('l2=');
l1=sqrt(((xc2-xc1)^2/2-l2^2*(1-cos(theta)))/(1+cos(theta)));
alpha=theta-phi/2;
beta=acos((l2-l1)/(2*R));
gama=beta-alpha;
l4=sqrt((l2-l1)^2+l3^2-2*(l2-l1)*l3*cos(gama));
case 4
disp('请输入机架长度');
l4=input('l4=');
x=fsolve(@link6ad,x0);
xa=x(1);ya=x(2);
lac1=sqrt((xa-xc1)^2+(ya-yc1)^2);
lac2=sqrt((xa-xc2)^2+(ya-yc2)^2);
l2=(lac2+lac1)/2;
l1=(lac2-lac1)/2;
end
%3.验证最小传动角
gama1=acos((l2^2+l3^2-(l4-l1)^2)/(2*l2*l3));
gama2=pi-acos((l2^2+l3^2-(l4+l1)^2)/(2*l2*l3));
gama1=gama1*180/pi;
gama2=gama2*180/pi;
if gama2>90
    gama2=180-gama2;
end
%4.输出计算结果,采用信息窗口显示运行结果
disp('-------------------------------');
disp('计算结果1:各杆长度(单位mm)    ');
disp('-------------------------------');
fprintf('曲柄长度 l1=%3.2f \n',l1);
```

```
fprintf('连杆长度 l2=%3.2f \n',l2);
fprintf('摇杆长度 l3=%3.2f \n',l3);
fprintf('机架长度 l4=%3.2f \n',l4);
disp('-------------------------------');
disp('计算结果 2:最小传动角 ');
disp('-------------------------------');
fprintf('最小传动角 r1=%3.2f \n',gama1);
fprintf('最小传动角 r2=%3.2f \n',gama2);
disp('-------------------------------');
%子函数 link6co,铰链四杆机构非线性参数方程组
function f=link6co(x)
global k theta l3 phi xc2 R xo yo A B C
xa=x(1);ya=x(2);
%x(1)是曲柄长度;x(2)是连杆长度;x(3)是机架长度;x(4)是摇杆初始位置角
f1=(xa-xo)^2+(ya-yo)^2-R^2;
f2=A*xa+B*ya+C;
f=[f1;f2];
%子函数 link6ad,求解铰链四杆机构非线性参数方程组
function f=link6ad(x)
global k theta l3 phi xc2 R xo yo l4
xa=x(1);ya=x(2);
%x(1)是曲柄长度;x(2)是连杆长度;x(3)是机架长度;x(4)是摇杆初始位置角
f1=(xa-xo)^2+(ya-yo)^2-R^2;
f2=(xa)^2+(ya)^2-l4^2;
f=[f1;f2];
```

上述程序运行后的结果如图 15-6 所示。

```
输入补充条件前数字为1
请输入直线方程，参考Ax+By=C
A=-1
B=1
C=2
-------------------------------
计算结果1：各杆长度（单位mm）
-------------------------------
曲柄长度 l1=170.61
连杆长度 l2=322.83
摇杆长度 l3=300.00
机架长度 l4=208.15
-------------------------------
计算结果2：最小传动角
-------------------------------
最小传动角 r1=5.49
最小传动角 r2=74.81
-------------------------------
```

```
输入补充条件前数字为2
请输入曲柄长度
l1=80
-------------------------------
计算结果1：各杆长度（单位mm）
-------------------------------
曲柄长度 l1=80.00
连杆长度 l2=186.85
摇杆长度 l3=300.00
机架长度 l4=289.60
-------------------------------
计算结果2：最小传动角
-------------------------------
最小传动角 r1=43.75
最小传动角 r2=84.01
-------------------------------
```

```
输入补充条件前数字为3
请输入连杆长度
l2=220
-------------------------------
计算结果1：各杆长度（单位mm）
-------------------------------
曲柄长度 l1=77.34
连杆长度 l2=220.00
摇杆长度 l3=300.00
机架长度 l4=284.40
-------------------------------
计算结果2：最小传动角
-------------------------------
最小传动角 r1=43.64
最小传动角 r2=86.72
-------------------------------
```

```
输入补充条件前数字为4
请输入机架长度
l4=250
-------------------------------
计算结果1：各杆长度（单位mm）
-------------------------------
曲柄长度 l1=31.50
连杆长度 l2=389.24
摇杆长度 l3=300.00
机架长度 l4=250.00
-------------------------------
计算结果2：最小传动角
-------------------------------
最小传动角 r1=33.94
最小传动角 r2=45.99
-------------------------------
```

图 15-6　曲柄滑块机构设计结果

15.2.4 凸轮机构分析设计程序实例

例 15-5 设计一偏置直动滚子推杆盘形凸轮机构，已知条件为：凸轮作逆时针方向转动，从动件偏置在凸轮轴心的右边，从动件在推程作正弦加速度运动，在回程作五次多项式加速度运动。各结构尺寸：基圆半径为 50 mm，滚子半径为 10 mm，推杆偏距为10 mm，推杆升程为 30 mm，推程运动角为90°，远休止角为90°，回程运动角为60°，推程许用压力角为30°。

解 根据已知条件编程如下（有关分析计算参考第六章内容）。

```
%1.输入已知条件,基圆半径 rb,滚子半径 rt,推杆偏距 e,推杆升程 h,推程运动角 ft,远
%休止角 fs,回程运动角 fh,推程许用压力角 alp
rb=50;rt=10;e=10;h=30;ft=90;fs=90;fh=60;alp=30;
hd=pi/180;du=180/pi;
s0=sqrt(rb^2-e^2);
d1=ft+fs;d2=ft+fs+fh;
%2.计算凸轮理论轮廓的压力角和曲率半径
s=zeros(ft);ds=zeros(ft);d2s=zeros(ft);
at=zeros(ft);atd=zeros(ft);pt=zeros(ft);
%3.计算凸轮理论轮廓线与实际轮廓线的直角坐标
n=360;
s=zeros(n);ds=zeros(n);r=zeros(n);rp=zeros(n);
x=zeros(n);y=zeros(n);dx=zeros(n);dy=zeros(n);
xx=zeros(n);yy=zeros(n);xp=zeros(n);;yp=zeros(n);
xxp=zeros(n);yyp=zeros(n);
for f=1:n
    if f<=ft
        s(f)=h*(f/ft-sin(2*pi*f/ft)/(2*pi));s=s(f);
        ds(f)=h/(ft*hd)*(1-cos(2*pi*f/ft));ds=ds(f);
    elseif f>ft&f<d1
        s=h;ds=0;
    elseif f>d1&f<=d2
        k=f-d1;
        s(f)=h-10*h*k^3/fh^3+15*h*k^4/fh^4-6*h*k^5/fh^5;s=s(f);
ds(f)=-30*h*(k*hd)^2/(fh*hd)^3+60*h*(k*hd)^3/(fh*hd)^4-30*h*
(k*hd)^4/(fh*hd)^5;ds=ds(f);
    elseif f>d2&f<n
        s=0;ds=0;
    end
    xx(f)=(s0+s)*sin(f*hd)+e*cos(f*hd);x=xx(f);
    yy(f)=(s0+s)*cos(f*hd)-e*sin(f*hd);y=yy(f);
```

```
        dx(f)=(ds-e)*sin(f*hd)+(s0+s)*cos(f*hd);dx=dx(f);
        dy(f)=(ds-e)*cos(f*hd)-(s0+s)*sin(f*hd);dy=dy(f);
        xp(f)=x+rt*dy/sqrt(dx^2+dy^2);xxp=xp(f);
        yp(f)=y-rt*dx/sqrt(dx^2+dy^2);yyp=yp(f);
        r(f)=sqrt(x^2+y^2);
        rp(f)=sqrt(xxp^2+yyp^2);
    end
    %4.绘制凸轮的理论轮廓和实际轮廓
    plot(xx,yy,'r-.')
    axis([-(rb+h-10),(rb+h),-(rb+h+10),(rb+rt+10)])
    axis equal
    text(rb+h+3,0,'X')
    text(0,rb+rt+3,'Y')
    text(-5,5,'O')
    title('偏置直动滚子推杆盘行凸轮机构的设计')
    hold on;
    plot([-(rb+h),(rb+h+20)],[0,0],'k')
    plot([0,0],[-(rb+h+5),(rb+rt+5)],'k')
    plot([e,e],[0,rb],'k--')
    ct=linspace(0,2*pi);
    plot(rb*cos(ct),rb*sin(ct),'m-.')
    plot(e*cos(ct),e*sin(ct),'m-.')
    plot(e+rt*cos(ct),s0+rt*sin(ct),'k')
    plot(xp,yp,'b')
    set(gcf,'color','white')
```

运行上述程序，其结果如图 15-7 所示。

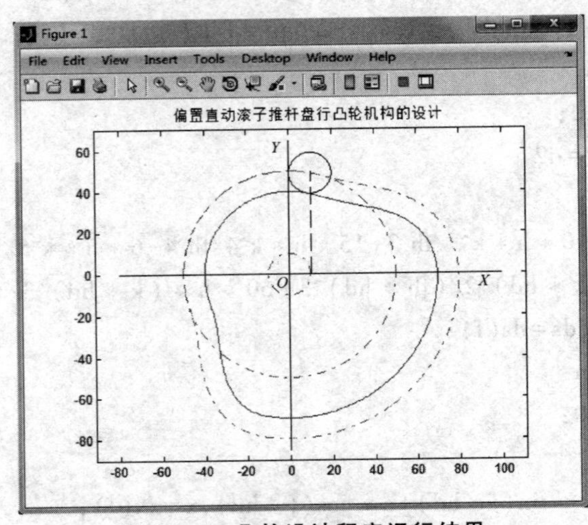

图 15-7　凸轮设计程序运行结果

15.2.5 直齿圆柱齿轮齿廓曲线计算及结构参数计算程序实例

例 15-6 已知一正常齿的标准齿轮，其 $z=26$，$m=3$ mm，$\alpha=20°$，试编程求取该齿轮各尺寸参数，并绘制齿轮轮廓。

解 根据第七章的齿轮轮廓及尺寸参数计算公式，在 MATLAB 中编写如下程序，运行结果如图 15-8 所示。

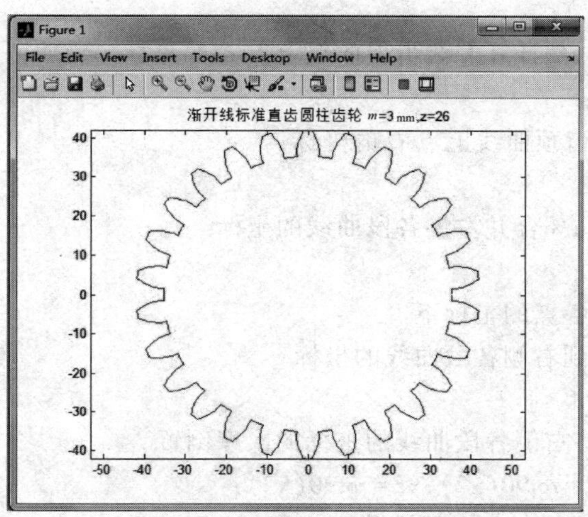

图 15-8 齿轮轮廓绘制结果

```
clear;
%1.输入已知参数和计算基本尺寸
z=26;m=3;hd=pi/180;N=10;
rb=z*m*cos(20*hd)/2;
ra=(z/2+1)*m;
rf=(z/2-1.25)*m;
rw=(z/2-1)*m;
theta20=tan(20*hd)-20*hd;
alpha_A=acos(rb/ra) %计算压力角
theta_A=tan(alpha_A)-alpha_A;
beta_A=pi/(2*z)-(theta_A-theta20);
alpha_W=acos(rb/rw);
theta_W=tan(alpha_W)-alpha_W;
beta_W=pi/(2*z)-(theta_W-theta20);
%2.计算渐开线齿廓左侧各点的坐标
r=rw:(ra-rw)/N:ra;%计算渐开线齿廓左侧各点的矢径
for i=1:(N+1)
alpha(i)=acos(rb/r(i)); %计算渐开线齿廓左侧各点的压力角
```

```
theta(i)=tan(alpha(i))-alpha(i);   %计算渐开线齿廓左侧各点的展角
beta(i)=pi/(2*z)-(theta(i)-theta20);
x1(i)=-r(i)*sin(beta(i));%计算渐开线齿廓左侧各点的坐标
y1(i)=r(i)*cos(beta(i));
end
%3.计算齿廓左侧其他各点的坐标
xf=-rf*sin(beta_W);%计算左侧齿根曲线上点F的坐标
yf=rf*cos(beta_W);
xe=-rf*sin(pi/z);%计算左侧齿根曲线上点E的坐标
ye=rf*cos(pi/z);
xc=0;      %计算齿顶曲线上点C的坐标
yc=ra;
x1=[xe,xf,x1,xc];%合并左侧各段曲线的坐标
y1=[ye,yf,y1,yc];
%4.计算齿廓右侧各点的坐标下
x2=-x1;%镜像得到右侧各段曲线的坐标
y2=y1;
y2=rot90(y2);%将右侧各段曲线的坐标的次序倒置
y2=rot90(y2);  x2=rot90(x2);x2=rot90(x2);
x=[x1,x2];   %合并右侧各段曲线的坐标
y=[y1,y2];
plot(x,y);hold on;%绘制齿廓
%5.通过坐标变换将齿形曲线绕中心依次旋转得到其他各齿形
for i =1:(z-1)
    delta(i)=i*2*pi/z;                          %齿轮转角
xy=[x',y'];                                     %齿轮曲线坐标
A1=[cos(delta(i)),sin(delta(i));                %齿轮曲线坐标旋转矩阵
   -sin(delta(i)),cos(delta(i))];
xy=xy*A1;                                       %旋转后齿轮曲线坐标
plot(xy(:,1),xy(:,2));hold on;                  %绘制齿轮
hold on;axis equal;
end
axis equal;
title('渐开线标准直齿圆柱齿轮 m=3 mm,z=26');
set(gcf,'color','white')
```

15.2.6 机械运转及其速度波动调节的程序实例

例 15-7 某机械的原动机为直流并激电动机，其机械特性曲线可以近似地用直线表

示。当取电动机轴为等效构件时，等效驱动力矩为 $M_{ed}=26\ 500-264\omega$ N·m，等效阻力矩 $M_{er}=1\ 100$ N·m，等效转动惯量 $J_e=10$ kg·m^2。当 $t=0$ 时，$\omega_0=0$，$\omega_{max}=100$ rad/s 为终止角速度，求 $\omega=\omega(t)$ 和 $\omega=\omega(\varphi)$ 曲线。

解 根据第十三章机械运动方程式，该问题是等效转动惯量是常数，等效力矩是速度的函数。由 $M_e(\omega)=M_{ed}(\omega)-M_{er}(\omega)=J_e\dfrac{d\omega}{dt}$，可积分得到：

$$t=t_0+\frac{J_e}{b}\ln\frac{a+b\omega}{a+b\omega_0},\quad \varphi=\varphi_0+\frac{J_e}{b}\left[(\omega-\omega_0)-\frac{a}{b}\ln\frac{a+b\omega}{a+b\omega_0}\right]$$

根据上述方程，编写 MATLAB 程序如下：

```
%1.输入已知数据
t0=0;
varphi0=0;
omega0=0;
hd=pi/180;
du=180/pi;
Mr=1100;
J=10;
a=26500;
b=-264;
omega_max=100;
%2.求时间和角速度
>> e(1)=a;
omega(1)=0;
varphi(1)=0;
t(1)=0;
for n=2:11;
omega(n)=10*(n-1);
Me(n)=a-b*omega(n);
t(n)=t0+(J/b)*log((a+b*omega(n))/(a+b*omega0));
varphi(n)=varphi0+(J/b)*((omega(n)-omega0)-a/b*log((a+b*omega(n))/(a+b*
omega0)));
end
%3.输出计算结果
>> figure(1)
plot(t,omega);
xlabel('时间 t/s ');
ylabel('角速度\omega/(rad\cdots^{-1})');
grid on;
figure(2)
```

```
plot(varphi * du,omega);
xlabel('角位移\phi/\circ');
ylabel('角速度\omega/(rad\cdots^{-1})');
grid on;
```

运行结果如图 15-9 所示。

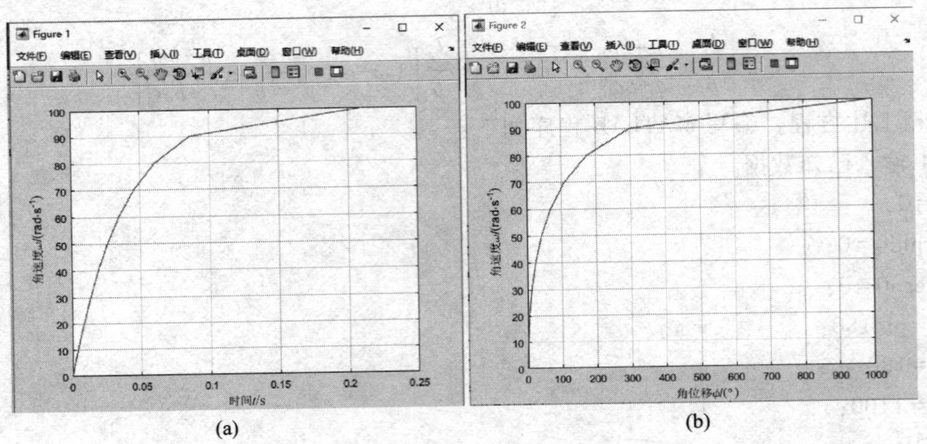

图 15-9 角速度曲线运行结果

15.2.7 机构优化设计程序实例

例 15-8 设计一曲柄摇杆机构，要求曲柄 AB 从 φ_0 转到 $\varphi_m=\varphi_0+90°$时，摇杆 CD 的转角最佳再现已知的运动规律：$\psi_{Ei}=\psi_0+\dfrac{2}{3\pi}(\varphi_i-\varphi_0)^2$，且已知 $l_1=1$，$l_4=5$，φ_0 为曲柄 AB 的右极位角，其传动角允许在$45°\leqslant\gamma\leqslant135°$范围内变化。

解 1）建立数学模型。选定连杆和摇杆长度为设计变量

$$x=[x_1,\ x_2]^T=[l_2,\ l_3]^T \tag{15-8}$$

将输入角度等分 40 份，得到目标函数为

$$\min f(X)=\sum_{i=0}^{40}(\psi_{Ei}-\psi_i)^2 \tag{15-9}$$

由已知条件和曲柄摇杆机构的特性，建立约束方程为

$$\begin{cases} g_1(X)=1-x_1\leqslant 0 \\ g_2(X)=1-x_2\leqslant 0 \\ g_4(X)=6-x_1-x_2\leqslant 0 \\ g_5(X)=x_1-x_2-4\leqslant 0 \\ g_6(X)=x_2-x_1-4\leqslant 0 \\ g_7(X)=x_1{}^2+x_2{}^2-1.414x_1x_2-16\leqslant 0 \\ g_7(X)=36-x_1{}^2-x_2{}^2-1.414x_1x_2\leqslant 0 \end{cases} \tag{15-10}$$

2）根据上述优化模型，采用 Matlab 编程，这里用到优化函数 fmincon( )，具体如下：

```
%1.目标函数 crankobjfun 文件
function sum=crankobjfun(x)
sum=0;delta_varphi=pi/2;n=40;
for i=1:n
   varphi0=acos(((1+x(1))*(1+x(1))-x(2)*x(2)+25)/(10*(1+x(1))));
   psi0=acos(((1+x(1))*(1+x(1))-x(2)*x(2)-25)/(10*x(2)));
   varphi(i)=varphi0+i*delta_varphi/n;
   r(i)=sqrt(26-10*cos(varphi(i)));
   alpha(i)=acos((r(i)*r(i)+x(2)*x(2)-x(1)*x(1))/(2*r(i)*x(2)));
   beta(i)=acos((r(i)*r(i)+24)/(10*r(i)));
     if varphi(i)<pi & varphi(i)>=0
          psi(i)=pi-alpha(i)-beta(i);
     else
          psi(i)=pi-alpha(i)+beta(i);
     end
   psiE(i)=psi0+2/(3*pi)*((varphi(i)-varphi0)*(varphi(i)-varphi0));
   sum=sum+(psi(i)-psiE(i))*(psi(i)-psiE(i));
end
%2.约束条件函数 crankconfun 文件
function[c,ceq]=crankconfun(x)
%非线性不等式约束
c=[x(1)*x(1)+x(2)*x(2)-1.414*x(1)*x(2)-16;36-x(1)*x(1)-x(2)*x(2)
-1.414*x(1)*x(2)];
%非线性等式约束
ceq=[];

%主程序,求最优值
x0=[6.1;2.4];%初始点
lb=[0;0];%设置下界
ub=[ ];  %无上界
A=[-1,-1;1,-1;-1,1];%线性约束条件
b=[-6;4;4];
%3.采用标准算法
[x,fval]=fmincon('crankobjfun',x0,A,b,[],[],lb,ub,'crankconfun')

%4.目标函数可视化表示
clear;
%计算目标函数值
i=0;
```

```
for x1=4:0.1:5.3
    i=i+1;j=0;
    for x2=1.8:0.1:4
        j=j+1;
        x0(1)=x1;a1=x0(1);
        x0(2)=x2;a2=x0(2);
        sum(i,j)=crankobjfun(x0);
    end
end
%绘目标函数三维曲面图
figure(1);
subplot(121);
x1=4:0.1:5.3;
x2=1.8:0.1:4;
mesh(x1,x2,sum');
xlabel('x_1');
ylabel('x_2');
zlabel('f(x_1,x_2)');
set(gcf,'color','white')
%绘目标函数等值线图
subplot(122);
contour(x1,x2,sum',25);
grid on; hold on;
xlabel('x_1');
ylabel('x_2');
axis([4,6,1,6]);
%绘非线性约束函数曲线图
x1=3:0.01:5.65;
x2=(1.414*x1+sqrt(((1.414*1.414-4)*x1.*x1+64)))/2;
plot(x1,x2);
x1=3:0.01:5.65;
x2=(1.414*x1-sqrt(((1.414*1.414-4)*x1.*x1+64)))/2;
plot(x1,x2);
set(gcf,'color','white')
```

程序的运行结果如图 15-10 所示。

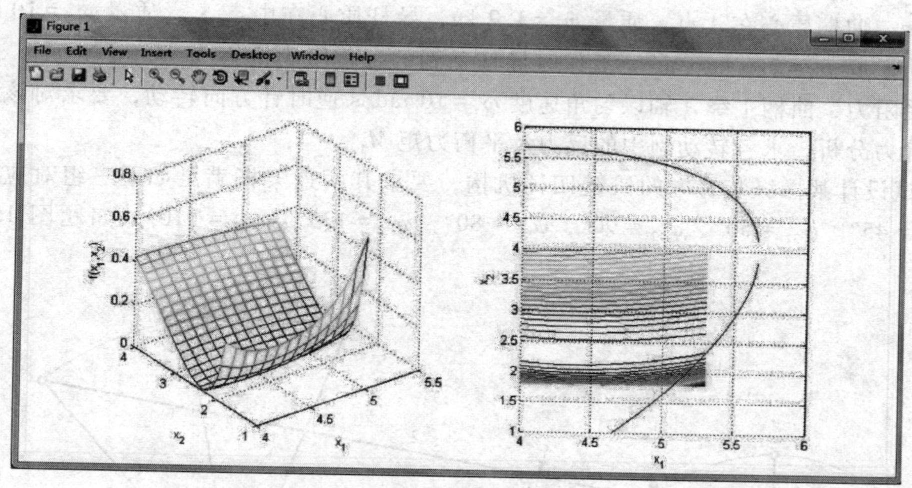

图 15-10 优化设计结果

练习题

15-1 简答题

1. 简述机构分析与设计类程序编制的步骤。

2. 简述 MATLAB 函数的基本结构。

3. 简介机构设计与分析 MATLAB 编程中常用的函数。

15-2 分析与编程题

1. 如题图 15-2-1 所示的六杆机构，已知各构件的尺寸为：$l_1=40$ mm，$l_2=50$ mm，$l_3=75$ mm，$l_4=35$ mm，$l_5=60$ mm，$l_6=70$ mm；原动件 *AB* 以等角速度 $\omega_1=10$ rad/s 回转。试求各杆的角速度和角加速度及点 *C* 的速度和加速度（θ_1 的范围为［40°，55°］，并均分成 15 个元素），并绘制运动曲线图。

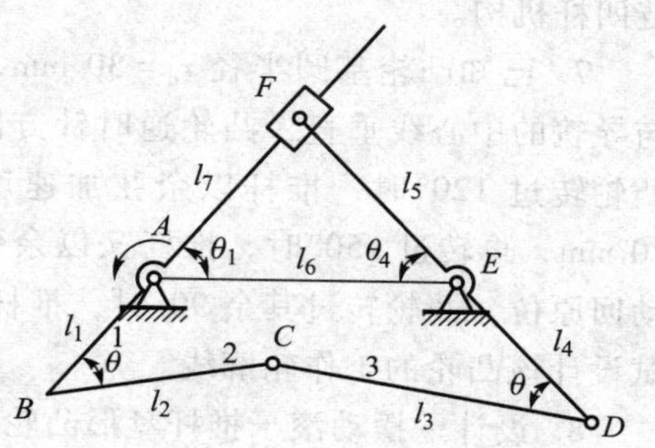

题图 15-2-1 六杆机构

2. 已知导杆机构各构件的尺寸：曲柄 $l_1=120$ mm，机架 $l_4=380$ mm，曲柄 1 以匀角速度 $\omega_1=1$ rad/s 逆时针转动，试确定导杆 3 的角位移、角速度和角加速度，以及滑块 2 在导杆 3 上的位置、速度和加速度，并绘制出运动线图。

3. 已知铰链四杆机构各构件尺寸：$l_1=400$ mm，$l_2=1\ 000$ mm，$l_3=700$ mm，$l_4=1\ 200$ mm，各杆质心均在杆中点处，各杆件的质量为 $m_1=1.2$ kg，$m_2=3$ kg，$m_3=2.2$ kg，各构件的转动惯量为 $J_1=0.016\ \text{kg}\cdot\text{m}^2$，$J_2=0.25\ \text{kg}\cdot\text{m}^2$，$J_3=0.09\ \text{kg}\cdot\text{m}^2$，构件 3 的工作阻力矩为 $M_r=100$ N · m，顺时针方向，其他构件外力及外力矩不计，构件 1 匀角速度 $\omega_1=10$ rad/s，逆时针方向转动，不计摩擦时，求各转动副中的反力及平衡力矩 M_b。

4. 已知导杆机构各构件尺寸：曲柄 $l_{AB}=400$ mm，机架 $l_{AC}=1\ 000$ mm，导杆 $l_{CD}=$

1 600 mm，曲柄质心在 A 点，质量 $m_1=1.2$ kg，导杆质心在中点 S_3，质量 $m_3=10$ kg，绕点的转动惯量 $J_{S3}=2.2\ \mathrm{kg\cdot m^2}$，工作时导杆受到的工作阻力矩为 $M_r=100\ \mathrm{N\cdot m}$，急回行程时不受阻力，曲柄 1 绕 A 轴以匀角速度 $\omega_1=10$ rad/s 逆时针方向转动，要求对该机构进行动态静力分析，求各转动副中的反力及平衡力矩 M_1。

5. 试设计某操纵装置中的铰链四杆机构，要求其两连架杆满足如下三组对应位置关系：$\varphi_{11}=45°$，$\psi_{31}=50°$，$\varphi_{12}=90°$，$\psi_{32}=80°$，$\varphi_{13}=135°$，$\psi_{33}=110°$，如题图 15-2-2 所示。

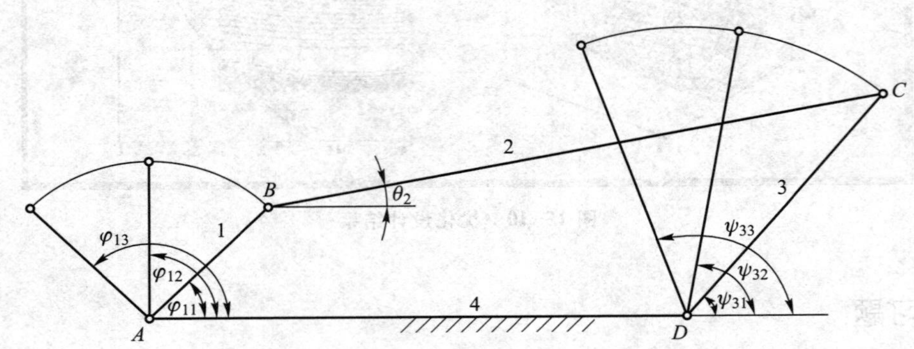

题图 15-2-2 炉门开闭机构

6. 如题图 15-2-3 所示为加热炉炉门的启闭机构。点 B、C 为炉门上的两铰链中心。炉门打开后成水平位置时，要求炉门的热面朝下。固定铰链中心应位于 ss 线上，并已知 $x_{C1}=32$ mm，$y_{C1}=0$，$x_{B1}=82$ mm，$y_{B1}=0$，$x_{B2}=0$，$y_{B2}=60$ mm，$x_{C2}=0$，$y_{C2}=110$ mm。试设计此铰链四杆机构。

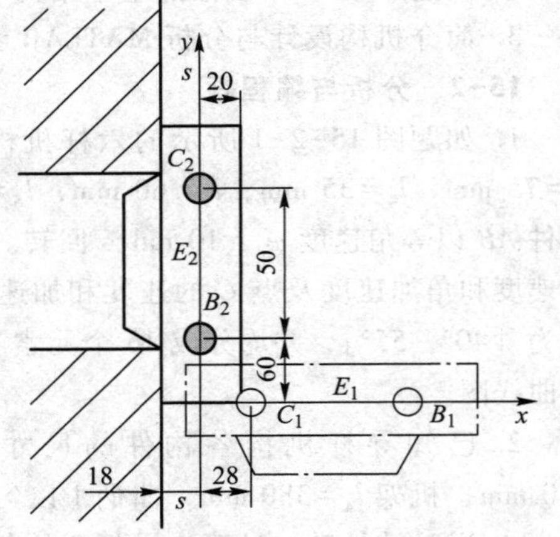

题图 15-2-3 炉门开闭机构

7. 已知凸轮基圆半径 $r_0=30$ mm，推杆平底与导轨的中心线垂直，凸轮逆时针方向转动。当凸轮转过 120°时，推杆以余弦加速度运动上升 20 mm，再转过 150°时，推杆又以余弦加速度运动回原位，凸轮转过其余 90°时，推杆静止不动。试设计该凸轮的工作轮廓线。

8. 设计一摆动滚子推杆盘形凸轮机构。已知中心距 $a=60$ mm，摆杆长度 $l=50$ mm，基圆半径 $r_0=25$ mm，滚子半径 $r_r=8$ mm。凸轮逆时针方向匀速转动，要求当凸轮转过 180°时，推杆以余弦加速度运动规律向上摆动 25°，转过一周中的其余角度时，推杆以正弦加速度运动规律摆回原来位置。

9. 已知渐开线函数 $\mathrm{inv}\alpha_K=\theta_K$，$\theta_K$ 为任意已知值，且 $0.002\leqslant\theta_K\leqslant0.2$，$\alpha_K$ 初始值取 0.8，收敛精度 $\varepsilon=10^{-7}$，试编程求渐开线压力角 α_K。

10. 设计一对渐开线外啮合标准直齿圆柱齿轮机构。已知 $z_1=21$，$z_2=42$，$m=3$ mm，$\alpha=20°$，$h_a^*=1$，试编程求：(1) 两轮几何尺寸及中心距；(2) 重合度 ε_a。

11. 在题图 15-2-4 所示的曲柄滑块机构中，已知：曲柄长 $l_1=0.2$ m，连杆长 $l_2=0.5$ m，点 B 到连杆质心 S_2 的距离 $l_{BS2}=0.2$m，$e=0.05$ m，曲柄质量 $m_1=1.2$ kg，连杆质量 $m_2=5$ kg，滑块质量 $m_3=10$ kg，曲柄对其转动中心 A 的转动惯量 $J_1=3\ \text{kg}\cdot\text{m}^2$，连杆对其质心 S_2 的转动惯量 $J_{S2}=0.15\ \text{kg}\cdot\text{m}^2$。计算以曲柄 AB 为等效构件时的等效转动惯量 J_e 及其导数 $\mathrm{d}J_e/\mathrm{d}\varphi$ 随转角 φ 的变化规律。

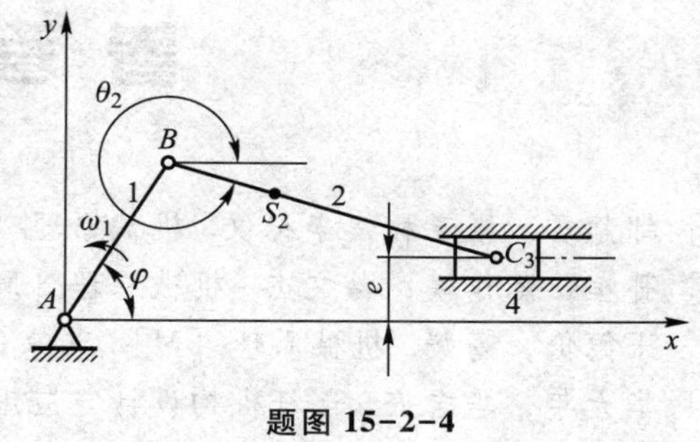

题图 15-2-4

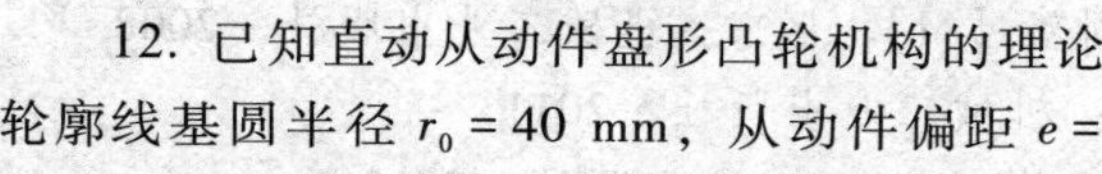

12. 已知直动从动件盘形凸轮机构的理论轮廓线基圆半径 $r_0=40$ mm，从动件偏距 $e=5$ mm，行程 $h=20$ mm，推程运动角 $\phi_0=90°$，从动件运动规律为余弦加速度，求凸轮机构的最大压力角 $\alpha_{\max}$及其对应的凸轮转角 ϕ。

参考文献

[1] 邹慧君，张春林，李杞仪. 机械原理 [M]. 2版. 北京：高等教育出版社，2006.

[2] 孙桓，陈作模，葛文杰. 机械原理 [M]. 7版. 北京：高等教育出版社，2006.

[3] 王德伦，高媛. 机械原理 [M]. 北京：机械工业出版社，2011.

[4] 华大年，华志宏. 连杆机构设计与应用创新 [M]. 北京：机械工业出版社，2008.

[5] 张策. 机械原理与机械设计 [M]. 北京：机械工业出版社，2011.

[6] 廖汉元，孔建益. 机械原理 [M]. 2版. 北京：机械工业出版社，2010.

[7] 张春林，张颖. 机械原理 [M]. 北京：机械工业出版社，2012.

[8] 王亮申，孙峰华，等. TRIZ创新理论与应用原理 [M]. 北京：科学出版社，2010.

[9] 沈萌红. TRIZ理论及机械创新实践 [M]. 北京：机械工业出版社，2012.

[10] 邹慧君，张青. 机械原理课程设计手册 [M]. 2版. 北京：高等教育出版社，2010.

[11] 马履中. 机械原理与设计：上册 [M]. 北京：机械工业出版社，2009.

[12] 江帆，韩立发，董克权. 机械原理 [M]. 北京：机械工业出版社，2013.

[13] 于靖军. 机械原理 [M]. 北京：机械工业出版社，2013.

[14] Jiang Fan. Application idea for TRIZ theory in innovation education [C]. Proceedings of the 5th International Conference on Computer Science & Education, New York, IEEE Press, 2010.

[15] Jiang Fan,, Zhang Chunliang, Wang Yijun. Study on teaching methodology of the TRIZ theory [C]. International Conference on Education and Sports Education 2010, Honking: Engineering Technology Press, 2010.

[16] Jiang Fan,, Yu Juan, Liang Zhongwei, et al. The plan research on the mechanical foundation experiment system combined with TRIZ theory [C]. 2010 International Conference on Education and Sports Education. Honking: Engineering Technology Press, 2010.

[17] Jiang Fan, Wang Yijun, Zhang Chunliang, et al. Study and practice on CDIO innovative education. The Proceeding of the 6th International Conference on Computer Science & Education. New York: IEEE Press, 2011.

[18] Jiang Fan, Zhang Chunliang, Xiao Zhongmin. Study on innvovative training system in local university based on TRIZ theory [J]. Lecture Notes in Electrical Engineering, 2011, 111: 301-307.

[19] 江帆，张春良，王一军，等. 基于"I+T CDIO"的机械类创新人才培养体系研究 [J]. 教学研究，2011，34 (5)：38-42.

[20] Jiang Fan, Zhang Chunliang, Wang Yijun. The CDIO teaching practice of mechanism analysis and design [J]. Lecture Notes in Electrical Engineering, 2011, 111: 87-92.

[21] 江帆，张春良，孙骅，等. 融合研究性学习与CDIO的机械设计实践教学 [J]. 实验室研究与探索，2010，29 (8)：267-270.

[22] 江帆. TRIZ 工程创新教育理论初探 [J]. 井冈山大学学报 (自然科学版), 2011, 32 (2): 123-126.
[23] 江帆, 孙骅, 胡一丹, 等. 基于 TRIZ 理论的机械基础创新实验教学体系的构建 [J]. 装备制造技术, 2010 (2): 190-192.
[24] 江帆, 孙骅, 庾在海, 等. 基于 TRIZ 理论机械原理实验教学实施策略研究 [J]. 理工高教研究, 2010, 29 (3): 108-110.
[25] 江帆, 孙骅, 王一军, 等. TRIZ 理论在机械原理实验教学管理中的应用 [J]. 实验科学与技术, 2010, 8 (2): 140-143.
[26] 江帆, 张春良, 王一军, 等. 机械专业 CDIO 培养模式探索 [J]. 装备制造技术, 2010 (6): 192-194.
[27] 江帆, 孙骅, 梁忠伟, 等. 基于研究性教学的机械原理实践教学 [J]. 中国现代教育装备, 2010 (11): 62-64.
[28] Jiang Fan, Zhang Chunliang, Wang Yijun, et al. The Application Mechanism of TRIZ in CDIO Mechanical Theory Teaching [J]. Adv. Sci. Lett. 2012 (12): 367-371.
[29] 江帆, 张春良, 王一军, 等. 基于 CDIO 的教学管理模式探讨 [C]. 2011 北京 CDIO 区域性国际会议论文集. 北京: 北京交通大学出版社, 2012.
[30] 机械设计实用手册编委会. 机械设计实用手册 [M]. 北京: 机械工业出版社, 2010.
[31] 江帆. TRIZ 创新应用与创新工程教育研究 [M]. 北京: 北京理工大学出版社, 2013.
[32] 江帆. TRIZ 与可拓学比较及融合机制研究 [M]. 北京: 北京理工大学出版社, 2015.
[33] 张明勤, 范存礼, 王日君, 等. TRIZ 入门 100 问——TRIZ 创新工具导引 [M]. 北京: 机械工业出版社, 2012.
[34] 江帆, 等. 基于 TRIZ 理论的滚筒球磨机密封结构创新设计 [J]. 矿山机械, 2010, 38 (5): 70-72
[35] 江帆, 等. 基于 TRIZ 理论的教学仪器——汽车气体污染测试舱设计 [J]. 现代制造技术与装备, 2010 (2): 10-11
[36] Jiang Fan, et al. Design of 3D acceleration sensor based on TRIZ theory [J]. Sensor Letter, 2013, 11 (12): 2257-2263.
[37] Jiang Fan, et al. Collection mode optimization of casting dust based on TRIZ [J]. Advanced Materials Research, 2010 (97-101): 2695-2698.
[38] Jiang Fan, Wang Yijun, Xiang Jianhua, et al. Design of the soymilk mill based on TRIZ theory [J]. Advance Journal of Food Science and Technology, 2013, 5 (5): 530-538.
[39] Jiang Fan, Zhang Chunliang, Wang Yijun, et al. The application mechanism of TRIZ in CDIO mechanical theory teaching [J]. Advanced Science Letters, 2012, 12 (6): 367-371.
[40] Jiang Fan,, Ou Jiajie, Wang Yijun, et al. Emitter design and numerical simulation based on the extennics theory [J]. Advance Journal of Food Science and Technology, 2014, 6 (5): 568-573.
[41] Jiang Fan, Xiang Jianhua, Liang Zhongwei, et al. The optimization of lapping process pa-

rameters based on extension theory [J]. Key Eng. Mater., 2013, 531-532: 262-265.

[42] Jiang Fan,, He Hua. Numerical optimization of cylinder flow structure of CO_2 laser [J]. Journal of Applied Sciences Engineering and Technology, 2012, 4 (10): 1268-1276.

[43] Jiang Fan,, He Hua. Optimization analysis of discharged gas flow duct in gas laser [J]. Journal of Applied Sciences Engineering and Technology, 2012, 4 (13): 1940-1948.

[44] Jiang Fan, Wang Yijun, Xiao Zhongmin, et al. Application TRIZ to innovative ability training in the mechanical engineering major [C]. 2012ICCSE, 2012 (7): 1464-1469.

[45] Jiang Fan, Zhang Chunliang, Liang Zhongwei, et al. Integrated model of the TRIZ theory and research-oriented teaching [J]. Advanced Materials Research, 2012, 591-593, 2175-2179.

[46] Huang Chunyan, Jiang Fan. Numerical simulation of pulsating flow over blood vessel robot [J]. Advanced Materials Research, 2011 (11): 591-593.

[47] Yang Penghai, Jiang Fan, Huang Chunyan, et al. Use extenics to solve the problem of the deep device of vertical cultivators [J]. Communications in Cybernetics, Systems Science and Engineering-Proceedings, 2013 (8): 265-273.

[48] 江帆，王一军，胡一丹. 基于TRIZ理论的机构创新设计实例分析 [J]. 广州大学学报（自然科学版），2013，12 (1)：75-80.

[49] 江帆，何华. 双螺旋驱动的血管机器人绿色设计 [J]. 广州大学学报（自然科学版），2012，11 (1)：87-95.

[50] 江帆，杨鹏海. TRIZ理论与可拓学的融合方法研究 [J]. 广州大学学报（自然科学版），2014，13 (6)：59-53

[51] 江帆，黄春燕，杨鹏海，等. 螺旋驱动血管机器人外结构参数优化 [J]. 宁夏大学学报（自然科学版），2013，34 (4)：327-331.

[52] 江帆，方伟中，岳鹏飞，等. 基于TRIZ与可拓学的半自动手推叉车设计 [J]. 广州大学学报（自然科学版），2016，15 (2)：76-80.

[53] 江帆，张春良，王一军，等. 基于可拓学的CDIO教学管理研究 [J]. 教学研究，2013，36 (5)：39-41.

[54] 江帆，方伟中，岳鹏飞. 基于理想优度的包装升降装置运动方案设计 [J]. 包装工程，2016，37 (7)：11-15.

[55] 江帆，张春良，王一军，等. 机械专业学生主动实践能力培养体系构建 [J]. 高等工程教育研究，2016 (1)：187-192.

[56] 江帆，张春良，萧仲敏，等. 机械专业创新创业教育的建构 [J]. 高等工程教育研究，2018 (6)：168-173.

[57] 江帆，黎斯杰. 今天你创新了吗——TRIZ创新小故事 [M]. 北京：知识产权出版社，2017.

[58] 江帆，陈江栋. TRIZ王国游历记 [M]. 北京：知识产权出版社，2019.

[59] 江帆，陈江栋，戴杰涛. 创新方法与创新设计 [M]. 北京：机械工业出版社，2019.

[60] Chen Jiangdon, Jiang Fan, Xu Yongcheng, et al. Design and analysis of a compliant parallel polishing toolhead [J]. Advances in Mechanical Design, Mechanisms and Machine

Science, 2017 (55): 1291-1307.

[61] 江帆，陈江栋，萧仲敏，等. 面向机械原理课程的 TRIZ 进化创新案例分析 [C]. 高校机械类课程报告论坛论文集 (2018). 北京：高等教育出版社，2018.

[62] 江帆，萧仲敏，吴文强，等. 基于可拓学的机械原理教具设计 [J]. 广东教育装备，2018 (10): 39-42

[63] 江帆，萧仲敏，吴文强，等. 基于可拓共轭的实验室安全管理研究 [J]. 实验技术与管理，2018, 35 (12): 259-262.

[64] 江帆，张春良，王一军，等. 拓展分析方法在机械设计教学中的应用 [J]. 机械设计，2018, 35 (7S2): 206-209.

[65] Jiang Fan, Chen Jiangdong, Xiao Zhongmin, et al. Study on the innovation and entrepreneurship curriculum system for graduates based on Extenics [J]. Advances in Social Science, Education and Humanities Research, 2018, 176: 1110-1114.

[66] Jiang Fan, Xiao Zhongmin, Wu Qingfeng, et al. Online teaching design for innovation and invention courses [J]. Advances in Social Science, Education and Humanities Research, 2018, 176: 1110-1114.

[67] Jiang Fan, Zhang Chunliang, Wang Yijun, et al. Study on the thinking expand method in the mechanism theory teaching [C]. The 11th International Conference on Computer Science & Education. 2016: 877-882.

[68] 江帆，凌程祥. 基于可拓学的船用海水淡化装置的喷射器设计 [J]. 水处理技术，2015 (12): 122-125.

[69] 江帆，陈玉梁，陈江栋，等. 基于 TRIZ 与可拓学的盘类铸件打磨方案设计 [J]. 广东工业大学学报 (自然科学版), 2019, 36 (2): 1-6.

[70] 江帆，卢浩然，陈玉梁，等. 基于 TRIZ 与可拓学的可变面积方桌设计 [J]. 广东工业大学学报 (自然科学版), 2019, 36 (2): 7-12.

[71] 江帆，张春良，王一军，等. "机械原理" MOOC 教学设计. 工业与信息化教育，2017 (7): 33-37.

[72] 李滨城，徐超. 机械原理 MATLAB 辅助分析. 北京：化学工业出版社，2011.

[73] 王强，果霖，王源，等. 基于再生运动链法的内螺纹加工装置机构创新设计研究. 机械设计与制造工程，2018, 47 (3): 121-126.

[74] 张宁，姚立纲，张炜. 基于再生运动链法的游梁式抽油机机构创新. 机械设计与研究，2014, 30 (5): 41-44.

[75] 李畅. 新型塑壳断路器机构综合与分析. 上海：上海工程技术大学，2015.

[76] 宋萌萌，肖顺根，林世斌. 基于再生运动链法的锁芯机构创新设计. 中国机械工程，2017, 28 (21): 2600-2607.

[77] 张氢，陈淼，孙峰，等. 基于再生运动法的大车行走机构创新设计. 上海交通大学学报，2019, 53 (12): 1466-1474.

[78] 何俊，冯鉴. 基于 MATLAB 的平面连杆机构预定轨迹优化设计. 煤矿机械，2010, 31 (3): 36-39.

[79] 闻智福. 抛物线齿轮. 北京：科学技术文献出版社，1989.

郑重声明